银根—额济纳旗盆地
油气地质特征及勘探前景

卫平生 张虎权 陈启林 主编

石油工业出版社

内 容 提 要

本书是对银根—额济纳旗盆地石油地质特征的首次全面、系统的总结，讨论了盆地的地层古生物、岩浆岩分布、区域地质构造、沉积相类型、烃源岩及原油的地球化学、储层、盖层特征、油气分布及聚集规律，并系统地进行了盆地、凹陷、区带及圈闭的资源量预测；通过与二连盆地的石油地质特征的比较，提出了盆地今后的勘探方向。

本书可供从事油气综合研究与油气勘探等科研生产人员参考，也可作为石油院校高年级学生、研究生的参考书。

图书在版编目（CIP）数据

银根—额济纳旗盆地油气地质特征及勘探前景/卫平生等主编.—北京：石油工业出版社，2006.3
ISBN 7-5021-5432-9

Ⅰ.银…

Ⅱ.卫…

Ⅲ.①青藏高原-含油气盆地-石油天然气地质-研究
②青藏高原-含油气盆地-油气勘探-研究

Ⅳ.P618.130.2

中国版本图书馆 CIP 数据核字（2006）第 008579 号

出版发行：石油工业出版社
（北京安定门外安华里 2 区 1 号 100011）
网　址：www.petropub.cn
总　机：(010) 64262233　发行部：(010) 64210392
经　销：全国新华书店
印　刷：石油工业出版社印刷厂

2006 年 3 月第 1 版　2006 年 3 月第 1 次印刷
787×1092 毫米　开本：1/16　印张：22.25
字数：563 千字　印数：1—1000 册

定价：60.00 元
（如出现印装质量问题，我社发行部负责调换）
版权所有，翻印必究

《银根—额济纳旗盆地油气地质特征及勘探前景》编委会

主　编：卫平生　张虎权　陈启林

编　委：卫平生　张虎权　陈启林　郭彦如　何亨华
　　　　王新民　李碧宁　林卫东　张景廉　李天顺
　　　　焦志峰　王宏斌　马　龙　王天琦　杨占龙
　　　　贾义蓉　王斌婷　刘建新　蔡　刚　胡向阳
　　　　魏郑铁　杨　乐　孔祥民　贺新蔚　刘桂琴
　　　　罗　斌　何际平　邱世琪　杨效成　陈广坡

前　言

　　银根—额济纳旗盆地（简称银—额盆地）位于中国西北部，面积约 $12.3\times10^4\mathrm{km}^2$，油气勘探程度较低。1993 年，原中国石油天然气总公司成立了新区勘探事业部，并实施了西北侏罗系勘探项目，开始了对银根—额济纳旗盆地的勘探。1994 年又专门成立了"银—额项目经理部"，设立银根—额济纳旗盆地油气勘探项目，对银根—额济纳旗盆地进行了较大规模的油气勘探及综合评价研究，前后历时 5 年（1994—1998 年）。本书是对银根—额济纳旗盆地石油地质特征的首次全面系统的总结，获得了以下成果。

　　（1）利用盆地内 10 口井的探井资料和周缘露头剖面资料进行了地层划分与对比，并与周边相邻二连盆地、潮水—雅布赖盆地以及北山地区开展了地层对比，确立了银—额盆地的地层系统，建立了盆地东、西部中新生界地层标准剖面，完成了除巴丹吉林沙漠区以外盆地的侏罗系和下白垩统残余厚度分布图，同时总结了各组地层的古生物组合特征、分布规律及其演化特征，并进一步探讨了中新生代古气候特点。

　　本书首次将位于下白垩统的苏红图组（K_1s）与上白垩统的乌兰苏海组（K_2w）之间的早白垩世晚期的地层命名为银根组（K_1y），命名剖面是查干凹陷查参 1 井 $764.5\sim1513.5\mathrm{m}$ 井段。银根组与上覆或下伏地层呈明显的角度不整合接触，但在地表尚未见露头出现。

　　（2）深入开展区域构造和盆地构造特征及其规律的研究。新收集了大量盆地及邻区有关资料，重新编制了盆地及邻区断裂分布图、板块构造划分图、盆地构造单元划分图，完善了盆地主要坳陷主要构造层的构造图。在扎实丰富的资料分析基础上，从区域构造背景研究着手，探讨了盆地形成的构造背景、基底构造特征以及与盆地外区域构造的关系，分析了盆地中新生代七次主要构造运动对盆地的形成和改造作用，研究了盆地的断裂特征、构造特征、圈闭类型及分布规律。根据板块构造理论，探讨了盆地构造的形成演化和类型。

　　（3）系统开展了岩浆岩的岩石学、地球化学特征及地球物理特征研究，利用重、磁、电、地震、地质、卫星影像及各种分析化验资料综合解释，探讨了岩浆岩时空分布规律及其构造控制要素，建立了岩浆岩在重、磁、电、地震上的识别模式，预测了全盆地岩浆岩的分布。结合国内外岩浆岩油气成藏条件的对比研究，分析了岩浆岩在油气成藏中的作用及可能的岩浆岩油气藏类型。

　　（4）利用大量地面、钻井沉积相分析资料，总结了盆地的沉积相类型及其特征，建立了各类沉积相模式。在此基础上应用层序地层学理论和方法，重点对有钻井的重点凹陷进行了层序地层学解释，结合层速度分析产生的砂泥岩百分比资料、各种储层横向预测剖面，更准确地做出了全盆地主要坳陷的岩相古地理图，建立了不同类型凹陷的沉积模式，预测了有利生储油相带。

　　（5）系统地分析整理了露头样品、岩心样品的各类地球化学资料，深入研究了烃源岩的分布、生源构成、沉积环境、有机质丰度、类型、成熟度，深入分析了以往盆地模拟方法模拟的主要凹陷的烃源岩热演化史及生、排烃史结果，利用构造、沉积研究成果编制完善了有效烃源岩厚度图；同时开展了油气地球化学特征研究与烃源对比，进一步建立了烃源岩分类评价的标准，分凹陷、分层系进行了烃源岩评价，指出了有利烃源岩分布区。

（6）全面进行了储层岩石学特征、纵横向分布规律、储集性能、孔隙结构特征、沉积物的成岩演化、影响储层储集性能的主要因素及盖层的封盖能力、分布、发育特点等方面的研究，建立了本区各凹陷储盖层的分级评价标准，对重点坳陷的储盖层进行了分区分类评价，指出了侏罗系、下白垩统有利储盖层分布区。

（7）初步开展了盖层特征研究，从宏观上系统研究了不同层系的泥质岩发育程度及厚度分布，在微观上系统分析了各种盖层的封盖性能及盖层级别，探讨了盖层封盖能力的影响因素，提出了盖层的宏—微观标准，分凹陷、分层系进行了盖层级别的评价。

（8）分析和总结了盆地的油气显示特征、油气水性质，以查干凹陷为例探讨了油气的运移和聚集规律，对尚未发现油气的重点凹陷以盆地模拟为主要手段，研究其油气的运移和聚集规律；同时，对已知油气藏进行成藏条件剖析，并运用含油气系统理论进行了盆地含油气系统划分与评价，进而提出了盆地可能的油气藏类型及其分布规律。

（9）在以上各类地质研究成果基础上，系统地进行了盆地、凹陷、区带及圈闭资源量预测，运用数学地质方法和地质类比方法全面开展了凹陷、区带及圈闭的综合评价与排队，优选出了有利的凹陷、区带和圈闭。

（10）根据对银根—额济纳旗盆地的石油地质特征的认识及以往勘探经验的总结，结合与二连盆地石油地质勘探的比较，确定了银根—额济纳旗盆地的勘探方向、有利区带和钻探目标。

在银根—额济纳旗盆地油气勘探及评价研究过程中，得到了原中国石油天然气总公司新区勘探事业部的大力支持，得到了银—额项目经理部杨中轩经理的指导和支持，同时也得到了中国石油勘探开发研究院西北分院（即原中国石油天然气总公司西北地质研究所）院长刘全新教授及各级领导的关怀与支持，笔者表示衷心感谢。

卫平生　张虎权　陈启林
于兰州中国石油勘探开发研究院西北分院
2005 年 9 月 3 日

目 录

第一章 盆地勘探概况 (1)
- 第一节 自然地理及人文概况 (1)
- 第二节 勘探历程与勘探程度 (2)

第二章 地层与古生物特征 (8)
- 第一节 地层 (8)
- 第二节 古生物特征及分布规律 (17)
- 第三节 地层划分与对比 (24)
- 第四节 古气候特征 (33)
- 参考文献 (35)

第三章 岩浆岩特征与分布 (37)
- 第一节 岩浆岩的形成与分布 (37)
- 第二节 岩浆岩类型和岩相特征 (42)
- 第三节 岩浆岩地球物理特征 (42)
- 第四节 岩浆岩对油气的控制作用 (45)
- 参考文献 (49)

第四章 盆地构造特征与演化 (50)
- 第一节 区域构造背景 (50)
- 第二节 盆地基底构造特征 (58)
- 第三节 盆地构造格架 (66)
- 第四节 构造单元划分 (77)
- 第五节 盆地构造形成演化和类型 (87)
- 第六节 圈闭形成与分布规律 (92)
- 参考文献 (105)

第五章 盆地沉积与演化特征 (107)
- 第一节 沉积相类型及特征 (107)
- 第二节 层序地层特征 (116)
- 第三节 层序的地球物理特征 (128)
- 第四节 岩相古地理分析及沉积体系演化 (137)
- 第五节 湖盆沉积模式 (141)
- 参考文献 (142)

第六章 烃源岩及油气地球化学特征 (144)
- 第一节 烃源岩类型及展布 (144)
- 第二节 烃源岩的生源构成及沉积环境 (147)
- 第三节 烃源岩地球化学特征 (148)

第四节　油气地球化学及油源对比 … (166)
　　第五节　烃源岩综合评价 … (174)
　参考文献 … (177)

第七章　储盖层特征与评价 … (179)
　　第一节　储层特征与评价 … (179)
　　第二节　盖层特征 … (231)
　参考文献 … (244)

第八章　油气成藏条件与含油气系统分析 … (245)
　　第一节　油气显示 … (245)
　　第二节　已知含油构造的特征与成藏条件 … (251)
　　第三节　油气运移与聚集特征 … (257)
　　第四节　含油气系统与油气聚集带预测 … (270)
　参考文献 … (289)

第九章　盆地油气资源评价 … (290)
　　第一节　盆地资源量预测 … (290)
　　第二节　层系评价 … (303)
　　第三节　凹陷评价 … (308)
　　第四节　区带评价 … (313)
　　第五节　圈闭评价 … (320)
　参考文献 … (337)

第十章　银根—额济纳旗盆地与二连盆地石油地质特征比较研究 … (338)
　　第一节　盆地的规模与结构 … (339)
　　第二节　盆地的地层对比 … (339)
　　第三节　盆地区域构造与岩浆活动 … (340)
　　第四节　生储组合、沉积及成藏特征 … (341)
　　第五节　油气分布规律 … (342)
　　第六节　盆地深部地壳构造特征 … (343)
　　第七节　结论 … (343)
　参考文献 … (344)

第一章 盆地勘探概况

第一节 自然地理及人文概况

一、自然地理概况

银根—额济纳旗盆地（简称银—额盆地）东以狼山为界，西临北山，南抵北大山和雅布赖山前，北至中蒙边境及洪格尔吉山、蒙根乌拉山；位于北纬 39°至中蒙边界，东经 99°～108°之间，行政隶属内蒙古自治区西部的额济纳旗、阿拉善左旗、阿拉善右旗、杭锦后旗；盆地东西长约 600km，南北宽约 75～255km，面积约 $12.3 \times 10^4 km^2$，宗乃山、沙拉扎山横穿盆地东部银根地区中部，中新生界有效沉积岩分布面积 $10.4 \times 10^4 km^2$。

盆地周边为高山，一般海拔 1700m 左右。盆地内东、西部地表主要为沙地、软戈壁滩和戈壁地貌，可通行越野汽车。额济纳旗周缘为沙漠绿洲，红柳林和胡杨林较广泛分布，海拔介于 900～1200m 之间。中部为巴丹吉林沙漠（约 $3.3 \times 10^4 km^2$），为一系列近北东向排列的巨大复合型沙山、新月型沙丘组成的中低沙山，沙漠边缘海拔 1300m、腹部海拔 1800m，沙山相对高度 100m 左右，最高可达 500m；沙漠南部沙山洼地间夹有 80 余个咸水湖泊，面积一般小于 $1km^2$，富含盐碱；沙漠西缘为沼泽地（古鲁乃草湖），并在梭梭头周缘分布有梭梭林。盆地东部银根地区中部为宗乃山、沙拉扎山老地层出露区，海拔 1300～1600m。地势在盆地西部为南高北低，东部为北高南低。整体来看盆地内地表条件复杂。

该区气候为典型的大陆型气候，干燥、多风、温差大，冬季严寒、夏季酷热。据额济纳旗多年气象资料统计，年降水量一般为 20～40mm，最高 103mm，最低 11mm，年蒸发量则高达 3800～4000mm，最高可达 4381mm。每年 6～8 月份为高温季节，最高气温可达 40.9℃，地表温度最高可达 70℃，年最低气温在 12 月至翌年 2 月，最低温度可达 -36.4℃。全年以西北风为主，东南风次之，春冬季节风力最大，年平均风速一般为 5m/s，最高 24m/s；一年内最多的沙暴天数为 41 天。全区气候条件恶劣。

区内地表河流及地下水均不发育。西部弱水河（季节性河流）自南向北流经湖西新村、额济纳旗贯穿本区，形成著名的额济纳旗绿洲，河水最终注入居延海（近年来由于气候变化，河西走廊区农业用水量增加，居延海基本干涸）；地下水分布极不均匀，水质较差，弱水河流域地下水位较高，潜水面一般 1～5m，水微咸，可饮用；宗乃山两侧、巴丹吉林沙漠区水源奇缺，地下水水质较差，矿化度高，含氟量高，不能饮用。

二、人文概况

该区人烟稀少、交通不便，区内主要有一条沙石公路穿过盆地，从东部阿拉善左旗进入中部乌力吉，向西过额济纳旗，通往酒泉。此外，区内有一些简易公路与此相连，可通到石板井、金昌、希热哈达煤矿、乌拉特后旗、宝音图等地。与兰新铁路相连的军队专用铁路从清水堡直达湖西新村和建国营。居民以蒙古族、汉族为主，分布在少数几个点上

（有水源），主要从事畜牧业，较大的居民点有额济纳旗、湖西新村、建国营、乌力吉、苏亥图、银根、查干德勒苏（亦称乌力吉）等地。

第二节 勘探历程与勘探程度

一、勘探历程

银—额盆地勘探程度较低，解放前盆地勘探工作基本为空白，仅在盆地周缘及其外围区进行过极零星的路线地质调查和矿点调查。自20世纪50年代至今，盆地油气勘探大致经历了三个阶段。

（一）第一阶段（1955—1985年）为应用非地震手段进行区域概—普查阶段

50年代中后期，西北石油地质总局在银根地区开展过石油地质调查。

60年代，内蒙古地质局普查六队在银根、乌力吉一带开展过1∶20万的重、磁、电及石油地质普查工作。

70年代，甘肃、宁夏、内蒙古地矿局区测队完成了全区1∶20万地质填图；1978—1980年，地矿部航空物探大队完成了乌力吉北部地区、乌力吉北部地区西缘巴丹吉林沙漠区、额济纳旗北部地区1∶5万航磁普查。

80年代初，勘探工作量有了一定增加。1982年核工业部七零三队在乌拉特后旗进行了1∶5万航磁普查。1983年，原物探局五处在盆地东部银根地区进行了野外地质调查，实测剖面六条4197.22m，采集生油、储层样品121块，实测岩石密度、磁化率样品783块，编写了"内蒙阿拉善地区石油地质调查报告"，并从该年至1987年在银根地区和额济纳旗地区完成了1∶20万重力和电法勘探，完成重力剖面29397km（11个队年），电法剖面6236km（5个队年），勘探面积$4\times10^4 km^2$，基本完成了除巴丹吉林沙漠区以外的重力和电法测量。1983年地矿部在盆地西部进行了石油地质路线调查，提交了"巴丹吉林地区中生界地层油气前景讨论"报告。1985年陕西测绘局完成了本区1∶100万分幅布格重力异常图四幅，同年，地矿部航空物探大队完成了罗布泊—阿拉善地区1∶100万航磁普查。

（二）第二阶段（1986—1992年）为以地震为主要手段的普查阶段

为了评价盆地油气远景，先后有长庆石油勘探局、石油物探局、玉门石油管理局等单位投入了一定的地震勘探和地质研究工作，地矿部在盆地西部也投入了大量的地震勘探，开展了地质评价研究工作。1986年，长庆石油勘探局物探公司在乌力吉地区完成12、24次覆盖区域概查数字地震剖面7条309.55km，长庆石油勘探局研究院进行了该区的野外地质调查。1987年，物探局四处在额济纳旗地区完成24、30次覆盖区域概查数字地震剖面9条869.9km。1988年，在湖西新村、梭梭头凹陷及外围区完成30、60次覆盖的数字地震剖面26条1207.3km，使务桃亥坳陷的地震测网达8km×12km。1986—1988年，原物探局解释中心和五处进行了阿拉善地区重、磁、电资料解释。1989年玉门石油管理局地调处在居延海坳陷完成4条285.55km地震剖面，进行了石油地质综合评价。1990年，核工业部在额济纳旗南缘进行了1∶10万航磁测量。1991年物探局四处在查干德勒苏坳陷完成30次覆盖二维地震剖面16条939.85km，测网达8km×16km，并进行了构造解释研究。

在1986—1992年间，石油系统共完成二维地震62条3512.15km，并进行了分区块的构造解释和综合评价研究工作，在盆地的区域地质、地层层序及油气地质条件等方面有了进一步认识。

同期，地矿部在额济纳旗地区进行了遥感、地震、物化探及石油地质研究工作。1991年地矿部石油地质大队先后提交了"巴丹吉林—腾格里地区遥感区域地质石油地质研究"和"额济纳旗坳陷含油气前景初步评价研究"报告。1992年地矿部第四物探大队在额济纳旗地区开展了地震勘探工作，完成二维地震剖面600多千米，还开展了3000km²的化探工作。

（三）第三阶段（1993—现今）为以非地震、地震、钻井为主要手段的综合评价研究的迅速勘探开展阶段

1993年，由西北侏罗系油气勘探项目经理部组织实施勘探。为加速盆地油气勘探。1994年初成立了银根—额济纳旗盆地勘探项目经理部，制定了以盆地为整体，开展综合评价，抓好区域侦察、有利坳陷解剖和重点凹陷钻探三个环节的勘探方针，综合应用了多种勘探手段，使银—额盆地的石油勘探进入了一个突飞猛进的阶段。

1993年，原物探局四处在查干德勒苏坳陷、尚丹坳陷和苏红图坳陷完成30次覆盖二维地震剖面55条3216.6km，使查干凹陷测网达2km×2km，尚丹坳陷测网达8km×8km，并对苏红图坳陷进行了地震侦查，同时进行了查干、尚丹两区块的构造解释和石油地质评价。

1994—1997年，开展了物化探、地震、钻井及盆地综合评价研究的系统勘探，取得了丰硕的勘探成果。

1994年，原物探局四处在额济纳旗地区（居延海、务桃亥坳陷）完成30、60次覆盖二维地震剖面40条2471.5km，原物探局五处完成巴丹吉林沙漠南部1∶20万重力普查（面积1.75×10⁴ km²，4635个物理点）和查干凹陷化探普查（1124个物理点，面积1500km²）。银—额项目经理部编写完成了"银根—额济纳旗盆地勘探项目总体设计"报告，为配合勘探工程，开展了多项研究工作；委托西安石油学院开展野外露头地面地质调查，实测剖面15条16136m，开展了地层、沉积、生油、储层等多项专题研究和石油地质综合评价研究，编写了"银—额盆地周缘露头区石油地质综合评价研究"；委托西北地质研究所开展了全盆地石油地质综合评价研究，编写了"银—额盆地石油地质综合评价研究"；配合重力和化探普查，委托物探局五处完成"银—额盆地巴丹吉林沙漠南部重力勘探成果报告"、"查干凹陷油气地球化学勘探成果报告"等专题报告。

1995年，勘探工作量有了进一步增加。原物探局四处在居延海、苏红图和查干德勒苏坳陷完成30、60次覆盖二维地震剖面51条1901.25km；中原物探公司在尚丹坳陷完成30、60次覆盖二维地震剖面21条627.45km；原物探局五处完成了巴丹吉林沙漠北部1∶20万重力普查（面积1.65×10⁴ km²，5843个物理点），完成北西走向的纵穿盆地东、中、西部的3条MT大剖面（长705km，351个物理点）；中原钻井三公司吐哈公司在查干凹陷完成了盆地内第一口石油探井查参1井，完钻井深4316.5m，取得了丰富的石油地质资料。同时银—额项目经理部组织了多项专题和综合研究工作，委托西北地质研究所完成务桃亥及居延海坳陷地震资料解释和油气远景评价、查干凹陷盆地模拟研究、第二轮系统的盆地石油地质评价研究，提交了"银—额盆地务桃亥及居延海坳陷地震资料解释研究与含油气远景评价"、"银—额盆地查干德勒苏坳陷查干凹陷盆地模拟研究"、"银—额盆地地质特征综合研究评价"报告；西安石油地质学院提交了"银—额盆地西南缘侏罗系石油地质评价和火成岩分布规律研究"报告；配合重力、MT勘探由物探局五处完成了"银—额盆地巴丹吉林沙漠北部重力勘探成果报告"、"银—额盆地大地电测深勘探成果报告"等专题报告；围绕查参1井的完钻，由中原钻井公司、华北录井公司、中原测井公司和华北油田研究院先后提交了查参1井完井报告、完井地质总结报告、测井解释报告和单井评价报告等专题研究报告。

1996年，勘探工作量迅速增长。原物探局四处在居延海坳陷天草、格郎乌苏、居东凹陷完成30、60次覆盖二维地震剖面48条1588.2km，中原物探公司在苏红图坳陷和查干凹陷完成30、60次覆盖二维地震剖面22条615.9km；中原钻井三公司吐哈公司在居东凹陷、华北钻井三公司吐哈公司在梭梭头凹陷分别完成居参1井、务参1井两口参数井，完钻井深分别为4400m和3501.64m，取得了丰富的石油地质资料。同时银—额项目经理部组织了多项专题和综合研究工作，委托西北地质研究所完成居延海坳陷天草凹陷地震资料解释和油气远景评价，居东、乌力吉凹陷盆地分析模拟研究，第三轮系统的盆地石油地质评价研究，提交了"银—额盆地居延海坳陷天草凹陷地震资料解释研究与含油气远景评价"、"银—额盆地居东、乌力吉凹陷盆地模拟研究"、"银—额盆地油气地质特征综合研究与评价"报告；围绕居参1井、务参1井的完钻，由中原和华北钻井公司、华北和玉门录井公司、中原测井公司和华北油田研究院先后提交了两口井的完井报告、完井地质总结报告、测井解释报告和单井评价报告等专题研究报告。

1997年，勘探工作进入重点凹陷预探和研究工作深化阶段。原物探局四处在苏红图坳陷哈日凹陷完成30、60次覆盖二维地震剖面27条715.4km；中原钻井三公司吐哈公司分别在天草、查干凹陷完成天1井区域探井和毛2井地质浅井，华北钻井三公司吐哈公司在查干凹陷完成毛1井、巴1井两口预探井，四口井总进尺8097.8m，取得了丰富的石油地质资料，并对毛1井、天1井进行了试油，在毛1井获得低产油流。同时经理部组织了多项专题和综合研究工作，委托西北地质研究所完成哈日凹陷和查干凹陷地震资料精细解释和油气远景评价、查干和天草凹陷有井条件下盆地分析模拟研究，委托中国石油勘探开发研究院完成居延海坳陷及邻区侏罗—白垩纪原型盆地研究与油气远景评价研究，委托地矿部航空物探遥感中心完成银—额盆地航磁资料处理解释及区域评价研究，委托原物探局五处完成银—额盆地非地震资料综合解释评价研究，分别提交了"银—额盆地天草、查干凹陷地震资料精细解释与含油气远景评价"、"银—额盆地查干、天草凹陷有井条件下盆地分析模拟研究"、"银—额盆地居延海坳陷及邻区侏罗—白垩纪原型盆地研究与油气远景评价"、"银—额盆地航磁资料处理解释及区域评价研究"、"银—额盆地非地震资料综合解释与油气远景评价研究"等成果报告。围绕天1井、毛1井和巴1井的完钻，由中原和华北钻井公司、华北和玉门录井公司、中原和华北测井公司和华北油田研究院先后提交了三口井的完井报告、完井地质总结报告、测井解释报告和单井评价报告等专题研究报告。

在西北侏罗系油气勘探项目经理部和银根—额济纳旗盆地勘探项目经理部组织实施盆地勘探的五年（1994—1998年）中，共完成二维地震剖面264条11136.3km（其中银—额项目经理部在1994—1997年组织实施完成209条7919.7km），巴丹吉林沙漠覆盖区1∶20万重力普查面积$3.3×10^4km^2$、12068个物理点，查干凹陷化探剖面39条、面积1500km²、1149个物理点，大地电测深剖面3条705km、351个物理点，探井7口，总进尺20315.94m；开展了多项专题研究和三轮石油地质综合评价研究工作，对盆地石油地质条件、地质规律及油气前景有了较明确的认识。

二、勘探程度

银—额盆地自20世纪50年代至今，陆续开展了多种方法勘探，但较系统的油气勘探始于1993年，即新区勘探事业部成立后对盆地进行的油气勘探。由于地表条件等原因的限制，盆地内各坳陷的勘探程度极不均衡（图1-1）。

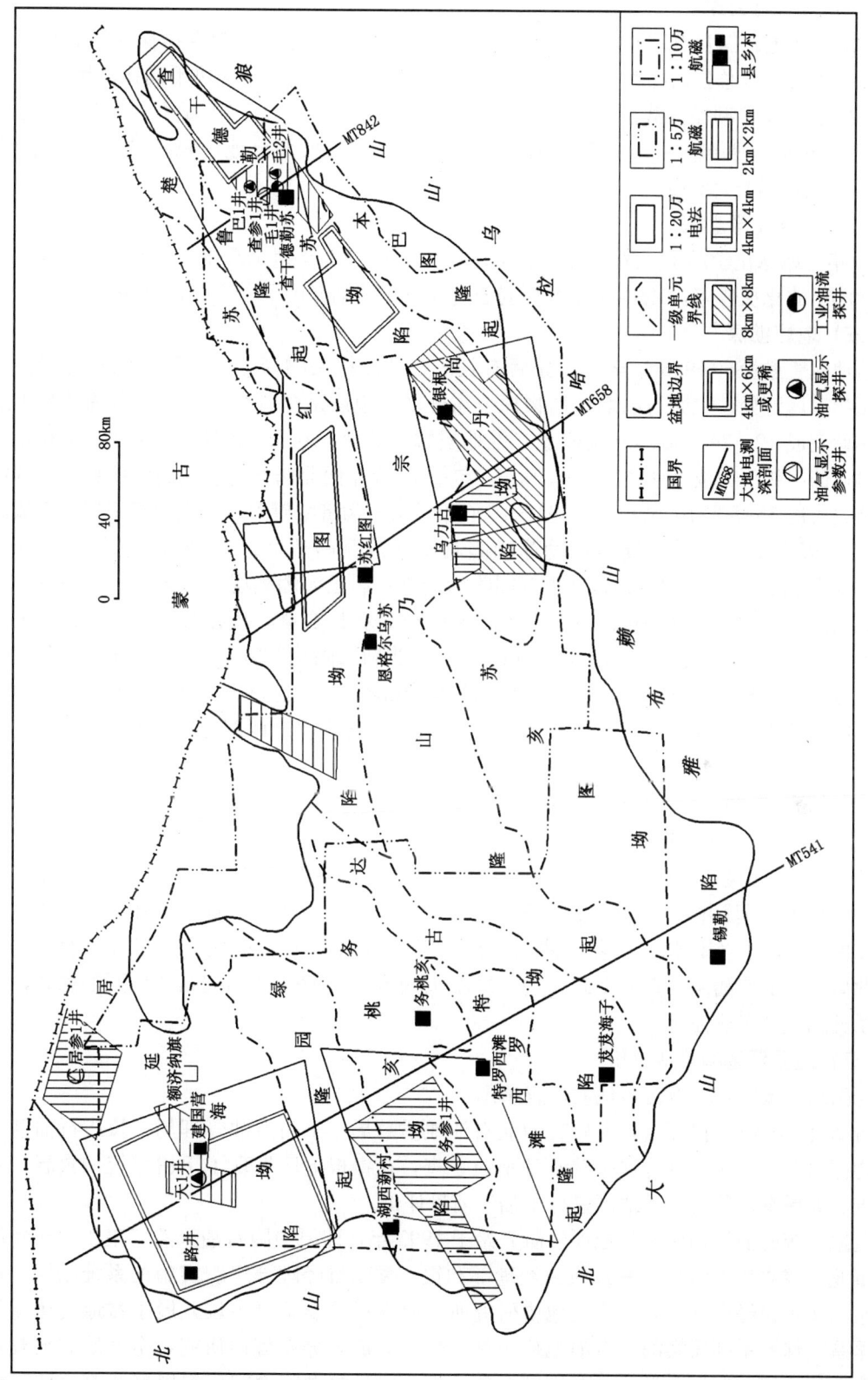

图 1-1 银—额盆地勘探程度图

（一）重磁电勘探

盆地重磁电勘探自 20 世纪 70 年代至 1995 年，先后有地矿部航空物探大队、核工业部、原石油天然气总公司物探局五处、陕西测绘局等单位完成不同区块不同比例尺的重力、航磁、电法和 MT 勘探。截至目前，全盆地已完成 1∶100 万、1∶20 万重力普查，盆地东部 1∶5 万和盆地西部 1∶10 万航磁普查，额济纳旗和银根部分地区电法普查，盆地东、中、西部三条 MT 大剖面。

（二）地球化学勘探

90 年代地球化学勘探开展了两个地区的勘探，即 1992 年地矿部在额济纳旗地区开展了约 3000 km^2 的化探普查，1994 年原物探局五处在查干凹陷开展了 1500 km^2 的化探普查。

（三）地震勘探

盆地地震勘探自 1986 年至今，先后有长庆石油勘探局物探处、玉门石油管理局地调处、原物探局四处、中原石油勘探局物探公司开展了地震勘探。截至目前，石油系统下属单位累计完成 12、24、30、60 次覆盖二维地震数字剖面 326 条 14647.55km（其中在新区勘探事业部组织下完成 264 条 11136.3km，包括 1993 年西北侏罗系油气勘探项目经理部组织实施完成的 55 条 3216.6km 和 1994—1996 年银根—额济纳旗项目经理部组织实施完成的 209 条 7919.7km）。目前，查干德勒苏坳陷查干凹陷测网达 2km×2km、局部达 1km×1km，白云凹陷达 8km×16km，红果等凹陷为概查；居延海坳陷居东、天草凹陷中部、格郎乌苏凹陷中部达 2km×2km、西部达 8km×16km；务桃亥坳陷梭梭头、湖西新村凹陷达 4km×4km；苏红图坳陷哈日凹陷达 2km×2km、艾勒凹陷达 8km×12km，其余凹陷为概查；尚丹坳陷达 8km×8km、其中乌力吉凹陷达 4km×4km；巴丹吉林沙漠区和额济纳旗周缘绿洲区为地震勘探的空白区。1992 年和 1995 年地矿部在盆地西部开展了地震勘探，完成二维地震工作量约 1000km。

（四）钻井勘探

全区水文钻孔 246 口。

截至目前，由银—额项目经理部组织实施完成石油探井共 7 口（其中 3 口参数井、3 口预探井、1 口地质浅井），总进尺 20315.94m，分别位于查干凹陷（查参 1 井、毛 1 井、巴 1 井和毛 2 井）、居东凹陷（居参 1 井）、天草凹陷（天 1 井）和梭梭头凹陷（务参 1 井），其中两口井获低产油流（查参 1 井和毛 1 井）。原地矿部在路井凹陷完钻 2 口石油探井，在侏罗系见到低产工业油流。

（五）地质调查和盆地评价

全区已完成 1∶20 万区域地质调查填图。

自 20 世纪 50 年代开始，先后有西北石油地质总局、玉门石油管理局、长庆石油勘探局、物探局等单位先后进行过一些石油地质普查，在银根地区发现了下白垩统油页岩，对乌力吉、务桃亥、居延海等地区进行了油气前景评价。

盆地系统的油气勘探和盆地评价研究始于 1993 年，即原中国石油天然气集团公司新区勘探事业部成立后由西北侏罗系项目经理部和银—额项目经理部组织实施的系统勘探。目前，银—额项目经理部已委托西北地质研究所、西安石油学院等单位开展了盆地周缘露头区白垩系、侏罗系剖面实测、石油地质条件评价及火成岩分布规律研究，全盆地非地震资料综合评价研究，查干、尚丹、苏红图、务桃亥、居延海坳陷地震资料解释及重点凹陷构造精细解释，查干、乌力吉、梭梭头、天草、居东凹陷无井或有井条件下的盆地分析模拟研究，居延海坳陷及邻区侏罗—白垩纪原型盆地研究，开展了三轮盆地石油地质分析和含油气远景评价，对盆地石油地质条件、地质规律和油气远景有了较深入的认识，盆地勘探取得很大进展。

第二章 地层与古生物特征

第一节 地 层

银—额盆地地层发育较全,从太古界至第四系均有分布。前中生界构成盆地基底,中新生界均为陆相沉积,构成盆地的沉积盖层。三叠纪仅局部地区接受沉积;侏罗系分布范围较三叠系有所扩大,但分布仍很局限;白垩系分布较广,发育较全,遍布各个坳陷,钻遇最大视厚度3612m(查参1井);第三及第四系相对较薄,钻遇最大视厚度431.2m(表2-1)。中、下侏罗统及下白垩统为盆地主要油气勘探目的层。

一、地层系统

地层系统基本采用《内蒙古自治区区域地质志》的划分方案[1]。根据近年来新的研究成果仅对白垩系[2]、侏罗系的划分进行了修正。在下白垩统苏红图组之上新划分出一个银根组❶,在盆地西部新划分出上侏罗统沙枣河群,将原中—下侏罗统大山口群细分为中统青土井群、下统大山口群(表2-2);盆地东部侏罗系仅发育中—下侏罗统哈格尔汉群(表2-3)。

二、地层特征与展布

银—额盆地东、西部地层发育很不均衡。盆地东部银根地区地层较全,从上太古界到第四系均有分布。盆地西部额济纳旗地区北部与南部的地层有较大差别,北部地层厚度大,且发育较全;南部地层厚度较小,且缺失较多。出露地层有阿拉善群、石炭系上统、三叠系、侏罗系、白垩系和第四系。现将地层特征及展布情况分述如下(表2-1、表2-2)。

(一)前中生界

1. 上太古界乌拉山群

该群出露于狼山南部,岩性以深变质的片麻岩、混合岩为主,并夹有大理岩、角闪岩等,厚1996m。

2. 下元古界阿拉善群

该群广布于盆地南缘的包洛项乌拉、巴音诺尔公梁、雅布赖山一带,为一套中变质为主、深变质为辅的区域变质岩系。岩性主要为混合岩、片麻岩、片岩、大理岩和板岩,厚3021~11024m。中、上元古界广见于盆地周缘各山区,岩性主要为片岩、石英岩、板岩、千枚岩、变质砂岩,夹有砂岩、灰岩、泥岩等,厚度大于10000m。

3. 寒武—泥盆系

零星出露于盆地西北的阿尔腾山、蒙根乌拉及盆地东北各山区,岩性主要为砂岩、砾岩、灰岩、硅质岩、结晶灰岩、板岩、片岩等,总厚8700m。

---

❶ 卫平生,张虎权,陈启林等,银根—额济纳旗盆地下白垩统银根组的确定,2005。

表 2-1 银—额盆地钻井分层数据表

界	系	统	群	组	段	符号	地质年龄(Ma)	查参1井 井深(m)	查参1井 厚度(m)	毛1井 井深(m)	毛1井 厚度(m)	巴1井 井深(m)	巴1井 厚度(m)	毛2井 井深(m)	毛2井 厚度(m)	天1井 井深(m)	天1井 厚度(m)	居参1井 井深(m)	居参1井 厚度(m)	哈1井 井深(m)	哈1井 厚度(m)
新生界	第四系	上				Q	1.64	6	6	31	31	4.82	4.82	4.8	4.8	200	200	22.5	22.5	8.5	3.7
新生界	第三系	上				R	65	436	<30	194	163	443	438.18	222	217.2	404	204				
中生界	白垩系	上		乌兰苏海组		K_2w	95	764.5	328.5	388	194	735	292	655	433			192	169.5	103	94.5
中生界	白垩系	下		银根组		K_1y		1513.5	749	1014	626	909	175			753	349			865.5	762.5
中生界	白垩系	下		苏红图组	二	K_1s_2		2642	1128.5	1639	625	1940	1031	691.5	36.5	1273	520	462	270	1697.5	832
中生界	白垩系	下		苏红图组	一	K_1s_1		3091.5	449.5	1990	351									2013.5	316
中生界	白垩系	下		巴音戈壁组	二	K_1b_2	135	3790	693.5	2600	610	2408	467			1991	718	881.5	419.5	2560	546.5
中生界	白垩系	下		巴音戈壁组	一	K_1b_1		4048	258											3114	554
中生界	侏罗系	上	沙枣河群		上段	J_3	152											1505	623.5		
中生界	侏罗系	上	沙枣河群		中段	J_3												2072	567		
中生界	侏罗系	上	沙枣河群		下段	J_3												2557.5	485.5		
中生界	侏罗系	中	青土井群		上段	J_2q_2												3320	762.5		
中生界	侏罗系	中	青土井群		下段	J_2q_1	208											4170.5	850.5		
中生界	侏罗系	下	大山口群			J_1	250											4296	125.5		
基底	三叠纪英安岩					ξ_5															
基底	燕山晚期闪长岩					δ_5^3								999.5	308						
基底	燕山早期花岗岩					γ_5^2	290									2068.3	77.3	4400	104		
基底	二叠纪浅变质岩					P		4316.5	268.5			2430	22							3120	6

表 2－2 银—额盆地西部地层系统简表

地层系统						接触关系	地震反射界面	厚度(m)	地质年龄(Ma)	备注
界	系	统	群	组	段	符号				
新生界	第四系	全新统				Q₄	假整合		30		侏罗系仅限于居东凹陷和苏亥图坳陷
		更新统				Q₁₋₃	不整合		282	1.64	
	第三系	上新统		苦泉组		N₂k	不整合	T_E	278	65	
中生界	白垩系	上统		乌兰苏海组		K₂w	不整合	T_{K₂w}	277.5	95	
		下统		银根组		K₁y	不整合	T_{K₁y}	768		
				苏红图组	苏二段	K₁s₂		T_{K₁s₂}	589		
					苏一段	K₁s₁	整合	T_{K₁s₁}	816		
				巴音戈壁组	巴二段	K₁b₂		T_{K₁b₂}	712		
					巴一段	K₁b₁	整合	T_{K₁b₁}		135	
	侏罗系	上统	沙枣河群			J₃sh		T_{J₃}	1676	157.1	
		中统	青土井群			J₂q			1613		
		下统	大山口群			J₁d	不整合	T_{J₁}	125.5	208	
	三叠系	上统			上岩段	T₃b			799		
					下岩段	T₃a	不整合	Tg	1178	250	
古生界	二叠系	上统		上岩组		P₂b	整合		2265		
				下岩组		P₂a	未见接触		831		
		下统		阿其德组		P₁a	整合		2662		
				埋汉哈达组		P₁m			1131	290	

4. 石炭系

分布较广，额济纳旗地区北部上、中、下三统俱全，但额济纳旗地区南部及银根地区只有上石炭统阿木山组。

1）额济纳旗地区北部石炭系

（1）下石炭统：分布在苏古诺尔附近，岩性下部为灰色、灰紫色流纹岩，上部为细粒石英砂岩、粉砂岩及泥质粉砂岩夹硅质板岩、砾岩，厚度大于 2380m。产腕足类 *Pseudosyrinx* sp.，*Spirifer* sp. 等。

（2）中石炭统石板山组：分布于居延海、苏古诺尔一线。岩性下部主要为一套中酸性火山岩，上部以碎屑岩为主夹碳酸盐岩透镜体和极少量火山岩，与上石炭统为假整合接触，厚度大于 2820m。产腕足类 *Chonetes* cf. *latesinuata*，*Hustedia* sp.；珊瑚 *Protomichelinia* sp.。

（3）上石炭统干泉群：分布在拐子湖和居延海一带。岩性下部以黄褐色厚层砾岩为主，厚度大于 1820m；上部为一套中酸性火山岩，厚度大于 919m。产腕足类 *Uncinunellina wangennimi*，*Martinia* cf. *semiglobosa*。

表 2-3 银—额盆地东部地层系统简表

地层系统						接触关系	地震反射界面	厚度(m)	地质年龄(Ma)	备注
界	系	统	群	组	段	符号				
新生界	第四系					Q	不整合		20~180	1.64	
	第三系					R	不整合	T_E	60~356	65	
中生界	白垩系	上统		乌兰苏海组		K_2w	不整合	T_{K_2w}	74~700	95	侏罗系仅分布于尚丹坳陷
		下统		银根组		K_1y	不整合	T_{K_1y}	749		
				苏红图组	苏二段	K_1s_2		$T_{K_1s_2}$	1128		
					苏一段	K_1s_1	整合	$T_{K_1s_1}$	449		
				巴音戈壁组	巴二段	K_1b_2			699		
					巴一段	K_1b_1	不整合	$T_{K_1b_1}$	257	135	
	侏罗系	中下统	哈格尔汉群			$J_{1-2}hg$	不整合	T_{J_1}	169	208	
	三叠系	上统		上岩组		T_3b			997		
				下岩组		T_3a	不整合	Tg	909	250	
古生界	二叠系	上统	哈尔苏海群	上岩组		P_2b			3577		
				下岩组		P_2a	不整合		427		
		下统		阿其德组		P_1a	整合		3508		
				埋汉哈达组		P_1m			1545	290	

2）额济纳旗地区南部及银根地区石炭系

上石炭统阿木山组：主要分布于因格井一带及银根地区各坳陷的边缘，为一套浅灰色变质的滨、浅海相碎屑岩系。岩性主要由板岩、千枚岩、石灰岩、粉砂岩、砂岩夹火山岩组成，厚 3600m，产䗴 *Triticites*, *Pseudoschwagerina*；植物 *Neuropteris* sp；腕足 *Echinoconchus* sp. 等。

5．二叠系

主要出露于西部的额济纳旗地区，研究较详；东部研究程度较低，没有划分到组。

1）盆地西部额济纳旗地区

（1）北部二叠系：下二叠统主要分布在乌哈西北、埋汗哈达、额成黑及阿其德海尔罕和八道桥等地，在狼山西麓也有零星出露，进而划分为早期埋汗哈达组、晚期阿其德组。埋汗哈达组岩性为碎屑岩与碳酸盐岩互层，与下伏上石炭统为不整合接触，与阿其德组为整合接触，厚 1020~1131m。产腕足类：*Liosotella spizbergiana*，*Dielasma mongolicum* 等。阿其德组岩性下部为深绿色长石质硬砂岩，钙质砂岩夹火山岩；上部为暗绿色火山岩夹长石质硬砂岩及薄层灰岩，厚 1621~2662m；产腕足 *Stenoscisma*，*Anidanthus* 等。上二叠统主要分布在雅干、拐子湖一带；岩性下部由碎屑岩、碳酸盐岩及酸性火山岩组成，厚 731~852m；上部为碎屑岩夹少量薄层灰岩，厚 2285m；岩层底部未见出露，其上与上三叠统不整合接触；产腕足 *Waagenoncha*，*Spiriferella*，*Streptorhynchus* 等。

（2）南部二叠系：下二叠统哲斯组，主要分布于因格井一带。岩性主要由暗绿色厚层砾岩、含砾砂岩及石灰岩组成，厚度大于 1681m；产腕足类 *Spiriferella saranae*，*Stenoscisma purdoni* 等。上二叠统分布于拐子湖和因格井一带；岩性主要为褐红色酸—中性火山碎屑；厚 754～3018m；与下二叠统哲斯组为假整合或角度不整合接触；产植物 *Paracalamites* 等。

2）盆地东部银根地区

下二叠统广布于阿尔腾山、蒙根乌拉及狼山西麓一带，岩性以褐灰、灰色砂岩、粉砂岩为主，厚 1600m。上二叠统分布于阿尔腾山、蒙根乌拉一带，岩性以灰绿色砂岩、粉砂岩为主夹砂质页岩及石灰岩，厚 754m。

(二) 中生界

1. 三叠系

零星出露于阿尔腾山前、蒙根乌拉及拐子湖一带。盆地西部务桃亥坳陷西缘出露中、下三叠统，卡路山剖面为一套河流相粗碎屑岩沉积，厚度大于 1682m；北部拐子湖一带，仅见上统，岩性为紫红色、灰紫色砾岩、含砾钙质长石砂岩及钙质长石砂岩组成，厚度 1975m；盆地东部缺失中、下三叠统，仅有上统珊瑚井群零星出露，为一套灰绿、深灰、灰色中粒长石砂岩、粗砂岩与含砾岩屑砂岩互层，夹粉、细砂岩，厚 2009m。产植物化石（*Neocalamites* sp. 等）。

2. 侏罗系

地表分布极为零星，出露很不完整，据钻井与地震资料，在居延海坳陷居东凹陷、尚丹坳陷有侏罗系分布。居东凹陷上、中、下三统发育齐全，尚丹坳陷仅发育中—下侏罗统。据周缘露头资料，推测苏亥图坳陷有侏罗系分布。

1）盆地西部额济纳旗地区

（1）下侏罗统大山口群：1980 年，《西北地区区域地层表·甘肃省分册》将分布于北山地区和河西走廊一带的中、下侏罗称"大山口群"，后又将大山口群分为下统大山口群、中统中间沟组、新河组[3]。1991 年，《内蒙古自治区区域地质志》将"大山口群"一名限于前人划分的中—下侏罗统大山口群的下部层位，即下侏罗统[1]，本书采用这一方案。该群主要出露于盆地西、北缘的炭窑井东、希热哈达、五道明水西一带，岩性为黄绿色、黄褐色、灰绿色砾岩、含砾砂岩、钙质粉砂岩夹泥岩、碳质页岩、煤层及煤线；产植物群 *Coniopteris*（锥叶蕨）—*Phoenicopsis*（拟茨葵）；厚 125～1553m。

从岩性、岩相和厚度的横向变化看，居参 1 井所钻遇的下侏罗统（井段 4170.5～4296m）为一套近源的粗碎屑沉积物，其岩性为一套深灰色砾岩夹泥岩层系，中部发育数层杂色砾岩，局部发育有灰黑色碳质泥岩，属还原环境下的沉积。希热哈达为河湖相的灰绿、黄褐色砾岩、含砾砂岩、岩屑砂岩和黑色碳质页岩，夹薄煤层及菱铁矿层，厚度大于 381m；产植物化石 *Cladophlebis* sp., *Clathropteris meniscioides*, *Equisetites* sp., *Coniopteris buerjense* 等。在盆地外围西部炭窑井东一带，下部为灰色碎屑含煤沉积，上部为碳质砂、泥岩沉积；厚 465m；产 *Eosestheria* sp., *Metacypris* sp. 等。

（2）中侏罗统青土井群：原称"青土井系"，后改称"青土井群（J_{1-2}）"。1980 年，《甘肃省区域地层表》中根据其与下伏地层接触关系及本身所含的化石，将其时代定为中侏罗世[3]。区内本群主要出露于炭窑井东、五道明水西等地，岩性以灰黑色碳质页岩、黄绿色含砾砂岩、砾岩为主，夹薄层粉砂质泥岩及煤线，产植物群 *Coniopteris*（锥叶蕨）—*Phoenicopsis*（拟茨葵），厚 769～1613m。

在岩性、岩相及厚度的横向变化上，居参1井所钻遇的中侏罗统（井段2557.5～4170.5m）为一套杂色角砾岩、砂砾岩、砾岩、泥质角砾岩与紫色、紫红色泥岩、砂质泥岩、含砾泥岩不等厚互层，为一干热环境下的近源河流相沉积；厚1613m；产孢粉 *Cassopollis*，*Quadreculina*，*Cycadopites* 等。炭窑井东剖面主要为泥岩沉积，可分为两个岩性段，下部为灰绿色砂、泥岩沉积，上部为灰色含膏泥岩；厚767m。

(3) 上侏罗统沙枣河群：名称引自潮水盆地。盆地内沙枣河群分布范围小，地表露头仅出露于盆地外围炭窑井东及南部边缘雅布赖一带。但据钻井与地震资料分析，仅在盆地内居东凹陷有分布，且在居东凹陷居参1井钻遇上侏罗统沙枣河群。居参1井上侏罗统（井段881.5～2557.5m）在岩性上为大套杂色砾岩、砂砾岩和角砾岩，局部夹薄层棕红色泥岩，为山麓—洪积相堆积，厚1676m。居东凹陷侏罗系最厚，位于凹陷西南部（测线EJ95-260，EJ95-613交点附近），达4000m，向东北方渐薄，至四周逐渐尖灭。

2) 盆地东部银根地区

中—下侏罗统哈格尔汉群：主要分布于阿拉善左旗庆格勒—吉兰泰一带，在阿尔腾山、宗乃山—沙拉扎山一带南侧也有分布，是以一套含煤粗碎屑岩为主的火山—沉积地层。

岩性下部以细砂岩为主，夹砂砾岩、泥页岩及煤线；上部为灰色、深灰色、黑色凝灰岩夹火山角砾岩；厚356m；产植物化石 *Neocalamites* sp.，*Cladophlebis* sp.，*Equisetites* sp.，*Podozamites lanceolatus* 等。

在岩性、岩相及厚度的横向变化上，恩根陶来一带为山麓—河湖相；岩性为砾岩，夹粗砂岩及少量泥灰岩、薄层凝灰岩，底部为酸性火山岩夹凝灰质石英砂岩；产化石 *Phoenicopsis*，*Czekanwskia* 等，厚169m。在阿拉坦敖包一带，岩性上部为浅灰绿色中、粗砾岩及黄绿色砂岩，下部为红色角砾岩及粘土岩，厚170m；产 *Neocalamite* sp. 等化石。

尚丹坳陷中—下侏罗统最厚处位于托米凹陷，达4000m，至东部各凹陷厚度渐薄，乌力吉凹陷厚2500m，银根附近2000m，新尼乌苏附近1600m。总体特征为西北部各凹陷较厚，东南部较薄，至各凹陷边缘均缺失。

3. 白垩系

盆地内分布较广，不仅出露于各坳陷边缘，而且据地震资料及钻井揭示，在坳陷内部也大面积分布。主要为河湖相—湖相砂砾岩、泥页岩及泥灰岩。露头剖面厚约2300m，钻遇最大视厚度3612m。白垩系分上、下统。根据岩性、古生物特征将下统划分为巴音戈壁组、苏红图组及银根组；上统为乌兰苏海组。下白垩统为盆地主要勘探目的层。

1) 下白垩统

分布范围广，在查干德勒苏坳陷、苏红图坳陷、尚丹坳陷、居延海坳陷及务桃亥坳陷均有分布。地表露头也较多，在盆地西部出露于恩根陶来、湖西新村和小土包等地，盆地东部出露于巴隆乌拉、塔布陶勒盖、额勒斯台及乌拉特后旗等地。本统与上覆及下伏地层均为不整合接触。盆地东部下白垩统不整合在上石炭统阿木山组、二叠系或华力西期、印支期花岗岩体之上，盆地西部不整合在中、下侏罗统（少数地区不整合在上侏罗统）、三叠系或其他老地层之上。现将下白垩统自下而上简述于下。

(1) 巴音戈壁组：由宁夏地质矿产局（1980）命名于内蒙古乌拉特后旗巴隆乌拉山，指分布于阿拉善左旗北部，整合于苏红图组火山岩之下的一套地层，由灰白、褐红、桔红色砂砾岩、灰黄色砂岩、灰黑色泥页岩及油页岩等组成。

盆地内该组岩性在平面上展现为两种类型。

第一种类型分布在盆地西部，以务桃亥坳陷的务参1井为代表，按岩性及沉积旋回可分为上、下两段：下段以大套杂色砂砾岩为主，夹暗紫色泥质砂砾岩。电性特征自然伽马曲线呈齿状—小尖峰状，其值一般60～90API，最高值可达150API；深侧向曲线呈齿状—尖峰状中阻，局部显高阻，电阻率一般为20.0～50.0Ωm。上段以大套暗紫色泥岩为主，夹薄层钙质泥岩；电性特征自然伽马曲线呈微齿—齿状，起伏变化不大，其值一般为90～120API，深侧向曲线呈齿状低阻，电阻率一般6.0～8.0Ωm；产孢粉 Deltoidospora 等；视厚度712m。这种类型的特点是颜色杂，纵向上基本表现为正旋回——下粗上细。

在岩性、岩相及厚度横向变化上，额济纳旗小土包剖面为一套湖相泥质碎屑岩建造，岩性以黄绿色、灰绿色的砂岩、砾岩、泥岩、灰岩、泥灰岩及黑色页岩为主，产介形虫 Lycopterocypris sp. 等，厚578.9m。湖西新村剖面下部为大段灰黄色砾岩，属近源山麓相堆积，上部处于稳定的湖泊环境，沉积了较细的泥质岩。产叶肢介 Eosestheria elongata，Neimongolestheria gongyiminensis，Diestheria sp.；介形虫 Eucypris sp.，Mongolianella sp.；昆虫 Ephemeropsis cf. trisetalis 等。位于苏亥图坳陷南缘的交夹沟剖面，仅出露本组下段，主要为一套红色、灰褐色、灰色的粗碎屑岩沉积，厚813m。居东凹陷的居参1井钻遇该地层，其岩性上段以大套厚层棕红色泥岩为主，局部夹灰色或紫红色泥岩、页岩；电性特征自然伽马曲线幅值介于60～90API之间，局部高于120API，深感应曲线呈微波状低阻；下段为棕红色泥岩夹棕红色砾状砂岩、含砾泥岩及砂砾岩；自然伽马曲线呈不规则齿状，幅度较上段低，深感应曲线呈锯齿状，幅值自上而下逐渐升高。厚419.5m。产 Perinopollenites，（周壁粉属）—Protoconiferus（原始松柏粉属）—Classopollis（克拉梭粉属）—Granodicus（粉面球藻属）—Minutisphaeridium（微小球藻属）生物组合带。

天草凹陷的天1井，岩性上为深灰色、灰色泥岩与浅灰色砂砾岩、含砾不等粒砂岩、细砾岩不等厚互层，顶部为厚层棕红色砂砾岩、泥岩，底部为厚层杂色砾岩，厚718m，产介形类化石 Cypridea unicostata，C. diminuta；孢粉 Protoconiferus，Classopollis，Cicatrieosisporites，Klukisporites 等。

第二种类型分布在盆地东部，以查干德勒苏坳陷的查参1井为代表，据岩性及沉积特征分上、下两段：上段主要为深灰、灰色、黑灰色砂岩、粉砂质泥岩、泥岩、页岩、白云质（泥）页岩，电性特征自然电位呈平缓波状负异常，异常幅度小于10mV；深、浅双侧向曲线上部呈不规则锯齿状，异常幅度10～200Ωm，下部呈不规则尖峰状或刺刀状，一般在1000Ωm，最高可达2000Ωm以上。下段为一大套深灰色砾岩，夹灰色砂砾岩、砂岩、泥质砂岩和棕色、深灰色泥岩；电性特征自然电位波动平缓，异常幅度小于5mV；深、浅双侧向曲线呈不规则复锯齿状，幅度10～200Ωm，个别0.2～300Ωm。产 Ephemeropsis trisetalis—Ostracodagen. et sp. indet 生物组合带，视厚度957m。

该组在宗乃山北宝其格、路登、巴音毛道一带岩性较粗，为砂岩及砂砾岩组合，属河流相沉积，厚约1000m，产爬行类 Psittacosaurus mongoliensis；在宗乃山—沙拉扎山南部巴隆乌拉，含有暗色页岩、白云岩及油页岩，暗色地层厚度373m；产植物化石 Elatocladus sp.，Brachyphyllum of. obesum，Sphenobaiera cf. Longifolia；鱼类 Leptolepis ormis，Lycoptera woodwardi 等；额勒斯台一带仅出露本组上部，岩性为灰黑色、灰绿色泥岩、页岩与砂岩互层，夹泥灰岩，厚536.6m；在塔布陶勒盖一带，本组上部几乎全由隐晶质灰岩、白云岩及砂屑、砾屑灰岩组成，剖面总厚达1483.8m；产植物化石 Sphenolepis sp.，Podozamites sp.，Ginkgoites sp.，鱼类 Lycoptera sp.，Asiatolepis sp.

等。在苏红图之北的哈日奥日布格至恩根陶来一带，下部为粗碎屑岩组合，上部夹较多的土红色泥岩，厚度达1080m。

(2)苏红图组：由宁夏地质矿产局(1980)命名于内蒙古阿拉善左旗乌力吉苏木北苏红图。指整合于巴音戈壁组之上的一套中基性火山岩，主要为黄绿色、紫红色安山岩、玄武岩、砂岩、粉砂质泥岩及泥岩。

本组在查参1井及务参1井均钻遇，分别代表盆地东、西部苏红图组在平面上展布的两种类型。

第一种类型分布于盆地西部，以务参1井为代表，据岩性及古生物特征分上、下两段，由下至上称苏一段、苏二段。苏一段岩性为一大套的暗紫色泥岩、钙质泥岩夹灰色泥岩；电性特征自然伽马曲线呈齿状，其值60～120API，最高150API；深侧向曲线齿状，低—中阻，电阻率为5～15Ωm；视厚度816m；产以 *Concavissimisporites—Densoisporites—Classopollis—Atopochara trivolvis triquetra—Chypeator jiuquanensis* 为代表的生物组合带。苏二段岩性上部主要为一套灰色泥岩，下部为含煤的砂砾岩层；电性特征自然伽马曲线呈齿状，局部尖峰状，一般值为60～120API，最高值达180API；深侧向曲线齿状低阻—块状中高阻，电阻率2.2～20Ωm，最高达100Ωm；视厚度589m；化石产以 *Classopollis—Piceaepollenites—Darwinula custella—Flabellochara hebeiensis* 为代表的生物组合带。

该种类型以不含火山岩系为特征，颜色偏红，局部地区含煤层或煤线。居参1井所钻遇的苏红图组，岩性上部以棕色、棕红色泥岩为主，夹灰色、褐色泥岩及棕红色粉砂质泥岩；下部为褐色、灰色泥岩，夹薄层灰色粉细砂岩。电性特征中上部自然电位曲线呈宽疏的齿状，2.5m视电阻率曲线呈微波状低阻，下部自然伽马曲线呈不规则小锯齿状，幅度30～60API之间，深测向曲线呈锯齿状，视厚度270m。天草凹陷的天1井，苏红图组可分两段，苏一段为大套紫红色、棕红色、棕黄色泥岩夹少量灰色泥岩，近底部为厚层杂色、浅棕红色砂砾岩，视厚度520m；苏二段上部为浅棕红色泥岩，局部夹少量浅灰色砂质泥岩薄层，中下部为浅灰色含钙泥岩，厚349m。地表露头剖面在额济纳旗小土包、湖西新村均有出露，主要为一套棕红色泥岩、砂质泥岩夹灰绿色薄层泥质砂岩、石膏，厚222～1234m。

第二种类型分布于盆地东部，以查参1井为代表，据岩性及古生物特征，由下至上分苏一段、苏二段。苏一段岩性为深灰、灰黑、灰色泥岩、粉砂质泥岩与浅灰色泥质粉砂岩、砂岩、含砾砂岩不等厚互层，夹两套不同厚度的绿灰、灰黑色玄武岩及杂色火山角砾岩。电性特征自然电位平直，局部呈波状或钟状，异常幅度小于10mV；深浅双侧向曲线呈锯齿状，一般幅度10～150Ωm，个别达200～2000Ωm，视厚度449.5m；产孢粉 *Jiaohopollis—Palaeoconiferales—Cycadopites* 组合带。苏二段岩性为暗褐、棕褐、深灰色泥岩、砂质泥岩与灰色、浅灰色含砾砂岩、砂岩、粉砂岩不等厚互层，夹深灰色页岩及两套厚度不同的灰黑、棕紫色玄武岩。电性特征自然电位曲线平直；深、浅双侧向曲线呈不规则的复锯齿状、尖峰状或块状，幅度为10～100Ωm，最高可达200Ωm以上。视厚度1128.5m。产孢粉 *Classopollis—Piceaepollenites—Cicatricosisporites* 组合带。

该类型以含火山岩为特征，不含煤层，颜色偏暗。地表露头主要分布于苏红图及尚丹坳陷。总体为一套中基性熔岩，各地岩性略有差异。岩性以灰黑、褐灰色玄武岩、安山岩、安山玄武岩为主，夹褐色火山角砾岩、火山凝灰岩及河湖相绿灰、灰黄色砂岩、泥岩、泥灰岩等，厚 73～607m。产 *Eosestheria* sp.，*Sphaerium jeholense*，*Cypridae* sp.，*Brachyllum* sp. 等。

(3) 银根组：由华北研究院（1996）命名于银—额盆地，命名剖面是查干凹陷查参1井764.5～1513.5m井段，时代为早白垩世晚期。

该组也可分为东、西部两种不同类型，分别以钻遇的查参1井及务参1井为代表分述如下。

第一种类型分布于盆地西部，以务参1井（500～1268m井段）为代表，视厚度768m，岩性为一套以泥岩为主夹砂岩的河流相沉积。岩性上部为大套棕红色泥岩与泥质粉砂岩、杂色砂砾岩、细砾岩呈不等厚互层；下部为大套棕红色、暗紫色泥岩夹灰色泥岩；底部为杂色细砾岩与暗紫色泥岩呈等厚互层。电性特征自然伽马曲线幅度变化不明显，呈齿状、局部为小尖峰状，值在90～110API之间，最高达180API；深测向曲线呈平直低阻—尖峰状中低阻，电阻率一般 2～8Ωm。孢粉以 *Laevigatosporites*—*Cicatricosisporites*—*Inaperturopollenites* 为代表的组合带。

该类型岩性以泥岩为主，砂层不发育，泥岩颜色自下而上逐渐由暗紫色递变为棕红色，下部夹数层灰色泥岩。居参1井钻遇的银根组，在岩性上上部为棕红色泥岩与杂色砾岩互层，下部为棕红色含砾泥岩。电性特征自然电位曲线呈微波状正异常，2.5m视电阻率曲线呈低—高幅锯齿状。视厚度169m。产 *Cypridea*（*Pseudocypridina*）*ningxiaensis*，*Cypridea*（p.）aff. *globra* 等。

第二种类型分布于盆地东部，以查参1井（井段764.5～1513.5m）为代表，视厚度749m。岩性上部为暗褐、褐灰、灰、灰绿色泥岩、砂质泥岩与砂岩、含砾砂岩、砂砾岩不等厚互层；下部为灰、深灰色泥岩、砂质泥岩，夹含砾砂岩、砂岩、泥质粉砂岩、碳质页岩。电性特征自然电位曲线平直，局部微波状，异常幅度小于5mV；深、浅侧向曲线呈小型锯齿状，幅度小于20Ωm，底部幅度增至200Ωm。化石以 *Laevigatosporites*—*Cicatricosisporites*—*Piceaepollenites* 组合带为特征。

盆地内新命名的"银根组"，在地表未见有露头出现，与上覆及下伏地层呈明显的角度不整合接触。

从下白垩统残余厚度上看，居延海坳陷的居东凹陷、天草凹陷、路井凹陷沉积较厚，达3000m，格郎乌苏凹陷次之，为2500m，吉格达凹陷厚2000m。务桃亥坳陷的湖西新村凹陷厚达1200m，哨马营凹陷厚100～2000m，梭梭头凹陷厚2400m。至盆地东部，尚丹坳陷的乌力吉凹陷厚达1600m，托来凹陷厚2000m；查干德勒苏坳陷的查干凹陷厚4400m，白云凹陷厚2500m，红果凹陷厚2000m；苏红图坳陷的哈日凹陷，苏红图组厚1400m，巴音戈壁组厚3500m，巴北凹陷苏红图组厚2300m，巴音戈壁组厚1400m；艾勒凹陷苏红图组厚2200m，巴音戈壁组厚1400m。

2）上白垩统

分布较广，地表露头见于东部各坳陷，西部出露很少，仅在拐子湖有上白垩统出露。本统称乌兰苏海组，在查参1井及务参1井均已钻遇。在岩性上各地变化不大，除盆地边缘多为粗碎屑沉积外，多数地区以粒度不等的砂岩和泥岩为主。岩石多呈砖红—桔红色。局部地区夹泥、砂质灰岩和石膏层，钻遇最大视厚度328.5m。产脊椎动物化石 *Protoceratops* sp.，*Ceratopsidae* sp.，*Bactrosaurus* sp. 等。上白垩统与上覆及下伏地层均为角度不整合接触。

（三）新生界

第三系发育不全，出露于盆地边缘，第四系分布较广，但厚度较薄。

1. 第三系

古近系主要见于盆地东部银根地区，为棕红色砂泥岩、砂砾岩沉积，局部夹灰绿色砂砾岩透镜体，厚400m左右。

新近系零星出露于盆地东部及西部北山东缘。东部为红色河湖相粘土质砂岩，夹砂质粘土，出露仅数十米。北山东缘为橙红色粉砂质泥岩、粉砂岩及石灰岩透镜体，含石膏团块，厚60~160m。

2. 第四系

广布于盆地各坳陷，为风成砂、冲积、洪积砂砾层。

第二节 古生物特征及分布规律

一、古生物特征及其分布

银—额盆地于侏罗、白垩系的钻井剖面和周缘露头剖面中均发现多门类古生物化石：介形类、双壳类、叶肢介、轮藻、藻类、腹足类、鱼类、昆虫、古植物和孢粉等。这些丰富的化石资料，不仅为地层时代的研究提供了众多的证据，而且为古气候的分析提供了丰富的资料[4-8]。

孢粉、介形类、轮藻及藻类化石主要产于钻井剖面，叶肢介、双壳类、腹足类、鱼类及昆虫等主要产于露头剖面中，井下较少发现。下面以井下资料为主，参考露头剖面，简述如下。

（一）孢粉组合

盆地内侏罗纪孢粉化石，丰度不高，属种单调，仅能划分出两个组合；白垩纪的孢粉化石数量丰富，属种繁多，且保存完好，自下而上分为十个组合，主要见于下白垩统银根组及苏红图组。

1. 苏铁粉属（*Cycadopites*）—宽沟粉属（*Chasmatosporites*）组合

该组合化石丰度不高，以苏铁粉属（*Cycadopites*）为主的单沟类花粉占突出比重，本区内苏铁粉属（*Bennettitaceaecuminella*）偶有所见。宽沟粉属（*Chasmatosporites*）在孢粉谱中含量显著，且在个别样品中占很高比重。芦木孢属（*Calamospora*）等古老孑遗分子也偶尔见到。分布于居参1井4215~4296m井段大山口群。

2. 苏铁粉属（*Cycadopites*）—克拉梭粉属（*Classopollis*）组合

该组合孢粉化石稀少，特征不突出。出现较多者有苏铁粉属（*Cycadopites*）和克拉梭粉属（*Classopollis*）。分布于居参1井3661—4102m井段青土井群。

3. 周壁粉属（*Perinopollenites*）—原始松柏粉属（*Protoconiferus*）—克拉梭粉属（*Classopollis*）组合

该组合以裸子类花粉占绝对优势，蕨类孢子少量出现，未见被子类花粉。裸子类花粉中，古老松柏类花粉与气囊分化较完善的松科组分含量高，两者均在25%~35%范围内。罗汉松粉属（*Podocarpidites*）、苏铁粉属（*Cycadopites*）、雏囊粉属（*Parcisporites*）等连续出现，占一定份量。周壁粉属（*Perinopollenites*）含量比较突出，个别样品可高达17.2%。克拉梭粉属（*Classopollis*）由上而下含量渐增，至738m井深处增至15.3%。蕨类孢子中，除见有少量海金砂孢属（*Lygodiumsporites*）、克鲁克孢属（*Klukisporites*）、无突肋纹孢属（*Cicatricosisporites*）、凹边瘤面孢属（*Concavissimisporites*）等典型早白垩世化石组分外还见有少量桫椤科孢子、拟套环孢（*Densoisporites*）、圆形光面孢属（*Punctatisporites*）、圆形块瘤孢属（*Verrucosisporites*）等。分布于居参1井650～738m井段巴音戈壁组。

4. 无突肋纹孢属（*Cicatricosisporites*）—凹边瘤面孢属（*Concavissimisporites*）—松科（Pinaceae）组合

该组合以裸子类花粉占绝对优势（其含量为82.8%～91.00%），蕨类孢子占一定比重（5.2%～17.2%），被子类花粉少量出现（0～2.4%）。裸子类花粉中，以松科及古老松柏类花粉为主，前者略占优势。松科中，常见有雪松粉属（*Cedripites*）、双束松粉属（*Pinuspollenites*）、拟云杉粉属（*Piceites*）等；苏铁粉属（*Cycadopites*）、罗汉松粉属（*Podocarpidites*）、无口器粉属（*Inaperturopollenites*）、周壁粉属（*Perinopollenites*）、杉粉属（*Taxodiaceaepollenites*）、雏囊粉属（*Parcisporites*）等也连续出现或占有较突出的比重。少量出现的有克拉粉属（*Classopollis*）、四字粉属（*Quadraeculina*）等。蕨类孢子中见有海金砂孢属（*Lygodiumsporites*）、凹边瘤面孢属（*Concavissimisporites*）、无突肋纹孢属（*Cicatricosisporites*）、斑纹孢属（*Maculatisporites*）、拟套环孢属（*Densoisporites*）、紫萁孢属（*Osmundacidites*）、有孔孢属（*Foraminisporis*）、克鲁克孢属（*Klukisporites*）等。被子类花粉中，偶见有棒纹单沟粉属（*Clavatipollemites*）及三沟粉属（*Tricolpopollenites*）。分布于居参1井405～470m井段苏红图组。

5. 蛟河粉属（*Jiaohepollis*）—古老松柏类（Palaeoconiferales）—苏铁粉属（*Cycadopites*）组合

该组合以裸子类花粉占绝对优势（90.9%～97.2%），尤以无缝双囊粉类（*Desacciatrileti*）居主体。主要有：单束松粉属（*Abietineaepollenite*）、双束松粉属（*Pinuspollenite*）、云杉粉属（*Piceaepollenites*）、雪松粉属（*Cedripites*）、罗汉松粉属（*Podocarpidites*），以及古老型松柏粉类：原始松柏粉属（*Protoconferus*）、拟云杉粉属（*Piceites*）、假云杉粉属（*Pseudopicea*）、原始松粉属（*Protopinus*）等。苏铁粉属（*Cycadopites*）含量增高且连续出现。克拉梭粉属（*Classopollis*）亦有一定数量，出现了形式特异的蛟河粉属（*Jiaohepollis*）；蕨类孢子较少，其中连续出现有一定数量的无突肋纹孢属（*Cicatricosisporites*）、拟套环孢属（*Densoisporites*）等分子。分布于查参1井2643.58～2857.32m井段苏红图组一段。

6. 凹边瘤面孢属（*Concavissimisporites*）—拟套环孢属（*Densoisporites*）—克拉梭粉属（*Classopollis*）组合

该组合以裸子类花粉占绝对优势（53.5%～87.0%，平均含量70.7%），蕨类孢子居次（12%～46.5%，平均含量18.9%），被子植物花粉最少，只是零星见到。在裸子植物花粉中克拉梭粉属（*Classopollis*）为主体，连续地出现高含量（36.6%～84.0%，平均含量58.9%），其中主要是环圈克拉梭粉（*Classopollis annulatus*）分子。无缝双囊粉类（*Disacciatrileti*）分子很少；单沟型的苏铁粉属（*Cycadopites*）含量不高；蕨类孢子中，出现了比较多的凹边瘤面孢属（*Concavissimisporites*）、拟套环孢属（*Densoisporites*），同时，还有一定数量海金砂孢属（*Lygodiumsporites*）、无突肋纹孢属（*Cicatricosisporites*）、光面三缝孢属（*Leiotriletes*）以及少量的隐藏孢属（*Crybelosporites*）、膜环弱缝孢属（*Aequitriradites*）等。偶尔保存较差的被子植物花粉三沟粉属（*Tricolpopollenites*），分布于务参1井1860～2590m井段苏红图组一段。

7. 克拉梭粉属（*Classopollis*）—云杉粉属（*Piceaepollenites*）—无突肋纹孢属（*Cicatricosisporites*）组合

该组合中裸子类花粉占绝对优势，其中无缝双囊粉类（*Desacciatrileti*）最多，且有一定数量的古老型松柏粉类。在裸子类花粉中，克拉梭粉属（*Classopollis*）明显地出现一个高含量带。苏铁粉属（*Cycadopites*）较常见。蕨类孢子较少，但尚能断续见到一些无突肋纹孢属（*Cicatricosisporites*）等海金砂科孢子。分布于查参1井1521～2640m井段苏红图组二段。

8. 克拉梭粉属（*Classopollis*）—云杉粉属（*Piceaepollenites*）组合

该组合中以裸子植物花粉占优势（29.3%～96.4%，平均含量66.9%），蕨类孢子居次（3.6%～61.4%，平均含量31.1%），被子植物花粉很少。裸子植物花粉以克拉梭粉属（*Classopollia*）最多，苏铁粉属（*Cycadopites*）、无缝双囊粉类（*Disacciatrileti*）亦占有一定数量，尤其云杉粉属（*Piceaepollenites*）以及罗汉松粉属（*Podocarpidites*）比较突出。蕨类孢子以光面三缝孢属（*Leiotriletes*）为主，并较连续出现，同时还见到有一定数量的无突肋纹孢属（*Cicatricosisporites*）、凹边瘤面孢属（*Concavissimisporites*）、波缝孢属（*Undulatisporites*）、海金砂孢属（*Lygodiumsporites*）以及光面单缝孢属（*Laevigatosporites*）等。被子植物花粉很少出现，主要有星粉属（*Asteropollis*）及棒纹单沟粉属（*Clavatipollenites*）分子。分布于务参1井1285～1855.75m井段苏红图组二段。

9. 光面单缝孢属（*Laevigatosporites*）—无突肋纹孢属（*Cicatricosisporites*）—云杉粉属（*Piceaepollenites*）组合

该组合以蕨类孢子含量较高，且属种亦较丰富。有无突肋纹孢属（*Cicatricosisporites*）、有突肋纹孢属（*Appendicisporites*）、刺毛孢属（*Pilosisporites*）、海金砂孢属（*Lygodiumsporites*）、光面单缝孢属（*Laevigatosporites*）及光面三缝孢属（*Leiotriletes*）等。其中，*Cicatricosisporites*、*Lygodiumsporites*以及*Laevigatosporites*出现了高含量带。裸子类花粉占据重要位置，其中以无缝双囊粉类（*Desacciatrileti*）为主体，大部分是松科（*Pinaceae*）花粉，且亦见到一些古老类型的松柏类花粉（主要是原始松柏粉属（*Protoconiferus*））。被子类花粉零星出现，主要有三沟粉属（*Tricolpopollenites*）、多孔粉属（*Polyporites*）等。分布于查参1井780～1505m井段银根组。

10. 光面单缝孢属（*Laevigatosporites*）—无突肋纹孢属（*Cicatricosisporites*）—无口器粉属（*Inaperturopollenites*）组合

该组合以蕨类孢子为主，其含量（38.5%～70.5%，平均含量50.1%）略高于裸子类花粉（29.5%～61.5%，平均含量44.6%），也出现一些被子类花粉（5.2%～13.4%，平均含量9.3%）。蕨类孢子中无突肋纹孢属（*Cicatricosisporites*）含量较高（10.4%～54.0%，平均含量25.4%），其次是光面三缝孢属（*Leiotriletes*）、光面单缝孢属（*Laevigatosporites*）以及少量的有突肋纹孢属（*Appendicisporites*）等。裸子植物花粉中，主要是一些无口器粉属（*Inaperturopollenites*）、杉粉属（*Taxodiaceaepollenites*）、周壁粉属（*Perinopollenites*）及苏铁粉属（*Cycadopites*）等。具气囊的花粉只是少量出现，而克拉梭粉属（Classopollis）较连续出现，但含量不高。出现了少量被子植物花粉，主要是三沟粉属（Tricopopollenites）。分布于务参1井500～1268m井段银根组。查参1井、务参1井孢粉化石纵向分布见图2-1、图2-2。

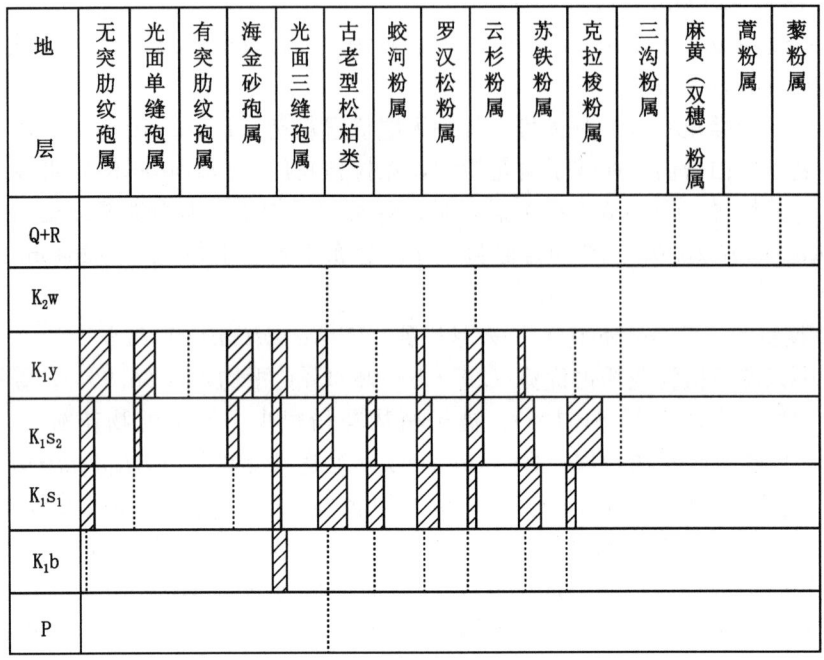

图2-1　查参1井各组段主要孢粉化石纵向分布序列示意图

（二）介形类

盆地内介形类化石不很丰富，地表资料仅在额勒斯台、苏红图、小土包剖面发现较多，钻井资料仅务参1井、居参1井见有介形类存在，且属种单调。综合各剖面资料，将盆地内介形类划分为四个组合。

1. 女星介（Cypridea）—绘星介（Limnocypridea）—土神介（Ilyocyprimorpha）组合

该组合产于巴音戈壁组。从属的组成上看，本组合中 Cypridea 属达到极盛阶段，Limnocypridea、Ilyocyprimorpha、Lycopterocypris 各属在组合中处于重要地位。其典型属种有：Cypridea（Cypridea）unicostata，C.（C.）xisuensis，C.（c.）delnovi，C.（C.）decora，Cypridea（Pseudocypridina）globra，C.（P.）longa，Cypridea oblonga，Clinocypris longala，Lycopterocypris triangularis，Limnocypridea grammi，L. diwopuensis，L. propria，Rhinocypris tugurigensis，Ilyocyprimorpha cf. binoda，Caudona subprona，C. subparaevata，Darwinula contracta 等。

2. 狼星介（Lycopterocypris）—联合乌鲁威里女星介（Cypridea（Ululwellia）copulenta）组合

该组合产于苏红图组，其主要分子有：Cypridea（Ulwellia）copulenta，Lycopterocypris triangularis，L. infantilis，L. subtriangularis，L. liaoxiensis，Darwinula custella，Djungarica sp.，Cypridea（Cypridea）unicostata，Clinocypris sp.，Limnocypridea sp. 等。

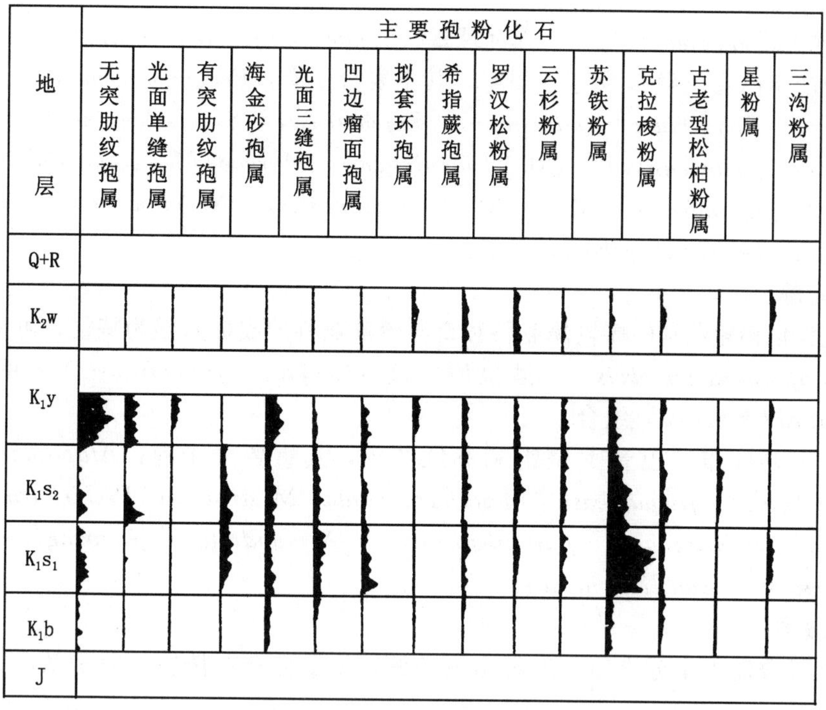

图 2-2 务参 1 井各组段主要孢粉化石纵向分布序列示意图

3. 单肋女星女星介（Cypridea（Cypridea）unicostata—多刺刺星介（Rhinocypris echinata）—多形季米里亚介（Timiliasevia polymorpha）组合

该组合产于居参 1 井 405~470m 井段苏红图组。其主要分子有：Cypridea（C.）unicostata，Rhinocypris echinata，Timiliasevia polymorpha，Cypridea sp.，Cypridea（Ulwellia）sp.，Lycopterocupris sp. 等。

4. 宁夏假伟星女星介（Cypridea（Pseudocypridina）ningxiaensis）—球形假伟星女星介亲近种（CyprideN（P.）aff. globra）组合

该组合产于居参 1 井 155~204m 井段银根组。介形类化石属种单调，个体数量少，其典型分子有：Cypridea（P.）ningxiaensis，Cypridea（P.）aff. globra，Cypridea（P.）sp. 等。

（三）叶肢介

早白垩世，在盆地内同时存在两种不同性质的动物群。

1. 东方叶肢介（Eosestheria）组合

产于巴音戈壁组，主要分子有：Eosestheria elongata，E. subrotunda，E. intermedia，Diestheria zhoulangensis，D. subolonga，Neimongolestheria gogyiminensis，N. guyangensis，N. squarroformis，Pseudoestherites sp.，Liaoningestheria sp. 等。

2. 延吉叶肢介（Yanjiestheria）组合

产于苏红图组，其主要分子有：Yanjiestheria jiaoheensis，Y. chekiangensis，Y. yumenensis，Y. hanhsiaensis，Y. suiehangensis，Neodiestheria changmaensis，Sinoestheria tsaidamensis，Orthestheria sp.，Eosestheria jiuquanensis 等。

（四）双壳类

主要见于恩根陶来、苏红图、额勒斯台剖面，从动物群的总体面貌上，可划分为一个化石组合。

费尔干蚌（*Ferganoconcha*）—热河球蚬（*Sphaerium jeholense*）组合。

该组合产于巴音戈壁组及苏红图组，其主要分子有：*Ferganoconcha shouchangensis*, *F. jorekensis*, *Sphaerium anderssoni*, *S. jeholense*, *S.* cf. *selenginense*, *Corbicula* (*Mesocorbicula*) *tetoriensis*, *C.* (*M.*) *Liaoningensis*, *Myrene* (*Mesocorbicula*) *gensuensis*, *M.* (*M.*) *guyangensis*, *M.* (*M.*) *yixianensis*, *Neomiodonoides trigonicus*, *N. sabrotanda*, *Tetoria* cf. *yokoyamai* 等。

（五）轮藻

早白垩世以棒轮藻科的棒轮藻亚科和奇异轮藻亚科的成员繁盛为特征，可称作三角奇异轮藻（*Atopochara trivolvis*）—酒泉盾轮藻（*Clyptator jiuquanensis*）—河北扇轮藻（*Flabellochara hebeiensis*）组合。

该组合主要分布于巴音戈壁组和苏红图组，其重要分子有：*Atopochara trivolvis triguetra*, *Clypeator jiuquanensis*, *Mesochara voluta*, *M. stipitata*, *Peckichara hebeiensis*, *F. jurongica*, *Aclistochara huihuibaoensis*, *A. mundula*, *A. wangi*, *A. laiae*, *Sphaerochara* sp., *Euaclistochara* sp. 等。

（六）藻类

藻类化石数量不十分丰富，属种也较单调，主要分布在侏罗、白垩系，划分为两个组合。

1. 微小球藻（*Minutisphaeridium*）—隐孔球形孢（*Exesiporisporites*）—单孔球形孢（*Monoporisporites*）组合

该组合产于居参 1 井 3661～4296m 井段中—下侏罗统。其主要分子有：*Minutisphaeridium delicutes*, *M. elegans*, *M. nutidus*, *Monoporisporites bellulus*, *M. minor*, *M. major*, *M. mirus*, *Exesiporisporites regularis*, *E. minor*, *E.*, *megarisus*, *E. informis*, *Granodiscus* sp., *Inaperisporites*, *major* 等。

2. 微小球藻（*Minutisphaeridium*）—粒面球藻（*Granodiscus*）组合

该组合产于下白垩统巴音戈壁组、苏红图组及银根组，其主要属种有：*Minutisphaeridium*, *Granodiscus pylomicus*, *Psilosschizosporis*, *Dictyotidium*, *Schizosporis*, *Apetiodinium*, *Leiosphaeridia*, *Verrucosphaera* 等。

（七）其他门类化石

1. 植物

1）侏罗纪植物群

盆地内植物化石主要发现于地表露头剖面，产于中—下侏罗统，以我国北方中—下侏罗统典型锥叶蕨（*Coniopteris*）—拟茨葵（*phoenicopsis*）植物群为特征，并混有少量网叶蕨（*Dictyophyllum*）—格子蕨（*Clathropteris*）植物群分子。该植物群中银杏类极为繁盛，*Coniopteris* 和 *Cladophlebis* 多种多样，其主要分子有：*Coniopteris hymenophylloides*, *C. burejensis*, *Phoenicopsis speciosn*, *P. manchurica*, *Baiera gracilis*, *B. furcata*, *Equisetites* sp., *Neocalamites hoerensis*, *N. carcinoides*, *N. carreri*, *Cladophlebis asiatica*, *C. haiburensis*, *Sphenopteris* sp., *Anomozamites loczyi*, *Pityophyllum staratschini*, *Pagiophyllum* sp., *Czekanowskia rigida*, *C. setacea*, *Ginkgoites* sp., *Podozamites lanceolatus*, *Otozamites* sp., *Pityolepis* sp. 等。

2) 白垩纪植物群

白垩纪植物群以我国北方典型的晚侏罗—早白垩世鲁福德蕨（Ruffordia）—拟金粉蕨（Onychiopsis）植物群为特征，其主要分子有：Coniopteris burejensis, Brachyphyllum cf. obesum, Onychiopsis elongata, Baiera sp., Elatocladus sp., Pterophyllum sp., Czekanowkia rigida, Pagiophyllum sp., Cladophlebis delicatula, Carpolithus sp., Sphenolepis sp., Podozamites sp., Ginkgoites sp. 等。

2. 鱼类

分布在巴音戈壁组，产于巴隆乌拉及塔布陶勒盖剖面，属种有：Lycoptera leptolepiformis, L. wooduardi, Asiatolepis sp. 等。

3. 昆虫

产于查参1井巴音戈壁组，主要属种有：Ephemeropsis trisetalis, dissurus sp., Liupanshania sp. 等。

二、古生物群的演化特征

银—额盆地侏罗—白垩纪古生物群的演化可概括为四个阶段。

1. 早侏罗世—中侏罗世早期

该阶段处于暖温带潮湿气候环境，植物茂盛，利于成煤。侏罗纪早期植物面貌以银杏类、松柏类为主，也出现了锥叶蕨；松柏类花粉以气囊与本体分化不太完善的原始松柏类花粉含量较高。至中侏罗世早期，植物群中蕨类占居首位，银杏类、苏铁类及松柏类居次；植物群以 Coniopteris—Phoenicopsis 组合为特征，并混有少量 Dictyophyllum—Clathropteris 植物群分子。其主要分子有：Coniopteris hymenophylloides, C. burejensis, Phoenicopsis speciosn, Baiera gracilis, B. furcata, Equisetites sp., Neocalamites hoerensis, N. carcinoides, Ginkgoites sp., Cladophlebis asiatica, Czekanowskia rigia, Pityophyllum staratschini 等。松柏类花粉气囊与本体分化日趋完善，蕨类孢子以桫椤科孢子占绝对优势。动物化石以双壳类较为丰富，产 Ferganoconcha curta, F. burejensis, Tutuella, Pseudocardinia 等。菌藻类以 Minutisphaeridium—Monoporisporites—Exesiporisporites 组合为代表，分布广泛；介形类产 Darwinula, Mongolianella, Metacypris 等。

2. 中侏罗世晚期—晚侏罗世末

该阶段处于暖温带—亚热带半干旱—干旱气候环境。在中侏罗世晚期，植物不很发育，但仍以 Coniopteris—Phoenicopsis 组合为代表，沉积物以灰色、紫红色碎屑岩为主。孢粉类以裸子植物花粉占优势，其中 Classopollis 含量较高，双气囊花粉含量较中侏罗世早期明显下降，蕨类植物孢子以 Cyathidites 为主。介形类中，以 Darwinula 繁盛为特征，并出现了 Clinocypris, Damonella 等。至晚侏罗世，裸子植物花粉以 Classopollis annulatus, C. qiyangersis, Podocarpidites naumora, Callialasporites delmannae 为主，蕨类植物以 Cyathidites minor, Lygodisisporites erensis 等为主，总体上仍以裸子植物占优势，Classopollis 可达到90%以上，说明环境较为干旱。介形类以 Darwinula 为主，轮藻以 Euaclistochara 为代表。

3. 早白垩世

该阶段处于暖温带—亚热带干湿交替过渡性气候环境。生物群以热河生物群 Eosestheria—Ephemeropsis trisetalis—Lycoptera 为代表。陆生植物以蕨科为主的真蕨类最为繁盛，银杏类次之，宽展叶型松柏类和苏铁类也较常见，可称为 *Ruffordia—Onychiopsis* 植物群，孢粉组合属于 *Desacciatriliti—Cicatricosisporites* 组合，有以下特点。

（1）孢粉类型特别丰富，属、种多样度高，主要类型有蕨类植物的桫椤科、海金砂科、紫萁科、石松科、卷柏科等，裸子植物花粉主要是松柏目、银杏目、苏铁目等。

（2）蕨类植物孢子中以海金砂科的属、种多样度高为特征，主要属有：*Cicatrieosisporites*，*Appendicisporites*，*Plicatella*，*Lygodiumsporites*，*Pilosisporites*，*Trilobosporites*. *Impordecispora*，*Concavissimisporites*，特别是 *Cicatricosisporites* 属的多样性特高。

（3）裸子植物花粉是以松柏类的双囊粉占优势为特征，主要是松型粉和云杉粉，代表苏铁类的主要是个体较小的苏铁类花粉，掌鳞杉科的 *Classopollis* 属在组合中数量较小，但在盆地西部略高，可达84%（务参1井苏红图组一段），反映出西部比东部干旱（图2-1、图2-2）。介形虫以 *Cypridea*，*Limnocypridea*.*Mongolianella* 为主，叶肢介以 *Yanjiestheria*，*Orthestheria* 为代表。在早白垩世晚期（银根组沉积期），孢粉组合以 *Laevigatosporites— Cicatricosisporites* 为代表，出现了含量比较高的蕨类孢子，同时较连续地出现了水生、沼生分子，表明当时气候较为湿热。

4. 晚白垩世

该阶段气候较为炎热、干旱，植被不很发育，仅见一些松柏类花粉如：*Piceaepollenites*、*Protoconiferus* 等，脊椎动物化石以恐龙类为主，见有 *Protoceratops*，*Ceratopsidae*，*Bactrosaurus* 等，岩性以棕红色砂、泥岩为主，广泛分布于盆地东部，西部仅拐子湖附近零星分布。介形类化石仍以 *Cypridea* 为主。

第三节　地层划分与对比

一、地层划分

地层划分就是按地层的各种属性（古生物、岩性、电性、不整合面、沉积旋回、地震反射特征等）把地层划分为大小不同的单元，如群、组、段等岩性地层单位。本次地层划分对比的原则是：古生物确定地层时代，纵向上符合沉积旋回，井下地质分层与地震时间剖面时深转换一致或大体一致；电性、岩性、颜色标志清楚，横向上能远距离追踪对比，并易于在地震剖面上追踪；具体界线划分以不整合面、沉积旋回及电测曲线特征为准，达到古生物无矛盾，岩、电性界面清楚，地震界面一致或大体一致。

本书根据近几年的新资料，仅对勘探目的层——侏罗、白垩系重新进行了划分，现简述如下。

（一）侏罗纪地层划分

盆地内侏罗系资料不很丰富，仅居参1井钻遇侏罗纪地层（视厚度3415m），地表露头主要分布于各坳陷边缘。前人对银—额盆地侏罗系命名较混乱，西部地区的中—下侏罗统称"龙凤山群（J_{1-2}）"或"大山口群（$J_{1-2}d$）"，上侏罗统称"赤金堡群"或"赤金桥组"；南部地区下侏罗统称芨芨沟组，中侏罗统称青土井组，上侏罗统称沙枣河组；东部地区中—下侏罗统称哈格尔汉群[9-12]。1991年《内蒙古自治区区域地质志》将本区的侏罗系划分为西部（额济纳旗，又称北山地区）下统大山口群、中统青土井群，南部（雅布赖盆地和潮水盆地）中统青土井群、上统沙枣河群，东部（阿拉善左旗大部）中—下侏罗统哈格尔汉群[1]。

本书在总结前人资料的基础上，依现有的古生物资料、岩性资料、电性特征及沉积旋回、不整合面等，将盆地内的侏罗系划分为东部中—下侏罗统哈格尔汉群（$J_{1-2}hg$）；西部下侏罗统大山口群（J_1d），中侏罗统青土井群（J_2d），上侏罗统沙枣河群（J_3sh）（表2-4）。

表2-4 银—额盆地侏罗系划分沿革表

地层系统		1:20万区测（西部）	1:20万区测（东部）	内蒙内自治区区域地质志[1]（1991）	本文		地层系统
					西部	东部	
上侏罗统			赤金桥组				白垩系
				沙枣河群	沙枣河群		上侏罗统
中侏罗统		大山口群	哈格尔汉群	青土井群	青土井群	哈格尔汉群	中下侏罗统
下侏罗统				大山口群	大山口群		

盆地内钻井资料仅居参1井钻遇侏罗系，本次选取该井VSPLOG标定过井剖面（EJ95-629）地震地质层位，进而对凹陷内其他二维地震剖面地震反射波组、内部结构、连续性、顶底接触关系等进行研究，验证了划分的合理性（图2-3）。

（二）白垩纪地层划分

盆地内的1:20万区测工作由甘肃、宁夏、内蒙三省地矿局完成，对白垩系的划分和命名采用了不同方案。盆地西部额济纳旗地区为甘肃测区，下白垩统（原区调报告中划归上侏罗统）命名为赤金桥组或赤金堡组，上白垩统层序不全，未予命名；东北部（查干德勒苏坳

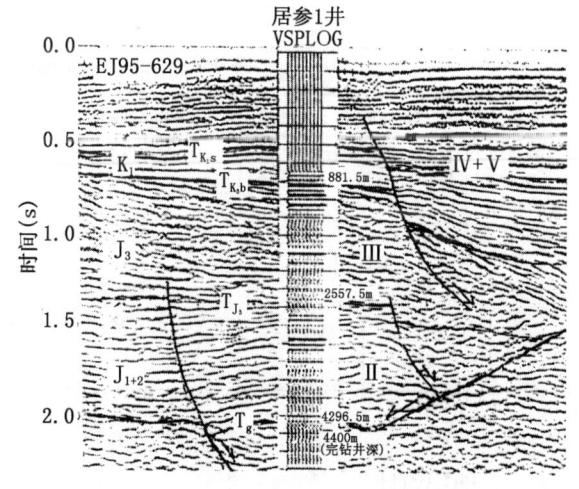

图2-3 居参1井VSPLOG标定过井剖面
（EJ95-629）的地震地质层位

陷）为内蒙测区，下白垩统命名为巴彦花组，上白垩统命名为二连达布苏组；东部（乌拉特后旗附近）也为内蒙测区，下白垩统命名为李三沟组、固阳组，上白垩统未予命名；其他地区为宁夏测区，下白垩统为巴音戈壁组和苏红图组，上白垩统为乌兰苏海组。

本次研究工作，通过对银—额盆地白垩系钻孔剖面岩性、古生物化石的研究，并结合前人发表的该区地表剖面岩性和古生物资料，对盆地内白垩系进行了系统划分及命名；鉴于1:20万区测报告中各组的名称分别引自酒西盆地、二连盆地和固阳盆地[13-17]，建组剖面均不在盆地内，而巴音戈壁组、苏红图组及乌兰苏海组的建组剖面均位于本盆地，且宁

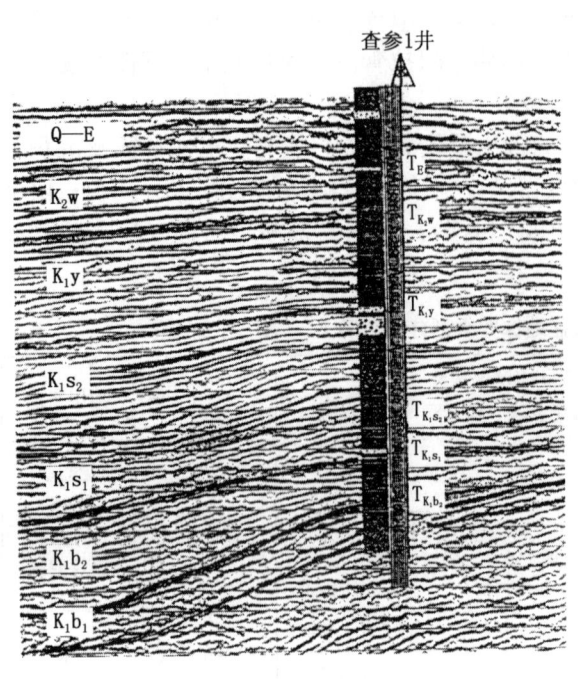

图 2-4 查参 1 井合成记录标定地震层位

夏测区占盆地范围大部分，故本区对白垩系的命名采用宁夏地矿局方案。但与以往划分方案不同的是，在本次工作中，于查参 1 井及务参 1 井钻孔剖面中，发现比地面露头多一套早白垩世地层，大致相当于阿普第期沉积[18]，华北研究院（1996）给予以新的地方性地层名称——"银根组"，该组与上覆及下伏地层均为不整合接触。综上所述，白垩系的划分方案为，下白垩统由老至新依次为巴音戈壁组、苏红图组及银根组，上白垩统有乌兰苏海组。划分沿革见表 2-5。为进一步在地震剖面上检验地层划分的合理性，选取了居参 1 井、查参 1 井、务参 1 井做合成地震记录（VSPLOG 记录）进行层位标定（图 2-4、图 2-5），通过研究其反射波组特征、顶底接触关系，证明地层划分是合理的。

表 2-5 银—额盆地白垩系划分沿革表

地层系统	1：20 万区测宁夏测区		1：20 万区测甘肃测区	1：20 万区测内蒙内测区			银—额盆地	
上白垩统	乌兰苏海组		乌兰苏海组	二连达布苏组			乌兰苏海组	
下白垩统	苏红图组		赤金桥组或赤金堡组	巴彦花群	三段	固阳组	银根组	
					二段		苏红图组	苏二段
								苏一段
	巴音戈壁组	上岩段			一段	李三沟组	巴音戈壁组	巴二段
		下岩段						巴一段

二、地层对比

（一）区内地层对比

1. 盆地侏罗系对比

银—额盆地侏罗系主要发育中、下侏罗统，上侏罗统分布局限，盆地内地表未见确切的露头分布，仅居参 1 井钻遇，现分述如下。

1）盆地西部额济纳旗地区

（1）下侏罗统大山口群：仅分布于居东凹陷和南部坳陷。居参 1 井为一套深灰色砾岩夹泥岩层系，局部发育杂色砾岩及灰黑色碳质泥岩；炭窑井东剖面下部为灰色碎屑含煤沉积，上部为碳质砂、泥岩沉积；希热哈达剖面下部为含煤沉积，上部为杂色砂、砾岩夹煤线；古生物化石以产 *Coniopteris—Phoenicopsis* 植物群为特征，并混有少量 *Clathropteris*—

Dictyophyllum 植物群分子。总的来看下侏罗统是完全可比的。

（2）中侏罗统青土井群：分布较广。居参 1 井岩性上以杂色角砾岩、砾岩及含砾砂岩为主，夹紫色、紫红色及棕红色泥岩及含砾泥岩；炭窑井东剖面下部为灰绿色砂、泥岩沉积，上部为灰色含膏泥岩沉积；长山剖面和红 201 井主要为含煤沉积。从所含的植物化石来看，仍属 *Coniopteris—Phoenicopsis* 植物群分子；孢粉化石下部以裸子植物花粉为主，上部以蕨类植物孢子为主；介形类以 *Darwinula* 繁盛为特征。尽管各剖面沉积环境略有差别，但从所含的化石看，完全可比。

（3）上侏罗统沙枣河群：分布局限，盆地内仅居参 1 井钻遇。居参 1 井钻遇的上侏罗统，在岩

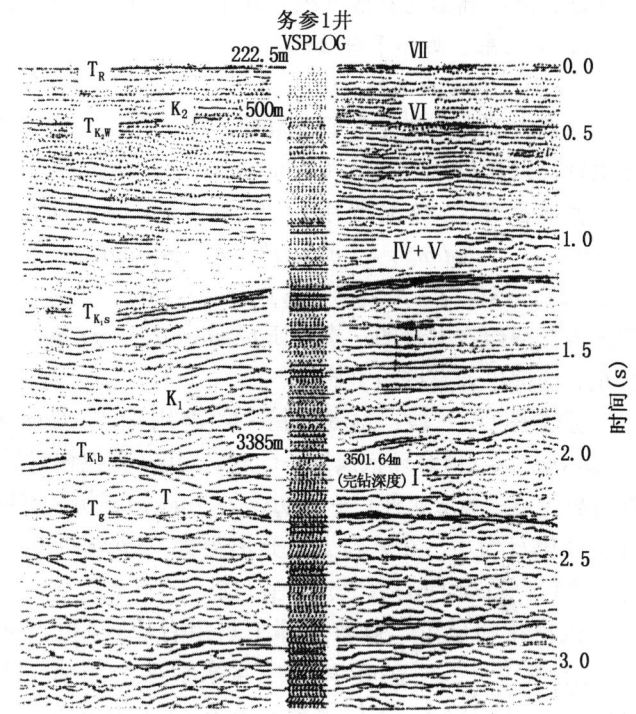

图 2-5 务参 1 井 VSPLOG 标定过井剖面
（EJ94-98）的地震地质层位

性上为大套杂色砾岩、砂砾岩、角砾岩，夹少量薄层棕红色含砾泥岩；炭窑井东剖面和红 201 井主要为杂色泥岩。从所含的孢粉化石看，以裸子植物花粉占绝对优势，其中 *Classopollis* 含量可达 90% 以上，蕨类孢子以 *Cyathidites* 为主，介形类以产 *Darwinula sarytirmenensis* 为特征，时代上均为晚侏罗世，因此均可以对比。

2）盆地东部银根地区

盆地东部侏罗系仅发育中—下统，称哈格尔汉群。在岩性上为陆源碎屑岩含火山碎屑岩及火山喷发岩夹层，如恩根陶来、巴彦哈尔等剖面普遍夹有英安质、流纹质火山角砾岩、凝灰岩等。在吉兰泰、切勒格拉和罕生呼都格均见有碳质泥岩及煤线。从它们所含的古生物来看，如 *Phoenicopsis* sp., *Czekanowskia rigida*, *Baiera* sp., *Desmiophyllum* sp., *Ginko-huttoni*, *Neocalamites* sp., *Podozamites* sp. 等，无疑属于早—中侏罗世，故该地层可与西部中—下侏罗统对比，均为同时代沉积。

3）盆地东、西部侏罗系的差异

从以上的论述不难看出，盆地东、西部侏罗系在古生物资料及含矿性方面有较好的可比性。从古生物资料看，东部地区的化石发现的虽不多但其属、种和西部早—中侏罗世的化石完全可比；从含矿性来看，西部地区的中—下侏罗统含可采煤层，在东部地区的吉兰泰和切勒格拉及罕生呼都格同样可见煤线。但无异东、西部也存在着明显的差异，这主要表现在盆地东部中—下侏罗统岩性偏粗，普遍含有火山碎屑岩，而西部地区均为正常陆源碎屑岩沉积，无火山岩夹层，从而反映出盆地东、西部无论在古地理位置还是古构造环境均有显著不同。东部地区受燕山运动影响，火山活动强烈，火山岩系发育；而西部缺乏火

山活动，属内陆山间盆地沉积。其东、西部分界线在恩根陶来—巴彦哈尔—吉兰泰一线。

2. 盆地东、西部下白垩统对比

1）古生物化石对比

盆地内下白垩统发现了大量动、植物化石，其组合面貌基本一致，均为早白垩世代表性属种，以含热河生物群（Eosestheria—Ephemeropsis trisetalis—Lycoptera）为特征。

盆地西部巴音戈壁组含 Ephemeropsis trisetalis, Neimongolestheria guyangensis, Diestheria subolonga, Eosestheria elongata, Sphaerium jeholense, Ferganoconcha shouchangensis, Cypridea (Cypridea) unicostata, Brachyphyllum 等热河群分子；盆地东部巴音戈壁组产大量的昆虫类 Ephemeropsis trisetas, Liupanshania sp., Dissurus sp. 等；故东、西部巴音戈壁组可比。

苏红图组一段：盆地西部生物组合以 Concavissimisporites（凹边瘤面孢属）—Densoisporites（拟套环孢属）—Classopolis（克拉梭粉属）—Atopochara trivolvis triquetra（三褶奇异轮藻三角形亚种）—Chypeator jiuquanensis（酒泉盾轮藻）组合为特征。该组合以孢粉和轮藻化石为主，并见到少量介形类如 Cypridea (C.) unicostata, Lycoplerocypris infantlis 等。孢粉化石裸子植物花粉占绝对优势（53.5%～87.0%），蕨类孢子居次（12%～46.5%），被子植物花粉最少。盆地东部生物组合以 Jiaohepollis（蛟河粉属）—Palaeoconiferales（古老松柏类）—Cycadopites（苏铁粉属）组合为特征。其中裸子类花粉占绝对优势（90.9%～97.2%），尤以无缝双囊粉类（Desacciatrileti）居多，克拉梭粉（Classopolis）较盆地西部明显减少，这可能是东、西部沉积环境不同所致，但无疑二者是可比的。

苏红图组二段：盆地西部以 Classopollis（克拉梭粉属）—Piceaepollenites（云杉粉属）—Darwinula custella（短小达尔文介）—Flabellochara hebeiensis（河北扇轮藻）生物组合为特征。盆地东部以孢粉组合：Classopollis（克拉梭粉属）—Piceaepollenites（云杉粉属）—Cicatricosisporites（无突肋纹孢属）组合为特征。东、西部均出现以 Classopollis—Piceaepollenites 为特征的孢粉组合，因此东、西部苏二段是完全可以对比的。

银根组：盆地西部孢粉组合以 Laevigatosporites（光面单缝孢属）—Cicatricosisporites（无突肋纹孢属）—Inaperturopollenites（无口器粉属）组合为特征，并出现少量浮游藻类化石，如 Minutisphaeridium 等。盆地东部以 Laevigatosporites（光面单缝孢属）—Cicatricosisporites（无突肋纹孢属）—Piceaepollenites（云杉粉属）孢粉组合为特征。东、西部均以蕨类孢子占较高含量，且均以 Cicatricosisporites, Laevigatosporites 为主，并伴随有少量的 Appendicisporites 等。不难看出，东、西部完全可以对比。

2）岩石地层学对比

银—额盆地东、西部，下白垩统由下至上，具有粗—细—略粗，颜色由红—黑—杂的一个完整沉积旋回。

巴音戈壁组下段为盆地发育早期阶段的产物，为河流—冲洪积相沉积。在地表露头上，恩根陶来、湖西新村、小土包、交夹沟及塔布陶勒盖剖面岩性特征相似，均以杂色、红色砂、砾岩为主，夹薄层泥岩。盆地西部务参 1 井巴音戈壁组下段，岩性以杂色砂砾岩、暗紫色泥质砂砾岩为主；至盆地东部查参 1 井，下段以灰色砾岩、砂砾岩为主，夹棕色泥岩，均代表湖盆发育早期充填阶段的产物。巴音戈壁组上段以湖相沉积为主，以暗色泥岩、灰岩为特征，各坳陷基本一致。盆地东部乌拉特后旗，为一套砂、泥岩，灰岩极少，但发育少量石膏薄层；查参 1 井为大套深灰、灰色、黑灰色泥岩、页岩、白云质泥页岩，顶部为灰色砂岩、粉砂岩、泥质粉砂岩；在额勒斯台灰岩相对发育，而巴隆乌拉剖面白云岩相对发育；巴隆乌拉、额勒斯台剖面下部还发育一套三角洲相砂、砾岩，横向相变为泥岩。湖西新村、恩根陶来和塔布陶勒盖剖面岩性单一，前两者为一套黑色泥岩，后者以白云岩特别发育；务参1井为一大套暗紫色泥岩；以上这些岩石组合均反映出滨—浅湖相、半深湖—深湖相沉积特征，为湖盆发育中期的产物。

苏红图组为盆地发育晚期阶段的产物，为滨浅湖—河流相沉积。岩性以灰色、深灰色、棕褐色泥岩、粉砂质泥岩为主夹粉砂岩、砂砾岩为特征。盆地东部查参1井主要以深灰、灰黑、灰色、棕色泥岩、粉砂质泥岩、砂岩、含砾砂岩为主，夹灰黑、紫色的玄武岩、杂色火山角砾岩。在正常沉积岩中，巴隆乌拉以一套含碳质的泥岩与粉砂岩不等厚互层为特征，恩根陶来为灰紫、灰绿色泥岩与中、粉砂岩不等厚互层；西部务参1井下部为一套暗紫色泥岩、钙质泥岩夹灰色泥岩；上部为灰色泥岩、粉砂质泥岩为主，夹薄层煤、碳质泥岩及砂砾岩。湖西新村为一套褐红、紫红、灰绿色粉砂质泥岩、泥岩夹粉砂岩地层；小土包以一套黄绿、灰绿色泥、页岩夹灰岩薄层为特征。

银根组为滨浅湖相—河流相沉积，反映湖盆水体由浅到消亡，代表了湖盆萎缩期产物。盆地东部查参1井主要为一套灰色、绿灰色、暗褐色的泥岩、砂质泥岩、含砾砂岩夹碳质泥岩、泥质粉砂岩；西部务参1井为一大套棕红色、暗紫色泥岩夹泥质粉砂岩及杂色砾岩、砂砾岩。

综上所述，从古生物化石组合及岩石地层学方面，盆地东、西部下白垩统可以对比。

3. 盆地东、西部井下下白垩统对比

目前为止盆地内共打了三口参数井（居参1井、务参1井、查参1井）及一口预探井（天1井），均钻穿白垩系，下面仅就这几口井的资料进行对比。

巴音戈壁组：四口井均为下粗上细的正旋回，但由于沉积环境的不同，导致在东、西部岩性上的差异。盆地东部，查参1井下部为一套灰色、深灰色砾岩夹砂砾岩、砂岩及棕色泥岩，上部为灰色、深灰色、棕褐色泥岩、页岩、白云质泥岩与灰色粉砂质泥岩、砂岩、粉砂岩不等厚互层；盆地西部，居参1井下部主要为棕红色泥岩、含砾泥岩夹砾状砂岩及砂砾岩；上部以大套厚层棕红色泥岩为主，局部夹灰色、紫红色泥岩、页岩。天1井岩性为深灰色、灰色泥岩与浅灰色砂砾岩、含砾不等粒砂岩、细砾岩不等厚互层，顶部为厚层棕红色砂砾岩、泥岩，底部为厚层杂色砾岩。务参1井下部为一大套杂色砂砾岩、暗紫色泥质砂砾岩，上部为大套暗紫色泥岩，夹薄层钙质泥岩。在古生物化石方面，查参1井以三尾拟蜉蝣（*Ephemeropsis trisetalis*）化石组合为代表，居参1井以周壁粉（*Perinopollenites*）—原始松柏粉属（*Protoconiferus*）—克拉梭粉属（*Classopollis*）—粒面球藻属（*Granodiscus*）—微小球藻属（*Minutisphaeridium*）生物组合为特征；天1井以原始松柏粉属（*Protoconiferus*）为主的裸子类花粉占优势（61.1%～98.00%），蕨类孢子无突肋纹孢属（*Cicatricosisporites*）、克鲁克孢属（*Klukisporites*）、斑纹孢属（*Maculatisporites*）等亦占有一定比例（2.0%～38.9%）。而务参1井出现了少量的介形类和轮藻化石，如：介形类 *Metacypris* sp., *Lycopterocypris* sp., *Cypridea* (C.) *unicosta*；轮藻 *Flabellochara jurongica*, *F. hebeiensis*, *Aclistochara huihuibaoensis*, *Clypeator jiuquanensis* 等。它们均可横向对比，其时代相当于早白垩世早期贝里阿斯期—凡兰吟期—欧特里期。

苏红图组一段：四口井岩性差别较大，查参1井为灰色泥岩夹砂岩及大套玄武岩，为滨浅湖—半深湖沉积，火山活动频繁；居参1井为褐色、灰色泥岩，夹薄层灰色粉细砂岩，为弱氧化湖泊环境；天1井为大套紫红色、棕红色泥岩夹少量灰色泥岩，为滨浅湖相沉积；务参1井为大套暗紫色泥岩夹灰色钙质泥岩及含砾泥岩，属咸化湖泊相沉积。因此反映它们各自所处的沉积环境不同。也正是由于沉积环境的差异，致使古生物化石面貌也有所不同。查参1井出现了以蛟河粉属（*Jiaohepolis*）—古老松柏粉类（*Palaeoconifereles*）—苏铁粉属（*Cycadopites*）为代表的孢粉组合，居参1井发现了以单肋女星女星介（*Cypridea*（*Cypridea*）*unicostata*）—多刺刺星介（*Rhinocypris echinata*）—多形季米里亚介（*Timiliasevia polymorpha*）—无突肋纹孢属（*Cicatricosisporites*）—凹边瘤面孢属（*Concavissimisporites*）—松科（*Pinaceae*）—微小球藻属（*Minutisphaeridium*）为代表的化石群；天1井出现了大量的介形类 *Cypridea unicostata*，*C. diminuta*，*Lycopterocypris infanulis* 及孢粉化石 *Pinuspollenitis*、*Chenopodispollis* 等；务参1井出现了丰富的克拉梭粉属（*Classopollis*）及一些轮藻、介形类化石，但其中如无突肋纹孢属（*Cicatricosisporites*）等具有层位意义的标志性化石分布规律，仍具有横向对比意义。

苏红图组二段：查参1井及务参1井均为以灰色泥岩为主的砂泥岩沉积；查参1井中部夹有巨厚的玄武岩，务参1井下部发育了一套煤层；居参1井及天1井则以棕红色、棕色泥岩为主，夹灰色及褐色泥岩，局部夹棕红色粉砂质泥岩。从沉积特征看，盆地西部沉积较稳定，东部则火山活动频繁。然而古生物化石面貌，尤其是孢粉化石组合具有很多相似的特征，呈现 *Classopollis*（克拉梭粉）的高含量，且出现了一定量的轮藻和介形类化石，从而东、西部可比。

银根组：查参1井及务参1井均为红、灰相间的砂泥岩互层，主要为砂砾岩、细砾岩和泥岩，均以滨浅湖—河流相沉积为主，其中古生物化石面貌基本相同，化石门类单一，主要是孢粉化石，出现了以光面单缝孢属（*Laevigatosporites*）—无突肋纹孢属（*Cicatricosisporites*）为主要代表的孢粉组合，不同的是务参1井出现了较多的 *Inaperturopollenites*（无口器粉属）以及 *Taxodiaceaepollenites*（杉粉属）等花粉，查参1井在其下部出现了灰色岩系。居参1井则主要为一套红色岩系，上部为棕红色泥岩及杂色砾岩，下部为棕红色含砾泥岩，所含化石以介形类及菌藻类为主，发现了以宁夏假伟星女星介（*Cypridea*（*Pseudocypridina*）*ningxiaensis*）—球形假伟星女星介亲近种（*C.*（*P.*）*aff. globra*）—单孔多胞孢属（*Pluricellaesporites*）为代表的化石群，该化石群是一个具有明显的早白垩世晚期（阿普第期）特色的化石群，因而，三口井完全可比。

4. 盆地东、西部下白垩统差异性

上面谈的多为盆地东、西部的相似性，但无论在古生物地层学方面还是岩石地层学方面，都存在一定的差异，界线大致在恩根陶来一线。造成这种差异的主要原因是东、西部古地理环境有别。

在岩石地层学方面，东部粗碎屑岩相对发育（如恩根陶来剖面），并夹有火山碎屑岩及喷发岩（如查参1井），西部以细碎屑岩为主（如湖西新村剖面及务参1井、居参1井）。东部除发育较多白云质泥（页）岩（如查参1井）外，油页岩也较发育，而西部以灰岩发育为特征（如小土包剖面）并出现碳质泥岩及煤层（如务参1井）。

古生物化石方面，叶肢介、双壳类、介形类、孢粉类均反映出东、西部存在的差异性。叶肢介、双壳类东部以 *Eosestheria*，*Yanjiestheria*，*Myrene* 特别发育，西部以 *Neodiestheria*，*Orthestheria*，*Sphaerium* 发育。介形类，东部以 *Cyprodea*（*Cypridea*）*unicostata*，*Ilyocyprimorpha* cf. *binoda* 特别富集，西部以富集 *Cypridea*（*Cypridea*） *bicostata*，*Mangolianella* cf. *vosta* 为特征。孢粉化石中，东部既有反映温度较高、适于山脚、平原区生长的松、柏类、苏铁类植被，又有适于气温较寒冷、海拔较高的云杉、雪松植被，垂直分带性明显，反映出山地的存在。西部仅有适于平原及丘陵区生长的松、柏、苏铁类植被，而无垂直分带现象。从而反映出东、西部的古地理环境是造成东、西部差异的主要原因。

5. 盆地东、西部上白垩统对比

盆地东、西部上白垩统岩性组合特征相似，均为红色岩系，主要为棕红色、棕黄色泥岩、砂质泥岩、含砾泥岩，底部见砾岩，同属河流相沉积。孢粉化石出现一些无缝双囊粉类（*Disacciatrileti*），并以松科（Pinaceae）组分为主体，亦见到少量的古老型松柏类分子，如：*Protoconiferus*，*Pseudopica* 等。蕨类孢子中，出现了 *Schizaeoisporites* 等。

（二）与邻区地层对比

银—额盆地在生物组合、岩性特征及含矿性方面，可与潮水盆地、雅布赖盆地及二连盆地对比（表 2-6）。

表 2-6 银—额盆地与邻区侏罗、白垩系对比表

层 位		银—额盆地		潮水盆地	雅布赖盆地	二连盆地	
白垩系	上统	乌兰苏海组		金刚泉群	金刚泉群	二连达布苏组	
	下统	银根组		庙沟群	庙沟群	赛汉塔拉组	
		苏红图组	苏二段			腾格尔组	二段
			苏一段				一段
		巴音戈壁组	巴二段			阿尔善组	
			巴一段				
侏罗系	上统	沙枣河群		沙枣河群	沙枣河群	兴安岭群巴达拉湖组	
	中统	青土井群		青土井群	青土井群	阿拉坦合力群	
	下统	大山口群		芨芨沟组	大山口群		

1. 侏罗系对比

银—额盆地侏罗系以中、下侏罗统大山口群及青土井群为主，上侏罗统沙枣河群仅局部存在。其中，中、下侏罗统以含有 *Coniopteris*—*Phoenicopsis* 植物群与 *Clathropteris*—*Dictyophylum* 植物群混生为特点，双壳类以 *Ferganococha* 繁盛为特征。岩性以一套河流—沼泽相粗碎屑岩夹黑色碳质页岩及煤线为特征，盆地东部中—下侏罗统哈格尔汉群为陆相含煤碎屑岩夹火山碎屑岩沉积。上侏罗统以居参1井为代表，为大套杂色砾岩、砂砾岩、角砾岩、夹少量薄层棕红色泥岩，未发现化石。潮水盆地侏罗系发育下统芨芨沟群、中统青土井群、上统沙枣河群。中、下侏罗统在岩性上均以灰、灰色砾岩、砂砾岩及灰色、黄褐色砂岩、泥岩、页岩为主，夹碳质泥岩及煤层或煤线为特征；化石组合以 *Coniopteris*—*phoenicopsis* 植物群为特征，可与银—额盆地中—下侏罗统对比。潮水盆地上统为棕红、紫色泥岩夹灰绿色砂岩，底部为灰色砾岩，无化石，因此与银—额盆地上侏罗统仅能大致对比。

雅布赖盆地侏罗系发育下统大山口群、中统青土井群及上统沙枣河群。在岩性上，中、下侏罗统为灰绿色泥岩、泥质粉砂岩、砂岩及褐灰色含砾粗砂岩，在泥质粉砂岩中有不稳定煤线。岩石组合上较银—额盆地中—下侏罗统细，但古生物组合上，雅布赖盆地下侏罗统产 *Dictyophyllum*—*Clathropteris* 植物群，中侏罗统产 *Coniopteris*—*Phoenicopsis* 植物群，与银—额盆地中—下侏罗统可比，均为同时代沉积。雅布赖盆地上侏罗统在岩性上，上部为灰绿色砂岩夹泥质粉砂岩，下部为浅灰色砾岩、含砾粗砂岩夹灰绿色泥质粉砂岩，产化石 *Yanjiestheria* sp., *Otozamites* sp. 等，与银—额盆地上侏罗统可大致对比。

二连盆地的侏罗系，中—下侏罗统为阿拉坦合力群，上侏罗统为兴安岭群和巴达拉湖组。阿拉坦合力群以含煤地层为主，夹凝灰岩或凝灰质砂岩。在古生物组合上，二连盆地阿拉坦合力群化石丰富，也以产 *Dictyophyllum*—*Clathropteris* 植物群及 *Coniopteris*—*Phoenicopsis* 植物群为特征，因此二连盆地与银—额盆地中—下侏罗统可比。二连盆地上侏罗统为火山—沉积地层，以碎屑岩为主，夹数层凝灰岩、凝灰质砂岩，化石丰富，可与银—额盆地上侏罗统大致对比。

上述各盆地在含矿性方面，中—下侏罗统为普遍的成煤期，均夹有煤层或煤线。在岩性方面也存在差异，银—额盆地西部及潮水、雅布赖盆地不含火山碎屑岩，银—额盆地东部及二连盆地火山碎屑岩发育[19]。

2. 白垩系对比

1) 下白垩统

潮水盆地与雅布赖盆地的下白垩统称庙沟群。从岩性上看，潮水盆地的庙沟群下部为紫红、桔红色细砾岩、砂岩、泥质粉砂岩，上部灰、灰绿色细砾岩、泥页岩夹钙质页岩及泥灰岩；雅布赖盆地的庙沟群则岩性较细，以暗紫色细粒长石砂岩、砂质泥岩为主。它们均含有丰富的动、植物化石，如 *Sphaerium* sp., *Ginkgoites* sp., *Viviparus* sp., *Cypridea* (*Cypridea*) *yumenensis*, *Diestheria* sp., *Eosestheria* sp., *Yanjiestheria* sp., *Darwinula contrata*, *Lycoptrocypris* sp. 等[3]。因此，无论在岩性上还是化石组合上，均与银—额盆地下白垩统相似，可以对比。

二连盆地的下白垩统称巴彦花群，进而分为阿尔善组、腾格尔组及赛汉塔拉组。巴彦花群基本上由粗—细—粗三套碎屑岩组成一个完整的沉积旋回。岩性主要为灰、深灰、灰绿色泥岩，杂色、灰白色、灰绿色砂、砾岩，局部夹油页岩、泥灰岩、碳质泥岩、褐煤层及火山岩。在岩石组合上可与银—额盆地下白垩统对比。从古生物组合上看，巴音戈壁组中、上部与巴彦花群中部，同含固阳鱼群和 *Cypridea*—*Limnocypridea*—*Ilyocyprimorpha* 介形类动物群，巴音戈壁组下部多处产 *Psittacosaurus*，可与巴彦花群下部对比。从孢粉组合上看，赛汉塔拉组含 *Cicatricosisporites*—*Appendicisporites*—*Laevigatosporites* 孢粉组合，腾格尔组二段含 *Cicatricosisporites*—*Classopollis* 孢粉组合，腾格尔组一段含 *Concavissimisporites*—*Monosulcites*—*Cicatricosisporites* 组合，阿尔善组含 *Disacciatrileti*—*Deltoidospora*组合，因此，均可与银—额盆地的银根组、苏红图组二段、苏红图组一段及巴音戈壁组对比。在含矿性方面银—额盆地西部及二连盆地下白垩统均含煤层，银—额盆地东部及二连盆地均含有火山碎屑岩，故二者完全可比。

2) 上白垩统

潮水及雅布赖盆地的上白垩统，称金刚泉群。岩性上为红色的砂砾岩、砂泥岩沉积。古生物化石以含恐龙类 *Protoceratops*，植物 *Onychiopsis*、*Brachyphyllum*，叶肢介 *Eosestheria* 等为特征。因此，无论岩性特征还是古生物特征，均可与银—额盆地乌兰苏海组对比。

二连盆地的上白垩统称二连达布苏组。岩性为灰白色、灰绿色、棕红色的砂岩、砾岩、泥岩、页岩，古生物化石以含恐龙类 *Ornithomimus*，*Bactrosaurus* 为特征，可与乌兰苏海组对比。

第四节 古气候特征

沉积区的古气候条件直接影响各种地质作用，尤其是水体温度，而水体温度又直接控制水介质的物化条件和生物的繁殖与发育。目前恢复古气候的方法很多，常用的有古生物及古生态法、岩石学方法、稳定同位素法及古地磁法等。本次应用能敏锐反映古气候的植物化石（孢粉化石）及能够指示气候变化特征的岩石特征进行古气候分析。下面仅就侏罗—白垩纪古气候特征探讨如下。

一、植物化石及孢粉化石的古气候意义

生物与环境总是互为依存、相互制约的。气候环境是严格控制生物群落生长、生存、繁衍和分布的重要因素，它直接影响生物的分带性和群种成分的多样性。尤其是植物界，对气候环境有着很强的依赖性和适应性。

陆生植物群的分带性和分区性较为显著，如古生代的节蕨植物、石松植物，中生代的真蕨植物、苏铁植物，新生代的棕榈和樟树都是热带气候的指示性植物。孢子花粉系植物母体的生殖细胞，有什么样的植物便产生什么样的孢粉。因此，分析和研究孢子花粉在地层中的分布规律及其组合特征，可以帮助认识和探讨沉积时期的气候环境，剖面中旱生植物和喜湿水生植物各类孢粉百分含量变化，可较好地反映古气候演变规律。

二、岩矿及岩性特征的古气候意义

不同的气候环境造就不同的沉积矿物，因而不同的沉积矿物也就可以指示不同的气候特征。气候分析宜采用综合标志划分气候类型，以暗色碎屑岩为主，煤层及碳质泥、页岩广泛发育，粘土矿物以高岭石为主，大量出现菱铁矿、铝土矿及沉积锰矿等，综合起来是潮湿气候的可靠标志；沉积岩系中既不含石膏、石盐，又不含煤层、菱铁矿，粘土矿物以水云母、胶岭石为主，红色岩层较为广泛，上述特征是半干燥气候类型标志；剖面中有煤层、煤线，粘土矿物多为高岭石，红色岩系缺乏或较少，综合分析是属半潮湿气候标志；边缘相为红色沉积，向盆地内过渡为以蒸发岩为主的沉积类型，如有碳酸盐红层、石膏、硬石膏、钾盐、萤石、含铜砂岩及钙质壳、硅质壳等，为干燥气候标志。特殊岩石类型，如冰碛岩、冰川纹泥是寒冷气候的标志，而高岭石风化壳、红土风化壳、铝土矿、化学成因的碳酸盐岩、鲕状灰岩等，则是温暖或炎热气候标志。

表2-7及表2-8分别是植物化石及孢粉化石生态及其反映气候特征情况。

表2-7 全球侏罗—白垩纪各气候带重要指示性植物特征

热 带	亚 热 带	温 带
所见化石较少，主要为南美杉科、本内苏铁目、苏铁目、掌鳞杉科的分子，除具有亚热带典型分子外，其独特的真蕨类见有 $Piazopteris$、$Weichselia$ 等。（所发现化石基本上为喜干类型）	本内苏铁目、苏铁目以及近于无法确定分类系统位置的苏铁植物（$Taeniopteris, Cycadites$）非常丰富。典型分子有 $Zamites$、$Sphenozamites$、$Otozamites$、$Dictyozamites$、$Pseudoycas$、$Ptilophyllum$、$Zamiophyllum$、$Sagenopteris$、$Pachypteris$ 等。喜湿类型：各种真蕨类、木贼目和开通目丰富，而松柏类不多。喜干类型：掌鳞杉科、南美杉科、本内苏铁目和苏铁目发育，真蕨类仅居次要地位	以乔木型为代表的银杏类，松柏类以及低矮的草本蕨类组成。典型分子有 $Phoenicopsis$、$Caekanowiskia$、$Pityocladus$、$Pityocladus$、$Pityophllum$、$Brachyphyllium$、$Raphaelia$ 等

表 2-8 主要孢粉母体植物生态特征及气候特征表

孢粉名称	与现存植物亲缘关系密切的科属生态特征	气候特征
桫椤孢三角孢属	桫椤科，树蕨，分布于热带潮湿地区	潮湿气候
光面三缝孢属具屑孢属	海金砂科，分布于热带、亚热带	潮湿气候
金毛狗孢属	蚌壳蕨科，主要分布于热带	潮湿气候
紫萁孢属	紫萁属，陆生，分布于温带和热带	潮湿气候
双束松粉属	松科常绿乔木，山地针叶，分布于北温带和亚热带	半干旱气候
云杉粉属	松科常绿乔木，山地针叶，分布于北温带和寒冷地区	半干旱气候
雪松粉属	松科，常绿乔木，山地针叶，现存于华北、西藏等地	干旱气候
罗汉松粉属	罗汉松科，常绿乔木或灌木，分布于温带、热带或亚热带	潮湿气候
杉科	常绿或落叶乔木，常生于沼泽地，分布于热带和北温带	潮湿气候
克拉梭粉属	掌鳞杉科（?），常生于干热气候条件	干旱气候
苏铁粉属	苏铁粉，分布于热带、亚热带	潮湿气候
银杏粉属	银杏属，产于日本和我国的四川等地	半干旱气候

三、侏罗—白垩纪古气候总体特征

从盆地内岩性标志及植物群、孢粉化石组合时空分布特征来看，银—额盆地侏罗—白垩纪古气候大致可分为四个阶段。第一阶段：早侏罗世至中侏罗世早期（相当于大山口群及青土井群下部），为暖温带潮湿气候。第二阶段：中侏罗世晚期至晚侏罗世末（相当于青土井群上部及沙枣河群），以暖温带—亚热带半干旱—干旱气候为主。第三阶段：早白垩世为暖温带—亚热带干湿交替过渡性气候。第四阶段：晚白垩世为亚热带—热带半干旱—干旱气候。现简述于下。

（一）早侏罗世—中侏罗世早期

在岩石组合上为暗色含煤碎屑岩系，其中泥质岩多为深灰色及灰黑色，局部含煤及碳质泥页岩，并见有还原性指示矿物黄铁矿等。所产化石群以小个体菌藻类为主，孢粉化石以裸子类花粉占主导地位，反映干旱环境的指示物种较少见。从植物群来看，以真蕨类和银杏类为主，松柏类次之，苏铁类仅在局部地区发育。真蕨类以蚌壳蕨科和紫萁科最发育，锥叶蕨属和枝脉蕨属大量繁盛，双扇蕨科和马通蕨科在某些地区亦有相当数量。该植物群表明当时气候较温暖潮湿。综上所述，本期沉积主要为含煤地层，反映当时气候潮湿；从植物和孢粉来看，为偏暖的温带潮湿气候。

（二）中侏罗世晚期—晚侏罗世末

中侏罗世晚期沉积物以大套角砾岩夹紫、紫红色泥岩为主，晚侏罗世沉积的沙枣河群，主要为大套杂色砾岩、砂砾岩，夹少量棕红色含砾泥岩，因此，该期沉积物属半干旱—干旱洪、冲积建造类型。该期的化石发现较少，植物群以松柏类、真蕨类和苏铁类较发育，而银杏类较少；松柏类中以耐干旱的 *Cupressinocladus*, *Elatocladus*, *Brachyphyllum* 分布较广，表明气候干旱；孢粉化石中，耐干旱的花粉 *Classopollis* 在某些剖面含量较高（红201井可高达94%~98%），反映气候较为干燥。

（三）早白垩世

巴音戈壁组沉积初期，孢粉化石群中既含有丰富的双气囊松柏类花粉，同时也出现较多的反映偏干旱环境的克拉梭粉属（*Classopollis*）。此期沉积物以杂色砾岩、砂砾岩及棕红色泥岩为主，属半干旱区洪、冲积建造阶段。至巴音戈壁组沉积中、晚期，孢粉化石群中松柏类花粉含量上升，而 *Classopollis* 所占比重明显减少，表明早期的干热气候已转为湿润的气候环境。此阶段沉积物以暗色地层为主，出现大套灰色、深灰色泥、页岩，局部地区有油页岩分布。化石群中疑源类化石较为丰富，尤其是出现了较大个体的类型——粒面球藻属（*Granodiscus*），进一步证实了开阔水盆的存在。

苏红图组沉积时期，盆地东、西部气候环境略有差异。盆地东部，以查参1井为代表的苏红图组沉积时的气候环境，处于温带—亚热带条件下，以极其茂盛的山地常绿针叶林为主体的植被林带，并在其林下生长着低矮的海金砂科（Lygodiaceae）组分的蕨类植物草本区。在孢粉组合特征上，反映出具双气囊的高大乔木松柏类占绝对优势。在苏红图组沉积后期（苏二段沉积期），气候条件趋于干旱，孢粉化石组合反映出耐干旱的掌鳞杉科的克拉梭粉属（*Classopollis*）明显增高，在纵向序列上形成高含量带。在盆地西部，以务参1井为代表的苏红图组沉积时期，则出现了比较丰富的耐干旱适盐咸的掌鳞杉科克拉梭粉属（*Classopollis*），山地常绿针叶林无缝双囊粉类（*Disaccitrileti*）分子却比较稀少。尤其是在苏红图组沉积早期（苏一段沉积期），出现了大量的克拉梭粉属（*Classopollis*）及一些海金砂科组分（主要是无突肋纹孢属（*Cicatricosisporites*）、海金砂孢属（*Lygodiumsporites*）及凹边瘤面孢属（*Concavissimisporites*）等）的蕨类植物草本区，这反映了务参1井当时可能处在地势低平开阔，远离山区，气候条件干旱炎热的环境，大套暗紫色泥岩的出现亦是佐证。在苏红图组沉积后期（苏二段沉积期）曾一度转为湿热气候的沼泽相封闭沉积环境，出现了煤系地层，其中见到了较多的光面单缝孢属（*Laevigatosporites*）等水生、沼泽分子。之后，又趋于干旱，克拉梭粉属（*Classopollis*）连续出现，其他孢粉化石则较稀少。

银根组沉积时期，盆地东、西部的气候环境较相似，均由早期的湿热气候环境转变为晚期的干旱环境。在岩石组合上，银根组中下部以灰色泥岩为主，夹薄层砂岩及泥质粉砂岩，局部夹有煤屑；上部则以紫红色泥岩为主，夹灰色泥岩、含砾不等粒砂岩。在孢粉组合上，均以光面单缝孢属（*Laevigatosporites*）—无突肋纹孢属（*Cicatricosisporites*）组合为特征，出现了含量比较高的蕨类孢子，同时又连续地出现了水生、沼生分子，如光面单缝孢属（*Laevigatosporites*）等，反映早期气候较为湿热，至晚期出现了大套红层，反映气候转为干旱。

（四）晚白垩世

乌兰苏海组沉积时期，气候变得更为炎热干旱。在岩石组合上表现为红色地层占主导地位，为红褐色泥岩、砂质泥岩，夹泥质砂岩、砂岩、砾岩等。植物化石极少，仅见一些松柏类花粉；脊椎动物化石以恐龙类为主，见有 *Protoceratops* sp., *Ceratopsidae* sp., *Bactrosaurus* sp. 等。

参 考 文 献

[1] 内蒙古自治区地矿局. 内蒙古自治区区域地质志. 北京：地质出版社，1991，1～725
[2] 叶得泉，钟筱春. 中国油气区地层古生物丛书. 中国北方含油气区白垩系. 北京：石油工业出版社，1990

[3] 甘肃省区域地层表编写组. 西北地区区域地层表. 甘肃分册. 北京：地质出版社，1980
[4] 齐骅，张刚. 内蒙古西部苏红图盆地中生代晚期火山沉积岩中的介形类. 微体古生物学报，1990，7（3）：231～238
[5] 吴吉元，胡文学，焦继延. 内蒙古巴丹吉林盆地额济纳旗凹陷中生代孢粉组合. 长春科技大学学报，1998，28（3），247～253
[6] 孙跃武，段吉业，程立人. 巴丹吉林地区中生代地层区划. 长春科技大学学报，1999，29（4）：324～329
[7] 彭维松，王启飞，薛铎等. 内蒙古银根—额济纳旗盆地白垩纪轮藻化石. 微体古生物学报，2003，20（4）：365～376
[8] 卫平生，姚清洲，吴时国. 银根—额济纳旗盆地白垩纪地层古生物群和古环境研究. 西安石油大学学报，2005，20（2）：17～21
[9] 宁夏回族自治区区域地层表编写组. 西北地区区域地层表·宁夏分册. 北京：地质出版社，1981
[10] 宁夏回族自治区地质矿产局. 宁夏回族自治区域地质志. 北京：地质出版社，1990，1～522
[11] 甘肃省地质矿产局. 甘肃省区域地质志. 北京：地质出版社，1989，1～629
[12] 洪友崇编. 华北地区古生物图册（二）中生代分册，昆虫纲. 北京：地质出版社，1984
[13] 洪友崇. 酒泉盆地昆虫化石. 北京：地质出版社，1982
[14] 中国科学院南京地质古生物研究所，华北石油管理局第一勘探大队. 内蒙古二连盆地白垩纪介形类和孢粉化石. 合肥：安徽科学技术出版社，1986
[15] 李洪蓉. 内蒙古二连盆地中生代介形类. 北京：石油工业出版社，1989
[16] 张立君等. 辽宁西部中生代地层古生物之二. 北京：地质出版社，1985
[17] 内蒙古自治区地质局. 内蒙古固阳含煤盆地中生代地层古生物. 北京：地质出版社，1982，1～224
[18] 王鸿祯，李光. 国际地质时代对比表. 北京：地质出版社，1990
[19] 邓胜徽，姚益民，叶得泉等著. 中国北方侏罗系地层总述. 北京：石油工业出版社，2003

第三章 岩浆岩特征与分布

中、新生代构造活动及其控制的岩浆活动对盆地（包括坳陷、凹陷）与油气形成和赋存有一定控制和影响，故成为油气地质条件研究的一项重要内容[1-6]。银—额盆地火山岩特征、识别标志及其与油气成藏的关系则是本章的讨论重点[7-12]。

第一节 岩浆岩的形成与分布

一、形成时代及形成期划分

根据地表露头和钻探所揭示岩浆岩所在井段、层位、接触关系，采用地质法同位素年龄测定成果（表3-1、表3-2），确定银—额盆地在中生代时期，共发生四期岩浆活动。

表3-1 银—额盆地中生代岩浆活动时代简表

地质时代			侵入岩			火山岩		
纪	世	界线年龄(Ma)	时间	代号	年龄值(Ma)	时间	代号	年龄值(Ma)
第三纪		65.0						
白垩纪	晚白垩世	97.0	燕山晚期	γ_5^3、δo_5^3	115.8 133.4	晚白垩世	β_5^3	65.6 70.5
	早白垩世					早白垩世	β_5^2	80.0 137.5
侏罗纪	晚侏罗世	145.6	燕山早期	γ_5^2	126 193.5	早—中侏罗世	ξ_5^2	
	中侏罗世	157.0						
	早侏罗世	178.0						
三叠纪	晚三叠世	208.0	印支期	γ_5^1	185 216.5	晚三叠世		213.3~227.9
	中三叠世	235.0						
	早三叠世	241.1						
二叠纪		245.0						

（一）第一期（印支期）

该期侵入岩形成时代为晚三叠世—中侏罗世初期，以A型花岗岩为主，多以岩基、岩株或岩被形态产出。

该期火山岩仅见于梭梭头凹陷及其周围，经务参1井揭示为一套中酸性火山熔岩，呈岩舌、岩丘和岩穹产出。

（二）第二期（燕山早期）

早侏罗世—早白垩世初期，侵入岩除分布于周边山区（北山、洪格尔吉山、北大山、雅布赖山)、宗乃山—沙拉扎山以外,在居延海坳陷地区分别于居参1井井深4296m之下,天1井井深1991m以下钻遇,前者为中深成相,后者为浅—超浅成相。

早—中侏罗世火山岩见于尚丹坳陷、苏红图坳陷及北大山地区、尚丹坳陷的火山岩为英安—流纹质火山碎屑岩及熔岩;苏红图坳陷的火山岩为酸性熔岩;北大山地区的火山岩为中性熔岩。

表3-2 银—额盆地中生代岩浆岩同位素年龄测定值

产地	时代	深度(m)	岩性	中科院北京地质研究所(Ma)	地矿部宜昌地矿所(Ma)	国家地震局地质研究所(Ma)
务参1井	ξ_5^2	3413	英安岩	227.9±6.8	216.2	180.4±2.9
		3501	英安岩	180.6±5.4	213.3	188.8±1.7
居参1井	$\eta\gamma_5^3$	4399	二长花岗岩		135.0	
天1井	$\gamma\delta_5^2$	2068	英安岩		195.0	
		2068	英安岩		185.0	
毛2井	δ_5^2	998~999	细粒闪长岩	122.5±5		
		998~999	细粒闪长岩	125.6±6		
查参1井	K_1s_2	1865~1870	玄武岩	104.4±2.3		
		2200	玄武岩	110.2±2.2		
		2365~2375	玄武岩	109.8±2.3		
	K_1s_1	2725.8	玄武岩	115.6±2.8		
		2904.5	玄武岩	116.7±1.8		
				107.7±2.3		
巴1井	K_1s	1676~1701	玄武岩	135.3±7		
	K_1b	1851~1942	玄武岩	137.5±7		
苏红图	K_1s		安山岩		80.0	
			玄武岩		83.0	
恩格尔乌苏	K_1s		玄武岩		92.0	
					111.0	
乌拉特后旗	K_1s		玄武岩		119.8	

(三) 第三期(燕山中晚期)

早白垩世侵入岩:花岗岩见于盆地西缘北山区与盆地西南缘北大山区,属造山期的中深成—浅成相岩浆岩;闪长岩见于查干德勒苏坳陷,是根据地震剖面发现的一条北东向侵入带,属浅成—次火山岩体。

早白垩世是银—额盆地岩浆活动比较强烈的时期,以火山岩发育为特征。火山活动始于早白垩世巴音戈壁期,以苏红图期最强烈,几乎贯穿于整个白垩纪。查参1井在1858~3034m井段内共钻遇四套火山岩;巴1井在116~1942m井段内共钻遇六套火山岩(表3-3、图3-1、图3-2)。依据形成时代,可细分为早白垩世初期和早白垩世晚期两个活动期。

1. 早白垩世初期火山岩

主要见于查干德勒苏坳陷、苏红图坳陷及狼山两侧,为整合于巴音戈壁组粗碎屑岩中的中基性火山熔岩,属裂隙—中心式溢流型,产自板内裂谷的拉张环境。巴1井在井深1676m以下共钻遇三套厚达161m的玄武岩(表3-3),同位素(K—Ar法)年龄值为135.3~

表 3-3 查参 1 井和巴 1 井火山岩统计表

井号	时代	套	井深（m）	厚度（m）	期	井深（m）	厚度（m）	主要岩性
查参 1 井	K_1s_2	四套	1858~1900.5	38	2	1858~1884.5	26.5	玄武岩、安山岩
					1	1989~1900.5	11.5	玄武岩
		三套	2124~2380.5	256.5	1	2124~2380.5	256.5	玄武岩、安山岩
	K_1s_1	二套	2718~2798.5	66	2	2718~2762	44	玄武岩、安山岩
					1	2776.5~2798.5	22	玄武岩
		一套	2889~3034	119	3	2889~2995	106	玄武岩、安山岩
					2	3012~3018	6	
					1	3027~3034	7	玄武岩、安山岩
巴 1 井	K_1s_2	六	1116~1123	7	1	1116~1123	7	玄武岩
	K_1s_1	五	1301~1487	158	3	1301~1313	12	玄武岩、安山岩
					2	1324~1446	122	玄武岩、安山岩
					1	1463~1487	24	玄武岩
		四	1509~1590	71	2	1509~1579	70	玄武岩、安山岩
					1	1589~1590	1	玄武岩
	K_1b_2	三	1676~1708	30	2	1676~1701	25	玄武岩、安山岩
					1	1703~1708	5	玄武岩
		二	1745~1803	40	2	1745~1764	19	玄武岩
					1	1782~1803	21	
	K_1b_1	一	1851~1942	91	1	1851~1942	91	玄武岩

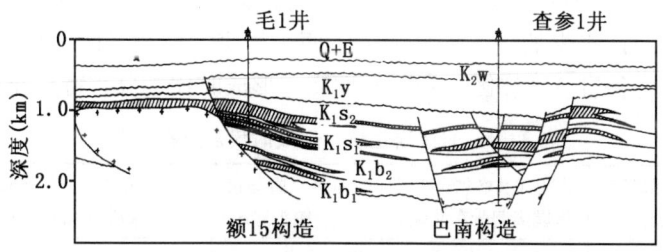

图 3-1 查干凹陷 YG93-842 剖面岩浆岩解释图

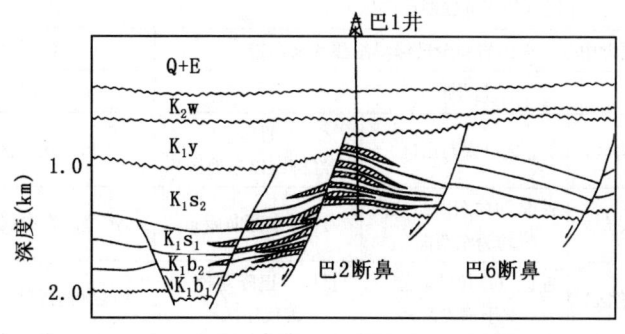

图 3-2 查干凹陷 YG93-850 剖面岩浆岩解释图

137.5Ma。该期火山岩与盆地内大面积分布早白垩世晚期火山岩属同源关系,是形成火山岩岩浆最早产物。

2. 早白垩世晚期火山岩

该期火山岩活动最强烈,波及面较广,由中基性火山熔岩组成,以中心—裂隙溢流为主,产于下白垩统苏红图组内。在苏红图坳陷、查干德勒苏以及尚丹坳陷东部均有其分布。前人对出露于苏红图坳陷火山岩进行了详细的研究,将该套火山岩划归碱性玄武岩系列[1]。查参1井在井深1858~3034m井段共钻遇四大套基性火山岩(表3-3),累计厚度497.5m,经测定同位素年龄为104.4~116.7Ma。

(四)第四期(燕山末期)

主要见于盆地边缘地区,中心式喷溢而成的中基性熔岩,整合于上白垩统底部砂砾岩之上,K—Ar法年龄测定值为65.6~70.5Ma。其形成与狼山—哈拉乌山的造山运动有关。其分布受北东向、北北东向断裂控制。

二、岩浆岩产出条件与分布特点

银—额盆地中生代岩浆岩的分布符合岩浆分布的一般规律,即区域性一、二级大断裂控制岩浆岩带或岩区形成,三、四级断裂控制岩体产出。其中岩浆岩带展布主要受东西向深大断裂控制;岩浆岩体分布主要受北东向或北西向断裂的制约。大规模的岩浆岩体一般多分布正向构造区,负向区相对较少。岩浆活动的方式前期以火山喷溢为主,逐渐演变为以侵入为主。岩浆岩性质遵循基性渐变为中酸性直到酸性的变化规律。

就总体而言,该盆地岩浆岩带以阿尔金、恩格尔乌苏—巴音查干深大断裂为界,分为南、北两个岩带区(图3-3):(1)北岩带的侵入岩共分为五个岩区;(2)北岩带的火山岩分为两个岩区;(3)南岩带的侵入岩分为上下两个岩带、五个岩区;(4)南岩带的火山岩分为五个岩区。以上各岩带(岩区)岩浆岩性质、形成时代、分布特点详见表3-4。

表3-4 岩浆岩性质、形成时代及分布特点

岩带	岩区	Ⅰ区(苏红图坳陷东端公乌苏地区)	Ⅱ区(洪格尔吉山及绿园隆起带东北端)	Ⅲ区(野马泉—梭梭头地区)	Ⅳ区(洗肠井—绿园深断裂以北地区)	Ⅴ区(居东凹陷地区)
北岩带	侵入岩	γ_5^2呈北东向展布	γ_5^2呈北东向展布	γ_5^3(主要)、γ_5^2(少量)自西向东由北西西向转为北东向分布	γ_5^1、γ_5^2、γ_5^3呈北西至北东向弧形展布	γ_5^3呈北西向展布
北岩带	火山岩	Ⅰ区(位于苏红图坳陷区)			Ⅱ区(位于梭梭头凹陷区)	
北岩带	火山岩	早白垩世中基性火山岩和少量侏罗纪酸性火山岩			晚三叠世中酸性火山岩	
		上岩带			下岩带	
南岩带	侵入岩	Ⅰ区(查干凹陷区)	Ⅱ区(宗乃山区)	Ⅲ区(红柳园以东地区)	Ⅰ区(狼山)	Ⅱ区(雅布赖—哈拉乌山)
南岩带	侵入岩	γ_5^2呈北东向展布	γ_5^3从西向东由北东向转为东西向	γ_5^3呈东西向展布	γ_5^2呈北东向展布	γ_5^2呈北东向展布
南岩带	火山岩	Ⅰ区(查干凹陷区)	Ⅱ区(乌拉特后旗—查干都贵区)	Ⅲ区(巴隆乌拉—善代庙区)	Ⅰ区(尚丹坳陷区)	Ⅱ区(北大山区)
南岩带	火山岩	早白垩纪中基性火山岩区	早白垩纪中基性火山岩区	早白垩世及晚白垩世中基性火山岩区	侏罗纪中基性火山岩和少量白垩纪中基性火山岩	侏罗纪中性火山岩区

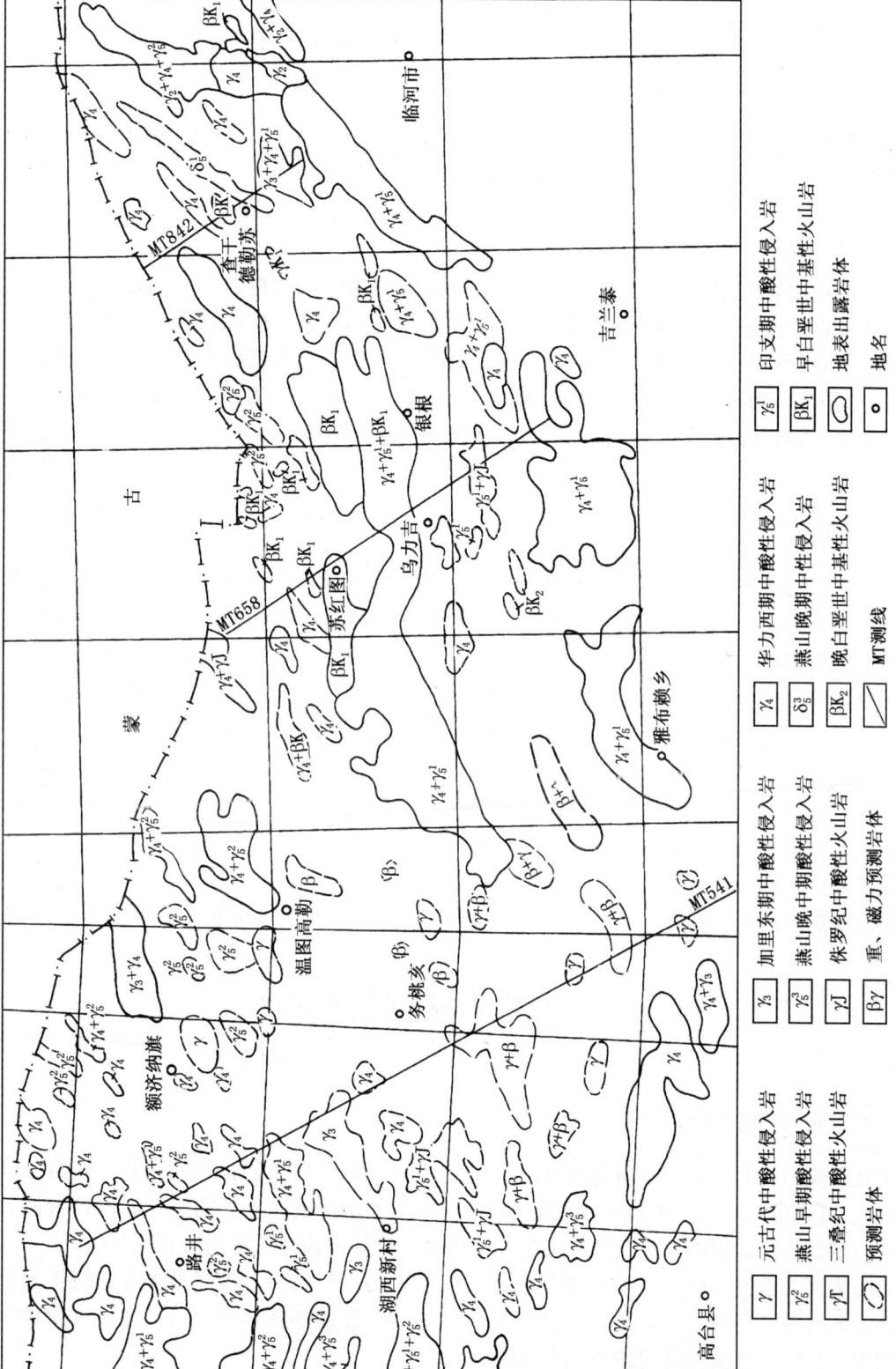

图 3-3 银—额盆地岩浆岩分布预测图

第二节 岩浆岩类型和岩相特征

上一节所确定的四期岩浆活动及其产物——侵入岩、火山岩均有其岩相类型及岩石组合特征。

一、侵入岩

印支期花岗岩由花岗岩、二长花岗岩、斜长花岗岩和闪长岩组成,主要为深成相,少量为次火山岩相或超浅成闪长玢岩及含石英辉长辉绿岩,侵入于早古生代花岗岩、晚古生代花岗岩及晚石炭世、晚二叠世地层中。燕山早期花岗岩由二长花岗岩、花岗岩及钾长花岗岩、花岗闪长岩组成,主要为中深成期,少量次火山岩期及浅成—超浅成花岗闪长斑岩、次石英斑岩、闪长玢岩等。具花岗结构及斑状结构岩体与围岩多有300~800m宽的热蚀变带。

二、火山岩

三叠纪火山岩为英安岩和多斑英安岩(ξ_5^1),主要为岩流相,由斜长石、钾长石、石英和少量角闪石组成,具斑状结构,一般顶部斑晶少,基质细,气孔杏仁多,没有火山岩碎屑,而中部带则相反。

侏罗纪火山岩由英安岩—流纹质火山碎屑、凝灰熔岩及熔岩角砾岩、流纹岩和细霏岩组成,以爆发相为主,岩流相次之。

早白垩世火山岩由三种类型岩石组成:一为由橄榄玄武岩及安山玄武岩、玄武粗安岩和粗安岩、安山岩组成的主体相;二为由安山质—玄武质凝灰岩、火山角砾岩组成爆发相,分布于火山通道附近;三为由辉绿岩、次辉石闪长斑岩及次安山质熔结凝灰岩、次二长斑岩组成次火山岩相,分布于北山通道附近的裂隙中。

晚白垩世火山岩由岩流相玄武岩、玄武安山岩组成,气孔杏仁构造不甚发育。

第三节 岩浆岩地球物理特征

一、岩浆岩测井响应

由几种类型岩浆岩的测井响应图(图3-4)上可以看出侵入岩在测井曲线上具有三高(高密度、高电阻、高自然电位)、两低(低补偿中子、低声波时差)的特征,但各种测井曲线数值随岩性、致密性、风化性及裂隙发育程度、含导电流体的不同而有所变化。

火山岩测井曲线(图3-4)仍然具有"三高"、"两低"特点,唯伽马测井曲线随火山岩岩性不同有较大的差别。火山岩的各类测井响应的特征值亦随岩性、致密性、风化性以及裂隙发育、含导电流体状况的不同而不同。

该区岩浆岩均遵循着从基性岩—中性岩—酸性岩—碱性岩演变趋势。其K、U、Th含量增高,其密度值相应减少,故声波时差值相应增大,自然电位相应减小、电阻率相应降

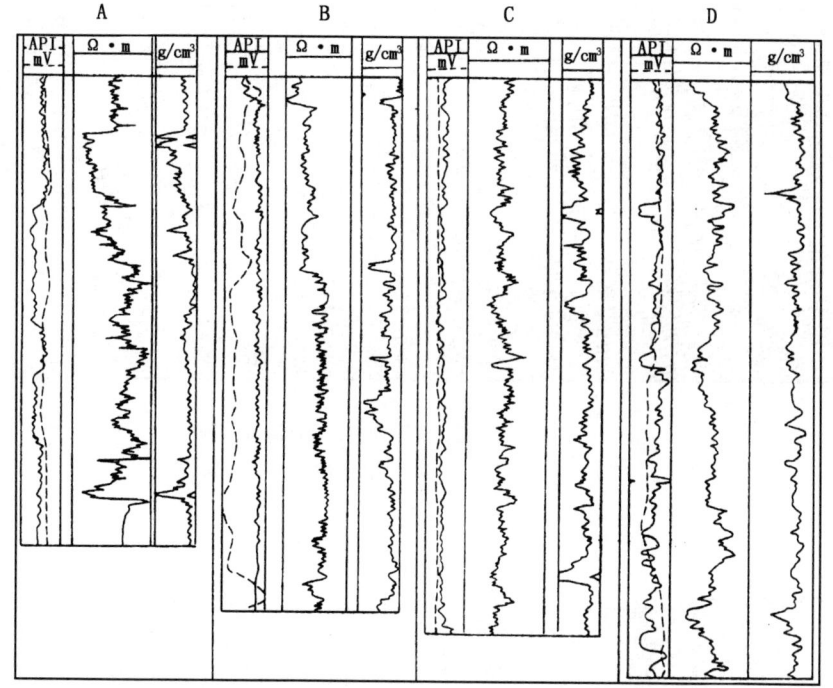

图 3-4 几种类型岩浆岩的测井相应

A—天1井，1950～2026m，γ_3^2；　　B—务参1井，3380～3506m，ξ_3^2；
C—巴1井，1320～1450m，β_3^3；　　D—毛2井，690～980m，δ_3^3

低；岩石致密性好则电阻率低，裂缝发育及风化强则电阻率低，当岩石裂缝或孔洞中含有不同导电流体（原油或水）时，其补偿中子值及电阻率将发生变化。

二、岩浆岩地震反射特征及识别标志

侵入岩在常规二维叠加偏移剖面上常呈不规则地质体分布于张性断裂附近或断裂带中，与围岩界面不平整。有较强的弧形反射特征（图 3-5）。岩体内外具有以下反射特征：

（1）岩体内无反射或呈杂乱反射，或同相轴发生变异，偶见短轴强反射（为围岩捕房体的反映）。

（2）岩体外部界线清楚，周围沉积岩反射波明显出现中断。

一般侵入体的层速度高于周围沉积岩层速度，以查干凹陷为例（层速度为 4200～6100m/s），与 K_1（层速度为 3700～6100m/s）之间相差约 500～1000m/s，从而使下伏地层受屏蔽的影响反射不连续，并由于能量减弱形成速度陷井。在地震剖面上常见于两侧的牵引和顶部地层的底辟构造或上拱挤压变形而成的构造周围（图 3-6）。晚于目的层的侵入体具有穿时、穿层性的特点；早于目的层侵入体在其顶部具有披覆构造。

根据侵入体侵入上部地层的时代确定侵入体形成的时代。由侵入体的大小、产状确定侵入体的岩性；其中中酸性侵入体具有岩体较大、分岔明显，多呈不整合侵入体的形态，而中基性侵入岩则反之。

火山岩在地震剖面上常呈似层状地质体整合地分布于沉积地层之中，具有楔状、舌状及火焰状、板状或丘状特征，其形成和分布受控于两组断裂复合控制区或区域性深断裂附

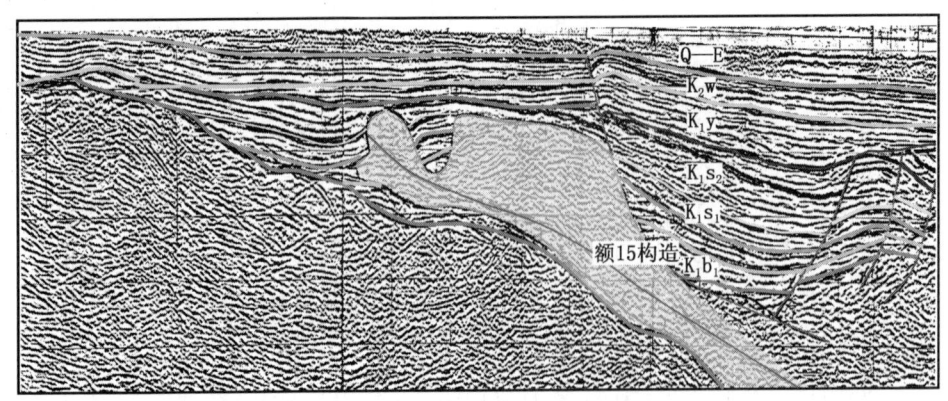

图 3-5 侵入岩的地震反射特征
(查干凹陷 YG93—850 剖面上的 δ_5^3 侵入岩)

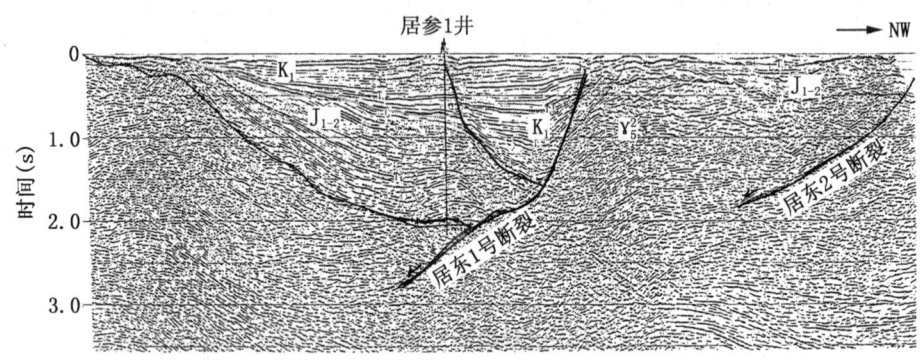

图 3-6 侵入岩的地震反射特征
(居东凹陷 EJ93—629 剖面上的 γ_5^3 侵入岩)

近。根据银—额盆地地震解释成果,共划分出五种具有不同特征的地震相。

1. 板状反射地震相

该种地震相(图 3-7)由喷溢的基性熔岩组成,规模一般较大,厚度、成分较稳定。反射体同相轴个数与火山岩厚度、熔岩流层数及地震子波有关。薄层火山岩顶底反射波叠合形成一组平等的多个同向轴;内部弱反射是岩性、岩相变化的反映。

2. 丘状或弧状反射地震相

该类地震相以图 3-8 为代表,具有一定幅度的火山锥或规模较小近火山中熔岩被的地震地质特征。幅度高处为中间相,幅度低处为边缘相,反射体内部弱反射层代表着岩性、岩相或熔岩流层次的变化。

3. 楔状反射地震相

此种地震相(图 3-9)多反映近火山口的裂隙或熔岩侧向流动方向及古地貌形态;其中楔形体根部靠近断层,由中基性火山岩组成,内部反射能量强弱变化与岩性岩相变化有关。

4. 舌状反射地震相

以图 3-10 为代表的该类地震相,多由中心—裂隙喷溢中酸性熔岩台地、侵位或溢出

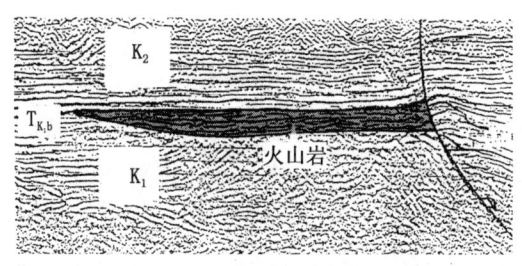

图 3-7 火山岩的板状反射地震相
（查干凹陷 YG93—842 剖面上的 β₃ 火山岩）

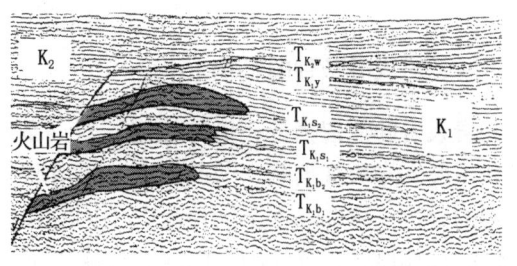

图 3-8 火山岩的丘状反射地震相
（查干凹陷 YG93—842 剖面上的 β₃ 火山岩）

的岩穹组成，其规模、厚薄及岩相变化均比较大。舌根部位处于火山口位置，具有厚度大，岩石结构粗的特点；舌尖指示着熔岩流的流动方向和终端，具有厚度薄，岩石结构细的特征，反射体内部反射能量的变化，是岩性岩相或岩石结构变化的反映。

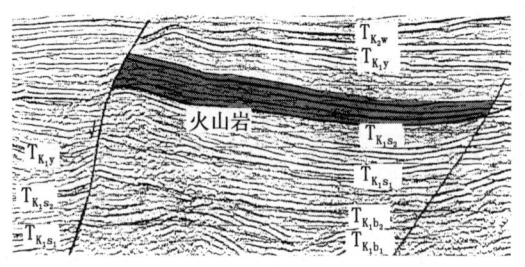

图 3-9 火山岩的楔状反射地震相
（查干凹陷 YG93—838 剖面上的 β₃ 火山岩）

图 3-10 火山岩的舌状反射地震相
（榆梭头凹陷 EJ94—98 剖面上的 γ₃ 火山岩）

5. 蘑菇状反射地震相

由图 3-11 中所解释的地震相，在火山通道处的外形轮廓为一蘑菇状杂乱反射区，周围地层所产生的反射波组在杂乱反射区周边发生中断。该类熔岩体顶部蘑菇伞为侵出或溢出的熔岩帽；中下部突进转岩的部分为次火山岩相。反射体内部反射能量的变化是岩性和构造变化的反映。

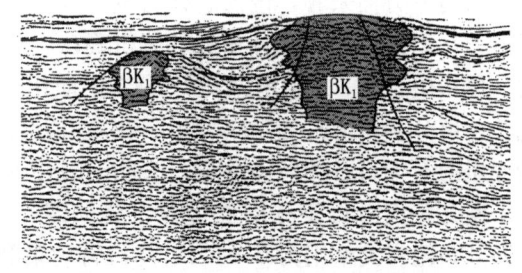

图 3-11 火山岩的蘑菇状反射地震相
（苏红图凹陷 YG94—658 剖面上的 β₃ 破火山口）

第四节 岩浆岩对油气的控制作用

由岩浆岩的形成和分布表明：发育在本盆地内的晚三叠世火山岩对主要勘探目的层（J_{1-2}、K_1）没影响；侏罗纪火山岩由于其活动强度弱、分布范围小，故影响程度较有限；早白垩世火山岩因活动强烈、规模大、面积广以及具有活动周期长等特点，出现了某些以火山岩作为充填物的断陷（凹陷）盆地，对其分布区勘探目的层产生一定程度的控制和影响。

一、对成烃条件的影响

岩浆岩的上侵携带大量的热能,对周围沉积层(物)产生不同程度的热力作用,从而提高了侵入岩所在坳陷(凹陷)古地温梯度,使烃源岩提前进入生油门限。据对该盆地侵入岩的分析,存在以下不同情况、不同程度的影响:γ_5^2 因岩体小、分布局限,仅对居延海坳陷的局部地区、苏红图坳陷西北边缘中下侏罗统产生较小影响;δ_5^3 具有岩体规模大、活动期次多以及又属超浅成—次火山岩的特征,对查干凹陷产生较强的热力影响。由两口井地温、压力对比表明(表3-5),尽管查干凹陷和梭梭头凹陷均以早白垩世沉积为主,地层层序也基本相同,但是各对应深度地层压力相差不大,地温却相差较大,并产生两种不同的成烃效应,查干凹陷烃源岩已经成熟并有油气生成;梭梭头凹陷烃源岩因成熟度不高,故未见油气生成(烃源岩质量也是另一个方面的原因)。总的来说 δ_5^3 对查干凹陷地温增高和油气形成起到了积极的作用,据多种资料的综合判断,对烃源岩成熟的影响范围可达 20～25km。

表3-5 查参1井与务参1井地温、地层压力对比表

查参1井				务参1井			
深度(m)	地层	地温(℃)	压力(MPa)	深度(m)	地层	地温(℃)	压力(MPa)
1200	K_1y	53.76	13.55	1200	K_1y	62.08	13.19
1800	K_1s_2	73.56	20.09	1800	K_1s_2	70.89	19.61
2660	K_1s_1	101.94	29.46	2660	K_1s_1	83.51	28.81
3300	K_1b	123.06	36.44	3300	K_1b	92.91	35.66

从另一方面来看,侵入岩体对围岩产生的热蚀变,可导致使岩体周缘的烃源岩失去生烃能力,据野外观察和各种资料分析确认,热变质范围一般为数百米甚至达1～2km。岩体大、侵入层位高、基性程度高、围岩铝质组分低、结构粗,则影响较大;反之则较小。据毛2井部分岩石薄片的观察分析,在 δ_5^3 顶部的170m沉积岩遭受强烈的热变质,形成热接触变质的石榴石石英云母片岩,表明毛敦侵入体对周围地层烘烤变质厚度可达200m左右。

据几条火山岩实测剖面镜煤(镜质组)反射率测定数据(巴隆乌拉剖面苏红图组为0.96%,巴音戈壁组为0.64%;乌拉特后旗剖面巴音戈壁组为0.53%;恩根陶来剖面苏红图组为0.68%,巴音戈壁组为0.58%)表明,火山岩能明显提高下伏烃源岩的成熟度。由巴隆乌拉剖面岩浆岩(玄武岩加辉绿岩)对下伏烃源岩成熟度的影响图(图3-12)来看,最显著的影响范围约80m,最远的影响范围可达300m左右。据查参1井烃源岩 R_o 值与 T_{max} 值关系图(图3-13)表明,火山岩对下伏烃源岩成熟度最显著影响范围约100～150m,最远的影响范围可达200～300m,其中对夹于两套火山岩之间的烃源岩的影响最为突出。

对下伏沉积层产生的烘烤变质可使烃源岩在一定范围内失去生烃能力。据野外观察这种作用在火山通道附近最强,影响范围较大;在熔岩流覆盖地区热变质程度相对较弱,一般为0.2～2.5m(苏红图剖面火山熔岩使下伏泥砂岩热变质范围为0.5～2.5m),巴隆乌拉剖面火山岩使下伏砂岩热变质范围仅约10cm左右。

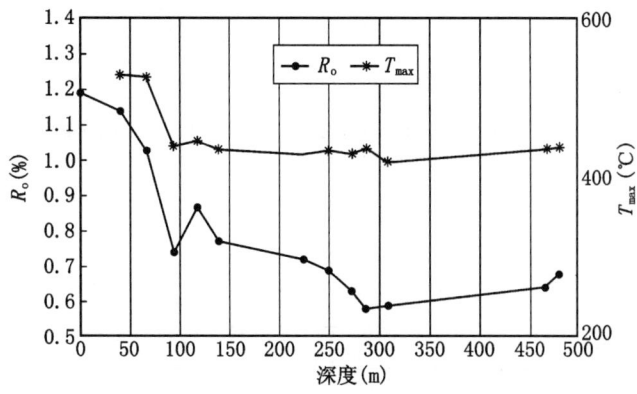

图 3-12 巴龙乌拉剖面岩浆岩对下伏烃源岩的影响

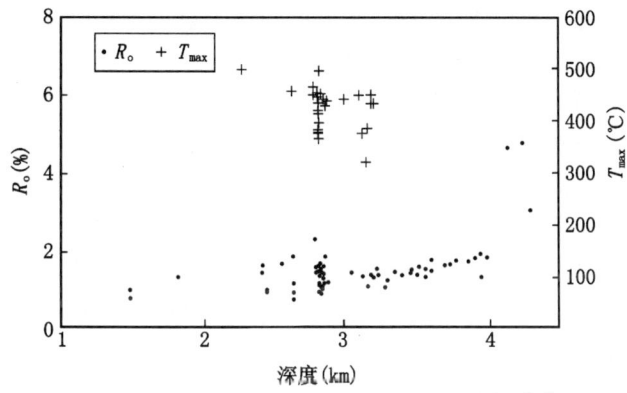

图 3-13 查参 1 井火山岩对下伏烃源岩的影响

火山活动时形成的火山灰及分解产物给湖盆提供了有利于微生物活动的矿物质，间接地提高沉积物中有机质含量，有利于油气的生成。以查参 1 井烃源岩为例，火山岩段内泥岩有机质丰度高于无火山岩段内泥岩有机质丰度；火山岩比较发育的盆地东部下白垩统烃源岩有机质丰度普遍高于火山岩不发育（或无火山岩区）的盆地西部。

二、对油气成藏的作用

侵入岩侵入时对围岩产生的热动力作用使之产生大量裂缝并在一定程度上改变着原有的特性。侵入体自身的冷却收缩、自交代和岩浆期后气化热液等作用使侵入体内外产生大量裂隙、孔洞等，形成有利于油气储集的空间，同时侵入体的空间占位也会对油气侧向运移起到隔挡作用。据查参 1 井钻探证实，在该井钻遇的 γ_5^2 侵入体顶部约 200m 暗色层中多次见裂缝中充填有沥青和碳质，位于查干凹陷低部位的查参 1 井储油层低于靠近毛敦侵入体高部位的毛 1 井储油层，并且后者物性也较前者为好。

作为潜在储集体的火山岩当其暴露地表，经长时间地风化蚀变后，其物性也会有所改观。另由于其发育气孔杏仁构造、裂缝以及形成火山碎屑岩和较好的孔隙结构等都可作为有利于油气的储集体，即火山岩、火山碎屑储油层。存在以上这种储油条件的可能性已被查参 1 井、毛 1 井玄武岩裂隙、气孔杏仁中所含沥青、稠油显示所证实。

从表3-6中几种岩石热导率值说明，玄武岩类的热导率小于砂岩和泥岩类，对温度的传导能起良好的阻隔作用，加之具有密度高，成层分布的特点，故可起到局部性盖层作用。这种现象可以从表3-5中看出，查参1井1800m以下四套火山岩存在明显的地温升高。

表3-6 几种岩石的热导率值（$\times 10^{-3}$ cal/(cm·s·F)）

温　　度	0℃	100℃	200℃
花岗岩类	6.95	6.17	5.71
玄武岩类	5.30	5.15	5.14
砂岩类	13.60	10.60	9.00
泥岩类	11.90	10.00	8.50

三、岩浆岩成藏分析和预测

总结国内外岩浆岩油气藏形成条件，基本可归纳为以下成藏模式：岩浆岩形成—遭受风化蚀变形成较厚风化壳并发育多重复合孔隙—埋藏地下一定深度并覆于较厚烃源岩沉积—受后期断裂改造、断块作用、风化壳与烃源岩或输导层对接—周围有效烃源岩产生油气侧向或垂向运移—进入岩浆岩储集体，形成岩浆岩油气藏。

根据上述模式，对银—额盆地侵入岩、火山岩成藏做如下分析和预测。

（一）侵入岩成藏问题

由于银—额盆地中生代侵入岩没有出露地表遭受风化蚀变，或虽曾出露地表因时间较短未能形成较厚的风化壳，或因抬升地表失去成藏条件以缺乏盖层、烃源岩不佳等原因，使下列地区成藏条件变差或不具备成藏条件。

（1）梭梭头凹陷虽有较发育的三叠纪花岗岩γ_5^1，但由于上覆层和周围烃源岩厚度较薄，质量欠佳，故成藏条件较差。

（2）居延海坳陷南部γ_5^1虽较发育，但与中下侏罗统沉积时间间隔短，估计风化壳也发育不良。

（3）尚丹坳陷南部γ_5^1虽较发育，但与中下侏罗统沉积时间间隔短，且中下侏罗统厚度也较薄。

（4）居东凹陷和天草凹陷的γ_5^2未出露地表，经钻探证实多重复合孔隙也不发育。

（5）在木吉湖—好来公一带虽有γ_5^2分布，但J_{1-2}生油岩欠发育。

（6）查干凹陷δ_5^3经毛2井钻探证实无风化壳存在，但因岩体巨大，有可能在其边部形成大量裂缝，具有与周围烃源岩配套较好的条件，有可能形成裂缝性油气藏。

值得注意的是中生代以前侵入岩形成古潜山油气藏的可能性比较大：其一，前中生代岩浆岩（γ_3、γ_4）与中生代地层形成时间间隔较长，经历过多次地壳升降运动，能形成较厚的风化壳及良好的多重复合孔隙，许多岩体现成为盆地基底的一部分；其二，中生代前侵入岩上覆有较厚的中下侏罗统或下白垩统，具有下白垩统烃源岩直接覆盖其上的油源条件，故应在查干德勒苏坳陷北部、尚丹坳陷东北部及居延海坳陷中部注意寻找该类油气藏。

（二）火山岩的成藏问题

银—额盆地三叠纪火山岩因自身风化蚀变低，周围烃源岩不发育，故不利于油气藏的形成；侏罗纪火山岩因分布面积小，连通性差，酸性程度高，风化蚀变弱以及与J_{1-2}沉积间隔时间短等原因，故难以形成较大工业价值油气藏，但也不排除形成较小规模油气藏的可能性。

早白垩世中基性火山岩具有规模大、面积广以及形成期次多、岩性岩相变化大的特点，多与苏红图组、巴音戈壁组泥岩呈夹层和过渡关系，具有优先接受周缘烃源岩排烃和运移条件。顶部较厚的银根组及乌兰苏海组沉积，受后期改造较明显，由于风化蚀变多数岩石发育气孔、杏仁构造以及裂缝等，理应具备有储盖条件。以上是指成藏的有利方面而言。另外还存在以下诸多不利因素：上覆地层间形成的时间间隔短、受风化蚀变程度低，不利于形成较厚的风化壳；多重复合孔隙被蚀变矿物（绿泥石、方解石等）堵塞，物性变差（渗透率太低）；火山岩大多数抬升至地表（苏红图地区）等原因，故难形成较大规模或具较大工业价值的火山岩型油气藏。

尽管有上述不利成藏的因素存在，但从火山岩岩性、岩相及裂隙发育等情况分析，还有可能在火山岩发育区内的某些裂隙集中发育段或火山碎屑发育段以及火山碎屑岩的正常碎屑岩过渡地段，特别是在有效烃源岩配置良好的情况下，形成以裂缝为主或火山碎屑岩型的油气藏。查干凹陷在钻遇的数层玄武岩中均见有沥青或稠油显示，并在一些气孔杏仁构造中见到油气显示，表明了这种可能性的存在。本书第七章、第八章还将深入讨论火山岩（基岩）的成藏作用。

参 考 文 献

[1] 曲志浩，于庄敬等. 火山岩油藏描述. 西安：西北大学出版社，1994
[2] 高知云，章濂澄. 火山岩与油气藏. 西安：西北大学出版社，1995
[3] 赵澄林. 火山岩储层储集空间形成机理及含油气性. 地质论评，1996，42（增刊）：37～43
[4] 赵澄林，孟卫工. 辽河盆地火山岩与油气. 北京：石油工业出版社，1999
[5] 高知云，章濂澄. 黄骅盆地新生代火山岩与油气. 北京：石油工业出版社，1999
[6] 郭占谦. 火山作用与油气田的形成与分布. 新疆石油地质，2000，23（3）：183～185
[7] 吴少波，白玉宝，刘勇等. 银根盆地苏红图组火山岩特征及其与油气的关系. 西安石油学院学报，1998，13（6）：8～11
[8] 郭彦如，李天顺，高平. 内蒙古银根盆地火山岩特征及识别. 地球学报，1999，20（增刊）：97～102
[9] 吴少波，白玉宝，杨友运. 银根盆地早白垩世火山岩特征及形成大地构造环境. 矿物岩石，1999，32（4）：24～28
[10] 高渐珍，薛国刚，张放东等. 中基性火山岩对查干凹陷油气形成条件的影响. 断块油气田，2003，10（1）：31～32
[11] 杨占龙，郭精义，陈启林等. 银根盆地查干凹陷火山沉积岩岩相特征及其识别标志. 沉积学报，2005，23（1）：67～72

第四章 盆地构造特征与演化

第一节 区域构造背景

根据周边地区区域地质构造划分、发展演化的最新研究成果的综合归纳表明：银—额盆地位于四大板块（塔里木、哈萨克斯坦、西伯利亚、华北板块）的结合部位或地跨四个性质不同的大地构造单元（图4-1），与国内各盆地相比，具有复杂多变的地质构造背景。现按北山地区、内蒙中部地区及盆地南缘地区分别叙述它们的构造背景。

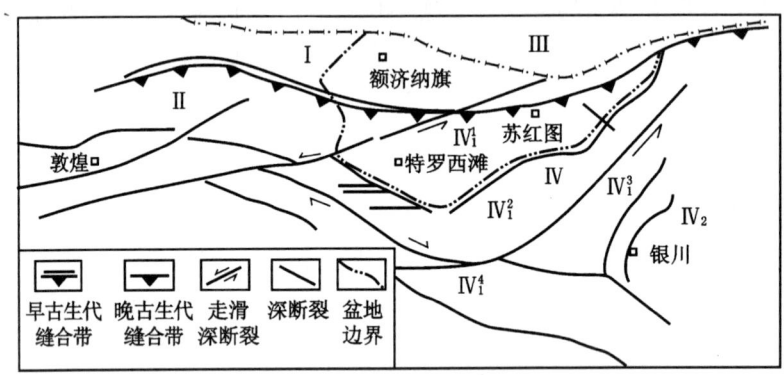

图4-1 银—额盆地及周边地区板块构造图

Ⅰ—哈萨克斯坦板块；Ⅱ—塔里木板块东北端；Ⅲ—西伯利亚板块；Ⅳ—华北（中朝）
板块；$Ⅳ_1$—阿拉善陆块；$Ⅳ_1^1$—阿北陆缘区；$Ⅳ_1^2$—阿拉善陆隆区；
$Ⅳ_1^3$—阿拉善陆坳区（断陷）；$Ⅳ_1^4$—阿南（河西走廊）陆缘区；$Ⅳ_2$—晋陕陆块区

一、甘蒙北山地区构造背景与分区

北山地区位于盆地西北缘，经区测和分析研究后确认该区由大洋岩石圈及沟弧盆体系组成的蛇绿岩套比较完整，已确定有三条蛇绿岩带和一条缝合带分布，它们分别为：
（1）辉铜山—花牛山—帐房山裂谷型蛇绿岩带；（2）红柳河—牛圈子弧后盆地蛇绿岩带；（3）白云山—月牙山—洗肠井边缘海型蛇绿岩带；（4）石板井—小黄山板块缝合带（古洋壳或大洋岩石圈遗迹）（图4-2）。

后者代表早古生代末期塔里木板块东北端与哈萨克斯坦板块东南端发生碰撞或对接的部位，以此缝合线为边界南北分属两个板块区。经追踪对比后认为该缝合线向西通过明水、星星峡，与作为准噶尔—吐鲁番板块（隶属于哈萨克斯坦板块内的次级板块）与塔里木板块分界线——艾丁湖—星星峡断裂带连结在一起。位于缝合带以南马宗山、横峦山中间地块实质上是新疆库鲁克塔格、穹塔克隆起带的东延部分，东西长达1500余千米。

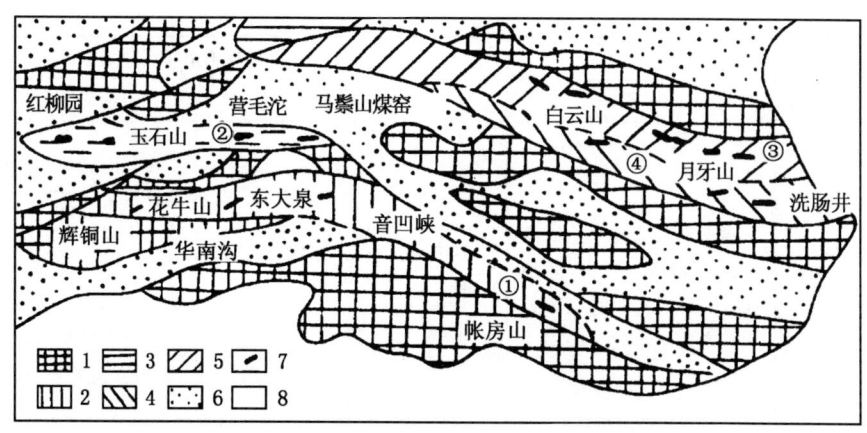

图 4-2 甘肃北山早古生代蛇绿岩带分布图[1]

1—前震旦系基底；2—辉铜山—花牛山—帐房山裂谷型蛇绿岩带；3—红柳河—牛圈子弧后盆地蛇绿岩带；4—白云山—月牙山—洗肠井边缘海型蛇绿岩带；5—石板井—小黄山缝合带；6—古生界；7—超镁铁岩；8—新生界

两板块区又根据壳块性质、构造要素以及演化阶段，划分出以下五个一级壳块区与十二个次级构造单元，其地层、构造特征见表4-1。

表 4-1 甘蒙北山地区早古生代构造单元划分表

板块名称	壳块分区	次级构造单元		地层构造特征	
		编号	名称	构造背景	地层组成与分布
塔里木板块东北端	大陆边缘区	1—1	柳园—穿山驯前陆地带（AnJx）		由一套复杂的花岗—变质岩组成
		1—2	花牛山—白山堂陆缘裂谷带（∈—S）	为早古生代沿断裂形成裂谷带，走向东西—北西西向	基底由前寒武系组成，包括花牛山北侧长黑山一带震旦系洗肠井，主要出露地层为奥陶系—志留系
		1—3	方山口—双鹰山陆棚海（∈—O）	陆棚海由西向东断续分布，受断层围陷，东西长150km	基底由青白口系、蓟县系和长城系组成，寒武系分布于方山口一带。双鸣山至马鬃山南震旦系—寒武系洗肠井伴双山组为冰砾岩、含磷硅质岩、页岩、结晶石灰岩，反映海水较深
	过渡类型区	2—1	红柳河—牛圈子弧后盆地（S）	在陆棚海基础上，位于弧间洋壳板片在志留纪向南俯冲弧后盆地	基底由长城系、蓟县系和青白口系碎屑岩、硅镁质碳酸盐岩组成
		2.5	坡城山—鹰嘴山大陆坡（S—O）	位于南侧古大陆边缘，受志留纪弧后扩张影响，向北分离出来几条构造带	
		3	岛弧（S）		
		3.5	洋壳边缘火山带（O_2）		

续表

板块名称	壳块分区	次级构造单元		地层构造特征	
		编号	名称	构造背景	地层组成与分布
塔里木板块东北端	大洋区	3—1	横峦山—洗肠井边缘海盆地（O_2）、弧间盆地（O_3—S）	界于南侧岛弧与北侧火山弧之间	中奥陶统（可能包括寒武系在内）为一套残存洋壳岩石组合：上奥陶统白云山组石英长石砂岩、粉砂质页岩、千枚岩、绢云母石英片岩夹大理岩、硅质岩及中基性火山岩，厚2000余米
		3—2	白云山—东七一山火山弧（O_3—S）	于晚奥陶世在洋壳上发育形成一条北西西向水下火山弧	下志留统科山群和中上志留统公婆泉群由安山岩、英安岩、流纹岩以及硅质岩、礁灰岩与碎屑岩组成
		3—3	石板井—小黄山洋盆（∈—S）	位于塔里木板块与哈萨克斯坦板块间，为洋盆北边微大陆与南侧火山弧碰撞后形成的缝合带上	由上奥陶统组成洋壳：层1为变质砂岩夹大理岩；层2为绿泥角闪片岩；层3为堆晶灰长岩，在小营山东呈巨大构造岩片夹于变质橄榄岩中
哈萨克斯坦板块	大陆区	4—1	旱山南陆缘海（O—S）	位于缝合带与微大陆之间，呈断续分布	由奥陶至志留系陆缘碎屑为主的石英岩、石英云母片岩组成，夹大理岩和火山岩，厚度上千米
		4—2	旱山微大陆（AnJx）	为哈萨克斯坦板块东南端结晶基底出露部位	由明水至旱山和微波山一带出露一套中基性、中酸性火山岩、石英片岩、大理岩和火山岩，厚度上千米
		4—3	红石山陆棚海（O）		
	过渡区	4—4	大南山—圆包山活动大陆边缘（O—S）	属明水以北大陆坡部位	下奥陶统下部厚600余米，中奥陶统咸水泉组发育杂砂岩与板岩韵律的浊积岩，上述组合可相变为凝灰岩、安山岩夹安山玄武岩、英安岩等上奥陶统希热哈达群和下志留统圆包山组以粉砂岩夹页岩、硅泥质岩夹安山岩为主，总厚1600m，中上志留统碎石山群广泛发育玄武岩、安山岩、英安质角砾熔岩、斜长流纹岩、凝灰岩、硅质岩及生物灰岩

晚加里东运动（祁连运动）结束了甘蒙北山地区早古生代（第一旋回期）板块构造演化史，代之而来的便是始于泥盆纪、结束于早二叠世末期（第二旋回期）的板内构造演化期。前后两期不是定向增生迁移的发展关系，而是以第一旋回期塑造的地层构造面貌为基础，以碰撞造山作用、伸展裂陷作用以及陆壳堆叠作用（火山作用）、裂谷作用改造着早古生代形成的区域构造背景与分区、分带的构造格局。按时间顺序，先后有以下新的构造单元形成和分布（表4-2），从而使北山地区构造具有复杂多变的特点，除上二叠统以外，全部古生代地层均遭受不同程度的变质。

表4-2 晚古生代构造单元划分表（甘肃北山地区）

时期（阶段）	盆 地 类 型				
	火山磨拉石盆地	断陷海盆	裂谷微洋盆	火山盆地（上叠）（残留）	裂陷槽
早期造山作用期（泥盆纪）	雀儿山—流沙井大陆北缘（D_1—D_2）				
	干泉—碱泉于山间坳陷（D_1—D_3）				
中期陆壳伸展作用期（早中石炭世）			扫子山—清河口裂谷微洋盆		
		柳园 炭炭台伸展断陷盆地			
晚期陆壳堆叠作用期（晚石炭世）				大狐狸山南残留火山盆地	
				干泉—辉铜山上叠火山盆地	
末期裂谷作用期（二叠纪）					红石山—裂陷槽
					红石山—红柳井断陷槽
					峡东—俞井子断陷槽

二、内蒙古中部地区构造背景与构造分区

本区系指乌拉特后旗—阿鲁科尔沁旗之间地区，南起固阳至赤峰，北达东乌珠穆沁及中蒙边境一带，与银—额盆地东北部边缘区相接壤。依据有关地层及古生物分区界线、蛇绿岩带、岛弧岩浆岩带厘定和成因类型的判别，重新确定了西伯利亚板块与华北板块缝合线（带）。

1. 地层与古生物分区界线

新确定分区界线位于西力庙至林西县盖家店一线，沿线两侧早二叠世地层在岩性组合、古生物以及构造等方面有明显差异（表4-3）。

表4-3 板块缝合带两侧地层、生物类型表

地区 部位	东部（西力庙—脑大根）	西部（克什克旗—林西县）
缝合带北侧地区	缝合带北侧二叠系青大石寨组和黄岗梁组富含冷水型动物化石	下二叠统由哲斯组、西力庙两个岩组构成，属腕足、珊瑚型的底栖生物组合，西力庙组还有大量中酸性火山岩，产安加拉型植物化石
缝合带南侧地区	下二叠统青风山组和于家北沟组富含蜓和暖水动物群以及华夏型植物化石 晚二叠世全区皆为陆相沉积，染房组由碎屑岩和火山岩组成，富含华夏植物化石	下二叠统下部由三个岩段组成，由下而上依次为含砾砂岩夹灰岩、硬砂岩和板岩互层、中基性火山岩，含腕足类、腹足类及苔藓化石 下二叠统上部的哲斯组，以含腕足类化石为主，并伴有蜓类浮游—底楼生物组合

2. 两条相邻而平行蛇绿岩带

在西拉木伦河以北，古板块缝合线附近有两条平行的蛇绿岩带呈东西—北东向延伸，长达200km。位于北部的蛇绿岩套厚约千米，倾向北西；位于南部蛇绿岩套厚达1100m，倾向东南。两套蛇绿岩带的化学成分表明，其原始成分及分异过程均有一定的差异，其中以南部蛇绿岩套比较典型，北部蛇绿岩因碱组分和铁含量较高，与某些岛弧区同类岩石相近似。

3. 两条相邻而平行岛弧型岩浆岩带

在缝合带两侧各有一条二叠纪岛弧型岩浆岩带分布：南带东起敖汉旗，经化德、镶黄旗，西止狼山，呈东西向延伸，长达1000余千米，下二叠统含有巨厚的岛弧型火山岩，包括有岛弧型拉斑玄武岩、高铝玄武岩、流纹英安岩、高钾安山岩、高钾英安岩以及相当组分碎屑岩等，上二叠统内两个组由岛弧型中酸性火山岩与陆相碎屑岩组成。北带呈北东向延伸，长达800km，二叠系最下部由岛弧型拉斑玄武岩、流纹岩及火山碎屑岩组成，上部的达来诺乐组含巨厚的安山岩和流纹岩。

花岗岩带按分布和成因类型也分为两个亚带：南亚带紧沿缝合带分布，以Ⅰ型石英闪长岩、英云闪长岩或花岗闪长岩为主，多呈线性岩株状侵入石炭、二叠系之中，岩体年龄值为206～283Ma；北亚带呈北东向分布于中蒙边境地区，由S型高钾碱长花岗岩组成，多呈岩株状侵入于泥盆系和下二叠统中，岩体年龄值为234～359Ma。两亚带均为侏罗系所盖覆。

以上两条并列的蛇绿岩带与两条并列岛弧型岩浆岩带构成了两条特有的"双带"结构。据研究，环西太平洋构造带中也有两条大致平行的蛇绿岩带与两条钙碱性岩浆岩带组成两个巨大的"双带"，在时间上和空间上具有明显的规律性。与该"双带"具有密切联系，互相制约的便是规模巨大的弧—沟—盆系统。总的来看，该区是由"双带"和沟—弧—盆体

系组成的构造背景[2]。

依据上述"双带"以及地层古生物资料所确定两古陆（华夏与安哥拉）间缝合线正好位于西拉木伦河以北60千米的林西县八棱山—盖家店至克什克腾旗的黄岗梁一线，再往西经苏尼特右旗延伸至银额盆地的东北部。以板块缝合线为边界，位于其北的内蒙古广大地区和蒙古人民共和国地域在内统属西伯利亚古板块南缘造山带的区域构造位置；位于其南侧部分属于华北古板块北部缘造山带的构造部位。

在上述总背景的基础上，依据板块缝合线、区域深大断裂以及区域发展史和基本构造特征，划分出以下五个亚级构造单元（表4-4）。其组成包括陆缘带的沉积岩、岛弧型的火山岩和侵入岩以及构造侵位的蛇绿岩套。

表4-4 构造单元划分表

板 块 名 称	亚 级 单 元
华北板块北侧 （古中国）（Ⅰ）	华 北 地 台
	————断裂————
	I_1 温都尔庙—翁牛特早古生代（Pz_1）增生带（地体）
	————断裂————
	I_2 苏尼特—林西晚古生代（Pz_2）增生带（地体）
西伯利亚板块南侧（Ⅱ）	古生代蛇绿岩套侵位 II_1 好尔图庙晚古生代（Pz_2）增生带（地体）
	————断裂————
	II_2 西乌珠穆沁晚古生代（Pz_2）增生带（地体）
	——二连浩特—贺根山断裂——
	II_3 东乌珠穆沁早古生代（Pz_1）增生带（地体）

以上五个增生带（地体）形成时期虽有早、晚古生代之分，但都被中下侏罗统所盖覆，普遍缺失三叠系。从而表明两大板块在早侏罗世以前已经拼合为一个整体——完成了联合大陆形成阶段，两大板块对接的构造运动由华力西期延续到印支期。

三、盆地南缘外围地区构造背景

位于盆地南部边界断裂（狼山西断裂、雅布赖—哈拉鸟山北缘断裂以及北大山断裂）以南的狼山、雅布赖山以及北大山等地，在大地构造上隶属于华北板块西北端的阿拉善陆块区（阿拉善地盾），与贺兰山陆内造山带分隔的晋陕陆块区同属华北板块的组成部分，两者之间从未发育成离散地块。

区内前长城系分布广泛（阿拉善群、叠布斯格组），为一套厚逾万米、具中深度变质的碎屑岩、碳酸盐岩夹火山岩。震旦系出露于北大山，但发育较好；蓟县系主要为富含叠层石的白云质碳酸盐岩；青白口系由碎屑岩、磷酸盐岩组成，含叠层石。下古生界全部缺失，上古生界仅零星分布有上石炭统和二叠系的碎屑岩和火山岩；中生界与内蒙古中部地区相同，缺失三叠系分布；侏罗、白垩系为陆相沉积，其中侏罗系中夹有火山碎屑岩，白垩系含丰富的植物化石（表4-5）。用K—Kr法、Rb—Sr法对代表性岩石进行同位素年龄值测定以后，有三块岩石年龄值超过28亿年，最高可达32亿年（表4-6），与中国北方大陆板块形成时期相当。此外还有九块岩石年龄值可达17～21亿年（表4-7）。

表4-5 雅布赖—巴音诺尔公地层系统表

界	系	统	群 组		岩石、岩相建造
中生界	白垩系	上统	乌兰呼少组		
		下统	大水构组		
			乌尔塔组		
	侏罗系	上统			
		中下统	哈格尔汉群		
	三叠系				缺 失
上古生界	二叠系				中酸性火山熔岩，火山碎屑岩建造
	石炭系	上统	阿木山组		浅变质的正常碎屑岩夹中酸性凝灰岩
		中下统			缺 失
下古生界					缺 失
上元古界	震旦系				缺 失
	青白口系		侏拉扎嘎毛道组		类复理石沉积建造
			海生哈拉组		主要为板岩、石灰岩和石英岩
中元古界	蓟县系		巴音西别组		厚层白云岩、板岩夹泥质石灰岩、石英岩、中基性火山岩
	长城系		塔克林敖包组		主要为白云岩、泥质石灰岩、石英片岩、千枚岩、板岩
			沙布更次组		主要为石英岩、板岩
下元古界至太古界	前长城系		阿拉善群	祖宗毛道组	以结晶灰岩、片岩、石英岩为主，少量中基性、中酸性火山岩
				克兰尼都组	碳酸盐岩建造、大理岩夹少量石英岩、石灰岩及片岩
				德尔和通特组	碎屑岩—碳酸盐岩建造、片岩、片麻岩变粒岩夹大理岩、石英岩
				达布苏乌拉组	碎屑岩建造，发生混合岩化及区域变质，主要为混合岩，夹少量片麻岩和角闪岩
				布达尔干组	中基性、中酸性火山岩夹碎屑岩和碳酸盐岩，并发生区域变质，主要为片岩、变粒岩、大理岩、混合岩
				哈乌拉组	主要为混合岩、片麻岩、大理岩
				波罗斯坦庙组	片麻岩夹大理岩
				叠布斯格组	片麻岩、大理岩、磁铁石英岩

注：本表据《西北区域地层表》编制。

表4-6 大于28亿年同位素年龄表

采样地名	岩石名称	测定方法	年龄值（亿年）
迭布斯格	片麻岩	Rb—Sr等时线	28
布斯格	斜长花岗岩	Rb—Sr	32
龙首山	斜长二辉橄榄岩	K—Ar	30

表4-7 17～21亿年同位素年龄表

采样地名	岩石名称	测定方法	年龄值（亿年）
龙首山东段	伟晶花岗岩（白云母）	K—Ar	17
龙首山塔马沟	同上	K—Ar	17
龙首山塔马沟	花岗岩（白云母）	K—Ar	17
龙首山墩子沟	片麻状伟晶花岗岩（白云母）	K—Ar	17
龙首山岌南沟	伟晶花岗岩（全岩）	K—Ar	17
	伟晶花岗岩（白云母）	K—Ar	17
哈布其盖沟东南	伟晶花岗岩（白云母）	K—Ar	17
贺兰山小井子	伟晶岩（褐帘石）	U—Pb	19
多力崩敖包	辉长岩（辉石）	K—Ar	19
贺兰山宗别立	矽线石榴二长片麻岩（全岩）	Rb—Sr	21

区内岩浆岩发育，活动期次多，其中以华力西中晚期中酸性岩为主，印支期的花岗岩和加里东晚期中酸性岩次之。花岗岩分布区面积约占基岩出露区的三分之二。根据同位素年龄数据（表4-6），岩体与地层及岩体之间接触关系，岩体与围岩之间接触性质，岩体中包体与捕虏体的性质，岩体的产状以及岩石学特征、岩石化学和地球化学特征，将花岗岩类划分为三个形成阶段五个形成时期：即加里东中晚期至华力西早期阶段；华力西中晚期阶段；印支期阶段（表4-8）。各阶段的花岗岩类又依据岩石学特征，岩石化学特征以及地球化学综合分析和判别，按演化阶段划分出以下五个类型：①加里东期—海西早期为拉张环境，形成了特征的中基性岩石和深熔花岗岩；②华力西早期形成S型花岗岩，可能与区域性应力调整有关；③华力西晚期为挤压环境，形成了以Ⅰ型花岗岩为主的大型复式岩基和岩株；④华力西末期构造环境转变为碰撞，出现部分S型花岗岩；⑤印支期为碰撞后的应力调整阶段，形成了规模不大的侵入体，为造山期后的A型花岗岩。

表4-8 雅布赖—诺尔公带花岗岩类同位素年龄数据表

构造阶段			K—Ar矿物年龄（样品数）（亿年）	资料来源
Ⅲ	5	印支期	1.85～2.23 (12)	
Ⅱ	4	海西中、晚期	2.3～2.89 (12)	有关1∶20万区调报告及全国同位素年龄数据汇编（三）
Ⅰ	3	海西早期	3.65 (4)	
Ⅰ	2	加里东晚期	2.36 (2)	
Ⅰ	1	加里东中期	4.17±0.4 (1)	

综合上述分期、分类的构造环境和演变的分析认识以及由岩浆岩形成分布的特点来看，本区又具有类似于安第斯型陆缘弧区构造单元的性质。

由基底形成年代和裸露情况表明，该区是阿拉善陆块的主体部分（陆核），应该是一个古老而稳定的块体，属于老克拉通的构造背景。但从后期（缺失下古生界，上古生界又极其零星）构造变动、岩浆活动的期次、性质以及成因来看，本区又是晚加里东运动以来的构造"活化区"，并赋以新的陆缘岩浆弧的构造性质。经历了早古生代稳定老克拉通向晚古生代陆弧地块的演变过程。

第二节 盆地基底构造特征

银—额盆地除周缘界山以外，在盆地中心有一北东东向基岩隆起带组成的宗乃山—沙拉扎山分布，其余均为中新生界覆盖，并有大片近代风沙堆积。依据重、磁、电、地质测量资料，几口钻达基岩的钻孔成果，与区域构造背景中构造格局相结合，就盆地内板块构造边界的确定、基底构造分区及其属性等提出以下分析和认识。

一、板块边界的确定

由区域构造背景表述中可知，在盆地周边有三条划分和切割（或分隔）四大板块的主控边界线（两条为对接缝合带，一条为转换断裂带）分别由内蒙古西段—甘蒙北山地区，内蒙古中段以及甘肃西北段—金塔天仓延伸入银—额盆地区。

（一）恩格尔乌苏—希勃（巴音查干）缝合带

该缝合带又称阿拉善断裂或苏红图—宗乃山北缘断裂（图4-3），界于内蒙古西段与内蒙古中段之间银—额盆地北部边缘区，是一条由内蒙古中段伸入本区并得到公认的晚古生代碰撞对接带。由长城纪—二叠世沿缝合带两侧在地层、古生物上均有明显的差别，只是在两大板块对接为统一体以后，这种差别才终于消失。

根据蛇绿岩套的构造侵位、分布与向东追踪与内蒙古中部由"双带"所确定由西力庙至林西盖蒙店一带缝合线连在一起。

(1) 缝合带大体沿恩格尔乌苏—苏红图北—希勃（巴音查干）呈北东东向展布。

(2) 沿带零星出露的上石炭统阿木山组和下二叠统阿其德组等有拉斑玄武岩系列的海相玄武岩。位于布斯特附近的阿木山组有长约千米的蛇绿岩透镜体断续分布（图4-4）。

(3) 在宽约10～20km的碰撞破碎带，晚古生界受到强烈的动力变质，普遍片理化，并形成大量的碎裂岩、糜棱岩沿线成为深层承压水的通道。

(4) 下二叠统为海相碎屑岩—火山岩建造：在缝合线以北地区哈尔苏海群中发育以Lallinularis, Paracalamites为代表的北方安哥拉植物群；缝合带以南仅采获少量Lalamites等植物群碎片，但向东在乌拉特中后旗一带二叠统大红沟组中分布有Emplectotersis, Aunular, Lobatannularia等丰富华夏植物群。

(5) 缝合带南侧至宗乃山—沙拉扎山一带大面积发育年龄为2.34～2.89亿年的极向南指钙碱系列的岩浆岩，并依次出现区域动力变质与区域动力热流变质混合类型的中压变质带和区域动力热流变质的高温低压变质带，变质时限为2.36～2.35亿年。据此判断，古洋壳向南俯冲、消减直至碰撞的时间为晚石炭世晚期—晚二叠世早期。

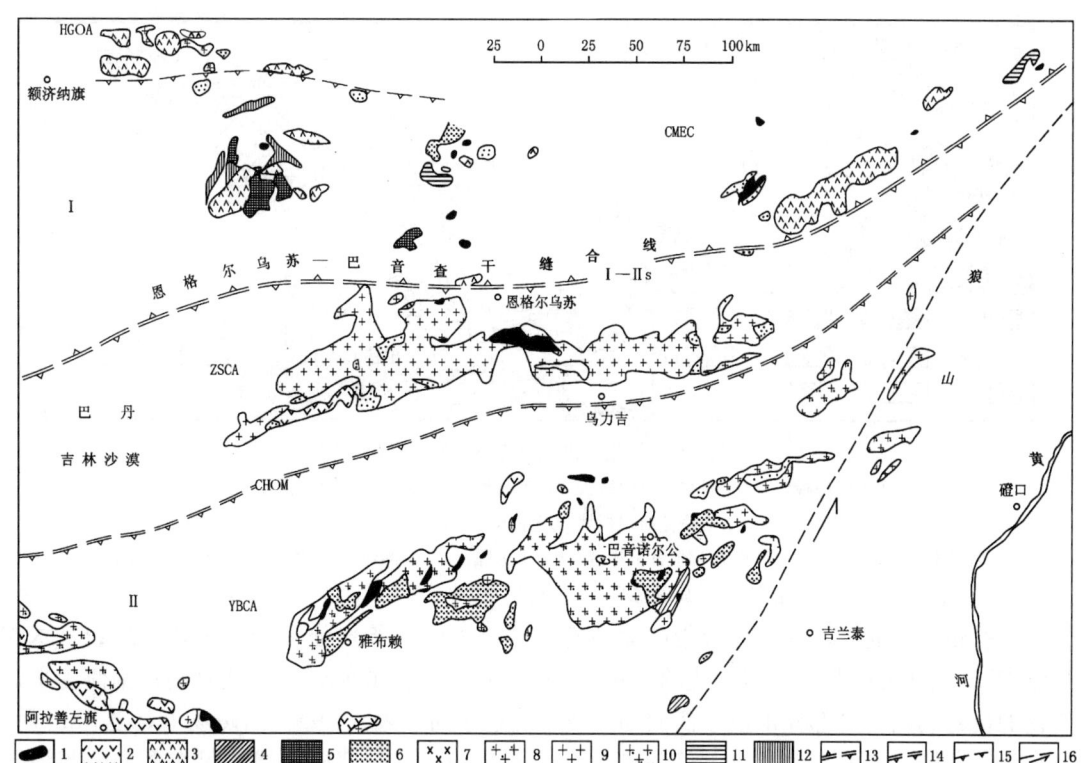

1—古生代镁铁质及超镁铁质深成岩；2—3—与裂谷有关的 M 型花岗岩类：2—加里东晚期（γ_3^3）；3—华力西中晚期（δo_4^2-γ_4^3）；4—5—与裂谷有关的 C 型花岗岩类：4—加里东晚期—华力西早期（γ_3^3-γ_4^1）；5—华力西晚期（γ_4^3）；6—造山期后花岗岩类（γ_5^3）；7—9—岛弧花岗岩类：7—洋内弧斜长花岗岩（γo_2^3）；8—洋内弧闪长岩及花岗闪长岩（δ_3^3）；9—具陆壳基底弧花岗岩类（δ_4^1-γ_4^2）；10—大陆弧花岗岩类（δo_4^2-γ_4^2）；11—12—大陆碰撞花岗岩类：11—加里东晚期（γ_3^3）；12—华力西晚期（γ_4^{4-3}）；13—陆—陆碰撞板块缝合线（I—IIs）；14—陆—弧碰撞拼合线（CHOM）；15—古裂谷；16—岩石圈走滑断裂

图 4-3 恩格尔乌苏—巴音查干缝合线分布图[3]

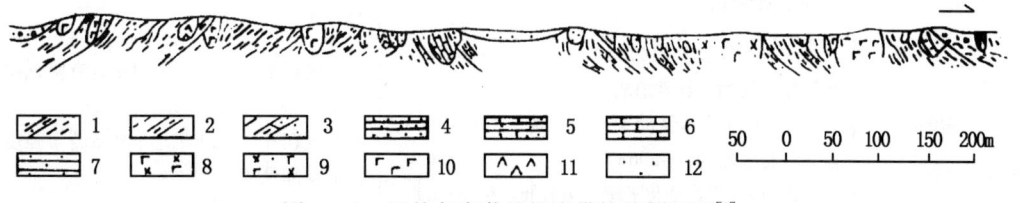

图 4-4 恩格尔乌苏蛇绿岩带构造剖面图[3]

1—粉砂质泥岩；2—凝灰质泥岩；3—凝灰质砂岩；4—长石石英砂岩；5—石英岩；6—结晶灰岩；7—锰结核；8—安山玄武岩；9—具枕状构造的安山玄武岩；10—玄武岩；11—超镁铁质岩；12—第四纪冲积物

（二）石板井—小黄山缝合带

作为北山地区塔里木板块与哈萨克斯坦板块对接碰撞缝合线由明水延至小黄山以后，于东经100°、北纬42°10′进入由中新生界覆盖的盆地区（图4-5）。此带在山区以巨大破碎带形式出现，沿带分布了众多的超基性、基岩性体，各岩体大小不一，较大的长约100m。断裂带中的超基性岩全部蛇纹石化，由叶蛇纹石和胶蛇纹石组成，反映了较高变质程度。破碎带中物质都高度构造化，从岩石形态、分布来判断，都符合构造成因。已收集到蛇绿岩岩石化学数据都投影到镁质和镁铁质区[1]。

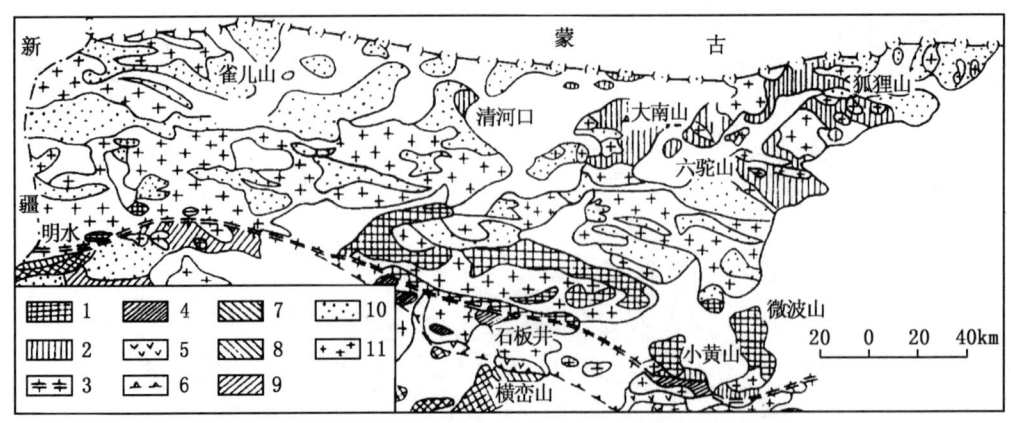

图 4-5 北山北带构造格局示意图[1]

哈萨克斯坦板块：1—明水—旱山微大陆；2—微大陆边缘之陆缘海或活动大陆边缘；
3—哈萨克斯坦板块与塔里木—中朝板块缝合带

塔里木—中朝板块：4—石板井—小黄山洋壳；5—火山弧；6—俯冲带；7—大陆边缘及边缘火山带；
8—大陆基底；9—弧后盆地；10—晚古生带地层覆盖区；11—花岗岩类

据航磁测量成果，在该缝合带向盆地延伸部位发现一条划分磁场分区 8 号断裂（木吉湖断裂）。该断裂以北为剧烈变化的正磁场区，局部异常及异常带均呈北东向；南侧为平静变化的负磁场区，局部异常呈东西向和（或）北东东向（表 4-9）。当磁场上延至 5km 后，显示为一条线形梯度带，具有下切深度很大的断裂特征，深部构造线均呈东西向，与该缝合带平行。在重力图上也具有两种性质迥异的分区特征：分界线北侧为重力高值区、异常带发育，走向北东；南边为重力低值区，异常走向呈北东东—东西向。

表 4-9 北山构造区东延部分（盆地西部地区）磁场特征对比表

磁场分区 分区特征	Ⅰ 额济纳旗剧烈变化区	Ⅱ 务桃亥低缓负异常区
地区及分布	位于银—额盆地西北隅，南部大致位于木吉湖—拐子湖连线以北	位于Ⅰ区之南，南界大致在河东里—特罗西滩一线，东界在特罗西滩、拐子湖林场一线
磁场特征	由一系列规模较大的北东向、东西向升高变化正异常与间列负异常组成 （1）正异常具强度大、梯度陡、变化快的特点，异常强度为 0~200nT （2）负异常，变化平缓，幅值低，在 0~5nT	全区磁场显示与Ⅰ区相比具有降低磁场背景 强度在 0~-50nT，并分布若干强度不大的局部异常
重力场	正异常区，总体走向为北东—北东东，主要有四个正异常区带和四个负的异常区带组成	负异常区，走向北东，局部呈北西向，有四个负异常带（湖西新村，务桃亥，务东，梭梭头）其间被相互连同的鱼脊山正异常、务东正异常分开
地质属性	区内乌珠尔嘎顺和东部红石山、亚陈克区所见大片花岗岩、花岗闪长岩露头与升高变化磁异常相对应；木吉湖区裸露的中上元古界变质岩也与升高变化正磁异常相对应，从而表明具有酸性火成岩及变质基岩引起的并具镶嵌构造特征的地质属性 所夹具有平缓降低磁异常，一般与中新生界沉积区相对应	该区为第四系覆盖，仅在湖西新村见中上元古界出露，与低缓变化磁场区对应较好，说明中上元古界浅变质岩系是引起低缓变化原因之一，该区磁场特征与西延部分磁场特征面貌基本一致，两者属于同一磁场区。其中分布强度不大的局部异常和异常带是中酸性侵入岩体和基岩埋藏比较浅的反映

（三）阿尔金走滑（转换）断裂带

该断裂被列入中国境内最主要的深断裂之一[4]，是一组起自结则茶卡湖以北60km，经阿尔金山，分割祁连山向北继续延伸的断裂。但从玉门市西北经宽台至金塔县以后究竟如何延展，断裂带的性质等众说纷纭[5-11]。据任纪舜等（1980）认为，"该断裂是一组从阿尔金山经北山向蒙古的宽约100～250km，长2000余千米的巨大的深断裂系[4]"；也有人认为该断裂沿宽台山向北东归并于龙首山北西西向断裂；也有人认为该断裂自大坝往北后逐渐消失。

通过以下各种资料综合分析，我们认为第一种见解基本符合实际。阿尔金断裂既没有消失，也没有转弯，而是自大坝向北，通过宽台山，经天仓、鼎新、务桃亥向恩格尔乌苏东北延伸。

（1）据钻井资料和地震解释成果，阿尔金断裂从宽台山北翼通过，具有北盘下降，正花状构造特点，断距可达4000m。

（2）界于北山与龙首山（北大山）之间豁口两侧相对应的部分构造地层组成迥然不同：豁口以东，就总体而言，尚未发现有下古生界分布；豁口以西为下古生界与前蓟县系相间分布地区，其地层构造特点是分带性强，横向演变快、带间差异大。就部分地区而言，在天仓—鼎新两侧相对应部分决然不同：东侧的北大山为由太古界—下元古界组成陆内隆起区；西侧花牛花山—白山堂为由奥陶—志留系组成的陆缘裂谷带。

（3）据陆地卫星照片显示与判断，由金塔向东北进入龙首山—北大山区后出现数条线性影像带，具有向阿尔金主干断裂收敛，向盆地方向发散延伸的帚状构造特征。

（4）进入盆地后，由天仓至拐子湖林场在布格异常图上（包括剩余异常图）出现两条并列醒目线性梯度带与被其所夹持的雁列断陷带（重力负异常带）。在航磁等值线图上，西南段为线性梯度带，东北段为串珠状异常带。通过上述异常及异常带反映为深断裂的所在地段大地电磁测深剖面也证实有深断裂存在。另外，在该断裂通过之处巴丹吉林沙漠地区也有一条色调醒目的界线将该区分为南北两种具有不同形态与不同边界的沙丘群。

（5）再向北该断裂应该从拐子湖林场以东通过，起了分割由北山地区向东延伸的早古生代缝合带与由内蒙古中段向西延伸的晚古生代缝合带的作用。断裂以西属于北山构造体系，自早古生代起基底一直很活动，沉积了巨厚的中基性、中酸性火山岩、火山碎屑岩；断裂以东属于西伯利亚板块南缘内蒙古中段晚古生代构造体系，西伯利亚板块直接与华北板块对接。断裂以西为哈萨克斯坦板块与塔里木板块对接。

二、构造分区与属性

分布于银—额盆地范围内的两条近东西向板块缝合线和一条北东—北东东向走滑断裂带将盆地分为：额济纳旗区、务桃亥区、宗乃山—巴丹吉林区以及苏红图以北地区。

（一）额济纳旗区

位于石板井—小黄山缝合带以北，与北山北带相毗邻，据地表露头、重磁以及地震勘探成果，山区与盆地覆盖区之间没有边界断裂相分割，两地区之间为一不规则地形边界或为后期剥蚀作用形成的残留边界。

组成北山北区的三个主要构造地层岩石组合带（图4-5）在基底岩石裸露的洪格尔吉山与邻区均能找到相对应的部分。

（1）与旱山微大陆相对应、在盆地内木岩湖地区，有组成大陆基底的前蓟县系出露。

(2) 与下古生代红石山陆棚海、晚古生代红石山—六驼山裂隔槽相对应,在盆地覆盖区经钻探有花岗岩体分布,在拐子湖以北基底岩石裸露区有以二叠系为主的上古生界分布,并有较多花岗岩侵入体。

(3) 与早古生代大南山—园包山活动大陆边缘带相对应,在洪格尔吉山(额济纳旗东北)有下古生代(界)构造地层岩石出露。据上延2km布格重力异常图显示,由该两相对应部分组成的山体或基底隆起区部分在东经100°30′、北纬42°以北近于相连(图4-6)。

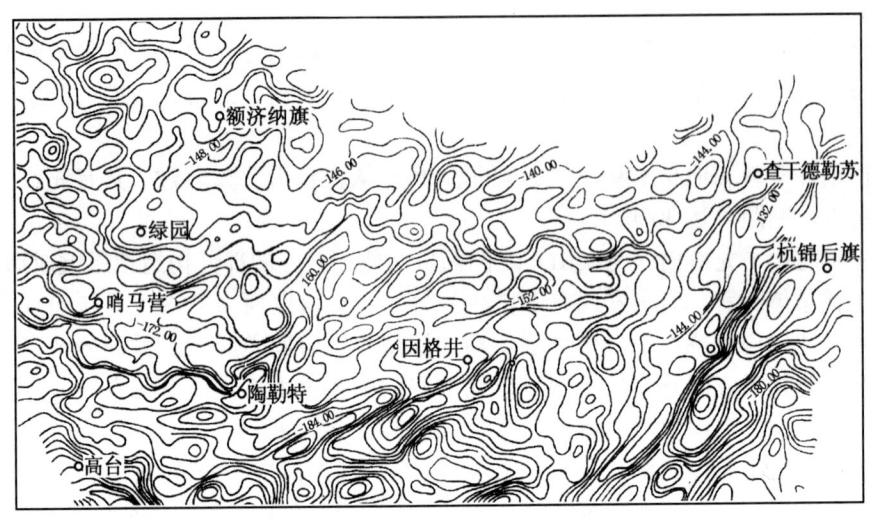

图4-6 银—额盆地上延2km布格重力异常图

(二)务桃亥区(湖西新村区)

位于石板井—小黄山缝合带以南,与北山中区相接壤,两区之间没有大断裂分隔。缝合带以南,绿园以西便是由前蓟县系组成的大陆基底岩石(中下元古界)裸露带。该带走向为北西西向(近东西向),顺其走向在向东延伸部位,出露了以青头山为代表的由前蓟县系岩石组成的三个小山头,并且以重力正异常带的反映特征向哈拉包方向延伸。

湖西新村以南负异常带、哨马营正异常带分别与北山地区中南带的古生界露头,前震旦系裸露部分相对应,前者表征的是古生界基底凹陷部分,后者是前蓟县系基底(也包括花岗岩体)及其隆起部分的反映。

(三)宗乃山—巴丹吉林区

该区主要指位于阿尔金断裂以东,恩格尔乌苏—巴音查干缝合带以南,盆地南缘边界以北地区,也涉及到狼山—雅布赖山—龙首山区。

据地表露头资料、钻探成果以及相应的解释成果确定本区没有下古生界分布;上古界仅有上石炭统、二叠系零星出露;中生界也缺失三叠系。由宗乃山—沙拉扎山裸露地层层序与狼山、雅布赖山以及龙首山区地层对比表明,本区除未见太古界分布以外,其上部层位、层序基本一致(图4-7)。据宁夏地质有关"内蒙古阿拉善地区板块构造初探"中的介绍,此套变质杂岩由同位素年龄19.82~32.188亿年的中、上太古界迭布格斯群、阿拉善群和下元古界阿拉敖包群构成。不仅在阿拉善台隆(陆隆)广泛分布,而且在宗乃山—沙拉扎山亦有不少出露。从而更能说明两区在晚古生代以前曾是一个长期处于隆起的比较稳定的老克拉通,该克拉通形成于太古代—早元古代,结束于中石炭世,延续时期长达 16~17 亿年，具有典型而独立的陆块性质，代表大陆地盾区大地构造位置。与区域构造背景中所介绍的有关盆地南缘外围地区构造—地层岩石组合特征完全相同。

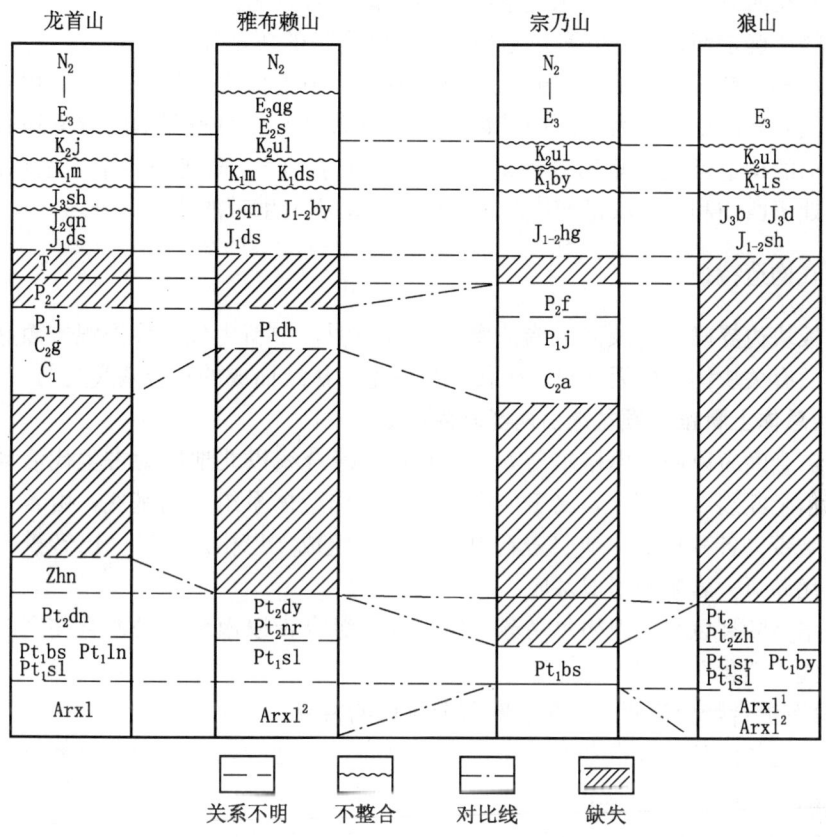

图 4-7 宗乃山与周边山区地层层序对比图

在兴凯—加里东旋回期间长期处于稳定隆起状态的阿拉善陆块（陆隆区）进入华力西旋回以来，随着周边区域板块构造格局改变与板块运动的影响，作为毗邻兴蒙大洋南洋区（晚古生代洋）的华北板块阿拉善陆块地区，首先在北部地区受到洋壳自北向南的俯冲、消减，直到早二叠世末期碰撞造山作用控制和影响，由稳定转化为活化，代之断裂变动以及频繁的岩浆活动，并波及龙首山深断裂以北，狼山—巴音乌拉断裂以西的整个陆隆区。位于南部边界断裂以北的宗乃山—巴丹吉林区与断裂带以南地区发生解体，一跃而为活动的陆块缘区。

频繁的岩浆活动形成多期岩浆弧，这种大量岩浆活动既增加了陆块区物质，同时又使弧区上隆，除了冷却收缩以及隆起以外，在弧的后方靠近大陆的一侧形成弧后前陆盆地，自北而南按基底性质，成因机制有以下构造单元形成和分布。

（1）北部陆缘区：①宗乃山—沙拉扎山晚古生代陆壳基底岩浆弧隆起；②宗南弧后盆地。

（2）阿拉善陆内区：①雅布赖山—狼山陆隆（地盾）；②巴音浩特陆坳（地堑）。

（3）南部陆缘区：河西走廊前陆盆地。

(四) 苏红图以北地区

该区系指阿尔金断裂以东,恩格尔乌苏—巴音查干缝合带以北地区,向西与额济纳旗间由阿尔金断裂所分隔,向北和东北继续开口。该缝合带为内蒙古中段用"双带"以及地层古生物资料所确定两古陆(安哥拉与华夏)间缝合带的西延部分。

石炭系、早二叠统广泛出露,由巨厚的中酸性、中基性火山岩与火山沉积岩组成,向北在蒙古人民共和国境内则为巨厚中基性火山岩分布区。从而表明本区与境外邻区在晚古生代处于活动的构造环境,华力西晚期黑云母花岗岩、印支期花岗岩带均呈东西向分布。其构造位置处于西伯利亚板块最南缘晚古生代好尔图庙增生带的西延部分。

三、基底构造特征

由上述板块边界确定以及四区构造属性分析表明,中新生代(界)银—额盆地叠置于由四大板块(有关块体)先后于早古生代、晚古生代拼结而成的复合基底之上。

(一) 从总体上看银—额盆地由两类基底组成

位于阿尔金断裂以西,恩格尔乌苏—巴音查干缝合线以北地区为古生代活动基底分布区。其中阿尔金断裂以西部分,属于前中生代北山构造体系组成的基底,由若干中间地块与古生代褶皱带(各种构造—地层岩石组合组成)组成。恩格尔乌苏—巴音查干缝合带以北为晚古生代岛弧—岩浆带组成基底。

位于阿尔金断裂以东,恩格尔乌苏—巴音查干缝合带以南地区是发育在阿拉善陆块之上的晚古生代"活化"基底[12-15]。

(二) 具有缝合带分南北,阿尔金断裂分东西的特点

延伸到盆地的两条缝合带基本上呈东西向分布,是划分四大板块的分界线。从区域布格异常图(图4-8)上延20km的布格重力异常图(图4-9)、莫霍面深度图(图4-10)来看,上述两缝合带走向与壳内深层构造线完全一致,均为东西向。

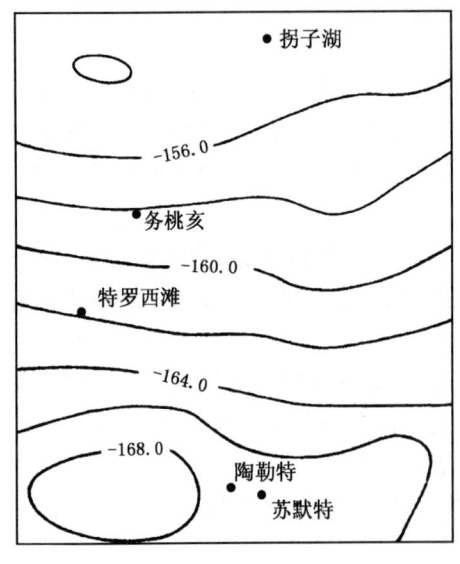

图4-8 银—额盆地区域布格异常图

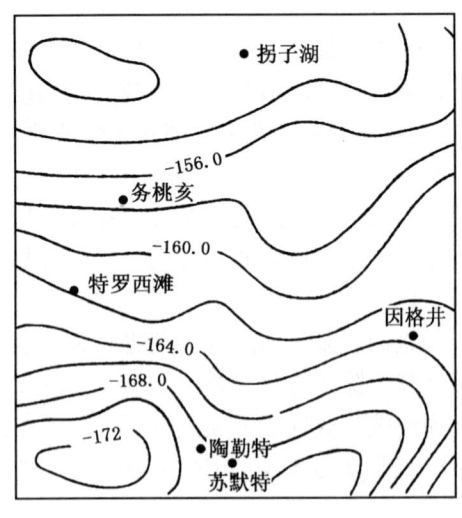

图4-9 银—额盆地上延20km布格重力异常图

阿尔金断裂自金塔至特罗西滩，经宗乃山西侧至恩格尔乌苏，再向北东穿过国境为界，分为东西两部分：西部为地跨两板块的北山构造体系，自早古生代起基底一直很活跃（动），沉积了巨厚的中基性、中酸性火山岩、火山碎屑岩；东部地跨西伯利亚、华北板块，为晚古生代活动区和活化区，具有岛弧型大陆边缘与活化克拉通的特征。

（三）晚古生代盆地形成的早晚与分布受板块演化与对接时期的控制

位于北山区的两大板块于晚加里东运动发生对接，从而基本结束了洋陆对峙板块构造演化阶段，代之而来是处于陆壳形成时期的造山阶段。由泥盆纪开始，结束于晚二叠世晚期，先后有以下盆地形成和分布（图4-11）。

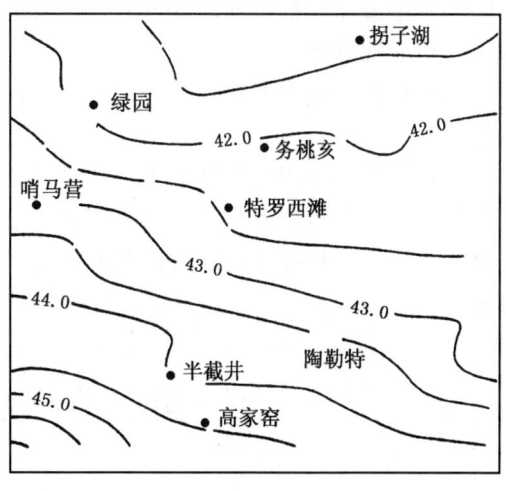

图4-10　银—额盆地莫霍面深度图（km）

位于阿尔金断裂以东两大板块于晚华力西运动期（伊宁运动）发生对接在南北两陆缘区先后有以下类型盆地形成和分布。

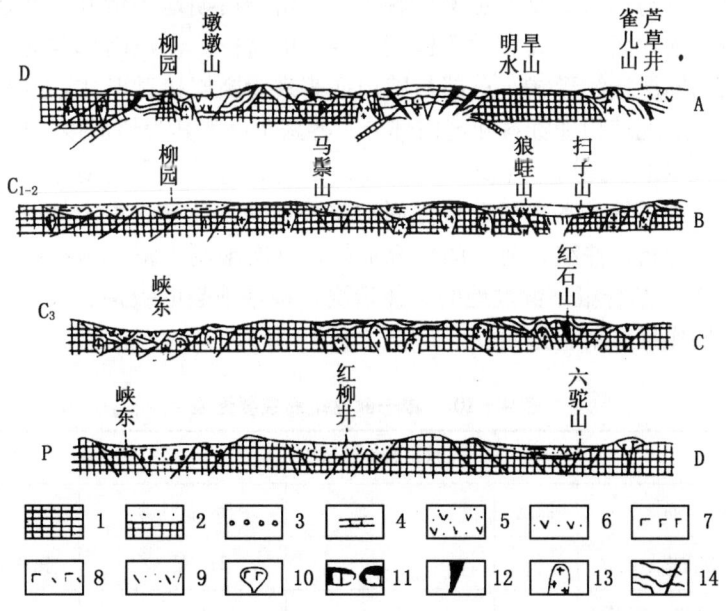

图4-11　北山地区晚古生代板内构造演化示意图[16]

1—前泥盆纪基底；2—陆源碎屑沉积；3—磨拉石；4—碳酸盐岩；5—火山—磨拉石；6—中基性火山喷发沉积；
7—基性熔岩喷溢沉积；8—双模式火山岩；9—中酸性火山喷发沉积；10—陆相玄武岩喷溢沉积；
11—准洋壳（微扩张脊）；12—超镁铁质杂岩构造侵位；13—花岗岩；14—褶皱变形地层（左）、断裂（右）
A—形成于中晚泥盆世，分布于北山南北带的火山—磨拉石盆地；
B—形成于中晚石炭世，分布于北带裂谷小洋盆及南带陷陷盆地；
C—形成于晚石炭世，分布于北带火山—磨拉石盆地及南带以中酸性火山喷发和陆源碎屑堆积为特征的上叠盆地；
D—形成于早二叠世，分布于北山三个带的断陷槽盆地

(1) 形成于晚石炭世,发生两大板块尚未大规模碰撞前,分布于大陆边缘岩浆岛弧南侧的弧后前陆盆地。

(2) 形成于晚二叠世,发生在两大板块碰撞过程中,分布于俯冲板块上的周缘前陆盆地。

总的来看,都产生和分布于活动(或活化)的构造背景上。由泥盆纪到晚二叠世,盆地形成早晚和分布具有顺时针旋转规律:北山地区首先在中晚泥盆世有盆地形成;阿拉善陆缘区在晚石炭世有盆地形成;西伯利亚—蒙古板块南侧陆缘区在晚二叠世有盆地形成和分布。

第三节 盆地构造格架

一、断裂构造格架

断裂是银—额盆地最重要的构造活动形式之一。它在控制盆地凸起、凹陷的形成与分布、地层沉积及油气运移聚集等方面起着重要的作用。

银—额盆地与周缘造山带既有密切联系,又有明显的区别,反映了其地质特征有一定的继承性。盆地西部与北山主要为超覆接触形式,由于后期地壳抬升,盆地西部边界部分遭受较大程度的剥蚀,因而又具有"残留型边界"的特征;盆地南部与北大山、雅布赖山和哈拉乌山表现为断层接触形式,东部与狼山亦表现为断层接触形式,且都表现为走滑边界性质;盆地北部从地球物理资料和境内部分边界露头反映其为超覆接触边界性质。

盆地自中生代以来,经历了印支运动、燕山运动、喜马拉雅运动等多期构造运动,形成了极其复杂的断裂系统。本次研究根据周边露头地质、地震、重力、航磁、大地电磁及卫星遥感资料解译分析,并结合前人的研究成果,首次编制了银—额盆地及邻区主要断裂分布图(图4-12)。结合银—额盆地的具体情况,根据断裂的级别、大小、发育的空间位置及对沉积的控制作用将断裂分为以下四类(表4-10)。

表4-10 银—额盆地断裂要素表

区域性断裂(Ⅰ)					
编号	名称	深度	性质	活动时期	说明
I_1	黑鹰山—苏古诺尔断裂		s	H、Y、X	晚古生代扩张—碰撞带
I_2	石板井—小黄山断裂		t、s	G、H、Y、X	早古生代碰撞带
I_3	阿尔金东延断裂	L	s	J、G、H、Y、X	延伸长度>650km
I_4	龙首山断裂	L	s—t、c、s	Q、F、J、G、H、Y、X	龙首山断褶带西南界
I_5	祁连山北缘断裂				
I_6	贺兰山西麓断裂	E—L	s、t—c、t	J、H、Y、X	银川裂谷西界
I_7	贺兰山东麓断裂	E	t—c、s、t	H、Y、X	贺兰山地垒与银川地堑分界

续表

区域性断裂（Ⅰ）					
编号	名　称	深度	性　质	活动时期	说　明
I_8	澄口—平凉断裂	E—L	t—c	J、H、Y、X	银川裂谷东界
I_9	巴音乌拉山断裂	E	s	Q、J、G、H、Y、X	阿拉善陆隆东界

盆地边界断裂（Ⅱ）					
编号	名　称	深度	性　质	活动时期	延伸长度（km）
II_1	北大山断裂	E	t—c	H、Y、X	170
II_2	雅布赖—哈拉乌山断裂	E	s	H、Y、X	>400
II_3	狼山西断裂	L	t—c—s	H、Y、X	230

盆地内分区断裂（Ⅲ）					
编号	名　称	性质	走　向	倾　向	长度（km）	断距（km）
III_1	宗乃山—沙拉扎山断裂	逆	EW	N	320	>1500
III_2	宗南断裂	正	NE—EW	NW—N	>500	
III_3	因格井断裂	正	NE	SE	210	
III_4	树槐头断裂	正	NE		240	
III_5	雅布赖山西麓断裂	逆	NE	SE	230	
III_6	那仁哈拉断裂	逆	NEE	SSE	160	
III_7	德斯特乌拉断裂	逆	EW—NEE	S—SSE	150	
III_8	阿木乌苏断裂	逆	NE	SE	100	
III_9	达古西断裂	正	NNE	SSE	320	3600
III_{10}	达古东断裂	正	NNE	NWW	240	

盆地内二级断裂（Ⅳ）								
编号	断裂名称	性质	走向	倾向	长度（km）	最大垂直断距（m）	断开层位	活动时期	地质作用
F_1	路井北断裂	正	NE	SE	52	2238	K_1	K_1	路井控凹断裂
F_2	路井南断裂	正	NE	NW	74	5600	K_1	K_1	路井控凹断裂
F_3	天草西断裂	正	NEE—NE	SSE—SE	123	4251	K_1	K_1	天草控凹断裂
F_4	天草东断裂	正	NEE—NE	NNW—NW	67	2157	K_1	K_1	控制天草凹陷的早白垩世地层沉积
F_5	居东1号断裂	正	NE	SE	56	2500	K	K_1	控制居东凹陷的地层沉积
F_6	居东2号断裂	正	NNE—NE	SEE—SE	54	3800	K_1	K_1	居东控凹断裂
F_7	建国营断裂	正	NE—EW	SE—S	64	3160	K	K_1	建国营凹陷的控凹断裂

续表

盆地内二级断裂（Ⅳ）									
编号	断裂名称	性质	走向	倾向	长度（km）	最大垂直断距（m）	断开层位	活动时期	地 质 作 用
F_8	乌家井东断裂	正	NE	SE	39	2400	K	K	格朗乌苏凹陷的控凹断裂
F_9	乌家井南断裂	正	NE	SE	44	3000	K_1	K_1	
F_{10}	老西庙西断裂	正	NE	SE	48	3500	K_1	K_1	
F_{11}	老西庙东断裂	正	NE	NW	42	1381	K_1		
F_{12}	建国营东断裂	正	NE	NW	100				建国营凹陷的控凹断裂
F_{13}	格朗乌苏东断裂	正	NE	NW	35				格朗乌苏凹陷控凹断裂
F_{14}	保都格断裂	正	NE		110				吉格达凹陷的控凹断裂
F_{15}	青头山南断裂	正	NE	NW	130				扎哈乌苏凹陷的控凹断裂
F_{16}	多格乌苏东断裂	走滑	NS		125		R+Q	R+Q	
F_{17}	湖西新村1号断裂	正	NE	SSE	35				湖西新村凹陷的控凹断裂
F_{18}	湖西新村2号断裂	正	EW—NEE	N—NNW	75	2700	K_1	K_1	
F_{19}	哨马营1号断裂	正	NE	SE	44	600	K_1	K_1	哨马营凹陷的控凹断裂
F_{20}	哨马营2号断裂	正	NEE	NW	83	2200	K_1	K_1	
F_{21}	梭梭头南断裂	正	NEE	NW	>35	3000	K_1	K_1	梭梭头凹陷的控凹断裂
F_{22}	哈日1号断裂	正	NE	NW	80	3500	K	K	哈日控凹断裂
F_{23}	巴北断裂	正	NE	NW	60		K	K	巴北凹陷的控凹断裂
F_{24}	巴东断裂	正	NE	SE	60		K	K	
F_{25}	艾勒西断裂	正	NE	NW	70	2800	K	K	艾西凹陷控凹断裂
F_{26}	特1号断裂	正	NE	SE	30		K	K	特中凹陷的控凹断裂
F_{27}	特2号断裂	正	NE	NW	55		K	K	
F_{28}	苏红图东断裂	正	NE	SE	50				
F_{29}	树槐头北断裂	逆	NE	NW	80				
F_{30}	因格井东断裂	正	NS		120			R+Q	
F_{31}	树贵东断裂	逆	NE	SEE	160			R+Q	
F_{32}	银根东断裂	走滑	NW		60				
F_{33}	布克特西断裂	逆	NEE	NW	100		K	R+Q	
F_{34}	莫林断裂	走滑	EW		110				莫林凹陷的控凹断裂
F_{35}	西尼断裂	正	NS	W	>24	1000	K_1	K_1	
F_{36}	图拉格断裂	正	NE	SE	75	4900		K_1	查干控凹断裂

注：L—岩石圈断裂；E—壳断裂；t—张性；c—压性；s—剪切；Q—迁西期；F—阜平期；J—晋宁期；G—加里东期；H—海西期；Y—燕山期；X—喜马拉雅期。

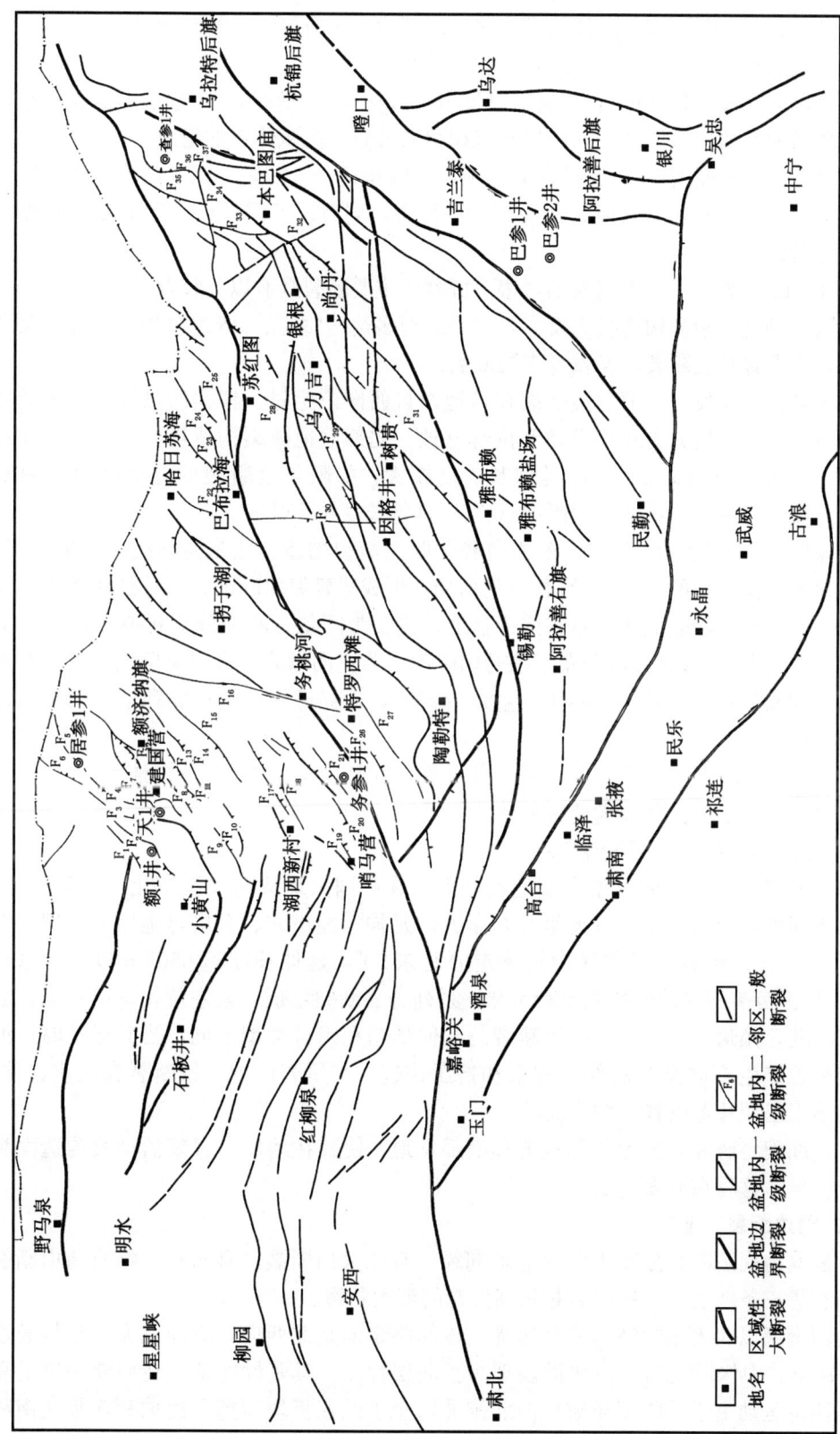

图 4-12 银—额盆地及邻区主要断裂分布图

(1) 区域性断裂（Ⅰ）：控制着盆地所处的大地构造背景，其活动状态在很大程度上决定了盆地发育过程中不同阶段盆地的应力状态、结构、构造等性质的转变。

(2) 周边断裂（Ⅱ）：控制着盆地的边界范围。

(3) 盆地内一级断裂（Ⅲ）：控制着盆地内一级构造——坳陷、隆起的形成和分布，使盆地形成隆坳相间的构造格局，从而控制沉积相的展布和沉积体系的组成。

(4) 盆地内二级断裂（Ⅳ）：控制着盆地内二级构造——凹陷、凸起的形成和分布，它们的活动决定了沉积相在空间展布的局部细微形态，同时，不同程度地造成断层两侧同一地层单元厚度的差异。

从图4-12和表4-10可以看出，银—额盆地主要断裂具有以下特点：

(1) 银—额盆地断裂构造极为发育，主要断裂多达50多条，既发育周边断裂，又发育盆内断裂，既发育基底断裂，又发育表层断裂。

(2) 区域性大断裂——阿尔金断裂在盆地内自西向东穿过，根据两侧构造、地层展布等特征的不同，将盆地分为北部盆地和南部盆地。北部盆地断裂构造规模不大，延伸长度一般为30~90km；南部盆地断裂延伸长、规模大，如阿尔金断裂的分支断裂宗南断裂（Ⅲ$_2$）延伸长度约440km，达古西断裂（Ⅲ$_9$）延伸长度约320km。

(3) 盆地内主要发育北东向、东西向和北西向断裂构造。北东向断裂分布最为广泛，如在居延海地区呈明显的"S"形雁行排列格局，形成居延海块断区，在苏红图坳陷内呈左行雁行排列；东西向断裂主要分布在南部盆地，主要为阿尔金断裂分支断裂（如Ⅲ$_1$、Ⅲ$_2$、Ⅲ$_3$、Ⅲ$_4$、Ⅲ$_5$、Ⅲ$_6$、Ⅲ$_7$等），分布于宗乃山隆起、苏亥图坳陷、尚丹坳陷内。其中北东向断裂和东西向断裂共同控制了中新生代盆地的形成，对局部构造的形成和油气聚集起到了重要的控制作用。

(4) 银—额盆地断裂构造主要形成于海西期、印支—燕山期及喜马拉雅期。

现将银—额盆地主要断裂构造特征分述如下。

（一）区域性断裂——阿尔金断裂（Ⅰ$_3$）

阿尔金断裂是我国西部大型左旋走滑断裂，在我国大地构造发展演化中占重要位置。该断裂西起新疆，沿硝尔库里谷地呈北东东方向延伸，经肃北、金塔等地后进入银—额盆地（图4-12）。该断裂在研究区内总体走向北东20°，延伸长度达650km以上，总长约1600km。其由两条羽状排列的主要断裂和一系列分支断裂组成，具左旋扭动的特点，断面倾向时南时北，倾角60°~80°。由于断裂的几何形态和组合类型不同，当其运动时，沿断裂的特定部位产生不同类型的伸展构造和挤压构造。在研究区内，该断裂在地质、重力、航磁、陆地卫星照片等资料上均有反映。

阿尔金断裂将研究区分为北部盆地和南部盆地，使其在地层、岩浆活动及构造面貌上存在明显差异，这将在后面述及。

（二）周边断裂（Ⅱ）

银—额盆地周边断裂分布于南部盆地周缘，有北大山断裂、雅布赖—哈拉乌山断裂和狼山西断裂等三条断裂，这些断裂是长期发育的深大断裂。

盆地西南缘以北大山断裂构成其边界，该断裂走向呈北西向，倾向北东，延伸长度约170km。在早、中侏罗世到早白垩世表现为正断层性质，具张性特征，在后期特别是喜马拉雅Ⅰ幕构造运动由于受印度洋板块向北俯冲以至于欧亚板块相撞和西伯利亚板块南移的影响，使北大山断裂向盆地方向俯冲而转化为逆断层性质。

盆地南缘以雅布赖—哈拉乌山断裂为边界，其总体走向为北东东向，延伸长度大于400km，具明显的左行走滑性质，在地面露头上可见到山体被左行错动的现象，它属于阿尔金断裂的一条分支断裂。由于走滑断裂断面较陡，该断裂又具左行扭动性质，断面倾向时北西时南东。根据盆地南部尚丹地区的断裂展布情况及构造应力场分析，其应为倾向南东，倾角陡的逆断层，具由南向北逆冲的动力学机制。

盆地东缘以狼山西断裂为边界，其总体走向北东东向，倾向南东东，延伸长度230km左右，具左行走滑性质，为一条长期发育的岩石圈断裂。由于受喜马拉雅Ⅰ幕构造运动的影响，其断裂性质由正断层转化为逆断层，伴随左行走滑性质，并使查干德勒苏坳陷的查干凹陷内出现了逆断层。

（三）盆地内一级断裂（Ⅲ）

盆地内一级断裂共10条规模不同的断裂，断裂位置与主要构造要素见图4-12和表4-10，主要分布于盆地南部。

1. 宗乃山—沙拉扎山断裂（Ⅲ$_1$）

宗乃山—沙拉扎山断裂主要位于宗乃山、沙拉扎山地区，自宗乃山向西的延伸情况不明，向东终止于银根地区，全长320km。在野外地质露头观察，沿断裂有加里东期中性侵入岩、中酸性侵入岩和印支期花岗岩的分布；在重力场上反映为异常高值带，在磁场上反映为串珠状异常；在遥感图像上为一条延续性好的线形影像，表现为一条醒目的色调界线。

2. 宗南断裂（Ⅲ$_2$）

宗南断裂与宗乃山—沙拉扎山断裂走向基本一致，在金塔附近与阿尔金断裂相接，向东切穿北大山断裂进入巴丹吉林沙漠和尚丹地区，终止于巴隆乌拉火山口一带，在盆地内延伸约440km。在巴丹吉林沙漠地区，该断裂从达古断陷南侧经过，为达古断陷与宗乃山隆起的分界线。在尚丹地区，该断裂经过乌力吉凹陷南侧，为乌力吉凹陷的控凹断裂。沿该断裂有基性侵入岩和酸性侵入岩分布，在重力场上表现为异常梯度带，在磁场上表现为串珠状异常带，在遥感图像上线性影像异常清晰，延续性好，地貌上表现为线状谷地，断层三角面发育。

3. 雅布赖山西麓断裂（Ⅲ$_5$）和那仁哈拉断裂（Ⅲ$_6$）

雅布赖山西麓断裂和那仁哈拉断裂以北东向—北东东向横亘于研究区南部，长约400km。在地质上，沿断裂形成1~2km宽的挤压破碎带，有糜棱岩化、破碎岩化及片理化等动力迹象，这些表明该断裂遭受过强烈的挤压。从总体上看，断层面倾向南，倾角较陡，约50°~70°。

断裂带地貌特征为平直沟谷或断崖，断层三角面发育。在磁场上主要反映为线性梯度带，局部地段反映为串珠状异常，当磁场上延不同高度后仍反映为线性梯度密集带（图4-13A），断裂两侧的磁场面貌也存在差异，南侧以块状变化磁场区为特征，幅值较大，而北侧为杂乱变化的磁场区；在重力场上西段表现为线性梯度带，东段则表现为异常高值带（图4-13B）。据内蒙古区域地质志描述，该断裂在加里东期初具规模，华力西中晚期活动强烈，并伴有大规模的中酸性、中基性岩浆活动，直至中新生代仍可见其活动迹象，是一条规模大、活动时间长、力学性质有多期转化特点的深大断裂。其中雅布赖山西麓断裂在苏亥图坳陷内为锡勒凹陷与马路井凸起的分界线，那仁哈拉断裂在尚丹坳陷内为巴彦低凸起与托来凹陷的分界线，向东与狼山西断裂南侧相接，它们共同构成了阿拉善陆块的北缘断裂带。

图 4-13 雅布赖山西麓断裂（部分）在重磁场上的反映[17]
A—ΔT 等值线图；B—布格重力图

宗乃山—沙拉扎山断裂、宗南断裂、雅布赖山西麓断裂、那仁哈拉断裂、因格井断裂、树槐头断裂、德斯特乌拉断裂以及雅布赖—哈拉乌山断裂等八条断裂均与阿尔金断裂同组，为阿尔金断裂的分支断裂，在平面上向东发散，呈"帚状"分布，在中生代乃至现代都有强烈活动的迹象（如巴隆乌拉一带早白垩世的火山口），其性质均为左行走滑平移断层。

4. 阿木乌苏断裂（III$_8$）

阿木乌苏断裂分布于南部盆地的莫林牧场、阿木乌苏、本巴图庙附近，走向北东，倾向南东，具逆断层性质，为本巴图隆起和查干德勒苏坳陷的分界断层。在断层的上盘即本巴图隆起的阿木凸起上白垩系直接出露地表；在地震测线 YG93-742 上，它断开白垩系。根据本区的应力场分析，其活动时期为晚白垩世末期到喜马拉雅期。

5. 达古西断裂（III$_9$）和达古东断裂（III$_{10}$）

达古西断裂和达古东断裂位于研究区中部岌岌海子、敖布图一线的东西两侧，西侧为达古西断裂，东侧为达古东断裂。达古西断裂向西南延伸终止于北大山断裂，达古东断裂向南延伸终止于宗南断裂。

由于该区被第四系覆盖，又无地震资料，故只能利用重力、磁力资料进行研究。在重力场上断裂显示为线性梯度带和异常分布带，两断裂之间，在磁力场上其反映为串珠状异常，同时构成了不同磁场面貌的界线，两断裂挟持地带反映的异常及异常带走向为北东向，而其东、西两侧异常及异常带走向为东西向（图 4-14A）；重力异常走向为北东向，东西两侧重力异常走向以东西向、近东西向为主（图 4-14B）。由于受这两条断裂的分割，使断裂中间地区在后期的发展和构造演化中与两侧不同。

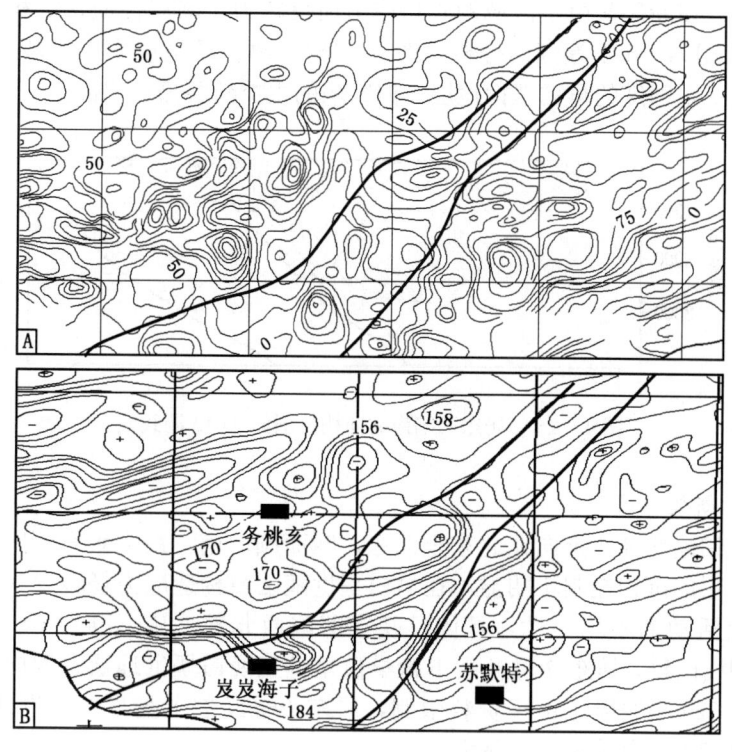

图 4-14　达古西和达古东断裂在重磁场上的反映[17]
A—ΔT 等值线图；B—布格重力图

（四）盆地内二级断裂（Ⅳ）

盆地内二级断裂较为发育，且大多数断裂呈北东向，仅个别呈南北向和东西向。北部盆地居延海坳陷、务桃亥坳陷和苏红图坳陷内的控凹断裂都为北东向的正断层，延伸长度大多小于100km；南部盆地苏亥图坳陷、尚丹坳陷内的控凹断裂为北东向和近东西向，查干德勒苏坳陷内的控凹断裂既有北东向的，又有东西向和南北向的。由此可见，北部盆地的控凹断裂较为简单，大多数呈北东向或北东东向，且都为正断层；南部盆地的断裂较为复杂，走向以北东向为主，还有南北向和东西向的，既有正断层又有逆断层。下面就某些典型断层的特征进行描述。

1. 天草西断裂（F_3）

天草西断裂是天草凹陷与撒根达来凸起的分界断裂，走向北东东至北东向，断面倾向南东，在平面上呈"S"形延伸，最大断距约425m。它和天草东断裂共同控制了天草凹陷白垩系地层的沉积和构造格局。其下降盘沉积了巨厚的白垩系地层，而上升盘仅发育新生界地层。该断裂是形成于白垩纪早期的同生断层，活动时期长，新生代早期仍有活动，在EJ87-541、EJ94-527、EJ87-545等多条剖面上有清楚的显示。

2. 居东1号断裂（F_5）

发育于居参1井北部，走向北东，断面倾向南东，最大垂直断距约2500m。该断裂在中生代活动频繁，在侏罗纪以正断层形式控制地层沉积，沉积与沉降中心位于断层下降盘。到侏罗纪末期，北西向的挤压应力使断裂性质反转，侏罗系地层沿居东1号断层遭受近千米的剥蚀。

到早白垩世，该断裂又由于区域的张扭应力而反转为正断层性质，沉积了几千米的早白垩世地层。从EJ94-621等剖面分析（图4-15），早白垩世居东1号断裂活动较剧烈，在其下盘沉积了一定厚度的早白垩世地层，但凹陷的主控断层仍在北部。

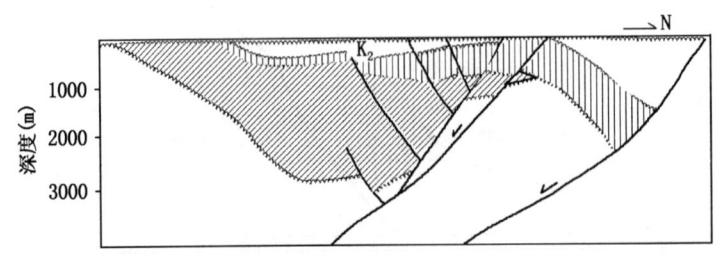

图4-15　居东凹陷南北向构造剖面（613测线）

3. 居东2号断裂（F_6）

发育于居东凹陷北部，走向北北东至北东，断面倾向南，最大垂直断距约3800m。该断裂对侏罗系地层的沉积控制不明显，在早白垩世随区域构造应力场转变为张扭性质开始活跃，且表现出活动的不均一性，具体反映在凹陷西北部。从EJ94-613、EJ94-617、EJ94-621等测线比较，居东2号断裂下盘早白垩世至晚白垩世地层自西向东有不同的沉降速率。EJ94-629测线以东由于资料限制，居东1号断裂上盘早白垩世地层厚度变薄，推测居东2号断裂的控制作用越来越大。

4. 多格乌苏东断裂（F_{16}）

多格乌苏东断裂是据重力、航磁、遥感等资料新解释出的一条近南北向的走滑断裂，延伸长度约125km。在重力场上，该断裂反映为不同重力场界线，其西侧重力异常为北东向，东侧重力异常为南北向和北北东向；在磁场上反映为不同磁场界线；在遥感图像上其表现为一条醒目的色调界线，延续性好。根据该断裂与阿尔金断裂的切割关系，推断其活动时期为新生代。

5. 巴兴断裂（F_{22}）

巴兴断裂位于苏红图坳陷内，是哈日凹陷与巴布拉海凸起的分界断层。平面上呈北西凸出的弧形展布，向西南方向收敛，断面倾向北西，延伸长度约80km，最大垂直断距约3500m。该断裂控制了哈日凹陷早白垩世地层的沉积，下降盘沉积有巨厚的早白垩世地层，而上升盘仅发育有部分早白垩世和新生界地层。紧邻下降盘出露了早白垩世巴音戈壁组上段地层，地层产状发生转变，具有明显挤压痕迹，这也说明在喜马拉雅期该断裂遭受挤压，重新逆向活动，地层遭受剥蚀。

6. 艾勒西断裂（F_{25}）

艾勒西断裂发育于苏红图坳陷内，是艾西凹陷与艾勒凸起的分界断层，沿北东向展布，西南部被剥蚀，延伸长度约70km，最大垂直断距约2800m。它发育于早白垩世初期，仅控制了艾西凹陷早白垩世地层的沉积，晚白垩世末期结束活动。到了喜马拉雅期，该断裂受挤压又重新活动，成为下正上逆的断裂，在YG95-698、YG95-690等剖面上有清晰的反映。

7. 图拉格断裂（F_{36}）

图拉格断裂发育于查干德勒苏坳陷内，为查干凹陷与西尼凸起的分界断层。走向南北—北东东—北东向,整个形态呈"S"形,延伸长度约75km,最大垂直断距约4900m。它为早白垩世同生断层,控制了查干凹陷早白垩世地层的沉积。它与地层的走向一致,为走向正断层,受到南侧莫林左行走滑断裂和狼山西走滑断裂的影响,向北西方向凸出。

8. 白云阔力断裂（F_{38}）和敖尔其格断裂（F_{39}）

这两条断裂发育于查干德勒苏坳陷内的白云凹陷的西部和北部,为早白垩世同生正断层。白云阔力断裂走向从北北东转为南北向,敖尔其格断裂走向为北东东向,倾向南,延伸长度分别为45km和30km,最大垂直断距分别为2000米和2200米。它们在YG91-912与YG91-920间相遇,呈"八"字形展布,从西至北夹持着白云凹陷,控制着早白垩世地层的沉积。地层向两断裂处增厚,向东南超覆。

二、断裂组合特征及成因关系

（一）断裂组合特征

构造地质研究中,所研究的对象是一组有着一系列共同特点和规律的构造组合。虽然任何一种特定的地质构造,它们的几何形态、发育历史都有某些差异,但从大区域范围来看,这些构造往往在剖面形态、平面展布、排列、应力机制上相互间有着密切联系,形成特定的构造组合,即构造样式。换言之,构造样式就是同一期构造变形或同一应力作用下所产生的构造总和。

本书主要根据构造样式分类方案来阐述研究区断裂构造组合特征。这是因为这一分类把近代板块构造理论研究引入到实际的油气勘探理论,把盆地构造和盆地内油气圈闭的构造研究与板块构造的部位、性质和演化紧密地联系在一起,从而使油气聚集的构造分析,在认识上大大提高了一步,这无论从理论上还是实践上都是有价值的。银—额盆地的断裂构造组合可分为以下几类。

1. 基底卷入型——张性和扭性断层组合

研究区广泛发育正断层。基底卷入型的张性和扭性断层组合主要是控制地堑（双断型）或半地堑（单断型）发育的边界断裂,大多具有生长断裂性质,断裂的发育与沉积作用同步发育,具有上部较陡下部变缓（犁式）的趋势（图4-16）。这些犁式正断层受阿尔金走滑断裂和区域性张扭性应力场的影响,在平面上呈"S"形或雁列式排列,在剖面上以不对称的箕状凹陷或掀斜断块为特征（图4-17）。

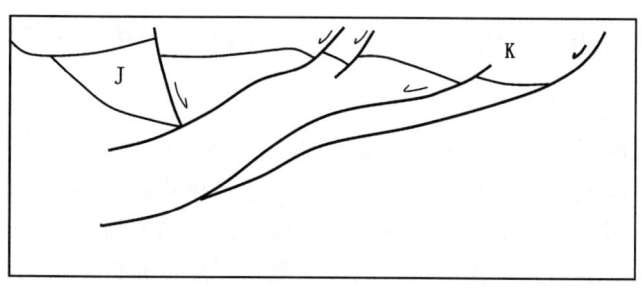

图4-16 居东凹陷内主控断裂的几何形态,在深部逐渐变缓变平趋势

在某些地震剖面上,向地堑轴部或向半地堑的一侧阶梯状下落（图4-18）,显示出旋转性。有些地堑系统发育时间较长,造成靠断层一侧地层明显增厚,另一侧向上收敛,属生长的半地堑构造（图4-19）。

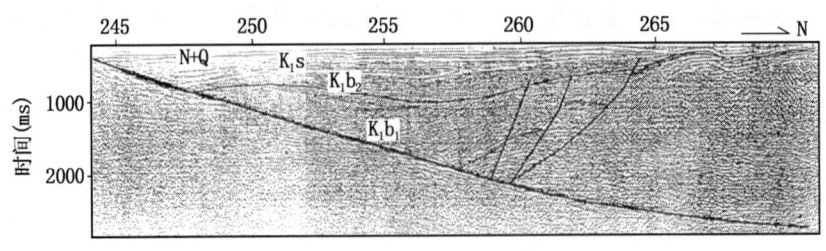

图 4-17 盆地内典型的半地堑型凹陷

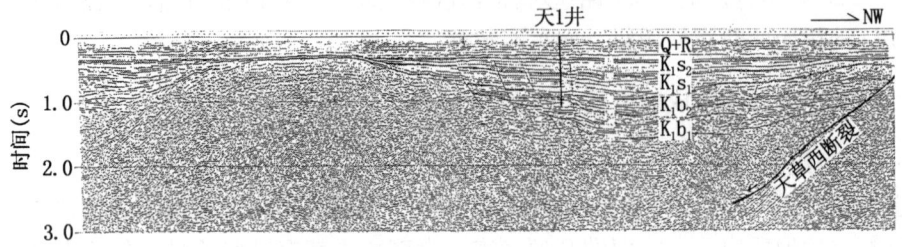

图 4-18 天草凹陷南北向构造剖面（585 测线）

根据箕状凹陷（或半地堑）的发育情况与沉积作用的关系可以分为两种类型。在研究区内较发育的是边旋转边发生沉积，如天草凹陷、查干凹陷。箕状凹陷的正断层倾向与基底倾向不一致，主要使盆地进一步加强了伸展，以天草凹陷表现得极为明显；另一种是正断层倾向与基底倾向相一致，这时进一步加强了凹陷的下沉，这种情况以哈日凹陷为典型例子；在地震剖面上，可见到扭动断层特有的花状构造（图 4-20）。

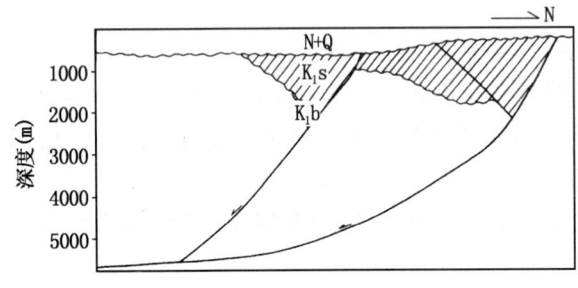

图 4-19 格朗乌苏凹陷南北向构造剖面（497 测线）　　图 4-20 与扭动断层相关的花状构造

2. 盖层滑脱型——滑脱正断层组合

这里研究的滑脱正断层样式指只有在正断层形成区域构造带而成为形变的主要方式，出现独特的构造组合。构成滑脱正断层样式的基本类型是在软弱岩层中形成的向着凹陷的断层，其位移历史与沉积作用密切相关。断层下降盘一边向凹陷滑脱，一边又有沉积物堆积在上面，维持一个相对的动态平衡，所以地层厚度在下降盘靠近断层面处急剧增加，而且断距在剖面上是向下递增的。滑脱正断层通常呈铲形，可以是同沉积产生，也可以是沉积后产生，断面倾角一般为 40°～50°，上部较陡，向下变得平缓，主要是由于重力—滑脱作用使岩层发生旋转或产生滚动背斜[18]。通常将这些滑脱正断层称为"同生断层"，它们向凹陷下掉，且位移最大。在这些断层的上盘发育着与之倾向相反的正断层称为"反向断层"，一般为次生断层，终止于同生断层面之上，平面组合呈"Y"型，如居东凹陷、天草凹陷等。

3. 基底卷入型——压性断块和基底逆冲断层组合

在研究区的南部地区及边缘出现高角度的逆断层，或称为上冲断层。断层面近直立，而且具有走向滑动分量，为典型的压性断裂。前期可能为张扭性，后期受到新生代以来逆冲作用的改造而转化为压性，如盆地边界断裂北大山断裂、雅布赖—哈拉乌山断裂、狼山西断裂。阿尔金断裂的分支断裂——雅布赖山西麓断裂、那仁哈拉断裂等。

4. 盖层滑脱型——逆冲—褶皱组合

这种构造样式或断裂组合主要分布于南部盆地的苏亥图坳陷、尚丹坳陷和查干德勒苏坳陷。

从平面上看，逆断层以锐角叠复排列，背斜出现于逆冲断层的上盘，背斜轴平行于断层走向，如海力素1号断层和海力素2号断层。由于本区岩石多具脆性，褶皱构造并不发育。这些逆断层既有继承原来的正断层发生性质反转，又有新断层的产生。

(二) 断裂成因关系和分布规律

断裂成因关系和分布规律与盆地的演化紧密相关。研究区基底包括四大板块：居延海坳陷地区基底属于哈萨克斯坦板块，绿园隆起和务桃亥坳陷地区基底属于塔里木板块的东沿部分，它们于早古生代晚期碰撞缝合，苏红图坳陷地区基底属于西伯利亚板块，南部盆地地区基底属于华北板块，它们于晚古生代碰撞缝合。由此可见断裂所处的构造位置有所不同，所以在发育时间和特点上也有所不同。

三叠纪至侏罗纪，研究区处于裂陷阶段，此时区域应力场为北西方向的拉伸。断裂主要是继承基底断裂（基底卷入型张性断裂组合），同时产生新的正断层（盖层滑脱型滑脱正断层），呈北东向展布的地堑、半地堑发育起来。这些断层虽都活动或形成于印支Ⅲ幕构造运动晚期或燕山Ⅰ幕构造运动早期，但盖层滑脱正断层较少且略晚于基底卷入型正断层。其主要分布于北部盆地的居延海坳陷、苏红图坳陷，如居东1号断裂、居东2号断裂、路井南断裂等，其次是分布于南部盆地苏亥图坳陷和尚丹坳陷，如阿尔金断裂的分支断裂宗南断裂、因格井断裂、树槐头断裂等。侏罗纪末期的燕山Ⅲ幕构造运动使某些正断层性质反转为逆断层，地层遭受剥蚀。

早白垩世早期，区域应力场表现为张扭应力场，裂陷范围进一步扩大，正断层继承基底断裂（基底卷入型张扭性断层组合）强烈活动，其为裂陷期同生断层，同时也受到同期盆地区域性走滑断裂的改造，如天草西断裂、路井南断裂、格朗乌苏断裂、哈日1号断裂、图拉格断裂等，呈"S"形展布，使地堑、半地堑呈北东向"S"形展布或左行雁列式排列。当地层沉积到一定厚度时，沿软弱岩层带发生滑动，产生同向和反向的盖层滑脱型正断层，进一步加强了凹陷的下沉和伸展，使凹陷接受了较厚的早白垩世地层。

晚白垩世，盆地进入"填平补齐"的坳陷阶段，直至古近纪晚期。由于印度板块向北俯冲与欧亚板块相撞，使研究区的构造应力场变为挤压应力状态，从而导致南部盆地的坳陷带内形成基底卷入型压性断块和基底逆冲断层组合以及盖层滑脱型逆冲—褶皱组合。

第四节 构造单元划分

一、划分原则和划分方案

依据银—额盆地重力、航磁、大地电磁测深、地面露头、卫星照片、地震剖面解释以及重力计算的中新生界厚度图等资料，考虑盆地内基底性质不同、岩浆活动不同、沉积地层不同、断裂活动不同及盖层构造特征的差异等因素，盆地可划分为两坳一隆三个一级构造单元，亚一级构造单元共划分 8 个坳陷和 5 个隆起，共计 31 个凹陷和 25 个凸起（表 4-11，图 4-21）。

表 4-11 银—额盆地构造单元划分表

一级构造单元	二级构造单元	代号	面积（km²）	最大沉积厚度（m）	一级构造单元	二级构造单元	代号	面积（km²）	最大沉积厚度（m）
居延海坳陷（17960km²）	乌珠尔凹陷	I_1^1	750	2240	苏红图坳陷（12160km²）	艾勒凸起	I_4^9	1380	1000*
	路北凸起	I_1^2	1100	780		艾东凹陷	I_4^{10}	350	3000*
	路井凹陷	I_1^3	950	6000		伊西凸起	I_4^{11}	930	1470
	散根达来凸起	I_1^4	1670	700		迈马凹陷	I_4^{12}	670	3500*
	天草凹陷	I_1^5	1660	4880	特罗西滩隆起（7430km²）	特北凸起	II_1^1	3090	1500*
	居东凹陷	I_1^6	2570	6350		特中凹陷	II_1^2	1910	1500*
	乌家井凸起	I_1^7	2030	860		特南凸起	II_1^3	2430	3000*
	建国营凹陷	I_1^8	600	2500*	达古断陷（7610km²）	拐子湖凹陷	II_2^1	1540	4000*
	布亚图凸起	I_1^9	920	1000*		敖西南凹陷	II_2^2	1430	4500*
	格朗乌苏凹陷	I_1^{10}	2610	4880		茨茨海子凹陷	II_2^3	4640	5000*
	保都格凸起	I_1^{11}	1600	1120	宗乃山隆起		II_3	20210	
	吉格达凹陷	I_1^{12}	1500	5220	楚鲁隆起		II_4	3480	
绿园隆起（6790km²）	青头山凸起	I_2^1	2110	1000*	苏亥图坳陷（15640km²）	因格井凹陷	III_1^1	2910	3500*
	扎哈乌苏凹陷	I_2^2	2110	2500*		树槐头凸起	III_1^2	4550	1500*
	拐子湖西凸起	I_2^3	2570	1000*		锡勒凹陷	III_1^3	4600	5000*
务桃亥坳陷（11910km²）	湖西新村凹陷	I_3^1	3550	3500		马路井凹陷	III_1^4	2630	1000*
	鱼脊山凸起	I_3^2	2400	1000*		树贵东凸起	III_1^5	950	500*
	哨马营凹陷	I_3^3	850	4200	尚丹坳陷（6420km²）	乌力吉凹陷	III_2^1	1000	4530
	梭梭头凹陷	I_3^4	1490	4860		巴彦低凸起	III_2^2	4390	2820
	务东凸起	I_3^5	2120	1500*		托来凹陷	III_2^3	1030	4700
	拐子湖南凹陷	I_3^6	1500	4000*	本巴图隆起（3470km²）	巴音毛道凹陷	III_3^1	600	3200
苏红图坳陷（12160km²）	拐东凸起	I_4^1	670	1000*		阿木凸起	III_3^2	2870	1200
	哈日凹陷	I_4^2	1600	4400	查干德勒苏坳陷（8240km²）	莫林凹陷	III_4^1	1710	3000*
	巴布拉海凸起	I_4^3	1150	1710		查尚北凸起	III_4^2	730	1500*
	巴北凹陷	I_4^4	1580	3430		红果凹陷	III_4^3	1150	3900
	巴东凸起	I_4^5	450	1000*		西尼凸起	III_4^4	730	1500*
	乌兰凹陷	I_4^6	400	1710		查干凹陷	III_4^5	2000	6400
	敖高凸起	I_4^7	1230	350		楚干凸起	III_4^6	690	1000*
	艾西凹陷	I_4^8	1750	3750		白云凹陷	III_4^7	1230	3500

注：* 据重力资料。

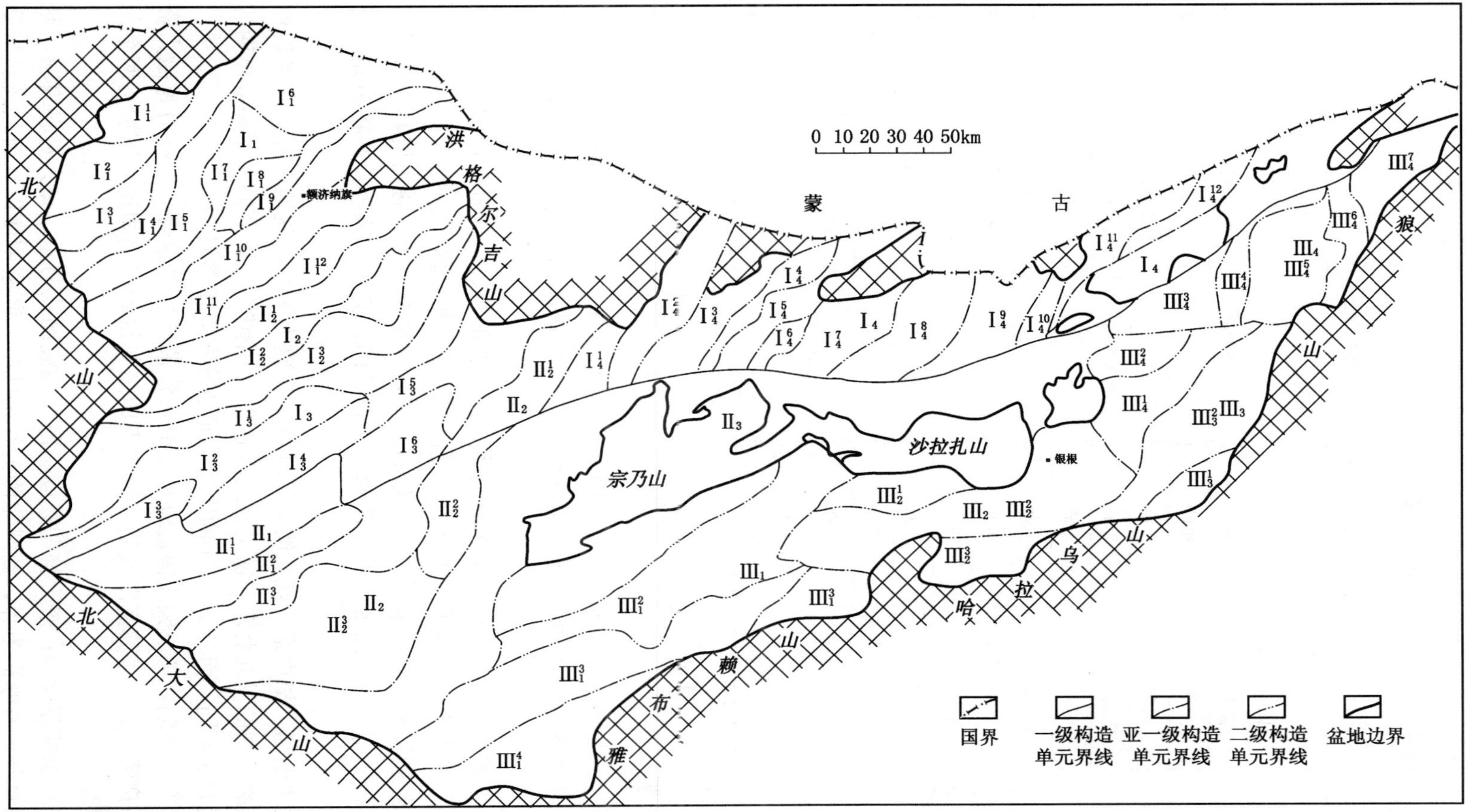

图 4-21 银额盆地构造单元划分图

全盆地总面积 121300km²。其中坳陷总面积 79940km²，占全盆地总面积的 68%；凹陷总面积 51310 km²，占全盆地总面积的 42%；坳陷中的凹陷总面积 46320 km²，占全盆地总面积的 38%，占坳陷总面积的 58%（表 4-12）。

表 4-12 银—额盆地凹陷构造类型

坳 陷	凹陷名称	凹陷构造类型	坳 陷	凹陷名称	凹陷构造类型
居延海坳陷	乌珠尔凹陷	单断	苏红图坳陷	艾西凹陷	单断
	路井凹陷	双断		艾东凹陷	单断
	天草凹陷	单断		迈马凹陷	单断
	居东凹陷	单断	达古断陷	拐子湖凹陷	双断
	建国营凹陷	单断		敖西南凹陷	双断
	格朗乌苏凹陷	双断		芨芨海子凹陷	双断
	吉格达凹陷	双断	苏亥图坳陷	因格井凹陷	双断
务桃亥坳陷	湖西新村凹陷	单断		锡勒凹陷	单断
	哨马营凹陷	双断	尚丹坳陷	乌力吉凹陷	单断
	梭梭头凹陷	单断		托来凹陷	双断
	拐子湖南凹陷	单断	查干德勒苏坳陷	莫林凹陷	双断
苏红图坳陷	哈日凹陷	单断		红果凹陷	单断
	巴北凹陷	单断		查干凹陷	单断
	乌兰凹陷	双断		白云凹陷	单断

从图 4-21 可以看出，本次银—额盆地的构造单元划分与以往构造单元划分主要有以下不同之处。

（1）居延海坳陷：根据重力、磁力资料的最新成果，原来的格朗乌苏凹陷和保都格凸起进行了重新划分，依次划分为建国营凹陷、布亚图凸起、格朗乌苏凹陷和保都格凸起。

（2）务桃亥坳陷：在其东部无地震测线，利用新的重、磁力资料，对二级构造单元的边界进行了重新审定，但为了使用上的方便仍沿用原来的名称。

（3）苏红图坳陷：根据地震资料的最新解释，并结合重力、磁力资料，将坳陷内二级构造单元进行了细分，新增加了拐东凸起、艾西凹陷、艾东凹陷等，并将边界进行了重新确定。

（4）达古断陷：根据银—额盆地 1∶50 万重、磁力资料，盆地中部存在受达古西断裂和达古东断裂控制的呈北北东向横贯盆地南北的达古断陷，这与 2004 年和最早期的构造单元划分方案有所不同，而与 2003 年的构造单元划分方案相类似。

（5）苏亥图坳陷：考虑银—额盆地基底南北分带特征并结合 1∶50 万重磁力资料，将原划分的昂都隆起归并于苏亥图坳陷，原树贵凹陷与锡勒凹陷相连，增加了两个凸起，使其规律性更强。

（6）查干德勒苏坳陷：查干德勒苏坳陷西部地震测线与重、磁力资料表明，原划分的红果凹陷以莫林走滑断裂为界，断裂北侧为红果凹陷，断裂南侧以查尚北凸起与莫林凹陷相隔，这与 2003 年盆地构造单元划分方案相类似。

（7）宏观分析全盆地构造格局，考虑盆地成因和划分凹陷的有效面积，此次构造单元划分更好地反映了全盆地凹陷展布格局及空间分布规律：银—额盆地具有中央隆起，南北断陷成带，近北东、北东东、东西向线形展布的盆地构造格局。

二、各构造单元特征

（一）北部坳陷

北部坳陷总面积 48820km²，包括居延海坳陷、绿园隆起、务桃亥坳陷和苏红图坳陷等四个一级构造单元，其基底以古生代褶皱地层为主。

1. 居延海坳陷特征

居延海坳陷位于盆地西北部，南侧以绿园隆起与务桃亥坳陷相隔，由 7 个凹陷和 5 个凸起组成。发育有中下侏罗统、下白垩统、上白垩统（居东凹陷除外）和新生界地层，面积 17960km²。其中凹陷面积 10640 km²，占该区面积的 59%。利用地震资料做出了三个构造层的地震反射构造图。凹陷、凸起呈窄的长条形相间展布，且凹陷、凸起各自独立，具一定的分隔性。该区在地球物理场上由一系列北东向升高变化的重、磁异常及相间的降低重、磁场带组成，呈剧烈变化的特点。该坳陷内凹陷按其构造类型分为单断（断超）型和双断型（表 4－12），其中居东凹陷、天草凹陷、乌珠尔凹陷、建国营凹陷属于单断型；路井凹陷、格朗乌苏凹陷、吉格达凹陷为双断型。二级断裂呈北东向或北北东向分布，如路井北断裂、路井南断裂、居东 1 号断裂、居东 2 号断裂、天草西断裂等 14 条断裂，控制着凹陷、凸起呈北东向斜列，呈"S"型分布，具明显的拉分性质（图 4－22）。

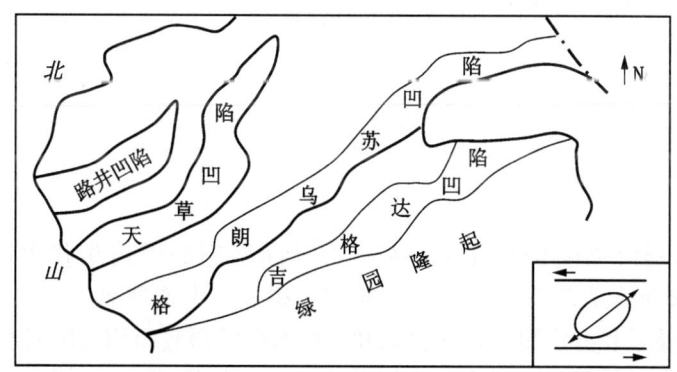

图 4－22 居延海坳陷各凹陷呈左行斜列，舒缓波状"S"形构造格局

坳陷内发育有早侏罗世到早白垩世的中酸性花岗岩类，呈岩基、岩株或岩枝状产出，主要分布于散根达来凸起、天草凹陷、居东凹陷，受北东向断裂的控制而呈北东向展布；居参 1 井钻至 4296m 发现中酸性侵入岩，岩性为灰白色花岗岩及二长花岗岩；天 1 井钻遇流纹岩。

该坳陷内较重要的凹陷有天草凹陷和居东凹陷。

1）天草凹陷

该凹陷位于居延海坳陷的中西部，其南北分别与乌家井凸起和散根达来凸起相连，呈北东—北北东向展布，是一个西北断、东南超的中新生代箕状（单断）凹陷。长 58km，宽 16km，面积为 1660 km²。凹陷的基底最大埋深 4880m，沉积盖层有下白垩统、上白垩统和新生界，中生界缺失三叠系和侏罗系。下白垩统、上白垩统的顶底面均为区域不整合面。凹陷的西北边界断裂（天草西断裂）是一条与天草凹陷同期发育的基底卷入型张性断层，该断裂控制了天草凹陷的发育与地层沉积，也控制了凹陷内二级构造带的形成。该凹陷共划分出三个亚二级构造单元（表4-13）：①北部次凹，位于天草凹陷的东北部，其西以天草西断层为界，南至天草北断层，呈北东向展布，长约45km，宽约15km，面积约465km²，总体为西北断，东南超的"箕状"断陷。②中部次凹，位于天草凹陷中部，西以天草西断裂为界，南以天草南断裂为界，北至天草北断裂，呈北北东向的不规则四边形，其中北东长30km，北西宽20km，面积750km²，总体呈西断东超的"箕状"断陷。从西向东，又可划分为西部陡坡带（哈尔断鼻）、中央洼槽带和东部斜坡带（巴勒断阶）。③西部次凹，东以天草南断层为界，呈北东向展布，北东长约62km，南北宽约14km，面积约660km²，为北断南超的"箕状"断陷。该凹陷的沉降中心与沉积中心不重合，沉降中心在西部陡坡的哈尔断鼻区，沉积中心在中央洼槽。本凹陷共发现构造21个，这些构造大部分形成于燕山期，主要构造有巴勒断鼻构造、哈尔断鼻构造、巴北断块构造。

表4-13 天草凹陷构造单元划分表

亚二级构造单元名称	二级构造带	展布方向	地质特征	地层最大厚度(m)		面积(km²)	
北部次凹		NE	西北断、东南超	3700		465	
中部次凹	哈尔断鼻带	NNE	西断东超的"箕状"断陷		2650		101
	中部洼槽带			4880	4880	750	443
	巴勒断阶带				2650		206
西部次凹		NE	北断南超的"箕状"凹陷	1700		660	

2）居东凹陷

该凹陷位于居延海坳陷的东北部，是一个北断南超的中新生代单断凹陷，面积为2570km²，凹陷的基底最大埋深6350m。凹陷的沉积盖层由侏罗系、下白垩统和新生界组成，中生界缺失三叠系和上白垩统，侏罗系和下白垩统的顶底面均为区域不整合面。居东1号断裂最显著的特点是侏罗纪、早白垩世沉积中心迁移作用明显。居东1号断裂在侏罗纪以前已经形成，印支运动晚期活动剧烈，下降盘沉积了大套近千米的侏罗系，侏罗纪末期构造回返。居东2号断裂反转成为逆断层，侏罗系自南向北逆冲，出露水面，遭受剥蚀，剥蚀量近千米；早白垩世早期居东1号断裂再次恢复正断层性质，断层下降盘边沉边降，堆积了800~900m的早白垩世沉积，此时的居东2号断裂已取代居东1号断裂在凹陷北部迅速发展，演变成凹陷主控断裂，致使下白垩世沉积、沉降中心向西北方向迁移。目前在凹陷内发现的构造大多数为断背斜，主要发育于居东2号断裂的下降盘，形成了准扎海断背斜带（侏罗系）和准北断背斜带（下白垩统），这些构造大多数形成于燕山期。

2. 绿园隆起特征

绿园隆起位于居延海坳陷和务桃亥坳陷之间，由1个凹陷和2个凸起组成，面积6790km²，其中凹陷面积2110 km²，占该区面积的31%。该区在地球物理场上为低缓变化的重、磁场区，呈东西向。这一地区被第四系覆盖，仅在湖西新村见有中上元古界出露。

在青头山凸起上发育有晚三叠世到早白垩世早期的酸性花岗岩（γ_5^1），岩性主要为二长花岗岩、花岗岩及花岗闪长岩；早侏罗世到早白垩世初期发育的侵入岩（γ_5^2），岩性主要为钾长花岗岩、二长花岗岩和花岗岩。二者均呈岩基、岩株或岩枝产出，空间分布受形成时断裂方向的控制而呈北东向、北东东向展布。

3. 务桃亥坳陷特征

务桃亥坳陷南侧以阿尔金断裂与中央隆起相隔，东侧以达古断陷北部的拐子湖凹陷与苏红图坳陷相隔，由4个凹陷和2个凸起组成，发育有下白垩统、上白垩统和新生界地层，总面积11910km²，其中凹陷面积7390km²，占坳陷面积的62%。该区在地球物理场上为北东东向宽缓的重、磁场负异常或负异常带。受其南侧阿尔金左行走滑断裂的影响，控制凹陷、凸起的二级断裂，如湖西新村1号断裂、湖西新村2号断裂、哨马营1号断裂、梭梭头南断裂等呈北东或北东东向展布，使湖西新村凹陷、哨马营凹陷、梭梭头凹陷、拐子湖南凹陷等，与阿尔金断裂带呈30°的交角，具左旋扭动性质，呈北东向斜列、雁列构造格局（图4-23）。主要为二长花岗岩、花岗岩及花岗闪长岩，与围岩呈明显的矽卡岩化，测定年龄值为213~227Ma。早侏罗世到早白垩世初期发育的侵入岩（γ_5^2）主要为酸性花岗岩类。主要分布于务东凸起上，岩性主要为钾长花岗岩、二长花岗岩和花岗岩。围岩具热接触变质或矽卡岩化，年龄测定值为135~193.5Ma。两期侵入岩均呈岩基、岩株或岩枝产出，空间分布受形成时断裂方向的控制而呈近东西向、北东向展布。晚三叠世火山岩分

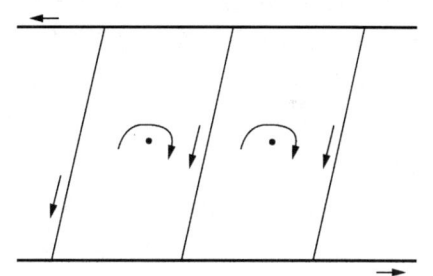

图4-23 务桃亥坳陷南部凹陷形成机制

布于梭梭头凹陷及其周围。务参1井揭示的一套中酸性火山熔岩，其岩性为暗紫色英安岩或多斑英安岩，估计面积约144.9km²，其空间展布均为北东向，形成和分布明显受北东向断裂的控制。该期火山岩与其附近存在的（γ_5^2）在岩浆性质上有着亲缘性（中酸性岩浆岩），在岩浆来源上有同源性（来源于同一岩浆源），在形成控制要素上和岩体空间分布上有相似性。

北区发育晚三叠世到早侏罗世早期的酸性花岗岩（γ_5^1），主要分布于鱼脊山凸起。

该坳陷内研究较详细的凹陷为梭梭头凹陷。该凹陷位于务桃亥坳陷的南部。南侧以阿尔金断裂与特罗西滩隆起相隔，呈北东向展布，是一个南断北超的中新生代箕状凹陷。长大于100km，宽16km，面积为1490km²，凹陷的基底最大埋深4860m，沉积盖层有下白垩统、上白垩统和新生界地层，缺失三叠系和侏罗系，下白垩统和上白垩统的顶底面均为区域不整合面。北部下白垩统超覆在鱼脊山凸起上。从地震资料分析，该凹陷内部各主要反射界面清楚，波形稳定，整个凹陷揭示清晰，向东还有加深的趋势。

4. 苏红图坳陷特征

苏红图坳陷位于北部盆地的东端，西以达古断陷北部的拐子湖凹陷与务桃亥坳陷相隔，南侧以阿尔金断裂分别与宗北隆起、昂都隆起相接，东侧与楚鲁隆起相接，发育有下白垩统、上白垩统和新生界地层。由6个凹陷和6个凸起组成，面积12160km²，其中凹陷面积5420km²，占坳陷面积的45%。该区在地球物理场上为杂乱变化的异常区，异常或异常带走向为北东向，梯度较陡。凹陷、凸起呈窄的长条形相间分布，受南侧阿尔金左行走滑断裂的影响，凹陷呈北东向分布，形成入字形雁列（裙状）构造格局（图4-24）。

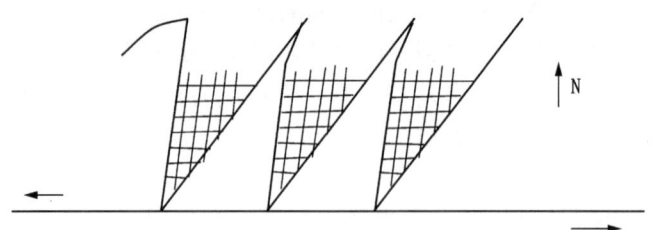

图 4-24 苏红图坳陷左行走滑与北东向入字形雁列
(裙状) 构造格局

早中侏罗世火山岩分布于恩根陶来以西,主要为酸性的流纹岩、霏细岩及流纹质熔岩、角砾岩,夹于中下侏罗统粗碎屑岩中并主要产于中下侏罗统的下部(火山岩不整合于上二叠统之上),属裂隙溢流型,出露面积约 2.3km²;早白垩世初期火山岩发育于哈日奥日布格东南约 28km 处,在下白垩统巴音戈壁组下段底部砾岩中夹有与地层产状一致,厚约 5m 的气孔状安山岩。中心—裂隙式溢流型中基性火山岩的分布总体呈近东西向,空间分布受阿尔金断裂及与之伴生的北东向断裂的严格控制,特别是火山口的位置往往处于阿尔金断裂与北东向断裂的交汇部位。从两期火山岩形成和分布的时空关系、岩性等分析它们具同源关系,说明盆地内火山活动在早白垩世初期就已经开始,同时也说明控制白垩系沉积的断裂活动在早白垩世初期亦较强烈。

该凹陷内较重要的凹陷为哈日凹陷。该凹陷位于苏红图坳陷的西部,是一个东南断西北超的不对称箕状凹陷。长 58km,宽最大达 31km,面积为 1150km²,凹陷的最大基底埋深 4400m,沉积盖层为上二叠统、下白垩统、上白垩统和新生界地层,缺失三叠系和侏罗系。巴兴断裂是凹陷东部的边界断裂,是一条同生断裂,控制着凹陷下白垩统的沉积。凹陷由西向东共划分为四个亚二级构造单元:乌兰次凹、勒图斜坡带、沙布尔次凹、苏海鼻隆带,呈凹凸相间的构造格局。凹陷中三级断裂极其发育,发现各类断层 18 条,按走向分为两组:北东向、北东东向,以北东向为主,其次为北东东向,控制着构造带和局部构造的形成。凹陷内局部构造较为发育,共发现 11 个构造,构造类型以断鼻为主,断块次之,断背斜及背斜较少。其中,勒图斜坡带及苏海鼻隆带局部构造最发育,是勘探的主要目标。局部构造主要在 K_1 末期形成。

(二) 中央隆起

中央隆起北以阿尔金断裂为界,南侧以宗南断裂和宗乃山、沙拉扎山南麓为界,由特罗西滩隆起、达古断陷、宗乃山隆起、楚鲁隆起组成,总面积 38730km²。其中凹陷面积 9520km²,占该区面积的 25%。根据银—额盆地 1:50 万重、磁力资料及盆地内断裂分布状况,认为达古断陷为第三纪形成的裂谷。其总体呈北北东走向,中新生界最大沉积厚度位于炭炭海子凹陷,达 5000m。在地球物理场上,炭炭海子凹陷大部分地区以强烈正异常和负异常背景为特征,异常走向呈东西向或近东西向。敖布图、拐子湖林场东部地区为宽缓变化的重、磁场,发育两条北东向展布的正异常带。宗乃山隆起的断裂主要呈近东西向和北东向展布。基底岩性以海西期岩浆岩为主,西部包括一定面积的晚古生代褶皱地层。

中央隆起发育印支期酸性侵入岩(γ_5^1)和燕山早期酸性侵入岩(γ_5^2)。

(三) 南部坳陷

南部坳陷北以宗南断裂或宗乃山和沙拉扎山南麓为界，南以雅哈断裂，东以狼山西麓断裂为界。由苏亥图坳陷、尚丹坳陷、本巴图隆起和查干德勒苏坳陷等四个一级构造单元组成，总面积 33770km²。其基底结构以前寒武纪结晶基底为主。

1. 苏亥图坳陷特征

苏亥图坳陷西侧和北侧与中央隆起相接，南以雅布赖—哈拉乌山断裂为界，东侧与尚丹坳陷相接，由 2 个凹陷和 3 个凸起组成。发育有中、下侏罗统、下白垩统、上白垩统和新生界，总面积 15640km²，其中凹陷面积 7510km²，占该区面积的 48%。该区在地球物理场上，重力反映为北东向展布的异常或异常带，总体重力低，仅局部地段为重力高；航磁反映为北东向展布的低缓磁场区，表明该区基岩埋深大，构造比较稳定。中新生界沉积最厚的地区位于锡勒凹陷，达 5000m。坳陷内发育印支期中酸性侵入岩（γ_5^1）。据银—额盆地岩浆岩分布预测，该区还发育白垩纪中基性火山岩和早—中侏罗世火山岩。

2. 尚丹坳陷特征

尚丹坳陷位于沙拉扎山南侧、哈拉乌山北侧，东以银根东走滑断裂和阿木乌苏断裂为界，发育中、下侏罗统、下白垩统、上白垩统和新生界，由 2 个凹陷和 1 个低凸起组成，总面积 6240km²，其中凹陷面积 2030km²，占坳陷面积的 32%。利用地震资料做出了四个地震反射构造层。该区在地球物理场上，航磁反映为东西走向的局部升高异常带；重力反映为近东西走向的重力低，局部呈团块状的重力高。乌兰敖布地区，重力反映为梯度带和高值异常分布带。中新生界沉积厚度最大的地区位于托来凹陷，达 4700m。乌力吉凹陷属于南断北超的单断型，托来凹陷属于双断型。坳陷内的凹陷和凸起受东西向断裂的控制而呈近东西向展布。坳陷内发育晚三叠世到早侏罗世早期的酸性花岗岩、早侏罗世到早白垩世早期的燕山期侵入岩、早—中侏罗世火山岩、早白垩世火山岩和晚白垩世火山岩。早—中侏罗世火山岩主要分布于巴彦低凸起，侵入于 γ_4 及晚石炭世、晚二叠世地层中，使围岩形成红柱石角岩化带，岩性主要为花岗岩及二长花岗岩，并有少量呈次火山岩相的闪长玢岩及含石英辉长辉绿岩，年代测定值为 188~216.5Ma。γ_5^2 主要分布于乌力吉凹陷，为次火山岩相。早—中侏罗世火山岩主要分布于巴彦低凸起和乌力吉凹陷的西南部，其中分布于巴彦低凸起的早—中侏罗世火山岩形成受东西向断裂的控制，空间展布呈近东西向，而乌力吉凹陷南部的早—中侏罗世则明显受北东向断裂控制。早白垩世火山岩分布于那仁、巴隆乌拉地区，岩性上为中基性火山岩。据岩石化学、地球化学等的研究表明，其为板内裂谷玄武岩。晚白垩世火山岩分布于尚丹坳陷西南缘的可可陶勒海附近，为中心式喷溢的玄武岩及玄武安山岩，整合于上白垩统底部砂砾岩之上，其形成与狼山及哈拉乌山的运动有关，受北东向及北北东向断裂的控制。

该坳陷内较重要的凹陷为乌力吉凹陷。该凹陷位于尚丹坳陷的北部，是一个南断北超的中新生代箕状凹陷。长 50km，宽 20km，面积为 1000km²。凹陷的发育受凹陷南部边界断裂（宗南断裂）的控制，基底最大埋深为 4530m，凹陷的沉积盖层由侏罗系、下白垩统、上白垩统和新生界组成。侏罗系、下白垩统、上白垩统的顶、底面均为区域不整合面。侏罗系、下白垩统、上白垩统的沉降中心基本吻合。侏罗系的最大厚度为 2600m，下白垩统的最大厚度为 1800m。新生界很薄，大部分在地震剖面上不能反映出来。凹陷内断层较发育，侏罗系有三级断层 26 条，其中正断层 10 条，逆断层有 16 条。这些断层主要形成于印支末期至燕山期，断层走向主要分为北西向和北东向两组。白垩系的三级断层有 28 条，其中正断层有 11 条，逆断层有 17 条。这些断层主要形成于燕山期，断层走向主要分为北西向和北东向两组。该凹陷发育的构造较少，侏罗系只发现构造 8 个，其中断块构造 5 个，断鼻构造 3 个。这些构造主要形成于燕山早期，而且构造面积小（大多数小于 5km²），幅度也不大。其中落实和较落实的构造只有 4 个。白垩系的构造有 10 个，其中断块构造有 3 个，断鼻构造有 5 个，地层超覆构造 2 个。这些构造都形成于燕山期，构造的面积和幅度都不大。

3. 本巴图隆起

本巴图隆起位于狼山西断裂西侧，阿木乌苏断裂东南侧，由 1 个凹陷和 1 个凸起组成，总面积 3470km²，其中凹陷面积 600km²，占隆起面积的 17%。巴音毛道凹陷属于南断北超的单断型。隆起上发育晚三叠世到早侏罗世早期的印支期侵入岩（γ_5^1），早—中侏罗世火山岩和晚白垩世火山岩。

4. 查干德勒苏坳陷特征

查干德勒苏坳陷位于盆地东部，北侧以阿尔金断裂、西侧以布克特西断裂、东南侧以阿木乌苏断裂、东侧以狼山西断裂为界，发育下白垩统、上白垩统和新生界。由 4 个凹陷和 3 个凸起组成，总面积 8240km²，其中凹陷面积 6090km²，占该区面积的 74%。在地球物理场上，航磁反映为宽缓升高异常区，当磁场上延不同高度后仍反映出块状升高的特点，这表明坳陷的基底具强磁性，它是由下元古界结晶岩系组成；重力反映为中间高、东西两侧低的特点。中新生界最大沉积厚度位于查干凹陷，达 6400m。莫林凹陷、查干凹陷、白云凹陷属于单断型，红果凹陷属于双断型。由于受坳陷内北东向断裂的控制，形成的凹陷和凸起呈北东向展布，并且基本上沿北东向断裂分布。该坳陷地表已见白垩系大面积出露。

坳陷内发育有早白垩世火山岩和燕山晚期侵入岩。早白垩世火山岩分布于查干凹陷，为中心—裂隙式溢流型中基性火山岩，是早白垩世时期形成的分布最广、面积最大、火山活动最为强烈的一期火山岩，构成早白垩世火山岩的主体，其形成与阿尔金断裂早白垩世晚期的再次强烈活动有关，受凹陷内北东向断裂的控制。燕山晚期侵入岩主要分布于查干凹陷内，为一条北东向展布的侵入带（毛敦侵入体），严格受中生代以来的北东向断裂的控制。

该坳陷内较重要的凹陷为查干凹陷。查干凹陷位于查干德勒苏坳陷的中部，外形呈向北西外凸的扇形，走向北东—南西向，是一个北西断、东南超的箕状凹陷。长 60km，最大宽度 32km，面积为 2000km²。凹陷的最大基底埋深为 6400m，沉积盖层有下白垩统、上白垩统和新生界，中生界缺失三叠系和侏罗系。图拉格正断层是凹陷的北部边界，为同生正断层，是控制箕状凹陷发育的断层。它控制凹陷的下白垩统银根组以下地层沉积。凹陷从北至南可划分为 6 个亚二级构造单元：虎勒次凹、巴润断鼻带、额很次凹、毛敦侵入带、海力素断背斜带、五划单斜带，呈凹凸相间的格局分布。下白垩统深浅层继承性发育，而上白垩统及其以上地层呈简单的坳陷形态。凹陷中断裂极其发育，除边界断裂图拉格正断层外，还发育许多三级断裂。巴润断鼻带是三级正断裂发育区，发育有 8 条断距不等、多组方向的正断层。南部发育的断层以逆冲断层为主，海力素 2 号逆断层控制着海力素断背斜的构造要素，而海力素 1 号逆冲断层是凹陷的西南边界，它向北的逆冲作用改造了原凹陷的边界，使得凹陷的面积缩小为现今的形状。

第五节　盆地构造形成演化和类型

一、演化期划分

银—额盆地及其主干断裂的发育演化，直接影响和控制了盆地构造演化、构造样式、岩浆岩的形成和分布、沉积体系、生储盖组合和圈闭发育与分布[19—30]。

研究区内阿尔金断裂带自西向东北穿越整个盆地，根据其两侧基底结构性质、构造样式、盆地边界特征、岩浆岩的形成与分布的差异，将银—额盆地分为北部盆地和南部盆地。

根据构造体制，将研究区的中新生代构造演化分为两大阶段——板内构造阶段和陆内汇聚阶段。根据盆地沉积盖层组合、岩浆岩的形成与分布、构造空间组合、构造应力状态以及三条自南向北的构造发育史剖面等，又将盆地的构造演化划分为四个阶段（表4-14）。

（一）板内活动阶段——三叠纪—白垩纪

中亚—蒙古洋的消亡和造山带的形成，标志着研究区整体进入板内构造阶段。

1. 裂陷、拉分盆地发生阶段——三叠纪（?）—侏罗纪

早、中三叠世整个研究区处于造山期的隆升环境中。晚三叠世研究区进入造山期后的地壳拉伸松弛阶段，同时受地幔热柱上拱活动的影响，地壳表层出现张性构造条件，形成一组以北东向为主的张性断裂系统。这主要表现在该区局部有晚三叠世的陆相磨拉石建造，并且有区域性分布的与造山期后拉伸作用有关的"A"型花岗岩小岩体群侵位和地壳改造型的中酸性火山岩喷发活动。至印支运动末期，本区普遍抬升，致使上三叠统遭受剥蚀。

从侏罗系早期开始，研究区由于受东太平洋板块向北西方向俯冲与西伯利亚板块南移运动双重作用的影响，研究区整体表现为区域性张扭应力状态，在继承晚三叠世张性构造与基底断裂的基础上，研究区发育了呈北东向和北东东向断裂。在北部盆地，因受阿尔金左行走滑断裂的控制，形成了一系列拉分性质明显的盆地群。在南部盆地，因受阿尔金左行走滑断裂及其分支断裂的控制，形成了拉分性质不明显的走滑、张扭性盆地群。北部盆地居延海坳陷的居东凹陷，南部盆地的苏亥图坳陷、尚丹坳陷，在当时裂陷作用比较强，局部接受了相对较厚的侏罗系中、下统沉积。北部盆地的居延海坳陷（居东凹陷除外）、务桃亥坳陷、苏红图北坳陷，南部盆地的查干德勒苏坳陷当时处于隆起状态，仅在局部地区接受了零星沉积。中侏罗世末的燕山Ⅱ幕构造运动强烈，在活动较强的断裂下降盘接受侏罗纪沉积。侏罗纪末期燕山Ⅲ幕构造运动，使断裂性质反转为逆断层，侏罗系由南向北俯冲，出露水面，遭受剥蚀，致使全区大部分地区缺失上侏罗统（盆地内地表未见确切的上侏罗统露头），同时使中、下侏罗统遭受一定程度的剥蚀。北部盆地居延海坳陷的居东凹陷内的居参1井揭示了中、下侏罗统1739m厚的粗粒碎屑沉积，上侏罗统489m的大套杂色砾岩、砂砾岩、角砾岩，夹少量薄层棕红色含砾砂岩沉积；北部盆地居延海坳陷内的天1井、务桃亥坳陷内的务参1井，南部盆地查干德勒苏坳陷内的查参1井、毛1井、毛2井、巴1井均未见侏罗纪沉积。

表4-14 银—额盆地地层、岩浆活动、构造演化简表

地质时代			代号	发展阶段	岩浆活动	主要地质事件	
界	系	统				北部盆地	南部盆地
新生界	第四系		Q	陆内汇聚阶段		挤压抬升期。由于印度板块向北俯冲以至于欧亚板块相撞，使研究区处于挤压抬升状态，形成挤压抬升的构造背景	挤压抬升期。雅布赖山和哈拉乌山因印度板块向北的挤压而发生反向的逆冲作用在白垩系中形成小规模的逆断层系，同时继承白垩系的基底断裂反方向活动由正变逆，并产生大量新断裂
	新近系	上新统	N				
		中新统					
	古近系	渐新统	E				
		始新统					
		古新统					
中生界	白垩系	上统	K_2w	板内活动阶段	βK_2 δ_3 γ_3 βK_1	全面坳陷期。沉积范围明显扩大，它在古老地层在盆地边缘以超覆不整合形式覆盖在老地层之上，使盆地范围进一步扩大。具良好水的务桃亥和苏红图坳陷接受了晚白垩世沉积，远离阿尔金走滑断裂带的居延海坳陷因早白垩世末期抬升造成隆起状态而未接受或接受较薄的晚白垩世沉积	全面坳陷期。南部盆地尚丹坳陷在晚白垩世均衡沉降过程中，沉积底板极为平缓，且因其下沉幅度小而接受的晚白垩世较薄，在查干德尔苏坳陷亦发生差异干回陷，晚白垩世沉积时下部断裂仍有活动，在接受晚白垩世沉积时又发生差异沉降作用，因而其中接受挤压的晚白垩世沉积厚度较大
		下统	K_1y			裂陷盆地鼎盛期。随阿尔金东延断裂带继续走滑，裂陷盆地在继承的基础上进一步的坳陷，如哈-务桃亥	裂陷盆地鼎盛期。以走滑为主，回陷走向与阿尔金东延断裂带其分支断裂近似平行，并产生了新的早白垩世回陷，如查干回陷
			K_1s_2				
			K_1s_1				
			K_1b_2				
			K_1b_1				
	侏罗系	上统	J_3		γ_2 γJ	裂陷盆地发生期。晚三叠世形成一组以北东向为主的张性断裂系统，侏罗纪早期开始发育了呈北东向和北东北向断裂，但其受阿尔金东延断裂带的控制，形成了一系列盆地群	裂陷盆地发生期。受阿尔金东延断裂带及其分支断裂带的控制，形成了一系列盆地群

2. 拉分盆地全面发展阶段——早白垩世

到早白垩世,全区区域应力场发生改变,由燕山Ⅲ幕构造运动的挤压应力状态逐渐转化为张扭应力状态。

由于早白垩世早期强烈的火山喷发,使地壳深部的能量大量释放,在重力均衡调整和地壳深部热能不均衡的影响下,沿着拉开的张裂面进行垂向滑动,断裂恢复正断层,盆地进入张扭、拉分为主的深陷阶段。在裂陷中由于后期沉积物不断增厚,在差异重力作用下,促使断陷基岩面翘倾到一定角度时,能克服岩块在斜面上的摩擦力时,上覆地层沿着基岩面开始滑动,上覆地层产生同生断层。

随着阿尔金断裂及其分支断裂的继续走滑,在继承、发展、增加的基础上,研究区进入拉分盆地全面发展期。北部盆地拉分性质依然明显,并随阿尔金断裂的继续走滑,拉分盆地在继承的基础上进一步扩展,如哈日凹陷、苏红图坳陷的中、东部众多小断陷扩展相连成片。在隆起背景上,由于新的断裂活动形成新的断陷而接受早白垩世沉积,增加新的早白垩世凹陷,如务桃亥坳陷的梭梭头凹陷、哨马营凹陷等。南部盆地以走滑、张扭性质为主,拉分性质不明显,凹陷走向与阿尔金断裂带及其分支断裂近似平行。在隆起背景上产生早白垩世凹陷,如查干凹陷;断陷填平后发生明显合并(包括其间的凸起)而接受早白垩世沉积,如尚丹坳陷的托来凹陷、乌力吉凹陷。

到早白垩世晚期,受燕山Ⅳ幕构造运动的影响,整个盆地发生差异抬升作用,使下白垩统遭到不同程度的剥蚀。同时,沿阿尔金断裂带南北两侧发育了与地幔热柱活动有关的以碱性玄武岩为主的大面积火山岩。

3. 全面坳陷阶段——晚白垩世

随着早白垩世末期岩浆大量喷溢,地下能量大量释放,热能的释放使裂陷作用终止。由早期的地幔热柱活动转化为幔枕的冷却收缩和岩石圈的大幅度拉伸沉降,区域性的补偿作用使在比裂陷更大的范围形成坳陷,表现为平稳的整体坳陷沉降。上白垩统以"填平补齐"形式,以角度不整合状态覆盖了大多数坳陷,它往往在盆地边缘以超覆不整合形式覆盖在老地层之上,使盆地范围进一步扩大。晚白垩世地层明显表现为下粗上细的分布状态,岩性较单一,平面分布稳定,岩性以厚层状砂砾岩和砂泥岩互层,具良好的区域性盖层性质。在北部盆地,靠近阿尔金走滑断裂带的务桃亥和苏红图坳陷接受了晚白垩世沉积,远离阿尔金走滑断裂带的居延海坳陷因早白垩世末期抬升造成隆起状态而未接受或接受了较薄的晚白垩世沉积。在南部盆地,尚丹坳陷在晚白垩世均衡沉降过程中,沉积底板极为平缓,且因其下沉幅度小而接受的晚白垩世较薄;查干德勒苏坳陷内查干凹陷,晚白垩世时下部断裂仍有活动,在接受晚白垩世沉积时又发生差异下沉作用,因而其接受的晚白垩世沉积厚度较大。这表明晚白垩世时盆地沿阿尔金主断裂带及狼山西走滑断裂构造活动幅度较大,这可能与燕山Ⅳ幕构造活动有关。

(二)陆内汇聚阶段——第三纪—第四纪

该阶段总体表现为挤压抬升。第三纪,由于印度板块向北俯冲以至与欧亚板块相撞,对研究区的构造应力场发生明显影响,由前期引张变为挤压应力状态,从而使盆地形成挤压抬升的构造背景。研究区内第三纪沉积发育不全,局部分布。第四纪沉积广布于盆地各坳陷,为风成砂、冲积、洪积砂砾层。北部盆地钻井揭示第三系和第四系厚度相差较大,务参1井为217m,天1井为403m,居参1井为22.5m;南部盆地的雅布赖山和哈拉乌山因印度板块向北的挤压而发生向盆地方向微弱的逆冲作用,从而在白垩系中形成小规模的逆断层系，这在尚丹和查干德勒苏坳陷中表现得极为明显，同时，继承老的基底断裂反方向活动由正变逆，并产生大量新断裂。

综观整个盆地中新生代演化历程，银—额盆地经历了三叠纪到侏罗纪裂陷、拉分盆地发生阶段，下白垩世拉分盆地全面发展阶段，上白垩世全面坳陷阶段，第三纪到第四纪挤压抬升、局部沉积的沉降历程。

总之，整个盆地的构造演化具有如下特征：

（1）盆地内隆起、坳陷的分布格局严格受阿尔金断裂带及其分支断裂的控制。

（2）北部盆地各凹陷拉分性质明显，凹陷呈舒缓波状的"S"形，凹陷走向与阿尔金断裂带成一定的交角；南部盆地各凹陷拉分性质不明显，凹陷走向与阿尔金断裂带及其分支断裂近似平行，走滑、张扭性质明显。

（3）盆地在一定程度上受基底线状格局的控制，在以新生性为主的背景上有一定的继承性，且各凹陷在发育期次和发育程度上有一定的差别。

（4）盆地各凹陷具有以下拉断陷为主、上挤褶皱为辅的构造特点，同时各坳陷均经历了早期裂陷和晚期坳陷两个主要发展阶段。

（5）盆地中生代经历了以拉张为主的多次伸展过程，侏罗纪和早白垩世是主要的伸展期，各凹陷具有较为统一的伸展模式，伸展率较小，因而形成的断陷比较狭长，盆岭结构显著，几乎没有区域性的沉积盖层分布，直到晚白垩世才接受了区域性的沉积盖层。

（6）各凹陷开始沉积的层位不同，结束沉积的层位也不同，反映了各凹陷在演化期次上的差别。

二、盆地类型演变与特征

盆地的基底类型、构造演化背景、构造空间配置的不同、沉积建造特征的差异和应力作用方式的变化决定了盆地类型的演变及其特征，从而使其与盆地演化期的划分紧密相关。根据盆地中新生代演化期的划分将盆地类型的演变分为两个阶段。

（一）裂陷、拉分盆地类型——三叠纪—晚白垩世

晚三叠世盆地局部形成一组以北东向为主的张性断裂系统，接受了上三叠统沉积。此时盆地具裂陷盆地性质。至印支运动末期，本区普遍抬升，致使上三叠统沉积遭受剥蚀。从侏罗纪早期开始，研究区整体表现为张扭应力状态，发育了呈北东向和北东东向断裂，但其受阿尔金断裂带及其分支断裂的控制，接受了侏罗纪的沉积，此时盆地具裂陷、拉分盆地性质。侏罗纪末期的燕山Ⅲ幕构造运动使盆地内某些断裂反转为逆断裂，下降盘接受的沉积被逆冲出露水面遭受剥蚀，从而盆地大部分地区缺失上侏罗统，中、下侏罗统也遭受一定程度的剥蚀，仅在尚丹坳陷、苏亥图坳陷、居延海坳陷的居东凹陷有侏罗系。

早白垩世全区转化为张扭应力状态，在继承、发展的基础上形成了大量的同生断层和（或）正断层，进入张扭、拉分为主的深陷阶段，该期盆地属拉分盆地类型。盆地内的阿尔金断裂及其分支断裂宗乃山—沙拉扎山断裂、宗南断裂、雅布赖山西麓断裂、那仁哈拉断裂等伴随有离散作用，在与断层共生的构造中有两个重要的变化：一是侧向挤压作用减弱，二是区域拉伸作用加强了脆性变形。根据泥饼模型及地质实例理想化的应变椭球体（图4-25），该盆地此时具明显的走滑拉分盆地特征：①盆地热流高，有较高的地温场，如查

参 1 井与井深关系为 $T = 0.033 \times$ 井深 $+ 14.16$（T 为地层温度），即平均地温梯度 3.3℃/100m；②有多期的火山岩喷发，火山岩成带分布，与深断裂走向一致，并沿深断裂分布；③拉分盆地变形的剪切方式主要派生出正断层作用（图 4-26），形成一系列与走滑断层走向斜交的正断层以适应拉分和沉降，这些正断层的走向应与区域拉伸应力产生的断层走向相同，这与盆地内广泛发育正断层或同生断层、走滑断裂及控制凹陷分布的二级断裂的展布是一致的；④据中国石油勘探开发科学研究院地质所等对居延海坳陷及邻区侏罗纪—白垩纪原型盆地研究表明，侏罗纪—早白垩世盆地多为小型断陷盆地，单断或半地堑型，主控断面在深部具有逐渐变缓变平趋势，汇聚到一个拆离滑脱面之中。

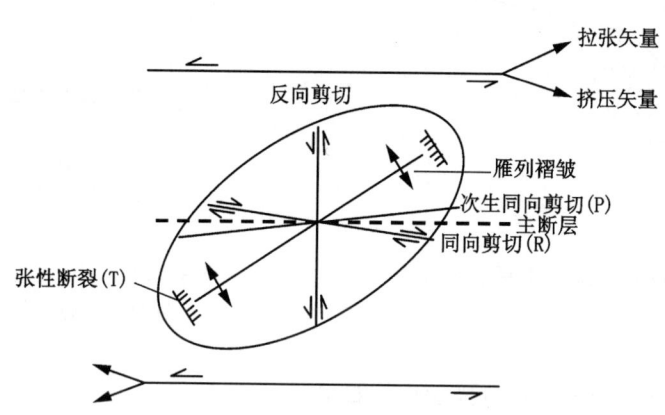

图 4-25　沿左行走滑断层产生的主要构造理想化应变椭球体

北部盆地西北部的居延海坳陷位于绿园隆起北侧，受阿尔金左行走滑断裂的影响，其内分布着呈北东向和北北东向的正断层，控制着居延海坳陷的凹、凸分布，凹陷呈右行斜列、舒缓波状"S"形构造格局，为年轻拉分盆地类型。苏红图坳陷南侧以阿尔金左行走滑断裂为边界，与中央隆起相分隔。受阿尔金左行走滑断裂的影响，形成北东向入字形雁列（裙状）构造格局（图 4-27）。务桃亥坳陷受南侧阿尔金左行走滑断裂的影响，相邻阿尔金走滑断裂带的哨马营凹陷、梭梭头凹陷、拐子湖南凹陷等与阿尔金断裂带有 30°的交角，具右旋扭动性质，呈北东向斜列、雁列构造格局（图 4-27）。哈日凹陷位于阿尔金走滑断裂带转弯部位的北侧，因处于张扭应力状态而形成近似三角形的凹陷，其靠近走滑断裂带的部位宽且深，远离断裂带则窄而浅（图 4-27）。

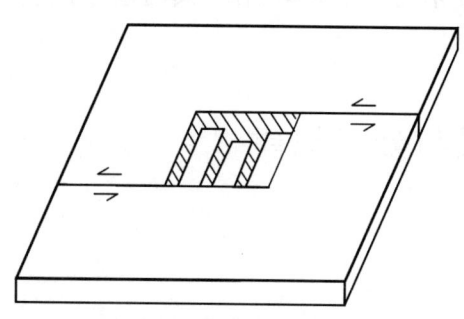

图 4-26　伸展变形派生出正断层示意图

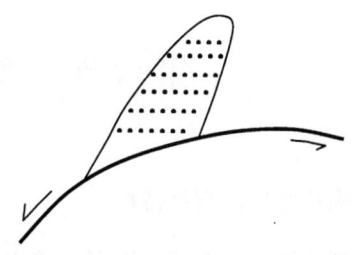

图 4-27　哈日凹陷成因、形态示意图

南部盆地查干德勒苏坳陷内的查干凹陷受南侧莫林左行走滑断裂和东侧北东向狼山西左行走滑断裂的影响，在两条走滑断裂的钝角部位形成陷落，同时使查干凹陷西北侧的边界断层出现明显的转弯空间延伸，因而在很大程度上控制了查干凹陷沉积厚度的分布。苏亥图坳陷内的锡勒凹陷位于阿尔金走滑断裂带的分支断裂雅布赖山西麓断裂北侧，在走滑断裂转弯的虚脱部位发生陷落而形成凹陷（图4-28）。尚丹坳陷受三条相距较近的阿尔金分支断裂的控制，在中生代的走滑运动使挟持其间的块体发生整体坳陷（图4-29），基底表面相对平缓，坳陷或凹陷局部构造活动微弱，整装性好。

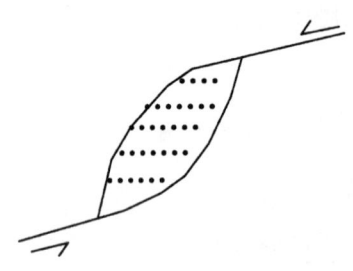

图4-28 锡勒凹陷成因解释示意图

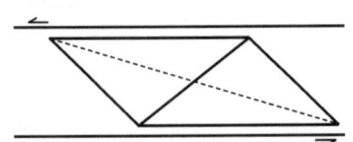

图4-29 左行走滑断裂对尚丹坳陷构造格局影响示意图

（二）坳褶盆地类型——晚白垩世—第四纪

随着早白垩世末期岩浆大量喷溢和岩石圈的大幅度拉伸沉降，盆地表现为整体坳陷沉降，此时盆地由裂陷、拉分盆地类型转变为坳陷盆地类型。上白垩统在比裂陷期更大的范围内沉积，将众多的凸起、凹陷连为一个更大的沉积区，如苏红图坳陷、尚丹坳陷、查干德勒苏坳陷等，形成良好的区域性盖层。

从盆地中生代的发展来看，盆地具有先断后坳、在平面上相互结合、在垂向上转化的构造特征。

第三纪，由于印度板块与欧亚板块的碰撞，本区挤压抬升，在南部盆地的尚丹坳陷和查干德勒苏坳陷形成了一些逆断层和小的褶皱构造。第四纪在广大地区接受了沉积，形成了现在的地质面貌。

从研究区中新生代盆地类型的演化来看，三叠纪到上白垩世，盆地属裂陷、拉分盆地类型，上白垩世至今盆地属坳褶盆地类型，所以银—额盆地是以盆地群的形式出现的，具有二元结构的断坳转化型盆地，在裂陷阶段严格受基底走滑断裂控制，具明显的走滑拉分盆地性质。

第六节 圈闭形成与分布规律

一、构造变形机制及特征

银—额盆地是一个断、坳复合的中新生代盆地。早侏罗世及早白垩世期间，盆地受区域性张应力的影响，拉伸裂陷，发育了居东、天草、路井、湖西新村、梭梭头、哈日、乌力吉、托来、红果、查干、白云等单断或双断凹陷。早白垩世苏红图期末，盆地整体抬升，并受到侧向抬升挤压力的影响，部分同沉积断层逆化，沿断面仰冲，上盘地层被褶皱，同时出露水面遭受风化、剥蚀，与后来沉积的银根组上覆地层成角度不整合，银根组属充填沉积。银根组早期，各大同沉积断层均相继停止活动，开始从断陷型转变为坳陷型沉积。盆地构造特征表现为一个具二元结构的断—坳复合盆地。

盆地在断陷期间，岩浆活动频繁，在白垩纪期间曾有多期火山喷发，查参1井及毛1井的巴音戈壁组、苏红图组都已钻遇。特别应该指出的是，在苏红图期末，查干凹陷与天草凹陷都有岩浆侵入。这些对于盆地构造圈闭的改造、发育起着极其重要的影响。

归纳起来，盆地发育过程中有以下几个特点：①发育期长，从早侏罗世到渐新世；②盆地由多个单断、双断凹陷组成，沉降速度快，多物源；③升降活动频繁，中侏罗统及下白垩统苏红图组都曾因抬升而被风化剥蚀；④盆地构造运动虽以拉伸张裂为主，但在燕山Ⅳ幕和喜马拉雅期都有侧向挤压和同沉积断层逆化现象；⑤火山喷发频繁，而且剧烈，火山岩最厚达500m；⑥侵入岩规模很大。以上因素使盆地具有多种类型的构造形成机制。

（一）晚三叠世（T_3）变形机制与特征

晚三叠世盆地处于热拱隆张阶段，同时受地幔热柱上拱的影响，地壳上隆，当应力超过岩石强度时，在地幔隆起地带顶部NW向拉张力的作用下，导致隆起带的轴部开始张裂，形成一组以NE方向为主的张性断裂系统。盆地西部的居延海坳陷所属的居1、2号断层、乌力吉南断层、嘎顺1号断层，都在此期相继发育，成为居东凹陷、乌力吉凹陷的边缘同沉积断层。由上述可见，张性应力是盆地形成基底断块圈闭、断鼻圈闭的主要变形机制。此外，还有盆地基底早期遭受的风化、剥蚀等地质营力形成的潜山、单面山与上覆地层组合成构造圈闭、地层圈闭的变形机制。

（二）早、中侏罗世（J_{1-2}）变形机制与特征

早侏罗世，盆地处于第一深陷沉降期。西部的居东凹陷，由于同沉积断层的急剧下降，接受了巨厚的下、中侏罗统沉积，居参1井钻遇厚度达3415m。同生断层如居1号、吉1号断层的断面都呈上陡、下缓，呈铲状。断层上盘下滑时，由于在凹处，地层与断面有一定裂口，为了弥合这个空间，上盘地层下降的牵引力将使上盘地层下弯，形成逆牵引构造。居东凹陷的准扎海背斜带就是这类变形机制产生的。此外乌力吉凹陷的乌3号构造也属此类型。目前下、中侏罗统只在居东凹陷钻遇，其他凹陷缺失。因而若要对J_{1-2}期构造变形机制进行认识，还有待于今后勘探工作的进一步加深。

（三）早白垩世（K_1）变形机制及特征

中侏罗世末，盆地有一段抬升期，同沉积断层停止活动，沉积地层出露水面，沉积层被风化、剥蚀。早白垩世巴音戈壁期再次下降接受沉积。

1. 早白垩世盆地区域应力场特征

早白垩世，盆地内地幔热柱活动迁移，区域应力场发生变化，由原来的拉伸逐渐转化为以张扭活动为主，其特征如下：

（1）产生与一级北东向走滑断层呈锐角相交的雁行褶皱或断鼻。如天草凹陷中部发育的逆断层及侧向挤压褶皱而成的中部鼻隆；查干凹陷毛敦侵入带的北东向、右旋逆冲断层，都属该机制变形形成。

（2）产生北西向左移剪切断层，如天草、格朗乌苏凹陷内的北西向断裂。

(3) 产生近南北向的逆冲断层,如乌力吉凹陷的乌 2 号逆冲断裂、托来凹陷的托 1 号逆冲断层。

(4) 由于张应力作用发育了一些张性断裂,如查干凹陷的图拉格正断层,白云凹陷的白云阔力、敖格其尔正断层,天草凹陷的天草西、格朗乌苏凹陷的 1、2、8、9、10 号正断层以及乌力吉凹陷南断层;梭梭头凹陷南断层;嘎顺凹陷 1 号正断层;哈日凹陷的巴兴正断层;艾勒凹陷的 2 号正断层等。上述正断层都是凹陷的同沉积断层,控制着凹陷的发育,由于持续沉降,形成了盆地第二沉降期。

2. 早白垩世盆地构造变形特点

早白垩世盆地沉降幅度以及范围远比早、中侏罗世规模大,下白垩统是盆地油气勘探最重要的目的层。归纳起来,早白垩世构造变形有以下几个要点:

(1) 继承性发育。居东断陷在中侏罗世末虽抬升,发生沉积间断,但到了早白垩世,居 1 号断层再次活动,继承性断陷(箕状)发育,接受白垩纪沉积。

(2) 沉积范围扩展。居东断陷沉积范围以及沉降深度都比早、中侏罗世时有较大的扩展。

(3) 断陷数目增加。早、中侏罗世只有居东、乌力吉、锡勒等少数凹陷接受沉积,而在早白垩世已发展到务桃亥、苏红图、苏亥图、查干德勒苏等坳陷;因而早白垩世是盆地发展、扩张的主要时期。

(4) 盆地沉降,以单断箕状(断超)、双断凹陷的形式发育,形成凹、凸相间的构造格局。

(5) 火山喷发,岩浆侵入。随着张裂活动加剧,岩浆沿断裂上涌,发生了多期火山喷发。早白垩世苏红图末期,查干凹陷和天草凹陷都有大规模的岩浆侵入。

由此可见,早白垩世不但是盆地最重要的沉降期,而且也是构造圈闭集中发育期,该期形成的各种类型构造圈闭约占盆地所有构造圈闭的 90%。而构造圈闭变形的主要机制就是区域性扭张应力。

3. 早白垩世构造圈闭变形机制分析

(1) 各种地质应力是同沉积背斜、地层不整合圈闭的主要变形机制。中侏罗世末,盆地抬升,出现沉积间断,沉积层被风化剥蚀形成残丘以及削截形成单面山;早白垩世初沉降时,在其古地貌之上接受沉积。对上覆层来说,披盖在残丘之上的地层不断增厚,由于差异压实作用发育成同沉积背斜。对古残丘、单面山来说,经历了漫长的风化、淋蚀,具备储层条件,若其上覆地层是良好的盖层,就能成为古潜山和地层不整合圈闭。这类圈闭在查干凹陷及天草凹陷均有发现。

(2) 同沉积断层(或称同生断层)产生逆牵引构造、断块、断鼻构造圈闭。

早白垩世初,盆地内发育图拉格、白云阔力、天草西断层、乌力吉 1、2 号断层、梭梭头南断层、嘎顺 1 号断层、哈日 1 号断层等同沉积断层为发育逆牵引构造和断阶带创造了必要的条件。它们的变形在早、中侏罗世变形机制中已论述,在此不予重复。逆牵引构造实例如天草凹陷的哈尔断背斜、查干凹陷的虎 5 号构造还有乌力吉凹陷的 3 号构造等。同沉积断层上盘发育的断块、断鼻,最典型的要数巴润断鼻带。天草西断层,还有其他一些同沉积断层上盘都不同程度地发育有断鼻和断块构造圈闭。

(3) 侧向挤压以及同沉积断层逆化形成褶皱背斜、鼻隆圈闭。

查干凹陷中的罕 5 号背斜构造、天草凹陷中部鼻隆构造都因侧向挤压褶皱而成。天草哈尔断背斜是在原先逆牵引构造基础上，由同沉积断层逆化定型而成的圈闭。

（4）侵入岩的刺穿和底辟机制。

岩浆岩侵入活跃期在早白垩世苏红图期末，以查干凹陷、白云凹陷、天草凹陷最为剧烈，尤以查干凹陷的侵入体规模最大。顺着查干凹陷的轴向，纵贯整个凹陷，长50km，宽5～12km，面积可达约400km²，相对高度达1800m，刺穿了下白垩统巴音戈壁组和苏红图组整套地层。因而在侵入体边缘与围岩构成了刺穿构造圈闭，如查干凹陷的额15号、罕1号、巴4号；天草凹陷的中部鼻隆圈闭。同时由于岩浆上拱，使上覆地层变形而成底辟构造，如额1号构造，经毛2井钻探证实有侵入岩的存在。

（5）从查参1井以及毛1井的岩心获得的沉积相分析资料，可以确认下白垩统属河流湖泊相沉积。推测河流的出口处发育沙坝岩性圈闭；沿河道应发育有河道砂和缺口扇的岩性圈闭；在湖盆中发育三角洲前缘砂体岩性圈闭；湖岸凹处发育有地层圈闭等。

（6）早白垩世苏红图组期末，盆地再次整体抬升，沉积层出露水面，受风化、剥蚀，隆起的顶部被削截。如查干巴润鼻隆带、罕5号背斜顶部。天草凹陷的中部鼻状隆起顶部被削截。与此同时，部分同沉积断层在抬升不均衡性影响下，受侧向压力推挤逆化，断层上盘地层上翘，出露水面，被剥蚀削截。被削截的地层形成单面山，与上覆的银根组盖层组成地层遮挡圈闭。

（四）K_2—E 变形机制及特征

晚白垩世乌兰苏海期、古近纪始新世、渐新世，盆地内各同沉积断层相断停止了活动，由断陷型转化为坳陷型，构造运动以整体沉降为主。各坳陷的沉积物都属河流湖泊相，可能存在岩性圈闭及地层圈闭，有待今后加深勘探过程中发现。

喜马拉雅期造山运动影响盆地的东南部。在查干坳陷的西南部，发育有海1号、海2号逆冲断层，两断层成叠瓦状向北逆冲。海2号逆断层最终使罕5号背斜带定型，而海1号的规模较大，其上盘的白垩系及第三系地层都被剥蚀殆尽，改造了盆地东南部的边界，使查干坳陷西南边界向北迁移，缩小了该坳陷的面积。

其他坳陷构造运动并不活跃，只有少数坳陷中一些早期断层持续活动，使晚白垩世发育了继承性的断块、断鼻圈闭。

（五）新近纪末至第四纪（N—Q）变形机制及特征

新近纪至第四纪，盆地内只有较薄的沉积，查参1井第四系为1.2m。此期构造运动微弱，目前并未发现圈闭被改造、重建和发育新的构造圈闭机制，对寻找构造圈闭无实际意义。

二、圈闭类型与分布规律

（一）圈闭类型及特征

盆地在演化中，曾经历了从断陷转化为坳陷的过程，发生了多期的拉伸张裂、抬升沉降，以及因抬升的不均衡产生的侧向挤压引起同沉积断层的逆化，还有火山喷发、岩浆侵入种种构造运动，形成了多种构造、地层圈闭。因而，盆地内发育的圈闭类型极其丰富，它包罗了陆相盆地所有的圈闭类型。

盆地内共发现圈闭140个，其中可靠及较可靠的有72个，其圈闭要素见表4-15。

表 4-15 银—额盆地局部圈闭要素表

凹陷名称	局部构造名称	反射层	圈闭类型	轴向	高点埋深(m)	闭合幅度(m)	闭合面积(km²)	典型剖面	形成时间	落实程度
居东凹陷	准1号	T_{13}	背斜		2610	270	13.6	EJ95-629、260	J_{1-2}	落实
		$T_{J_{1-2}}$	背斜	NE	4150	220	12.4	EJ95-629、260	J_{1-2}	
	准2号	T_{13}	断块	NE	2860	170	4.7	EJ95-625、260	J_{1-2}	较落实
		$T_{J_{1-2}}$	断块	NE	4000	530	2.4	EJ95-625、260	J_{1-2}	
	准3号	T_{13}	断块	NEE	2630	400	4.6	EJ95-260、621	J_{1-2}	较落实
		$T_{J_{1-2}}$	断鼻	NWW	4030	340	5.4	EJ95-260、621	J_{1-2}	
	准4号	T_{13}	断块	NE	2880	580	15	EJ95-617、260	J_{1-2}	较落实
	准5号	$T_{J_{1-2}}$	断块	NNE	4470	60	2.9	EJ95-617、260	J_{1-2}	较落实
	准北1号	$T_{K_1s_1}$	断鼻	NNE	550	100	3.2	EJ95-264	K_1	较落实
		$T_{K_1b_2}$	断块	NNE	1048	350	5.2	EJ94-621	K_1	
	准北2号	$T_{K_1s_1}$	断鼻	NE	320	240	8.2	EJ95-624	K_1	较落实
		$T_{K_1b_2}$	断块	NNE	750	330	8.6	EJ95-264	K_1	
天草凹陷	巴勒1号	$T'_{K_1b_2}$	断块	NW	1700	100	1.2	EJ96-230N EJ96-543	K_1	落实
		$T_{K_1b_2}$	断块		1950	150	1.4		K_1	
		$T_{K_1b_1}$	断块		2450	200	3.6		K_1	
	巴勒2号	$T'_{K_1b_2}$	断块	EW	1700	500	3	EJ96-541 EJ87-228	K_1	落实
		$T_{K_1b_2}$	断块		1950	550	4.3		K_1	
		$T_{K_1b_1}$	断鼻		2150	550	4.5		K_1	
	巴勒3号	$T'_{K_1b_2}$	断块		1450	150	4.6	EJ96-545 EJ87-228 EJ96-543	K_1	落实
		$T_{K_1b_2}$	断块		1600	250	6		K_1	
		$T_{K_1b_1}$	断块		1750	550	7.9		K_1	
	巴勒4号	$T'_{K_1b_2}$	断块	NNE	1500	100	2.5	EJ96-230W EJ96-549	K_1	落实
		$T_{K_1b_2}$	断块		1700	200	1.9		K_1	
		$T_{K_1b_1}$	断块		2200	200	3.3		K_1	
	巴勒5号	$T'_{K_1b_2}$	断鼻	NNW	1200	150	5.4	EJ96-226 EJ96-545	K_1	落实
		$T_{K_1b_2}$	断鼻		1220	250	5.3		K_1	
		$T_{K_1b_1}$	断鼻		1300	700	13.7		K_1	
	巴勒6号	$T'_{K_1b_2}$	断块	NNE	1110	100	1.4	EJ96-224N EJ96-545	K_1	落实
		$T_{K_1b_2}$	断块		1130	200	2.4		K_1	
		$T_{K_1b_1}$	断块		1200	200	2.2		K_1	
	巴勒7号	$T'_{K_1b_2}$	地层	NW	900	100	1.7	EJ96-551、226、547	K_1	落实
		$T_{K_1b_2}$	地层				2.5		K_1	
	巴勒8号	$T_{K_1b_1}$	地层	NW	500	550	8.1	EJ96-224、551	K_1	落实
	巴北1号	$T'_{K_1b_2}$	断块	NNW	1050	800	18.8	EJ96-236 EJ96-551	K_1	落实
		$T_{K_1b_2}$	断鼻		1300	900	14.7		K_1	
		$T_{K_1b_1}$	断鼻		2700	300	3.4		K_1	
	巴北2号	$T'_{K_1b_2}$	断块	NW	700	500	7.2	EJ96-238 EJ96-555	K_1	较落实
		$T_{K_1b_2}$	断块		1000	700	10.4		K_1	
		$T_{K_1b_1}$	断块		1600	850	10.5		K_1	

续表

凹陷名称	局部构造名称	反射层	圈闭类型	轴向	高点埋深(m)	闭合幅度(m)	闭合面积(km²)	典型剖面	形成时间	落实程度
天草凹陷	巴北3号	$T'_{K_1b_2}$	地层	NNE	450	500	6.6	EJ96-238	K_1	较落实
		$T_{K_1b_2}$	地层		800	400	3.4	EJ96-557		
	巴北4号	$T_{K_1b_1}$	地层	EW	1300	400	3.2	EJ96-240	K_1	较落实
		$T'_{K_1b_2}$	地层		200	500	15.8	EJ96-557		
		$T_{K_1b_2}$	地层		350	600	12.8			
	巴北5号	$T'_{K_1b_2}$	地层	NNW	500	450	13.2	EJ96-234	K_1	较落实
		$T_{K_1b_2}$	地层		750	550	13	EJ96-555		
		$T_{K_1b_1}$	地层		1250	500	12.2			
	巴北6号	$T'_{K_1b_2}$	断块	NW	1180	40	1.3	EJ96-232、EJ87-553	K_1	较落实
	哈尔1号	$T'_{K_1b_2}$	断鼻	ES	650	800	39	EJ96-543	K_1	落实
		$T_{K_1b_2}$	背斜		750	1150	40.3	EJ96-238		
		$T_{K_1b_1}$	断鼻		1200	1000	30.1			
	哈尔2号	$T'_{K_1b_2}$	断鼻	ES	1300	500	14.1	EJ96-236W	K_1	落实
		$T_{K_1b_2}$	断鼻		1500	400	8.9	EJ96-545		
		$T_{K_1b_1}$	断块		2160	35	0.7			
	哈尔3号	$T_{K_1b_2}$	断鼻	ES	2230	30	1.2	EJ96-232W	K_1	落实
		$T_{K_1b_1}$	断鼻		2630	50	0.9	EJ96-545		
哈日凹陷	沙1号	$T_{K_1s_1}$	断鼻	NNE	1500	250	13.6	YG97-101、344	K_1	落实
		$T_{K_1b_2}$	断鼻		2450	370	13.0			
		Tg	断鼻		2400	700	10.8			
	沙2号	$T_{K_1s_1}$	断鼻	NNW	1450	400	8.5	YG97-107	K_1	落实
		$T_{K_1b_2}$	背斜		2850	250	4.5			
		Tg	背斜		3550	250	4.9			
	沙3号	$T_{K_1b_2}$	断鼻	NNE	2950	50	2.3	YG97-107、510	K_1	落实
	沙4号	Tg	断鼻	NE	2400	700	11.3	YG97-594、344	K_1	落实
	沙5号	T_{K_1y}	断鼻	NE	150	150	9.7	YG97-121、508	K_1	落实
	勒1号	T_{K_1y}	断鼻	EW	150	300	7.3	YG97-111、113、502	K_1	落实
		$T_{K_1s_1}$	断鼻		250	550	10.2			
		$T_{K_1b_2}$	断鼻		850	1200	14.0			
		Tg	断块		1100	1500	18.6			
	勒2号	T_{K_1y}	断鼻	NNE	200	100	4.5	YG97-119、508	K_1	落实
		$T_{K_1s_1}$	断鼻		400	350	6.6			
		$T_{K_1b_2}$	断鼻		1400	650	7.8			
		Tg	断鼻		1800	600	8.5			
	勒3号	T_{K_1y}	断块	NE	500	350	3.4	YG97-107、109、506	K_1	落实
		$T_{K_1s_1}$	断块		950	850	6.7			
		$T_{K_1b_2}$	断块		1600	1300	13.2			
		Tg	断块		1900	1300	13.1			
	勒4号	$T_{K_1s_1}$	断鼻	NS	300	100	5.0	YG97-107、109、502	K_1	落实
		$T_{K_1b_2}$	断鼻		400	380	11.7			
		Tg	断鼻		300	900	21.3			
	勒5号	T_{K_1y}	断鼻	NE	450	50	11.4	YG97-588、590、348	K_1	落实
		$T_{K_1s_1}$	断鼻		500	300	8.2			
		$T_{K_1b_2}$	断鼻		900	500	13.5			
		Tg	断块		1800	500	9.0			
	乌1号	T_{K_1y}	断鼻	NW	200	50	1.5	YG97-119、504	K_1	落实
		$T_{K_1s_1}$	断块		800	150	3.0			
		$T_{K_1b_2}$	断鼻		1440	460	6.6			
		Tg	断鼻		1800	900	5.8			

续表

凹陷名称	局部构造名称	反射层	圈闭类型	轴向	高点埋深（m）	闭合幅度（m）	闭合面积（km²）	典型剖面	形成时间	落实程度
哈日凹陷	苏1号	Tg	断鼻	NE	550	350	5.0	YG97-125、506	K_1	落实
哈日凹陷	苏2号	Tg	断鼻	NE	650	350	6.5	YG97-125、508	K_1	落实
查干凹陷	巴南	$T_{K_1s_2}$	断块	NEE	2200	550	19.8	YG93-206 YG93-842	K_1	
查干凹陷	巴南	$T_{K_1s_1}$	断块	NEE	2550	900	20.6	YG93-206 YG93-842	K_1	
查干凹陷	巴南	$T_{K_1b_2}$	断块	NEE	3150	1350	14.9	YG93-206 YG93-842	K_1	
查干凹陷	巴2号	$T_{K_1s_2}$	断鼻	NEE	1135	325	3.3	YG93-208 YG93-850	K_1	落实
查干凹陷	巴2号	$T_{K_1s_1}$	断鼻	NEE	1460	225	2.8	YG93-208 YG93-850	K_1	落实
查干凹陷	巴2号	$T_{K_1b_2}$	断鼻	NEE	1800	150	1.9	YG93-208 YG93-850	K_1	落实
查干凹陷	巴2号	Tg	断鼻	NEE	2200	50	0.9	YG93-208 YG93-850	K_1	落实
查干凹陷	巴6号	$T_{K_1s_2}$	不整合	NE	1365	200	6.4	YG93-209 YG93-850 YG93-210	K_1	落实
查干凹陷	巴6号	$T_{K_1s_1}$	不整合	NE	1640	325	8.2	YG93-209 YG93-850 YG93-210	K_1	落实
查干凹陷	巴6号	$T_{K_1b_2}$	复合	NE	1990	400	4.8	YG93-209 YG93-850 YG93-210	K_1	落实
查干凹陷	巴6号	Tg	断鼻	NE	2200	50	3.4	YG93-209 YG93-850 YG93-210	K_1	落实
查干凹陷	罕5—1	T_{K_2w}	背斜	NEE	450	<50	6.2	YG93-187 YG93-834	K_2	落实
查干凹陷	罕5—1	$T_{K_1s_2}$	背斜	NEE	900	475	14.2	YG93-187 YG93-834	K_{1-2}	落实
查干凹陷	罕5—1	$T_{K_1s_1}$	背斜	NEE	1300	550	7.8	YG93-187 YG93-834	K_{1-2}	落实
查干凹陷	罕5—2	$T_{K_1s_2}$	断块	EW	1045	225	7.8	YG93-187 YG93-838	K_{1-2}	落实
查干凹陷	罕5—2	$T_{K_1s_1}$	断块	EW	1550	75	4.7	YG93-187 YG93-838	K_{1-2}	落实
查干凹陷	额15号	$T_{K_1s_2}$	岩浆刺穿接触	NE	1400	300	20	YG93-196 YG93-842	K_1	落实
查干凹陷	额15号	$T_{K_1s_1}$	岩浆刺穿接触	NE	1850	250	10.8	YG93-196 YG93-842	K_1	落实
查干凹陷	额9号	$T_{K_1s_2}$	岩性	NE	2350	400	17.8	YG93-199 YG93-832	K_1	落实
查干凹陷	额9号	$T_{K_1s_1}$	断鼻	NE	3000	350	12.7	YG93-199 YG93-832	K_1	落实
查干凹陷	虎1号	$T_{K_1s_2}$	断块		3400	350	1.9	YG93-830、204	K_1	落实
查干凹陷	虎2号	T_{K_1y}	断鼻	SE	4000	500	10.4	YG93-832 YG93-834 YG93-212	K_1	落实
查干凹陷	虎2号	$T_{K_1s_2}$	断块	SE	2200	200	2.7	YG93-832 YG93-834 YG93-212	K_1	落实
查干凹陷	虎2号	$T_{K_1s_1}$	断块	SE	2950	250	7.2	YG93-832 YG93-834 YG93-212	K_1	落实
查干凹陷	虎2号	$T_{K_1b_2}$	断鼻	SE	3000	300	5.8	YG93-832 YG93-834 YG93-212	K_1	落实
查干凹陷	虎3号	T_{K_2w}	断鼻	NE	450	100	8.8	YG93-838、216	K_1	落实
查干凹陷	虎5号	T_{K_1y}	断鼻	NE	650	100	8.8	YG93-214 YG93-850 YG93-838	K_1	落实
查干凹陷	虎5号	$T_{K_1s_2}$	断鼻	NE	1600	200	6.4	YG93-214 YG93-850 YG93-838	K_1	落实
查干凹陷	虎5号	Tg	断块	NE	1800	450	6.2	YG93-214 YG93-850 YG93-838	K_1	落实
查干凹陷	虎6号	$T_{K_1s_2}$	断鼻	NNE	1650	<50	1.3	YG93-212 YG93-846	K_1	落实
查干凹陷	虎6号	$T_{K_1s_1}$	断鼻	NNE	1900	100	5.4	YG93-212 YG93-846	K_1	落实
查干凹陷	虎6号	Tg	断鼻	NE	2200	50	1.1	YG93-212 YG93-846	K_1	落实
查干凹陷	巴1号	$T_{K_1s_2}$	断鼻	NE	1800	50	0.6	YG93-208 YG93-841	K_1	落实
查干凹陷	巴1号	$T_{K_1s_1}$	断鼻	NE	2200	<50	0.3	YG93-208 YG93-841	K_1	落实
查干凹陷	巴3号	Tg	断鼻	NE	1800	200	1.0	YG93-854、208	K_1	落实

续表

凹陷名称	局部构造名称	反射层	圈闭类型	轴向	高点埋深(m)	闭合幅度(m)	闭合面积(km²)	典型剖面	形成时间	落实程度
格朗乌苏	格3号	T_{K_1s}	断块	NNW	1320	50	1.3	EJ96-585	K_1	较落实
		T_{K_1b}	断鼻		1990	50	0.5	EJ96-234		
湖西新村	湖1号	T_g	断鼻	EW	1200	400	18.5	EJ88-525 EJ94-144	T_3	较落实
	湖4号	$T_{K_1b_1}$	断鼻	NNW	2200	200	7.3	EJ88-501 EJ87-136	J_2	
	湖7号	$T_{K_1s_1}$	断鼻	NEE	1050	50	8.2	EJ94-505 EJ88-509	K_1	
	湖9号	$T_{K_1s_1}$	地层	NEE	500	350	31.4	EJ94-513 EJ88-517	K_1	
鱼脊山凸起	鱼1号	T_g	断鼻	NWW	300	50	12.8	EJ94-449 EJ88-445	T_3	较落实
	鱼2号	T_g	断鼻	NE	200	100	100	EJ94-457、469	T_3	
	鱼3号	T_g	背斜	NEE	400	100	100	EJ94-497、505	T_3	
鱼脊山凸起	鱼4号	T_g	断鼻	NEE	500	100	51.3	EJ94-489 EJ88-485	T_3	较落实
哨马营	哨1号	T_g	背斜	NE	1100	100	18.2	EJ94-433 EJ88-112	T_3	较落实
	哨2号	$T_{K_1s_1}$	断鼻	NW	250	50	26.6	EJ94-457 EJ88-461	K_1	较落实
		T_g	背斜		1400	100	14.3			
	哨5号	$T_{K_1s_1}$	地层	NEE	800	50	16.0	EJ94-497 EJ88-485	T_3	较落实
	哨6号	$T_{K_1s_1}$	地层	NE	800	50	15.9	EJ88-493、112	K_1	较落实
梭梭头	梭1号	$T_{K_1s_1}$	断块	NEE	1700	200	11.2	EJ94-497 EJ88-499	K_1	较落实
乌力吉	乌3号	T_{K_1y}	断鼻	EW	150	30	5.9	YG95-630	K_1	落实
		$T_{K_1s_1}$	断鼻		700	40	5.9			
		$T_{K_1b_1}$	断鼻		1400	150	2.0			
		$T_{J_1^{1-2}}$	断鼻		1800	220	1.2		J_{1-2}	
托来	托来1号	T_{K_1y}	背斜	SE	150	60	112	YG95-606 YG95-212	K_1	落实
		$T_{K_1s_1}$	半背斜		300	80	17.0			
		$T_{K_1b_1}$	断背斜		400	120	18.8			

1. 构造圈闭类型及其特征

1) 背斜圈闭

盆地内背斜圈闭不甚发育,目前发现数量很少,仅有8个,占盆地内圈闭总数的5%。但由于它们变形机制不同,其特征差异很大。按成因划分为以下五种类型。

（1）褶皱背斜圈闭：褶皱背斜圈闭是地层受到侧向挤压变形而成。罕5号断背斜及哈尔斯背斜是其典型的实例。

罕5号断背斜，位于查干凹陷西南部的海力素背斜带海力素2号逆冲断层的上盘。背斜轴向近东西，与海力素2号断层走向平行，两翼不对称，靠近断层的北翼陡、南翼较缓，长轴与短轴之比为8∶2，闭合度大，可达到550m，但面积仅有0.7~23km²，是一个不对称的长轴背斜（图4-30）。

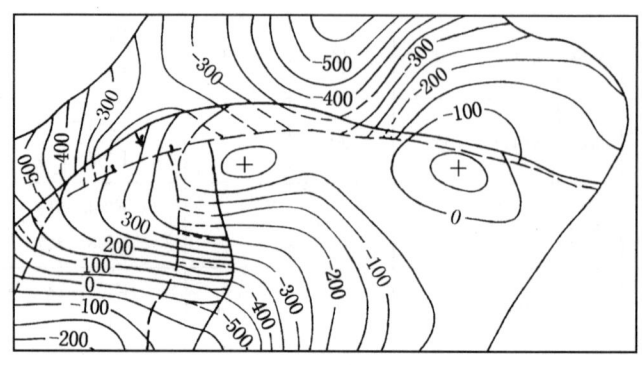

图4-30 罕5号背斜构造平面图

罕5号背斜形成于早白垩世苏红图组末期，该背斜被毛敦南断层分为东西两段，属断背斜类型。早白垩世银根期，背斜曾出露水面，苏红图组二段部分地层被削截，与上覆地层成角度不整合接触。至渐新世末期，受喜马拉雅运动Ⅰ幕改造最终定型。

哈尔断背斜，同样是一个侧向挤压褶皱而成的构造。它位于天草凹陷的天草西断层上盘。与凹陷中部鼻状隆起属同期褶皱发育的构造。它们之间只有一鞍部相隔，彼此平行，轴向NNE，与天草西断层走向一致。闭合幅度达到700m，紧靠天草西断层的西翼陡，东翼较缓，为一不对称的长轴背斜，面积约25.9km²。

褶皱型背斜还有托来1号背斜圈闭，位于尚丹坳陷的托来凹陷托1号逆冲断层上盘，是托1号断层从南向北逆冲褶皱而成。该背斜同样具有轴向与断层平行、闭合幅度大、两翼不对称、面积小的特点。

（2）逆牵引背斜圈闭：逆牵引背斜圈闭，又称滚动背斜圈闭，在盆地中的一些断陷的同沉积断层上盘也有发现，但数量较少。

准1号构造（图4-31）位于居东凹陷居2号同沉积断层上盘，从剖面上看可见构造两翼不对称，靠近断层的北翼较陡，远离断层的南翼较缓。背斜各层的顶点向深凹处偏移，偏移的轨迹大致与断面平行。背斜长轴与断层走向一致，长轴与短轴的比例为4∶1，幅度为220m，面积12.4km²。

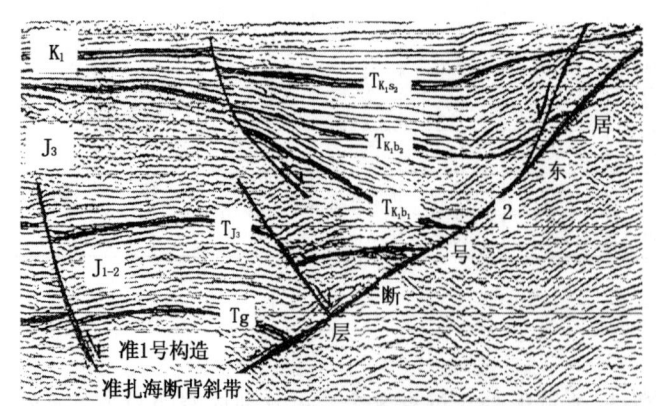

图4-31 准2号逆牵引构造地震剖面图

此外，查干凹陷、天草凹陷和白云凹陷都有逆牵引现象，但没有形成背斜圈闭，以鼻状隆起出现。

（3）差异压实背斜（同沉积背斜）圈闭：额南背斜属该类型圈闭，它的特点是基底为一古隆起，两翼地层下陡上缓，地层向顶部变薄。圈闭范围大，$T_{K_1b_1}$构造层长26km，宽4.5km，面积达100km²，但幅度小，仅100m。它位于居延海坳陷格朗乌苏凹陷东南部，是在继承基底古隆起上发育而成的（图4-32）。

（4）底辟背斜圈闭：毛1号底辟背斜圈闭位于查干凹陷毛敦侵入带顶部，由图4-33可见，沉积层下伏岩层为侵入岩，上覆地层倾角上缓下陡，闭合幅度下大上小。图4-34看，

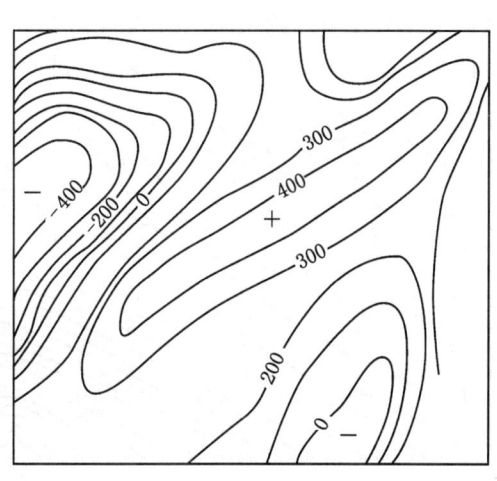

图4-32　额南背斜构造平面图

平面展布是一个不规则的短轴背斜，已完钻毛2井，在970m处钻遇燕山期的闪长岩。居东凹陷、天草凹陷也存在一些侵入岩底辟构造，在此不再叙述。

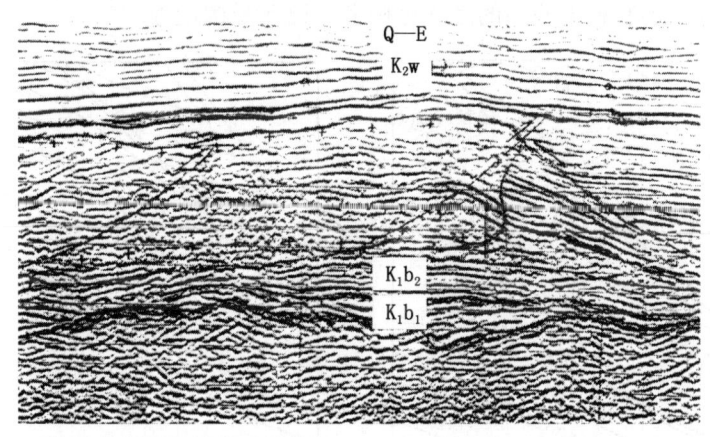

图4-33　YG93-850地震剖面侵入岩底辟现象

2）断层遮挡圈闭

断层遮挡圈闭是指地层上倾方向受断层遮挡而形成的圈闭，也是银—额盆地最发育的一种构造圈闭，它占全盆地圈闭总数的73%。构造圈闭条件虽然没有背斜圈闭优越，但它数量大，有些又处在油气运移有利位置上，因此盆地内断层圈闭是研究构造圈闭的主要对象，是钻探的重要目标之一，特别是凹陷斜坡带的断块圈闭更是首选目标。盆地中的断块圈闭有以下几种：

（1）断鼻圈闭：断鼻圈闭指的是在鼻状隆起上方被断层封堵而成的圈闭（图4-35），在

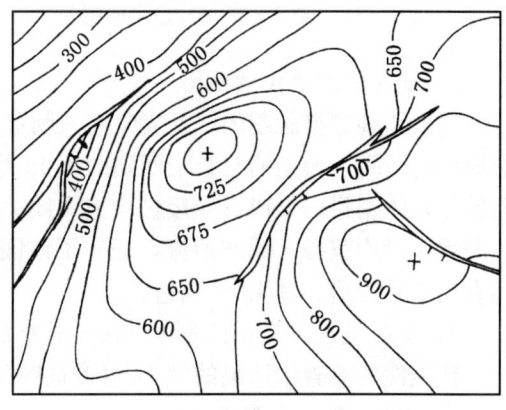

图4-34　毛1号背斜构造平面图

盆地内较为发育,约占圈闭总数的35%,已圈定的有查干凹陷巴1、巴6、虎6,白云凹陷的白东断鼻,天草凹陷哈尔断鼻及中部断鼻等。

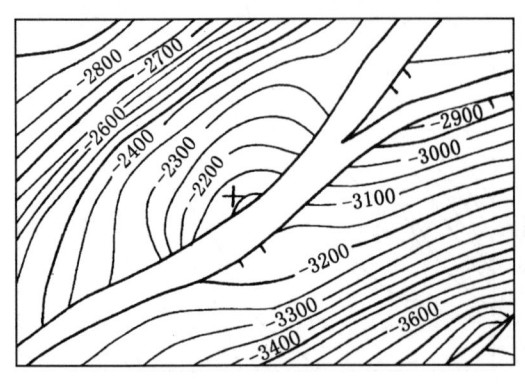

图4-35 巴1号断鼻构造平面图

（2）断块圈闭:断块圈闭的共同特点是,地层的上倾方向及其两侧均被断层封堵,封闭风险系数要比断鼻圈闭大。圈闭形式多种多样,主要表现有以下两种:

① 由两条以上的交叉断层与倾斜地层组成的断块圈闭,准2号断块构造就是一个典型的例子（图4-36）。类似这种圈闭,还有查干凹陷的虎1号、虎2号、虎7号、额1号、额7号以及额12号构造;天草凹陷中也有若干个这类构造圈闭。

② 由弯曲断层与倾斜地层组成的断层构造圈闭。在构造图上,表现为构造等值线的两端与同一条断层面相交。这与断鼻构造圈闭是不一样的,断鼻的等值线表现为凸曲线状,而上述圈闭类型的等值线为直线状或近似直线状。居东凹陷的准①号断块是一个典型代表（图4-37）;此外,还有查干凹陷的虎3号构造、巴3号构造等。

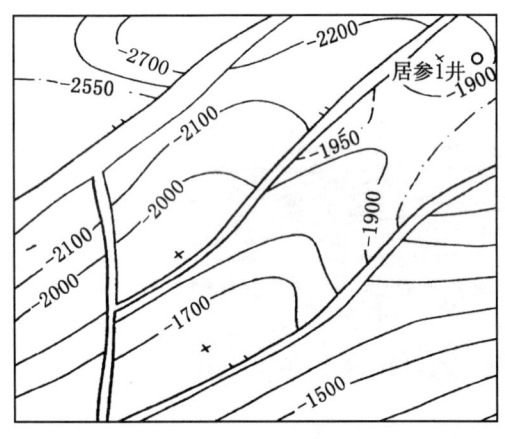

图4-36 准2号断块构造平面图

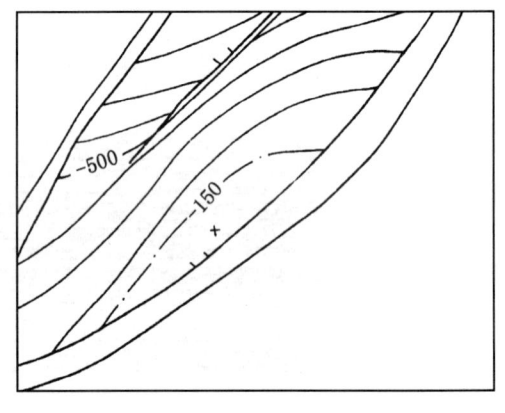

图4-37 准1号断块构造平面图

3）侵入体刺穿接触圈闭

侵入体刺穿接触圈闭,是岩浆侵入刺穿了沉积层,成为鼻状隆起上倾方向的遮挡条件,形成构造圈闭,典型的有查干凹陷的额15号构造（图4-38）。额15号构造的上倾方向被毛敦侵入体刺穿,形成刺穿接触构造圈闭。该圈闭经毛1井钻探,在巴音戈壁组二段和苏红图组一段均获得了低产油流,证实了该圈闭的可靠性。类似这样的圈闭类型,查干凹陷还有巴4号构造、额13号构造。

4）侧向侵入体刺穿接触,上倾方向断层封堵的复合圈闭

代表性的有查干凹陷的额14号构造圈闭;天草凹陷的中部鼻状构造圈闭（图4-39）。

2. 非构造圈闭类型及特征

银—额盆地是一个凹、凸相间组成的盆地,面积小,大多在2000km²以下;凹陷类型

 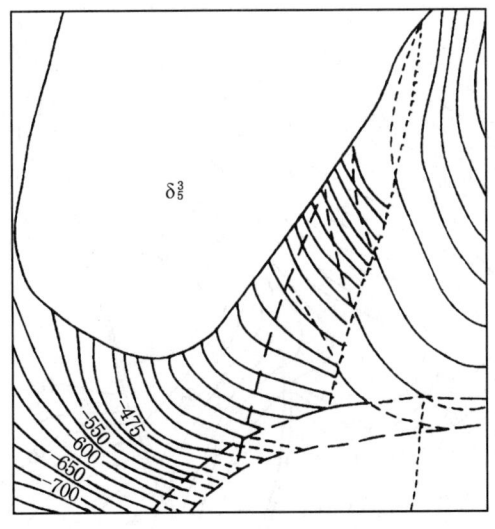

图 4-38　额 15 号断块构造平面图　　　图 4-39　额 14 号断块构造平面图

多，有单断凹陷、双断凹陷；岩性、岩相变化大，为形成非构造圈闭创造了条件。

1）岩性圈闭

(1) 扇三角洲前缘沉积体系：在断陷湖盆演化萎缩期及转化为坳陷期时，盆地属充填型，地形平缓、河流广布，发育有许多三角洲。

在单断凹陷（或称断箕）中，物源来自缓坡，个别凹陷在湖岸缓坡上形成了扇三角洲沉积体系。查干凹陷就属此类凹陷。湖盆主要物源来自东南方，在断凹西部地区发育了大片扇三角洲沉积。由于图拉格正断层下降速度快，物源充足，形成了高能量扇三角洲前缘沉积。图 4-40 是横切扇三角洲走向的地震剖面。从剖面上可见，该扇三角洲位于缓坡的转折处，外形呈丘状，上凸下平。内部反射为变振幅、不连续的斜交—S 形反射结构，属前积相。在平面上，构造图形态呈朵状（图 4-41），上述各种特征都表明它是一个三角洲前缘沉积，是一物性好的储集体。

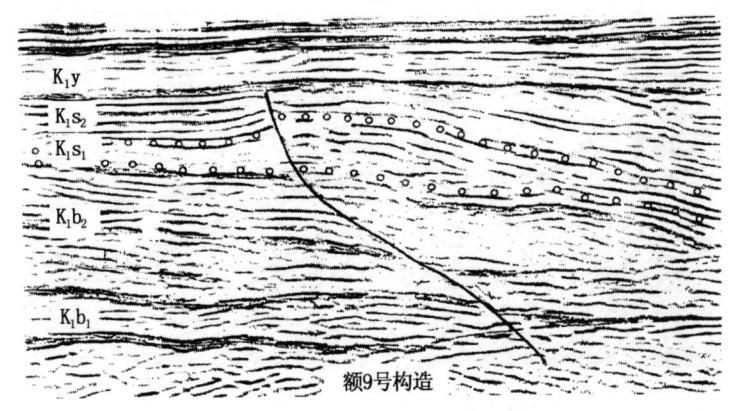

图 4-40　YG93-832 地震剖面图

(2) 近源冲积扇（山麓—洪积扇）：这类圈闭仅发育于较陡岸的边缘。对断陷来说，只

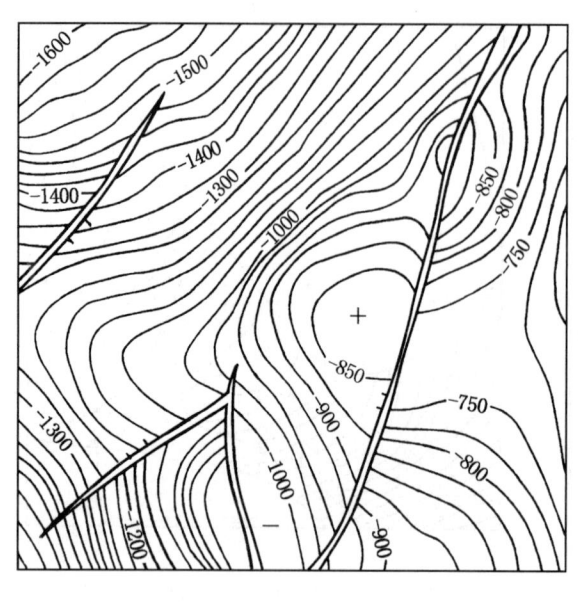

图 4-41 额 9 号断鼻构造平面图

发育于同沉积断层的上盘边缘。盆地中或断陷的地震剖面上已有发现，但考虑到该类圈闭可能物性很差，因而没有进一步的研究。随着勘探程度的提高，扇中、扇端可能会作为一种勘探对象，供钻探选择目标。

(3) 河道砂、沙坝、决口扇：从查参 1 井、毛 1 井、巴 1 井、天 1 井的钻井地质资料可知，银—额盆地的白垩系属河流湖泊相沉积，推测河道砂、沙坝、决口扇这些岩性圈闭都有发育，但目前只限于地震常规剖面的解释，探井极少，不具备识别岩性圈闭的条件。从已有的地质资料可知，白垩系有着良好的生油条件，并已获得油气流，但储层物性差，未能获得较高的产量。看来采用先进的岩性预测技术，以确定砂体位置及其分布范围，寻找有利储层相带，是勘探的主要方向。

2) 地层不整合遮挡圈闭

(1) 单面山遮挡圈闭：银—额盆地在中侏罗世末、早白垩世苏红图期末曾发生过两期沉积间断，地震不整合下伏的地层被削截，形成单面山，与上覆盖层组成地层不整合遮挡圈闭。

(2) 古潜山圈闭：印支运动使上三叠统遭受剥蚀形成一些残丘，这些残丘被上覆盖层披覆后，产生了两种不同类型的圈闭：上覆地层因差异压实作用发育为同沉积背斜；古残丘被上覆盖层封闭后形成古潜山圈闭。古潜山因受风化、淋蚀，物性较好，是良好的储集层。若该类型圈闭处在烃源岩区，是油气储集的理想场所，在物性差的储集层中，应优选此类圈闭。该类圈闭在查干凹陷已有发现（图 4-42），但闭合面积较小，不足 $1km^2$。

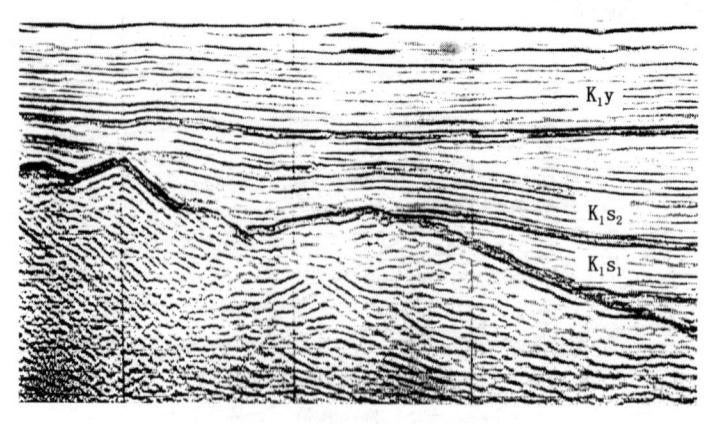

图 4-42 YG93-850 地震剖面图

(3) 地层圈闭：此类圈闭，一般发育在凹陷边缘外凸处的隆起地层超覆区，地层超覆的基岩面作为遮挡条件。此类地层圈闭在各凹陷都有发现，如居东凹陷的准6号圈闭及准北7号圈闭，还有白云凹陷东部的鼻状圈闭都属此类型圈闭。

（4）侵入岩体圈闭以及火山岩圈闭：侵入岩刺穿沉积岩后，上有披覆良好的盖层遮挡，岩体本身裂隙、气孔发育，就可以形成缝洞型储层。1997年9月在侵入岩圈闭上完成了毛2井的钻探，钻遇了侵入岩，从岩心物性测定，认为侵入岩不具备储集条件。

火山岩层在额15号构造的毛1井中钻遇，其中1347～1608m井段，火山岩厚261m；1732～1765m井段厚33m。经测井综合解释，上段火山岩为Ⅲ级裂缝岩层，下段为Ⅰ级裂缝岩层，两段火山岩油气显示都非常丰富，揭示火山岩可作为储集层。

（二）圈闭分布规律

构造圈闭类型受成因控制，而二级构造带局部构造的成因存在着共性。可见某种类型的圈闭往往集中分布在盆地中某些二级构造带上。换句话讲，二级构造带控制着某种圈闭的类型。综合上述各种类型圈闭的成因，盆地内构造圈闭分布有以下的规律。

（1）褶皱背斜圈闭只局限分布在盆地中被褶皱的区带上。西部地区集中分布在居延海坳陷天草凹陷4号、7号逆冲断层的上盘及尚丹坳陷的乌力吉2号、托来1号逆断层展布区，东部分布在查干德勒苏坳陷西南的海1号、海2号逆断层的上盘。

（2）逆牵引背斜分布比较局限，仅在居延海坳陷的居东凹陷的居1号同沉积正断层上盘以及苏红图坳陷的哈日凹陷巴兴同沉积正断层上盘有分布，其他的同沉积正断层有逆牵引现象，但未能形成背斜圈闭。

（3）断鼻、断块在盆地内广泛分布，但归纳起来，各凹陷的断鼻、断块在同沉积正断层上盘的断阶带，凹陷缓坡带上以及继承基底断裂发育的断裂带上分布较为集中。典型的例子如查干凹陷的巴润断鼻带以及天草凹陷东部斜坡带。

（4）侵入体刺穿接触圈闭和底辟背斜圈闭，只分布于查干、白云、大阜凹陷，这三个凹陷在早白垩世苏红图期末都发现有岩浆侵入，尤以查干凹陷规模最大，形成毛敦侵入构造带。天草凹陷中部鼻状构造和查干凹陷额15号构造都是刺穿接触圈闭的典型例子。

（5）地层圈闭、岩性圈闭，这些都与沉积条件有关。虽然银—额盆地由多个湖盆组成，下白垩统、下中侏罗统都是以凹陷为单元的分割性沉积，但它们都有一个共同点，即都是河流湖泊相沉积，因而各凹陷都有分布。岩性圈闭分布与古河道有关，目前只进行了地震常规处理及解释，因而尚不能预测岩性圈闭的分布范围。地层圈闭主要分布在各凹陷边缘地层超复、尖灭带，这类圈闭已在居东凹陷、白云凹陷有所发现，但都有待落实。

参 考 文 献

[1] 左国朝，李茂松，何寄华等．内蒙古北山地区早古生代岩石圈形成与演化．兰州：甘肃科学技术出版社，1996

[2] 陈景达．板块构造大陆边缘与油气盆地．东营：石油大学出版社，1989

[3] 王廷印，王士政，王奎荣等．阿拉善古生代陆壳的形成和演化．兰州：兰州大学出版社，1994

[4] 任纪舜，姜春发，张正坤等．中国大地构造及其演化．北京：科学出版社，1980，1～124

[5] 郭召杰，张志诚．阿尔金盆地群构造类型与演化．地质论评，1998，44（4）：15～20

[6] 和政军，田树刚，许志琴等．阿尔金中段晚古生代放射虫的发现及意义．地质论评，

1999,45（3）：246
- [7] 崔景文，唐哲民，邓晋福等．阿尔金断裂系．北京：地质出版社，1999
- [8] 东自成，刘良，李金海．阿尔金断裂的组成及相关中新生代含油气盆地的成因特征．中国区域地质，1998，17（4）：8～11
- [9] 刘永江，葛肖虹，Genser J等．阿尔金断裂带构造活动的$^{40}Ar/^{39}Ar$年龄证据．科学通报，2003，48（12）：1335～1341
- [10] 李海兵，杨经绥，史仁灯等．阿尔金走滑断陷盆地的确定及其与山脉的关系．科学通报，2001，47（1）：63～67
- [11] 李海兵，杨经绥，许志琴等．阿尔金断裂带印支期走滑活动的地质及年代学证据．科学通报，2001，46（16）：1333～1338
- [12] 王廷印，吴茂炳．阿拉善地区华北板块北部构造演化与成矿作用．兰州大学学报（自然科学报），1993，29（4）：252～256
- [13] 王廷印，王金荣，王士政．阿拉善北部恩格尔乌苏蛇绿混杂岩带的发现及其构造意义．兰州大学学报，1992，28（2）：194～196
- [14] 严烈宏，王廷印．阿拉善北部早白垩世火山岩特征及其构造意义．宁夏地质，1990（2）：130～142
- [15] 王廷印，高军平，王金荣等．内蒙古阿拉善北部地区碰撞期和后造山岩浆作用．地质学报，1998，72（2）：129～137
- [16] 左国朝，何国琦．北山板块构造及成矿规律．北京：北京大学出版社，1990
- [17] 丁燕云，李占奎．银根—额济纳旗盆地航磁反映的构造特征．物探与化探，1999，23（3）：191～194
- [18] 李德生．渤海湾含油气盆地的地质和构造特征．石油学报，1980，1（1）：6～20
- [19] 周立发．苏红图—银根中生代裂谷盆地的基本地质特征及形成．见：赵重远主编．含油气盆地地质学研究进展．西安：西北大学出版社，1993，18～25
- [20] 孙志华．银根盆地中的反转构造模式．石油地球物理勘探，1995，30（4）：567～569
- [21] 岳伏生，王新民，马龙等．改造型盆地油气成藏与勘探目标——以银根—额济纳旗盆地为例．新疆石油地质，2002，23（6）：462～465
- [22] 王新民，李相博，郭彦如等．银根—额济纳旗盆地改造动力与油气成藏．石油实验地质，2004，26（5）：442～447
- [23] 高渐珍．查干凹陷原型盆地分析．内蒙古石油化工，2002，28（4）：238～239
- [24] 王新民，苏醒．甘肃西部及邻区区域地质特征与油气勘探方向．甘肃地质学报，1997，（2）：12～17
- [25] 杨森楠，杨巍然主编．中国区域大地构造学．北京：地质出版社，1985
- [26] 王燮培，费琪．石油勘探构造分析．武汉：中国地质大学出版社，1990
- [27] 贾承造，魏国齐．盆地构造演化与区域构造地质．北京：石油工业出版社，1995
- [28] 吴奇之，王同和等．中国油气盆地构造演化与油气聚集．北京：石油工业出版社，1997
- [29] 何明喜，刘池洋．盆地走滑变形研究与古构造分析．西安：西北大学出版社，1992
- [30] 朱鸿．阿拉善地块边缘古生代生物地层及构造演化．武汉：武汉地质学院出版社，1987

第五章　盆地沉积与演化特征

第一节　沉积相类型及特征

银—额盆地中生界根据地表露头及钻井资料共识别出六类沉积相：冲积扇相、河流相（包括曲流河与辫状河）、三角洲相、扇三角洲相、水下冲积扇相、湖泊相等[1-5]（表5-1）。

表5-1　侏罗、白垩系沉积相类型

相组	相		亚相	钻井及剖面分布
大陆	冲积扇		扇根	交夹沟、恩根陶来、塔布陶勒盖、小土包、胡西新村、务参1井、居参1井、毛1井
			扇中	
			扇端	
	河流	辫状河	河道	苏红图、塔布陶勒盖、居参1井、炭窑井东
			泛滥平原	
		曲流河	河道	查参1井、苏红图、毛1井、务参1井、天1井、居参1井
			堤岸	
			泛滥平原	
	三角洲		三角洲平原	西热哈达
			三角洲前缘	
	扇三角洲		扇三角洲平原	查参1井、毛1井、天1井、居参1井、炭窑井东、额勒斯台
			扇三角洲前缘	
			前扇三角洲	
	水下冲积扇		扇根	查参1井、毛1井、天1井、居参1井、巴隆乌拉、乌拉特后旗
			扇中	
			扇端	
	湖泊		滨湖	乌拉特后旗、塔布陶勒盖、居参1井、恩根陶来、苏红图、小土包、额勒斯台、巴隆乌拉、胡西新村、炭窑井东、查参1井、毛1井、务参1井、天1井
			浅湖	
			半深湖—深湖	

一、冲积扇相

冲积扇是山区河流冲出山口后，湍急的流水突然变成散流，失去携带大量碎屑的能力而将沉积物快速堆积于山口地带，形成剖面上呈楔状、平面上呈扇状的沉积体。

1. 沉积类型

冲积扇沉积在宏观上具颜色杂、粒度粗、厚度大等特点，按成因将沉积物分为以下几种类型。

1) 泥石流沉积

其特点是砾、砂、泥混杂，分选极差，颗粒最粗的直径可达 1m 以上，细至粉砂、粘土。砾石以棱角状、次棱角状为主，层理一般不发育，主要以块状层理出现，有时可见正、反粒序层理及扁平状砾石呈叠瓦状分布，底部常见冲刷面，厚度一般为 1～3m。粒度概率累积曲线由多个折线段组成（图 5-1a），无明显截点或由单一直线段组成，粒级区间宽，斜率小，分选差。

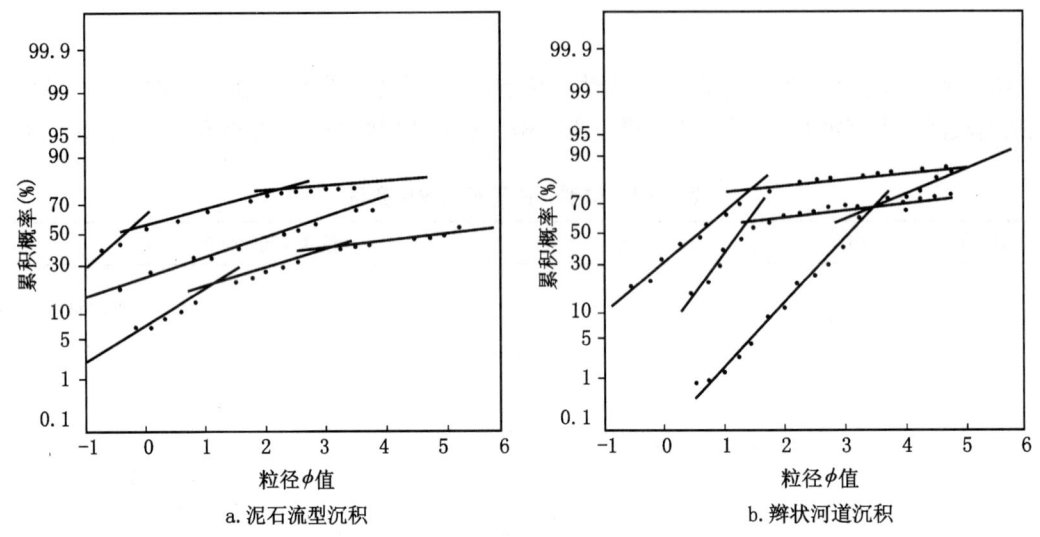

图 5-1 冲积扇砂岩粒度概率累积曲线

2) 辫状河道沉积

岩石类型主要为中、细砾岩和含砾中、粗砂岩，分选差，成层性不好，呈相互切割的透镜状，底部具强烈的底冲刷现象，发育块状层理、大型板状交错层理、槽状交错层理、平行层理，单层厚度一般为 0.3～1.3m。粒度概率累积曲线可见两段型及三段型两类，以跳跃总体为主（图 5-1b），占 60%～70%，斜率 30°～40°，分选较泥石流型沉积好。

3) 片流沉积

携带沉积物的水流从冲积扇河床末端浸出，由于流速和水深的骤减，使沉积物呈席状或片状沉积下来，形成席状砂砾岩透镜体。常分为近端片流沉积和远端片流沉积。近端片流沉积由中—厚层中粗砾岩、细砾岩与含砾砂岩、中粗粒砂岩互层组成，单层厚 0.3～0.8m。砂岩、含砾砂岩中发育平行层理、低角度板状交错层理，砾岩层中可见砾石呈定向排列或呈叠瓦状分布，有时发育不清晰的平行层理、正粒序层理，底部可见小型冲刷面。

冲积扇相在盆地内较常见，以泥石流沉积为主，其次为辫状河道沉积及近端片流沉积，反映沉积时气候干燥，物源供应充分，具快速搬运、快速堆积的特点。

2. 沉积层序及亚相划分

冲积扇沉积在总体上呈粒度向上变细的正旋回层序，底部常出现泥石流沉积，为冲积扇的扇根亚相，中部以辫状河道沉积及近端片流沉积为主，代表冲积扇的扇中亚相，顶部出现细粒的远端片流沉积，为扇端亚相和冲积平原（图 5-2）。

3. 电性特征

自然伽马曲线呈齿状—小尖峰状，其值一般为 60～90API，最高可达 150API，深侧向

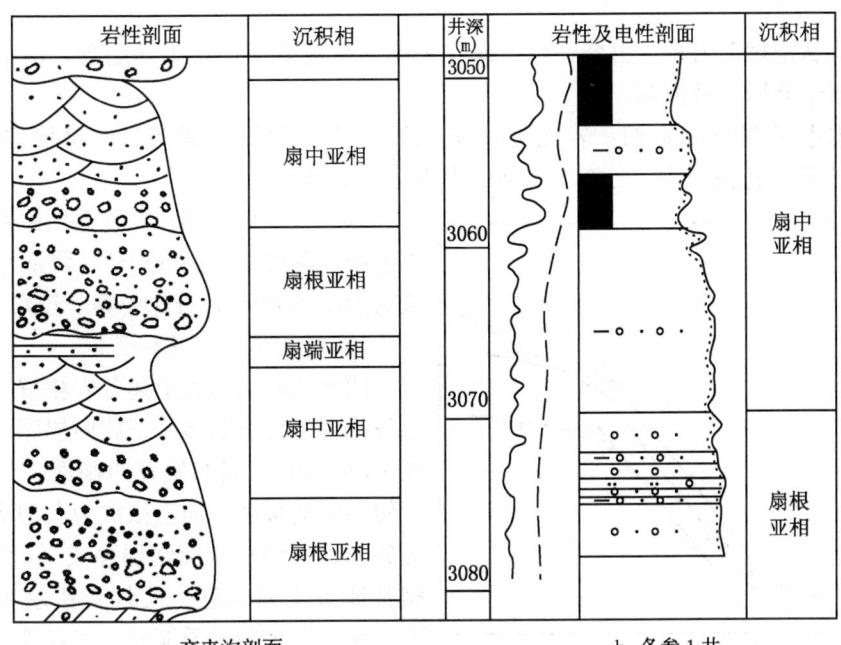

图 5-2 冲积扇相沉积层序

曲线呈齿状—尖峰状中阻,局部显高阻,电阻率一般为 20~50Ωm,自然电位呈钟形。

二、河流相

河流相在本区普遍发育,根据岩性组合及原生沉积构造的差异,可分为辫状河相及曲流河相两种类型。

1. 曲流河相

见于居参1井巴一段、查参1井苏二段、银根组、乌兰苏海组、务参1井银根组及乌兰苏海组露头剖面。

1) 岩石组合类型

根据岩石类型及沉积构造,曲流河沉积的岩相类型可归纳为以下几类。

(1) 大型交错层理砂岩相:主要由中—细砂岩组成,底部发育冲刷面,冲刷面上充填少量泥砾,常位于旋回的底部。

(2) 大型板状交错层理砂岩相:由中粗粒砂岩—中细粒砂岩组成,底部常含砾,分选较好。细层倾角一般 15°~25°,最大可达 35°,层系厚 15~80cm,一般位于旋回的中、下部。

(3) 平行层理砂岩相:主要为中粗粒砂岩,偶含砾,可见剥离线理构造,纹层较厚,可达 0.5~1cm,层系厚 30~60cm,一般位于旋回的中下部。

(4) 块状层理含砾砂岩相:砂岩分选差,钙质胶结,砾石成分有石英岩、岩屑、变质岩等,无明显排列方向,底部发育冲刷面,厚度 20~50cm,位于旋回的最底部。

(5) 爬升波纹层理粉砂岩相:分布于旋回的上部。

(6) 波状交错层理粉—细砂岩相:纹层由泥质显示,单层厚数厘米,分布于旋回的中上部。

（7）块状层理泥岩相：由紫红色、褐红色粉砂质泥岩组成，不显层理，内部可见钙质结核，分布于旋回的最顶部。

（8）水平层理泥灰岩相：岩性为浅灰色泥灰岩，含粉砂泥灰岩，单层厚数厘米到30cm，夹于紫红色泥岩中，分布于旋回的上部，有时缺失。

砂岩粒度概率累积曲线是由跳跃和悬浮总体组成的两段式（图5-3），跳跃总体含量一般为60%～80%，分选中等—较好。

2）沉积层序及亚相划分

曲流河相沉积由上述各岩相按一定规律组成粒度向上变细的多个正旋回层序，单个层系厚13～20cm。底部发育冲刷面，与下伏沉积呈侵蚀突变接触，向上依次为大型槽状交错层理砂岩、大型板状交错层理或平行层理砂岩、爬升波纹交错层理、波状交错层理粉—细砂岩、块状层理粉砂质泥岩、泥岩等。岩性由粗到细的变化分别代表曲流河的河道亚相、堤岸亚相和河漫亚相（图5-4）。

2. 辫状河相

见于塔布陶勒盖巴音戈壁组、炭窑井东下

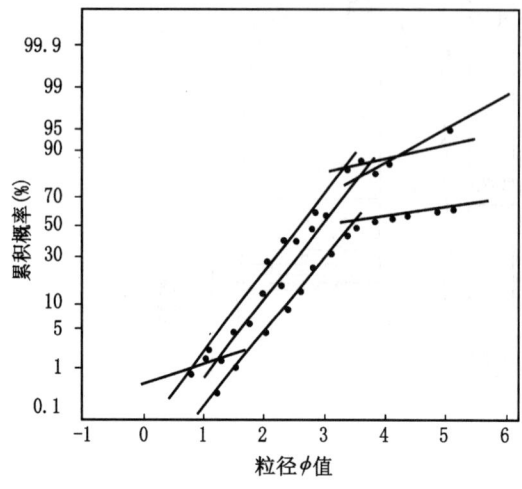

图5-3 曲流河沉积砂岩粒度概率累积曲线

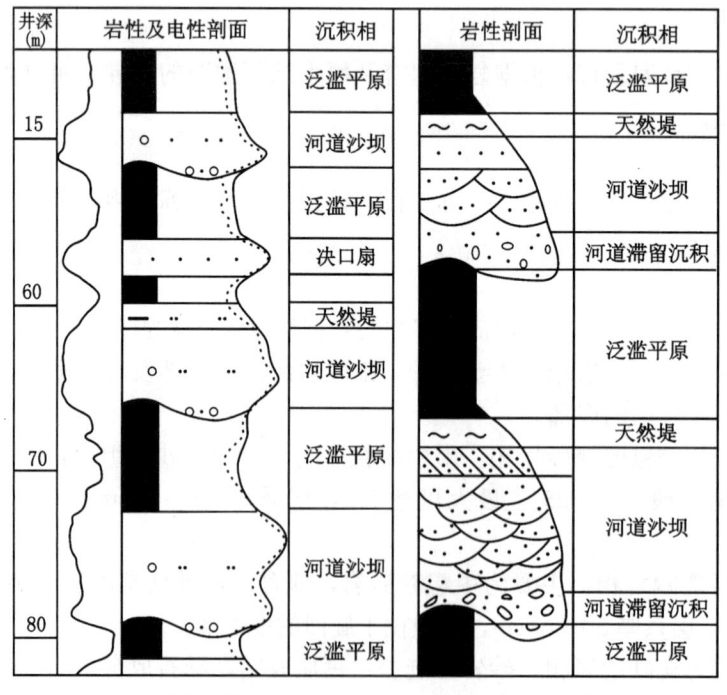

a. 查参1井　　　　b. 苏红图剖面

图5-4 曲流河相沉积层序

侏罗统、苏红图剖面苏红图组及居参 1 井中下侏罗统等。

1) 岩石类型及其组合

依据岩性与沉积构造组合，辫状河相有以下几种岩相类型。

(1) 块状砾岩相：一般呈透镜状产出，横向上常相变为含砾砂岩、中粗粒砂岩，砾石大小变化较大，从 0.2~10cm，分选差，可见定向排列，底面常发育大型冲刷面，单层厚 0.2~1.5cm，一般位于旋回的最底部。

(2) 大型板状交错层理含砾砂岩、砂岩相：为中粗粒砂岩，分选较差。纹层倾角 15°~20°，单层厚 10~20cm，层组厚 0.5~3m，底部可见冲刷面，一般位于旋回的下部。

(3) 平行层理砂岩相：为粗—中细粒砂岩，粗砂岩中有时含小砾，砾石沿长轴顺层分布。

(4) 大型槽状交错层理砂岩相：砂岩为含砾砂岩—细砂岩，由粒级变化而显示纹理，内部发育复杂的侵蚀面。

(5) 波状交错层理砂岩相：以细砂岩为主，层面见小型流水波痕，位于旋回上部。

(6) 水平层理泥质粉、细砂岩相：由彼此平行的水平粉、细砂岩组成，由泥质含量变化显示纹层，位于旋回的顶部。

2) 沉积层序及亚相划分

辫状河流相垂向上粒序性较差，常由不完整旋回反复叠置而成（图 5-5），可划分为河道亚相和泛滥平原亚相。

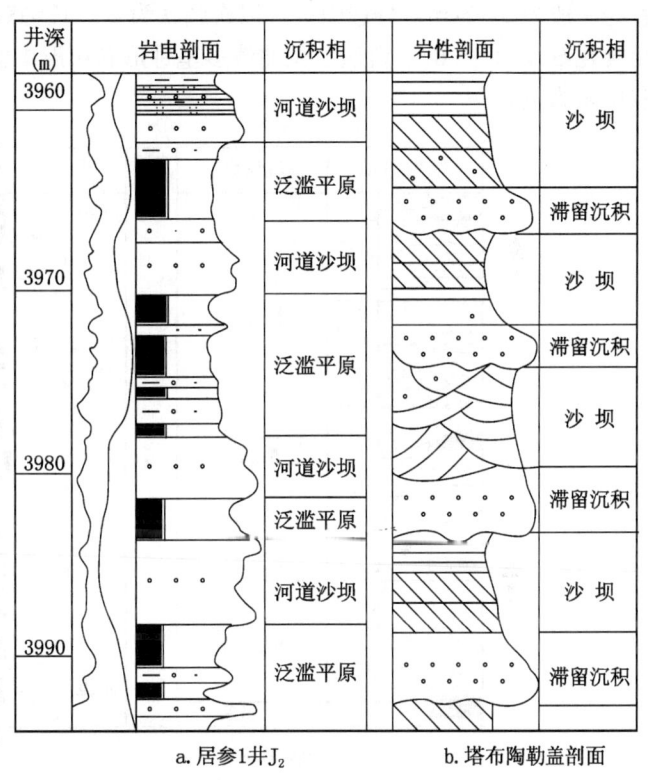

图 5-5 辫状河相沉积层序

3) 电性特征

自然电位曲线呈不规则箱状或钟形中幅负异常，负异常幅度 10~15mV；深浅侧向电阻率曲线呈锯齿状、块状中—高阻。

三、扇三角洲相

扇三角洲是指从邻近高地推进到稳定水体中去的冲积扇，或由辫状河入湖（海）形成的辫状河三角洲。后者见于炭窑井东上侏罗统剖面及居参 1 井、天 1 井等，前者见于额勒斯台及查参 1 井、天 1 井等巴音戈壁组[6]。

根据岩性组合、沉积构造及古生物化石，可划分为扇三角洲平原、前缘及前扇三角洲三个亚相。

1. 扇三角洲平原亚相

扇三角洲平原是扇三角洲的陆上部分，岩性组合主要为砾岩、含砾砂岩等，具辫状河相沉积特点。自然电位曲线呈钟形、不规则箱形低幅负异常，深浅侧向电阻率曲线为块状中—高阻。

2. 扇三角洲前缘亚相

岩性组成主要为砾岩、含砾砂岩、砂岩夹灰色页岩、粉砂质泥岩、含生屑砂质泥晶灰岩等。可进一步分为以下几个微相。

1) 辫状水道微相

岩性以中砾岩、含砾砂岩、中细粒砂岩为主，夹少量粉砂质泥岩。垂向上常由多个呈正韵律的砂、砾岩层相互叠加，组成厚度较大的砂砾岩体，内部冲刷频繁，细砾岩中发育块状层理、大型槽状交错层理、板状交错层理、平行层理，细粒部分发育水平层理。砾石直径一般为2～5cm，分选中等，以次圆状为主，长轴略呈定向排列，砂岩中可见瓣鳃、腹足类化石（图5-6）。自然电位曲线多呈钟形和箱形中幅负异常，深浅侧向电阻率曲线以齿状中阻为主。

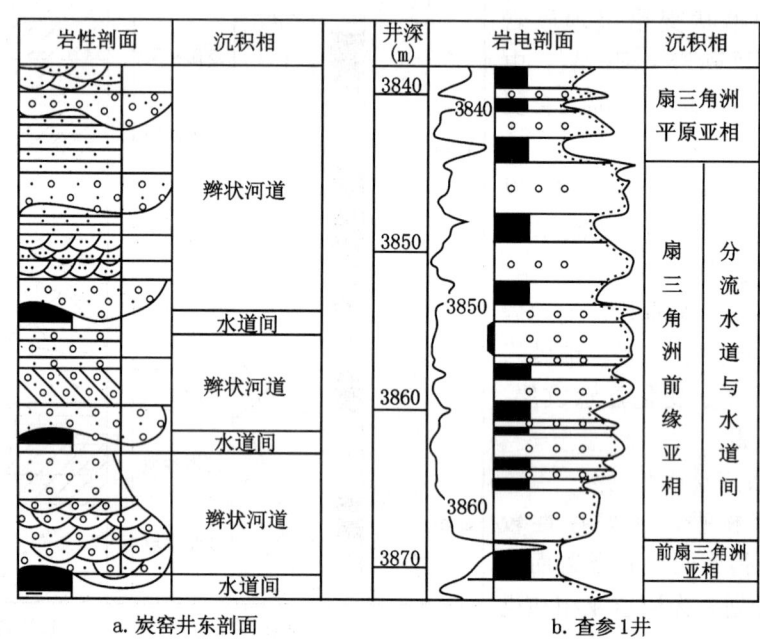

图5-6 扇三角洲相沉积层序

2) 水道间微相

岩性主要为灰色粉砂质泥岩、泥质粉砂岩，呈水平层理，内含炭屑及介形虫碎片。自然电位曲线呈平直间波状，深浅侧向电阻率曲线为齿状低阻。

3) 浅湖微相

岩性主要为含生屑砂质泥晶灰岩、石灰岩、灰色粉砂质泥岩、泥质粉砂岩，夹于砂、砾岩沉积之间。灰岩中含较多的陆源砂、砾，含量可达10%～35%，说明沉积时水体混浊。生屑主要为瓣鳃、腹足、介形虫的完整个体及碎片。粉砂质泥岩中含介形虫化石及炭屑，发育水平层理。

4) 河口沙坝及席状沙坪微相

岩性为分选性较好的细砂岩、粉砂岩、粉砂质泥岩，偶夹含砾砂岩、生屑泥晶石灰岩，发育平行层理、粒序层理、水平层理，可见同沉积正断层构造，泥岩中含介形虫及轮藻化石。自然电位曲线呈指状低幅负异常，深浅侧向电阻率曲线为齿状中—低阻。

3. 前扇三角洲亚相

岩性为灰黑色页岩夹少量粉砂质泥岩、钙质粉砂岩，页岩中含植物炭屑，粉砂岩中见大量瓣鳃类化石，沉积构造见水平层理，属半深湖区沉积。

扇三角洲平原、扇三角洲前缘、前扇三角洲三个亚相在垂向上依次叠置，形成下细上粗的反旋回（图5-6）。

四、三角洲相[7]

希热哈达、乌珠儿嘎顺剖面下侏罗统属三角洲相沉积，可划分为三角洲平原、三角洲前缘亚相。

1. 三角洲平原亚相

由分流河道及分流河道间沼泽微相组成。

1) 分流河道微相

由小砾岩、含砾砂岩、中细粒砂岩、粉砂岩、页岩组成多个粒度向上变细的正韵律层序，每个层序底部均具冲刷面，砂岩中见板状交错层理、槽状交错层理。

2) 沼泽微相

位于分流河道间的低洼地带，岩石类型主要为碳质页岩，局部夹薄煤层，煤层顶、底为粉砂质泥岩，碳质页岩中见丰富的植物及孢粉化石。

2. 三角洲前缘亚相

位于三角洲平原外侧的向湖方向，处于湖水面以下，岩石类型主要为碳质页岩及含铁细砂岩，发育波状交错层理，底部常见小型冲刷面，顶部见一层厚2~3m的赤铁矿。

五、湖泊相

湖泊相是陆相盆地的重要组成部分，一般分滨湖、浅湖、深湖等亚相。滨湖是指洪水期湖面以下、枯水期湖面以上的沉积，浅湖是指枯水期湖面以下、浪基面以上的沉积，深湖则是浪基面以下的沉积。但在研究古代湖泊时，因滨湖和浅湖不易区分，一般笼统地将二者称为滨浅湖。

1. 滨浅湖亚相

分为滩砂及湖泥两个微相。滩砂微相以浅灰色粉—细砂岩为主，与褐色、灰色、深灰色泥岩薄互层（图5-7），局部含少量钙质砂岩，胶结物以泥质和方解石为主。岩石成熟度低，分选中—好，次棱角—次圆状，粒度概率累积曲线以双跳跃两段式为主，次为混合式，跳跃总体占20%~60%（图5-8）。常见小型交错层理、斜层理、波状层理、平行层理及水平层理，冲刷构造发育，局部可见小断层、泥砾、泥条，富含炭屑、炭化植物茎，少量动植物化石碎片。湖泥微相以褐色、灰色泥岩为主，其次为砂质、粉砂质泥岩，夹砂条及薄层泥质粉砂岩（图5-7），发育水平层理、波状层理，偶见羽状交错层理，包卷构造多见，可见炭屑、炭化植物茎。自然电位曲线呈平直状间波状，深浅侧向曲线为齿状低阻。

2. 浅湖—半深湖亚相

以湖泥微相为主，岩性为深灰—灰黑色页岩、白云质泥岩、泥晶白云岩、油页岩、钙质泥页岩等（图5-9）。没有明显的沉积韵律，水平层理发育，偶见搅混构造和黄铁矿。三尾类蜉蝣、六盘山鲎、叉尾箭鲎等昆虫化石保存较好，富含叶肢介碎片和介形虫。自然电

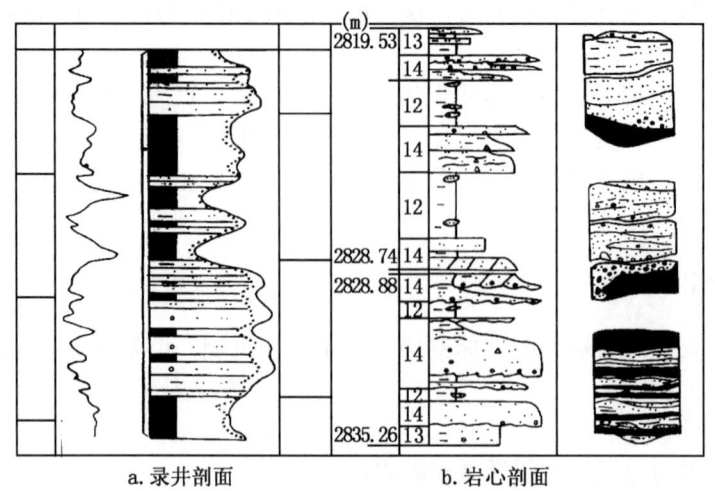

a.录井剖面　　　　　b.岩心剖面

图 5-7　滨浅湖相沉积层序（查参 1 井）

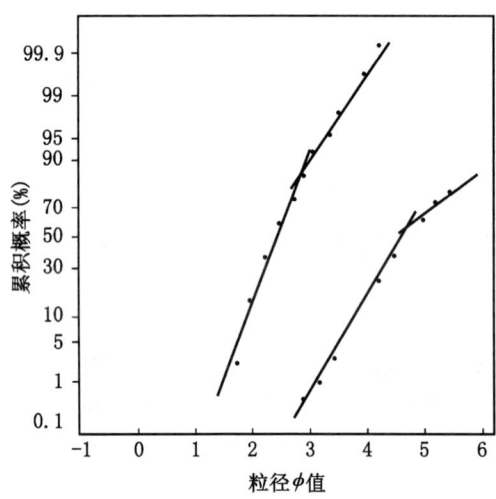

图 5-8　滨浅湖亚相砂岩粒度概率累积曲线

位曲线呈平直状，深浅侧向电阻率曲线为锯齿状中低阻。

六、水下扇相

水下扇是断陷湖盆中，尤其是在湖盆陡岸发育的一套近源陆源碎屑物直接进入湖盆形成的扇体沉积。居参 1 井下侏罗统、毛 1 井、查参 1 井、巴隆乌拉、乌拉特后旗剖面下白垩统巴音戈壁组均有水下扇发育。根据内部沉积特征可进一步细分为扇根、扇中、扇端三个亚相。

1. 扇根亚相

位于扇体的顶端，岩性以岩屑砾岩为主。砾石呈次棱角状，分选较差，呈漂浮状不规则分布于砂、泥"基质"之中，含量 10%～15%，内部由粒度变化显正粒序层理，斜层理较发育，见重荷模、底痕构造，与下伏岩层呈突变接触。自然电位曲线平直，双侧向曲线呈块状高阻。

2. 扇中亚相

水下扇的主体部分，由扇中辫状水道及水道间微相组成。

扇中辫状水道微相主要岩性为砾岩、含砾砂岩、中细粒砂岩及少量的泥质岩（图 5-10），砂岩中常见表鲕及泥砾，底部常见冲刷面，层理构造可见粒序层理、块状层理、大型板状交错层理，常由多个粒度大致向上变细的砂砾岩叠加形成叠合砂体。

扇中水道间微相岩性主要为灰色粉砂质泥岩、灰黑色泥页岩夹薄层泥质粉砂岩、细砂岩，以水平层理为主，含介形虫、叶肢介及植物碎片等化石。电测特征与扇根基本相同。

3. 扇端亚相

位于扇体的前方，已进入浅湖—半深湖区，岩性以深灰色泥岩为主，夹薄层砾岩、砂

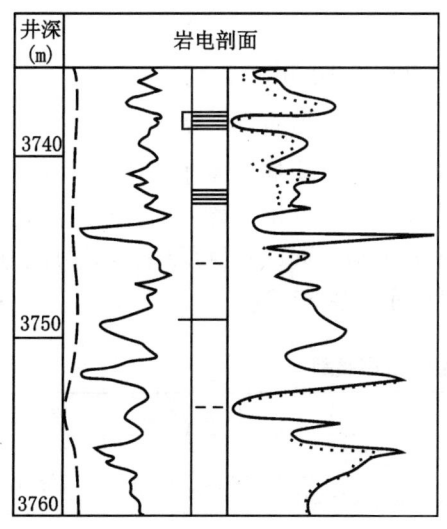
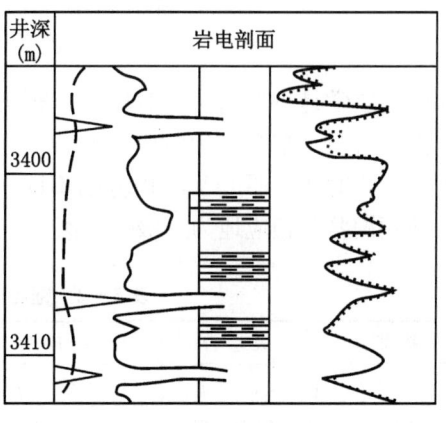

图 5-9 浅—半深湖相沉积层序（查参 1 井）

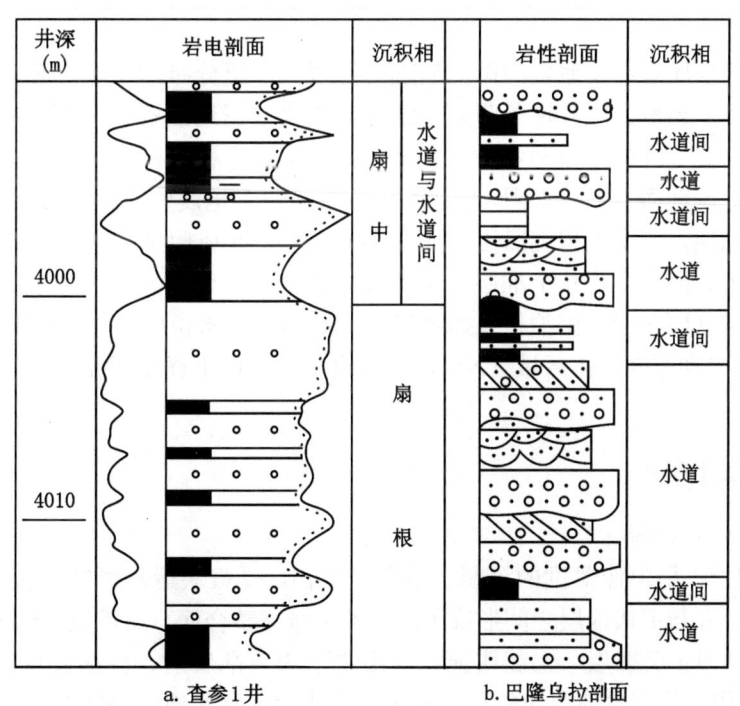

a. 查参 1 井　　b. 巴隆乌拉剖面

图 5-10 水下扇相沉积层序

岩、粉砂岩等，见水平层理、粒序递变层理及重荷模构造。双侧向为中阻值或低阻值，曲线起伏不大，自然电位以平直曲线为主，局部有低幅块状或小齿状负异常。

第二节 层序地层特征

层序地层学是一种划分、对比和分析沉积岩的方法，其基本地层单位是层序，它是由不整合面或者与不整合面相对应的整合面作为边界的、一个相对整一的、有内在联系的地层序列。沉积时间、厚度及沉积范围不同，层序的级别不同，有巨层序、超层序、层序等级别，陆相湖盆则相应地为一级、二级、三级等层序（表5-2）。

表5-2 陆相断陷盆地层序级别[8]

层序级别	一级层序	二级层序	三级层序	准层序组	准层序
层序边界	不整合面分布范围面积超出盆地或占据盆地大部分	不整合面分布在盆地范围内		主要湖泛面及古土壤面	湖泛面及古土壤面
		不整合面分布在盆地边缘	不整合面分布在局部地区		
成因	构造成因	构造成因及气候变化引起的湖平面下降		构造活动及气候变化	构造活动及气候变化
对应沉积旋回	一级	二级	三级	四级	五级

一级、二级层序边界在地震剖面上表现为区域上广泛分布的不整合面，遭受剥蚀时间长，缺失地层多，超覆、削截现象明显。划分时主要依据地震资料，同时配合钻井、测井和分析化验资料。三级层序除湖盆边缘在地震剖面上有超覆、削截现象外，湖盆中心往往为整合接触，地震剖面上不易识别，它的划分对井资料和地震资料的依赖性都很强。

在沉积作用期，一个沉积旋回便构成一个准层序，在成因上有联系的多个准层序便构成一个准层序组，由一个或几个准层序组形成体系域。陆相湖泊中，一个完整的层序一般由低水位体系域（LLST）、湖泊扩张体系域（LTST）、高水位体系域（LHST）、湖泊收缩体系域（LCST）和非湖泊体系域（NLST）组成[8-13]。以下详细讨论银—额盆地的层序地层特征[14-18]。

一、二级层序划分

1. 二级层序1（SSq·1）

SSq·1相当于早中侏罗世的沉积。早侏罗世初，受板块运动影响，银—额盆地裂陷，开始接受沉积，并与下伏地层之间形成了巨大的区域不整合面，这就是SSq·1的底界。地震剖面上相当于Tg反射层，上超明显，界面之下为杂乱反射、多次波反射（图5-11）。SSq·1分布局限，见于盆地边缘的炭窑井东、希热哈达及盆地中央隆起的山前等地，盆地内仅见于居东凹陷，天草、查干、梭梭头凹陷均缺失。以低水位体系域和非湖泊体系域为主。

2. 二级层序2（SSq·2）

SSq·2相当于晚侏罗世的沉积。中侏罗世末的燕山Ⅱ幕构造运动使银—额盆地差异抬升，形成了区域性的不整合面，即SSq·2的底界，地震剖面上相当于T_{J_3}反射，见明显的上超和削截（图5-11）。SSq·2分布较SSq·1更局限，边缘仅见于西缘炭窑井东和南缘

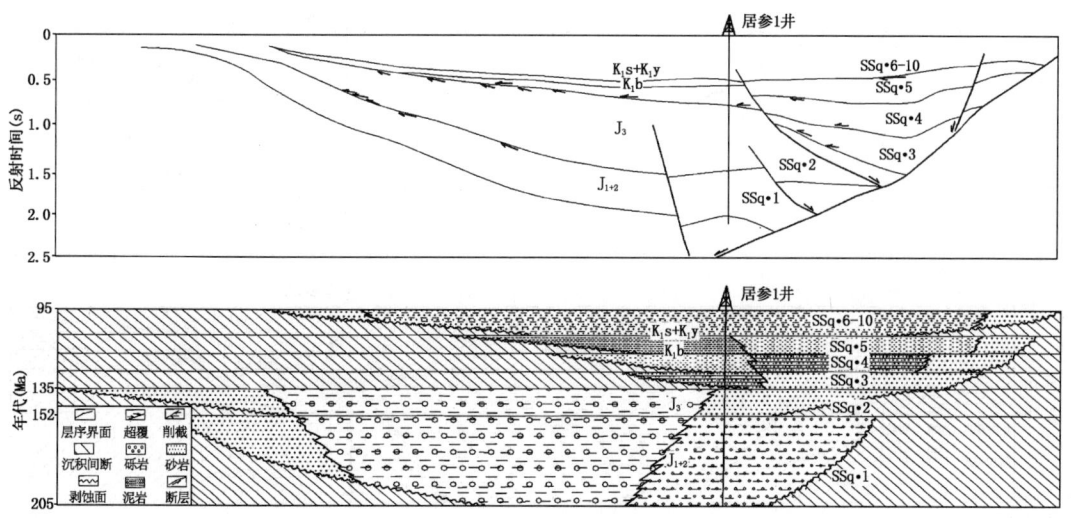

图 5-11 居东凹陷二级层序结构及年代地质剖面图（EJ96-629）

地层年代有一定示意性，欠确切；岩性符号代表岩性相对粗细

雅布赖两地，盆地内仅见于居东凹陷，岩性为大套的杂色砾岩，为非湖泊体系域。

3. 二级层序3（SSq·3）

燕山Ⅲ幕构造运动是一次强度和范围都比较大的活动，银—额盆地在经历了侏罗纪末的沉积间断后再次裂陷，形成了盆地内大多数的沉积凹陷和SSq·3底界区域不整合面。

SSq·3由下白垩统巴音戈壁组下岩段组成，分布较广，查干、天草、梭梭头、居东各凹陷均有揭示，其余未钻探的凹陷也都有SSq·3分布。地震剖面上，SSq·3的底界相当于$T_{K_1b_1}$反射层，在SSq·2发育的地区，削截、上超明显（图5-12），在缺失SSq·1、SSq·2的地区，该界面与SSq·1底界重合，上超明显（图5-13）。体系域主要为低水位体系域。

4. 二级层序4（SSq·4）

SSq·4相当于巴音戈壁组上岩段的下部，底界为$T_{K_1b_2}$地震反射层，具下超现象。该层序分布极广，主要由浅—半深湖相泥岩、页岩、白云质泥岩等组成，是盆地内最大的烃源岩密集段，并具有东厚西薄的特点，如该层序内暗色泥岩的厚度在查干凹陷为1000多米，而在天草凹陷厚仅400多米，在梭梭头凹陷厚约300多米。

5. 二级层序5（SSq·5）

SSq·5由巴音戈壁组上岩段上部组成，其底界是银—额盆地各凹陷的最大湖泛面，地震剖面上表现为超覆等特征，在空间分布上具有下大上小的特点，主要发育湖泊收缩体系域。

6. 二级层序6（SSq·6）

与苏红图组一段相当，底界为$T_{K_1s_1}$地震反射层，削截、超覆明显（图5-12、图5-13），格朗乌苏、天草等凹陷内是一个可对比追踪的地区性不整合面。以滨浅湖相沉积为主，是银—额盆地的又一密集段，在盆地各凹陷内广泛分布。

7. 二级层序7（SSq·7）

与苏红图组二段下部有联系，底界具削截和超覆等地震反射现象（图5-12、图

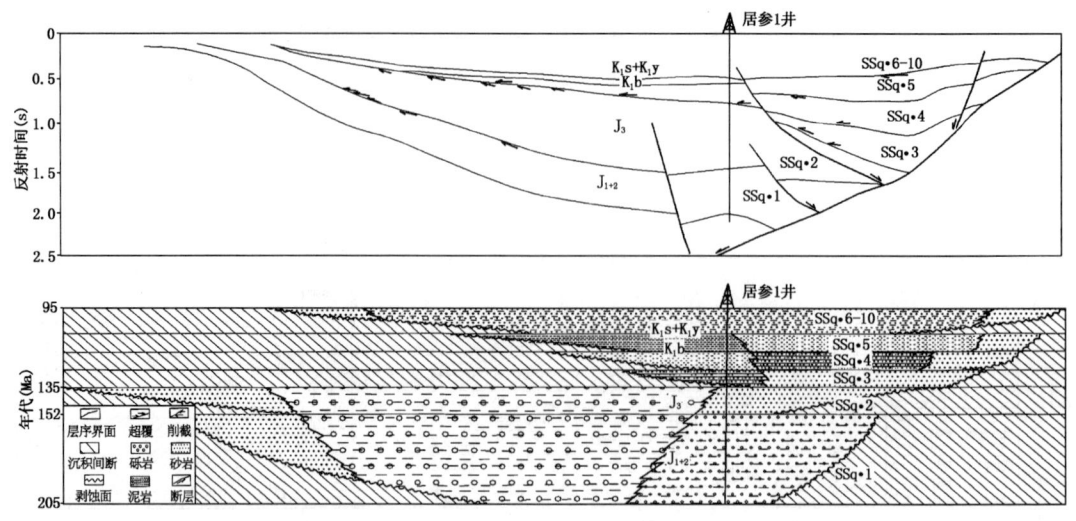

图 5-12 查干凹陷二级层序结构及年代地质剖面图（YG93-842）
地层年代有一定示意性，欠确切；岩性符号代表岩性相对粗细

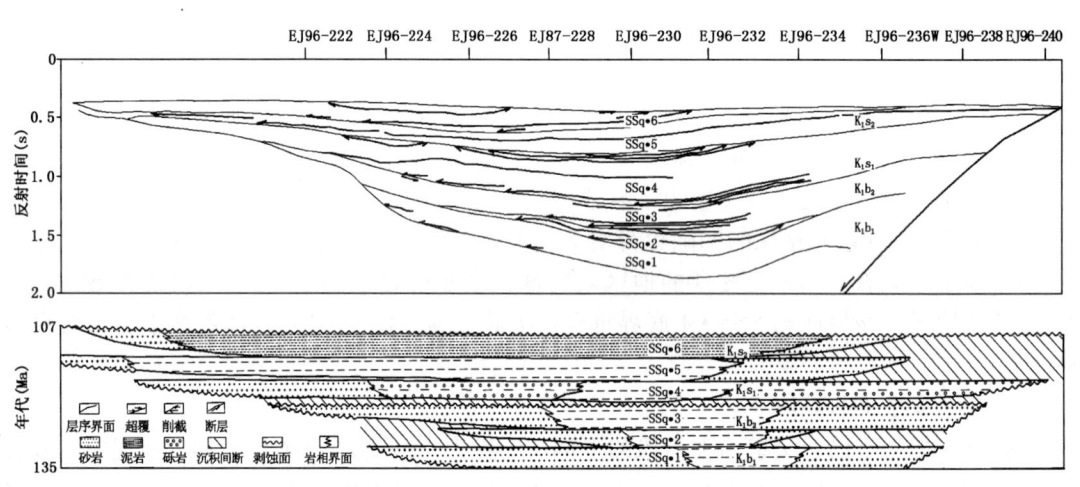

图 5-13 天草凹陷二级层序结构及年代地质剖面图（EJ96-539）

5-13），发育湖泊高水位体系域，分布较广泛。

8. 二级层序 8（SSq·8）

由苏红图组二段上部组成，底界具上超反射特征（图 5-12、图 5-13），发育非湖泊体系域，分布较广泛。

9. 二级层序 9（SSq·9）

相当于早白垩世银根组早期的沉积。SSq·8 沉积时，银—额盆地内各沉积凹陷已基本消亡，呈现出河流—冲积环境。SSq·8 末，SSq·9 沉积初，盆地内又一次构造运动使早期地层暴露地表遭受剥蚀，形成了 SSq·9 底界这一地区性不整合面，地震剖面上表现为上超和削截（图 5-12），地质上表现为从河流相到滨浅湖相的岩相突变。也有一些凹陷未再下沉接受沉积，致使缺失 SSq·9 及 SSq·10，如天草等凹陷。

10. 二级层序10（SSq·10）

相当于银根组晚期沉积，底界具上超和削截反射，以非湖盆体系域为主。

早白垩世末，燕山Ⅳ幕构造运动使盆地再一次抬升，遭受剥蚀，形成了银根组顶部的区域不整合面，即 SSq·10 的顶界，至此，银—额盆地早白垩世的沉积结束。

以上 10 个二级层序的平均周期为 11Ma，符合二级层序周期 3～50Ma 的标准。

二、三级层序边界识别

1. 岩性识别特征

从钻井取心、单井地层录井柱状图上，总结出以下几种银—额盆地层序边界表现形式。

（1）浅水相覆盖在深水相之上（图 5-14a）。

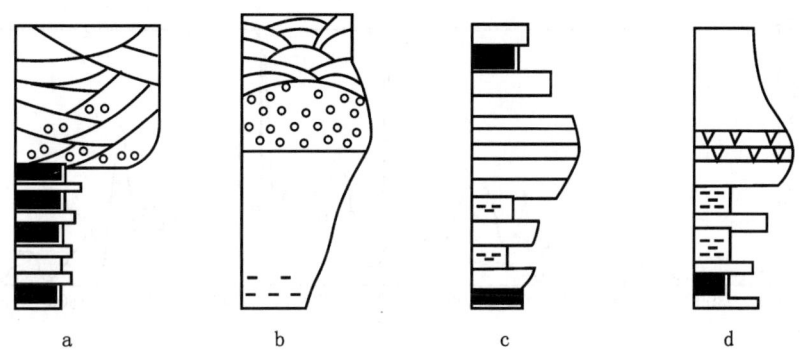

图 5-14 层序边界岩石学标志

（2）上覆洪积岩（图 5-14b）。

（3）沉积旋回变化，由正旋回→反旋回（图 5-14c）。

（4）上覆火山岩（图 5-14d），查参 1 井第六、七、八、九层序顶界均为火山岩。

这些识别标志是对层序边界附近有暴露标志及地层剥蚀特征、地层上超、浅水相向深水盆地迁移、滨岸向盆地方向迁移等特征的地层记录的反映。另外，相序不连续的两套地层之间也存在着沉积间断。

2. 古生物及地化特征

地层中相邻两层生物数量、种属突变，表明沉积地层之间发生过沉积间断；氧化矿物含量的增加、还原硫含量的变化，均可指示层序边界的存在。查参 1 井 3213～3791m 为大套的深水相白云质泥岩、页岩，水体的变化在岩性上反映不明显，但古生物及地化特征可以反映出 3213m、3420m、3645m 三个深度点存在着沉积间断。3650m 处，还原硫含量达到最低，生物种属数较高；3420m 处，还原硫含量达最低，生物种属数量达最高，并且随后都出现了还原硫含量升高、生物种属数减少的现象，表明间断之后有较大的扩张过程；3213m 处还原硫含量近于 0，随后出现了弱氧化环境，3645m、3420m、3213m 即为本井第二、三、四层序的顶界（图 5-15、图 5-16）。

3. 测井响应特征

1）渐变型式

这是代表一种基准面快速下降随即快速上升的速度渐变形式。在测井曲线上，层序边

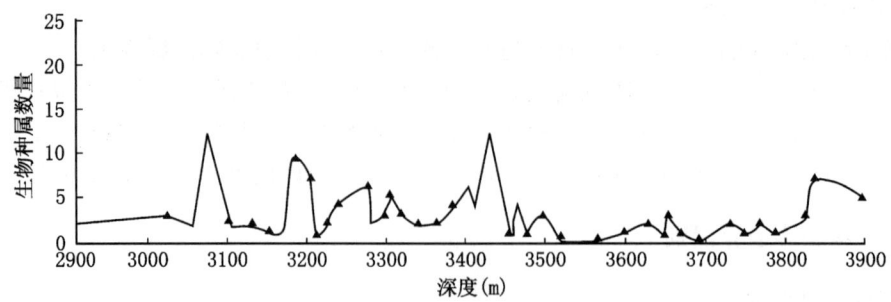

图 5-15 查参 1 井巴音戈壁组生物种属数量变化图

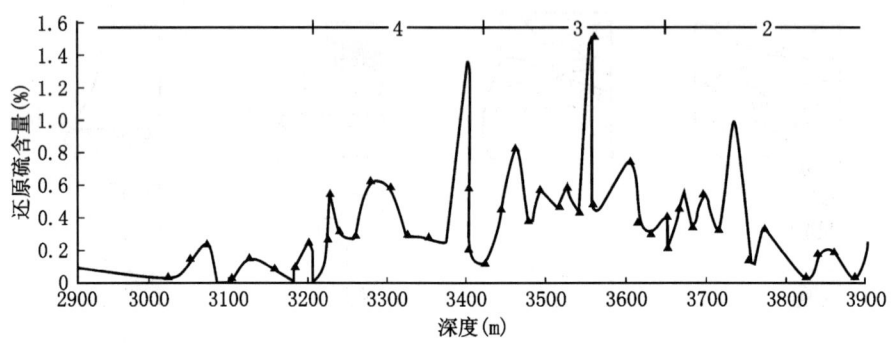

图 5-16 查参 1 井巴音戈壁组深水环境还原硫含量与层序边界关系

界之下的准层序组呈前积式，其上的准层序组呈退积式，层序边界往往位于砂岩内部。层序边界之下的准层序向上变厚，各准层序沉积物粒径向上变大，其上的准层序向上变薄，粒径变小，测井曲线形态特征是在层序边界之下呈漏斗状，层序边界之上呈钟形（图 5-17a）。

2）突变型式

层序边界之下的测井响应属泥质沉积的平滑式加积型，其上为砂岩或砂砾岩的箱形加积式、钟形退积式，代表一种水体由相对较深突然变浅并持续了相当久的沉积型式，其地质记录为砂、砾岩直接覆盖在泥岩之上（图 5-17b）。

3）加积/前积型式

层序边界之下地层呈前积型，测井曲线形态为漏斗型，边界之上地层呈加积型，测井曲线形态呈箱形（图 5-17c）。

三、单井层序分析

根据以上三级层序识别办法及二级层序的地震响应，对银—额盆地的查参 1 井、居参 1 井、务参 1 井及天 1 井进行了层序分析。

1. 居参 1 井层序分析

居参 1 井位于居东凹陷，完钻井深 4400m，钻遇地层自下而上有侏罗系、下白垩统及新生界，其中侏罗系占绝大比例。

该井中下侏罗统以辫状河沉积为主，仅在底部见有 100 多米厚的灰绿色含砾泥岩与砾

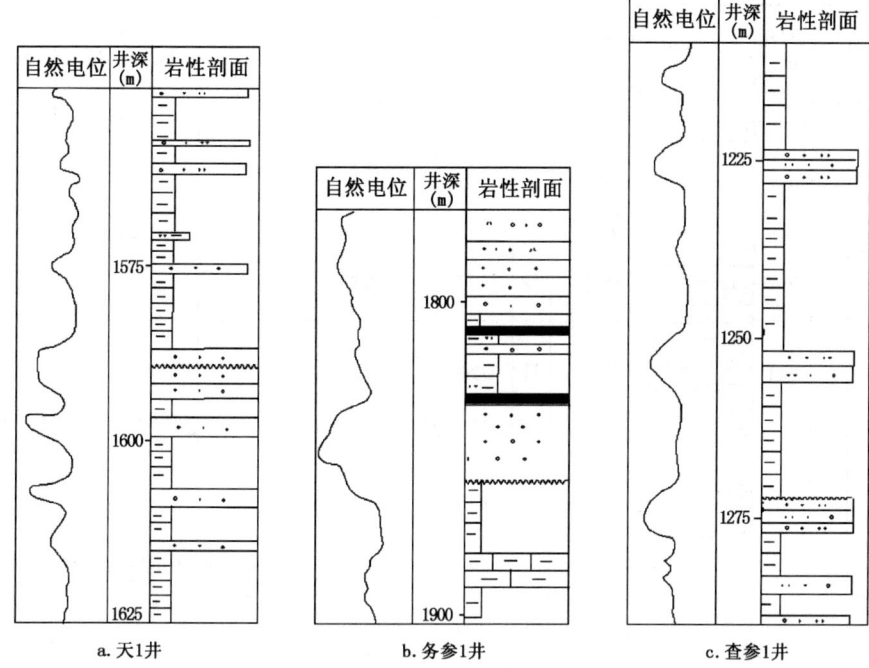

图 5-17 层序边界测井响应特征

岩的互层段,分析其沉积环境为水下扇或扇三角洲。上侏罗统则为大套的冲积砾岩,对其进行层序特征分析无实际地质意义,仅作了简单的分析(图 5-18)。

下白垩统下部和上部也为冲积、河流相沉积,中部仅见有 270m 厚的滨浅湖相地层,由低水位体系域和湖泊扩张两个体系域组成。

2. 查参1井层序特征

查参1井下白垩统划分出 13 个三级层序(图 5-19)。

1)层序 1

底界、顶界均与 SSq·3 的底、顶边界重合,层序内岩性自下而上为粗—细—粗,反映湖盆从形成到收缩的全过程。

低水位体系域:3961~4048m 井段为水下扇相沉积,由深到浅依次发育扇根、扇中和扇端亚相,准层序组为退积式,岩性由砾岩、粗砂岩逐渐过渡到细砂岩、泥岩,显斜层理及粒序递变层理,具牵引流与重力流双重作用特征,含有炭屑及炭化植物茎。

湖泊扩张体系域:3907~3961m 井段为滨浅湖相灰黑色泥岩夹薄层灰质细砂岩,退积式准层序组。

湖泊收缩体系域:3791~3907m 井段为扇三角洲相沉积,底部灰黑色泥岩为前扇三角洲亚相,上部棕色、灰色泥岩薄互层属扇三角洲前缘水下平原微相沉积,大段块状砾岩为扇三角洲前缘分流水道沉积。准层序组为进积式。

2)层序 2

顶界是生物种属数增高,还原硫含量降低的沉积间断面。

湖泊扩张体系域:井深 3730~3791m,还原硫含量总体升高,3734m 处达到最高,为 0.98%,是密集段分布区;孢粉种属数量呈减少趋势,表明水体上升,湖盆变深,在

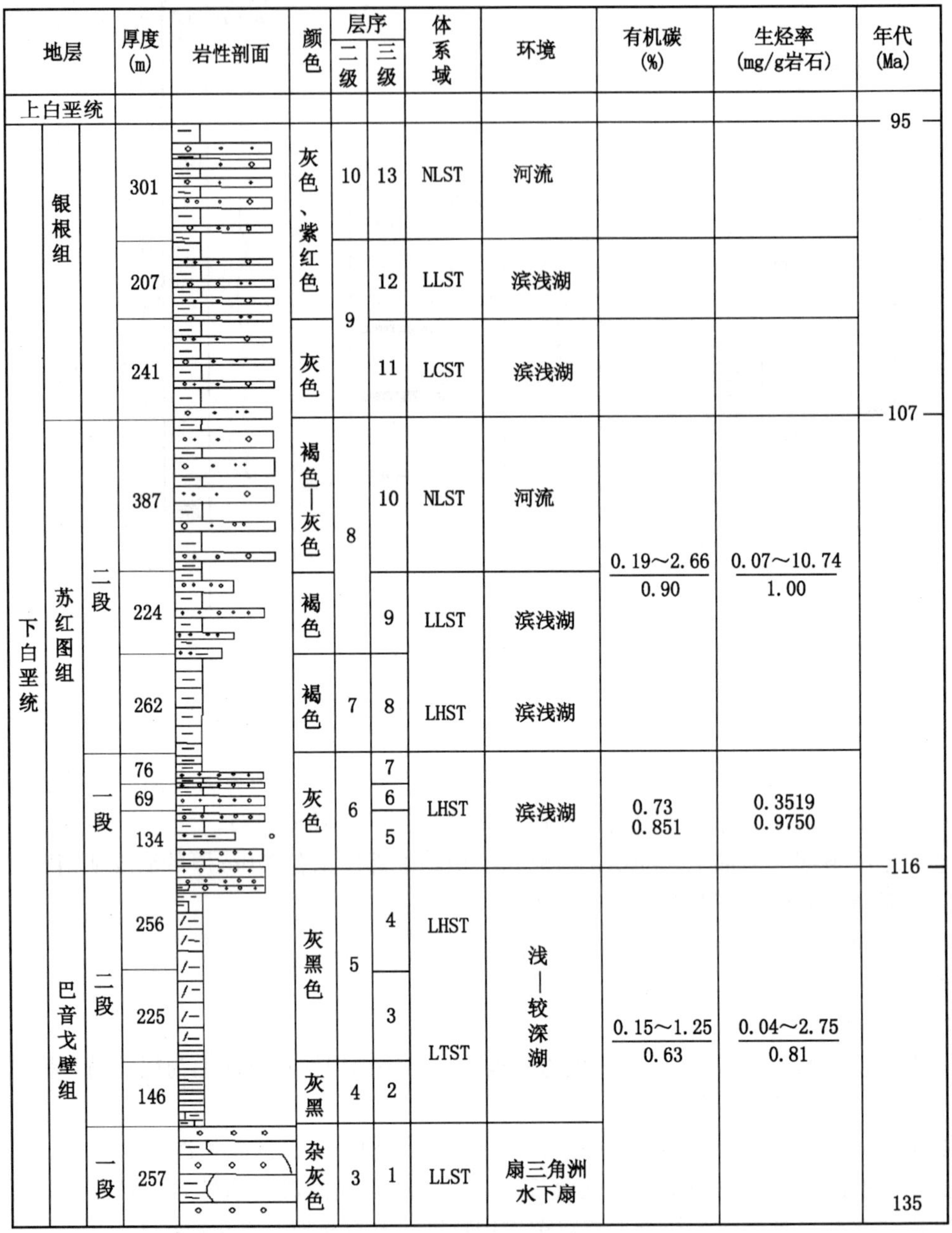

地层			厚度(m)	岩性剖面	颜色	层序二级	层序三级	体系域	环境	有机碳(%)	生烃率(mg/g岩石)	年代(Ma)
上白垩统												95
下白垩统	银根组		301		灰色、紫红色	9	13	NLST	河流			
			207				12	LLST	滨浅湖			
			241		灰色		11	LCST	滨浅湖			
												107
	苏红图组	二段	387		褐色—灰色	8	10	NLST	河流	$\frac{0.19\sim2.66}{0.90}$	$\frac{0.07\sim10.74}{1.00}$	
			224		褐色		9	LLST	滨浅湖			
			262		褐色	7	8	LHST	滨浅湖			
		一段	76		灰色	6	7	LHST	滨浅湖	0.73	0.3519	
			69				6			0.851	0.9750	
			134				5					
												116
	巴音戈壁组	二段	256		灰黑色	5	4	LHST	浅—较深湖	$\frac{0.15\sim1.25}{0.63}$	$\frac{0.04\sim2.75}{0.81}$	
			225				3	LTST				
			146		灰黑	4	2					
		一段	257		杂灰色	3	1	LLST	扇三角洲水下扇			
												135

图 5-18 居参 1 井及居东凹陷层序地层特征

3734m 处水体上升到最高。

湖泊高水位体系域：3670～3730m，还原硫含量相对较高，孢粉种属数量处于稳定状态，表明水体比较安静，还原性比较强，水体处于最深状态。

湖泊收缩体系域：井深 3645～3670m，还原硫含量呈下降趋势，孢粉种属数量呈升高趋势，表明水体降低，湖盆变浅。

3）层序 3

顶界与层序 2 顶界具有相同的识别特征。

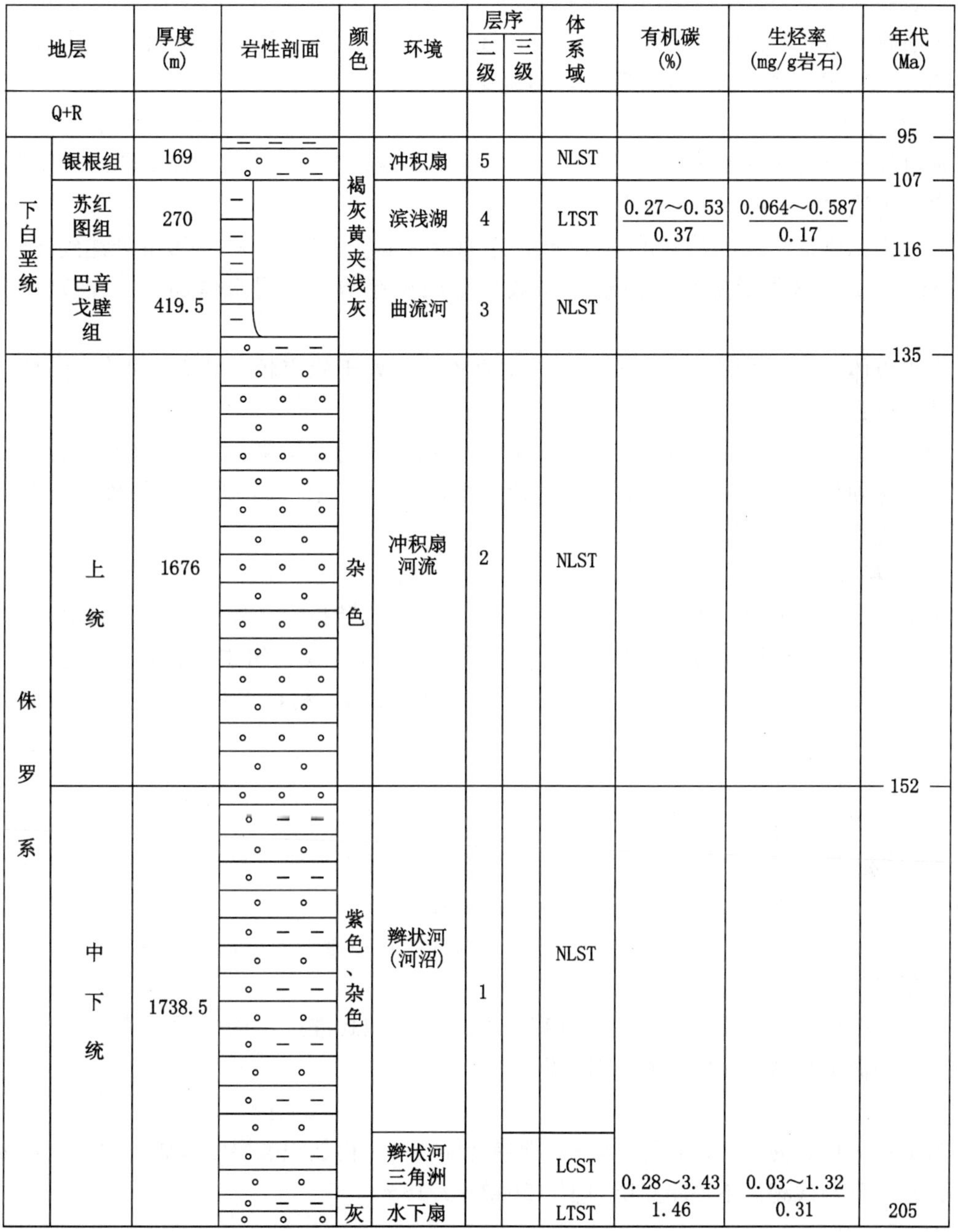

地层		厚度(m)	岩性剖面	颜色	环境	层序二级	层序三级	体系域	有机碳(%)	生烃率(mg/g岩石)	年代(Ma)
Q+R											95
下白垩统	银根组	169		褐灰黄夹浅灰	冲积扇		5	NLST			107
	苏红图组	270			滨浅湖		4	LTST	0.27~0.53 / 0.37	0.064~0.587 / 0.17	116
	巴音戈壁组	419.5			曲流河		3	NLST			135
侏罗系	上统	1676		杂色	冲积扇河流		2	NLST			152
	中下统	1738.5		紫色、杂色	辫状河(河沼)		1	NLST			
					辫状河三角洲			LCST	0.28~3.43 / 1.46	0.03~1.32 / 0.31	
				灰	水下扇			LTST			205

图 5-19 查参 1 井及查干凹陷层序地层特征

低水位体系域：井深 3615~3645m，还原硫含量较低，总体趋于稳定状态，孢粉种属数量略有减少，水体较浅。

湖泊扩张体系：3545~3615m，还原硫含量升高，在 3556m 处达到最高值，为 1.49%，是密集段分布区，孢粉种属数量急速减少，在 3556m 附近甚至没有孢粉出现，水体上升至最高。

高水位体系域：井深 3460~3545m，还原硫含量较高，处于稳定状态，孢粉种属数量较低，表明水体处于最深状态，还原性比较强。

湖泊收缩体系域：井深3420～3460m，还原硫含量下降，孢粉种属数量呈升高趋势，在3424m处达到峰值，表明水体降低，湖盆变浅。

4）层序4

顶界处还原硫含量较低，岩性上也出现了突变，界面之下为深水相深灰色白云质泥岩，界面之上为浅水深褐色、灰色泥岩互层。

湖泊扩张体系域：井深3390～3420m，还原硫含量急速上升，在3397m处达到高峰值，为1.35%，是密集段分布区，孢粉种属数量呈减少趋势，表明水体加深，在3397m达最深。

高水位体系域：井深3280～3390m，还原硫含量处于稳定较高状态，水体比较安静，还原性比较强。

湖泊收缩体系域：井深3164～3280m，还原硫含量急速下降，水体降低，湖盆变浅。岩性由半深湖相白云质泥岩、泥岩逐渐过渡为滨浅湖相砂质泥岩，并夹有细砂岩、泥质砂岩等，由进积式准层序组组成。

5）层序5

下部包含了部分巴二段，底界是一个反、正旋回的转折面，界面之下为前积反旋回，界面之上为退积正旋回，顶界为火山岩。层序内部由多个正旋回组成，准层序组为退积式，整个层序只发育湖泊扩张体系域。岩性为滨浅湖相细砂岩、粉砂岩和深灰色泥岩，局部夹有褐色泥岩。

6）层序6

顶、底界均为火山岩。该层序是查参1井的主要油气显示段。

湖泊扩张体系域：2852～2889m井段，岩性由下向上变细，呈现出退积式准层序组，下部以滨浅湖砂为主，上部以滨浅湖相深灰色砂质泥岩为主。

湖泊高水位体系域：2824～2852m井段，以滨浅湖相滩砂为主，夹灰色、灰黑色泥岩，准层序组呈加积式。

湖泊收缩体系域：2798～2824m井段，为两个进积式准层序构成的进积式准层序组，岩性为滨浅湖亚相砂质泥岩夹粉、细砂岩。

7）层序7

底界以火山岩为界，顶界与SSq·6顶界特征类同，由加积准层序构成，为高水位体系域，以浅湖砂与浅湖泥不等厚互层为主（2642～2718m）。

8）层序8

顶界为火山岩底，岩性为大段褐色泥岩，局部夹浅灰色泥岩，岩性及测井显示为加积准层序，为高水位体系域（2380.5～2642m）。

9）层序9

顶界以火山岩底为界，整体表现为由退积准层序构成的低水位体系域，岩性为褐色泥岩与浅灰色细砂岩、粉砂岩的不等厚互层（1900.5～2124m）。

10）层序10

顶界与SSq·8顶界一致，层序内为河流相含砾砂岩，砂岩与褐色、棕褐色泥岩互层（1513.5～1900.5m）。

11）层序 11

顶界（1272.5m）特点是界面之下为前积型，界面之上为加积、退积型。

12）层序 12（1065m）、13（764.5m）

顶界分别与 SSq·9、SSq·10 的顶界一致。体系域的划分不再赘述。

以上 13 个三级层序的平均周期为 3.08Ma，符合 0.5～3Ma 的常用标准。

3. 务参 1 井层序地层分析

该井位于务桃亥坳陷梭梭头凹陷，完钻井深 3501.64m，钻遇的地层主要为下白垩统。梭梭头凹陷地震资料反射品质较差，只根据务参 1 井钻井情况对下白垩统进行了三级层序的分析（图 5-20）。

地层			厚度(m)	岩性剖面	颜色	环境	层序	体系域	有机碳(%)	生烃率(mg/g岩石)	年代(Ma)
上白垩统											97
下白垩统	银根组		632		棕红	河流	7	NLST	0.81	0.19	
			136		紫	滨浅湖	6	LTST			107
	苏红图组	二段	589		浅灰	滨浅湖沼泽	5	LTST LLST	0.42～2.04 / 0.89	0.09～1.42 / 0.34	
		一段	588		暗紫、紫灰	滨浅湖半深湖滨浅湖	4	LTST			
			228		暗紫	滨浅湖	3	LHST			116
	巴音戈壁组		379		暗紫	滨浅湖	2	LHST	0.05	0.021	
			333		杂	冲积	1	NLST			135

图 5-20 务参 1 井及梭梭头凹陷层序地层特征

1）层序 1

底界深度 3385m，界面之下为火山喷发相英安岩，界面之上为陆相冲积扇。该界面既是一个岩相突变面，更是一个区域不整合面，与查干凹陷 SSq·3 底界相对应。顶界深度 3052m，界面上、下分别为滨浅湖相和冲积扇相，是一个岩相突变面。层序内为非湖泊体系域的杂色冲积砾岩。

2）层序 2

顶界与查干凹陷 SSq·5 顶界相对应，深度为 2673m，层序内为大套滨浅湖相暗紫色泥岩、灰质泥岩，属加积型高水位体系域。

3）层序 3

顶界深度 2445m，是一个岩性界面，界面之上为滨浅湖滩砂相砂砾岩，界面之下为滨浅湖湖泥，层序内为高水位体系域的滨浅湖相暗紫色泥岩、灰色泥岩。

4）层序 4

顶界深度 1857m，与查干凹陷 SSq·6 的顶界相当，界面之上为滨浅湖沼泽相砂砾岩、煤层、碳质泥岩等，界面之下为滨浅湖相灰色泥岩。层序 4 整体表现为退积型，属水进体系域。

5）层序 5

顶界深度 1268m，与查干凹陷 SSq·10 顶界相对应，界面之上为滨湖相暗紫色泥岩、杂色砾岩，界面之下为浅湖相浅灰色泥岩。层序内发育两个体系域。

低水位体系域：1749.5～1857m 井段是由两个退积准层序组成的退积准层序组，岩性以砾岩为主，其次为粉砂质泥岩、碳质泥岩。

湖泊扩张体系域：1268～1749.5m 井段整体表现为退积型，岩性为灰色或深灰色或暗紫色泥岩等，是本凹陷密集段。

6）层序 6

顶界深度 1132m，是岩相突变面，界面之上为河流相，界面之下为滨浅湖相。层序内发育退积式扩张体系域。

7）层序 7

顶界深度 900m，与查干凹陷 SSq·8 界面相当，层序内发育非湖泊体系域的河流相沉积。

4. 天 1 井层序地层分析

天 1 井位于居延海坳陷天草凹陷巴勒断鼻构造，完钻井深 2068.30m，所钻遇的 1587m（404～1991m）下白垩统可划归 7 个层序（图 5-21）。

1）层序 1

对应 1715～1991m 井段，底界与 SSq·3 底界一致（图 5-13），界面之下为燕山期侵入岩（γ_5^3），界面之上为中生界沉积碎屑岩，二者之间为区域性不整合面。地震剖面上相当于 Tg 反射层。界面之下为杂乱反射、绕射波，多次波发育；界面之上见超覆现象。顶界为一测井响应层序面：界面之下自然电位为漏斗形，界面之上自然电位曲线为钟形，表示该处是湖泊收缩后再次扩张的沉积间断面。

低水位体系域：1761～1991m 井段为大套砾岩、砂砾岩、含砾不等粒砂岩，夹薄层深灰色泥岩，底部见棕色泥岩，属水下扇扇根沉积，显示为加积式准层序组。

湖泊扩张体系域：1730～1761m 井段由退积式准层序组成，岩性自下而上由粗变细，自然电位曲线呈钟形，表明水体由浅到深的过程。

湖泊收缩体系域：1715～1730m 井段由进积式准层序组成，自然电位曲线呈漏斗形，岩性由细变粗，为扇三角洲相，指示湖水由深变浅的过程。

2）层序 2

井段 1589～1715m。顶界与底界具有相同的层序边界特征，即在 1589m 之下，自然电位曲线呈漏斗形，1589m 之上呈钟形，是渐变式的测井响应特征。

低水位体系域：1677～1715m 井段为退积式准层序组，由多个退积式准层序组成，以

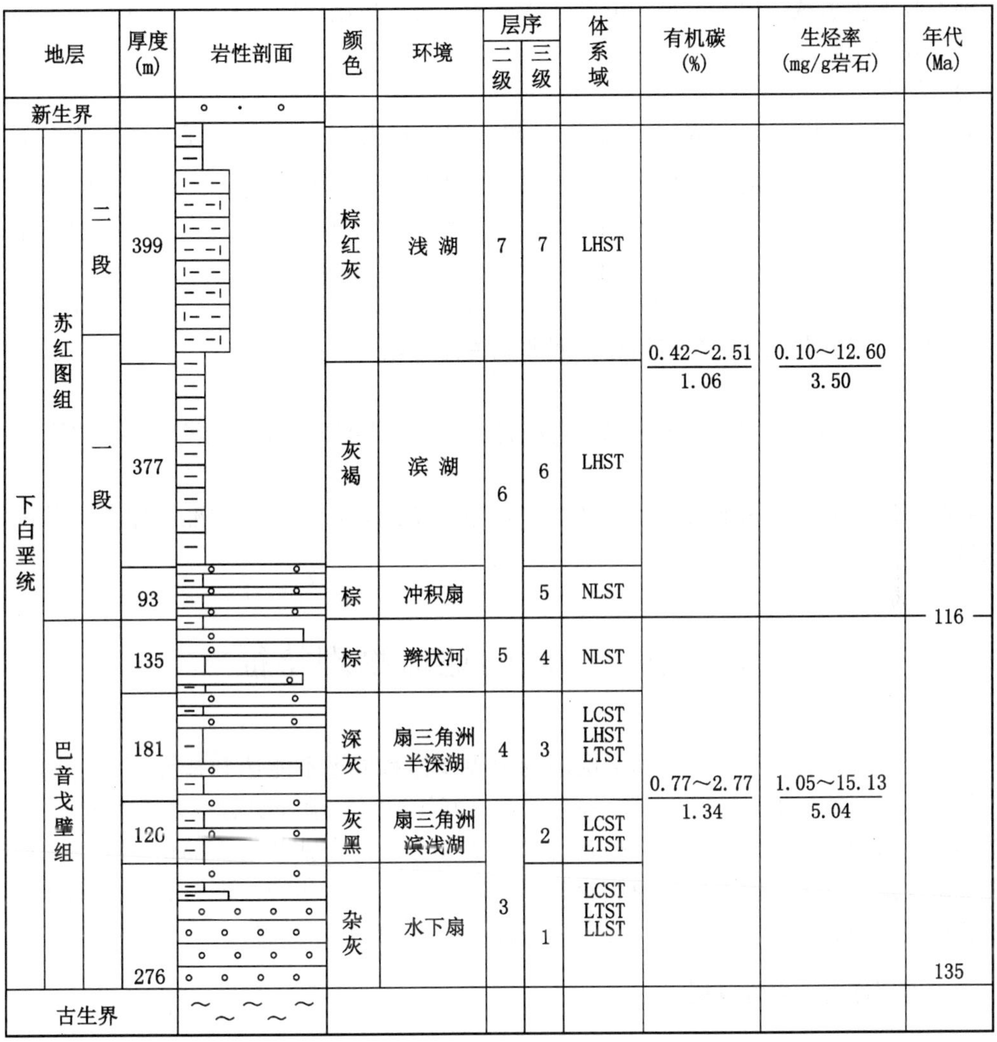

地层			厚度(m)	岩性剖面	颜色	环境	层序 二级	层序 三级	体系域	有机碳(%)	生烃率(mg/g岩石)	年代(Ma)
新生界												
下白垩统	苏红图组	二段	399		棕红灰	浅湖	7	7	LHST	0.42~2.51 / 1.06	0.10~12.60 / 3.50	
		一段	377		灰褐	滨湖	6	6	LHST			
			93		棕	冲积扇		5	NLST			116
	巴音戈壁组		135		棕	辫状河	5	4	NLST	0.77~2.77 / 1.34	1.05~15.13 / 5.04	
			181		深灰	扇三角洲半深湖	4	3	LCST LHST LTST			
			120		灰黑	扇三角洲滨浅湖		2	LCST LTST			
			276		杂灰	水下扇	3	1	LCST LTST LLST			135
古生界												

图 5-21 天 1 井及天草凹陷层序地层特征

砂砾岩与灰黑色泥岩不等厚互层为主。

湖泊扩张体系域：1625~1677m 井段为退积式准层序组，下部以砂砾岩为主，上部以灰黑色泥岩为主，是沉积水体由浅到深的产物。

湖泊收缩体系域：1589~1620m 井段为进积式准层序组，岩性由下到上由细变粗，显示出湖盆收缩、水体变浅的过程。

3）层序 3

井段 1408~1589m。顶界 1408m 是一个岩性层序界面，界面之上为河流相棕红色岩系，界面之下为湖泊相灰色岩系，反映出沉积间断的存在。

湖泊扩张体系域：1532~1589m 井段为退积式准层序组，以深灰色泥岩为主，夹浅灰色含砾不等粒砂岩，测井曲线为钟形。

湖泊高水位体系域：1477~1532m 井段为加积式准层序，岩性为单一的深灰色泥岩。反映水体较深，沉积稳定。

湖泊收缩体系域：1408～1577m井段为前积式准层序组，由2～3个漏斗形测井曲线组成，反映湖盆的收缩过程。

4）层序4

井段1272～1408m。顶界与SSq·5顶界一致，相当于$T_{K_1b_1}$地震反射层，为一地区性不整合面，界面之下见削截，界面上见超覆。岩性为杂色含砾不等粒砂岩与棕色泥岩互层，测井曲线由钟形、漏斗形中—低负异常渐变为钟形和箱形中幅负异常，为辫状河三角洲相沉积。

5）层序5

1180～1273m井段，为辫状河相，属非湖泊体系域。

6）层序6

753～1180m井段，是滨浅湖相棕红色泥岩，为加积式准层序组成的湖泊高水位体系域。

7）层序7

404～753m井段，是滨浅湖相深灰色、灰色钙质泥岩，为加积式准层序组成的高水位体系域。

第三节 层序的地球物理特征

对于勘探程度较低的地区，确定层序的边界及体系域远不能达到指导下一步勘探工作的目的。从银—额盆地目前的钻探结果来看，良好的油气显示表明盆地有较好的油气潜力，要找到储量可观的油气田，关键是探寻有利的储集相带。在钻井较少的情况下，用地质方法不能解决这一问题，但大量的地震资料所反映的与层序、相带、岩石有关的地球物理特征如速度、振幅、频率、相位等，为岩性、岩相的预测提供了条件。

一、地层速度—岩性分析

地层速度—岩性分析是在陆相碎屑岩沉积层序中使用较广的一项定量地震岩性预测技术，可以在井少或者无井的地区对地下储层分布作出早期预测。

查干凹陷、天草凹陷是银—额盆地油气地质条件较好的地区，也是最有希望取得突破性进展的地区，因此在这两个凹陷开展了地层速度—岩性预测。

（一）方法原理

钻井及露头揭示，本区发育有砾岩、砂岩、泥岩、火山岩等岩石，不同的岩石具有不同的传播速度，如砂岩速度的正常范围是2800～6000m/s，火山岩速度的正常范围是4500～8000m/s，这就是地层速度—岩性预测的基本原理。

1. 岩性指数量板制作

在已钻探地区，取钻井各个深度纯度较高的泥岩、砂岩（含砾岩）及其相对应的声波测井速度，将这些数据投在速度—深度关系图上，然后拟合出纯泥岩和纯砂岩的速度—深度曲线，在这两条曲线内等距内插，就得到砂质岩百分比从0～100的速度—深度曲线。

未钻探地区，取反射品质较好的地震主测线速度谱上的有效能量团叠加速度及其相对应的地震反射时间值，经倾角校正后代入DIX公式，求得各个层段的层速度及地层的平均速度、均方根速度、综合平均速度差（ΔV）、均方根速度与综合平均速度差的垂直梯度（DV）等。

将层速度数据绘制成散点图，根据数据群的分布形态作内外包络线，制成岩性量板。

2. 速度—岩性转换

钻探和无钻探地区，经过速度谱的解释，求取各条测线各主要层各叠加点的层速度，将这些层速度投到速度—岩性量板上，便得到相应的各层各点的砂（泥）岩百分比，在平面上展开后，便可勾绘出砂质岩百分比图。

3. ΔV、DV 预测岩性

ΔV 是均方根速度与综合平均速度之差，能反映该地层岩性的变化。由地震反射速度谱计算出来的均方根速度反映了上覆地层岩性变化的总效应；而综合平均速度可反映平均岩性，故可利用均方根速度和综合平均速度定性预测岩性。由于构造形态是根据综合平均速度经时深转换作出的，所以在地震剖面上构造线与综合平均速度曲线呈平行关系。当岩性没有变化或变化很小时，均方根速度与综合平均速度等差，ΔV 为恒值，二者在剖面上平行；如果岩性有变化，ΔV 为变化值，二者在剖面上相交。

DV 是均方根速度与综合平均速度差的垂直梯度，纵向上反映地层岩性变化的强度，平面上则反映岩性变化快慢及位置。

（二）砂质岩百分比平面特征

砂质岩百分比平面图既反映砂质岩含量的横向变化，表明砂体相对富集区与相对匮乏区，又反映沉积物的来源方向，是沉积相分析的参数之一。

1. 查干凹陷

巴音戈壁组一段砂质岩含量普遍较高，最高可达72%，最低也在50%左右，是粗碎屑的相对集中段。有北东、北西和南东三个高砂质岩分布区，反映存在三个沉积边缘。

巴音戈壁组二段砂质岩百分含量变化较大，小到4%以下，大到60%或更高，反映出沉积环境的差异较大，靠近断层为泥质岩集中发育区，毛敦侵入体两侧砂砾岩、砾岩集中发育，南东、北东东两个高砂岩含量区反映了两个沉积边缘的存在。

苏红图组一、二段的砂质岩百分比特征相似，二者的砂质岩含量变化范围都较大：其中苏一段最大达70%，最小仅16%，高砂岩含量区位于凹陷南部及东北部；苏二段最大72%，最小4%，高砂岩含量区位于凹陷东南部。沉积边缘及主物源方向处在凹陷东南部。

自银根组开始，来自查干凹陷西侧的水流也注入湖盆，形成了凹陷西部、南部及东部三个高砂岩含量区。

到乌兰苏海组时期，沉积汇水区增大，物源方向也不再单调，除凹陷中心砂质岩百分含量较小外，周边及外围区砂质岩含量都较高。

2. 天草凹陷

巴音戈壁组一段砂质岩含量范围为30%~80%，其中凹陷中部和东部砂质岩含量相对较低，西北部、东北部和东南部砂岩含量相对较高。巴音戈壁组二段砂岩含量也在30%~80%之间，相对高含量区是凹陷的边缘区带，凹陷中部、南部及西南部砂岩含量相对较低。据此推断，巴音戈壁组沉积时期，物源主要来自于凹陷的西北部和东北、东南部，沉积中心位于凹陷中部。

苏红图组一、二段砂质岩含量为20%~80%。凹陷边缘砂质岩含量相对较高；凹陷中部、西南部砂质岩含量相对较低。分析物源主要来自于凹陷西北部和东南部，沉积中心位于凹陷中部。比较查干凹陷和天草凹陷砂质岩百分比图后认为：查干凹陷主物源来自湖盆缓坡，查干凹陷沉积中心位于断层附近，沉积、沉降中心一致。而天草凹陷主物源来自湖

盆陡坡，沉积中心则位于湖盆中央，并且都比较稳定，沉积、沉降中心不一致，这表明在单断箕状湖盆中存在两种不同沉积格局的湖盆。

二、三瞬剖面岩性预测

三瞬通常指的是瞬时振幅、瞬时频率和瞬时相位，也称为地震瞬时动力学信息。利用地震瞬时信息剖面预测岩性，是各种岩性预测技术中较为成熟的一种。

瞬时振幅指的是地震道的瞬时包络振幅，表示了地震波能量的瞬时变化，它包含有反射界面上下岩层的岩性、厚度、孔隙度以及所含流体性质等方面的信息。高反射强度与地下强反射界面有关，它反映相邻层岩性变化，或者有含气岩层的存在；反射强度横向变化通常反映岩层厚度或者岩相的横向变化；反射强度的突然变化可能指示着断层的存在，或者是含气岩层的边缘。

瞬时频率也和地质因素有关，如反射层间距、层速度等都对瞬时频率有影响。但激发条件、处理因素也对瞬时频率有影响。瞬时频率的分布特征，可以提供一些有用的信息：第一，当频率剖面上同一反射层的频率比较稳定时，表明地层比较稳定；第二，当瞬时频率横向逐渐变化时，表明岩层厚度或岩性、岩相的变化；第三，瞬时频率的突然变化则可能反映断层、不整合或气/油/水界面。

瞬时相位是与反射强度相对独立的信息，强反射与弱反射的同一相位将以相同的数据表示，所以根据瞬时相位可以追踪反射波。瞬时相位能有效地反映相位的突然变化，相位的突然变化往往与断层、不整合面有关，故可根据瞬时相位的连续或中断确定不整合面或断层。

1. **模式建立**

由查参 1 井过井测线 YG93－206 及 YG93－846 测线三瞬剖面及与居参 1 井岩性对比分析解释可以得到这样的对应关系：

厚泥岩、砂泥岩——弱振幅，低频率，相位平行、亚平行；

厚砾岩——弱振幅，杂乱反射，中—高频率；

砂（砾）泥岩薄互层——强振幅，高频率，相位平行、亚平行；

火成岩——强振幅，低频率，相位杂乱。

过居参 1 井的三瞬剖面解释也得到同样的结果。

由以上的解释和分析，可建立银—额盆地三瞬地震信息—岩性解释模式：

(1) 弱振幅、低频率、平行—亚平行相位对应厚层泥岩、砂质泥岩、云质泥岩；

(2) 弱振幅、杂乱反射、中高频率对应厚层砂岩、砂砾岩、砾岩；

(3) 中强振幅、高频率、平行—亚平行相位对应砂岩和泥岩的薄互层；

(4) 强振幅、低频率、乱岗或杂乱反射对应火成岩。

2. **天草凹陷 EJ96－545、EJ96－230 测线岩性预测**

应用以上模式，在天 1 井钻探之前，对过该井的 EJ96－545 测线及井旁 EJ96－230 测线的地震三瞬剖面进行解释和岩性预测。

EJ96－545 剖面岩性在纵向、横向上变化都比较大（图 5－22）。T_E 以下以泥岩为主，T_{K_1s} 以下岩性较粗，以砂岩、砾岩为主。南北两端岩性较粗，中部较细。

EJ96－230 剖面岩性横向变化相对较小，地层相对稳定（图 5－23），总体上较 EJ96－545 剖面偏细。T_{K_1s} 反射层以上的岩性以泥岩为主，T_{K_1s} 以下的岩性仍较粗。

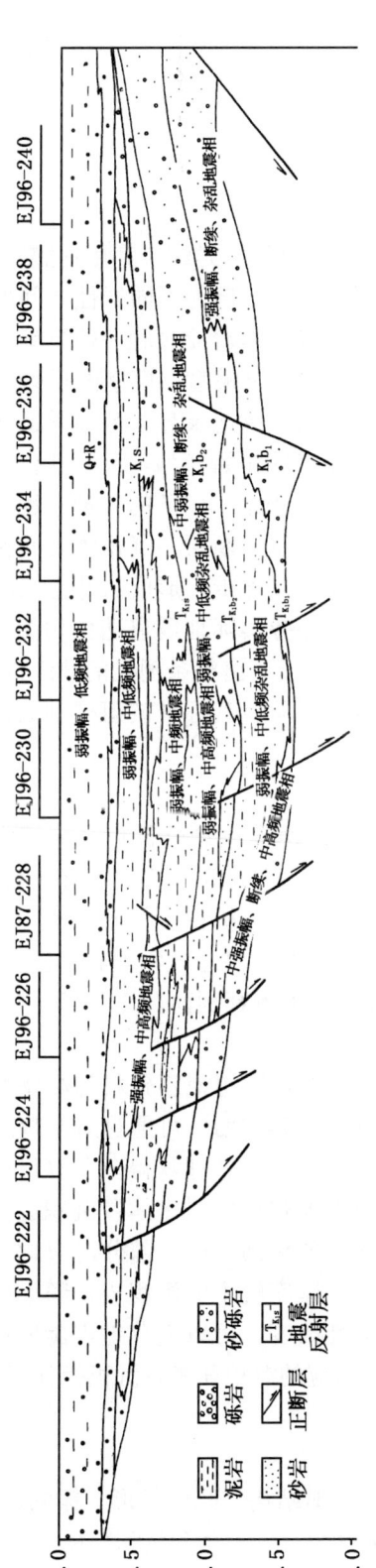

图 5-22 天草凹陷 EJ96-545 测线三瞬剖面岩性预测图

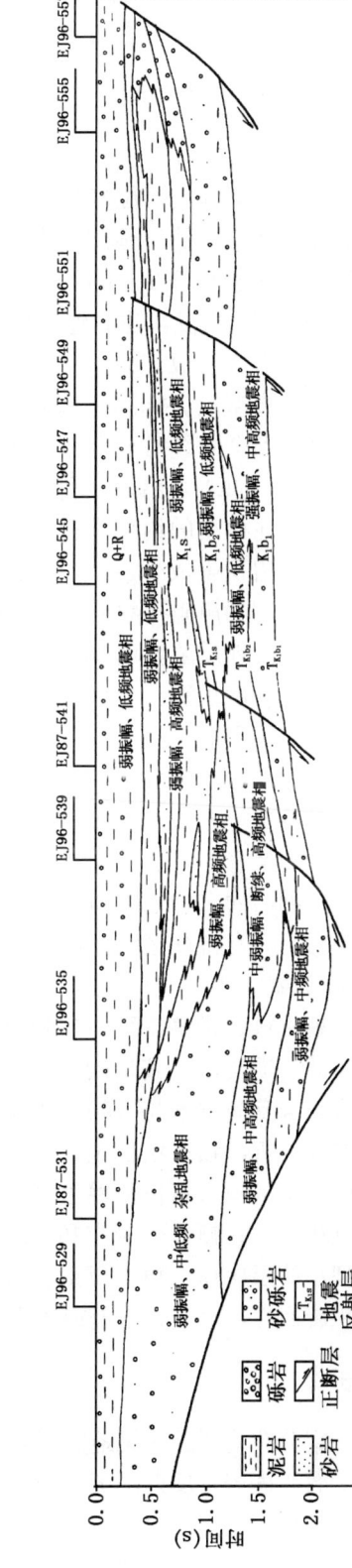

图 5-23 天草凹陷 EJ96-230 测线三瞬剖面岩性预测图

— 131 —

天 1 井钻探后统计：T_{K_1s} 以上泥质岩占到地层的 95％以上，砂质岩仅占 4.6％，T_{K_1s} 以下砂质岩占地层厚度的 24.4％，泥质岩占地层厚度的 75.6％。这一统计结果与三瞬剖面预测结果很接近，证明三瞬预测岩性的方法在本地区是行之有效的。

三、CCFY 等新技术用于岩性预测

1. CCFY、JGW 技术方法原理

CCFY、JGW 均为井约束地震层位控制下的地震动力学反演，是综合利用地震、地质、钻井、测井、测试等多种信息的储层预测技术，其岩石物理学基础为不同岩性之间的波阻抗差异特征，这一特征贯穿于 CCFY、JGW 技术的资料处理、解释全过程。CCTY 资料处理是从钻井资料（AC DEN）出发，建立地层的初始薄层波阻抗模型，模型的反射系数序列与井旁地震道子波褶积形成合成记录，修改波阻抗模型使合成记录与井旁地震道达到最大相关，此模型即为标准模型道。标准模型道再作为相邻道的初始模型，反复迭代，在地震模型的控制下，最终得到全测线乃至全区各测线的波阻抗剖面。JGW 的处理过程与此基本相同，从测井资料（AC DEN）出发，利用地震解释的层位、断层、沉积体之间接触关系，建立地质框架模型；在模型的约束下进行井间插值或单井外推，形成从井上来的特征数据体，反射系数与子波褶积生成合成记录；合成记录与井旁实际地震道迭代相关，求得最大相关性，即得到井旁道的声阻抗数据；逐道外推，最后反演出整条测线的波阻抗数据。CCFY、JGW 波阻抗剖面的地质岩性解释依据是钻井岩性剖面及其标准波阻抗剖面，可进行单一测线剖面及全区的岩性预测。

2. COMPAK 技术方法原理

COMPAK 多元油气综合评价系统中的 PRO—FILE 剖面预测型软件包是应用常规处理、反演和求取动力学参数等方法，改善资料的信噪比，提高分辨率，突出地球物理异常，增加地震资料的地球物理信息量，在此基础上，采用物理参数分析评价技术，即应用人工智能方法改善后的地震剖面的多种地球物理特征进行分析判断，对地球物理异常进行分类、聚类，划分出不同性质的异常特征区域，形成含有地质意义的解释剖面。

3. 时频分析技术方法原理

时频分析是把地震资料的频率特征与实际地质体相结合，利用地震资料的频率变化特征来研究实际地质体的一项技术，其基础资料是高分辨率地震剖面，可通过对常规地震剖面，利用测井—地震联合反演技术与时频分析技术进行高分辨率处理获得。在解释过程中用不同的频率进行扫描分析，频率由低至高可以识别出由大到小的层序体及沉积旋回，地震波的频率成分可以反映沉积岩石体的厚度和沉积岩颗粒的粗细，低频部分对应颗粒较粗或地层厚度较大的沉积岩，高频成分对应颗粒较细或地层厚度较小的沉积岩，频率由低到高可以识别出由大到小的层序体。根据反射波频率方向性改变，可以划分地震旋回体，并获得有关层序体沉积旋回性、水进、水退或水位高低所对应的沉积环境及沉积相分析。

四、地震相分析

地震相是指有一定分布范围的三维地震反射单元。反射结构、几何外形、振幅、频率、连续性和层速度等参数代表产生反射的沉积物特有的岩性组合、层理和沉积特征。

在陆相湖盆中，常用的地震参数有：

（1）反射结构—平行、亚平行—波状、发散、前积、杂乱、（空白）无反射等；

(2) 几何外形—席状、楔状、丘状和充填等；
(3) 物理特征—连续性、振幅和频率。

银—额盆地共识别出以下 11 类地震相。

(1) 楔状杂乱前积地震相：外形呈楔状，内部反射杂乱，不连续、不整一，但总体具有向前积斜坡倾斜的方向，一般见于湖盆的陡岸（图 5-24）。

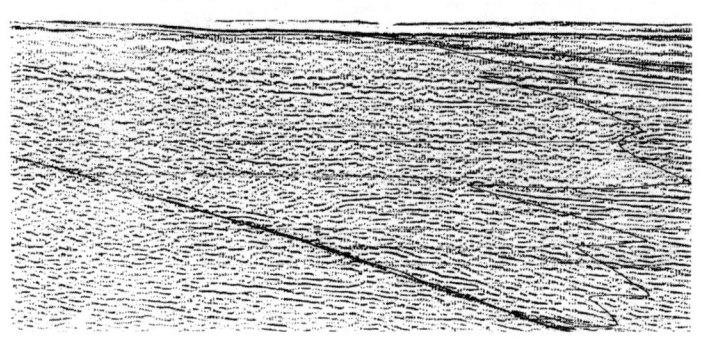

图 5-24　楔状杂乱前积地震相

(2) 楔状斜交前积相：外形为楔状，中—强振幅，低连续，具斜交前积结构（图 5-25）。

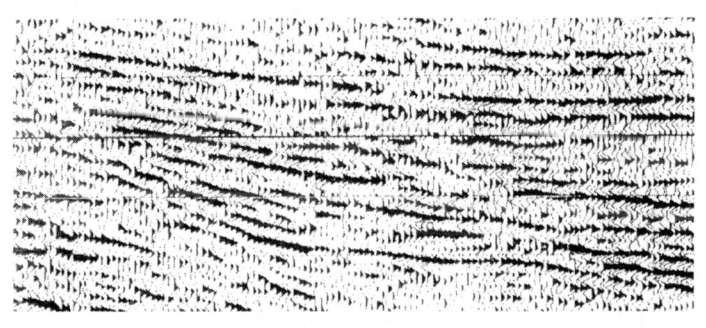

图 5-25　楔状斜交前积地震相（EJ96-545）

(3) S—斜交前积复合地震相：由 S 型前积反射与斜交前积反射交替组成，振幅多变，中—高连续性（图 5-26）。

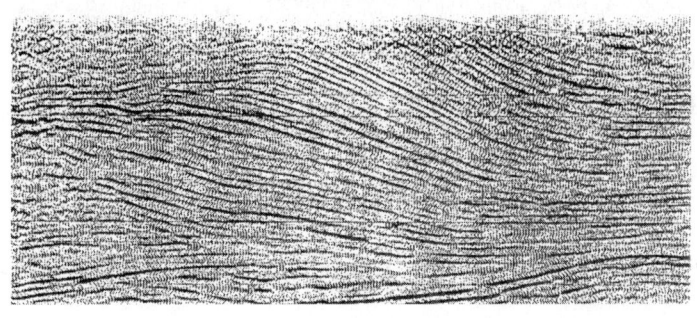

图 5-26　S—斜交前积复合地震相（EJ95-276E）

(4) 平行、亚平行席状地震相：外形呈席状，同相轴较连续，弱—中振幅，具平行—亚平行结构（图5-27）。

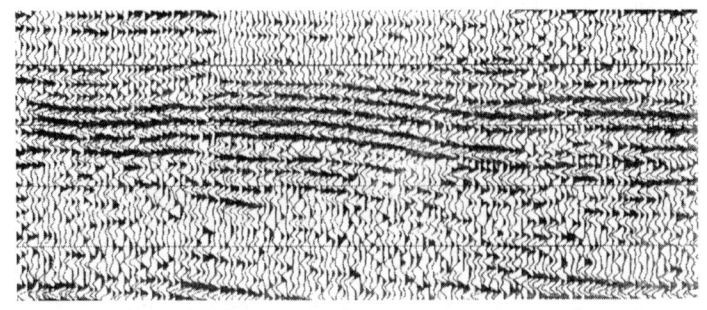

图5-27　平行、亚平行席状地震相（EJ96-545）

(5) 变振幅低连续发散地震相：振幅多变，连续性低，同相轴亚平行，在凹陷方向上呈发散结构（图5-28）。

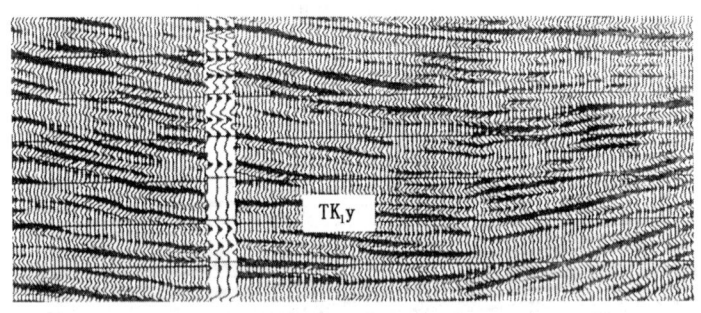

图5-28　变振幅低连续发散地震相（EJ94-497）

(6) 平行席状或空白板状地震相：同相轴较连续，弱—中振幅，具平行或亚平行结构，外形呈席状，或者外形呈板状，内部为空白反射（图5-29）。

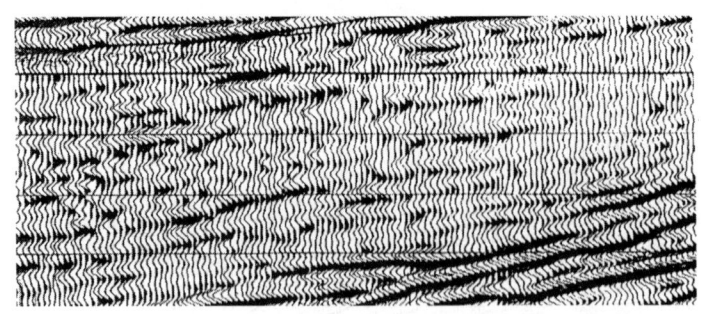

图5-29　空白板状地震相（YG93-198）

(7) 低连续中—弱振幅斜交充填相：无清晰外形，中—弱振幅、低连续、低频率（图5-30）。

(8) 楔形乱岗状地震相：外形呈楔状，内部呈乱岗状（图5-31）。

(9) 强振幅高连续平行地震相：外形呈席状，振幅较强，连续性好，平行、亚平行结

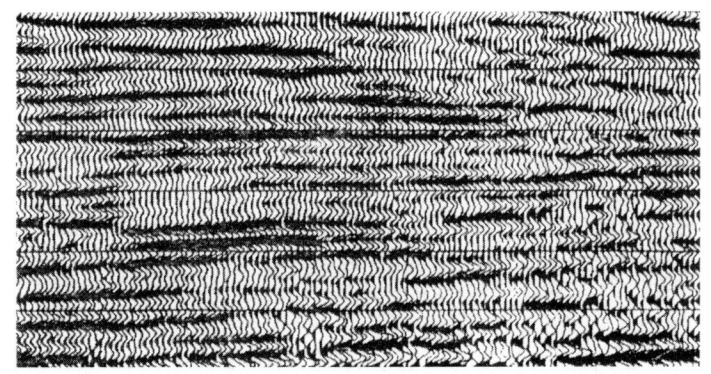

图 5-30 低连续斜交充填地震相（YG93-842）

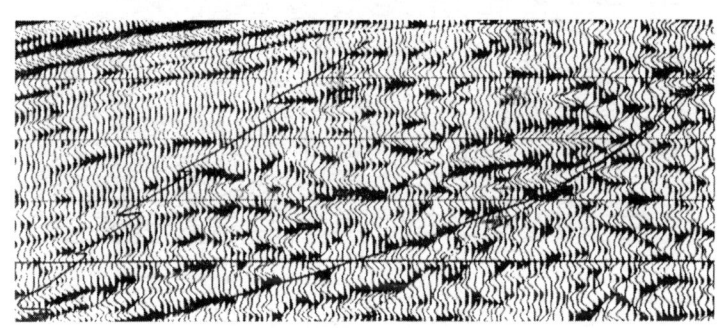

图 5-31 楔形乱岗状地震相（YG93-198）

构（图 5-32）。

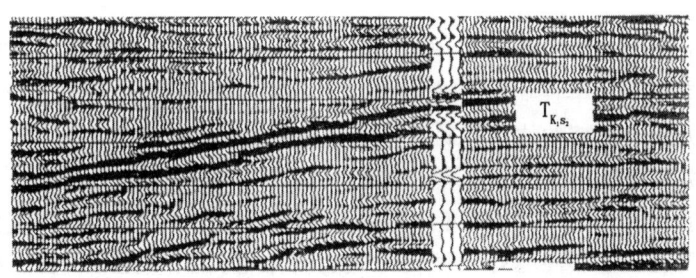

图 5-32 强振幅高连续地震相（EJ94-98）

（10）弧形—粗毛虫状地震相：同相轴为弧形—粗毛虫状，连续性差，振幅变化大，外形有板状、丘状、舌状等多种地震相（图 5-33）。

（11）蘑菇状杂乱反射地震相：外形蘑菇状、丘状，内部杂乱反射（图 5-34）。

五、地震相—沉积相转换

（一）转换原则及依据

（1）过井测线及井附近测线地震相与单井沉积相的对应关系。

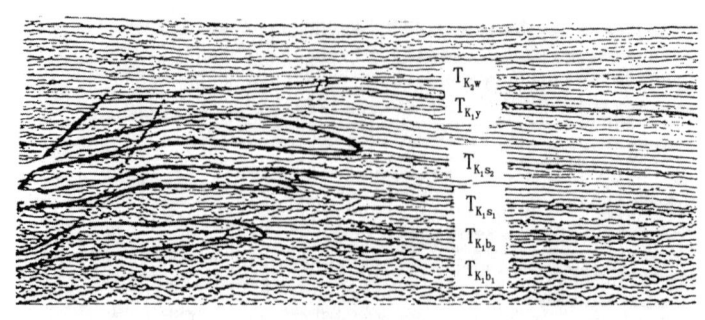

图 5-33 弧形—粗毛虫状地震相（YG93-842）

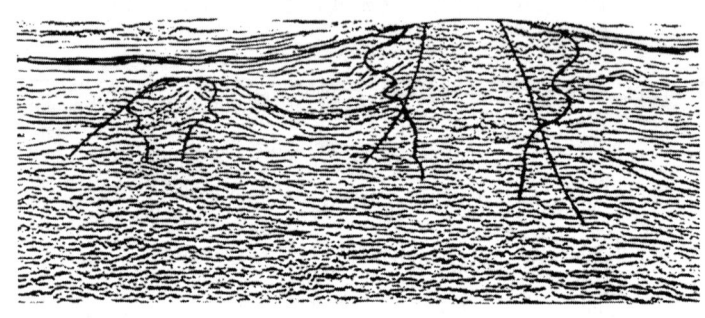

图 5-34 蘑菇状杂乱反射地震相（YG93-658）

通过岩心、录井岩性剖面与测井曲线的幅度、形态、组合的对应关系，分析单井的沉积旋回及沉积相。地震剖面经时深转换后，即可找到地震剖面上的地震相与单井的沉积相的对应关系。

（2）特殊反射结构和外形与沉积相的一般对应关系：如楔状外形，前积结构一般对应扇体，平行结构为深湖、半深湖沉积反射特征；杂乱反射反应冲积扇、近岸水下扇；（空白）无反射对应大断层根部的块状砂砾岩或凹陷内的块状泥岩。

（3）物理参数变化所反映的沉积能量特征：如平行结构代表低能；亚平行、波状、乱岗状代表中至高能；前积结构代表高能，杂乱结构代表高能到极高能；（空白）无反射结构代表极低能或极高能。连续性越好代表相对低能的稳定沉积环境的产物；反之，连续性越差，反映地层横向变化越大，沉积能量越高。振幅大、面积稳定暗示上覆、下伏地层良好的连续性，反映低能级沉积；振幅快速变化通常表示上覆、下伏地层岩性快速变化，是高能环境的产物。

（4）砂质岩百分比图是地震相向沉积相转换过程中惟一的定量标志，反映了盆地的骨架砂体分布，可以验证和补充地震相图，尤其可以帮助确定古水流的方向。

（5）用三瞬剖面、CCFY等横向预测技术验证。

（二）地震相—沉积相转换

表 5-3 是银—额盆地地震相—沉积相转换关系表。11 类地震相转换成 9 种碎屑岩沉积相和 2 种火山岩沉积相。9 种碎屑岩沉积相分别为冲积扇、河流、三角洲、扇三角洲、辫状河三角洲、水下扇、滨浅湖、半深湖、沼泽。

表 5-3 地震相—沉积相转换关系表

地 震 相	沉 积 相	主要岩性	泥岩颜色
S—斜交复合前积相	三角洲	厚层砂砾岩和泥岩	红色、浅灰色
楔状斜交前积相	辫状河三角洲、扇三角洲	杂色砂砾岩、砾岩、含砾砂岩与泥岩互层	棕色、浅灰色、深灰色
楔状杂乱前积相	扇三角洲		
	水下扇	角砾岩、砂砾岩、含砾砂岩、细砂岩等	灰色、灰黑色
楔形乱岗状地震相	水下扇		
	冲积扇	砾岩、含砾泥岩、泥岩	红色、棕色
平行、亚平行席状相	滨浅湖	中薄层砂泥岩互层	灰色、浅灰色
变振幅低连续发散相	滨浅湖	厚层泥岩夹砂岩	红色、浅灰色
平行席状或空白板状相	半深湖	泥岩、页岩、白云质泥岩	深灰色、灰黑色
低连续斜交充填相	河流	砂砾岩与泥岩不等厚互层	红色、杂色
强振幅高连续相	沼泽	碳质泥岩、煤层、粉砂岩	黑色
弧形—粗毛虫状相	火山岩相		
蘑菇状杂乱反射相	火山岩相		

在转换过程中,楔形乱岗状反射可以解释为冲积扇,也可以解释为水下扇;楔状杂乱前积相可以解释为水下扇,也可以解释为扇三角洲。因此在沉积相成图时,用沃尔特相序规律进行约束,如水下扇与湖泊环境相伴生,冲积扇与河流相邻,或考虑构造背景,如水下扇一般发育在湖盆陡坡,扇三角洲一般发育在湖盆缓坡,从而使多解问题简单化。

第四节 岩相古地理分析及沉积体系演化

银—额盆地是在古生界褶皱带与前寒武纪结晶陆块基底上形成的中新生代沉积盆地,经历了多次构造升降及沉积演化才形成现今的沉积格局。

一、凹陷岩相古地理及沉积体系演化

1. 居东凹陷

居东凹陷位于居延海坳陷的北部,钻井揭示有侏罗系、白垩系两套地层,沉积演化具有一定的代表性。

早中侏罗世,北侧的北北东向断层、中部的北东东向断层将居东凹陷切割成北、南两个次凹,并且都沉积了较厚的中下侏罗统。在南部次凹靠近断裂部位,早期以填平补齐方式发育水下扇沉积体系。然后,快速的物源供给使湖盆过补偿沉积,沉降中心成为短源辫状河的卸载之地,辫状河三角洲沉积体系及辫状河沉积体系占据了断层下降盘的主要空间。向斜坡方向,河流及河流沼泽体系广泛分布,坡顶还有一些规模不大的洪积扇体系。

晚侏罗世,北侧断裂停止活动,北次凹处于沉积间断期或剥蚀期。中部断裂依然活动,且沉积速率比早中侏罗世更快,在大约 17Ma 时间内,沉积了厚达 1676m(未计算被剥蚀掉的地层厚度)的地层(早中侏罗世沉积速率仅为 1739m/52Ma)。这一时期,同生断层下降盘已被巨厚的冲积扇体占据,向斜坡上则依次相变为河流—沼泽沉积体系、冲积扇沉积体系。侏罗纪末，居东凹陷已基本被填平。

燕山运动第Ⅲ幕使侏罗系抬升遭受剥蚀，之后，中部断层再一次活动，居东南次凹再次下沉接受沉积，虽然仍为断陷湖盆、补偿性却大大降低，出现较深的水体，从断层到斜坡依次发育水下扇沉积体系、滨浅湖沉积体系、河流沉积体系及冲积扇沉积体系。

2. 天草凹陷

位于居延海坳陷中北部，初始活动时间为白垩纪早期，是伴随着区域性构造运动、边界断裂的产生而开始的。巴音戈壁期早期，西陡东缓构造特征控制着凹陷的沉积，填平补齐是主要的沉积方式。在最初的水下扇体系形成之后，潮湿温暖的气候、充沛的降水使凹陷中汇聚了一定深度的水体，此时，物源主要来自于凹陷西部，且物源供给速度大于凹陷沉降速度，使凹陷出现了收缩，形成了进积式的扇三角洲沉积体系。巴音戈壁组沉积中期断裂活动进一步加强，凹陷沉降速度加快，物源供应不足，形成了大面积的半深湖水体，沉积中心位于中央洼槽带。来自西侧的主物源在边界断裂下降盘形成水下扇沉积体系，来自东北侧的次物源在斜坡带上部形成扇三角洲沉积体系，凹陷内则发育浅—半深湖沉积体系和滨浅湖沉积体系。巴音戈壁期晚期，构造抬升使湖盆又一次收缩，在接受了进积式辫状河三角洲沉积体系以后，湖盆基本被填平，进入剥蚀状态。

苏红图期沉积时，凹陷继承了巴音戈壁时期的构造格局，仍受北北东向断裂的控制，初期仍以充填作用为主，发育河流沉积体系，之后，湖盆快速下沉，水体增深，滨浅湖体系发育，沉积中心位于中央洼槽带，较巴音戈壁时没有迁移。西侧物源在边界断裂下降盘形成冲积扇沉积体系，向斜坡方向依次发育河流沉积体系、滨浅湖沉积体系，东南方向的物源在斜坡上部形成小型的扇三角洲沉积体系。苏红图组沉积末期，湖盆收缩，扇三角洲体系占据凹陷大部分空间，直至湖盆被填平，之后构造运动使凹陷抬升，湖盆消亡，遭受剥蚀，故银根组、上白垩统在该区缺失。

3. 梭梭头凹陷

该凹陷位于务桃亥坳陷，面积约 1850km^2。巴音戈壁组沉积早期，伴随着地壳的张裂，边界断层开始活动，单断箕状的地貌控制着沉积体系的展布，近岸充填式的沉积特点在南侧陡带形成了一套冲积扇沉积体系。巴音戈壁组沉积中晚期，边界断层持续活动，发生湖侵，湖盆开始形成，但水体浅，水域小，主要发育滨浅湖沉积体系，近岸可形成扇三角洲沉积体系。苏红图组一段沉积早期，随着边界断裂活动的加强，湖盆进入扩展期，其具体表现是水域面积急剧增大，几乎漫及整个凹陷，但由于整个凹陷地势平缓，气候干旱，水体仍然较浅，形成的是滨浅湖及滨浅湖沼泽沉积体系。苏红图组一段沉积中后期，由于湖盆的持续发展，凹陷湖泊发育达到鼎盛期，以浅—较深湖沉积为主，陡岸发育有水下扇沉积体系，缓坡发育有滨浅湖沉积体系（附图5-3-12），并可形成叠置的滨浅湖滩砂沉积体系。苏红图组二段沉积时期，湖盆进入收缩期，边界断裂活动已不如苏红图组一段沉积时剧烈，湖盆内水域减小，沉积中心向缓坡偏移，发育滨浅湖沉积体系，陡带形成扇三角洲体系。银根组沉积时期，边界断裂活动基本停止，湖盆被快速充填，水域急剧减小，水体变浅，早期形成滨（浅）湖体系，中晚期形成曲流河沉积体系。

4. 查干凹陷

该凹陷是查干德勒苏坳陷的主要组成部分，也是银—额盆地的主要目标区。早白垩世早期，伴随着地壳的张裂、断陷作用的开始、边界断裂的活动，凹陷始见雏形。由于古地形高低悬殊，箕状地貌控制着沉积相带的展布，从陡岸向缓岸依次分布水下扇沉积体系、浅—半深湖沉积体系、滨浅湖沉积体系。近岸充填式粗碎屑沉积是本期沉积特点，沉积中心位于额很次凹。巴音戈壁组沉积后期，伴随着断裂活动的加强，凹陷不断被填平，湖盆水域不断向岸扩张，巨厚的浅—半深湖相暗色泥岩覆盖凹陷广大地区，开始了凹陷的大规模湖侵。然而水体深度仍然有限，且呈局部封闭性，湖水盐度较大，白云质泥岩发育，并夹有石膏层，滨浅湖滩和冲积—河流比重增加，从海力素背斜带到额很次凹，冲积—河流、扇三角洲沉积体系发育，从凹陷西北至东南依次发育水下扇体系、浅—半深湖体系、滨浅湖体系、扇三角洲体系和冲积—河流沉积体系。

苏红图早期，随着裂陷活动的继续，凹陷古地形日趋平坦，古气候湿热，为再次湖侵创造了有利条件。当时湖盆水域几乎漫及整个凹陷，湖泊相沉积以水体浅、时间短和范围广为特征，沉积中心较巴音戈壁组沉积时期向南有一定偏移。火山岩岩相与滨浅湖泥岩相相间是本期沉积特色；沉积相序的横向展布仍表现为箕状不对称的沉积序列；与巴音戈壁组沉积期相比，滨浅湖相虽广布于凹陷中，但河流—扇三角洲体系更加发育。苏红图组沉积晚期凹陷收缩，裂陷作用减弱，气候趋于干燥炎热，盆地边部红色粗碎屑和石膏发育。伴随着火山喷发和岩浆侵入，早期的湖盆水体日益变浅，并大规模从毛敦侵入带向西部收缩，逐渐为河流相取代，扇三角洲体系萎缩。

银根组沉积期湖盆变浅，以淤积型沉积为主，沉积中心由西部向东部转移，河流相逐渐替代湖泊相，仅在凹陷西南部有湖泊残留，到银根组沉积末期全部消亡。

二、各坳陷岩相古地理面貌及沉积体系演化

（一）侏罗纪

印支运动Ⅲ幕晚期，受阿尔金断裂的影响使处于准平原化状态的盆地发生差异性裂陷，形成了居延海、尚丹、苏亥图等坳陷。

居延海坳陷在这一时期具很大的非均衡性，北部居东凹陷受断裂控制下陷，接受了较厚的侏罗系沉积（参见本节第一部分），而坳陷中部、南部大部分地区则仍处于剥蚀期。

尚丹、苏亥图坳陷侏罗纪时呈现出沿宗乃山—沙拉扎山南麓分布的串珠状独立汇水区，中部为树槐头凸起和巴彦低凸起。早期，来自北大山、沙拉扎山、雅布赖山、哈拉乌山的季节性洪水形成了分布较广的冲积扇沉积，坳陷处于填平补齐阶段；中期，汇水深度增加，乌力吉凹陷、锡勒凹陷水体达到半深湖，因格井、托来凹陷处于滨湖沼泽环境。各凹陷均是由边界断裂控制的断陷型湖盆，因而具有相似的沉积体系展布特征，即从陡坡到缓坡依次发育冲积扇相、水下扇相、浅湖相、半深湖相、滨浅湖相、河流相地层。中侏罗世晚期，湖盆收缩，气候干旱，水体变浅直至被近源粗碎屑全部充填，至末期，开始被剥蚀。

晚侏罗世盆地大都处于隆升阶段，只有居东凹陷依靠季节性洪水形成了巨厚的洪积扇沉积。

（二）早白垩世

燕山Ⅲ幕构造运动使银—额盆地全面裂陷，除形成苏红图、务桃亥、查干德勒苏等新的坳陷外，还使居延海、苏亥图、尚丹等侏罗纪坳陷重新活动，并且使其改变了侏罗纪的沉积构造格局。

1. 居延海坳陷

在一系列北东走向断裂的控制下，一改侏罗纪时的非均衡性，自北向南形成了6凹6凸的构造格局。凹陷的展布方向与控制断裂走向一致，且凹陷之间相互独立，自成一体，

如居东凹陷、天草凹陷等预探凹陷，皆为断陷湖盆，具有相似的岩相古地理特征和沉积体系演化特征。

2. 务桃亥、苏红图坳陷

与居延海坳陷同处盆地北部，坳陷内呈北东向展布的一系列断层，将坳陷分割成一系列同样北东向展布的断陷湖盆，相邻湖盆被凸起分隔，使得在早白垩世沉积过程中各湖盆相互独立，物源既有来自南北两侧山脉或隆起，也有来自分割湖盆的凸起。从已钻的梭梭头凹陷、测网密度较大的哈日凹陷等来看，它们具有相似的岩相古地理特征和沉积体系演化特征。

3. 尚丹、苏亥图坳陷

早白垩世巴音戈壁组早期重新活动的尚丹地区，一改早中侏罗世两凹（乌力吉凹陷、托来凹陷）夹一低凸（巴彦低凸起）的构造格局，成为一个坳陷型湖盆，是早白垩世盆地南部第一大汇水区，并经历了水体由浅—深—浅的湖盆发展演化过程。经过早期的填平补齐之后，来自南侧的主物源在山前堆积成庞大的冲积—河流沉积体系，北侧次物源除形成规模较小的冲积扇外，还形成了分布较广的扇三角洲沉积体系。沉积中心位于乌力吉凹陷南缘及巴彦低凸的北缘，为浅—半深湖相，向四周有滨浅湖相展布。后期，构造抬升，湖盆萎缩，水体变浅，水域缩小，形成以河流沉积为主的地层，直至早白垩世末期湖盆消亡。

苏亥图坳陷是早白垩世盆地南部坳陷第二大汇水区，主体是锡勒凹陷，经历了与查干凹陷类似的沉积体系演化过程。

4. 查干德勒苏坳陷

形成于早白垩世早期，由以查干凹陷为代表的几个断陷湖盆组成，其中红果、莫林凹陷在下白垩统沉积时与西邻尚丹坳陷是连成一片的，即属于早白垩世尚丹坳陷的一部分。

三、银—额盆地岩相古地理特征

（一）侏罗纪

构造运动的差异性在这一时期表现得最为充分：北部坳陷带只有居延海坳陷沉降，居延海坳陷内也仅限于居东凹陷处于沉积过程中，其余地区仍呈现隆起剥蚀状态，南部坳陷带的中西部苏亥图坳陷、尚丹坳陷处于下降沉积期，东部查干德勒苏坳陷则处于隆升阶段。很显然，盆地不仅存在着南北沉降的差异，而且东西也有差异，即使同处于沉降的几个坳陷，其沉积环境也不大一样。北部居延海坳陷为滨湖沼泽环境，沉积物以粗粒的砾岩为主；南部尚丹、苏亥图坳陷除有湖沼环境外，锡勒等凹陷可能还有浅湖环境。

（二）早白垩世

盆地南北向的差异仍然存在。该期虽为盆地沉积最活跃时期，但北部坳陷带的沉积单元以独立的断陷小湖盆为主，各断陷呈北东向展布，水体深度也各有差异，天草、哈日等凹陷水体可达半深湖，较小的一些凹陷水体仅达滨湖；南部坳陷带沉积单元则有坳陷、断陷，与北部坳陷有所不同。南、北坳陷带之间是高山或丘陵，盆地周边为崇山峻岭，它们为湖盆的沉积提供了丰富的碎屑物质。

（三）晚白垩世

盆地中部及四周为高山，南北两侧为低地的古地理格局依然存在，但低地内已没有湖盆的存在，网状河流、季节性河流遍布全区。

第五节 湖盆沉积模式

断陷湖盆和坳陷湖盆是本区常见的沉积模式,其中断陷湖盆根据形成方式分为双断地堑和单断箕状两种盆地。

一、断陷湖盆

查干、天草、居东等本区大多数湖盆的形成和发展过程中均受到断裂的制约,这些边界断层皆为正断层。根据断陷湖盆的构造特点可分为双断地堑湖盆和单断箕状湖盆,其沉积模式却有很大差异。

1. 单断箕状湖盆

本区最常见的沉积湖盆,如查干凹陷、居东凹陷等,其特点是湖盆一侧为断距很大的同生基底断裂所限,与周缘出露的基岩呈断层接触,另一侧则为平缓斜坡,与周缘基岩逐层超覆接触。整个湖盆呈明显的不对称状,沉降中心在靠近同生大断层一侧(图5-35)。根据物源供给速度与沉降速度的相对关系,又分为两种类型。

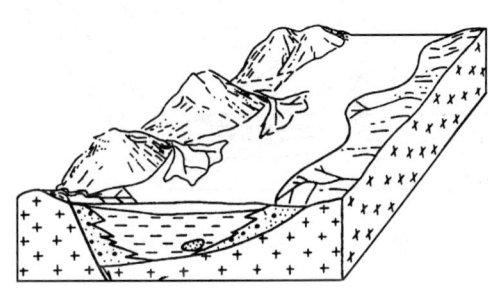

图5-35 箕状断陷湖盆沉积模式

(1)超补偿性断陷湖盆:物源供给速度远远大于构造沉降速度,形成以洪积、河流相为主体的沉积,粒度粗、分选、磨圆差,颜色偏红等是地层的特点,水体最深为滨浅湖,暗色泥岩较薄或不发育,如侏罗纪的居东凹陷。

(2)补偿性断陷湖盆:物源供给速度小于或等于构造沉降速度,形成以洪积相、河流相和扇三角洲相为主的沉积,水体最深达半深湖—深湖,有较丰富的化学沉积物,暗色泥岩较发育,如查干凹陷。

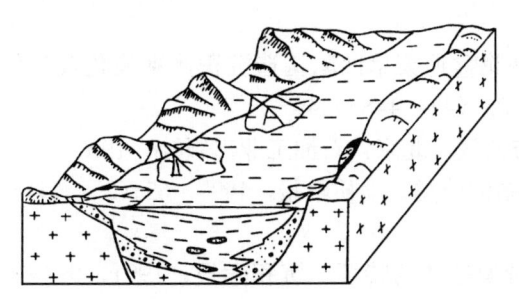

图5-36 双断湖盆沉积模式

2. 双断地堑型湖盆

湖盆两侧为同沉积断层,与周围基岩呈断层接触,盆地结构较为对称,沉降中心紧邻主同生断层一侧,水下扇及扇三角洲发育(图5-36)。湖盆中部远离物源,水体相对较深,为浅—半深湖环境,沉积物粒度较小,是沉积中心发育带。

根据主物源方向的不同,可分为两种典型的双断湖盆。

(1)主要物源来自陡岸的双断湖盆:沉积中心与沉降中心不一致,而且不稳定。早期,沉积中心稍远离沉降中心,偏离断层,后随着陡岸物源的不断补充,水下扇体的向前推进,沉积中心逐渐向远离生长断层方向迁移,如天草凹陷。

(2) 主要物源来自缓坡的双断湖盆：沉积中心与沉降中心基本一致，但由于火山活动及构造运移，仍然存在一定的迁移性，如查干凹陷。

断陷湖盆的构造性质决定了其沉积特征。湖盆陡侧，由于剥蚀区的不断抬升，山势险峻，坡陡流急，湖水较深，常发育由粗碎屑组成的冲积扇、扇三角洲、水下扇等扇体沉积，而缓坡地形起伏较小，河水缓流，湖水较浅，以河流沉积体系发育为主，入湖地带形成缓坡型扇三角洲。本区断陷湖盆缺少盆地长轴方向主河道，三角洲基本不发育。盆地东部的湖盆如查干湖盆在发展过程中常伴有较强烈的基性火山岩喷发，形成厚度200~300m的玄武岩为主的火山岩层。

二、坳陷湖盆

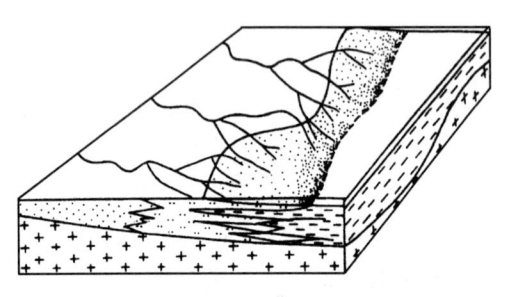

图 5-37 坳陷湖盆沉积模式图

当某一地区整体均匀下沉形成四周均为斜坡的盆地。本区坳陷湖盆的基底为以前的断陷湖盆，如尚丹坳陷早白垩世坳陷湖盆的基底为侏罗纪断陷湖盆，查干德勒苏晚白垩世坳陷湖盆的基底为早白垩世断陷湖盆。坳陷盆地的构造性质，决定其地貌为起伏低缓的剥蚀区和平坦的沉积区，沉积动力以河流为主，水体一般位于盆地中央，地层厚度一般中间大、边缘小，沉积相呈环带状展布（图 5-37），沉降中心与沉积中心基本一致。

参 考 文 献

[1] 艾华国，王秀乾，冯昌寿．巴丹吉林—腾格里盆地侏罗纪—早白垩世沉积特征．新疆石油地质，1994，15（3）：229~235

[2] 李文厚，周立发．苏红图—银根盆地白垩纪沉积相与构造环境．地质科学，1997，32（3），387~395

[3] 吴少波，白玉宝，杨友运．内蒙古银根盆地地下白垩统沉积相．古地理学报，2003，5（1）：36~43

[4] 林卫东，周永章，王新民等．银根—额济纳旗盆地天草凹陷构造沉积体系演化及油气成藏条件分析．大地构造与成矿学，2004，28（4）：448~449

[5] 关士聪．中国中新生代陆相盆地发育沉积与油气．北京：石油工业出版社，1987

[6] 薛良清．扇三角洲、辫状三角洲与三角洲体系的分类．地质学报，1991，65（2）：141~153

[7] 梅志超，林晋炎．湖泊三角洲地层模式和骨架砂体的特征．沉积学报，1991，9（4）：1~11

[8] 纪友亮等．陆相断陷湖盆层序地层学．北京：石油工业出版社，1996

[9] 张万选．陆相地震地层学．北京：石油工业出版社，1993

[10] 徐怀大．陆相层序地层学研究中的某些问题．石油与天然气地质，1997，18（2）：83~89

[11] 魏魁生等．松辽盆地白垩系高分辨率层序地层格架．石油与天然气地质，1997，18

(1)：7~13
[12] 徐怀大等．地震地层学解释基础．武汉：中国地质大学出版社，1990
[13] 朱夏，徐旺主编．中国中新生代沉积盆地．北京：石油工业出版社，1990，319
[14] 李文厚．苏红图—银根盆地下白垩统层序地层学研究．沉积学报，1997，15（3）：18~22
[15] 郭彦如，于均民，樊太亮．查干凹陷下白垩统层序地层格架与演化．石油与天然气地质，2002，23（2）：166~169
[16] 郭彦如．银额盆地查干断陷闭流湖盆层序类型与层序地层模式．天然气地球科学，2003，14（6）：443~447
[17] 郭彦如，刘全新，樊太亮，王新民，于均民著．查干断陷湖盆层序地层框架中的含油气系统．北京：地质出版社，2003，140
[18] 郭彦如．银额盆地查干断陷闭流湖盆层序类型的控制因素与形成机理．沉积学报，2004，22（2）：295~301
[19] 陈建平，刘明明，刘传虎等．深水环境层序边界及体系域的划分——以银根盆地查干凹陷下白垩统为例．石油勘探与开发，2005，32（1）：27~29

第六章 烃源岩及油气地球化学特征

银—额盆地经过几年的油气勘探,已在盆地东部的查干凹陷及西部的路井凹陷发现了少量原油,显示了盆地有一定的勘探潜力。本章讨论盆地烃源岩及原油的地球化学特征,以探讨盆地的油源,为进一步认识该盆地的石油地质特征和油气资源潜力提供参考。

第一节 烃源岩类型及展布

一、烃源岩的类型

钻井及盆地周缘露头剖面的测量结果表明,银—额盆地烃源岩按岩性、岩相特征可分为三类:

(1) 湖、河相暗色泥岩类(非煤系):该类是银—额盆地主要的烃源岩,包括湖相、河流相的暗色泥岩、页岩、油页岩及粉砂质泥岩。

(2) 河湖沼泽相煤系烃源岩:盆地煤系烃源岩属内陆盆地河湖体系的沼泽相沉积,包括煤系泥岩、碳质泥岩和煤,主要分布在中下侏罗统和下白垩统苏红图组,其分布范围和规模比湖相暗色泥岩小。

(3) 湖相碳酸盐岩:岩性主要为生屑石灰岩、隐晶石灰岩,分布范围小。

二、有效烃源岩的展布

银—额盆地有下白垩统巴音戈壁组、苏红图组及中下侏罗统三套烃源岩。有效烃源岩指在生烃门限以下的烃源岩,一般只有在生烃门限以下的烃源岩才有可能生成油气。有效烃源岩的空间展布用等厚图来表示。确定有效烃源岩厚度的方法如下:首先根据钻井及其他资料确定生烃门限,然后在地震剖面上读取门限以下各层厚度,再据各层的地震相、沉积相特征分别对该厚度乘以统计所得的不同沉积相带暗色泥岩地层占各相带地层百分比系数就得到了有效烃源岩的厚度。各沉积相带暗色泥岩地层百分比系数见表6-1,该系数

表6-1 银—额盆地暗色泥岩百分比与沉积相关系

沉 积 相	暗色泥岩百分比(%)
半深湖—深湖	>50
浅湖—滨浅湖	40～50
滨湖	<40
沼泽	<30
三角洲	<20
河流	10～20

是对钻井及盆地周缘露头剖面各沉积相带暗色泥岩地层百分比统计所得经验系数，在具体应用时，还要根据不同地区的特点做适当调整。

（一）中下侏罗统

中下侏罗统烃源岩主要分布在居东、乌力吉和托来等凹陷。在苏亥图坳陷，据重磁电、周缘露头及南临潮水—雅不赖盆地等资料推测有侏罗系地层。

居东凹陷中下侏罗统烃源岩主要分布在南次凹，面积约440km²，平均厚度200m，最厚达350m；乌力吉凹陷中下侏罗统烃源岩面积约300km²，一般厚400m，最厚可达820m左右；在托来凹陷主要分布于凹陷东部，面积共计约380km²，一般厚160m（表6-2）。

表6-2 银—额盆地成熟烃源岩分布

一级单元	二级单元	层位	成熟烃源岩面积（km²）	成熟烃源岩厚度（m）	
				一般厚度	最大厚度
查干德勒苏坳陷	查干凹陷	K_1s	440	100	180
		K_1b	460	550	1300
	白云凹陷	K_1s	380	140	330
		K_1b	640	300	700
	红果凹陷	K_1b	410	160	500
尚丹坳陷	乌力吉凹陷	K_1b	310	200	420
		J	300	400	820
	托来凹陷	K_1s	90	140	230
		K_1b	380	160	300
苏红图坳陷	艾勒凹陷	K_1s	250	270	820
		K_1h	270	210	440
	巴北凹陷	K_1s	50	270	320
		K_1b	190	210	260
居延海坳陷	居东凹陷	K_1b	200	350	1000
		J	440	200	350
	路井凹陷	K_1s	330	250	520
		K_1b	370	240	900
	天草凹陷	K_1s	410	200	600
		K_1b	380	490	1100
	格朗乌苏凹陷	K_1s	100	150	230
		K_1b	500	200	340
	吉格达凹陷	K_1s	130	230	340
		K_1b	60	180	330
务桃亥坳陷	哈日凹陷	K_1s	300	260	700
		K_1b	460	320	600
	湖西新村凹陷	K_1s	70	150	230
	务桃亥凹陷	K_1s	150	150	240
	梭梭头凹陷	K_1s	150	150	240

（二）下白垩统巴音戈壁组

下白垩统巴音戈壁组有效烃源岩在盆地各坳陷均有分布，分布面积广，厚度大（表6-2）。

1. 查干德勒苏坳陷

查干德勒苏坳陷查干、白云和红果凹陷均有巴音戈壁组烃源岩发育。查干凹陷分布面积约 460km²，平均厚度 550m，在额很次凹最厚达 1300m；白云凹陷分布面积为 640km²，一般厚 300m，最厚达 700m；红果凹陷分布面积为 410km²，一般厚 160m 左右（表 6-2）。

2. 尚丹坳陷

尚丹坳陷巴音戈壁组有效烃源岩主要分布在乌力吉和托来凹陷。在乌力吉凹陷分布面积约 310km²，厚度一般为 200m；托来凹陷分布面积约 90km²，一般厚 160m。

3. 居延海坳陷

居延海坳陷巴音戈壁组烃源岩主要分布在天草、路井、居东和格朗乌苏等凹陷。天草凹陷分布在中部次凹天 1 井西北侧，主要分布在中央洼槽带和巴勒断阶带，分布面积约 380km²，平均厚 490m，在中央洼槽带北部沉积中心部位厚达 1100m。路井凹陷分布面积约 370km²，一般厚 240m；在居东凹陷分布面积约 200km²，平均厚 350m，在居参 1 井西侧沉降中心区厚达 1000m；格朗乌苏凹陷分布面积约 500km²，在凹陷北部、中部及西部呈孤岛状分布，平均厚度 200m；吉格达凹陷分布面积约 60km²，一般厚 180m。

4. 苏红图坳陷

苏红图坳陷巴音戈壁组有效烃源岩分布在哈日、艾勒和巴北等凹陷。哈日凹陷分布面积约 460km²，平均厚度 320m，最厚达 600m；艾勒凹陷分布面积约 270km²，一般厚度为 210m；巴北凹陷分布面积约 190km²，厚度 140m 左右。

（三）下白垩统苏红图组

1. 查干德勒苏坳陷

苏红图组烃源岩在查干德勒苏坳陷主要分布在查干凹陷和白云凹陷。在查干凹陷分布面积达到了 440km²，一般厚 100m，最厚达 180m 左右；在白云凹陷分布面积为 380km²，平均厚 140m（表 6-2）。

2. 居延海坳陷

居延海坳陷下白垩统苏红图组烃源岩主要分布在天草、路井和格朗乌苏等凹陷。天草凹陷分布面积约 410km²，分别分布在中次凹南部天 1 井西南侧及西次凹，平均厚度为 200m，最厚在天草凹陷中央洼槽带南部达 600m；路井凹陷分布面积为 330km²，一般厚 250m，凹陷东部沉降中心附近最厚可达 600m；格朗乌苏凹陷主要分布在北次凹，分布面积为 100km²，一般厚 150m；在吉格达凹陷分布面积为 130km²，一般厚 230m。

3. 务桃亥坳陷

务桃亥坳陷的梭梭头等凹陷烃源岩分布面积小、厚度薄，面积最大者仅为 150km²，厚度较薄，平均厚度一般约 140m。

4. 苏红图坳陷

苏红图坳陷苏红图组烃源岩主要分布在哈日和艾勒凹陷。哈日凹陷分布面积约 300km²，平均厚度 260m；艾勒凹陷分布面积为 250km²，一般厚 270m；巴北凹陷分布面积为 50km²，平均厚度 270m。

综上所述，三套烃源岩中下白垩统巴音戈壁组烃源岩相对来说分布面积广，埋藏深，厚度大，为盆地主力烃源岩。苏红图组烃源岩虽分布较广但厚度较薄、埋藏浅。中下侏罗统烃源岩仅分布在居延海坳陷、尚丹坳陷和苏亥图坳陷，分布范围较小。中下侏罗统和苏红图组烃源岩为盆地的两套辅助烃源岩。

第二节 烃源岩的生源构成及沉积环境

一、烃源岩的生源构成

烃源岩的生源构成直接决定了其有机质类型。烃源岩正构烷烃及甾烷的分布特征是判断生源构成的较可靠的指标。研究表明，正构烷烃的分布与母源有密切的关系，以 nC_{17} 为代表的低碳数部分来自盆内水生生物，而 nC_{27}、nC_{29} 等高碳数部分则源自高等植物生物蜡，人们常用轻/重比值来衡量这两大母源输入的比例。正构烷烃的分布同时受成熟作用的影响，在用正构烷烃分布特征探讨生源时，应结合成熟度进行研究。甾烷的分布受成熟作用影响较小，是反映生源构成的良好指标。一般认为，生物构型即 $\alpha\alpha\alpha$—R 型 C_{27}、C_{28}、C_{29} 甾烷的相对组成可用来区分母源，其中 C_{27} 代表盆内水生生物，C_{29} 则源自陆源高等植物生物蜡。

（一）中下侏罗统烃源岩生源构成

银—额盆地中下侏罗统烃源岩正构烷烃的碳数在 11～35 之间，呈单峰群和双峰群分布，主峰碳为 16、19、23、25、27 不等，并以高碳数居多，轻/重比值介于 0.52～1.22 之间，OEP 在 1.01～1.20 之间（表 6-3）。这表明其生源以陆源高等植物为主，且经历了较高的热演化阶段。

表 6-3　银—额盆地中下侏罗统烃源岩正构烷烃分布特征

坳 陷	剖 面	碳数分布	峰 型	主 峰 碳	轻/重	OEP
居延海	居参 1 井	11～30	双峰	16，20，27	1.22	1.01
	希热哈达	16～32	单峰	25	0.52	1.2
尚丹	切勒格拉	14～35	双峰	19，27	0.89	1.01
	罕生乎都格	15～35	单峰，双峰	25，19，24	1.22	1.14
苏亥图	红柳沟	15～34	双峰	19，27	0.58	1.17

（二）下白垩统烃源岩生源构成

下白垩统烃源岩正构烷烃分布具以下特征：碳数范围在 11～33 之间，大部分地区呈单峰群分布，主峰碳为 17、19、23、27 不等，轻/重比值为 0.56～1.64 之间，大部分地区大于 1（表 6-4），表明在下白垩统沉积时水生生物较繁盛。

表 6-4　银—额盆地下白垩统烃源岩正构烷烃分布特征

坳 陷	剖 面	碳数分布	峰 型	主 峰 碳	轻/重	OEP
查干德勒苏	查参 1 井	11～30	双峰	16，17，19，23	1.43	1.1
尚丹	巴隆乌拉	13～33	单峰	17，19	1.64	1.09
居延海	天 1 井	11～30	双峰	16，27	1.32	1.45
务桃亥	务参 1 井	11～30	单峰	17，27	0.58	1.21
苏红图	恩根陶来	15～31	单峰	23	0.85	1.63

二、烃源岩沉积环境分析

沉积环境对烃源岩有机质的丰度、类型、保存及后期有机质向油气的转化有深刻的影响。好的烃源岩的形成要求还原环境、适宜的水体深度及咸化程度。对烃源岩沉积古环境的分析是评价烃源岩优劣不可忽略的一部分。

（一）中下侏罗统

中下侏罗统烃源岩中局部富含黄铁矿，姥姣烷/植烷比在 1.0 左右，反映为还原环境，水体咸度一般为淡水、微咸水。烃源岩沉积时水体较浅，大多为沼泽相、滨浅湖相、水下扇、扇三角洲前缘相沉积等（表 6-5）。

表 6-5 银—额盆地沉积环境地球化学数据表

坳陷	井剖面	时代	3α—RC_{27}/C_{29}	γ—蜡烷/C_{30}(H+M)	Pr/Ph	nC_{21}—nC_{25}优势	类胡萝卜烷	硼含量($\mu g/g$)	沉积相带	水体咸度
查干德勒苏	查参1井	K_1	0.55	0.1	1.64	无	丰富		半深湖	微咸水
尚丹	巴隆乌拉	K_1b	0.79	0.13	3	无	丰富		半深湖	微咸水
居延海	天1井	K_1				明显	丰富	$\dfrac{51.5\sim663.9}{233(46)}$	半深湖	咸水、微咸水
居延海	居参1井	J_{1-2}	0.75	1.35	1.3	无	无	$\dfrac{91.4\sim496.8}{197.5(27)}$	水下扇、扇三角洲前缘	微咸水
务桃亥	务参1井	K_1s	0.48	0.06	1.4	无	无	$\dfrac{0.1\sim508.6}{130.1(50)}$	滨浅湖	淡水、微咸水

（二）下白垩统

下白垩统烃源岩沉积时水体较深，一般为半深湖、滨浅湖沉积，但盆地不同地区有一定差异。在查干德勒苏坳陷和尚丹坳陷水体最深，以半深湖相为主间夹滨浅湖相沉积。下白垩统烃源岩中多见黄铁矿，硫含量较高，姥姣烷/植烷除煤系地层在 0.23～3.00 之间外，大部分地区在 1.0 左右，反映为还原环境。水体咸度较大，一般为微咸水，主要体现在 γ-蜡烷指数、硼含量较高（表 6-5）。

总之，银—额盆地中下侏罗统烃源岩以陆源高等植物为主要母源，烃源岩沉积时水体较浅，一般为还原环境的沼泽相和滨浅湖相沉积；下白垩统有较多的水生生物源有机质，烃源岩沉积时水体较深，在较多的凹陷达到了半深湖、滨浅湖沉积，水体的咸度略高亦属还原环境。

第三节 烃源岩地球化学特征

一、有机质丰度

（一）有机质丰度评价标准

烃源岩有机质丰度是油气形成的物质基础，它与沉积环境、烃源岩的有机质类型及热演化程度有关[1-3]。银—额盆地烃源岩以湖相暗色泥岩和河湖沼泽相煤系地层为主，对湖相烃源岩的丰度评价现已有较统一的标准[4],如表6-6所示。煤系地层由于有机质类型较差,一般富碳贫氢,对其丰度评价则需另立标准。对银—额盆地煤系烃源岩有机质丰度的评价采用了西北侏罗系煤系沉积盆地的标准[5],如表6-7、表6-8、表6-9所示。考虑到部分地区钻井资料少而露头资料相对丰富,由于露头样遭受了较强的风化作用,其有机质丰度特别是氯仿沥青"A"和总烃有一定的损失,因此在对露头样品评价时对上述标准做了适当下调。

表6-6 银—额盆地湖相泥岩有机质丰度评价标准

烃源岩级别	好	中	差	非
沉积相	深湖—半深湖	半深湖—浅湖	滨浅湖	河流
TOC（％）	>1.0	0.6~1.0	0.4~0.6	<0.4
氯仿沥青"A"（％）	>0.1	0.05~0.1	0.01~0.05	<0.01
HC（μg/g）	>500	200~500	100~200	<100
S_1+S_2（mg/g）	>6	2~6	0.5~2	<0.5

表6-7 银—额盆地煤系泥岩有机质丰度评价标准

烃源岩级别	好	中	差	非
TOC（％）	>3.0	1.5~3.0	0.75~1.5	<0.75
S_1+S_2（mg/g）	>6	2~6	0.5~2	<0.5
氯仿沥青"A"（％）	>0.06	0.03~0.06	0.015~0.03	<0.015
HC（μg/g）	>300	120~300	50~120	<50

表6-8 银—额盆地煤系碳质泥岩有机质丰度评价标准

烃源岩级别	好	中	差	非
I_H（mg/g）	>400	200~400	60~200	<60
S_1+S_2（mg/g）	>70	35~70	10~35	<10
TOC（％）	>18	10~18	6~10	

表6-9 银—额盆地煤系有机质丰度评价标准

烃源岩级别	好	中	差	非
I_H（mg/g）	>400	275~400	150~275	<150
S_1+S_2（mg/g）	>300	200~300	100~200	<100
氯仿沥青"A"（％）	>5.5	2.0~5.5	0.75~2.0	<0.75
HC（μg/g）	>25000	6000~25000	1500~6000	<1500

（二）中下侏罗统

银—额盆地中下侏罗统烃源岩主要分布在盆地南部勘探程度很低的诸凹陷以及居延海坳陷居东凹陷。由于对这套烃源岩的评价完全依赖于盆地边缘露头剖面,而露头基本为河流相的粗碎屑沉积,暗色泥岩分布少,并不能完全代表盆地内的烃源岩的优劣,故对其丰度的评价还参考了沉积相、沉积环境和地层厚度等因素。

1. 居延海坳陷

居东凹陷的居参 1 井暗色泥岩不发育，侏罗系仅下部有 67m 水下扇相沉积的深灰色泥岩。14 个烃源岩样品的有机碳含量在 0.28%～3.43%之间，平均为 1.46%，氯仿沥青"A"为 0.0034%～0.145%，平均为 0.0936%，总烃在 263～272μg/g 之间，平均为 268μg/g，生烃潜量平均为 0.31mg/g（表 6-10），为差丰度烃源岩。由于居参 1 井所处位置靠近陡岸，烃源岩发育在水下扇沉积，沉积环境欠佳，该井西南湖泥相更发育，推测其丰度会变好。在居参 1 井 4199.78m 所采的煤样的热解氢指数为 51mg/g，生烃潜量为 7.436mg/g，氯仿沥青"A"为 0.0856%，总烃为 263μg/g，各项指标均很低，基本不具生烃能力，属非烃源岩。

表 6-10 银—额盆地中下侏罗统烃源岩丰度评价

坳陷	剖面	岩性	沉积相	TOC（%）	氯仿沥青"A"（%）	HC（μg/g）	S_1+S_2（mg/g）	评价
居延海	居参1	灰色泥岩	水下扇	$\frac{0.13\sim2.38}{0.57}$ (7)	$\frac{0.0024\sim0.0045}{0.0034}$ (3)	—	$\frac{0.1\sim11.27}{1.83}$ (7)	好
		煤	湖沼	13.02	0.086	—	7.44	非
		深灰色泥岩	水下扇	$\frac{0.85\sim3.43}{1.69}$ (8)	$\frac{0.0034\sim0.1450}{0.0936}$ (3)	$\frac{263\sim272}{268}$ (2)	$\frac{0.03\sim1.32}{0.44}$ (8)	好
	额1井	灰黑色泥岩	—	$\frac{0.30\sim1.99}{0.75}$ (44)	$\frac{0.013\sim0.5079}{0.1014}$ (3)	$\frac{69\sim3690}{268}$ (2)	—	好、较好
尚丹、苏亥图	切勒格拉	灰绿色泥岩	河流	$\frac{0.31\sim2.35}{0.989}$ (5)	$\frac{0.0022\sim0.0088}{0.0047}$	$\frac{0.4\sim17}{8.8}$	$\frac{0.09\sim0.32}{0.21}$	差
	罕生乎都格	灰绿色泥岩	河流	$\frac{0.14\sim0.59}{0.33}$ (7)	$\frac{0.0029\sim0.014}{0.0056}$	$\frac{5\sim64}{19}$	$\frac{0.06\sim0.24}{0.1}$	差或非
	红柳沟	灰绿色泥岩	河流	$\frac{0.16\sim0.56}{0.36}$	$\frac{0.004\sim0.0043}{0.0042}$	$\frac{0.4\sim17}{9}$	$\frac{0.28\sim0.38}{0.33}$	差或非

另据卢崇宁等（1999）报道，路井凹陷上侏罗统深灰色泥岩的有机碳为 0.3%～1.99%，平均 0.75%，氯仿沥青"A"为 0.013%～0.5079%，平均 0.1014%，总烃 69～3690μg/g，平均 743μg/g，为好—较好丰度烃源岩。

2. 尚丹、苏亥图坳陷

尚丹坳陷南缘的切勒格拉和罕生乎都格剖面、苏亥图坳陷南缘的红柳沟剖面中下侏罗统主要为河流相的粗碎屑沉积物，暗色泥岩厚度薄，中下侏罗统地层中暗色泥岩为差丰度烃源岩或非烃源岩（表 6-10）。由于露头样品遭受较强的风化作用，且这些剖面的烃源岩样品均为河流相的粗碎屑沉积物，基本不能代表盆地内部烃源岩的丰度。据地震、航磁、重力资料，尚丹、苏亥图坳陷多数凹陷面积大，埋藏深，一般在三四千米左右，因此可能不乏湖相、沼泽相烃源岩，推测有中好丰度的烃源岩分布。

（三）下白垩统巴音戈壁组

巴音戈壁组烃源岩分布面积广，沉积环境好，多为半深湖、滨浅湖相沉积。但由于盆地各凹陷之间的分割性较强，其丰度在不同凹陷有一定差异。尚丹、居延海和查干德勒苏等坳陷各凹陷中丰度普遍较好。

1. 查干德勒苏坳陷

查干德勒苏坳陷查参 1 井发育大套厚层的巴音戈壁组烃源岩，其岩性以深灰色白云质泥岩为主。有机碳含量在 0.15%～1.25% 之间，平均为 0.63%；氯仿沥青"A"为 0.0031%～0.2115%，平均为 0.0543%；总烃在 59～1709μg/g 之间，平均为 452μg/g；生烃潜量为 0.04～2.75mg/g，平均为 0.81mg/g（表 6-11）。其中 48% 的样品有机碳含量大于 0.6%，氯仿沥青"A"在 0.05% 以上的样品约占 35%，总烃大于 200μg/g 的样品占 66%，生烃潜量大于 2.0mg/g 的样品为 5%（图 6-1），有机碳含量和生烃潜量较低，这与有机质热演化程度高有关，查参 1 井巴音戈壁组烃源岩恢复后的有机质丰度可达到中等偏好丰度的标准。

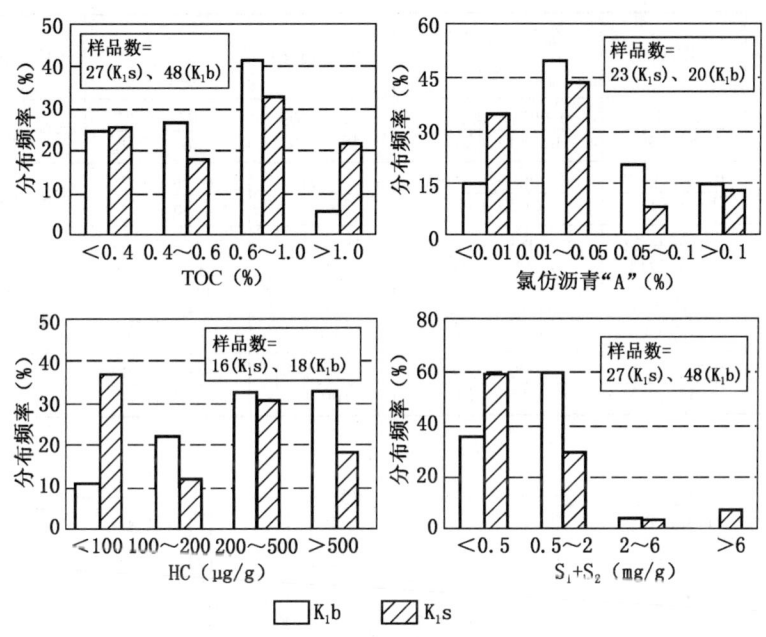

图 6-1 查参 1 井下白垩统暗色泥岩有机质丰度分布频率图

2. 尚丹坳陷

尚丹坳陷西北缘的巴隆乌拉和塔布陶勒盖剖面见到了丰度很好的巴音戈壁组湖相泥岩类烃源岩。有机碳含量为 0.43%～6.24%，平均达 1.98%；氯仿沥青"A"为 0.0018%～0.4134%，平均为 0.1322%；总烃在 18～1378μg/g 之间，平均为 562μg/g；生烃潜量为 0.19～53.27mg/g，平均为 13.98mg/g（表 6-11）。其中有机碳含量大于 1.0% 的样品约占 40%，有 33% 的样品氯仿沥青"A"大于 0.1%，总烃大于 200μg/g 的样品在 90% 左右，有 50% 的样品生烃潜量大于 6mg/g（图 6-2）。从以上数据看，这套烃源岩的有机碳含量和生烃潜量高，而氯仿沥青"A"和总烃的含量相对低，这无疑与露头样品长时间出露地表遭受风化有关，若扣除风化作用的影响，则巴音戈壁组烃源岩在尚丹坳陷属好丰度烃源岩。

3. 居延海坳陷

居延海坳陷有天 1 井、居参 1 井和额 1 井（地矿部）三口井。天 1 井钻遇一套好的丰度的巴音戈壁组湖相暗色泥岩。其有机碳含量为 0.77%～2.77%，平均 1.34%；氯仿沥青"A"为 0.0099%～0.4051%，平均为 0.1558%；总烃在 398～2380μg/g 之间，平均为 1100μg/g；生烃潜量为 1.65～15.13mg/g，平均为 5.04mg/g。有机碳含量大于 1.0% 的样品约占 85%，有 70% 的样品氯仿沥青"A"大于 0.1%，总烃大于 500μg/g 的样品在 80%

左右,有85%的样品生烃潜量大于2mg/g。这是迄今在银—额盆地所发现的丰度最好,有一定厚度和分布面积的一套烃源岩。居参1井下白垩统巴音戈壁组处于氧化环境,暗色泥岩分布少,有机质丰度也差,有机碳含量为0.13%~2.38%,平均为0.57%;氯仿沥青"A"为0.0024%~0.0045%,平均为0.0034%;生烃潜量平均为1.83mg/g,表明该套暗色泥岩为非烃源岩。由于居参1井位于下白垩统沉积的边缘,而居东凹陷下白垩统烃源岩以滨浅湖、半深湖相沉积为主,在下白垩统沉积环境好的地方可能有好丰度烃源岩分布。

表6-11 银—额盆地巴音戈壁组烃源岩有机质丰度评价

坳陷		TOC(%)	氯仿沥青"A"(%)	HC(μg/g)	S_1+S_2 (mg/g)	丰度评价	代表井或露头剖面
查干德勒苏	井	$\frac{0.15\sim1.25}{0.63\ (48)}$	$\frac{0.0031\sim0.2115}{0.0543\ (207)}$	$\frac{59\sim1709}{452\ (18)}$	$\frac{0.04\sim2.75}{0.81\ (49)}$	中等偏好	查参1井
	剖面	$\frac{0.42\sim2.07}{1.11\ (11)}$	$\frac{0.0086\sim0.0653}{0.033\ (11)}$	$\frac{8\sim66}{39\ (9)}$	$\frac{0.46\sim7.7}{2.35\ (11)}$	中等偏好	乌拉特后旗
尚丹	剖面	$\frac{0.43\sim6.24}{1.98\ (21)}$	$\frac{0.0018\sim0.4134}{0.1322\ (21)}$	$\frac{18\sim1378}{562\ (8)}$	$\frac{0.19\sim53.27}{13.98\ (16)}$	好	巴隆乌拉
苏红图	剖面	$\frac{0.6\sim1.6}{1.02\ (4)}$	$\frac{0.0013\sim0.0341}{0.0148\ (4)}$	$\frac{35\sim86}{61\ (2)}$	$\frac{0.42\sim2.44}{1.43\ (3)}$	中等	恩根陶来
居延海	井	$\frac{0.77\sim2.77}{1.34\ (26)}$	$\frac{0.0099\sim0.4051}{0.1558\ (9)}$	$\frac{398\sim2380}{1100\ (8)}$	$\frac{1.65\sim15.13}{5.04\ (26)}$	好	天1井

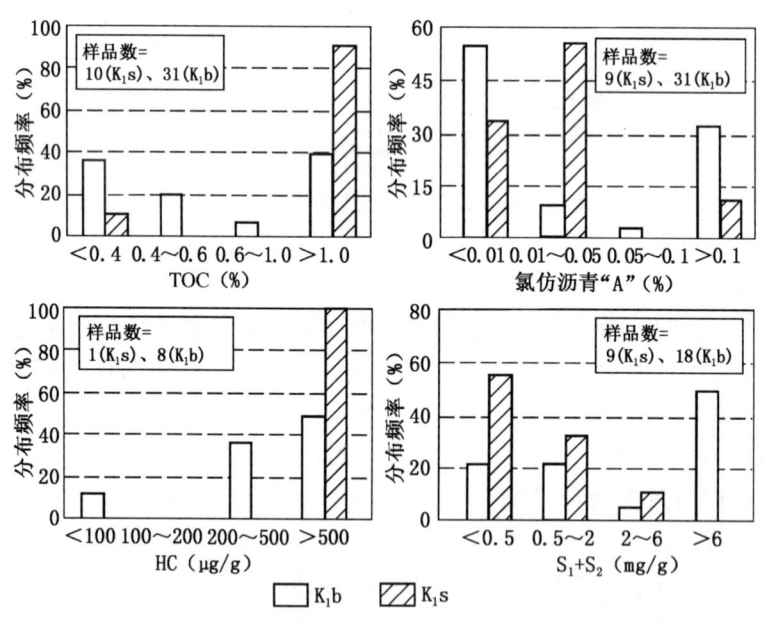

图6-2 尚丹坳陷边缘露头下白垩统暗色泥岩有机质丰度分布频率图

4. 苏红图坳陷

苏红图坳陷的地球化学资料较少,仅有恩根陶来和苏红图两条露头剖面的烃源岩样品,其有机碳含量平均为1.02%,氯仿沥青"A"平均为0.0148%,总烃平均61μg/g,生烃潜量平均为1.43mg/g(表6-11),表明露头所见巴音戈壁组烃源岩为中等偏差丰度烃源岩。

由于苏红图坳陷下白垩统烃源岩为半深湖、滨浅湖相沉积，若考虑丰度与沉积相的关系，则在苏红图坳陷巴音戈壁组烃源岩为中等以上丰度烃源岩。

（四）下白垩统苏红图组

1. 查干德勒苏坳陷

查参 1 井苏红图组烃源岩以苏红图组一段深灰色泥岩为主，有机碳含量在 0.19%～2.66%之间，平均为 0.90%；氯仿沥青"A"为 0.004%～0.3757%，平均为 0.0533%；总烃在 39～2527μg/g 之间，平均为 489μg/g；生烃潜量为 0.07～10.74mg/g，平均为 1.00mg/g（表 6-12）。有 55%的样品有机碳含量大于 0.6%，氯仿沥青"A"在 0.05%以上的样品约占 22%，总烃大于 200μg/g 的样品占 50%，生烃潜量大于 2.0mg/g 的样品为 11%（图 6-1）。以上数据表明，查参 1 井苏红图组一段烃源岩多数样品有机碳含量达到了中好丰度的标准，但氯仿沥青"A"、总烃和生烃潜量较低，查参 1 井苏红图组烃源岩总体为中等丰度烃源岩。

表 6-12 银—额盆地苏红图组烃源岩丰度评价

坳陷		TOC（%）	氯仿沥青"A"（%）	HC（μg/g）	S_1+S_2（mg/g）	丰度评价	代表井或露头剖面
查干德勒苏	井	$\frac{0.19\sim2.66}{0.9\ (27)}$	$\frac{0.004\sim0.3757}{0.0533\ (23)}$	$\frac{39\sim2527}{489\ (16)}$	$\frac{0.07\sim10.74}{1.00\ (27)}$	中等	查参 1 井
尚丹	剖面	$\frac{1.77\sim4.52}{2.47\ (8)}$	$\frac{0.0006\sim0.3383}{0.0532\ (8)}$	2467（1）	$\frac{0.09\sim3.337}{0.955\ (8)}$	好	巴隆乌拉
苏红图	剖面	$\frac{0.58\sim2.2}{1.39\ (2)}$	$\frac{0.0055\sim0.0786}{0.0421\ (2)}$	116（1）	5.77（1）	中等	恩根陶来
居延海	井	$\frac{0.42\sim2.51}{1.06\ (14)}$	$\frac{0.0118\sim0.0433}{0.0258\ (4)}$	$\frac{69\sim195}{119\ (3)}$	$\frac{0.1\sim12.6}{3.5\ (14)}$	差	天 1 井
		$\frac{0.27\sim0.53}{0.37\ (6)}$			$\frac{0.064\sim0.587}{0.17\ (6)}$	非	居参 1 井
务桃亥	井	$\frac{0.42\sim2.04}{0.89\ (27)}$	$\frac{0.0019\sim0.0295}{0.0112\ (14)}$	$\frac{2\sim88}{27\ (12)}$	$\frac{0.091\sim1.42}{0.34\ (27)}$	中等	务参 1 井

2. 尚丹坳陷

尚丹坳陷西北缘的巴隆乌拉露头剖面苏红图组烃源岩的有机质丰度如下：有机碳含量为 1.77%～4.52%，平均为 2.47%；氯仿沥青"A"为 0.0006%～0.3383%，平均为 0.0532%；总烃为 2467μg/g（仅有一个数据）；生烃潜量为 0.09～3.337mg/g，平均为 0.955mg/g（表 6-12）。其中 90%的样品有机碳含量大于 1.0%，11%的样品氯仿沥青"A"大于 0.1%，有 40%的样品生烃潜量大于 0.5mg/g（图 6-2）。多数样品有机碳含量高而氯仿沥青"A"含量相对低，这与烃源岩样品出露地表遭受风化有关，苏红图组烃源岩在尚丹坳陷应为好丰度烃源岩。

3. 居延海坳陷

居延海坳陷天 1 井苏红图组有机碳含量为 0.42%～2.51%，平均为 1.06%；氯仿沥青"A"在 0.0118%～0.0433%，平均为 0.0258%；总烃为 69～195μg/g，平均 119μg/g；生烃潜量为 0.1～12.6mg/g，平均为 3.5mg/g（表 6-12）。其中 50%的样品有机碳含量小于 0.6%，四块样品中三块氯仿沥青"A"在 0.01%～0.05%，一块小于 0.01%，总烃小于 100μg/g 的样品占 67%，有 40%的样品生烃潜量大于 0.5mg/g（图 6-3），可见天 1 井苏红图组烃源岩为差丰度烃源岩。居参 1 井苏红图组有机质的丰度也差（表 6 - 12）。

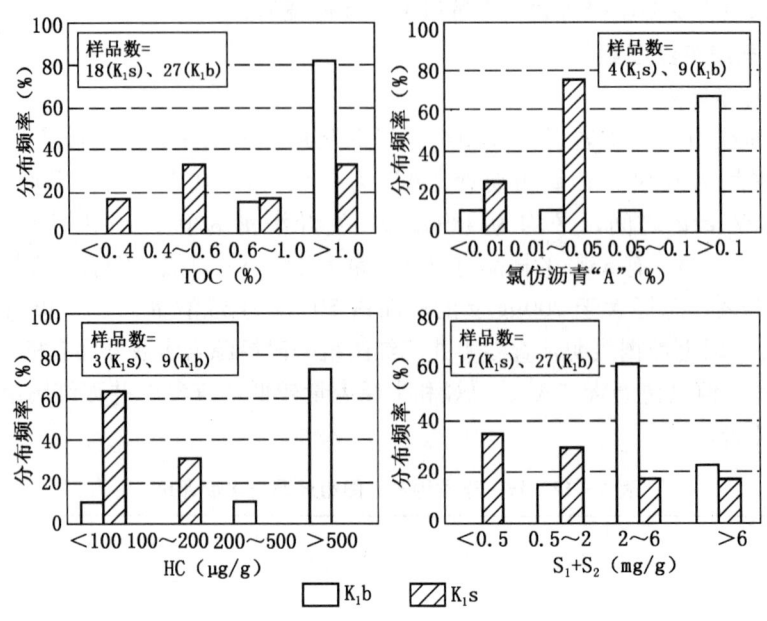

图 6 - 3　天 1 井下白垩统暗色泥岩有机质丰度分布频率图

4. 务桃亥坳陷

务桃亥坳陷务参 1 井苏红图组发育湖相泥岩和煤系烃源岩。湖相暗色泥岩有机碳含量在 0.42%～2.04% 之间，平均为 0.89%；氯仿沥青"A"平均为 0.0112%；总烃平均为 27μg/g；生烃潜量平均为 0.34mg/g（表 6 - 12）。因此，务参 1 井苏红图组暗色泥岩为中等偏差丰度烃源岩。由于务参 1 井位于苏红图组沉积中心附近，因此务桃亥坳陷苏红图组湖相暗色泥岩基本为中等或中等以下丰度烃源岩。务参 1 井碳质泥岩及煤的丰度如表 6 - 13 所示，若按煤系烃源岩的标准评价，为差丰度或非烃源岩。

表 6 - 13　务参 1 井煤系有机质丰度评价

烃源岩类型\指标	TOC（%）	氯仿沥青"A"（%）	HC（μg/g）	$S_1 + S_2$（mg/g）	I_H（mg/g）	丰度评价
碳质泥岩	$\frac{1.54～36.15}{13.35}$ (13)	$\frac{0.0023～0.5427}{0.301}$ (6)	$\frac{457～1597}{1008}$ (5)	$\frac{0.20～52.97}{11.27}$ (13)	$\frac{0～145}{69}$ (13)	差
煤	$\frac{40.64～53.1}{46.44}$ (4)	$\frac{0.037～1.1668}{0.7447}$ (3)	$\frac{92～2508}{1519}$ (3)	$\frac{52.7～72.53}{63.39}$ (4)	$\frac{104～172}{138}$ (4)	差

5. 苏红图坳陷

苏红图组烃源岩的有机碳平均为 1.39%，氯仿沥青"A"平均为 0.0421%，总烃 116μg/g，生烃潜量平均为 5.77mg/g（表 6 - 12），为中等丰度烃源岩，推测在各凹陷内部丰度可能变好。

综上所述，盆地的三套烃源岩以巴音戈壁组湖相泥岩类烃源岩为最好。其中尚丹坳陷、居延海坳陷和查干德勒苏等坳陷的巴音戈壁组好丰度烃源岩在纵向和横向上均有一定分布，如尚丹坳陷的巴隆乌拉剖面，有机碳平均含量达 1.98%，氯仿沥青"A"平均 0.1322%，总烃平均562μg/g；居延海坳陷天1井有机碳含量平均1.34%，氯仿沥青"A"平均达0.1558%，总烃平均1100μg/g（表6-11）。苏红图组暗色泥岩在各凹陷差别较大，但总体上盆地东部烃源岩丰度较西部要好。中下侏罗统烃源岩总体为中等偏差丰度烃源岩。煤系烃源岩，如在居参1井、务参1井、天1井等井的碳质泥岩和煤以差丰度或非烃源岩为主。

二、有机质类型

有机质类型是评价烃源岩优劣的质量指标，有机质类型的划分方法较多，本文采用干酪根镜检、干酪根元素分析、岩石热解、干酪根碳同位素组成、红外光谱及生物标记化合物等多指标综合分类。表6-14为银—额盆地有机质类型评价标准。

表6-14 银—额盆地有机质类型评价标准

有机质类型	Ⅰ	Ⅱ$_1$	Ⅱ$_2$	Ⅲ
H/C	>1.3	1～1.3	0.8～1	<0.8
I_H（mg/g）	>475	260～475	65～260	<65
TI	>80	40～80	0～40	<0
$\delta^{13}C_{干酪根}$（‰）	<-28.0	-25.5～-28.0	-22.5～-25.5	>-22.5

注：TI为干酪根类型指数。说明见正文。

（一）干酪根元素组成特征

中下侏罗统烃源岩在居延海坳陷居参1井其H/C原子比在0.5左右，O/C原子比在0.05内，处在高成熟演化区域内，考虑沉积环境应为Ⅲ型有机质；在尚丹坳陷和苏亥图坳陷南缘露头样品均在范氏图Ⅲ型区域内。中下侏罗统烃源岩总体以Ⅲ型为主（图6-4）。

下白垩统巴音戈壁组烃源岩样品大部分分布在范氏图的Ⅰ—Ⅱ$_2$型区域内（图6-5）。查参1井巴音戈壁组烃源岩的H/C原子比在0.2～1.0之间，O/C原子比绝大多数样品在0.03～0.13内，处在高成熟演化区域内，其有机质类型在范氏图上较难确定。若根据沉积相、古气候推断，查参1井在巴音戈壁组沉积时水体深，气候湿热，高等植物和水生生物繁盛，其有机质类型应以Ⅱ$_2$型为主，含有部分Ⅰ型、Ⅱ$_1$型及Ⅲ型干酪根。尚丹坳陷边缘露头巴音戈壁组烃源岩干酪根H/C原子比在1.1～1.5之间，O/C原子比在0.01～0.16内，以Ⅰ型为主，Ⅱ$_1$型干酪根次之。居延海坳陷天1井巴音戈壁组烃源岩的H/C原子比在0.8～1.2之间，绝大多数样品的O/C原子比在0.05～0.15内，大部分样品为Ⅰ型，部分为Ⅱ$_1$型和Ⅱ$_2$型。苏红图坳陷以Ⅱ$_2$型为主（图6-5）。

苏红图组以Ⅱ$_2$、Ⅲ型有机质为主，部分Ⅱ$_1$、Ⅰ型有机质，反映了苏红图组烃源岩沉积时水体变浅，陆源输入相对占优势（图6-6）。其中查干德勒苏坳陷查参1井大多数样品H/C原子比在0.3～0.8之间，O/C原子比在0.04～0.1内，处在范氏图上Ⅱ$_2$型及Ⅲ型区域内，部分样品为Ⅰ型、Ⅱ$_1$型有机质。尚丹坳陷边缘露头巴隆乌拉剖面苏红图组烃源岩干酪根H/C原子比在0.3～0.7之间，O/C原子比在0.05～0.2内，主要为Ⅲ型有机质。居延海坳陷天1井及坳陷周缘露头小土包井苏红图组H/C原子比在0.6～1.2之间，O/C原子比在0.05～0.18内，以Ⅲ型和Ⅱ$_2$型有机质为主。务桃亥坳陷务参1井绝大部分样品落在范氏图Ⅲ型区域内，有机质类型差。苏红图坳陷以Ⅱ$_2$型为主（图6-6）。

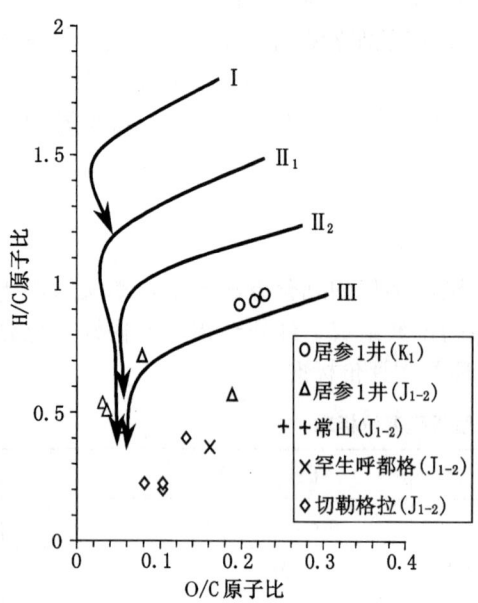

图6-4 银—额盆地中下侏罗统烃源岩干酪根元素组成图

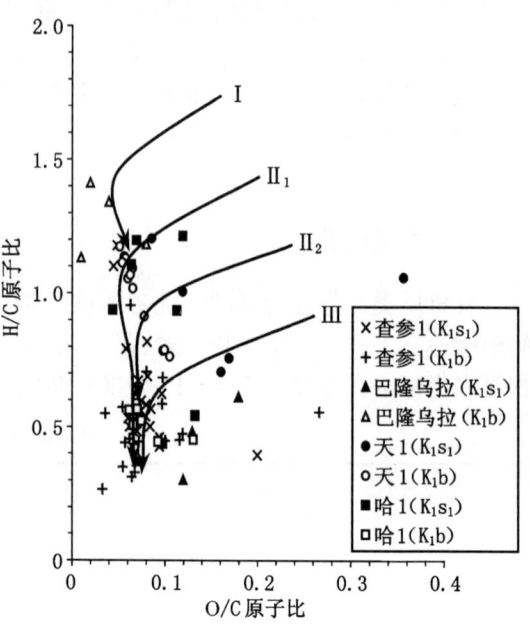

图6-5 银—额盆地下白垩统烃源岩干酪根元素组成图

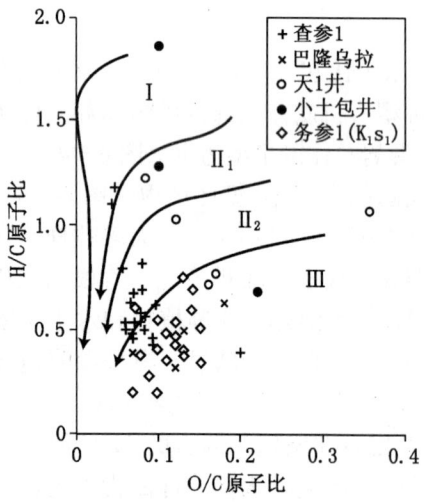

图6-6 银—额盆地苏红图组烃源岩干酪根元素组成图

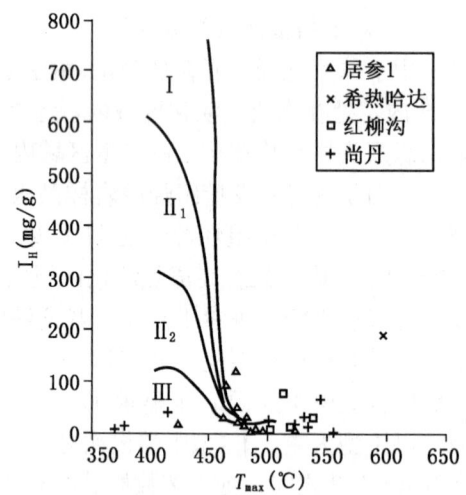

图6-7 银—额盆地中下侏罗统烃源岩 T_{max} 与热解氢指数关系图

（二）干酪根镜检

干酪根镜检结果用类型指数 TI 表示。TI = $(a×100 + b×50 - c×75 - d×100)/100$，其中 a、b、c、d 分别表示类脂体、壳质体、镜质体、惰质体的相对百分含量，用 TI 值可将干酪根分为四类（表6-14）。

表6-15为中下侏罗统烃源岩的干酪根镜检结果，居延海坳陷居参1井以 II_2 型为主，II_1 型及 III 型干酪根次之，尚丹坳陷 II_2 型和 III 型干酪根相当，各占43%，并以二者为主。

表 6-15 中下侏罗统烃源岩有机质类型镜检分类

坳　陷	典型剖面	层位	Ⅰ（%）	Ⅱ₁（%）	Ⅱ₂（%）	Ⅲ（%）	样品数
居延海	居参 1 井	J₁₋₂		25	50	25	4
尚丹、苏亥图	切勒格拉	J₁₋₂		25	50	25	7
	罕生乎都格	J₁₋₂			33	67	3
	红柳沟	J₁₋₂				100	1

下白垩统巴音戈壁组烃源岩以Ⅱ型有机质为主，其中查干德勒苏坳陷的查参 1 井以Ⅱ₁型干酪根为主，Ⅱ₂次之；尚丹坳陷北缘巴隆乌拉等剖面以Ⅲ型干酪根为主，但Ⅰ型干酪根也为数不少；居延海坳陷天 1 井以Ⅱ₂型为主，有部分Ⅲ型和Ⅱ₁型干酪根；苏红图坳陷以Ⅰ型干酪根为主，Ⅱ₂型干酪根次之；居延海坳陷以Ⅱ₂型有机质为主（表 6-16）。

表 6-16 巴音戈壁组烃源岩有机质类型镜检分类

坳　陷	典型剖面	层位	Ⅰ（%）	Ⅱ₁（%）	Ⅱ₂（%）	Ⅲ（%）	样品数
查干德勒苏	查参 1 井	K₁b		60	40		
	巴隆乌拉	K₁b	37	13		50	8
居延海	天 1 井	K₁b			75	25	12
	居参 1 井	K₁b			100		3
苏红图	哈 1 井	K₁b		60	40		10

苏红图组烃源岩以Ⅱ型和Ⅲ型有机质为主，其中查干德勒苏坳陷的查参 1 井以Ⅱ₂型干酪根为主；尚丹坳陷北缘巴隆乌拉等剖面为Ⅲ型干酪根；居延海坳陷天 1 井为Ⅱ₂型干酪根；务桃亥坳陷务参 1 井以Ⅱ₂型为主，Ⅲ型和Ⅱ₁型干酪根次之（表 6-17）。

表 6-17 苏红图组烃源岩有机质类型镜检分类

坳　陷	典型剖面	层位	Ⅰ（%）	Ⅱ₁（%）	Ⅱ₂（%）	Ⅲ（%）	样品数
查干德勒苏	查参 1 井	K₁s₁		8	92		24
	巴隆乌拉	K₁s₁				100	6
居延海	天 1 井	K₁s₁			100		5
苏红图	哈 1 井	K₁s₁			100		13
务桃亥	务参 1 井	K₁s					

（三）烃源岩热解氢指数

烃源岩热解氢指数结合热演化可较好反映有机质的类型。从图 6-7 可看到，中下侏罗统烃源岩的热解氢指数基本小于 100mg/g，以Ⅲ型有机质为主。但中下侏罗统烃源岩有机质的热演化程度普遍很高，T_{max}值一般在 460℃以上，若考虑热演化因素，其有机质类型可能会达到Ⅱ₂型。下白垩统巴音戈壁组烃源岩的热解氢指数变化于 0~800mg/g 之间，有机质类型较丰富，以Ⅱ₁型、Ⅱ₂型和Ⅰ型为主并呈均势分布（图 6-8）。查干德勒苏坳陷查参 1 井热解氢指数大体在 40~100mg/g 之间，该值较低，可能与烃源岩的热演化程度高有关。考虑沉积相等因素则以查参 1 井为代表的查干德勒苏坳陷巴音戈壁组烃源岩应以Ⅱ₁型有机质为主。尚丹坳陷北缘巴隆乌拉露头剖面热解氢指数主要分布在400~800mg/g之间，多数样品分布在Ⅰ型区域内，有少数Ⅱ型和Ⅲ型有机质。居参1井巴音戈壁组热解氢指数在0~100mg/g之间，为典型的Ⅲ型有机质。天1井巴音戈壁组的热解氢指数在40~530mg/g之间，多数样品为Ⅱ$_1$型和Ⅰ型有机质，Ⅱ$_2$型次之，只有一个样品在Ⅲ型区域内，由于天1井尚处在天草凹陷巴音戈壁组沉积的边部，故巴音戈壁组在天草凹陷应以Ⅰ型有机质为主。苏红图坳陷恩根陶来露头剖面样品较少，主要分布在Ⅱ$_2$型和Ⅲ型区域内。

热解氢指数表明，苏红图组烃源岩以Ⅲ型和Ⅱ$_2$型有机质为主，部分凹陷少数样品分布在Ⅱ$_1$型和Ⅰ型区域内。居延海坳陷天1井热解氢指数在25~550mg/g之间，以Ⅲ型和Ⅱ$_2$型有机质为主，但有部分样品分布在Ⅱ$_1$型和Ⅰ型区域内，表明天1井苏红图组烃源岩有机质类型较丰富。查干德勒苏坳陷查参1井热解氢指数在30~120mg/g之间，以Ⅲ型和Ⅱ$_2$型为主，少数样品分布在Ⅱ$_1$型和Ⅰ型区域内；苏红图坳陷以Ⅱ型干酪根为主；尚丹坳陷北缘巴隆乌拉露头剖面、务桃亥坳陷务参1井以及居延海坳陷居参1井苏红图组烃源岩多数样品分布在Ⅲ型区域内（图6-9）。

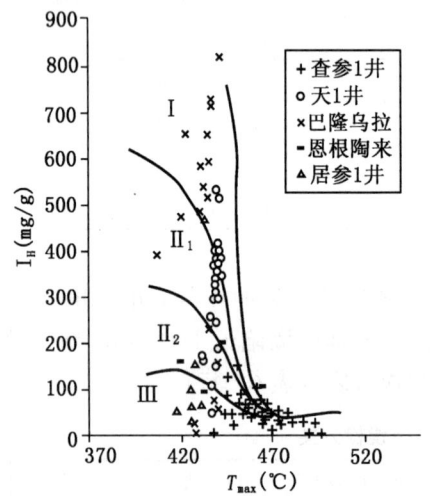

图6-8 银—额盆地巴音戈壁组
烃源岩 T_{max} 与热解氢指数关系图

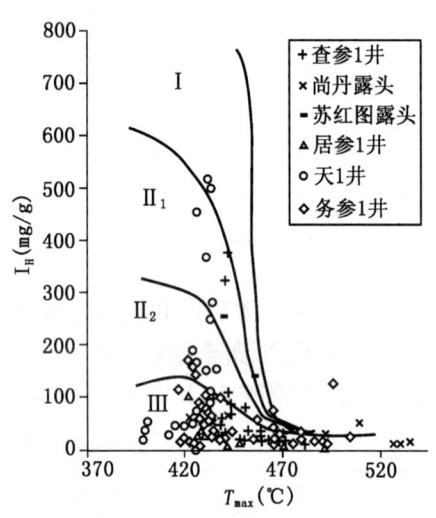

图6-9 银—额盆地苏红图组
烃源岩 T_{max} 与热解氢指数关系图

（四）干酪根碳同位素

干酪根碳同位素组成可反映有机质的性质和来源，故常用来划分干酪根的类型。脂族类中碳贫^{13}C，而羰基等集团中碳相对富集^{13}C，因此，Ⅰ型干酪根碳同位素组成相对偏轻而Ⅲ型干酪根偏重。

图6-10为下白垩统巴音戈壁组和苏红图组烃源岩干酪根碳同位素分布频率图。巴音戈壁组烃源岩的δ^{13}C干酪根值偏轻，约50%的样品δ^{13}C干酪根在-30‰~-28‰之间，有机质类型以Ⅰ型为主，Ⅱ$_1$型和Ⅱ$_2$型次之。苏红图组δ^{13}C干酪根值相对偏重，有65%的样品的δ^{13}C干酪根分布在-22‰~-26‰之间，部分样品分布在-20‰~-22‰之间，以Ⅱ$_2$型为主，有部分Ⅲ型有机质。中下侏罗统烃源岩的δ^{13}C干酪根分布具Ⅲ型干酪根的特征（图6-11）。

（五）干酪根红外光谱

本区这方面的资料很少，仅在盆地南缘中下侏罗统露头有三个数据（表6-18）。这些

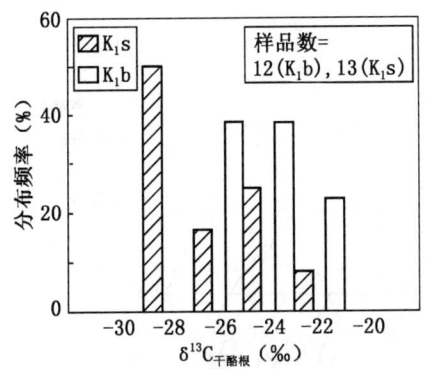

图 6-10 银—额盆地下白垩统
烃源岩干酪根碳同位素分布频率图

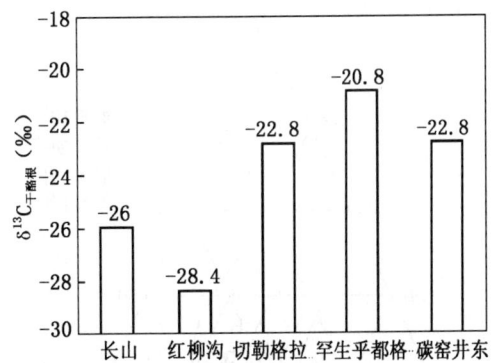

图 6-11 银—额盆地中下侏罗统
烃源岩干酪根碳同位素分布频率图

数据表明,中下侏罗统烃源岩干酪根红外光谱具脂族基团吸收峰普遍较强,具较好的生烃潜力。

表 6-18 银—额盆地中下侏罗统烃源岩干酪根红外光谱数据表

坳 陷	剖 面	1460cm^{-1}/1600cm^{-1}	2020cm^{-1}/1600cm^{-1}	1710cm^{-1}/1600cm^{-1}
尚丹	切勒格拉	3.16	4.63	2.74
	罕生乎都格	2.79	4.40	2.65
苏亥图	红柳沟	2.61	3.33	2.57

(六) 生物标记化合物特征

1. 正构烷烃

在讨论生源问题时已详细描述了烃源岩正构烷烃的分布特征。正构烷烃的分布特征表明下白垩统烃源岩以 II_1 型和 II_2 型有机质为主,中下侏罗统烃源岩则以 III 型和 II_2 型有机质为主。

2. 甾烷

甾烷类化合物在成岩作用及深成作用初期其结构组成不易变化,能较好地反映生源组成的本来面貌,所以是确定母质类型的较好参数。$\alpha\alpha\alpha$—30R 生物型的 C_{27}、C_{28}、C_{29} 三个碳数的甾烷的相对组成常用来划分有机质类型。以水生生物源为其生源的 I 型有机质以富含 C_{27} 甾烷为特征,而以陆源高等植物源为主要生源的 III 型有机质的 C_{29} 甾烷含量很高,II 型有机质烃源岩的甾烷的相对组成介于二者之间。从甾烷的分布来看,下白垩统烃源岩有 II_1 型、II_2 型和 III 型三种有机质类型,以 II_2 型为主(图 6-12),中下侏罗统烃源岩以 III 型和 II_2 型为主(图 6-13)。

(七) 有机质类型综合评价

表 6-19 列出了各种指标所得的结果,结合各种指标的可靠性进行综合判断,对盆地中下侏罗统、下白垩统巴音戈壁组和苏红图组等三套烃源岩的有机质类型有以下认识:

(1) 中下侏罗统烃源岩为河湖沼泽相沉积,以 III 型、II_2 型有机质为主,各凹陷大体上一致。

(2) 下白垩统巴音戈壁组烃源岩沉积时水体普遍深,一般为半深湖相沉积,水生生物繁盛,以 II_1 型和 I 型有机质为主。在尚丹坳陷和居延海坳陷主要为 I 型和 II_1 型有机质,

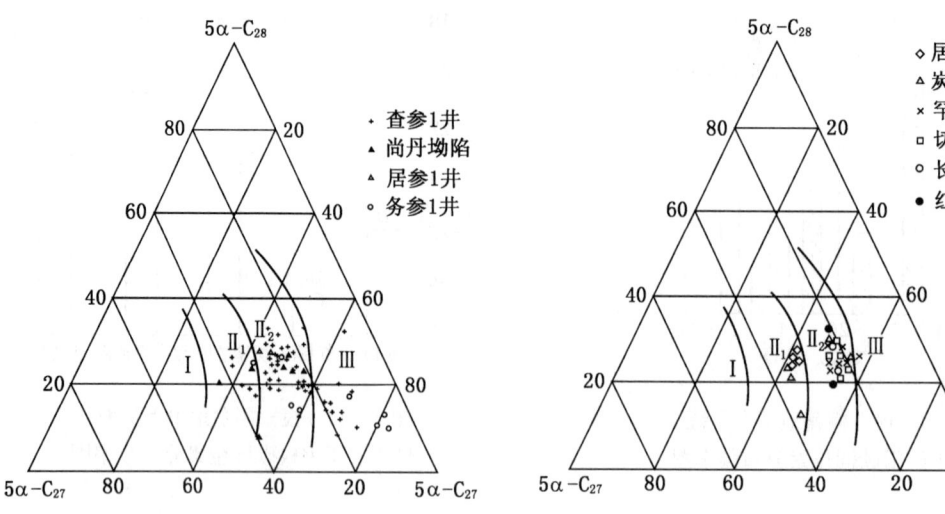

图 6-12 下白垩统烃源岩甾烷
组成三角图

图 6-13 中下侏罗统烃源岩
甾烷组成三角图

部分为 II_2 型和 III 型；查干德勒苏坳陷以 II_1 型和 I 型有机质为主；苏红图坳陷和居延海坳陷 II 型有机质占主导地位。

表 6-19 银—额盆地烃源岩有机质类型综合评价

层位	指标	查干德勒苏	尚丹	居东凹陷	居延海	务桃亥	苏红图	苏亥图	有机质类型综合评价
J_{1-2}	干酪根元素		III	III				III	III、II_2
	干酪根镜检		II_2、III	II_2、III				II_2、III	
	热解色谱		III、II_2	III、II_2				III、II_2	
	$\delta^{13}C_{干酪根}$		III	III				III	
	生物标记化合物		III、II_2	III、II_2				III、II_2	
	有机质类型分区评价		III、II_2	III、II_2				III、II_2	
$K_1 b$	干酪根元素	II_1、I	I、II_1	III、II_2	I、II_1		II_2		II_1、I
	干酪根镜检	II_1、II_2	III、I		II_2			I、II_2	
	热解色谱	II_1	I、II	III、II_2	II_1、I			II_2、III	
	$\delta^{13}C_{干酪根}$	II_2、II_1			II_1、I				
	生物标记化合物	II_1、II_2	I、II_2		II_1、I				
	有机质类型分区评价	II_1、I	I、II_1		II_1				
$K_1 s$	干酪根元素	II_2、III	III	III	II_2、III	III			II_2、III
	干酪根镜检	II_2			II_2	II_2、III			
	热解色谱	III、II_2	III	III	II_2、II_1	II_2、II_1			
	$\delta^{13}C_{干酪根}$	III	II_2		II_2				
	生物标记化合物	II_2、III	II_2	III	II_2				
	有机质类型分区评价	II_2、III	III、II_2	III、II_2	II_2、II_1	III、II_2			

（3）苏红图组烃源岩有机质总体为 II_2 型和 III 型。其中苏红图坳陷以 II_2 型为主；查干德勒苏坳陷和居延海坳陷为 II_2 型和 III 型有机质；尚丹坳陷和务桃亥坳陷以 III 型和 II_2 型有机质为主。

三、有机质的热演化特征

有机质的成熟度表征了沉积有机质向石油转化的热驱动反应的程度。在影响烃类生成的诸因素中，有机质的成熟作用是最重要的因素之一。潜在的烃源岩一般用有机质的数量、质量和热演化程度来描述，有潜力的烃源岩指具有足够量的、类型适合的、能生成大量石油的干酪根的沉积岩，但它们还没达到热成熟，只有经历了一定热演化的烃源岩才有可能生成过烃类。有机质成熟度的可靠评价必须综合考虑各热演化指标，表 6-20 为本书的有机质热演化评价标准，这一标准主要参考了胡见义、黄第藩等（1994）的划分方案[5]。

表 6-20　银—额盆地烃源岩成熟度划分标准

成熟度阶段 指标	未成熟	低成熟	成熟（生油高峰阶段）	高成熟（湿气凝析油阶段）	过成熟（干气阶段）
R_o（%）	<0.5	0.5~0.7	0.7~1.3	1.3~2.0	>2.0
T_{max}（℃）	<435	435~445	445~460	460~530	>530
OEP	>1.2	1.2~1.0			1±
$ααα-C_{29}20S/(20S+20R)$（%）	<20	20~50			
$ββ-C_{29}/\Sigma C_{29}$（%）	<25				
Tm/Ts	>2	2~1			
C_{31}藿烷 22S/22R	<1	>1			
孢粉色级指数 SCI	<2.75				
伊蒙混层比（%）	>50				

（一）查参1井

今以查参1井为例，讨论盆地有机质的热演化。

图 6-14 为查参1井的有机质热演化综合剖面图，其热演化特征和热演化阶段划分如下。

1. 未成熟阶段

在井深 1000m 范围内，包括银根组上部至第四系地层，各指标显示了未成熟的特征：孢粉颜色呈黄、棕黄色，色变指数 SCI 小于 2.75，平均为 2.62，热解 T_{max} 平均为 390.2℃，均小于 435℃。根据下部地层 R_o 值回归结果（秦云龙等，1996）[4]，在埋深小于 1000m 时，R_o 值小于 0.5%，现今生烃门限为 1000m。

2. 成熟阶段

在现今埋深 1000~2794m，包括银根组中下部和苏红图组二段，R_o 值在 0.76%~1.61% 之间，孢粉色变指数 SCI 为 2.96~3.38 之间，OEP 为 1.04~1.29；升藿烷 22S/22R 平均为 1.29；20S/(20S+20R)—C_{29} 甾烷和 $ββ—C_{29}/\Sigma C_{29}$ 甾烷分别平均为 35.78% 和 42.35%。上述指标显示了成熟阶段的特征。但"A"/TOC、HC/TOC 在本段中上部较低，没有出现

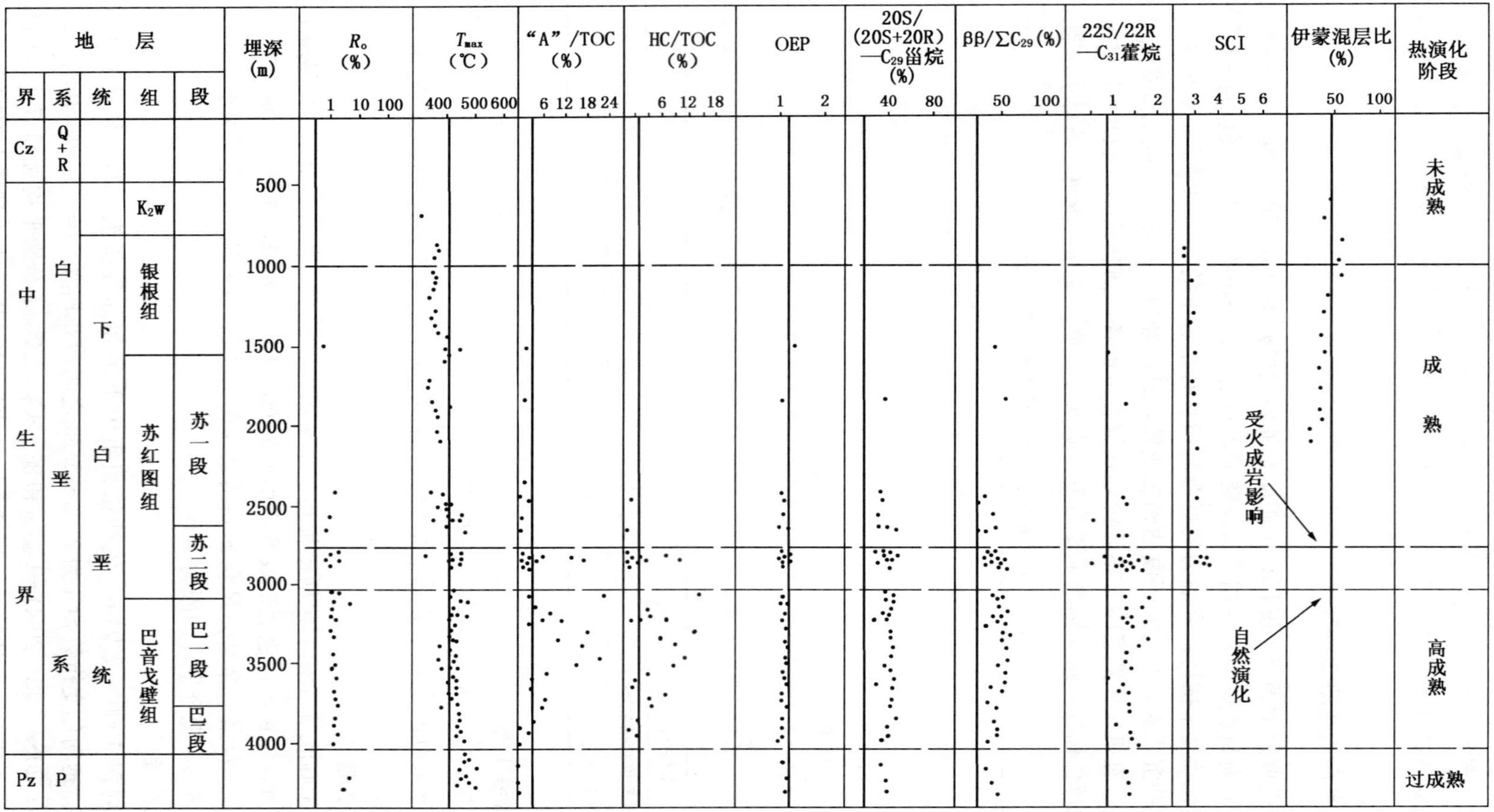

图 6-14 查参 1 井有机质热演化综合剖面图

生烃高峰，这与本段烃源岩有机质丰度低有关。

3. 高成熟阶段（湿气凝析油阶段）

在现今埋深 2794～4048m 范围内，包括苏红图组二段下部—巴音戈壁组地层，R_o 值为 1.16%～2.32%；孢粉色变指数 SCI 平均为 3.69；20S/(20S+20R)—C_{29}甾烷和 $\beta\beta$—$C_{29}/\Sigma C_{29}$甾烷 分别平均为 40.48% 和 52.28%，表明本段地层具有高成熟的特征。在本段"A"/TOC 及 HC/TOC 呈现了异常的高值，分别平均为 12.21% 和 7.21%。2794～3038m 井段范围内的烃源岩由于火成岩的影响使其热演化达到了高成熟阶段。

4. 过成熟阶段（干气阶段）

现今埋深大于 4048m 内，包括二叠系地层，R_o 值平均高达 4.53%。

总之，查参 1 井现今生烃门限为 1000m，巴音戈壁组和苏一段已处于高成熟阶段。

（二）盆地其他地区

尚丹坳陷、苏红图坳陷和苏亥图坳陷目前尚无石油探井，根据露头剖面的情况，可粗略推断各凹陷烃源岩的热演化状况。

尚丹坳陷中下侏罗统烃源岩 R_o 值在 0.54%～1.18% 之间，平均为 0.88%；热解 T_{max} 为 415～557℃，平均为 489℃；OEP 平均为 1.17；$\alpha\alpha\alpha$—C_{29}甾烷 20S/(20S+20R) 和 $\alpha\beta\beta$—C_{29}甾烷的 $\beta\beta$—$C_{29}/\Sigma C_{29}$ 分别为 47% 和 40%（表 6-21）。上述数据表明，尚丹坳陷边缘露头剖面中下侏罗统烃源岩已经历了成熟热演化阶段，推测在各凹陷内部其成熟度将更高。下白垩统烃源岩的 R_o 值平均为 0.64%；T_{max} 平均为 439℃；OEP 平均为 1.09（扣除火成岩影响样品后），总体上体现了低熟的特征。

表 6-21 银—额盆地无井地区烃源岩热演化综合评价表

坳陷	剖面	时代	R_o（%）	T_{max}（℃）	OEP	HC/TOC（%）	T_m/T_s	$\alpha\alpha\alpha$—C_{29} S/(S+R)	$C_{29}\beta\beta/\Sigma C_{29}$	综合评价
尚丹	巴隆乌拉	K_1b	$\frac{0.77\sim1.19}{0.96\,(6)}$	$\frac{432\sim535}{472\,(11)}$	$\frac{1.06\sim1.12}{1.09\,(11)}$	$\frac{1.99\sim5.36}{3.26\,(3)}$	0.65	0.37	0.23	低成熟
尚丹	切勒格拉	J_{1-2}	$\frac{0.83\sim1.18}{0.96\,(5)}$	$\frac{502\sim557}{527\,(5)}$	1.29	0.18	1.14	0.47	0.40	成熟
尚丹	罕生乎都格	J_{1-2}	$\frac{0.54\sim1.04}{0.83\,(7)}$	$\frac{415\sim538}{462\,(7)}$	1.14	1.35	1.10	0.46	0.38	成熟
苏红图	恩根陶来	K_1b	$\frac{0.56\sim0.8}{0.68\,(2)}$		1.63	0.45				低熟
苏亥图	红柳沟	J_{1-2}	1.0	531	1.17	0.44	1.19	0.46	0.41	成熟

苏红图坳陷边缘恩根陶来露头剖面下白垩统烃源岩的 R_o 值在 0.5%～0.8% 之间，OEP 平均为 1.67，为低成熟烃源岩，推测在各凹陷内部可达成熟阶段。

苏亥图坳陷南缘的红柳沟剖面的两块中下侏罗统烃源岩 R_o 值平均为 1.0%；热解 T_{max} 为 531℃；OEP 平均为 1.17；$\alpha\alpha\alpha$—C_{29}甾烷 20S/(20S+20R) 和 $\alpha\beta\beta$—C_{29}甾烷的 $\beta\beta$—$C_{29}/\Sigma C_{29}$ 分别为 46% 和 41%，表明中下侏罗统烃源岩在红柳沟剖面已经历了成熟热演化阶段，在苏亥图坳陷内其热演化程度会更高。

综上所述，银—额盆地多数钻井的生油门限在 1000m 附近。苏红图组烃源岩有机质的热演化程度较低，大部分地区处于低成熟阶段；巴音戈壁组烃源岩热演化程度较高，在多数地区达到了成熟和高成熟的阶段；中下侏罗统烃源岩一般在高成熟阶段。

四、烃源岩热演化史及生排烃史

根据 PRES 专家评价系统和 PeotroMod 石油综合勘探系统（原理及参数选取详见第八章第二节）所进行的盆地模拟，得到了银—额盆地查干、居东、天草、梭梭头及乌力吉等五个主要凹陷的埋藏史、热演化史及生排烃史，从中可以反映出盆地的演化概况。

（一）埋藏史

1. 侏罗纪

早侏罗世时，银—额盆地居东、乌力吉等侏罗纪凹陷开始接受沉积，至晚侏罗世末时，居东凹陷居参 1 井基底深达 4000m，乌力吉凹陷沉降中心基底埋深为 2700 m。各凹陷晚侏罗世末的沉降速率明显高于早中侏罗世。晚侏罗世末期燕山Ⅲ幕构造运动使各区普遍抬升剥蚀，居东凹陷（居参 1 井）和乌力吉凹陷中心处的剥蚀厚度分别达到了 530m 和 380m。

2. 白垩纪

早白垩世时盆地裂陷活动加剧，湖泊星罗棋布。到早白垩世末期抬升前，查干（查参 1 井）、梭梭头（务参 1 井）、居东（居参 1 井）和乌力吉（沉降中心处）等凹陷的基底埋深分别达到了 3900m、3100m、4800m 和 4400m。居东凹陷在此时达到了最大埋深，查干凹陷在此期间的沉降速率明显高于其他凹陷。早白垩世末的抬升使盆地各凹陷遭受了普遍的、不同程度的剥蚀，查干、居东、梭梭头和乌力吉等主要凹陷的剥蚀厚度分别达到了 1050m（查参 1 井）、600m（居参 1 井）、200m（务参 1 井）和 800m。晚白垩世时，银—额盆地进入坳陷阶段，到晚白垩世末时，查干、居东、梭梭头和乌力吉等凹陷基底埋深分别为 4700m、4200m、3800m 和 4900m。查干、乌力吉和梭梭头凹陷达到了最大埋深。

3. 新生代

新生代时，盆地整体处于抬升状态，部分接受沉降的凹陷如查干、居东等凹陷沉降速率显著降低。现今查干凹陷（查参 1 井）、居东凹陷（居参 1 井）梭梭头凹陷（务参 1 井）和乌力吉凹陷中心处的基底埋深分别为 4050m、4300m、3400m 和 4200m。

总之，盆地构造运动是控制沉积地质体埋深的最主要因素，早中侏罗世和早白垩世的裂陷活动为银—额盆地提供了中下侏罗统和下白垩统烃源岩，晚白垩世至今的坳陷过程中盆地各凹陷的沉降速率明显降低。晚白垩世至第三纪的抬升使盆地各区普遍遭受剥蚀，使多数地区的烃源岩的热演化滞缓或停止。

（二）烃源岩热演化史

查干凹陷巴音戈壁组在苏红图组二段上部沉积时还没开始生烃，至银根期末时凹陷大部分地区开始进入低成熟阶段，在凹陷西北、西南和东部的三个沉积中心区 R_o 值达到了 0.8%，已达成熟阶段。晚白垩世末时，大面积的巴音戈壁组烃源岩 R_o 值大于 0.7%，在沉积中心附近 R_o 值达到了 1.0%左右，开始进入生烃高峰期。现今这套烃源岩在查干凹陷基本处于成熟-高成熟状态，在沉降中心区已进入了湿气阶段。

苏红图组一段在晚白垩世末开始进入低成熟阶段，现今在虎勒次凹及额很次凹已进入生烃高峰阶段，在旱塔庙次凹中心区已进入成熟阶段。

（三）生排烃史

1. 查干凹陷

查干凹陷巴音戈壁组烃源岩在巴音戈壁组沉积期末开始生烃和排烃，于银根期进入生排烃高峰期，高峰期一直持续到白垩纪末（图 6-15）。在银根期和晚白垩世时生烃量和排

烃量分别为 4.5×10^8 t、5.2×10^8 t 和 2.7×10^8 t、3.2×10^8 t，这套烃源岩在其地质历史时期的总生烃量和总排烃量分别为 23×10^8 t 和 14×10^8 t。苏红图组一段于苏红图组沉积期末开始生烃和排烃，总生烃量和总排烃量分别为 2.6×10^8 t 和 1.5×10^8 t。

2. 天草凹陷

天草凹陷的生排烃史如图 6-15 所示。巴音戈壁组烃源岩在巴音戈壁组沉积期末开始生烃和排烃，于苏红图组沉积期末进入生排烃高峰期，高峰期一直持续到现今。在苏红图组沉积期末时生烃量和排烃量分别达到 3×10^8 t 和 1.8×10^8 t，这套烃源岩在其地质历史时期的总生烃量和总排烃量分别为 12×10^8 t 和 7×10^8 t。苏红图组一段于苏红图组沉积期末开始生烃和排烃，总生烃量和总排烃量分别为 1.8×10^8 t 和 0.9×10^8 t。

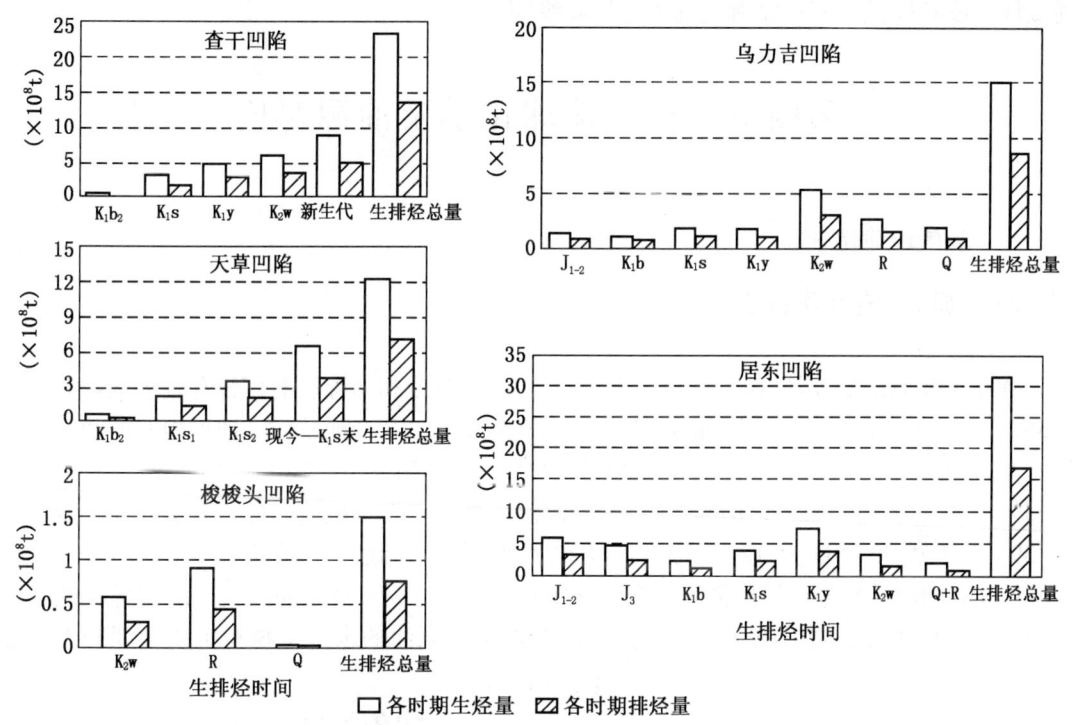

图 6-15 银—额盆地重点凹陷生排烃史图

3. 乌力吉凹陷

乌力吉凹陷有中下侏罗统和下白垩统两套烃源岩，中下侏罗统于中侏罗世开始生烃和排烃，于早白垩世开始大量生烃和排烃，生排烃的高峰期为晚白垩世。在晚白垩世时生烃量和排烃量分别为 5.3×10^8 t 和 3.1×10^8 t，中下侏罗统烃源岩在其地质历史时期的总生烃量和总排烃量分别为 15.3×10^8 t 和 8.9×10^8 t。下白垩统于第三纪开始生烃和排烃（图 6-15）。

4. 居东凹陷

居东凹陷中下侏罗统于早中侏罗世开始生烃和排烃，其生排烃有两个高峰期，第一个生排烃高峰期为早中侏罗世末期，生烃量和排烃量分别为 5.9×10^8 t 和 3.4×10^8 t。第二个生排烃高峰期为早白垩世，早白垩世早、中、晚三期的生烃量分别为 2.5×10^8 t、4.3×10^8 t 和 7.7×10^8 t，排烃量分别为 1.4×10^8 t、2.5×10^8 t 和 4.2×10^8 t。中下侏罗统烃源岩总生烃量和总排烃量分别为 $31.2×10^8 t$ 和 $17.3×10^8 t$。下白垩统于苏红图期开始生烃和排烃（图 6-15）。

5. 梭梭头凹陷

梭梭头凹陷仅有苏红图组一套烃源岩。盆地模拟结果表明（图 6-15），苏红图组于晚白垩世末开始生排烃。由于成熟度较低，仅处于低成熟阶段，尚未达到生排烃高峰期。总生烃量和总排烃量分别为 $1.6×10^8 t$ 和 $0.8×10^8 t$。

总之，对上述五个凹陷的生排烃史的研究表明，中下侏罗统烃源岩一般在中侏罗世开始生烃和排烃，下白垩统烃源岩于巴音戈壁组沉积期末期开始生排烃，生烃和排烃的过程基本是同步的，中下侏罗统和下白垩统巴音戈壁组都有过生排烃的高峰期，苏红图组由于埋藏浅，成熟度低，基本没有达到生排烃高峰期。

第四节 油气地球化学及油源对比

一、油气地球化学

(一) 原油地球化学特征

1. 族组成

查参1井原油饱和烃含量高达 91.59%，芳烃、非烃和沥青质的百分含量较低，分别为 4.56%、1.90% 和 1.95%，饱和烃/芳香烃比值为 20.1。5 个油砂样品抽提物的饱和烃、芳烃、非烃和沥青质的百分含量分别为 82.48%～87.26%、6.72%～9.29%、3.61%～9.35% 和 3.61%～9.35%，饱和烃/芳香烃比值在 9.2～11.2 之间。额1井饱和烃稍低，为 82.39%，芳香烃含量为 12.20%，非烃和沥青质含量低，分别只有 2.57% 和 1.83%（图 6-16），饱和烃/芳香烃比值为 6.2。查参1井原油与额1井原油族组成的差异反映了二者在成烃母质和烃源岩沉积环境上的差异。查参1井原油的水生生物有机质生源较多，烃

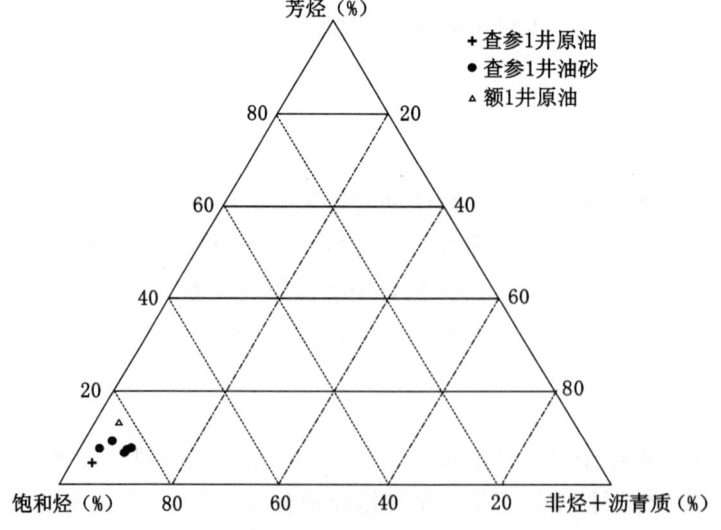

图 6-16 银—额盆地原油、油砂抽提物族组成三角图

源岩沉积时水体较深，而额1井原油的生源构成中可能有较多陆源有机质[9、10、11、12]。

2. 饱和烃组成

查参1井、毛1井和额1井（原地矿部钻探）原油饱和烃色谱正构烷烃主峰碳分别为nC_{17}、nC_{20}、nC_{19}，Pr/Ph分别为1.09、1.05和0.78。查干凹陷原油中类异戊二烯烷烃（$iC_{15}-iC_{21}$）较丰富（图6-17），额1井原油的Pr/nC_{17}和Ph/nC_{18}为0.31和0.43，类异戊二烯烷烃含量较低。原油甾烷分布以C_{29}甾烷为主，查参1井原油C_{27}/C_{29}为0.70，C_{28}/C_{29}比值为0.60。毛1井原油分别为0.39和0.69，额1井原油为0.58和0.42。查参1井原油母质的水生有机质生源较多（图6-17）。原油中萜烷较丰富。查参1井原油的三环萜烷含量高（图6-18），三环萜烷/五环萜烷为1.53，三环萜烷/C_{30}藿烷为4.88，毛1井、额1井原油的三环萜烷含量低。原油的藿烷系列均以C_{30}成员为主，C_{29}藿烷和莫烷含量相对较低。原油中γ—蜡烷含量显著，特别是毛1井和额1井原油，γ—蜡烷/($C_{31}/2$)分别为2.8和5.27，表明原油的油源岩形成于有一定咸度的水介质环境中（图6-19）。

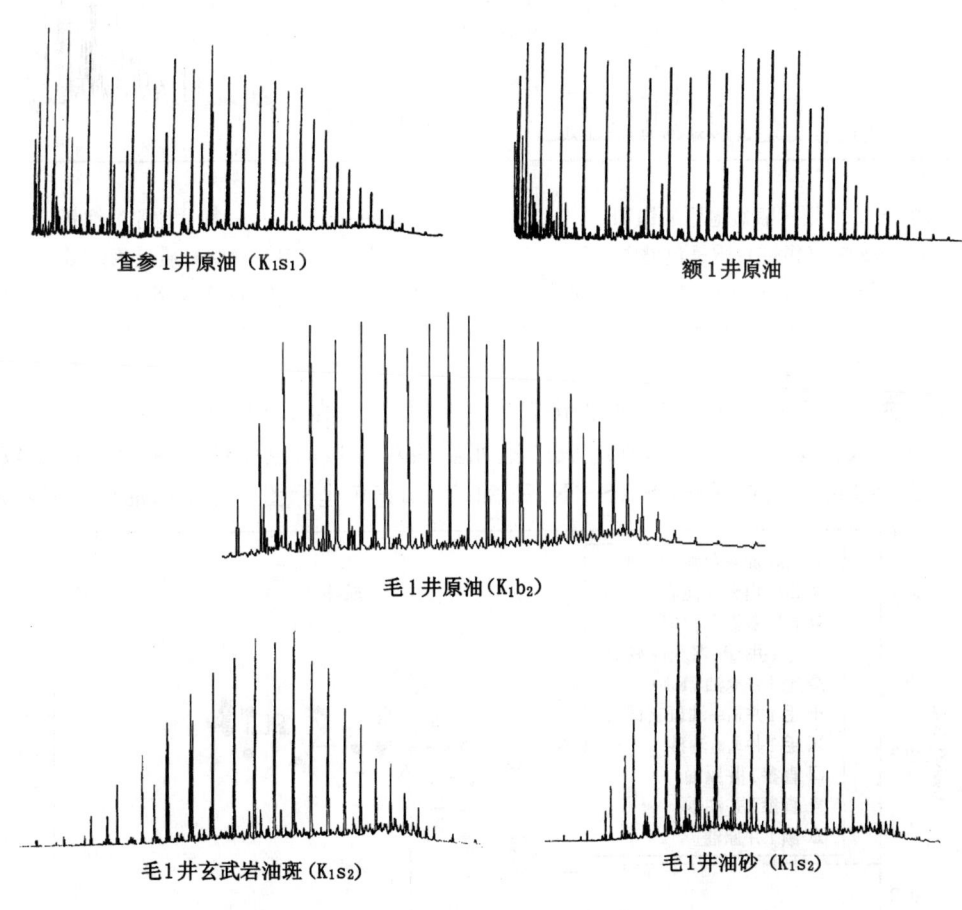

图6-17 银—额盆地原油饱和烃气相色谱图

3. 原油碳同位素组成特征

原油的碳同位素偏轻。查参1井原油全油碳同位素$\delta^{13}C$为-31.7‰，饱和烃$\delta^{13}C$为-30.7‰，芳烃$\delta^{13}C$为-29.0‰，非烃$\delta^{13}C$为-27.7‰，$\delta^{13}C$为-30.5‰。毛1井原油的

碳同位素组成更轻：全油 $\delta^{13}C$ 为 -32.4‰，饱和烃为 -33.3‰，芳烃为 -31.3‰，非烃为 -31.0‰，沥青质为 -29.8‰。额1井原油全油 $\delta^{13}C$ 为 -33.9‰，饱和烃为 -33.9‰，芳烃为 -31.4‰，非烃为 -31.7‰，沥青质为 -32.2‰。三个原油的碳同位素组成较接近，碳同位素偏轻，表明这些原油母质的性质较好。

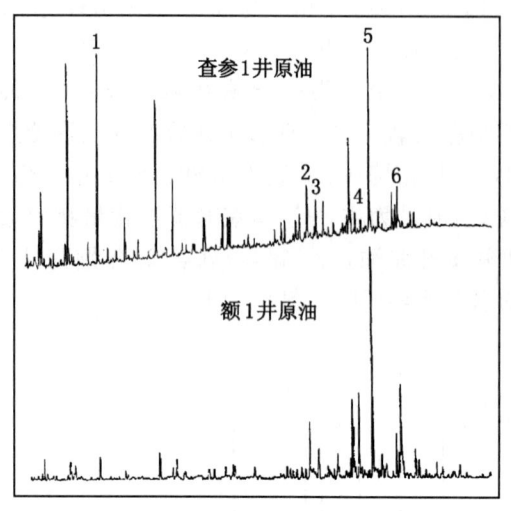

图 6-18 银—额盆地原油饱和烃 m/z217（甾烷）质量色谱图

1—C_{21} 三环萜烷；2—Ts；3—Tm；4—C_{30} 重排藿烷；5—C_{30} 藿烷；6—γ-蜡烷

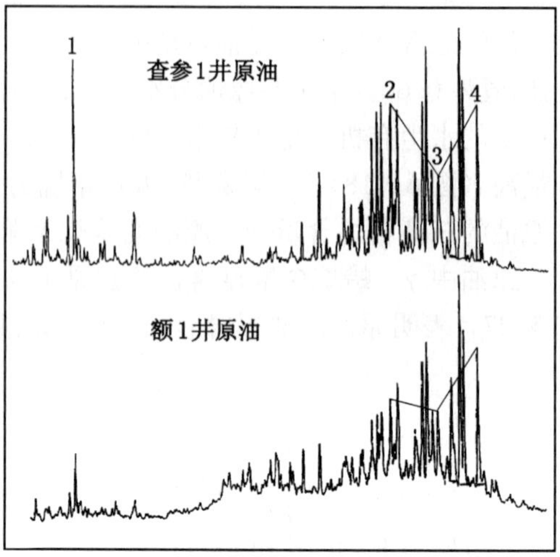

图 6-19 银—额盆地原油饱和烃 m/z191（藿烷）质量色谱图

1—孕甾烷；2—$\alpha\alpha\alpha$—C_{27} 甾烷（20R）；3—$\alpha\alpha\alpha$—C_{28} 甾烷（20R）；4—$\alpha\alpha\alpha$—C_{29} 甾烷（20R）

4. 原油成熟度

查参1井、毛1井和额1井原油正构烷烃的 OEP 分别为 1.12、1.22 和 1.14，奇偶优势消失，都是成熟原油。原油的族组成中饱和烃相对含量高也说明原油的成熟度较高。图 6-20 为原油饱和烃 C_{29} 甾烷 S/(S+R) 和 $\beta\beta/\sum C_{29}$ 直角坐标图，三个原油均在成熟范围

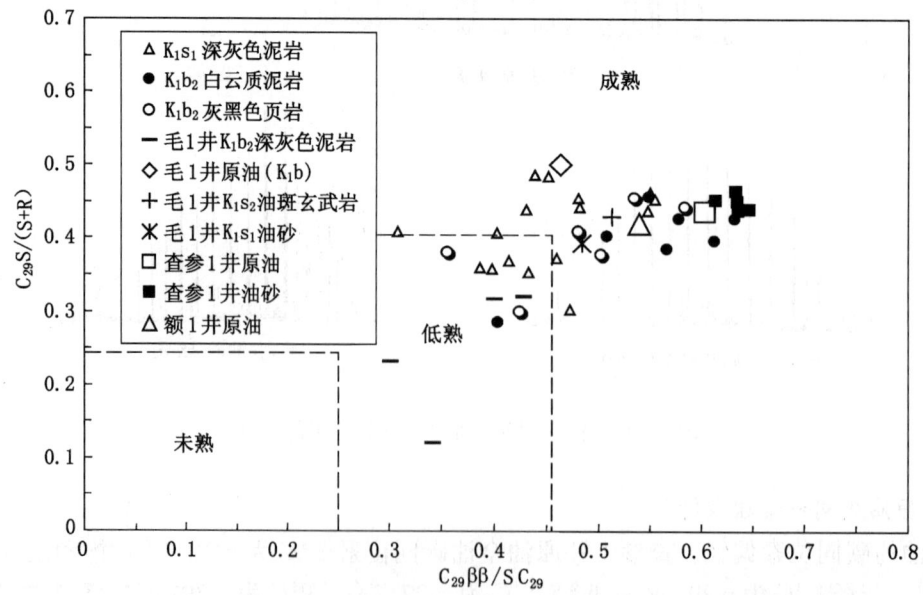

图 6-20 查干凹陷原油饱和烃 C_{29} 甾烷 S/(S+R) 和 $\beta\beta/\sum C_{29}$ 成熟度划分图

内，查参1井原油成熟度相对更高。藿烷也显示了成熟原油的特征：查参1井、毛1井和额1井原油的C_{31}藿烷S/(S+R)分别为0.68、0.58和0.58，Ts/Tm分别为1.45、1.14、1.52。

图6-18为银—额盆地原油萜烷的质量色谱图，原油中有丰富的萜烷化合物。在查参1井和额1井原油中均有三环萜烷，查参1井原油的三环萜烷含量高，三环萜烷/五环萜烷为1.53，三环萜烷/C_{30}藿烷为4.88，额1井原油的三环萜烷含量则很低。三环萜烷的分布表明，查参1井原油的成油母质比额1井更富含水生生物源有机质。两口井的藿烷系列均以C_{30}成员为主，C_{29}藿烷和莫烷含量相对较低。两个原油中γ—蜡烷含量高，特别是额1井，γ—蜡烷/(C_{31}藿烷/2)高达2.60，表明两口井尤其是额1井的原油源岩沉积时的水体咸度都很大。

5. 原油的运移特征

用原油的生物标记物特征可判断原油的运移效应。通常αββ构型异胆甾烷比ααα构型甾烷易于运移，因此经运移的原油中αββ构型异胆甾烷含量偏高（Serfeit和Moldwan，1991）。图6-21为银—额盆地原油及烃源岩成熟度—运移关系图，从中可以看出，烃源岩基本上处于成熟作用的范围内，查参1井原油及油砂中αββ构型异胆甾烷含量很高，14β，17β(20R)/5α(20R)比值在1.5以上。

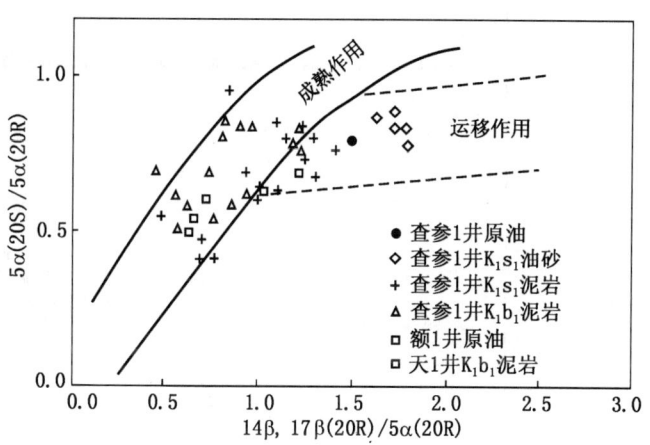

图6-21 银—额盆地成熟度—运移关系图

另外，查参1井原油中有高含量的三环萜烷和孕甾烷。

以上分析表明，查参1井原油有明显的运移现象，有一定的运移距离。额1井原油的αββ构型异胆甾烷含量一般，14β，17β(20R)/5α(20R)比值为1，运移效应不明显，为近源原油。

（二）天然气性质及烃类气体组成特征

查参1井、毛1井天然气密度为0.67、0.75mg/L，烃类气体中甲烷相对含量为70%～80%，C_{2+}为5%～10%，甲烷系数C_1/C_{1-5}为0.8～0.9，属油伴生气。

总之，在银—额盆地所找到的原油具有湖相原油的特点，原油的成熟度较高，查参1井原油有明显的运移效应。在本区所找到的天然气较少，其中查参1井、毛1井所见到的天然气均为油伴生气。

二、油源对比

（一）查干凹陷油源对比

1. 甾烷对比

图6-22为查参1井原油和烃源岩的m/z217质量色谱图，原油与巴音戈壁组深灰色泥岩和白云质泥岩甾烷分布相似，而与苏红图组一段深灰色泥岩和巴音戈壁组黑灰色页岩有

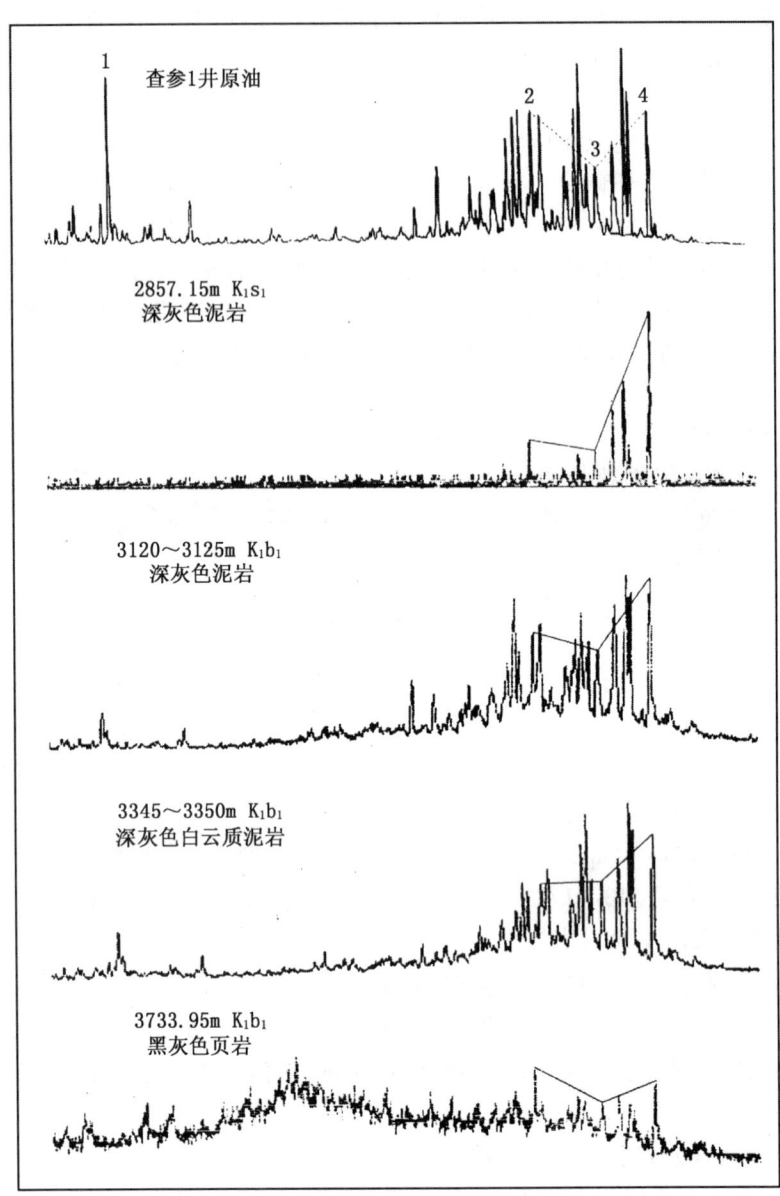

图 6-22 查参 1 井甾烷油源对比图

1—孕甾烷；2—ααα—C_{27} 甾烷（20R）；3—ααα—C_{28} 甾烷（20R）；4—ααα—C_{29} 甾烷（20R）

较大的区别。原油的 $5α—C_{27}/5α—C_{29}$、$5α—C_{28}/5α—C_{29}$ 分别为 0.70 和 0.60，苏红图组一段深灰色泥岩为 0.26 和 0.20，巴音戈壁组二段深灰色泥岩为 0.5，白云质泥岩为 0.50 和 0.55，黑灰色页岩为 1.0 和 0.53（表 6-22），可见原油和巴音戈壁组白云质泥岩、深灰色泥岩有可比性而与苏红图组一段及巴音戈壁组灰黑色页岩无关。甾烷的热成熟度参数 $20S—C_{29}/(20S+20R)—C_{29}$ 和 $ββ—C_{29}/ΣC_{29}$ 比值为 0.44 和 0.60，苏红图组一段深灰色泥岩为 0.33 和 0.37，巴音戈壁组深灰色泥岩、白云质泥岩和黑灰色页岩分别为 0.44 和 0.62、0.44 和 0.55、0.44 和 0.37，原油与巴音戈壁组白云质泥岩和深灰色泥岩相近，与苏红图组一段和巴音戈壁组黑灰色页岩相比差值大。因此查参 1 井原油与巴音戈壁组白云质泥岩和深灰色泥岩有亲缘关系。

表 6-22 查参 1 井油源对比

对比指标		原油	K_1s_1深灰色泥岩	K_1b_2深灰色泥岩	K_1b_2白云质泥岩	K_1b_2黑灰色页岩
甾烷	ααα—C_{27}/ααα—C_{29}	0.7	0.26	0.59	0.50	1.00
	ααα—C_{28}/ααα—C_{29}	0.6	0.20	0.59	0.55	0.53
	20S—C_{29}/(20S+20R)—C_{29}	0.44	0.33	0.44	0.44	0.44
	ββC_{29}/ΣC_{29}	0.6	0.37	0.62	0.55	0.37
萜烷	三环萜烷/C_{30}藿烷	4.48	0.22	1.1	1.14	1.43
	T_m/T_s	0.7	4.25	0.67	0.8	1.27
	γ—蜡烷/(C_{31}藿烷/2)	1.2	0.38	0.47	0.7	0.88
	C_{30}重排/C_{29}藿烷	0.25	无	0.32	0.22	0.28
类异戊二烯烷烃	Pr/Ph	1.09	1.10	0.70	1.04	1.27
	Pr/nC_{17}	0.67	0.37	0.39	0.97	0.19
	Ph/nC_{18}	0.79	0.36	0.46	0.99	0.15
碳同位素(‰)	全油或氯仿沥青"A"	-31.3		-26.6	-30.0	
	饱和烃	-30.7	-27.2	-25.5	-29.5	
	芳烃	-29.0	-23.7	-25.1	-27.2	
	沥青质	-30.5	-22.8	-23.0	-25.3	
	非烃	-27.7	-23.5	-25.1	-29.1	
	烃源岩干酪根		-21.8	-24.1	-25.0	

2. 萜烷对比

图 6-23 为查参 1 井萜烷油源对比图,原油萜烷的分布与巴音戈壁组深灰色泥岩及白云质泥岩萜烷的分布具一定可比性。首先,原油中有丰富的三环萜烷,三环萜烷/C_{30}藿烷高达 4.88,苏红图组一段深灰色泥岩三环萜烷/C_{30}藿烷仅 0.22,巴音戈壁组深灰色泥岩、白云质泥岩和黑灰色页岩分别为 1.10、0.86 和 1.43,原油三环萜烷的含量超过了各套烃源岩中三环萜烷的含量,但与巴音戈壁组烃源岩较为接近。其次,查参 1 井原油的 γ—蜡烷/(C_{31}藿烷/2) 为 1.20,苏红图组一段为 0.38,巴音戈壁组深灰色泥岩、白云质泥岩和黑灰色页岩分别为 0.47、0.70 和 0.88,原油 γ—蜡烷含量比几套烃源岩中的含量都高,但与巴音戈壁组深灰色泥岩和白云质泥岩接近。第三,原油的 T_m/T_s 为 0.70,苏红图组一段为 4.25,巴音戈壁组深灰色泥岩、白云质泥岩和黑灰色页岩分别为 0.67、0.68 和 1.27,显然,原油与巴音戈壁组深灰色泥岩及白云质泥岩有明显的亲缘关系而与苏红图组一段和巴音戈壁组二段底部的黑灰色泥岩无可比性。另外,查参 1 井原油的 C_{30}重排/C_{29}藿烷为 0.25,在苏红图组一段烃源岩中无 C_{30}重排藿烷,巴音戈壁组二段深灰色泥岩、白云质泥岩和灰黑色页岩的 C_{30}重排/C_{29}藿烷比值分别为 0.12,0.22 和 0.28。

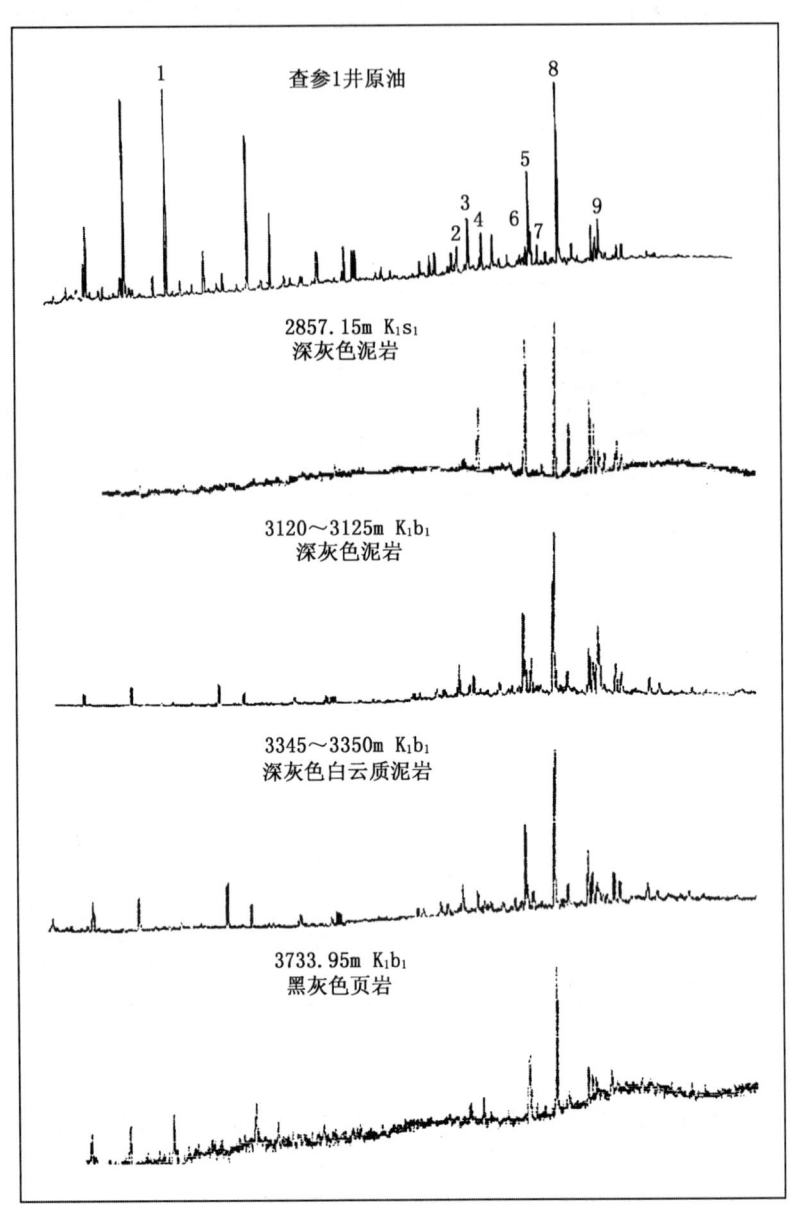

图 6-23 查参 1 井萜烷油源对比图

1—C_{21} 三环萜烷；2—C_{29} 三环萜烷；3—Ts；4—Tm；5—C_{29} 藿烷；6—C_{29} Ts；7—C_{30} 重排藿烷；8—C_{30} 藿烷；9—γ-蜡烷

3. 饱和烃气相色谱对比

查参 1 井原油正构烷烃分布特征与巴音戈壁组白云质泥岩相似，主峰碳为 nC_{17}，呈双峰群分布。原油正构烷烃的分布特征与苏红图组一段烃源岩迥然不同（图 6-24）。原油的 Pr/Ph 为 1.09，Pr/nC_{17} 为 0.67，Ph/nC_{18} 为 0.79，巴音戈壁组白云质泥岩与原油有较好的可比性，上述三个比值分别为 1.04，0.97 和 0.99（表 6-22）。

4. 碳同位素组成对比

图 6-25 为查参 1 井同位素类型曲线，原油、沥青和干酪根的碳同位素组成与原始母质的沉积环境有关，受热演化影响较小，因此是油源对比的良好指标。其中原油和巴音戈

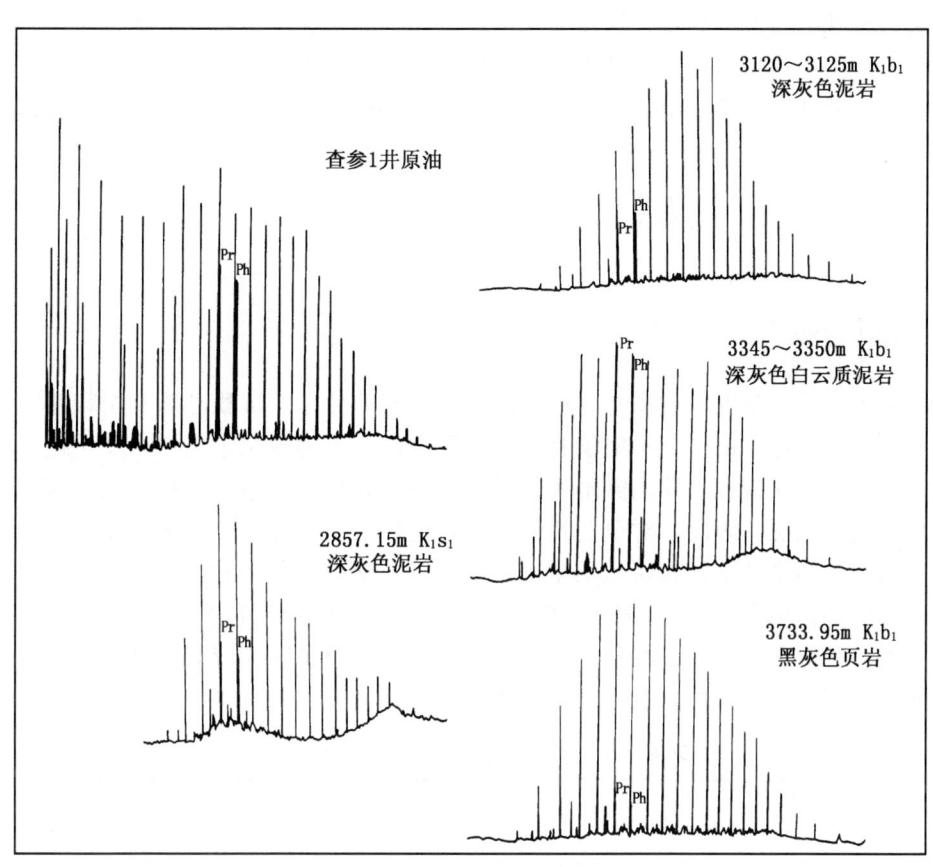

图 6-24　查参 1 井饱和烃气相色谱油源对比图

壁组白云质泥岩沥青"A"各族组分的 $\delta^{13}C$ 值除沥青质外均相差很小,有良好的对比关系。查参 1 井原油与其他几套烃源岩的可比性较差。

(二) 额 1 井、居参 1 井油源对比

(1) 通过对额 1 井原油和天 1 井下白垩统苏红图组暗色泥岩、巴音戈壁组暗色泥岩和煤的三环萜烷、Ts/Tm、C_{29} Ts 和 C_{30} 重排藿烷、γ—蜡烷含量以及甾烷等八个方面的对比,认为额

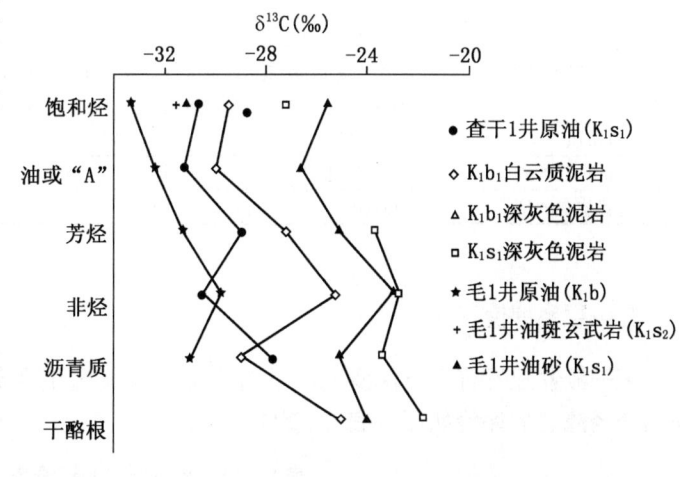

图 6-25　查参 1 井同位素类型曲线

1 井原油与天 1 井上部苏红图组烃源岩不同,而与下部巴音戈壁组暗色泥岩有许多相似之处。额 1 井原油与查参 1 井、酒东、酒西原油相似,均是来自湖相烃源岩的原油。

(2) 对居参 1 井沥青、煤和暗色泥岩的甾烷、萜烷、类异戊二烯烷烃等的相关地球化学参数进行了对比,认为该井沥青主要为邻近暗色泥岩所生,属自生自储型。

总之，原油与甾烷、萜烷、饱和烃气相色谱和碳同位素组成对比表明，下白垩统巴音戈壁组是盆地的主力生油层。查参 1 井的油源为巴音戈壁组白云质泥岩和深灰色泥岩，额 1 井原油和天 1 井的巴音戈壁组烃源岩相似，居参 1 井中下侏罗统沥青为侏罗系烃源岩所生。

第五节 烃源岩综合评价

一、评价标准

烃源岩的有机质丰度、类型、成熟度以及烃源岩的分布、沉积环境和沉积相是评价烃源岩优劣的重要指标。由于全盆地仅有三口参数井的井下地球化学资料，露头区样品虽多但多数仅处在边缘相带且长期出露地表遭受风化，其有机质含量有所损失，从而不能代表盆地中烃源岩的状况。因此，对全盆地烃源岩将主要根据其分布、沉积环境、沉积相以及有机质的成熟度为主并结合有机质的丰度、类型等因素进行分类评价，建立了银—额盆地烃源岩的分类评价标准（表 6-23）。表中 Ⅰ、Ⅱ、Ⅲ 和 Ⅳ 类烃源岩分别为好、较好、中等和差。Ⅰ 类烃源岩分布区为成烃最有利区；Ⅱ 类烃源岩分布区为成烃有利区；Ⅲ 和 Ⅳ 类烃源岩分布区分别为生烃条件一般和差的地区。

表 6-23 银—额盆地烃源岩分类评价标准

评价因素 \ 烃源岩类别	Ⅰ（好）	Ⅱ（较好）	Ⅲ（中等）	Ⅳ（差）
成熟烃源岩厚度（m）	>1000	500~1000	200~500	<200
沉积相	浅—半深湖	浅湖	滨湖—沼泽、三角洲前缘	滨湖、三角洲平原、河流冲积平原、水下扇
生源及沉积环境	以盆内水生生物为主，水体深，咸度较低，还原环境	以盆内水生生物及高等植物为主，水体较深，咸度较低，还原环境	以高等植物为主，水体较浅，咸度较高，弱还原弱氧化环境	以高等植物为主，水体浅，咸度较高，弱氧化弱还原环境
有机质丰度	好	中等—好	差—中等	差
有机质类型	Ⅰ—Ⅱ	Ⅱ—Ⅲ	Ⅲ	Ⅲ
有机质成熟度	成熟—高熟	成熟	低熟—成熟	低熟

二、层系评价

银—额盆地发育中下侏罗统、下白垩统巴音戈壁组及苏红图组一段三套烃源岩，对盆地三套烃源岩的评价如下（表 6-24）。

表 6-24 烃源岩层系评价表

指标\层位	成熟烃源岩厚度（m）	成熟烃源岩面积（km²）	有机质丰度	有机质类型	有机质成熟度	评价
J_{1-2}	250	1120	中等	$Ⅲ+Ⅱ_2$	成熟—高熟	Ⅲ+Ⅳ
$K_1 b$	300	4290	中等偏好	$Ⅱ_1+Ⅰ$	低熟—成熟—高熟	Ⅱ
$K_1 s$	180	3140	中等	$Ⅱ_2+Ⅲ$	低熟	Ⅲ

（一）中下侏罗统

中下侏罗统烃源岩在全盆地分布面积较小，各凹陷有效烃源岩面积（苏亥图坳陷除外）累计仅达1120km²，平均厚度为250m，一般为水体较浅、咸度较大的沼泽、滨浅湖相沉积，弱氧化弱还原环境，以陆源高等植物为其主要生源，有机质丰度中等，有机质类型以Ⅲ、Ⅱ$_2$型为主，有机质的热演化程度较高，一般达到了成熟—高成熟阶段，中下侏罗统烃源岩为Ⅲ—Ⅳ类烃源岩。

（二）下白垩统巴音戈壁组

下白垩统巴音戈壁组烃源岩在全盆地分布面积较大，各凹陷有效烃源岩面积（苏亥图坳陷除外）累计达4290km²，平均厚度为300m。巴音戈壁组沉积时水体较深、咸度较低，还原环境，沉积相一般为半深湖、滨浅湖相，以盆内水生生物为主要生源。巴音戈壁组烃源岩的有机质丰度中等偏好，有机质类型以Ⅱ$_1$、Ⅰ型为主。热演化程度在不同地区变化较大，一般处在低熟—成熟阶段。下白垩统巴音戈壁组烃源岩总体属Ⅱ类烃源岩，是盆地的主力烃源岩。

（三）下白垩统苏红图组

下白垩统苏红图组烃源岩在全盆地分布广泛，几乎在每个凹陷都有分布，各凹陷有效烃源岩面积（苏亥图坳陷除外）累计达3140km²，但其厚度较小，平均厚度为180m，苏红图组沉积时水体较浅、咸度较高，弱还原弱氧化环境，一般为滨浅湖、半深湖相沉积，其生源以陆源高等植物为主，有机质丰度中等，有机质类型以Ⅱ$_2$、Ⅲ型为主，有机质热演化程度较低，一般处于低成熟阶段。依据上述分类评价标准，下白垩统苏红图组烃源岩总体属Ⅲ类烃源岩，是盆地的另一套主要烃源岩。

综上所述，下白垩统巴音戈壁组及苏红图组烃源岩分布广泛，沉积环境及沉积相较好，其有机质丰度中等到中等偏好，烃源岩分类评价达到了Ⅱ～Ⅲ类，是盆地的主力烃源岩。中下侏罗统烃源岩有机质丰度中等，有机质类型以Ⅲ、Ⅱ$_2$型为主，有机质的成熟度高，但其分布范围局限，沉积相等条件差，为Ⅲ—Ⅳ类烃源岩，是盆地的次要烃源岩。

三、烃源岩分区评价

（一）查干德勒苏坳陷

1. 查干凹陷

Ⅰ—Ⅳ类烃源岩在查干凹陷均有分布，Ⅰ类烃源岩只在巴音戈壁组有所分布，主要分布在查参1井西南侧额很次凹，其次分布于凹陷西南部的沉降中心；Ⅱ类烃源岩在巴音戈壁组和苏红图组均有发育，巴音戈壁组Ⅱ类烃源岩主要分布在凹陷西北和西南，苏红图组Ⅱ类烃源岩主要分布在凹陷西北部，在凹陷西南部也有小面积分布；Ⅲ类烃源岩在巴音戈壁组层分布于凹陷西部Ⅱ类烃源岩外围，在凹陷东北部也有局部分布，苏红图组Ⅲ类烃源岩分布面积较大，主要位于凹陷西部；Ⅳ类烃源岩主要分布于凹陷边缘以及罕塔庙次凹；Ⅳ类烃源岩在巴音戈壁组和苏红图组均有分布，主要展布于凹陷边缘以及罕塔庙次凹。

2. 白云凹陷

白云凹陷有Ⅱ—Ⅳ类烃源岩，Ⅱ类烃源岩只在巴音戈壁组发育，主要分布于凹陷西部和东部的沉降中心，面积很小；Ⅲ类烃源岩在巴音戈壁组分布于凹陷中部广大范围内，苏红图组Ⅲ类烃源岩主要呈小面积分布在凹陷西部和东部的沉降中心处；Ⅳ类烃源岩在巴音戈壁组主要分布于凹陷的边缘地带,而苏红图组基本属Ⅳ类烃源岩。

3. 红果凹陷

红果凹陷仅在巴音戈壁组分布有有效烃源岩且类型较差,仅发育Ⅲ—Ⅳ类烃源岩。Ⅲ类烃源岩在凹陷南北两个沉降中心周围有一定面积分布;Ⅳ类烃源岩主要分布于凹陷的边部及中部广大地区。

(二) 尚丹坳陷

1. 乌力吉凹陷

乌力吉凹陷发育Ⅱ—Ⅳ类烃源岩,Ⅱ类烃源岩只分布在中下侏罗统,主要在凹陷南部地区有一定面积分布;Ⅲ类烃源岩在中下侏罗统分布于凹陷中部广大范围内,巴音戈壁组Ⅲ类烃源岩主要分布在凹陷沉降中心处,其面积较小;Ⅳ类烃源岩在中下侏罗统主要分布于凹陷的边缘地带,在巴音戈壁组则在凹陷沉降中心以外约70%的有效烃源岩属Ⅳ类烃源岩。

2. 托来凹陷

托来凹陷有Ⅲ—Ⅳ类烃源岩,分布零星,且以Ⅳ类烃源岩为主,Ⅲ类烃源岩仅在中下侏罗统分布于凹陷中部广大范围内,其面积较小。

(三) 居延海坳陷

1. 天草凹陷

天草凹陷有效烃源岩可分为Ⅱ—Ⅳ类:Ⅱ类烃源岩只分布在巴音戈壁组,主要分布在天草凹陷中央洼槽带;巴音戈壁组Ⅲ类烃源岩分布于Ⅱ类烃源岩分布区的外围,苏红图组Ⅲ类烃源岩主要分布在天草凹陷南部沉降中心天1井西侧;Ⅳ类烃源岩在巴音戈壁组主要分布于天草凹陷边缘,在苏红图组主要分布在北次凹、天草凹陷南部以及南次凹。

2. 路井凹陷

在路井凹陷分布有Ⅲ—Ⅳ类烃源岩:Ⅲ类烃源岩在巴音戈壁组分布于凹陷中部东西两个沉降中心附近,在苏红图组则以较大面积分布于凹陷东部;Ⅳ类烃源岩在路井凹陷分布广泛,在巴音戈壁组主要分布于凹陷中部及周边,在苏红图组主要分布于凹陷西部以及边部。

3. 居东凹陷

居东凹陷发育Ⅱ—Ⅳ类烃源岩:Ⅱ类烃源岩只分布在巴音戈壁组,南次凹陷中北部有小面积分布;Ⅲ类烃源岩在中下侏罗统分布于南次凹中部居参1井以南,在巴音戈壁组分布在南次凹中北部居参1井以北;Ⅳ类烃源岩在中下侏罗统主要分布于北次凹以及南次凹有效烃源岩分布边缘地区,在巴音戈壁组分布于凹陷中部有效烃源岩分布区的边缘地带。

4. 格朗乌苏凹陷

格朗乌苏凹陷发育Ⅲ—Ⅳ类烃源岩:Ⅲ类烃源岩只在巴音戈壁组分布于北次凹中部;Ⅳ类烃源岩在格朗乌苏凹陷分布广泛,在巴音戈壁组分布于北次凹Ⅲ类烃源岩分布区以外以及中次凹和南次凹中部,在苏红图组主要分布于北次凹沉降中心附近。

5. 吉格达凹陷

吉格达凹陷有效烃源岩可划分为Ⅲ—Ⅳ类,以Ⅳ类为主。Ⅲ类烃源岩只在巴音戈壁组分布于凹陷中部沉降中心附近。Ⅳ类烃源岩在巴音戈壁组和苏红图组主要分布于凹陷中部。

(四) 苏红图坳陷

1. 哈日凹陷

Ⅰ—Ⅳ类烃源岩在哈日凹陷均有分布。Ⅰ类、Ⅱ类和Ⅲ类烃源岩仅在巴音戈壁组有所分布：Ⅰ类主要分布在凹陷中部的狭长沉降地带；Ⅱ类烃源岩大致分布在凹陷中部Ⅰ类烃源岩区以外；Ⅲ类烃源岩呈环状分布于Ⅱ类烃源岩外围，在其北部也有局部分布；Ⅳ类烃源岩在巴音戈壁组和苏红图组均有分布，在苏红图组主要分布于凹陷中部的沉降中心，而在巴音戈壁组则分布在较外围的地方。

2. 艾勒凹陷

艾勒凹陷有Ⅲ、Ⅳ两类烃源岩。Ⅲ类烃源岩在巴音戈壁组分布于凹陷西南沉降中心区，在苏红图组分布于凹陷东北部；Ⅳ类烃源岩在巴音戈壁组分布于凹陷西南部，在苏红图组主要分布于凹陷西南部以及东北部Ⅲ类烃源岩外围。

3. 巴北凹陷

巴北凹陷烃源岩可分为Ⅲ—Ⅳ类：Ⅲ类烃源岩只在巴音戈壁组分布于凹陷中部沉降中心附近。Ⅳ类烃源岩在巴音戈壁组分布于Ⅲ类烃源岩外围，在苏红图组于凹陷东北角也有小面积分布。

（五）务桃亥坳陷

在梭梭头凹陷和湖西新村凹陷有效烃源岩仅达到Ⅳ类标准，其分布范围非常有限，主要分布在各凹陷的沉降中心附近。

总之，Ⅰ、Ⅱ类烃源岩主要分布在查干、白云、天草、哈日等凹陷，具良好的生油气条件，沙漠覆盖地区推测有较大范围的优质烃源岩分布。其他凹陷主要以Ⅲ—Ⅳ类烃源岩为主，其成烃条件较差。

参 考 文 献

[1] 陈建平，何忠华，魏志彬等．银—额盆地查干凹陷基本生油条件研究．石油勘探与开发，2001，28（6）：23～27
[2] 王代国，麦观金．巴丹吉林盆地赛汗陶来地区中生界油气地化特征．西安工程学院学报，2002，24（1）：15～17
[3] 陶国强．内蒙古银根盆地查干凹陷烃源岩生烃和排烃史研究．现代地质，2002，16（1）：65～70
[4] 胡见义，黄第藩，徐树宝等．中国陆相石油地质理论基础．北京：石油工业出版社，1994
[5] 陈建平，黄第藩，王铁冠等．酒东盆地油气生成和运移．北京：石油工业出版社，1996
[6] 叶加仁，赵鹏大，陆明德．鄂尔多斯地下古生界油气地质动力学研究．中国科学（D辑）2000，30（1）：40～46
[7] 石广仁．油气盆地数值模拟方法．北京：石油工业出版社，1994
[8] 叶加仁，陆明德．鄂尔多斯盆地地下古生界碳酸盐岩烃源岩排烃动力学研究．见：费琪，戴世昭，朱水安主编．成油体系与成藏断裂系论文集．北京：地震出版社，1999
[9] 林卫东．查干凹陷原油地球化学特征与油源对比．石油与天然气地质，2000，21（3）：249～251
[10] 王新民，李天顺．查干改造型凹陷下白垩统储层及油气分布特征．石油与天然气地

质，2000，21（1）：65～70
[11] 陈建平，何忠华，魏志彬等．银—额盆地查干凹陷原油地化特征及油源对比．沉积学报，2001，19（2）：299～305
[12] 陈建平，王东良，秦建中等．银根—额济纳旗盆地原油的发现及其主要地球化学特征．地球化学，2001，30（4）：335～341

第七章 储盖层特征与评价

银—额盆地除查干等个别凹陷有火山岩和碎屑岩两套储层外,其他凹陷仅有一套碎屑岩储层。碎屑岩储层具有低成熟度,高岩屑、高填隙物含量,多填隙组分,多胶结类型的岩石学特点;具原生孔隙少而次生孔隙多、大孔隙少而微孔隙多、泥质杂基充填发育的孔隙少而碳酸盐胶结物发育的孔隙多的孔隙类型特点;具有效孔喉、流动孔喉少,最大汞饱和度低,孔喉分选差的孔隙结构特点;具低孔隙度、低渗透率的储层物性特点[1,2,3]。

第一节 储层特征与评价

一、储层发育与分布

(一) 储层的纵向发育

根据盆地内五口石油钻井的岩性剖面及盆地周缘九条地面露头剖面储层发育状况的统计(表7-1)可以看出,银—额盆地的储层从中下侏罗统到上白垩统均有发育,主要有三种类型:碎屑岩、碳酸盐岩和火成岩。特别是碎屑岩储层在每一层系、每一层段均有不同程度的发育,而碳酸盐岩储层主要发育于下白垩统巴音戈壁组,火成岩储层除发育于沉积岩底部的火山岩和侵入岩外,则主要见于下白垩统苏红图组及巴音戈壁组。

表7-1 银—额盆地中生界储层发育状况统计表

层位	井号(剖面)	地层厚度(m)	碎屑岩 厚度(m)	碎屑岩 占层厚(%)	碳酸盐岩 厚度(m)	碳酸盐岩 占层厚(%)	主要沉积相类型	火成岩 厚度(m)	火成岩 占层厚(%)
K_2w	毛1井	244	76	31.1			曲流河		
	查参1井	328.5	41	12.5			曲流河		
	务参1井	277.5	3.5	1.3			洪积平原		
	苏红图	156.2	25.1	16.1	8.8	5.6	曲流河		
	平均	251.6	36.4	14.5	2.2	0.9			
K_1y	毛1井	382	216	56.5			扇三角洲		
	查参1井	749	183.5	24.5			滨浅湖—河道		
	务参1井	768	65	8.5			滨浅湖—曲流河		
	居参1井	169.5	37.5	22.1			冲积扇		
	平均	517.1	125.5	24.3					
K_1s_2	毛1井	591.5	51.0	8.6			滨浅湖	300.5	50.8
	查参1井	1128.5	140.5	12.5			滨浅湖	299.0	26.5
	务参1井	589.0	76.0	12.9	4.1	0.7	滨浅湖		
	天1井	396	109.0	27.5			滨浅湖、扇三角洲		
	平均	676.3	94.1	13.9	1.0			149.2	22.2

续表

层位	井号(剖面)	地层厚度(m)	碎屑岩 厚度(m)	碎屑岩 占层厚(%)	碳酸盐岩 厚度(m)	碳酸盐岩 占层厚(%)	主要沉积相类型	火成岩 厚度(m)	火成岩 占层厚(%)
K_1s_1	毛1井	337.5	40.0	11.9			浅—半深湖	180.0	53.3
	查参1井	449.5	71.5	15.9			滨浅湖	209.0	46.5
	务参1井	816.0	8.5	1.0			滨浅湖		
	天1井	473.5	85.0	17.6			辫状河—冲积扇		
	平均	519.1	51.3	9.9				97.3	18.7
K_1s	居参1井	270.0	10.5	3.9			滨浅湖		
	苏红图	518.7	39.4	7.6			曲流河	137.5	26.5
	平均	394.4	25.0	6.3				68.8	17.4
K_1b	毛1井	657.0	488.0	74.3			水下扇—滨浅湖	5.0	0.7
	查参1井	956.5	179.0	18.7	250.0	26.1	扇三角洲—半深湖		
	务参1井	712.0	298.0	41.9			冲积扇—滨浅湖		
	天1井	717.5	467.0	65.1			冲积扇—水下扇		
	居参1井	777.5	89.0	11.4			冲积扇		
	乌拉特后旗	255.7	15.1	5.9	5.9		水下扇—浅湖		
	巴隆乌拉	830.5	191.9	23.1	35.7	4.3	水下扇—浅湖	73.4	8.8
	恩根陶来	1334.6	639.3	47.9	30.0	2.2	冲积扇—浅湖		
	塔布陶勒盖	1482.0	793.7	53.6	207.4	14.0	冲积扇—滨浅湖		
	额勒斯台	536.6	99.3	18.5	50.3	9.4	扇三角洲—半深湖		
	交夹沟	813.1	813.1	100			冲积扇		
	平均	824.8	370.3	44.9	52.7	6.4		7.1	0.9
J_3	居参1井	1676.0	1659.5	99			辫状河		
	炭窑井东	1276.0	653.3	51.2			三角洲平原—前缘		
	平均	1476.0	1156.4	78.3					
J_2	居参1井	1613.0	773.5	47.9			辫状河三角洲		
	炭窑井东	767.1	63.7	8.3			滨浅湖		
	希热哈达	381.0	203.8	53.5			三角洲平原—前缘		
	平均	920.4	347.0	37.7					
J_1	居参1井	125.5	90.0	71.7			水下扇		
	炭窑井东	456.1	225.8	49.5			分支河道		
	平均	290.8	157.9	54.3					
ε_5^1	务参1井							116.6	
γ_5^2	居参1井							103.5	
	天1井							77.8	
δ_5^3	毛2井							116.5	

碎屑岩储层在中下侏罗统、上侏罗统、下白垩统巴音戈壁组及银根组发育状况相对较好，而下白垩统苏红图组、上白垩统乌兰苏海组发育状况相对较差。从图7-1可以看出，储层从侏罗系到白垩系经历有两次大规模水进—水退的粗—细—粗完整沉积旋回，这种沉积演化决定了各组段的不同沉积相带及其储层的发育程度。在沉积相带分布上，冲积扇、

水下扇、扇三角洲及辫状河储层相对发育，而曲流河、滨浅湖及浅—半深湖储层发育相对较差（图7-2）。

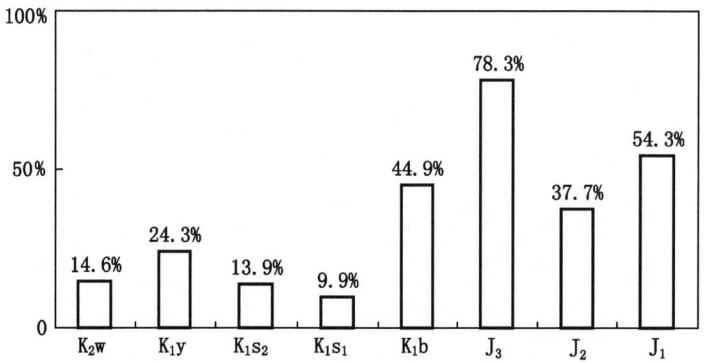

图7-1 银—额盆地中生界碎屑岩潜在储层发育图

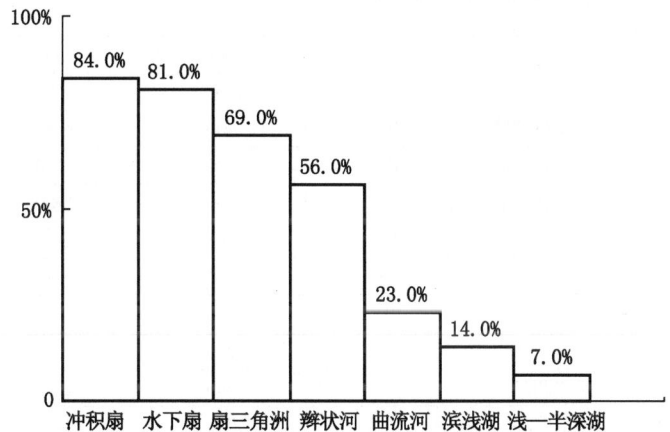

图7-2 中生界碎屑岩沉积相与潜在储层概率直方图

火成岩储层主要发育于苏红图组和巴音戈壁组的中基性火山岩中，有效储层主要为裂缝型、次为风化蚀变型。碳酸盐岩储层在凹陷内不甚发育，出现层位仅见于盆地东部的巴音戈壁组二段，鲕状灰岩可作为有效储层。

（二）储层的平面分布

根据现有沉积相、钻井、露头剖面及地震剖面的解释和研究，对银—额盆地碎屑岩储层分下白垩统和侏罗系两大层系初步给出其平面上的分布。从表7-2中可以看出，下白垩统储层在各坳陷（凹陷）中均有发育和分布，是盆地中的最主要储层，而侏罗系储层则主要发育和分布于居延海坳陷的居东凹陷、尚丹坳陷和苏亥图坳陷中，是本盆地中的次要储层。

1. 查干德勒苏坳陷

该坳陷只发育下白垩统碎屑岩储层，主要分布于查干、白云和红果三个凹陷。查干凹陷碎屑岩储层分布面积最大，遍布全凹陷，累计厚度也最大，可达1200m，一般为800m，主要分布于凹陷的东北部及西南部，以南部最厚。白云凹陷碎屑岩储层最大厚度达1000m，一般为600m，厚度大于1000m的储层分布于凹陷的东北部和西南部。红果凹陷碎屑岩储层最大厚度为1000m，一般为400m，厚度大于500m的储层分布于凹陷中心偏北部位。

表7-2 银—额盆地碎屑岩潜在储层厚度统计表

坳陷	凹陷	层位	砂质岩厚度（m）		
			最小	最大	一般
查干德勒苏坳陷	莫林凹陷	K_1	150	1000	400
	红果凹陷	K_1	200	500	300
	查干凹陷	K_1	400	1200	800
	白云凹陷	K_1	500	1000	600
苏红图坳陷	哈日凹陷	K_1	200	1200	400
	巴北凹陷	K_1	100	300	150
	乌兰凹陷	K_1	200	400	250
	艾西凹陷	K_1	150	1000	300
	艾东凹陷	K_1	100	400	200
尚丹坳陷	乌力吉凹陷	K_1	100	500	200
		J	200	1600	800
	巴彦低凸起	K_1	100	500	200
		J	50	600	200
	托来凹陷	K_1	30	200	100
		J	100	1000	400
务桃亥坳陷	湖西新村凹陷	K_1	200	800	400
	哨马营凹陷	K_1	200	1000	400
	梭梭头凹陷	K_1	200	1200	600
	拐子湖南凹陷	K_1	50	200	100
居延海坳陷	居东凹陷	K_1	200	800	600
		J	200	3200	800
	乌珠尔凹陷	K_1	200	1000	500
	路井凹陷	K_1	200	800	400
	天草凹陷	K_1	200	2400	500
	建国营凹陷	K_1	200	400	300
	格朗乌苏凹陷	K_1	100	400	300
	吉格达凹陷	K_1	100	800	400

2. 苏红图坳陷

该坳陷发育下白垩统碎屑岩储层。哈日凹陷碎屑岩储层厚度最大达1200m，一般为400m，储层东厚西薄，主要分布于凹陷的东部边缘一带。巴北凹陷储层厚度最大仅300m，一般为150m，主要分布于凹陷北东端。乌兰凹陷储层厚度最大为400m，一般为250m，呈中央厚边部薄的分布状态。艾西凹陷储层最厚达1000m，一般为300m，凹陷北部及南部一带较厚。艾东凹陷储层最厚约400m，一般仅为200m，呈现北东厚、西南薄的变化趋势。

3. 尚丹坳陷

该坳陷存在两大套碎屑岩储层。侏罗系储层在乌力吉凹陷最厚达1600m，一般为800m，呈南厚北薄的分布格局；托来凹陷最厚为1000m，一般为400m，呈北厚、南薄的分布状态；巴彦低凸起银根西南部有厚达600m的储层。下白垩统储层在乌力吉凹陷最厚为500m，一般为200m，南厚、北薄；托来凹陷最厚仅200m，一般为100m，分布较为分散；

巴彦低凸起西部分布有厚约 500m 的储层。

4. 务桃亥坳陷

该凹陷只发育下白垩统碎屑岩储层。湖西新村凹陷最厚为 800m，一般为 400m，呈现东南厚、西北薄的分布格局。哨马营凹陷最厚达 1000m，一般 400m，主要分布于凹陷西南部。梭梭头凹陷最厚达 1200m，一般 600m，是务桃亥坳陷储层分布最厚的凹陷，厚度较大区域位于凹陷的南部偏西，呈北东向延展。拐子湖南凹陷最厚仅 200m，一般 100m，储集体大体呈北西向展布。

5. 居延海坳陷

该坳陷存在两大套碎屑岩储层，而以下白垩统碎屑岩最为发育，遍布各凹陷，侏罗系碎屑岩储层仅分布于居东凹陷。居东凹陷侏罗系最厚达 3200m，一般 800m，是目前银—额盆地中侏罗统储层最厚的区域，在凹陷的西北部及西南部储层厚度较大而其他部位则相对较薄；下白垩统储层最厚约 800m，一般为 600m，厚度变化呈现为西北部厚而东南部薄的趋势。以下凹陷只发育下白垩统碎屑岩储层：乌珠尔凹陷最厚为 1000m，一般 500m，潜在储层分布呈东厚西薄的格局；路井凹陷储层分布呈凹陷中心厚而四周较薄的格局，最厚处位于路井东南侧，达 800m，一般 400m；天草凹陷储层主要分布于凹陷的北端，最厚为 800m，一般 200m；建国营凹陷储层最厚 400m，一般 300m，分布较均匀，呈边缘厚中心较薄的分布格局；格朗乌苏凹陷储层分布与建国营凹陷大体相同；吉格达凹陷储层最厚 800m，一般 400m，主要分布于凹陷的西南端。

6. 重点凹陷——查干、天草凹陷

查干凹陷巴音戈壁组碎屑岩储层最厚达 400m 以上，主要分布于额很次凹的中部和西南部，沉积相类型以扇三角洲前缘、浅—半深湖及浅湖相为主；苏红图组一段碎屑岩储层最厚 300m 左右，大于 200m 的区域主要分布于罕塔庙次凹的北东部、海力素背斜带及额很次凹的西南端，沉积相类型主要为滨湖、冲积—河流、扇三角洲平原及滨浅湖相；苏红图组二段碎屑岩储层最厚达 600m 左右，大于 400m 的区域分布于罕塔庙次凹的中部偏北东部位，沉积相为冲积—河流相；银根组碎屑岩储层最厚大于 200m，150m 以上的区域分布于虎勒次凹中部、罕塔庙次凹的东部、海力素背斜带，沉积相基本上为冲积—河流相。

天草凹陷巴音戈壁组碎屑岩储层最厚 1500m 以上，大于 1000m 的区域有四处，分别位于凹陷的北部、南部边缘和西部边缘；苏红图组碎屑岩储层最厚可达 1500m，大于 1000m 的区域位于凹陷西部边缘。

综上所述，银—额盆地并不缺乏储层。侏罗系、白垩系储层的发育及分布，特别是碎屑岩储层的发育及分布与沉积相带有着密切的关系。从整个盆地储层的沉积相带、纵向发育及平面分布的特点看，具有三多三小的特征，即：沉积相带类型多、纵向发育层位多、储层类型多、储层单层厚度小、储层占地层厚度的比例小、有利储层分布面积小。主力储层为碎屑岩储层，集中分布于下白垩统。碎屑岩储层较发育的凹陷主要有查干、哈日、天草、乌力吉及梭梭头等凹陷。

二、储层的岩石学特征

（一）碎屑岩储层

银—额盆地碎屑岩储层的岩石学特征在不同区域及不同层系具有不同的特点，但总体表现为低成分成熟度、低结构成熟度、高岩屑含量、高填隙物含量、多填隙组分、多胶结类型等特征,具有近物源、堆积速度快、岩性多变的成因特点。

1. 中下侏罗统

中下侏罗统碎屑岩储层主要见于居东凹陷和盆地西缘北山区的希热哈达、炭窑井东。岩石类型按结构分类主要为岩屑砂砾岩、含砾不等粒砂岩、角砾岩,按成分分类主要为岩屑砂岩、岩屑长石砂岩和长石岩屑砂岩(图7-3)。

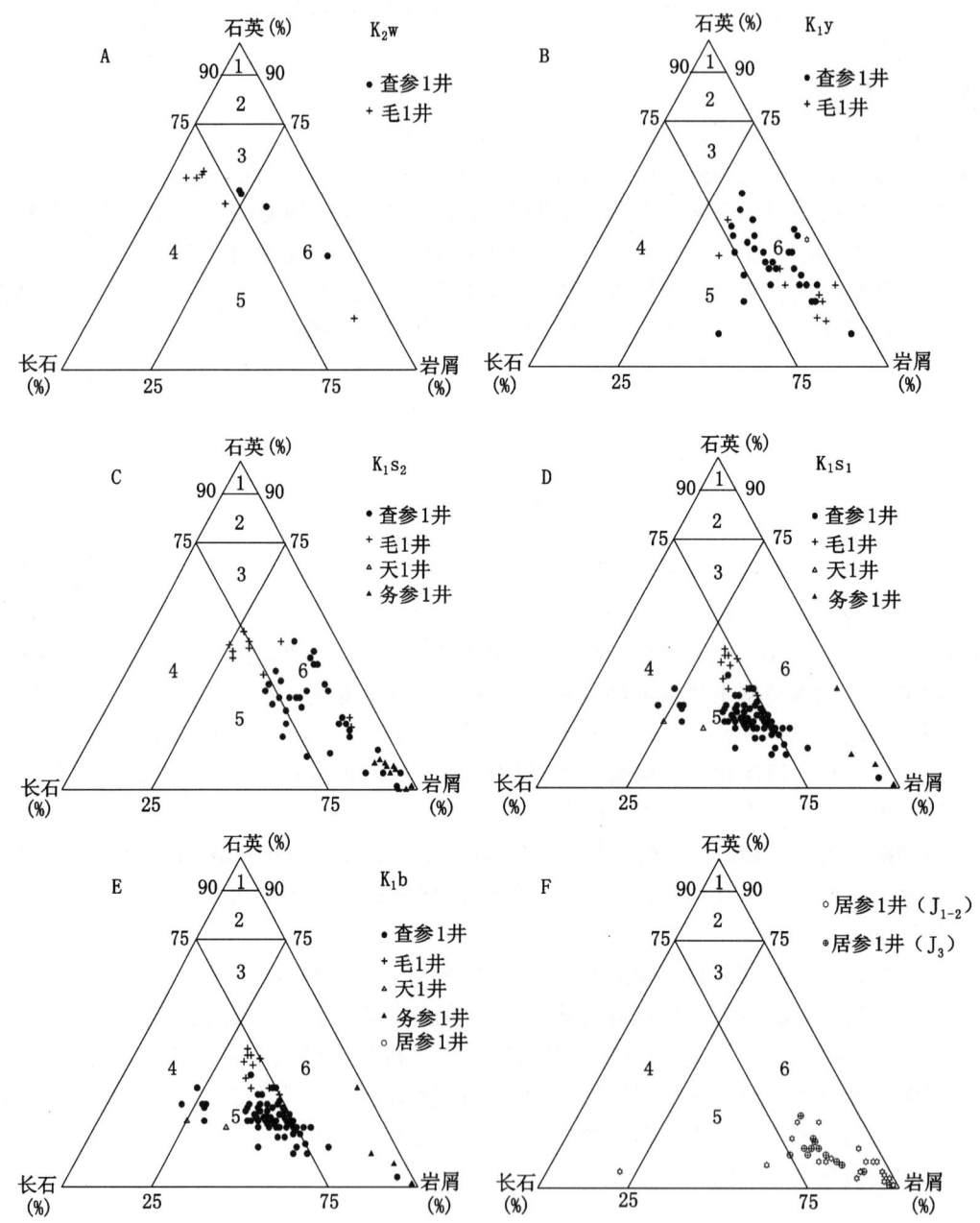

图7-3 银—额盆地中生界碎屑岩储层组分分类图

1—纯石英砂岩;2—石英砂岩;3—次长石岩屑砂岩或次岩屑长石砂岩;
4—次长石砂岩;5—长石岩屑砂岩或岩屑长石砂岩;6—岩屑砂岩

居参1井和炭窑井东剖面砂质岩组分含量的统计（表7-3）表明，居参1井碎屑成分中岩屑占76.4%～89.4%，且以片岩、板岩、千枚岩、石英岩及浅粒岩等中—浅变质岩岩屑为主，而石英和长石碎屑含量很少，仅分别为4.6%～8.9%和6.0%～15.5%，而且主要为变质成因；填隙物以铁泥质和泥质杂基为主，分别为6.4%～8.0%和2.8%～17.2%，而碳酸盐和硫酸盐胶结物含量极少并分布不均匀，浊沸石自中侏罗统开始出现到下侏罗统消失，黄铁矿自中侏罗统到下侏罗统相应增加。炭窑井东剖面碎屑成分中岩屑占22.7%～37.0%，以泥岩、板岩、千板岩、碳酸盐岩及片岩等为主，少量片麻岩、花岗岩及火山岩、粉砂岩，石英和长石碎屑含量分别为29.5%～41.0%和22.0%～47.8%；填隙物以碳酸盐胶结物为主，有少量泥质和铁质，分别为11.6%～23.0%和1.8%～3.5%。

表7-3 银—额盆地碎屑岩组分含量统计表

层位	井号（剖面）	碎屑成分（%）						填隙物含量（%）			样品数
		石英	长石	岩屑				合计	胶结物	杂基	合计	
				火成岩	沉积岩	变质岩	小计					
K_2w	查参1井	43.5	20	1.8	4.7	30	36.5	75.5	4.5	20	24.5	4
	毛1井	46	30.3	3	1.0	19.7	23.7	77.8	14.5	7.7	22.2	6
	巴1井	41	22.2	4.3	<1	32.5	36.8	76.6	11.8	11.6	23.4	7
K_1y	查参1井	33.6	14.1	13.5	2.3	36.5	52.3	77.9	3	19.1	22.1	38
	毛1井	25	13.5	3.9	0	57.6	61.5	87	0.5	12.5	13	11
	巴1井	27.9	14.8	6.1	<1	51.5	57.6	75.6	5.3	19.1	24.4	11
K_1s_2	查参1井	18.9	17.9	13	0.5	49.1	62.6	81.8	8.6	9.6	18.2	30
	毛1井	38.3	22.9	2.9	1.5	34.4	38.8	78.8	6	15.3	21.3	10
	巴1井	15.5	12.1	10.1	1.5	61.1	72.7	82.4	6.1	11.1	17.6	18
K_1s_1	查参1井	20.6	29.9	18	0.3	31.6	49.9	91.9	5.2	3.3	8.2	92
	毛1井	34.5	28.4	3.6	0.1	33.5	37.2	84.9	11	4.1	15.1	11
	巴1井	13.6	12.8	11.4	0.4	61.7	73.5	80.1	8.2	11.7	19.9	16
	天1井	19	50	3	0.5	27.5	31	77.5	21.5	1	22.5	2
K_1b_2	查参1井	15.4	23.8	22.7	0.1	38	60.8	94.5	3.2	2.3	5.5	22
	毛1井	22.6	36.6	10.8	0.3	29.2	40.8	88.2	9.1	2.2	11.3	27
	巴1井	7.9	5.4	15.5	0.4	70.8	86.7	80.7	8	11.3	19.3	24
	天1井	19.9	24.6	15.4	1.7	38.5	55.6	86.3	10.9	2.8	13.7	31
K_1b_1	哈1井	10	16	4	<1	70	74	91	7	2	9	2
	居参1井	21.5	25.2	33.5	<1	19.8	53.5	76.4	23.6	<1	23.6	6
	巴隆乌拉	17.3	59.4	—	—	—	23.3	77.1	17.2	5.7	22.9	19
	塔布陶勒盖	20.2	38				41.8	75.8	19.3	4.9	24.2	19
J_3	居参1井	9.1	14.9	12	10.5	53.5	76	82.7	9.6	7.7	17.3	11
J_{1-2}	居参1井	6.8	10.7	8.1	3	71.5	82.5	76.4	7.2	10	17.2	20

据砂质岩结构的统计（表7-4），居参1井砂质岩的碎屑粒级主要集中在砾级和粉砂级，部分为中砂级，并表现为从中侏罗统至下侏罗统中砂级增多而粉砂级减少的趋势；

分选性以粉砂级碎屑岩为好，中砂级碎屑岩中等，砾级碎屑岩为差；碎屑磨圆度均表现为次圆状；以孔隙式胶结为主，少数为接触式胶结。炭窑井东剖面砂质岩的碎屑粒级主要集中在中砂级，部分为粗砂级和粉砂级，并表现为从中侏罗统至下侏罗统粗砂级和粉砂级减少而中砂级增多的特点；分选性以粉砂级和中砂级碎屑岩为好，而粗砂级碎屑岩相对较差；磨圆度以次棱角状为主；胶结类型从中侏罗统至下侏罗统由孔隙式胶结变为基底式胶结。

表 7-4 银—额盆地碎屑岩结构统计表

层位	井号（剖面）	粒级（%）					分选性（%）			磨圆度（%）			胶结类型（%）			样品数
		砾	粗	中	细	粉	好	中	差	棱角	次棱	次圆	接触	孔隙	基底	
K₂w	查参1井	33		67		57			100		100			75	25	6
	毛1井		29	14		14	29	57	14		42.9	57.1		71.4	28.6	7
	巴1井	57			29	18		43	57		71.4	28.6		100		7
K₁y	查参1井			56	25		17	21	62		100			19.1	2.5	42
	毛1井		9	91				9	91			100		97.5	18.2	11
	巴1井	64	18	9	9	9		36	64		100			81.8	14.8	11
K₁s₂	查参1井		7	55	29	20	25	52	24		74.2	25.8		85.2	3	33
	毛1井			30	50	22		60	40		70	30		97		10
	巴1井	39	6	5	28	20	17	44	39		72.2	27.8		100	25	18
K₁s₁	查参1井	1	4	29	45	18	30	51	19		81.4	18.6	31.4	75		102
	毛1井		18	27	36	25	18	55	27		9.1	90.9		68.8	27.3	16
	巴1井	37		6	31		25	38	38		75	25		72.7	21	5
	天1井			50	50	14		50	50			100		79	50	2
K₁b	查参1井	6	24	17	39	2	31	54	15		77.2	22.8	19.9	50		26
	毛1井	37	34	17	10	13	7	15	78	5	17	78		80.1	4.9	41
	巴1井	46	8	4	29	20	25	25	50		45.8	54.2	2.5	95.1	11.5	24
	天1井	13	40	7	20		29	47	24		55.6	44.4	6.7	86	6.7	45
	哈1井			65	35	43		10			100			100		7
	居参1井			57		10	14	57	29		71.4	28.6	16.7	100		22
	巴隆乌拉	5	11	16	58		22	45	33		89.5	10.5	4.6		16.6	2
	塔布陶勒盖	23	41	23	14	13	18	32	50	5	81	14		4.9	22.7	19
J₃	居参1井	77	5	5		35	4	5	91		91	4	4.5	7.7	4.5	22
J₁₋₂	居参1井	35	8	21	1	35	44	21	35		100	5.8		10	1.4	90

居参1井砂质岩中粘土矿物的X衍射分析表明（表7-5），从中侏罗统至下侏罗统高岭石含量减少并消失（2.8%～0），而伊利石含量则相对增加（35.3%～56.6%），总体表现为从以伊蒙间层为主到以伊利石为主的变化特点，反映出成岩作用强度的增大。

居参1井与炭窑井东剖面中下侏罗统储层在砂质岩组分含量、结构等方面存在的差异，与其所在区域的地质背景、沉积环境、成岩作用的改造等因素有关。

表 7-5 银—额盆地碎屑岩粘土矿物含量表

层位	井号	粘土矿物相对含量（%）								样品数
		K	C	I	S	I/S	I/S中S（%）	C/S	C/S中S（%）	
K_1y	查参1井	13	14	35		38	40			1
	毛1井	53	4		33					2
K_1s_2	查参1井		8	29	63					1
	毛1井	12	20	27		41	65			1
K_1s_1	查参1井		62	35		3				28
	毛1井	3	25	28	12	32	30			6
	巴1井	5	6	30	59					1
K_1b	查参1井		30	42		28				1
	毛1井	3	38	33		26	15～25	34	50	16
	巴1井	23	7	56		14	15～25			15
	天1井	11	28	32		29	10～25			26
J_3	居参1井	2	7	17	46	28	55～75			9
J_{1-2}	居参1井	1	14	44		41	45～55			35

注：表中 K 为高岭石；C 为绿泥石；I 为伊利石；S 为蒙脱石。

2. 上侏罗统

上侏罗统碎屑岩储层仍见于居东凹陷和北山区的炭窑井东，岩石类型在居参1井主要为岩屑砂砾岩，而在炭窑井东剖面则主要为长石粉砂岩、岩屑长石细—中砂岩（图 7-3）。

从砂质岩组分含量表（表 7-3）可见，居参1井碎屑成分中岩屑成分含量很高，占 76%，主要为片岩、浅粒岩、大理岩、石英岩、板岩和千枚岩等变质岩，其次为碳酸盐岩和酸性火山岩，石英和长石碎屑含量很低，分别为 9.1% 和 14.9%；填隙物以泥质、铁泥质及碳酸盐胶结物为主，并见有少量分布局限的硫酸盐。炭窑井东剖面碎屑成分中岩屑仅占 19.5%，且主要为泥岩、板岩、千枚岩及硅质岩，仅有少量碳酸盐岩和火山岩，而石英和长石碎屑分别达 33.9% 和 46.6%；填隙物主要为碳酸盐和少量的泥质、铁质、硫酸盐。

从砂质岩结构（表 7-4）来看，居参1井砂质岩的碎屑粒级主要为砾级，占各粒级总量的 77.3%，另有小部分为粉砂级（为 13.7%），分选差，磨圆度主要为次棱角状，胶结类型以孔隙式胶结为主。炭窑井东砂质岩的碎屑粒级以细砂级为主（58.8%），部分为粉砂级和中砂级（分别为 27.5% 和 12.7%），分选性为好至中等，磨圆度以次棱角状为主，胶结类型主要为孔隙式、次为基底式。

粘土矿物含量（表 7-5）在居参1井中表现为高岭石由多变少到再变多（平均 2%），伊利石、绿泥石则呈少→多→少→多的两段式变化（平均为 17% 和 7%），中上部以蒙脱石为主，中下部则以伊蒙混层为主。

3. 下白垩统巴音戈壁组

下白垩统巴音戈壁组碎屑岩储层除在查干凹陷、梭梭头凹陷、天草凹陷及居东凹陷均有不同厚度的钻遇外，盆地露头分布区广见于塔布陶勒盖、乌拉特后旗、恩根陶来、巴隆乌拉和额勒斯台等地区。在岩石类型上不同地区有所不同（图 7-3）：查干凹陷以长石岩屑细砂岩、岩屑中砂岩和岩屑砂砾岩为主；梭梭头凹陷以岩屑不等粒砂岩、岩屑细砂岩、岩屑砂砾岩为主；居东凹陷主要为灰质岩屑砂岩；天草凹陷主要为岩屑砂砾岩、含砾不等粒砂岩及部分长石岩屑中—细砾岩；塔布陶勒盖以钙质细砾岩、长石岩屑粗砂岩为主并有部分粉砂岩；乌拉特后旗以岩屑长石中粗砂岩为主；恩根陶来主要为砾岩、岩屑长石中砂岩；巴隆乌拉主要为中粗岩屑长石砂岩、砂砾岩；额勒斯台以砾岩、长石岩屑中粗砂岩为主；交夹沟则以砾岩和长石岩屑粗砂岩为主。总体上，岩石类型以岩屑砂砾岩、岩屑长石砂岩为主。

就数口井及部分露头剖面砂质岩的组分（参见表7-3）来看，查干凹陷碎屑成分中岩屑占40.8%~60.8%，以板岩、千枚岩、片岩、石英岩等变质岩（29.2%~38.0%）和部分凝灰岩、花岗岩及火山熔岩等岩浆岩（10.8%~22.7%）为主，而石英和长石碎屑含量分别为15.4%~22.6%及23.8%~36.6%；填隙物为碳酸盐胶结物和泥质杂基，分别为3.2%~9.1%和2.3%~2.7%，另有极少呈石英加大形式出现的分布不均匀的硅质。梭梭头凹陷碎屑成分中岩屑高达92%，主要为板岩、千枚岩及石英岩等变质岩屑（76.8%），而石英和长石碎屑含量极少；填隙物主要为铁泥质及粉砂等杂基和碳酸盐胶结物，分别为21.7%和8.4%。天草凹陷碎屑成分中岩屑达55.6%，变质岩屑占38.5%，石英和长石碎屑分别为19.9%和24.5%；填隙物以碳酸盐胶结物为主。居东凹陷碎屑成分中岩屑占53.3%，以酸性及中基性火山岩和变质岩为主，分别占33.5%和19.8%，而石英和长石碎屑相对较多，分别为21.5%和25.2%；填隙物主要为方解石，多呈嵌晶式胶结，平均含量23.6%。露头剖面上，除塔布陶勒盖和交夹沟岩屑含量较高外，其他地区的岩屑含量均低于30%，而且几乎所有露头区的石英及长石碎屑含量都偏高，特别是乌拉特后旗、巴隆乌拉地区的长石碎屑和额勒斯台地区的石英碎屑分别可达66.7%、59.4%和55.4%，具有形成良好储集砂体的潜在优势；填隙物除在巴隆乌拉和塔布陶勒盖地区含有较少量铁质外，其余均以碳酸盐胶结物为主，而泥质杂基含量极少，另在乌拉特后旗、巴隆乌拉、交夹沟及塔布陶勒盖等地区有一定的石英加大硅质。这种高碳酸盐含量的胶结物易于形成次生孔隙发育带，有利于储层储集性能的改善。

从砂质岩的结构上看（参见表7-4），查干凹陷中查参1井储层以细粒级和粗粒级为主，并从巴音戈壁组一段至二段粒级变细，分选性中等偏好，磨圆度以次棱为主，胶结类型以孔隙式占主导地位。

毛1井粒级以粗粒级和砾级为主，分选性较差，磨圆度次圆，胶结类型主要为孔隙式。务参1井粒级为中砂级和砾级，分选差，次棱角，孔隙式胶结。天1井粒级主要为粗砂级，分选中等偏好，以次棱和次圆为主，胶结类型主要为孔隙式。居参1井粒级为中砂级和粉砂级，分选性以中为主、部分为差，磨圆度主为次棱角，孔隙式胶结。露头剖面上，巴隆乌拉和额勒斯台以细砂级为主，乌拉特后旗以粗砂级为主，交夹沟以砾级和粗砂级为主，恩根陶来以中、细砂级为主，而塔布陶勒盖以砾级、粗、中砂级为主；分选性上塔布陶勒盖和交夹沟以差为主，乌拉特后旗中等，额勒斯台以好为主，其他好、中差兼而有之；磨圆度均以次棱为主；胶结类型上乌拉特后旗、额勒斯台和恩根陶来以基底式胶结为主，其余以孔隙式胶结为主。

在砂质岩的粘土矿物含量（参见表7-5）上，查干凹陷中查参1井以伊利石为主，其次为绿泥石和伊蒙混层。毛1井以绿泥石为主，次为伊利石和伊蒙混层。巴1井以伊利石为主，次为高岭石。务参1井以伊利石为主，次为伊蒙间层。天1井主要为伊利石，其次为伊蒙混层和绿泥石。

各凹陷和露头区下白垩统巴音戈壁组储层在岩石类型、砂质岩组分含量、砂质岩结构及粘土矿物方面表现出的差异，与其各自所在区域的地质背景、沉积环境、成岩作用改造有着密切的关系，是多种地质条件的综合反映。相比来说，从岩石学特征的角度上看，在乌拉特后旗、巴隆乌拉和额勒斯台有形成具较好储集性砂体的条件，而在凹陷内则相对较差，但在查干凹陷的西南部的巴音戈壁组二段也有可能会发育有利储集层段。总体上，巴音戈壁组储层仍以低成分成熟度、低结构成熟度、高岩屑含量、高填隙物含量及多岩石类型为特征。

4. 下白垩统苏红图组

下白垩统苏红图组储层主要见于查干凹陷、梭梭头凹陷、天草凹陷及苏红图等地，在居东凹陷较薄。岩石类型上（参见图7-3），查干凹陷苏红图组一段主要为长石岩屑砂岩、岩屑长石砂岩及岩屑砂岩（结构分类以细砂岩和中砂岩为主），苏红图组二段主要为岩屑砂岩和岩屑长石砂岩或长石岩屑砂岩（结构分类以中砂岩、细砂岩和含砾不等粒砂岩为主）；梭梭头凹陷不论是苏红图组一段还是苏红图组二段均主要为岩屑砂岩（结构分类以含砾不等粒砂岩、砂砾岩、粉砂岩为主）；天草凹陷主要为岩屑长石中一细砂岩、粉砂岩及砂砾岩；居东凹陷苏红图组主要为细砂岩；苏红图组主要为粉砂岩和砾岩。

砂质岩组分含量在各凹陷差异较大（参见表7-3），总特征表现为低石英、低长石、高岩屑含量。查干凹陷碎屑成分中岩屑以石英岩、千枚岩及板岩等变质岩屑为主，从 $K_1s_1 \rightarrow K_1s_2$ 其含量增加，其中查参1井从49.9%增加到62.6%，毛1井从37.2%增加到38.8%。长石碎屑从 $K_1s_1 \rightarrow K_1s_2$ 含量减少，查参1井从29.9%减少到17.9%，毛1井从28.4%减少到22.9%。石英碎屑从 $K_1s_1 \rightarrow K_1s_2$ 则有增有减，查参1井从20.2%减少到18.9%，而毛1井则从34.5%增加到38.3%。填隙物在苏红图组一段和苏红图组二段中均主要为方解石和泥质杂基，但含量有所不同，特别是在苏红图组一段中有少量呈石英次生加大及自生石英形式的硅质。务参1井从 $K_1s_1 \rightarrow K_1s_2$ 岩屑含量增加（特别是变质岩屑增加很多），而石英碎屑含量则明显减少；填隙物从 $K_1s_1 \rightarrow K_1s_2$ 不论是泥质杂基还是碳酸盐胶结物均有明显增多。天草凹陷天1井的苏红图组一段岩屑含量较低（仅31.0%），而长石碎屑含量则高达50.0%，填隙物则几乎全部为碳酸盐胶结物，具有形成次生孔隙的良好条件。苏红图地区的苏红图组岩屑含量也相对较少而石英碎屑含量相对较多，填隙物主要为碳酸盐胶结物。

砂质岩结构在不同地区也不尽相同（参见表7-4）：查干凹陷从 $K_1s_1 \rightarrow K_1s_2$ 在查参1井中以中、细粒级为主，分选性中等到好，磨圆度主要为次棱，胶结类型从孔隙式和部分接触式到以孔隙式为主；在毛1井中以细、中粒级为主，分选性中等到差，次圆—次棱角状，均为孔隙式胶结。务参1井从 $K_1s_1 \rightarrow K_1s_2$，粒级从以粉砂级为主变为以砾级为主，分选性从以中、差为主变为以好、差为主，磨圆度从全为次棱到以次圆为主，全为孔隙式胶结变为以孔隙式为主。天草凹陷天1井苏红图组一段粒级为中、细砂级，分选中、差，次圆，接触式及基底式胶结。苏红图地区苏红图组一段粒级为中、细砂级，分选中、好，次棱，孔隙式及基底式胶结。

砂质岩粘土矿物含量的变化特点是（参见表7-5）：查干凹陷从 $K_1s_2 \rightarrow K_1s_1$，在查参1井绿泥石和伊利石含量增多而蒙脱石含量减少并至消失，巴1井绿泥石减少而伊利石增加，而且蒙脱石含量也增加；毛1井苏红图组一段中伊利石相对查参1井和巴1井苏红图组一段中相对减少，蒙脱石则相对查参1井增加而相对巴1井减少。这种砂质岩中粘土矿物含量的变化反映了查干凹陷成岩作用的不均一性。务参1井从 $K_1s_2 \rightarrow K_1s_1$，高岭石、绿泥石含量减少，而伊利石、伊/蒙混层含量增加。

据岩石学上表现出的特征来看，苏红图组一段相对于苏红图组二段及巴音戈壁组来说具有较好的形成储集性砂体的条件，其岩屑含量相对较低，石英和长石碎屑含量相对较高，填隙物少，结构上较均一，特别是查干凹陷更是如此。

5. 下白垩统银根组

银根组储层虽见于查干凹陷、梭梭头凹陷、居东凹陷，但以查干凹陷最为发育。岩石类型图反映查干凹陷主要为岩屑砂岩和长石岩屑砂岩（结构分类以不等粒砂岩、中—细砂岩及粉砂岩为主），务参1井主要为砂砾岩和细砂岩，居参1井主要为砾岩（参见图7-3）。

就查干凹陷银根组的砂质岩组分含量、结构及粘土矿物含量来看（参见表7-3、表7-4、表7-5），碎屑组分中岩屑（石英岩、板岩、千枚岩为主）含量仍占主要，但石英刚性碎屑含量明显增多，填隙物以泥质杂基为主；粒级上以中砂级为主要成分，分选性差，次棱或次圆状，孔隙式胶结；粘土矿物以伊/蒙混层和高岭石为主，次为伊利石和蒙脱石。这表明虽岩石结构成熟度仍较低，但成分成熟度却较下白垩统的其他层组相对要好，特别是银根组储层埋藏较浅，有利于原生孔隙的保存，有形成良好储集性能砂体的条件。

6. 上白垩统乌兰苏海组

乌兰苏海组储层见于查干凹陷、梭梭头凹陷和苏红图地区，以查干凹陷发育较好。岩石类型图表明查参1井主要为长石岩屑砂岩、岩屑砂岩和复成分砾岩（结构分类为不等粒砂岩、细砾岩），毛1井主要为长石粗砂岩、中砂岩及岩屑不等粒砂岩，务参1井为细砾岩，苏红图组为长石岩屑或岩屑长石细—中砂岩（参见图7-3）。

据砂质岩组分含量、结构的统计（参见表7-3、表7-4），查干凹陷碎屑组分中岩屑已不占主要，而以刚性石英碎屑为主（高达40%以上），填隙物在查参1井主要为泥质杂基而在毛1井则主要为方解石胶结；粒级上查参1井以中砂级为主，而毛1井以粉砂级为主；查参1井分选差、次棱、孔隙式胶结为主，而毛1井以中分选性为主，次圆、多孔隙式胶结。苏红图地区碎屑组分中岩屑含量小于石英和长石碎屑含量，填隙物主要为碳酸盐胶结物，粒级以细砂级为主，分选偏好，次棱，主要为基底式胶结。

上白垩统储层在岩石学特征上具有的高刚性碎屑组分含量、适宜的粒级和弱的压实强度，使其具有形成良好储集性能砂体的潜在优势。

（二）火成岩储层

银—额盆地的火成岩储层按岩石类型可分为火山岩型储层和侵入岩型储层，而按储集空间可分为缝洞型储层和风化蚀变型储层。就本盆地中火成岩形成、分布及所产出的地质层位来说，火山岩主要以缝洞型为主，风化蚀变型为次，而侵入岩则主要以风化蚀变型为主，缝洞型为次。有关火成岩的分布、岩相及主要岩石类型已在第三章中做了探讨，本章仅对与储层相关密切的岩石学特征作一简要的论述。

1. 火山岩储层

本盆地中可作为储层的火山岩有两种岩石类型：一种为早白垩世的中基性火山岩，另一种为三叠纪—侏罗纪的中酸性火山岩。前者广布于查干凹陷、苏红图坳陷及尚丹坳陷的东部，后者见于梭梭头凹陷和尚丹坳陷（预测）。

从岩石学特征上看，中基性火山岩为玄武岩、玄武安山岩或安山玄武岩、安山岩、粗玄岩、粗安岩及相应的凝灰岩，气孔杏仁构造较为发育，特别是在每一岩流层的顶部，但绝大多数气孔被方解石、绿泥石、高岭石及非晶质二氧化硅（即玉髓）充填，从而使其潜在储集空间大大减少，仅在少数半充填的气孔中见有沥青及稠油，但相互连通性差。岩石因暴露地表时间短，故风化蚀变程度低，基本上无风化壳或风化壳很薄，但因长期埋藏受地层水的作用而普遍产生次生蚀变。次生蚀变表现为除橄榄石的伊丁石化及蛇纹石化、辉石及角闪石的帘石化和绿泥石、碳酸盐化外，斜长石也具有一定的钠黝帘石化和绢云母化。冷却形成的裂缝密度小，而受构造运动产生的裂缝开放性较大，并在局部层段裂缝中见有油气显示。中酸性火山岩（以务参1井所见为代表）为英安岩和流纹英安岩，具显微花岗结构基质的斑状结构，气孔杏仁构造不发育。风化蚀变程度低，次生蚀变差，但因岩浆冷却而产生的微细裂缝则较为发育（密度6条/10cm，缝宽约0.1mm，多数未被充填，少数被泥质、方解石充填）。

从岩石学角度分析，在火山岩的凝灰岩发育段及向沉积岩过渡的沉凝灰岩段易于形成风化蚀变型及孔隙型储层，在火山岩熔岩发育段如有多期构造改造时易于形成裂缝型储层。

2. 侵入岩储层

本盆地可作为储层的侵入岩有三种：一种是中生代的半深成相花岗岩及二长花岗岩（以居参1井为代表）；一种是中生代的浅成—超浅成相的花岗闪长斑岩（以天1井为代表）、细粒闪长岩及细粒石英闪长岩（以毛2井所钻毛敦侵入体为代表）；再一种是中生代前的中酸性侵入岩（即盆地内广布的，现直接位于中生界生油岩之下的华力西期花岗岩和花岗闪长岩）。居参1井中的二长花岗岩次生蚀变较强，长石具高岭土化、绢云母化和碳酸盐化，形成有次生微孔隙和微裂缝（孔隙度仅0.7%，而渗透率则为$6.88\times10^{-3}\mu m^2$可说明）；天1井中的花岗闪长斑岩具显微球粒结构基质的斑状结构，斜长石斑晶具次生蚀变，无气孔杏仁、风化蚀变，裂缝较为发育，部分裂缝充填方解石，毛2井中的细粒闪长岩具次辉绿结构和似斑状结构，次生蚀变较强，无气孔杏仁、风化蚀变，微裂缝发育，缝宽1～5mm，充填方解石和石英。中生代前侵入岩储层的可能性见第三章中有关内容。

就岩石学特征来看，在中生代侵入体的边缘相，因其次生蚀变强、冷却快而易于发育裂缝、后期构造改造明显，故容易形成裂缝型储层；而在中生代前侵入体的顶部，因长期遭受风化蚀变会形成较发育的风化壳，故易于形成风化蚀变型储层[4,5]。

（三）碳酸盐岩储层

银—额盆地中生界碳酸盐岩不发育，主要见于额勒斯台、塔布陶勒盖、巴隆乌拉、恩根陶来、乌拉特后旗、苏红图及查参1井、务参1井（表7-6）。

就本盆地目前所见到的碳酸盐岩来说，能作为储层的仅发育于塔布陶勒盖、恩根陶来和巴隆乌拉的下白垩统巴音戈壁组，其他地区及层位的碳酸盐岩还不能作为储层。可作为储层的碳酸盐岩主要为生物碎屑灰岩、砂质灰岩、砾屑灰岩和隐藻白云岩。生物碎屑灰岩具生物碎屑结构，生物碎屑大小混杂，分选性差，并有少量陆源细—粉砂级长石、石英碎屑，生物碎屑间多呈压嵌接触或缝合线接触，填隙物为泥晶的方解石。砾屑灰岩具砾屑结构，砾屑成分为微晶灰岩，填隙物为泥晶方解石，可见成岩早期裂缝，缝中充填有机质和灰泥质。砂质灰岩有10%～50%的陆源石英、长石及云母碎屑，主体为泥晶灰岩，具砂质泥晶结构，常见成岩微裂缝（充填亮晶方解石）。隐藻白云岩含有较多成分为泥晶白云石的隐藻体（70%～75%），胶结物仍为泥晶白云石，具隐藻结构和泥晶结构，岩石具发育的次生溶蚀孔隙。碳酸盐岩储层在本盆地仅能作为一种次要储层，其厚度小，分布局限。

表7-6 银—额盆地中生界碳酸盐岩储层及岩性统计表

层 位	井 号（剖面）	地层厚度（m）	储层厚度（m）	储层/地层（%）	主要岩性
K_2w	苏红图	156.2	8.8	5.6	粉砂质灰岩
K_1s_2	务参1井	589.0	4.1	0.7	泥晶生物碎屑灰岩
K_1b	查参1井	956.5	250	26.1	灰质白云岩、白云质灰岩
	巴隆乌拉	830.5	35.7	4.3	泥晶灰岩、泥晶白云岩
	额勒斯台	536.6	50.3	9.4	砂质灰岩、泥晶灰岩、生物碎屑灰岩
	塔布陶勒盖	1482.0	207.4	14.0	砾屑灰岩、砂质灰岩、生物碎屑灰岩、隐藻白云岩、泥晶灰岩、微晶灰岩
	恩根陶来	1334.6	30.0	2.2	砂质灰岩、生物碎屑灰岩、泥晶灰岩、微晶灰岩
	乌拉特后旗	255.7	5.9	2.3	泥晶灰岩
J_{1-2}	炭窑井东	1223.2	55.3	4.5	泥晶灰岩、微晶灰岩

三、储层物性及影响因素

（一）储层物性

1. 储集性能及其特征

1）储层物性

银—额盆地中生界碎屑岩储层物性统计见表7-7。从表中所示数据可以看出，本盆地中的碎屑岩储层物性普遍较差，属于特低孔渗储层。从储层的纵向分布上来看，按中国石油天然气集团公司对孔隙度和渗透率的等级划分标准（表7-8），侏罗系储层属特低孔、特低渗；下白垩统巴音戈壁组储层除巴隆乌拉和交夹沟剖面属低孔低渗、居参1井属低孔特低渗、天1井属特低孔中渗外，其他地区均属特低孔、特低渗；苏红图组苏红图地区属低孔特低渗，毛1井苏红图组一段属低孔、低渗，天1井苏红图组一段属低孔，巴1井苏红图组二段属低孔特低渗，其余均属于特低孔、特低渗；银根组查参1井属中孔中渗（分析值2个偏低），毛1井属高孔高渗，而务参1井大体属低孔特低渗；乌兰苏海组在苏红图坳陷属中孔中渗，查参1井属中孔特低渗。

表7-7 银—额盆地中生界碎屑岩储层物性统计表

层 位	井 号（剖面）	分析化验值		测井解释值	
		孔隙度（%）	渗透率（$\times 10^{-3}\mu m^2$）	孔隙度（%）	渗透率（$\times 10^{-3}\mu m^2$）
K_2w	查参1井	$\dfrac{9.1\sim32.2}{15.6}$	$\dfrac{0.71\sim7.9}{2.78}$	—	—
K_1y	查参1井	$\dfrac{5.0\sim5.1}{5.0}$	$\dfrac{0.09\sim0.12}{0.1}$	$\dfrac{13.5\sim18.0}{16.2}$	$\dfrac{11.16\sim298.06}{153.29}$
	毛1井	$\dfrac{26.8}{26.8}$	—	$\dfrac{3\sim27}{19.5}$	$\dfrac{0.1\sim800}{131.46}$

续表

层 位	井 号(剖面)	分析化验值		测井解释值	
		孔隙度(%)	渗透率($\times 10^{-3} \mu m^2$)	孔隙度(%)	渗透率($\times 10^{-3} \mu m^2$)
$K_1 s_2$	查参1井	7.3/7.3	0.25/0.25	4.0~10.9/6.7	0.01~38.04/6.42
	毛1井	6.8/6.8	0.9/0.9	0.4~22/10.2	0.2~100/12.91
	巴1井	4.0~12.3/9.9	0.01~0.3/0.10	2.5~20/12.2	0.01~80/21.72
$K_1 s_1$	查参1井	2.8~10.1/6.4	0.01~6.02/0.25	1.4~6.8/3.7	0.01~0.85/0.16
	毛1井	1.4~16.3/8.0	0.01~101/5.63	1.0~12/4.5	0.2~9.0/1.62
	巴1井	2.8~9.8/6.1	0.0~0.24/0.04	0.5~12/4.5	0.01~10/1.09
	天1井	13.2/13.2	—	5.5~8.0/6.9	1.5~8.0/4.0
	哈1井	4.1~7.9/6.1	0.01~9.06/1.04		
$K_1 b$	查参1井	1.2~2.1/1.7	0.01~0.02/0.01	1.3~7.5/4.2	0.01~5.2/0.63
	毛1井	2.1~12.8/5.8	0.01~7.86/1.13	1.0~18/7.8	0.2~60/14.08
	巴1井	1.4~6.1/2.4	0.01~0.7/0.06	0.1~4.5/1.6	0.01~0.40/0.04
	天1井	1.4~21.7/8.4	0.01~2357/127.30	2.0~19.0/12.2	0.01~0.4/0.04
	哈1井	4.1~7.9/6.1	0.01~0.24/0.02	—	0.01~120/34.79
	居参1井	—	—	10~15/12.7	0.2~5.0/2.4
	巴隆乌拉	3.5~23.5/11.8	0.35~116.5/21.7	—	—
	塔布陶勒盖	2.2~12/6.8	0.12~23.5/4.4	—	—
J_3	居参1井	1.1~7.9/4.0	0.01~12.2/1.73	2.5~4.0/3.3	0.1~1.0/0.62
J_{1-2}	居参1井	0.1~8.3/1.5	0.01~1.45/0.11	0.1~5.0/2.8	0.01~1.9/0.37

表7-8 碎屑岩储层物性等级标准

等 级	孔隙度		渗透率		类 型
	符 号	参数值(%)	符 号	参数值($\times 10^{-3} \mu m^2$)	
一级	Φ_1	>30	K_1	>2000	特高孔、特高渗
二级	Φ_2	25~30	K_2	500~2000	高孔高渗
三级	Φ_3	15~25	K_3	100~500	中孔中渗
四级	Φ_4	10~15	K_4	10~100	低孔低渗
五级	Φ_5	<10	K_5	<10	特低孔、特低渗

据钻井及露头剖面所表明的孔隙度和渗透率变化情况看,从 $J_{1-2}\to J_3\to K_1b\to K_1s\to K_1y\to K_2w$ 其物性总体变好。如考虑有效烃源岩的分布和配置,那么下白垩统的苏红图组和巴音戈壁组、银根组储层物性较为有利。就苏红图组来说,苏红图组二段比苏红图组一段储层物性好,更有利于发育相对好的有效储层。地面露头剖面各层位碎屑岩储层的物性普遍比井下同层位碎屑岩储层的物性好,这与其被抬升地表后受地表水及各种地质营力的综合作用而导致次生孔隙的发育有关。

结合各层位碎屑岩储层沉积相特点(表 7-1),可以看出,曲流河、滨浅湖—河道、滨浅湖—曲流河、冲积扇、扇三角洲及水下扇储层物性发育较好,总体来说以河流相储层的物性相对较好。

从盆地中已钻几口石油探井的各层位碎屑岩储层孔隙度等级厚度、层数统计(表 7-9)和储层孔隙度等级分布相对频率统计来看(表 7-10),侏罗系储层的孔隙度均小于5%,其相对频率为100%,而且厚度相对较薄,层数也少。下白垩统巴音戈壁组储层的孔隙度主要小于10%(但天1井和毛1井个别砂层分别达10%~15%和15%~20%),厚度相对较

表 7-9 银—额盆地碎屑岩储层孔隙度等级厚度、层数统计表

层 位	井 号	孔隙度(%)						合 计
		<5	5~10	10~15	15~20	20~25	>25	
K_2w	毛1井				2.4/1	17.9/5	10.4/2	30.7/8
K_1y	毛1井					203.6/27	34/6	237.6/33
	查参1井			4.5/1	12.1/2	20.3/4		36.9/7
	务参1井		18.3/8	39.7/15	6.2/2			64.2/25
K_1s_2	毛1井		2.3/2	8.4/4	26.9/10	5.8/3	9.9/3	53.3/22
	查参1井		17.6/6	19.3/4	5.0/1			41.9/11
	务参1井	51.4/3	10.5/7	1.3/2				63.2/12
K_1s_1	毛1井		3.6/2	10.0/3	1.4/1			15.0/6
	查参1井	8.2/6	12.6/9	1.3/1				22.1/16
	务参1井	38.1/9	6.4/3					44.5/12
	天1井		7.3/3					7.3/3
K_1b_2	毛1井	9.1/2	31.6/7	17.2/5				57.9/14
	查参1井	5.5/4	1.0/1					6.5/5
K_1b_1	查参1井	71.9/18	2.1/1					74.0/19
K_1b	居参1井	2.1/2	1.5/1					3.6/3
	天1井	4.2/2	29.4/12	65.6/19	29.4/8			128.5/41
	务参1井	223.6/14						223.6/14
J_3	居参1井	20.5/3						20.5/3
J_{1-2}	居参1井	44.5/12						44.5/12
合计		479.1/75	144.2/62	167.2/54	83.4/25	247.6/39	54.3/11	1175.8/266
总计		623.3/137		552.5/129				
厚度比(%)		53.0%	14.2%	28.2%		4.6%		

注:表中数值为厚度(m)/层数。

表 7-10 银—额盆地碎屑岩储层孔隙度等级分布相对频率表

层位	井 号	孔隙度等级分布相对频率（%）					
		<5%	5%～10%	10%～15%	15%～20%	20%～25%	>25%
K_2w	毛1井				7.8	58.3	33.9
K_1y	毛1井					85.7	14.3
	查参1井			12.2	32.8	55.0	
	务参1井		28.5	61.8	9.7		
	平均		9.5	24.7	14.1	46.9	4.8
K_1s_2	毛1井		4.3	15.8	50.5	10.9	18.5
	查参1井		42.0	46.1	11.9		
	务参1井	81.3	16.6	2.1			
	平均	27.1	21.0	21.3	20.8	3.6	6.2
K_1s_1	毛1井		24.0	66.7	9.3		
	查参1井	37.1	57.0	5.9			
	务参1井	85.6	14.4				
	天1井		100				
	平均	30.7	48.8	18.2	2.3		
K_1b_2	毛1井	15.7	54.6	29.7			
	查参1井	84.6	15.4				
	平均	50.2	35.0	14.8			
K_1b_1	查参1井	97.2	2.8				
K_1b	天1井	3.2	22.9	51.0	22.9		
	务参1井	100					
	居参1井	58.3	41.7				
	平均	53.8	21.6	17.0	7.6		
J_3	居参1井	100					
J_{1-2}	居参1井	100					
K_2w	露头		40	10	10	10	30
K_1s		50		50			
K_1b	剖面	35.6	27.4	26.0	6.8	4.1	
J_3		81.0	9.5	9.5			
J_{1-2}		41.5	58.5				

大，层数较多，其相对频率小于 5% 的占 50.2%～97.2%。苏红图组储层的孔隙度等级较多，除小于 10% 的特低孔占一定比例外，低孔、中孔及高孔也占有不同的比例，主要集中在 5%～15% 范围内，层数和厚度均有所增加，而且苏红图组二段相对苏红图组一段来说其储层物性变好。银根组储层的孔隙度较前述层位更好，主要集中在低孔和中孔等级范围内，特别是中孔等级的储层不仅层数多而且厚度较大，其相对频率 20%～25% 的占 46.9%。上白垩统乌兰苏海组储层孔隙度主要以中孔等级为主，高孔等级为次，但储层厚度较薄、层数较少。就地面露头剖面碎屑岩储层的孔隙度等级分布来看，也同样反映出侏罗系储层物性较差、白垩系储层物性较好，而且从 $K_1b \rightarrow K_1s \rightarrow K_2w$ 表现为逐渐变好的特征（表 7-10）。本盆地中生界碎屑岩储层孔隙度等级在各层位中的分布相对频率见图 7-4。

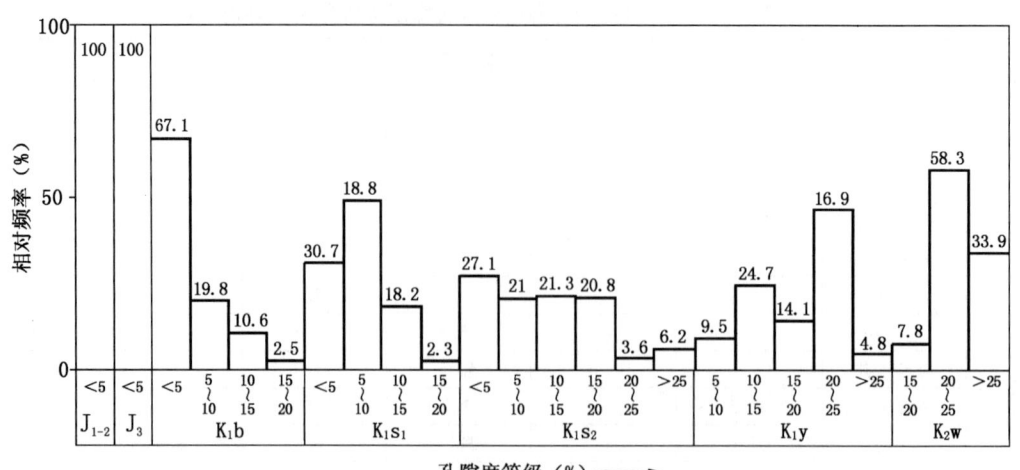

图 7-4 银—额盆地中生界碎屑岩储层孔隙度等级分布相对频率图

盆地中碎屑岩储层孔隙度与岩石粒级有密切的关系（表 7-11），粗砂岩、中砂岩和细砂岩的孔隙度值相对较高，而粉砂岩、不等粒砂岩和砂砾岩的孔隙度值相对较低；特别是盆地中的主要储层发育层位苏红图组二段和苏红图组一段，储层的孔隙度表现为从粉砂岩→细砂岩→中砂岩→粗砂岩变高，而到不等粒砂岩和砂砾岩变低。

表 7-11 中生界碎屑岩储层岩石粒级与平均孔隙度关系统计表

岩性 层位	粉砂岩	细砂岩	中砂岩	粗砂岩	不等粒砂岩	砂砾岩
K_2w				24.6/2		
K_1y				24.4/9	5.0/2	
K_1s_2	10.8/4	12.1/3	17.4/2	23.6/7		4.7/6
K_1s_1	3.9/6	6.5/21	6.1/20	6.9/42	4.7/5	
K_1b						2.7/4
J_3						3.3/4
J_{1-2}	1.1/9		0.4/4			1.3/39
三口参数井分析资料统计　平均孔隙度（%）/样品数						
K_2w		24.3/1	5.2/2	8.8/3		
K_1s_2			11.2/2			
K_1b	21.0/2	7.2/2	7.5/8	6.7/9		8.9/9
J_3	0.4/1	2.5/16	10.1/3	5.3/1		
J_{1-2}	9.0/2	5.0/2	3.6/4	5.4/1		
地面露头剖面资料统计　平均孔隙度（%）/样品						

孔隙度与渗透率的变化图（图 7-5）表明，不论是银根组、苏红图组或是巴音戈壁组其渗透率值均随孔隙度的增高而增高，表现为一种正相关关系。而侏罗系各统的渗透率虽大体也随孔隙度增加而增高，但相关性并不明显，说明白垩系储层的物性要好于侏罗系储层的物性。

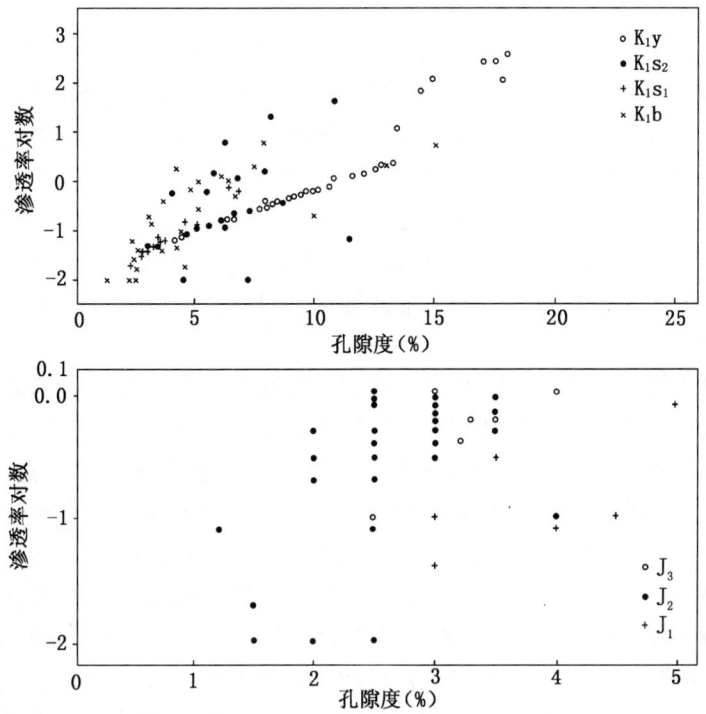

图 7-5 银—额盆地中生界碎屑岩储层孔隙度与渗透率变化关系图

根据本盆地中生界碎屑岩储层孔隙度统计概率（图 7-6），可明显看出孔隙度分布具有三段式的特点，就此可将其分为三种储层，即差储层、中等储层和好储层。

2) 孔隙类型

根据铸体薄片、岩石薄片、阴极发光、孔隙图像分析及扫描电镜分析，可将银—额盆地中生界碎屑岩储层的孔隙类型分为原生孔隙、次生孔隙及裂缝三种主要类型，它们在不同层位、不同地区具有不同程度的发育，受沉积环境、物质组分及成岩作用的影响和控制。

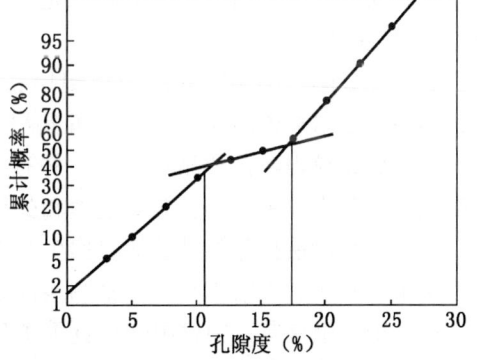

图 7-6 银—额盆地中生界碎屑岩储层孔隙度累计概率图

(1) 中下侏罗统储层：中下侏罗统储层的孔隙类型以居参 1 井和炭窑井东剖面为代表。居参 1 井中下侏罗统碎屑岩储层的孔隙类型以裂缝型为主，表现为构造缝、构造—溶蚀缝、成岩收缩缝、贴粒缝、缝合线及粒内微裂缝；缝密度在中砂岩中为 3~12 条/米，在泥质砂砾岩中为 8~41 条/米，在含砾不等粒砂岩中为 11 条/米；缝宽为 0.3~3.0mm；全充填，充填物主要为沥青、碳质及方解石等。炭窑井东的中下侏罗统碎屑岩储层的孔隙类型以原生粒间孔、粒间溶孔和粒内溶孔为主；薄片孔隙图像分析和铸体薄片孔隙分析显示，面孔率为 4.07%~4.55%，原生粒间孔为 0.37%~1.2%，粒间溶孔为 1.17%~2.67%，粒内溶孔 1.41%~1.7%，微孔孔隙占总孔隙的 14.06%~37.08%。中下侏罗统碎屑岩储层孔隙类型的总体特征表现为裂缝和次生孔隙的发育，构造作用和次生溶蚀作用是造成它们发育的主要因素。

(2) 上侏罗统储层：上侏罗统储层的孔隙类型仍以居参 1 井和炭窑井东剖面为代表。居参 1 井中上侏罗统砾岩于 2246~2287m 段呈斑块状或不规则状分布的硬石膏胶结物中，见有较发育的溶孔、溶洞和晶间孔，洞孔相互连通性好，钻井中井涌、水浸严重，日产水量达 84.3m^3，显示较发育的次生溶蚀孔隙类型。炭窑井东上侏罗统细粒长石岩屑砂岩中面孔率 4.05%，原生粒间孔 1.63%，粒间溶孔 0.95%，粒内溶孔 1.37%，裂缝 0.1%，微孔孔隙占总孔隙的 77.36%，表明次生溶蚀孔隙类型为主，并且主要为微孔隙。上侏罗统储层孔隙类型总体特征以次生孔隙为主，地下水或地层水对岩石易溶组分的次生溶蚀是造成次生孔隙发育的主因。

(3) 巴音戈壁组储层：巴音戈壁组储层孔隙类型在各井及各地有所不同。在查干凹陷查参 1 井以晶间微孔为主；毛 1 井以方解石胶结物溶蚀而形成的次生粒间溶孔、粒内溶孔为主，并发育有填隙物内溶孔和碎屑微裂缝。务参 1 井主要为颗粒贴边缝，属裂缝类型。居参 1 井仅见有很少量的粒间溶孔和填隙物内晶间微孔。天 1 井则发育粒间溶孔、填隙物内溶孔，甚至有孔隙连通性好的特大溶孔，也见有碎屑中的粒内溶孔。巴隆乌拉中粗粒长石岩屑砂岩面孔率为 7.77%，原生粒间孔 3.16%，粒间溶孔 2.05%，粒内溶孔 2.56%，微孔孔隙占总孔隙的 69.07%。交夹沟砂质砾岩面孔率 14.71%，原生粒间孔 6.7%，粒间溶孔 6.0%，粒内溶孔 2.01%。塔布陶勒盖钙质小砾岩面孔率 1.48%，粒间溶孔 0.64%，粒内溶孔 0.84%，微孔孔隙占总孔隙的 42.8%。另外，在碳酸盐胶结物含量高的巴音戈壁组地面碎屑岩中见有少量特大溶蚀孔。巴音戈壁组储层孔隙类型总体上以次生孔隙发育为特征，粒间溶孔、粒内溶孔及微孔隙是其主要的孔隙存在形式，碳酸盐胶结物含量的增多有利于次生孔隙的发育。

(4) 苏红图组储层：苏红图组储层孔隙类型也随不同地区而有差别。在查参 1 井中，苏红图组二段以粒内溶孔为主，少量晶间微孔；而苏红图组一段以粒间溶孔和缩小粒间溶孔为主，少量粒内溶孔和晶间微孔，并有微裂缝。毛 1 井发育孔间相互连通性好的次生粒间溶孔。务参 1 井主要为颗粒贴边缝和少量填隙物内微孔隙，属缝隙类型。

苏红图组储层孔隙类型总体以次生孔隙类型为主，粒间溶孔、粒内溶孔和微孔隙发育，不稳定组分岩屑、胶结物和填隙物的溶蚀是形成次生孔隙发育的原因。

(5) 银根组储层：银根组储层孔隙类型以查干凹陷为代表。查参 1 井以粒内溶孔为主，少量粘土矿物晶间微孔和方解石胶结物晶间微孔；毛 1 井以粒间溶孔为主，少量碎屑物的粒内溶孔和微裂缝，并见有特大溶蚀孔。总体特征表现为次生孔隙类型发育，碳酸盐胶结物和岩屑的溶蚀是造成次生孔隙形成的原因。

(6) 乌兰苏海组储层：乌兰苏海组储层孔隙类型在查干凹陷毛 2 井为方解石胶结物溶蚀形成的粒间溶孔，并有特大粒间溶孔，而且这些粒间溶孔相互连通、喉道发育。苏红图坳陷的乌兰苏海组储层孔隙类型以原生粒间孔隙为主，次生溶蚀孔为次；面孔率 16.9%，原生粒间孔 12.63%，粒间溶孔 3.58%，粒内溶孔 0.53%，裂缝 0.4%，微孔孔隙占总孔隙的 25.16%。乌兰苏海组储层孔隙类型以原生孔隙和次生孔隙并存为其特征，高含量的碳酸盐胶结物和适宜的埋深及地下水的作用将导致次生溶蚀孔隙的形成。

总体来说，中生界碎屑岩储层在孔隙类型上表现为三少三多的特征，即：原生孔隙少而次生孔隙多，大孔隙少而微孔隙多，泥质杂基充填发育的孔隙少而碳酸盐胶结物发育的孔隙多。

3）孔隙结构

银—额盆地中生界碎屑岩储层的孔隙结构，根据毛细管压力曲线特征可基本上分为四种类型（图7-7和图7-8）。这四种曲线类型的分类参数及其在盆地中各层位中的分布频率见表7-12和表7-13。

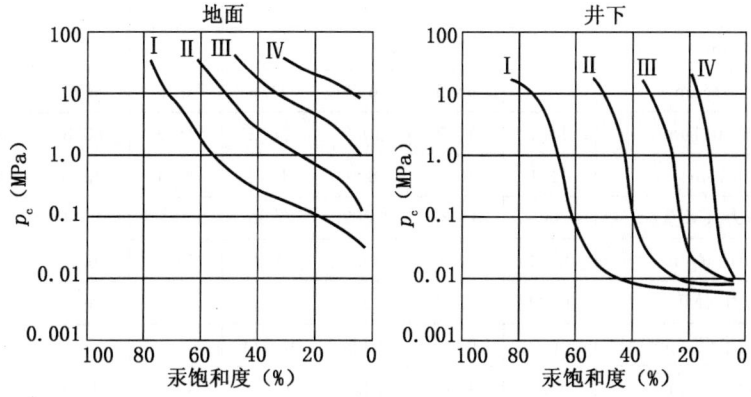

图7-7　银—额盆地中生界碎屑岩储层毛细管压力曲线类型图

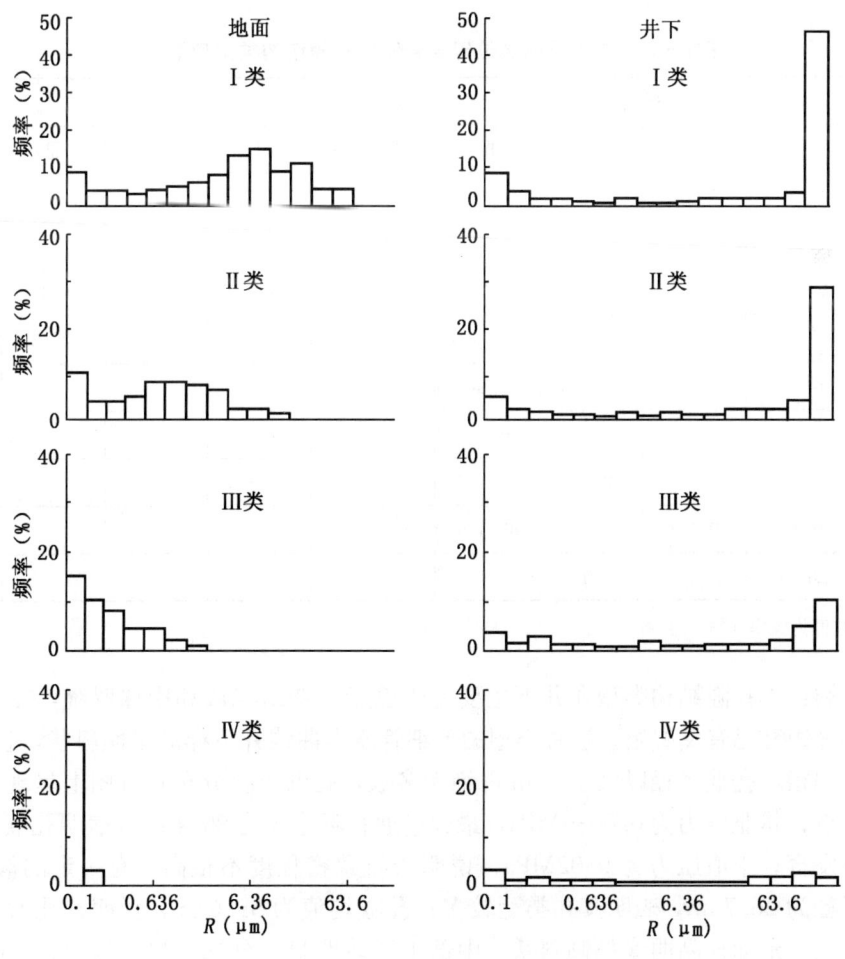

图7-8　银—额盆地中生界碎屑岩储层孔隙半径分布图

表 7－12　中生界碎屑岩储层孔隙结构分类参数表

分类		Ⅰ		Ⅱ		Ⅲ		Ⅳ	
		井下	地面	井下	地面	井下	地面	井下	地面
样品数		2	7	3	9	13	5	32	13
样品%		4	20.6	6	26.5	26	14.7	64	38.2
孔喉分布（%）	>4μm	74.1	42.7	73.3	5.2	66.7	—	50.0	—
	4～0.636μm	3.7	33.3	6.9	41.4	6.4	6.6	13.4	—
	0.636～0.1μm	11.1	14.7	10.9	36.2	15.8	60.8	16.6	6.5
	<0.1μm	11.1	9.3	8.9	17.2	11.1	32.6	20.0	93.5
平均参数	排驱压力（MPa）	0.0086	0.083	0.0092	0.56	0.0097	1.04	0.01	9.4
	孔喉半径（μm）	85.4	8.9	79.9	1.3	75.8	0.7	73.5	0.08
	中值压力（MPa）	0.02	0.88	12.6	9.6	—	—	—	—
	孔喉中值半径（μm）	36.7	0.84	0.058	0.074	—	—	—	—
	孔喉均值（μm）	55.6	4.89	54.3	0.79	43.6	0.33	16.5	0.014
	最大汞饱和度（%）	81.0	75.0	50.5	58.0	32.0	46.0	15.0	31.0

表 7－13　中生界各层位碎屑岩储层孔隙结构类型频率表

层位 \ 类别	井下样品统计				层位 \ 类别	地面样品统计			
	Ⅰ	Ⅱ	Ⅲ	Ⅳ		Ⅰ	Ⅱ	Ⅲ	Ⅳ
K_2w					K_2w	80/4	20/1		
K_1y				100/2	K_1s				
K_1s_2				100/5	K_1b	15.8/3	42.1/8	15.8/3	26.3/5
K_1s_1			5.3/1	94.7/18	J_3			25/2	75/6
K_1b_2	14.3/1		57.1/4	28.6/2	J_2				100/1
K_1b_1				100/1	J_1				100/1
J_3			100/3						
J_2	9.1/1	9.1/1	36.4/4	45.4/5					
J_1	28.6/2	14.3/1	57.1/4						

注：表中数值为频率（%）/样数。

（1）Ⅰ类：本孔隙结构类型在井下主要见于巴音戈壁组二段和中侏罗统，在露头区则见于乌兰苏海组和巴音戈壁组。这种类型的毛细管压力曲线井下样品呈倾斜状，显有平台，分选较好，偏粗，孔喉半径以大于 $4\mu m$ 占绝大多数，孔喉半径分布直方图上呈现粗、细两端集中的特点；排驱压力为 0.0086MPa，最大连通孔喉半径为 $85.4\mu m$，表明孔喉连通性较好、孔隙较发育；中值压力为 0.02MPa，说明岩石致密程度不很高，有一定的渗透性能；孔喉中值半径为 $36.7\mu m$，表明其孔类型较多；孔喉均值为 $55.6\mu m$，说明其孔喉分布主要集中于粗孔喉。地面样品曲线呈倾斜状，中部下凹较明显，分选不好，偏粗；孔喉半径集中于 $0.636\mu m$ 以上，孔喉半径分布直方图上呈向粗端集中的特点；排驱压力 0.083MPa，表明孔喉连通性较好；孔喉半径 8.9μm，说明喉道欠发育而孔隙相对较好；中值压力 0.88MPa，表明其孔渗性能均较好；孔喉中值半径为 0.84μm，孔喉均值为 4.89μm，最大汞饱和度 75%，均说明其孔喉类型多且以中粗孔为主。

（2）Ⅱ类：此类孔隙结构类型在井下见于中下侏罗统，地面见于乌兰苏海组和巴音戈壁组。井下样品的毛细管压力曲线呈倾斜状，略显平台，孔喉大于 4μm 的占绝大多数；各种孔喉结构分类参数表明其孔喉连通性较好，孔隙不发育而喉道相对发育，岩石致密，孔喉类型较多并主要集中于粗孔喉，孔喉分选较差。地面样品的毛细管压力曲线呈倾斜状，中部略下凹，孔喉以 0.1~4μm 占绝大多数；各参数反应其孔喉连通性较好，孔隙及喉道相对均较发育、岩石致密而且孔喉类型少并多集中于中—细孔喉、孔渗性能较好且孔喉分选中等。

（3）Ⅲ类：这类孔隙结构见于井下的苏红图组一段、巴音戈壁组二段、上侏罗统和中下侏罗统，地面见于巴音戈壁组及上侏罗统。井下样品毛细管压力曲线呈轻度倾斜状，底部略显平台，大于 4μm 的孔喉占 66.7%，孔喉偏粗；各参数表明其孔喉连通性尚好且孔隙欠发育而喉道相对较发育、孔喉向粗、细两端集中并且分选差、孔渗性能中等偏差。地面样品曲线呈倾斜状，基本不显平台，孔喉半径集中于 0.636~0.1μm，偏细；各参数反映储层孔喉连通性较差、孔隙不发育而喉道相对较发育、孔喉主要分布于细端且分选较好、孔渗性能较差。

（4）Ⅳ类：这种孔隙结构见于井下的银根组、苏红图组、巴音戈壁组及中下侏罗统，地面见于巴音戈壁组和侏罗系。井下样品曲线呈近直立状，大于 4μm 孔喉占 50%，其他级别孔喉也相应增加，孔喉连通性差，孔隙及喉道均不发育，孔喉偏粗且孔喉分选也差，孔渗性能差。地面样品曲线呈短倾斜状，向上略凸，小于 0.1μm 孔喉占 93.5%；孔喉连通性很差，孔隙不发育而喉道较发育，孔喉偏细且孔渗性差，孔喉分选较好。

总体来看，中生界碎屑岩储层在孔隙结构特征是Ⅲ、Ⅳ类曲线占多数，Ⅰ、Ⅱ类较少；大于 4μm 和小于 0.63μm 的孔喉占优势，呈双峰式；最大汞饱和度低，有效孔喉少，Ⅲ、Ⅳ类曲线无流动孔喉；除Ⅰ类曲线外，其他曲线基本上不具平台，反映孔喉分选较差。微孔喉及粗孔喉对储层含油性有一定贡献。

2. 主要影响因素

1）沉积相带与物性

沉积环境的差异直接影响着碎屑岩储层的物性。曲流河储层的物性最好，平均值孔隙度 14.2%，渗透率 $81.26\times10^{-3}\mu m^2$；冲积扇和扇三角洲储层的物性次之，平均孔隙度 8.0% 和 6.2%，渗透率 $1.82\times10^{-3}\mu m^2$ 和 $5.45\times10^{-3}\mu m^2$；而滨浅湖和辫状河储层的物性最差，平均孔隙度 5.8% 和 1.8%，渗透率 $0.62\times10^{-3}\mu m^2$ 和 $0.08\times10^{-3}\mu m^2$（图 7-9）。

2）岩性及碎屑组分与物性

碎屑岩储层的岩性及其碎屑组分对其物性也产生着直接的影响，并在很大程度上决定着储层物性的好坏。

就岩性来看，本盆地中碎屑岩主要为长石岩屑砂岩、岩屑长石砂岩和岩屑砂岩，少为长石砂岩，极少见石英砂岩。据对查参1井下白垩统碎屑岩岩性与物性的统计，长石岩屑砂岩平均孔隙度为 6.1%、渗透率为 $0.18\times10^{-3}\mu m^2$，岩屑长石砂岩平均孔隙度为 6.5%、渗透率为 $0.07\times10^{-3}\mu m^2$，而岩屑砂岩的平均孔隙度为 3.6%、渗透率为 $0.14\times10^{-3}\mu m^2$。从孔隙度上看，岩屑长石砂岩为好，而岩屑砂岩为差，说明岩性对孔隙度有一定影响；而从渗透率上看，岩性的影响不明显，说明岩屑的粒内微孔对渗透率起着一定的作用。

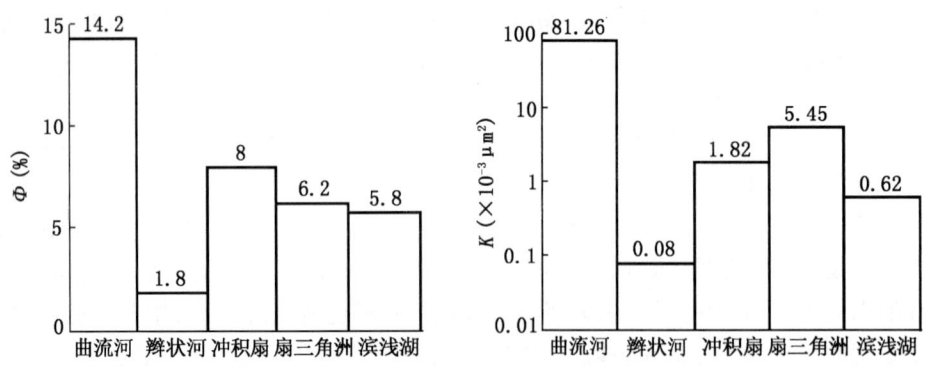

图 7-9 中生界碎屑岩储层沉积相与物性关系图

查参 1 井下白垩统碎屑岩储层碎屑组分含量与孔隙度的关系图（图 7-10）表明，孔隙度随岩屑含量的增加而减少，随石英及长石含量的增加而增大，说明碎屑组分对储层物性有一定的影响。

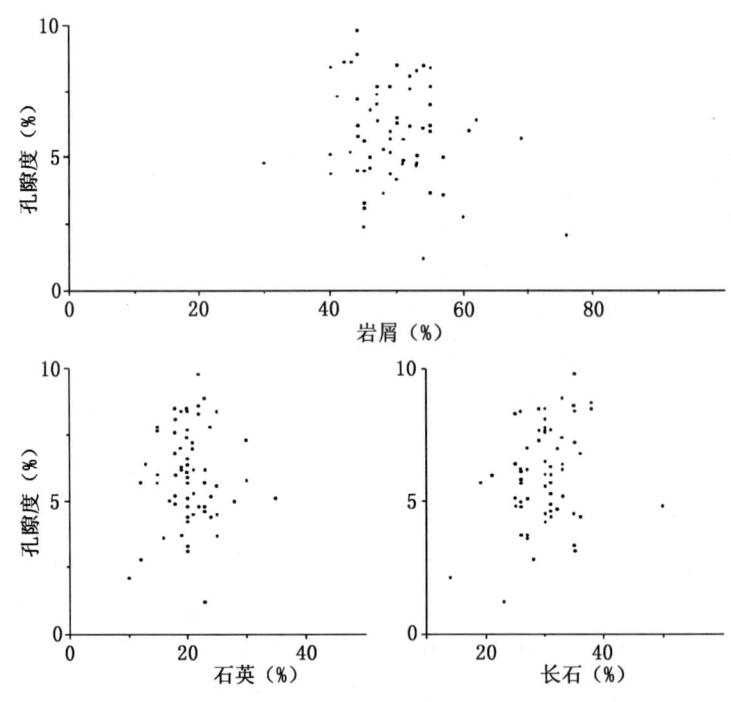

图 7-10 查参 1 井下白垩统碎屑岩储层孔隙度与碎屑组分含量关系图

从以上碎屑岩储层岩性及碎屑组分含量对物性的影响并结合表 7-3 中所示岩屑种类含量，可以较明显地反映出碎屑岩碎屑物源对其物性的影响。在变质岩发育区，特别是在中低级变质岩发育区，碎屑岩塑性碎屑含量较高，故物性较差；而在火成岩发育区，特别是在中酸性侵入岩发育区，碎屑岩刚性碎屑含量较高，故其物性较好。

3) 粒度及分选性与物性

碎屑岩的碎屑粒度及分选程度也是影响其物性的重要因素。粗砂岩、中砂岩的孔隙度和渗透率均较高，可分别达 12.3%、11.7% 和 $0.46 \times 10^{-3} \mu m^2$、$0.42 \times 10^{-3} \mu m^2$；细砂岩虽渗透率较低，但孔隙度却大于5%；而粉砂岩、不等粒砂岩和砂砾岩则孔隙度和渗透率较低。这明显地反映了粒度对储层物性的控制作用（图7-11）。下白垩统苏一段岩石粒度与物性的关系图（图7-12）也明显反映出粗砂岩、中砂岩的物性较其他粒级碎屑岩为好的特点。

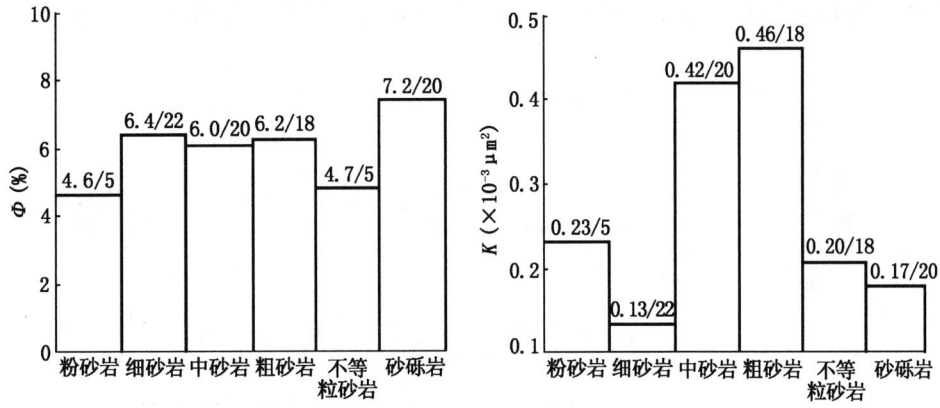

图7-11 银—额盆地中生界碎屑岩储层粒度与物性关系图

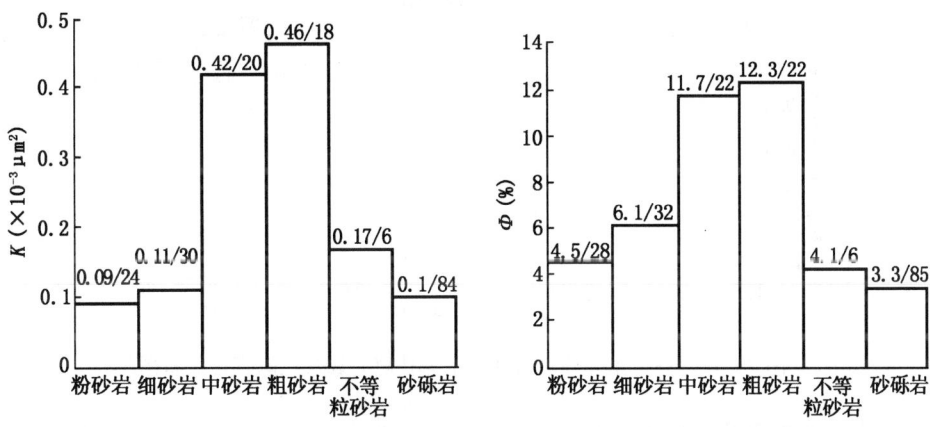

图7-12 下白垩统苏一段碎屑岩储层粒度与物性关系图

分选系数 S_o 对孔隙度的影响不大，说明对碎屑岩储层物性起作用的除岩性、碎屑组分及粒度外，填隙物的成分及次生溶蚀孔隙的发育与否对物性有较大的影响，并且说明孔隙主要发育于填隙物中而且主要是微孔隙（图7-13）。

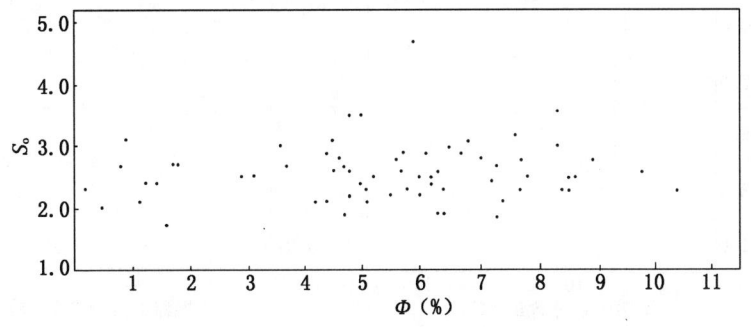

图7-13 分选系数与孔隙度关系图

碎屑岩孔隙度与孔隙宽度和孔隙直径存在着正相关关系，即随孔隙宽度和孔隙直径的增大其孔隙度增加，说明孔隙宽度和孔隙直径对孔隙度有制约作用；碎屑岩渗透率与孔隙的周长和直径关系不明显，即渗透率并不随孔隙周长和孔隙直径的增大而增加，说明孔隙周长和直径对渗透率不起明显控制作用，也说明孔隙之间的相互连通性欠佳（图7-14、图7-15）。

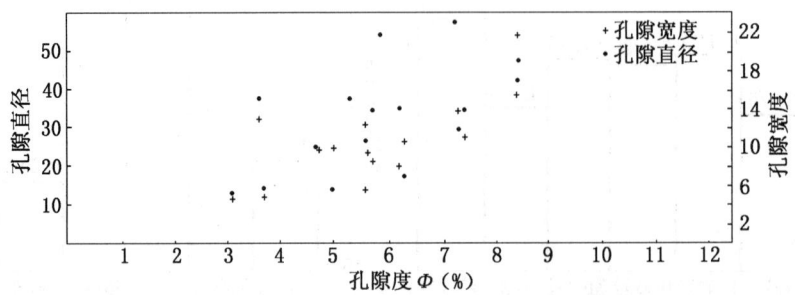

图7-14 查参1井碎屑岩孔隙度与孔隙宽度及孔隙直径关系图

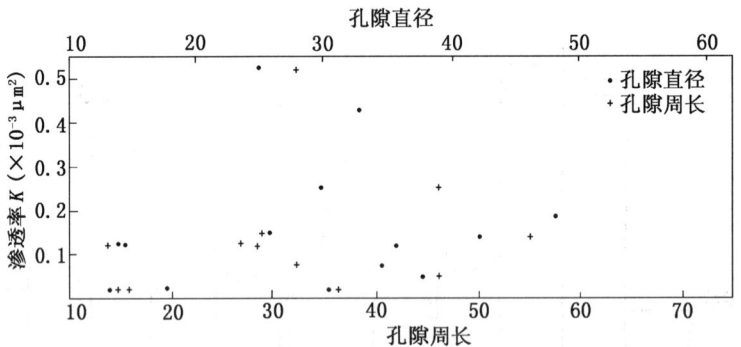

图7-15 查参1井碎屑岩渗透率与孔隙周长及孔隙直径关系图

4) 填隙物含量及其成分与物性

银—额盆地碎屑岩储层的填隙物含量及其成分对物性有较明显的影响。如查参1井下白垩统碎屑岩储层的孔隙度和渗透率随填隙物含量的增多而降低（图7-16），尤其是随碳酸盐胶结物含量的增加而下降，不论是粉砂岩、细砂岩、中砂岩、粗砂岩或是不等粒砂岩、砂砾岩均是如此（图7-17）。但是，某些岩石则随碳酸盐胶结物含量的增高而孔隙度有一

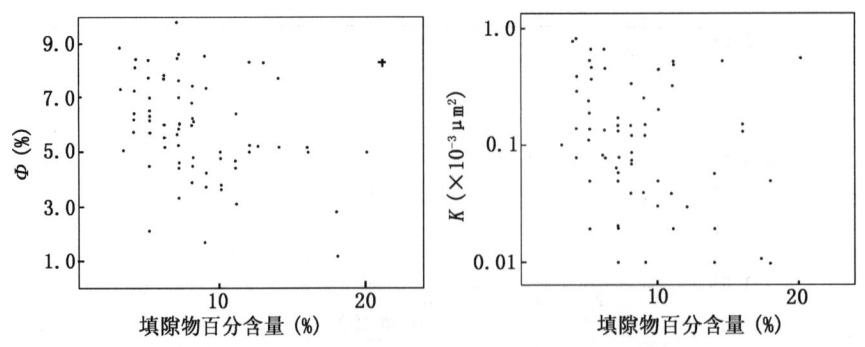

图7-16 查参1井下白垩统碎屑岩储层填隙物含量与物性关系图

定程度的反弹,这说明在这些岩石中孔隙度的发育与碳酸盐胶结物的次生溶蚀有关。

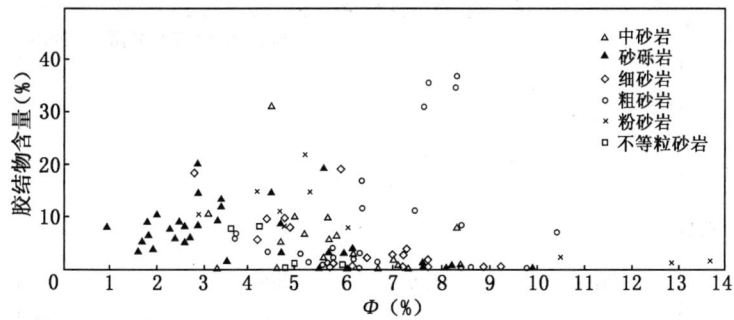

图 7-17 查参 1 井下白垩统碎屑岩储层孔隙度与
碳酸盐胶结物含量关系图

5) 成岩作用与物性

成岩作用对碎屑岩储层物性的影响包括埋藏机械压实、化学胶结、溶蚀作用等几方面的综合影响,它对储层的储集性能会产生不同程度的影响,有时会起到决定性的作用。

在查参 1 井,随埋藏机械压实作用(即深度、压力)的增加,孔隙度总体趋于减小,到 2500m 左右达到平衡;在 2500m 深度以下,孔隙度的发育主要与溶蚀作用有关(图 7-18)。根据孔隙度值投影点所反映出的特征,可明显看出有五个次生孔隙发育段:1400～1600m 段、1900～2100m 段、2750～2950m 段、3050～3250m 段和 3800～4100m 段。

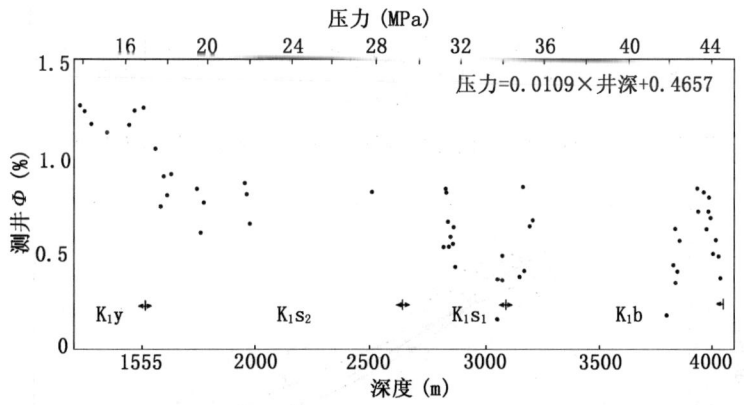

图 7-18 查参 1 井下白垩统碎屑岩测井解释孔隙度与深度、压力关系图

务参 1 井的情况与查参 1 井相似,总体表现为孔隙度随深度、压力的增加而减小,到 2000m 左右达到基本平衡;大体上发育有三个次生孔隙发育段 1550～1700m、1900～2000m 段和 2600～2700m 段(图 7-19)。

居参 1 井的情况有所不同:上侏罗统总体表现为孔隙度随深度、压力增加而减小,局部稍有反弹;中侏罗统具两段式形式,上段总体下降而局部有所增加,而下段则稳步上升,呈反相关关系;下侏罗统则整体孔隙度增加(图 7-20)。这说明中侏罗统下段和下侏罗统的孔隙度与溶蚀作用、裂缝形成有关。

毛 1 井的情况也表现出有四个异常段(图 7-21):800～1100m 段、1600～1750m 段、1950～2100m 段和 2200～2250m 段。表明这几个段为次生孔隙发育段,说明它们的孔隙度

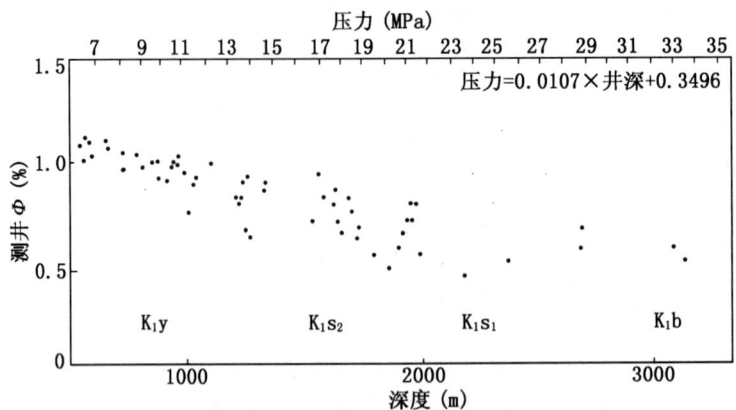

图 7-19 务参 1 井下白垩统碎屑岩测井解释孔隙度与深度、压力关系图

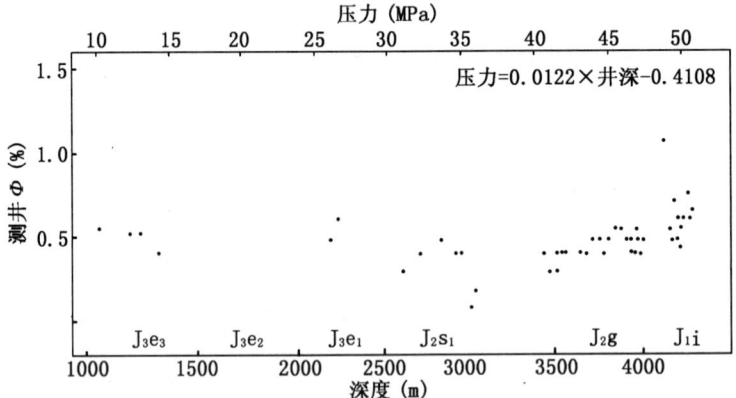

图 7-20 居参 1 井碎屑岩测井解释孔隙度与深度、压力关系图

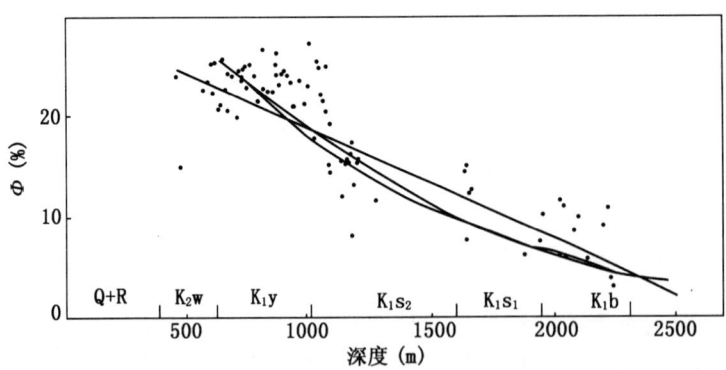

图 7-21 毛 1 井碎屑岩测井解释孔隙度与深度关系图

的发育与溶蚀作用有关。这几个段中除第一段油气显示差外，其余三个段均见有良好的油气显示，并经试油（第三、四段）产出一定量的原油，证实了次生溶蚀孔隙段为有效储层段，是油气储集的有利地段。

由此可见，在浅层机械压实作用影响显著，随深度增加致使孔隙减小；而在中深层溶蚀作用影响明显，它可改善储层物性，形成次生孔隙发育带。

6) 总体特征

总体来看，各种主要影响因素对中生界碎屑岩储层物性的影响可表现为以下特征[6]：

（1）较稳定的河流相或河流相与湖相过渡地带的碎屑岩有利于形成物性较好的储层，沉积相带的类型对储层物性起着基础的控制作用。

（2）岩屑含量的增高，特别是中低级变质岩岩屑含量的增多对储层物性的发育不利；本盆地中的岩屑长石砂岩或长石岩屑砂岩是有利于储层物性发育的主要岩性；前中生代中酸性侵入岩发育区的碎屑岩有利于储层物性的增大。

（3）碎屑粒度直接控制着碎屑岩储层的物性，粗砂岩、中砂岩是主要的储层岩石。

（4）填隙物含量的增多不利于储层物性的改善，但碳酸盐胶结物含量的增加有利于次生溶蚀孔隙的形成和发育，利于储层物性的改善。

（5）埋藏机械压实对储层物性起破坏作用，而溶蚀作用是形成次生孔隙发育的主要作用。

（二）火成岩储层及碳酸盐岩储层

1. 火成岩储层

1) 储层物性

银—额盆地中部分火成岩的物性统计见表7-14。从表中所示数据可以看出，火山岩的孔隙度和渗透率普遍好于侵入岩的孔隙度和渗透率，中基性火山岩的物性又明显比中酸性火山岩的物性好，这说明岩类和岩性对火成岩的物性具有较重要的控制作用。因为火山岩形成于地表，较快速的岩浆温度散失有利于岩石中缝洞的形成，而侵入岩则形成于地下一定深度，岩浆温度散失缓慢对岩石中缝洞的形成不利；中基性火山岩的二氧化硅成分低、酸度小、岩浆流动快、分布面广、不稳定组分高而易于自身蚀变，故有利于缝、洞、孔的形成，而中酸性火山岩的二氧化硅成分高、酸度大、岩浆流动不畅、分布面窄、不稳定组分低而不易于自身蚀变，故对缝、洞、孔的形成不利。

表7-14 银—额盆地中生界火成岩及碳酸盐岩物性统计表

层 位	井号（剖面）	火 成 岩		碳酸盐岩	
		Φ（%）	K（$\times 10^{-3} \mu m^2$）	Φ（%）	K（$\times 10^{-3} \mu m^2$）
$K_1 s$	查参1井	$\frac{3.1 \sim 7.9}{5.7\ (6)}$	$\frac{0.01 \sim 0.07}{0.03\ (3)}$		
	毛1井	$\frac{3.6 \sim 14.3}{9.0\ (2)}$	$\frac{0.01 \sim 0.26}{0.14\ (2)}$		
	苏红图	$\frac{4.9 \sim 17.4}{11.2\ (2)}$	$\frac{0.1 \sim 4.8}{0.45\ (2)}$		
$K_1 b$	巴隆乌拉			$\frac{0.7 \sim 4.8}{3.4\ (4)}$	$\frac{0.1 \sim 3.4}{0.95\ (4)}$
	恩根陶来			$\frac{12.0 \sim 12.4}{12.2\ (2)}$	$\frac{0.7 \sim 13.6}{7.15\ (2)}$
	塔布陶勒盖			$\frac{1.3 \sim 9.6}{5.4\ (7)}$	$\frac{0.03 \sim 107.82}{15.4\ (7)}$
γ_5^2	居参1井	$\frac{0.7}{0.7\ (1)}$	$\frac{6.88}{6.88\ (1)}$		
	天1井	$\frac{0.6}{0.6\ (14)}$	$\frac{0.01}{0.01\ (1)}$		
ξ_5^1	务参1井	2.49*	0.04*		

注：表中数值为 $\frac{最小值 \sim 最大值}{平均值(样品数)}$；* 为测井解释值。

在查干凹陷，查参1井中基性火山岩的孔隙度为3.1%～7.9%，平均5.7%，渗透率为0.01×10^{-3}～$0.07\times10^{-3}\mu m^2$，平均$0.03\times10^{-3}\mu m^2$，而毛1井中基性火山岩的孔隙度为3.6%～14.3%，平均9.1%，渗透率为0.01×10^{-3}～$0.26\times10^{-3}\mu m^2$，平均$0.14\times10^{-3}\mu m^2$。同在一个凹陷，同是中基性火山岩，而且均为苏红图组，但其物性却有较大差别，这除了表明两井中的中基性火山岩的岩相有所不同外，也表明两者所经历的次生蚀变、构造作用改造等的程度不同，因此其"复合孔隙"发育程度不相同。苏红图地面出露的苏红图组中基性火山岩的孔隙度（4.9%～17.4%，平均11.2%）和渗透率（0.1×10^{-3}～$0.8\times10^{-3}\mu m^2$，平均$0.45\times10^{-3}\mu m^2$）比井下同时期的中基性火山岩的孔隙度和渗透率高，这与其经受地表各种地质营力作用而遭受一定程度的风化蚀变有关，说明风化蚀变可明显改善火山岩的物性。

在居参1井中，燕山早期中酸性侵入岩的渗透率较高（$6.88\times10^{-3}\mu m^2$），可能是裂缝发育的结果。

总体来看，苏红图组中基性火山岩对形成蚀变型、缝洞型储层有利，是构成火成岩储层的主要岩类和岩性。

2）孔隙类型和孔隙结构

火成岩储层的孔隙类型可分为三种：

一种为矿物蚀变形成的粒内孔隙，如苏红图组中基性火山岩—玄武岩、安山岩中暗色矿物橄榄石、辉石及角闪石等产生伊利石化、绿泥石化、蛇纹石化、碳酸盐化及褐铁矿化而形成的微孔隙，δ_3^5蚀变细粒闪长岩中角闪石、斜长石强蚀变而产生的微孔隙。另一种是气孔杏仁构造中残留的孔隙以及充填物的晶间微孔，如玄武岩中的气孔被方解石、绿泥石等充填时由于种种原因而未被完全填满，故残留有一定的孔隙空间。再一种是岩浆在冷却过程中或受后期构造改造而产生的各种裂缝，如居参1井γ_2^5花岗岩的微裂缝或毛1井早白垩世玄武岩的含油裂缝。

火成岩储层的孔隙结构仅以苏红图组一段的中基性火山岩为例，其小于$0.1\mu m$的孔喉控制孔隙体积平均为85.78%，大于$5\mu m$对流体有贡献的孔喉控制孔隙体积平均为11.66%，最大汞饱和度平均为16.08%。这说明孔喉连通性差，孔隙主要为微孔隙，岩石致密程度较高。

2. 碳酸盐岩储层

1）储层物性

银—额盆地碳酸盐岩储层物性总体很差，但不同剖面有所差异（表7-14）。巴隆乌拉剖面碳酸盐岩储层的孔隙度和渗透率均较低；恩根陶来剖面碳酸盐岩储层的孔隙度高而渗透率低；塔布陶勒盖剖面碳酸盐岩储层的孔隙度低而渗透率高，这除了与各地的岩性有关外，也表明微孔隙或微缝隙对储层物性的贡献。巴隆乌拉剖面的碳酸盐岩为泥晶灰岩、泥晶白云岩，恩根陶来剖面的碳酸盐岩为砂质灰岩、生屑灰岩及泥晶、微晶灰岩，而塔布陶勒盖的碳酸盐岩为砾屑灰岩、砂质灰岩、生屑灰岩及隐藻白云岩。一般来说，砾屑灰岩、砂质灰岩、生屑灰岩及隐藻白云岩比泥晶灰岩和泥晶白云岩更有利于微孔隙、微缝隙的发育，故其物性要相对好得多。

从三个地区的碳酸盐岩储层物性看，塔布陶勒盖地区有望发育较好的碳酸盐岩储层。

2）孔隙类型和孔隙结构

碳酸盐岩储层的孔隙类型主要有三种：一种是砂质灰岩、砾屑灰岩中由于溶解作用而形成的粒间溶孔，多分布于颗粒边缘及基质中，部分溶孔被后期自生矿物重晶石、天青石、硬石膏等充填；另一种是生屑灰岩中的生屑粒间孔及生屑体内孔以及生屑重结晶的粒内晶间微孔；再一种是成岩作用过程中形成的溶缝、微裂缝、缝合线以及后期受构造作用而形成的构造裂缝。

碳酸盐岩储层的孔隙结构仅以下白垩统巴音戈壁组塔布陶勒盖地区的泥晶灰岩的毛细管压力曲线为代表，其压汞曲线呈近平直斜线，规律性不明显，排驱压力 $p_d = 0.6 \sim 13.1$ MPa，中值压力 $p_{c50} > 9.0$ MPa，最大汞饱和度 $S_{Hgmax} < 50\%$，退汞率 $W_e = 22.4\% \sim 44.3\%$，孔喉分选系数 $SP = 1.98 \sim 4.07$，孔隙度 $< 5\%$，渗透率 $< 1.12 \times 10^{-3} \mu m^2$。表明此类储层孔喉分选差，喉道细，连通性不好，孔隙类型为溶蚀孔隙及裂缝型。

四、储层的成岩作用与孔隙演化

（一）碎屑岩储层

1. 成岩作用类型及其特征

1) 机械压实作用

机械压实作用是沉积物在上覆沉积的重荷压力之下发生的水分排出、孔隙体积减少和岩石总体积缩小的过程，发生在整个成岩演化过程中，随埋深和温度的增加而增强。机械压实作用造成碎屑岩储层孔隙度减小的因素，除受埋深和温度控制外，在很大程度上还受沉积相、颗粒组分及结构的控制。

不同的沉积相有不同的机械压实作用。中下侏罗统河流相碎屑岩储层压实作用强烈，片状矿物及易变形的塑性岩屑变形明显。查参1井苏红图组二段滨浅湖相岩屑长石砂岩虽具有一定的压实强度，但变形现象不明显。务参1井的巴音戈壁组碎屑岩属冲积扇—滨浅湖相，具有强烈的压实变形。

碎屑岩颗粒组分及结构对机械压实作用有明显的影响（参见表7-3、表7-4）。同是侏罗系的居参1井和炭窑井东，其所含岩屑含量及长石、石英碎屑含量不同，遭受的机械压实强度有别，故造成两者物性的较大差异（参见表7-7）。天1井中巴音戈壁组粗粒岩屑长石砂岩的黑云母碎屑压扁、折裂及变形，表明压实作用显著，而同是巴音戈壁组的中粒岩屑长石砂岩却压实作用不甚明显。查参1井中苏红图组一段的长石细砂岩压实作用不明显，而同是苏红图组一段的岩屑长石砂岩却具有明显的压实变形。

碎屑岩储层碎屑颗粒的接触关系可直接反映机械压实作用的强度（表7-15）。不论是白垩系碎屑岩储层还是侏罗系碎屑岩储层，随着埋深的增加和机械压实作用的增强，碎屑颗粒间的接触关系从漂浮→点→点/线→线→凹凸接触的百分数增加，而且就同一接触关系也表现为随埋深从上到下的逐渐减少。说明机械压实作用对碎屑岩孔隙及体积的减小具有明显的影响和作用。

机械压实作用的结果是使储层物性减少。查参1井、毛1井和天1井泥岩声波速度随深度的变化表明，随着深度的增加、机械压实作用的增强，泥岩声波速度减小；天1井在进入苏二段压实作用增加，至苏一段底部达到最大，随后在巴音戈壁组中部有一次反弹，到巴音戈壁组下部达到平衡；毛1井和查参1井在进入银根组压实作用增加，至苏红图组达到最大，到巴音戈壁组基本达到平衡（图7-22）。这说明，机械压实作用对碎屑岩的物性具有明显的影响。

表7-15 银—额盆地几口石油钻井碎屑岩储层碎屑颗粒接触关系统计表

层位	漂浮(%)						点(%)					点/线(%)					线(%)			凹凸(%)
	查参1井	居参1井	务参1井	毛1井	天1井	查参1井	居参1井	务参1井	毛1井	天1井	查参1井	居参1井	务参1井	毛1井	天1井	查参1井	务参1井	毛1井	天1井	查参1井
Q+R				50/1	33.4/1	100/5			50/1	33.3/1									33.3/1	
K₂w	50/2			16.7/1		50/2			83.3/5											
K₁y	25.8/8					67.7/21			100/10											
K₁s₂	39.4/13		20/3			30.3/10			90/9					10/1		6.1/2	40/6			
K₁s₁	0.9/1			30/3	50/1	13.4/1		20/1					40/2	30/3		36.6/41	40/2	40/4	50/1	
K₁b	6.5/3	44.4/4	38.5/10	5.3/2	6.7/3	17.4/8	55.6/5	23.1/6	31.6/12	26.7/12	49.1/55	15.3/7	15.4/4	44.7/17	64.4/29	56.5/26	23.1/6	18.4/7	2.2/1	4.3/2
J₃	6.1/2					9.1/3					42.4/14					42.4/14				
J₂	5.5/5					6.6/6					38.5/35					49.4/45				
J₁						5.3/1					5.3/1					89.4/17				

值得一提的是，在查干凹陷呈层状存在的早白垩世中基性火山岩作为一个整体存在于相应地层中，对机械压实作用的增加会起到一种缓冲作用，有利于保护下伏碎屑岩体积的快速减小和孔隙体积的丧失，也利于其下伏碎屑岩中溶蚀作用的发育。例如查参1井中的火山岩（参见表7-3）在1858～1900.5m、2718～2798.5m及2889～3034m的存在使得其下伏碎屑岩储层的孔隙度显示增高趋势（参见图7-18）。

总体来看，银—额盆地侏罗、白垩系碎屑岩储层因其成分成熟度低、结构成熟度差，特别是不稳定的可塑性岩屑组分高、填隙物含量变化大，故机械压实作用明显，并且是随埋藏深度的增加而压实作用增强，从而造成储层物性普遍变差。查干凹陷火山岩的存在对下伏碎屑岩储层物性的发育有利。机械压实作用的增大不利于碎屑岩储层孔隙度的保存和发育。

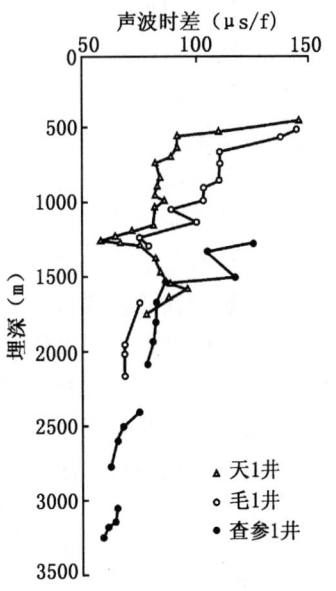

图7-22 查参1井、毛1井及天1井泥岩声波时差—埋深关系曲线

2）胶结作用

胶结作用是在成岩过程中各种自生矿物在孔隙水溶液中直接析出沉淀而使沉积颗粒相互连接固结的成岩作用，胶结物在孔隙中的充填使得碎屑岩孔隙缩小或消失，是一种不利于孔隙发育的成岩作用类型。根据本盆地中数口石油钻井及多条露头剖面中生界碎屑岩储层胶结作用的研究，可分为以下几种主要胶结作用。

（1）碳酸盐胶结。

是本盆地较为发育的一种主要胶结作用，表现为泥晶方解石、微晶方解石或白云石对孔隙的充填。因各地区、各层位沉积时的沉积环境的不同，碳酸盐胶结物的含量有较大差别（参见表7-3，表中胶结物主要指碳酸盐胶结物）。碳酸盐胶结物含量对孔隙度的影响已在图7-17中得以反映。根据岩石薄片分析和阴极发光分析，本盆地的碳酸盐胶结和充填具有多期性之特点，可大体分为较早期的碳酸盐、中晚期的碳酸盐和晚期的碳酸盐。较早期的碳酸盐主要表现为胶结作用，次为交代作用，成分上以泥晶方解石为主，多分布于颗粒边缘或充填于粒间，虽交代碎屑但不强烈；经重结晶作用多呈粒状，呈基底—半基底式胶结类型、连晶或嵌晶状胶结或孔隙式胶结类型。这种早期碳酸盐胶结物具有较发育的次生溶蚀粒间孔、晶间微孔。中晚期的碳酸盐主要表现为充填孔隙、裂隙、交代颗粒及其他自生矿物，成分上虽仍多为方解石，但铁方解石、铁白云石和含铁方解石含量增多，多充填于粒间孔隙或粘土杂基之中，交代碎屑及粘土、硬石膏等矿物明显且强烈，并往往交代早期方解石。这种碳酸盐胶结物虽也具有一定发育程度的次生溶蚀孔隙，但不如早期碳酸盐胶结物中发育。居参1井测得2770m左右裂缝中方解石的包体均一温度为119℃，证明为中晚期成因。晚期碳酸盐主要表现为对碎屑颗粒的交代，成分上以铁方解石、含镁方解石及方解石为主，分布不均匀，含量较少，仅以交代其他矿物的形式出现或与其他结晶矿物一起产出。晚期碳酸盐胶结物中次生溶蚀孔隙不发育。

（2）硅质胶结。

硅质胶结在本盆地中也有一定程度的发育，但远比碳酸盐胶结和粘土胶结要差。这种胶结作用主要表现为石英碎屑的次生加大、显微晶质二氧化硅对孔隙的充填及孔隙中自生石英的生长。根据电子探针、阴极发光及岩石薄片的分析，查参 1 井在苏红图组一段常见有硅质胶结、石英次生加大及自生石英。务参 1 井在苏红图组二段常见石英次生加大，苏红图组一段中偶见石英次生加大。毛 1 井银根组中就见有较普遍的石英次生加大。天 1 井在巴音戈壁组中见有较明显石英次生加大。硅质胶结对碎屑岩孔隙体积具有明显的减小作用，也不利于次生溶蚀孔隙的发育。

（3）粘土矿物及铁质胶结。

这也是本盆地中生界碎屑岩的一种主要胶结类型，表现为高岭石、蒙脱石、绿泥石、伊利石及氧化铁质、褐铁矿、黄铁矿等对颗粒之间孔隙的充填。各地区、各层位因沉积环境的差异而使其粘土质及铁质胶结含量不尽相同（参见表 7-3，表中所列杂基主要指粘土质及铁质）。白垩系碎屑岩中高岭石、蒙脱石总体上从 $K_1y \rightarrow K_1b$ 减少，而伊利石自 $K_1y \rightarrow K_1b$ 增加；侏罗系碎屑岩也基本显示此特征（参见表 7-5）。根据 X 衍射对三口参数井泥质岩的粘土矿物分析（图 7-23），查参 1 井和务参 1 井均在银根组下部伊利石含量增多而

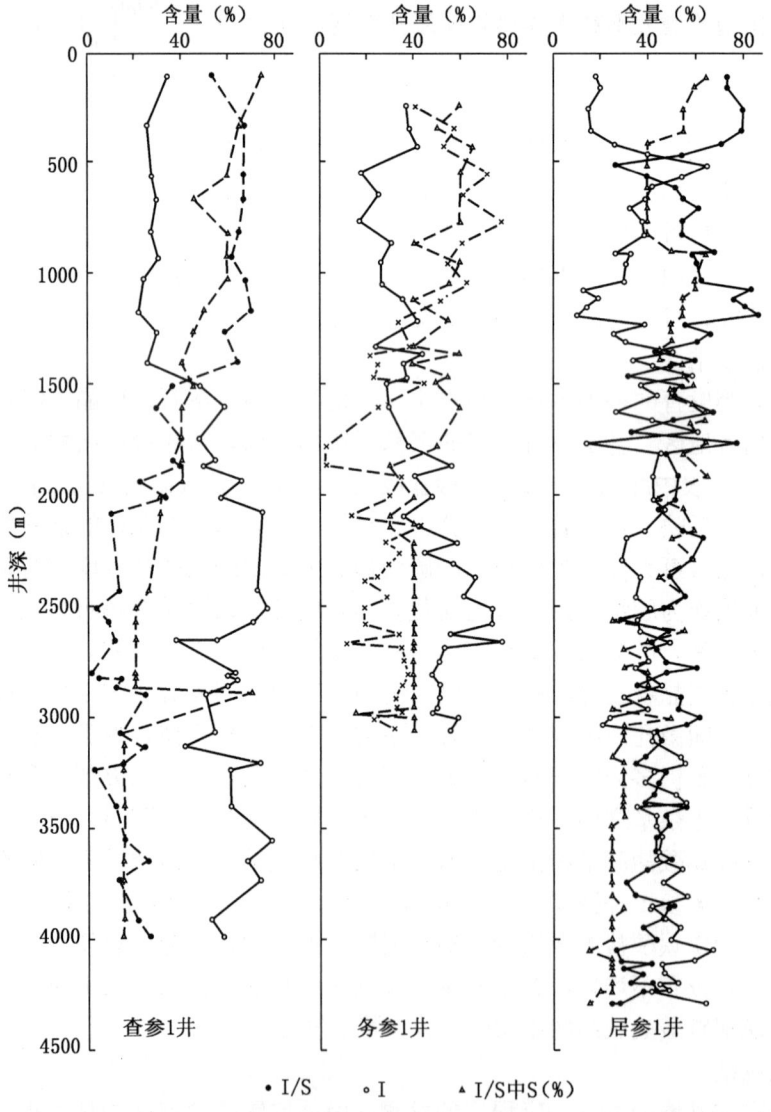

图 7-23 三口参数井泥质岩粘土矿物分布图

伊蒙混层含量减少,在苏红图组和巴音戈壁组均以伊利石为主要粘土矿物;居参1井在苏红图组下部伊利石含量增加,但到巴音戈壁组上部又开始减少,而伊蒙混层自苏红图组下部含量减少后到巴音戈壁组上部又开始增多,在上侏罗统中上部开始伊利石和伊蒙混层含量相差不大,呈相互伴生或共生。粘土矿物的胶结作用主要以充填孔隙形式出现,少量以衬边状附着于颗粒表面或边部壁上形成粘土包层或薄膜。粘土矿物利于受次生溶蚀作用而形成溶蚀孔,或在粘土矿物转变及重结晶过程中造成一定的填隙物内晶间微孔,从而利于储层物性的发育。铁质胶结物多与粘土或碳酸盐一起充填孔隙或集中独立胶结颗粒,这种胶结作用不利于孔隙的保存,也不利于次生孔隙的发育。

(4)其他自生矿物的胶结。

除碳酸盐、硅质、粘土及铁质胶结外,在本盆地中生界碎屑岩的部分层位中还见有沸石类、硫酸盐类等自生矿物的胶结。这些自生矿物分布局限、数量较少,多与粘土矿物或碳酸盐矿物一起分布于颗粒之间的孔隙中,并交代碎屑颗粒或本身被其他矿物交代。如天1井巴音戈壁组岩屑长石中砂岩中,硬石膏与方解石、泥质一起呈胶结物,但又被方解石交代;巴音戈壁组砾状岩屑长石粗砂岩中孔隙被硬石膏充填,硬石膏交代石英、长石及岩屑。

总体上看,胶结作用对碎屑岩储层的物性既有害也有利。碳酸盐的胶结作用利于次生孔隙的发育,特别是较早期的碳酸盐胶结对次生溶蚀孔隙的发育很有利;硅质胶结作用对储层物性不利;粘土矿物胶结作用利于后期次生溶蚀孔隙的发育,而铁质胶结对储层物性不利。

3)溶蚀作用

溶蚀作用也称溶解作用,是一种原碎屑间孔隙胶结物或充填物在一定温度、压力条件之下由于介质水溶液性质的改变而产生的对原胶结物或充填物的部分或整体的选择性溶解。对碎屑岩储层来说,它实际上是一种"去胶结"作用,其结果造成次生溶蚀孔隙的形成和发育,改变了储层的储集性能。溶蚀作用在银—额盆地中生界碎屑岩储层中是一种十分重要的成岩作用类型,是形成次生孔隙的主要作用,在不同地区、不同层位具有不同的发育。

溶蚀作用在本盆地中主要发育于碳酸盐胶结物较为集中的层段,特别是早期碳酸盐胶结的层段较为发育,形成较大量的次生孔隙,明显改善了储层物性,而在泥质胶结较发育的层段则溶蚀作用发育不甚明显。根据研究,本盆地主要的溶蚀作用可分为三期。

(1)早期溶蚀作用。

主要发生在岩石压实作用较弱、埋藏较浅、胶结物主要为碳酸盐的岩石中,层位上主要为乌兰苏海组、银根组,少部分为苏红图组。这种早期的溶蚀作用一般能造成很发育的次生溶蚀孔隙,并往往有特大溶孔形成,而且次生孔相互连通性好、喉道发育。例如,毛1井银根组中997.4m的砾质长石岩屑粗砂岩方解石及泥质胶结物溶蚀形成次生粒间溶孔,并有特大溶孔。

(2)中期溶蚀作用。

主要发生在岩石压实强度中等、埋藏较深、胶结物以碳酸盐和泥质为主的岩石中,层位上主要为苏红图组和部分地区的巴音戈壁组。这种中期的溶蚀作用造成的次生溶孔以粒间溶孔为主,并有较明显的粒内溶孔,而且往往在次生孔隙中多有残留的泥质和钙质,总体上次生溶孔的发育要较早期溶蚀作用造成的为差。例如,毛1井苏红图组一段中1646.1m的含油级中细长石砂岩方解石和泥质胶结物溶蚀形成较发育的粒间溶孔,孔隙中残留有方解石和泥质，粒间溶孔相互连通较好；天1井巴音戈壁组中1715.1m的岩屑长石粗砂岩次生溶孔中有少量泥质和钙质残留物，也有连通性较好的特大溶蚀孔。

(3) 晚期溶蚀作用。

主要发育于岩石压实强度较大、埋藏较深、胶结物以泥质、钙质、泥硅质等非单一性为主的岩石中，层位上主要为巴音戈壁组和苏红图组。这种溶蚀作用造成的次生孔隙较小、数量较少、相互连通性差，而且多有原胶结物残留。除粒间溶孔外，还多见有填隙物内晶间微孔、粒内溶孔、微裂缝等次生孔隙形式。例如，查参1井苏红图组一段中1827.9m的岩屑长石不等粒砂岩的方解石及泥质填隙物部分溶蚀形成次生粒间孔并有岩屑的粒内溶孔；毛1井巴音戈壁组中2212.96m的油浸级砾质岩屑长石中粗砂岩的方解石胶结物溶蚀形成粒间溶孔并有岩屑的粒内溶孔和裂缝，2036.8m的油浸级岩屑长石中粗砂岩的方解石胶结物溶蚀形成粒间溶孔、泥质胶结物中形成晶间微孔、长石等碎屑形成粒内溶孔和裂缝，2190.9m的油浸级含砾长石细砂岩方解石胶结物部分溶蚀形成粒间溶孔、长石碎屑形成粒内溶孔。

溶蚀作用是一种建设性的成岩作用，是形成次生孔隙的最主要作用，对储层物性有利。相比之下，早期溶蚀作用对形成次生孔隙最有利，中期溶蚀作用较有利，而晚期溶蚀作用较为不利。结合各层位储层的埋深、有效生油岩的配置等情况看，中期溶蚀作用和晚期溶蚀作用是形成银—额盆地中生界碎屑岩有效储层的主要成岩作用。

(4) 构造应力作用。

构造应力作用也是一种成岩作用类型，在本盆地中有一定程度的发育，但不普遍，仅限于个别层位/段或地区。这种作用是一种建设性的成岩作用，有利于裂缝的形成和发育，对改善储层的物性有利，特别是在烃类的排出及运移前形成有利于油气的聚集。在居参1井中下侏罗统中4114.8m的粉砂岩中沿平行层理裂缝分布有沥青和碳质。查参1井苏红图组一段中2795.1m的岩屑长石中砂岩方解石连晶胶结物及碎屑边缘发育有粒间裂缝。

2. 成岩作用阶段划分及孔隙演化

1) 成岩作用阶段划分依据及标志

(1) 划分依据：成岩作用阶段的划分依据按照我国石油天然气行业标准《碎屑岩成岩阶段划分规范》中的内容，包括有：自生矿物的组合分布、演变及形成顺序；粘土矿物、混层粘土矿物的转化；岩石的结构、构造特征及其物理性质变化；有机质成熟度指标。

(2) 划分标志及方案：按照总公司统一划分方案，将成岩阶段分为同生成岩阶段、早成岩阶段、晚成岩阶段和表生成岩阶段，各阶段的标志见表7-16。

2) 银—额盆地中生界碎屑岩成岩阶段划分及其特征

依照中国石油天然气集团公司的划分方案，根据本盆地中实际情况，在主要对查参1井、务参1井和居参1井相关资料研究的基础上，结合其他石油钻井的初步资料，将银—额盆地碎屑岩成岩阶段作出划分，见表7-17。

(1) 早成岩阶段A期：查参1井6～436m井段的第三系，务参1井222.5m以上井段的第三系，居参1井0～100m井段的第三系和银根组的上部，毛1井、毛2井及巴1井的第三系，均属于这一阶段。在该成岩阶段，孔隙类型以原生孔隙为主，杂基充填、机械压实、泥质及钙质胶结为主要成岩作用；有机质未成熟，孢粉颜色以淡黄色为主；泥质岩I/S中S层大于70%，属蒙脱石带；砂岩固结程度低，为弱固结—半固结，颗粒间接触关系为漂浮—点。这一阶段为原生孔隙发育带。

表 7-16 中国石油天然气集团公司碎屑岩成岩阶段划分

成岩阶段		古温度 (℃)	有机质			泥质岩			砂岩中自生矿物											溶解作用			接触类型	孔隙类型
阶段	期		R_o (%)	孢粉颜色 TAI	成熟度	I/S 中S (%)	混层类型分带	砂岩固结程度	蒙皂石	I/S C/S 混层	高岭石	伊利石	绿泥石	石英加大级别	方解石	铁白云石	长石加大	钠长石化	浊沸石	石膏硬石膏	长石及岩屑	碳酸盐	沸石类		
同生成岩阶段		常温							①海绿石、鲕绿泥石的形成；②同生结核的形成；③平行层理面分布的菱铁矿微晶；④分布于粒间和颗粒表面的泥晶碳酸盐															
早成岩	A	常温~65	<0.35	浅黄 <2.0	未成熟	>70	蒙皂石带	弱固结—半固结																原生孔发育
早成岩	B	>65~85	0.35~0.5	黄 2.0~2.5	半成熟	70~50	无序混层带	半固结—固结						Ⅰ	泥晶								点状	原生孔少量及次生孔
晚成岩	A	>85~140	0.5~1.3	桔黄—棕 >2.5~3.7	成熟	50~15	有序混层带	固结						Ⅱ	亮晶	泥晶							点—线状	次生孔发育
晚成岩	B	>140~170	1.3~2.0	棕黑 >3.7~4.0	高成熟	≤15	超点阵有序混层带	固结						Ⅲ	含铁	亮晶							线—缝合状	次生孔减少并出现裂缝
晚成岩	C	>170~200	>2~4	黑 >4.0	过成熟	混层消失	绿泥石伊利石带	固结						Ⅳ									缝合状	裂缝发育
表生成岩阶段								①含低价铁的矿物（如黄铁矿、菱铁矿、铁白云石、铁方解石、云母、绿泥石、海绿石等）；②褐铁矿浸染现象；③碎屑颗粒表面的高价铁的氧化膜；④新月形碳酸盐胶结物及重力胶结；⑤渗流填充物；⑥表生低价质结核；⑦硬石膏的石膏化；⑧表生高岭石；⑨溶解孔、洞																

表 7-17 银—额盆地碎屑岩成岩阶段划分及其标志

阶段	早成岩		晚成岩		
标志	A (400m)	B (1000m)	1 (3000m) A	2 (4000m)	B (>4000m)
R_o (%)	<0.35	0.35~0.5	0.5~0.8	0.8~1.3	1.3~2
有机质 孢粉颜色 TAI	淡黄	黄色 <2.5	浅棕黄—棕黄 2.7~3.4	棕黄—棕 2.9~3.7	棕 3.0~3.9
有机质 成熟度	未熟	半熟	低熟	熟	高熟
泥质岩 伊/蒙混层中蒙皂石(%)	>70	70~50	50~35	35~20	≤15
泥质岩 混层类型分布	蒙皂石带	无序混层带	部分有序混层带	有序混层带	超点阵有序混层带
砂岩固结程度	弱—半固结	半固结—固结	固结	固结	固结

砂岩中自生矿物、溶解作用、接触关系、孔隙演化（原生孔隙、次生孔隙）、孔隙类型（原生孔隙为主 / 混合孔 / 次生孔隙为主）随成岩阶段分布：

项目	早成岩A	早成岩B	晚成岩1	晚成岩2	晚成岩B
蒙皂石	实线	虚线延伸			
伊/蒙混层	实线	实线	虚线		
高岭石		实线	实线	虚线	
伊利石		虚线	实线	实线	虚线
绿泥石		虚线	实线	实线	虚线
方解石	虚线	实线	实线	虚线	
铁方解石			虚线	实线	实线
白云石		虚线	实线	实线	虚线
铁白云石			虚线	实线	虚线
石英加大			实线	实线	虚线
自生石英			虚线	实线	实线
长石加大			实线	实线	虚线
浊沸石			实线	实线	
硬石膏			虚线		
黄铁矿				实线	虚线
溶解作用：碳酸盐		虚线	实线	实线	虚线
溶解作用：泥质			虚线		
溶解作用：长石			实线	实线	虚线
溶解作用：岩屑			实线	实线	虚线
接触关系	浮—点	点	点—线	点—线	线
原生孔隙	高	较高	降低	低	很低
次生孔隙			升高（峰值）	较高	降低
孔隙类型	原生孔隙为主	原生孔隙为主	混合孔	次生孔隙为主	次生孔隙为主

— 216 —

(2) 早成岩阶段 B 期：查参 1 井 436～1150m 井段的乌兰苏海组及银根组中上部，务参 1 井 222.5～1100m 井段的乌兰苏海组及银根组中上部，居参 1 井 100～400m 井段的银根组中下部和苏红图组的中上部，毛 1 井、毛 2 井及巴 1 井的乌兰苏海组及银根组大部，天 1 井的第三系，均属于这一阶段。在这一成岩阶段，孔隙类型以混合孔为主，成岩作用表现为压实、胶结和溶蚀作用共存；岩石半固结—固结，颗粒间以点接触为主并伴有一定程度的点—线接触；有机质半成熟，部分达低成熟，孢粉颜色主要为黄色，热变指数（TAI）小于 2.5，R_o 值小于 0.5%；泥质岩中粘土矿物 I/S 中 S 层为 70%～50%，属无序混层带；砂质岩中胶结物以蒙脱石、泥晶方解石、亮晶方解石为主，出现石英加大及少量硅质胶结；碳酸盐胶结物发生溶蚀作用。这一阶段为混合孔隙发育带。

(3) 晚成岩阶段 A_1 期：查参 1 井 1150～2400m 井段的银根组下部及苏红图组二段中上部，务参 1 井 1100～1900m 段的银根组下部及苏红图组二段，居参 1 井 400～2560m 井段的苏红图组一段、巴音戈壁组及上侏罗统，毛 1 井、巴 1 井的银根组及苏红图组二段大部，毛 2 井的苏红图组天 1 井的苏红图组二段及苏红图组一段上部，均属于这一阶段。这一阶段的标志有：孔隙类型以次生孔隙为主，溶蚀作用为主要的成岩作用；岩石固结，颗粒间为点—线接触关系；有机质低成熟，部分成熟，孢粉颜色为浅棕黄—棕黄色，热变指数集中于 2.7～3.4，R_o 一般大于 1.0%；泥质岩中粘土矿物 I/S 中 S 层 30%～50%（居参 1 井因以砾岩为主，压实程度较低，故蒙皂石含量较高），属部分有序混层带；砂岩中粘土矿物主要为伊蒙混层、伊利石，绿泥石含量增加，碳酸盐胶结物为亮晶方解石并且含铁方解石增加且有少量白云石；石英加大较前明显并有少量长石加大；溶蚀作用主要表现为碳酸盐胶结物的溶蚀和少量长石、岩屑的溶蚀。这一阶段是次生孔隙的较发育带。

(4) 晚成岩阶段 A_2 期：查参 1 井 2400～3000m 井段的苏红图组二段下部及苏红图组一段，务参 1 井 1900～3000m 井段的苏红图组一段及巴音戈壁组上部，居参 1 井 2560～4120m 井段的中侏罗统，毛 1 井、巴 1 井苏红图组二段下部及苏红图组一段，天 1 井苏红图组一段中下部及巴音戈壁组的上部，均属于这一阶段。这一阶段的标志是：孔隙类型以次生孔隙为主，溶蚀作用是主要的成岩作用，除碳酸盐胶结物的溶蚀外，泥质填隙物、长石及岩屑也普遍溶蚀；岩石固结，颗粒间以点—线接触关系为主，有少量呈线接触；有机质成熟，孢粉颜色为棕黄—棕色，TAI 为 2.9～3.7，少数达 3.9，R_o<1.3%，包体测温 119℃；泥岩中粘土矿物 I/S 中 S 层大于 15%～30%，以伊利石、绿泥石为主，属有序混层带；砂岩中粘土矿物以绿泥石、伊利石为主，浊沸石出现并有少量硬石膏；碳酸盐胶结物中铁方解石和白云石增多，也开始出现铁白云石；石英加大及自生石英常见，长石加大，出现细粒黄铁矿及较多铁质胶结物。这一阶段为次生孔隙发育带。

(5) 晚成岩阶段 B 期：查参 1 井 3000～4048m 井段的苏红图组一段底部及巴音戈壁组，务参 1 井 3000～3385m 井段的巴音戈壁组中下部，居参 1 井 4120～4296m 井段的下侏罗统，毛 1 井、巴 1 井的巴音戈壁组，天 1 井的巴音戈壁组中下部，均属于这一阶段。这一阶段的特征表现为：孔隙类型以次生孔隙为主，但发育程度差；溶蚀作用仍为主要的成岩作用，但有一定程度的构造应力作用；除碳酸盐胶结物的溶蚀外，更多的是泥质填隙物、长石及岩屑的溶蚀，故以次生溶蚀粒内孔常见，并有较明显的溶缝、裂缝等；岩石固结程度高，颗粒间为线接触，部分为凹凸或缝合线状接触；有机质高成熟，孢粉颜色为棕色，TAI 为 3.0～3.9，R_o 为 1.32%～1.90%，包体测温 163℃；泥岩中粘土矿物主要为伊利石，I/S 层中 S 层为 10%～15%，属超点阵有序混层带；砂岩中粘土矿物主要为伊利石，次为绿泥石；碳酸盐胶结物更多的是铁方解石和铁白云石；石英次生加大及自生石英普遍发育；粒状自形黄铁矿常见。这一阶段为次生孔隙减少带。

3. 有利孔隙发育带预测

银—额盆地的碎屑岩储层具有低成分成熟度、低结构成熟度、物源近、堆积快、原生孔隙不发育及物性较差的特点，但广泛的溶蚀作用却造就了本盆地碎屑岩储层部分层段次生孔隙的发育，因此次生孔隙发育带乃是本盆地中碎屑岩储层的有利孔隙带。根据各层位碎屑岩的沉积相带、岩石学特征、储层物性特点、成岩作用类型及其孔隙演化等分析，可认为处于晚成岩作用 A 期的下列部位的碎屑岩储层为有利孔隙发育带。

1）河流相、水下扇等相的前缘带

主要是主干河流向湖或深水一侧的前缘部位或与滨浅湖过渡地带的沉积相带，如水下扇、扇三角洲、曲流河及滨浅湖等相的以上相带。这些部位具有相对较好的分选，岩石碎屑组分以长石、石英含量较多，粒度较适宜（以粗、中、细砂岩为主），岩性稳定，特别是碳酸盐胶结物较发育，故在晚成岩阶段 A 期由于溶蚀成岩作用易于形成较发育的次生孔隙，加之这些部位的周围多有较发育的烃源岩配置，因此可认为是有利的孔隙发育带，也是潜在储油带。

2）地层不整合上下

地层中不整合的存在可为各种流体的运移提供通道，也是层位之间的构造薄弱地带，因此可在不整合面上下一定深度（视岩石性质而异）内利于溶蚀作用的发生，从而可形成较发育的次生孔隙。例如：在下白垩统银根组、苏红图组二段、苏红图组一段及巴音戈壁组各层位之间不整合上下均显示碎屑岩的孔隙度增高、溶蚀孔隙发育；毛 1 井现出油段及油气显示段也是位于苏红图组二段、苏红图组一段与巴音戈壁组不整合面上下；查参 1 井油气显示段也同样位于苏红图组一段与苏红图组二段不整合面附近。

3）中、粗粒岩屑长石砂岩发育带

银—额盆地很少发育长石砂岩，石英砂岩更稀少，而对油气储聚最有利的当数岩屑长石砂岩。中、粗粒岩屑长石砂岩因具有较多的石英、长石刚性碎屑组分，粒度适宜，特别是其碳酸盐胶结物含量较高，故在晚成岩阶段 A 期易于形成较发育的次生溶蚀孔隙，形成本盆地中最有利的储集砂层。

在毛 1 井、查参 1 井等油气显示较好或已试油出油的砂层几乎均是中、粗粒岩屑长石砂岩。

4）后期构造抬升部位

曾经历过晚成岩阶段 A 期的碎屑岩受后期构造作用或其他地质作用被抬升，则由于上覆沉积失去的减荷及构造断裂的发育等原因易于使岩石固结程度降低，并受近地表水或其他流体的作用使次生孔隙更为发育，因此抬升部位也是有利的孔隙发育带。例如：在查干凹陷，同是银根组、苏红图组二段或苏红图组一段的碎屑岩，在巴 1 井、毛 2 井及毛 1 井就比查参 1 井的孔隙发育、物性好；特别是毛 1 井、毛 2 井因受毛敦侵入体的上拱抬升，其各层位碎屑岩的物性比查参 1 井的相应层位碎屑岩的物性要高出一个数量级。

5）火山岩层之下

就查干凹陷来说，近火山岩层之下的碎屑岩的物性相应地比其他要好。这可能是因为一则火山岩层作为一个整体的存在对其下沉积岩的机械压实起到了一定的缓冲作用，二则火山岩的存在对地温的散失和流体的相对封闭有一定的作用，故会造成下伏碎屑岩孔隙的保存、胶结物矿物转变、次生溶蚀作用等的发生，从而利于形成较好的孔隙发育带。

（二）火成岩储层及碳酸盐岩储层

1. **火成岩储层**

火成岩的变化也可用"成岩作用"这一名词来描述，可分为四个阶段。

1）岩浆结晶和岩石形成阶段

其特征是由于岩浆的冷凝和热量的散失、矿物的结晶而使岩石体积收缩产生大量的微裂缝，并在火山岩（特别是火山熔岩）的顶、底形成气孔，从而改善火成岩的储集性能，形成一定的储集孔隙。如居参 1 井中的花岗岩、二长花岗岩就有冷却收缩的微裂缝，查干凹陷中的中基性火山岩就有发育的气孔杏仁构造。

2）岩浆期后汽化热液阶段

其特征是随着岩浆的冷凝、岩石的形成，岩浆中携带的气、液组分富集并排出，形成汽化热液，充填岩石中的气孔形成杏仁体并对已结晶的矿物产生汽化热度蚀变，同时也充填已有的微裂缝，其结果是一方面使原已形成的储集性能变差，一方面又由于矿物蚀变而产生新的粒内微孔隙；查参 1 井中的中基性火山岩就表现出有这种特点，气孔大量被绿泥石、方解石、玉髓等充填，暗色矿物橄榄石、辉石等产生蚀变；这一阶段过程中没有物质组分的带出、带入。

3）水液蚀变阶段

其特征是岩石在地下一定深度条件下受地层水或地下水液的作用（对侵入岩来说第二阶段之后紧接着发生这种作用，而对火山岩来说则此阶段发生在风化蚀变阶段之后）发生蚀变，改善了矿物的结构及岩石的物理性质，使岩石或矿物产生各种蚀变，从而形成新的孔、缝、洞等组合的孔隙，使岩石具有一定的储集能力；这一阶段过程中有一定程度的物质组分的带入、带出。如：天 1 井花岗闪长斑岩的斜长石蚀变；务参 1 井英安岩中角闪石、斜长石的蚀变；查参 1 井中玄武岩、安山岩的辉石、橄榄石、角闪石及斜长石的强碳酸盐化、伊丁石化等。

4）地表风化蚀变阶段

这是火成岩储集性能提高和形成有利储层的最佳阶段。对火山岩来说第二阶段后紧跟着就产生风化蚀变，而对侵入岩来说则需被构造抬升至地表后才开始这一阶段。这一阶段发生的时间长短、程度强弱，对火成岩储层的形成及储集性能的良劣起着极其重要的影响。这个阶段的特征是受地表物理、化学条件的改变及地表水的侵蚀、淋滤等作用，发生岩石组分的大量带出，使岩石的矿物、结构产生破坏性的改变，从而形成大量的次生孔、缝、洞等孔隙，形成风化壳，极大地提高了岩石的储集性能。查干凹陷中的中基性火山岩因此阶段进行的时间短而未能形成发育良好的、厚度较大的风化壳，故其储集性能较差。

2. **碳酸盐岩储层**

碳酸盐岩储层因主要见于地表露头剖面，井下发现甚少，加之其分布面积有限、能用于探讨成岩作用及孔隙演化的实际分析测试资料有限，故暂时不作深入讨论，有待今后详细研究。但从极有限的资料来看，本盆地中生界碳酸盐岩的成岩作用主要有溶蚀作用、胶结作用、白云石化及去白云石化作用、重结晶作用、构造应力作用。

溶蚀作用可形成粒间或粒内溶孔、溶缝，从而改变储层物性，是一种建设性成岩作用，但又为后续的充填和胶结作用创造了条件。胶结作用可使已形成的溶孔、溶缝愈合，再次改变储层物性，是一种破坏性成岩作用。白云石化、去白云石化作用以及重结晶作用均可产生大量的微孔隙（晶间微孔），使储层物性变好，是建设性成岩作用。构造应力作用可使岩石产生各种规格裂缝，使储层物性改善，是一种建设性成岩作用。这些成岩作用视不同地区、不同层段碳酸盐岩所处地质环境的不同而不同。

五、储层分类及综合评价

（一）碎屑岩储层

1. 储层分类

根据中国石油天然气集团公司砂质岩储层分类标准（参见表7-8），本盆地中生界碎屑岩储层以特低孔、特低渗储层为主，次为低孔、特低渗及低孔、低渗储层，另有少量为中孔、中渗储层。在充分考虑本盆地中生界碎屑岩储层实际情况的基础上，以物性、孔隙结构、孔隙类型、烃源岩发育、油气显示、单层厚度及岩石类型为主要指标，对银—额盆地中生界碎屑岩储层建立起分类标准（表7-18）。

表7-18 银—额盆地中生界碎屑岩储层分类表

类别 指标		II		III		IV		V		
		1	2	1	2	1	2	1	2	3
物性	Φ（%）	30～27	27～25	25～20	20～15	15～13	13～10	10～5	5～1	<1
	K（$\times 10^{-3}\mu m^2$）	>1000	1000～500	500～300	300～100	100～50	50～10	10～1	1～0.1	<0.1
孔隙结构	p_d（MPa）	<0.1	<0.1	<0.1	<0.1	0.1～1	0.1～1	>1	>1	>1
	p_{c50}（MPa）	<1	<1	<1	<1	1～10	1～10	>10	>10	>10
	S_{Hgmax}（%）	>80	>80	80～50	80～50	50～30	50～30	<30	<30	<30
	S_p	<1	<1	1～3	1～3	>3	>3	>3	>3	>3
	>4μm 孔喉体积（%）	>80	80～70	70～60	60～50	50～40	40～30	30～20	20～10	<10
	>0.636μm 孔喉体积（%）	>80	80～70	70～60	60～50	50～40	40～30	30～20	20～10	<10
	<0.636μm 孔喉体积（%）	<20	<20	20～40	20～40	40～50	40～50	>50	>50	>50
	<0.1μm 孔喉体积（%）	<10	10～20	20～30	30～40	40～50	50～60	60～70	70～80	>80
孔隙类型		粒间溶孔为主，粒内溶孔、裂缝为次		粒间溶孔为主，少量粒内溶孔、裂缝		粒间溶孔为主，少量粒内溶孔、晶间溶孔和微孔		粒间及粒内溶孔为主，晶间溶孔、微孔及裂缝为次		晶间溶孔、微孔及粒内溶孔
烃源岩发育		好	好	好	好	中	中	中	中	差
油气显示		良	良	好	好	好	中	中	差	差
单层厚度（m）		>5	>5	2～5	2～5	1～2	1～2	1～2	1～2	<1
主要岩石类型		中—粗石英长石砂岩、长石砂岩		中—粗长石砂岩、岩屑长石砂岩		中—细长石砂岩、岩屑长石砂岩		中—细岩屑长石砂岩、长石岩屑砂岩、粉砂岩、不等粒砂岩、砂砾岩		

2. 储层综合评价

1）综合评价标准的建立

对碎屑岩储层的评价标准，按照裘亦楠等《油气储层评价技术》[7]中区域储层综合评价因素的选择，主要考虑储集体类型、埋藏深度、生油岩指标、储层类别、盖层级别、油气显示。在综合考虑以上多种因素的基础上，对每一因素划分不同级别并给以一个相对分数的取值标准，从而得出不同地区储集体或不同层位储集体的评价依据（表7-19）。评价结论将以最有利、有利、较有利和不利这四种形式给出（表7-20）。

表7-19 银—额盆地中生界碎屑岩储层综合评价指标的取值标准

评价指标		取值标准	评价指标		取值标准
储集体类型	曲流河	1.0	储层类别	II_1	1.0
	扇三角洲	0.9		II_2	1.0
	水下扇、冲积扇	0.8		III_1	0.9
	滨浅湖	0.7		III_2	0.9
	辫状河	0.6		IV_1	0.8
深度（m）	<2000	1.0		IV_2	0.8
	2000~3000	0.9		V_1	0.7
	3000~4000	0.8		V_2	0.6
	>4000	0.7		V_3	0.5
生油岩指标	TOC（%）	2~1.5 : 1.0	盖层级别	I	1.0
		1.5~1.0 : 0.9		II	0.9
		1.0~0.6 : 0.8		III	0.8
		0.6~0.4 : 0.7			
	"A"（%）	>0.15 : 1.0	油气显示	油流	1.0
		0.15~0.10 : 0.9		含油	0.9
		0.10~0.05 : 0.8		油浸	0.8
		0.05~0.01 : 0.7		油斑	0.7
	HC（μg/g）	>1000 : 1.0		油迹	0.6
		1000~500 : 0.9		荧光	0.5
		500~200 : 0.8		地化异常	0.4
		200~100 : 0.7			

表7-20 碎屑岩储层综合评价标准

	最有利	有利	较有利	不利
井下储层	>6.0	4.0~6.0	2.5~4.0	<2.5
地面储层	>4.0	2.0~4.0	1.0~2.0	<1.0

注：①井下储层以表7-19中所列6大项指标计；
②地面储层以表7-19中所列除深度、盖层级别外的4大项指标计。

2）层系评价
层系评价按地层时代从老到新的顺序以统、组为单位进行，评价结果见表7-21。
(1) 中下侏罗统。
中下侏罗统储层井下以居参1井为代表：下侏罗统以水下扇储集体类型为主，埋深大于4000m，上覆烃源岩，储层类别为V_2，盖层级别为II级，普遍见荧光显示，综合得分5.6，

表7-21 银—额盆地中生界碎屑岩储层层系综合评价结果

井或剖面	K₂w 得分	K₂w 结论	K₁y 得分	K₁y 结论	K₁s₂ 得分	K₁s₂ 结论	K₁s₁ 得分	K₁s₁ 结论	K₁b 得分	K₁b 结论	J₃ 得分	J₃ 结论	J₂ 得分	J₂ 结论	J₁ 得分	J₁ 结论
查参1井	2.2	有利	3.3	较有利	3.2	较有利	6.4	最有利	6.0	有利						
务参1井			4.55	有利	6.3	最有利	5.0	有利	3.2	较有利						
居参1井									4.1	有利	2.2	不利	2.8	较有利	5.6	有利
天1井							3.25	较有利	6.95	最有利						
毛1井			3.4	较有利	3.25	较有利	6.0	最有利	6.55	最有利						
巴隆乌拉									4.95	最有利						
塔布陶勒盖									4.25	最有利						
额勒斯台									1.5	较有利						
恩根陶来									1.45	较有利						
乌拉特后旗									2.85	有利						
楚鲁井东											2.9	有利	3.7	有利	2.1	有利
苏红图	1.5	较有利														

评价为有利储层；中侏罗统以辫状河储集体类型为主，埋深3000～4000m，与烃源岩互层，储层类别为V_2—V_3，并以V_3为主，盖层级别Ⅱ级，基本无油气显示，综合得分2.8，评价为较有利储层。地面以炭窑井东为代表：下侏罗统属分支河道，上覆烃源岩，储层类别V_1，综合得分2.1，评价为有利储层；中侏罗统属滨浅湖，与烃源岩互层，储层类别V_1，综合得分3.7，评价为有利储层。

(2) 上侏罗统。

上中侏罗统储层井下以居参1井为代表，储集体类型为辫状河，埋深881～2557m，下伏烃源岩，储层类别V_1，无油气显示，综合得分2.2，评价为不利储层。炭窑井东上侏罗统属三角洲平原—前缘，下伏烃源岩，储层级别V_2，综合得分2.9，评价为有利储层。

(3) 巴音戈壁组。

钻井揭示，巴音戈壁组储集类型以扇三角洲、冲积扇、水下扇和滨浅湖相为主，埋深从浅至深都有分布，均位于凹陷中最好的一套烃源岩之上或之下，供油条件十分优越，储层级别多为V_1—V_3级（巴1井、居参1井、务参1井和查参1井），个别地区可达Ⅳ级（天1井），盖层级别在Ⅰ—Ⅱ级之间，多数井见油气显示，且毛1井和查参1井已见低产油流，综合得分在3.2～6.95之间，评价为较有利—最有利储层。地面露头剖面也达此标准。

(4) 苏红图组一段。

钻井表明，苏红图组一段储集类型主要为滨浅湖相沉积，与烃源岩互层，储层类别Ⅳ$_2$级（毛1井）至V_2级（天1井、查参1井、务参1井、巴1井），埋藏适中，盖层级别达到Ⅰ—Ⅱ级，查参1井和毛1井油气显示活跃，综合评分3.25～6.4，评价为较有利—最有利储层。

(5) 苏红图组二段。

该段储集类型主要为滨浅湖相，埋深较浅，距烃源岩较远，储层类别为V_1级（毛1井、巴1井）、V_2（查参1井、务参1井），盖层级别为Ⅰ—Ⅱ级，毛1井见油气显示，综合得分3.2～3.25，评价为较有利储层。

(6) 银根组。

银根组储集类型主要为滨浅湖—曲流河砂体，埋深小于1500m，远离烃源岩，储层类别有Ⅱ$_2$级（毛1井）、Ⅳ$_2$级（务参1井）和V_2级（查参1井），盖层Ⅱ—Ⅲ级，未见油气显示，综合得分3.3～4.55分，评价为较有利—有利储层。

(7) 乌兰苏海组。

以查参1井为例，其储集类型为曲流河砂体，埋深小于700m，储层类别Ⅳ$_2$盖层薄，为Ⅲ级，未见油气显示，综合得分2.2分，评为不利储层。

3) 分区评价

分区评价以主要坳陷、重点凹陷为单位，以储层赋存的主要层系为对象，评价结果以Ⅰ级、Ⅱ级和Ⅲ级储层表示。Ⅰ级储层大体相当于层系评价中的最有利储层及部分有利储层分布区，Ⅱ级储层大体相当于有利及较有利储层分布区，Ⅲ级储层大体相当于部分较有利储层及不利储层分布区。

(1) 主要坳陷储层评价。

主要坳陷的评价根据石油钻井及露头剖面的储层评价、坳陷内的沉积相研究、地震相解释、潜在储层厚度分布等综合研究进行，分白垩系和侏罗系两大套储层。

① 查干德勒苏坳陷：查干德勒苏坳陷碎屑岩储层为白垩系储层，以下白垩统储层为主，主力储层为苏红图组一段和巴音戈壁组。总体来看，本坳陷中以Ⅰ、Ⅱ级储层为主，分布面积较广，储层厚度较大。红果凹陷大部分为Ⅱ级储层，无Ⅰ级，Ⅲ级分布于凹陷边部；Ⅱ级储层厚度变化为300～1000m。查干凹陷Ⅰ、Ⅱ、Ⅲ级储层都有分布；Ⅱ级储层分布于凹陷较深部位，面积相对最大，厚度变化为400～1200m；Ⅰ级储层分布于凹陷中部，面积中等，厚度400～800m；Ⅲ级储层分布于凹陷边部，面积相对最小，厚度小于600m。白云凹陷也存在Ⅰ、Ⅱ、Ⅲ级储层；Ⅰ级储层面积最大，分布于凹陷中部，厚度600～900m；Ⅱ级储层面积最小，分布于凹陷最深部位，厚度900～2000m；Ⅲ级储层面积中等，分布于凹陷边部，厚度小于600m。

② 苏红图坳陷：苏红图坳陷发育白垩系储层，主要为下白垩统，主力储层仍为巴音戈壁组苏红图组一段。整个坳陷储层以Ⅱ级为主，Ⅲ级为次。哈日凹陷大部分为Ⅱ级储层，分布面积广，厚度150～1200m，而Ⅲ级分布于凹陷边部及中部一小块区域，厚度多小于200m。巴北凹陷Ⅱ级储层分布于凹陷西南部的中央部位，面积较小，厚度数十米到200m，其余均为Ⅲ级储层。艾西凹陷大部分地区为Ⅱ级储层，厚度200～1000m，其他为Ⅲ级储层分布区。乌兰凹陷、艾东凹陷均为Ⅲ级储层。

③ 尚丹坳陷：尚丹坳陷有二套储层。白垩系储层：主力储层为巴音戈壁组和苏红图组；乌力吉凹陷以Ⅱ级为主，分布广、面积大，厚度数十米到500m，其余均Ⅲ级储层；托来凹陷全为Ⅲ级储层，厚度最大200余米；巴彦低凸起以Ⅱ级储层为主，主要分布于南部地带，厚度从数十米到500m，而Ⅲ级储层主要分布于北部地带，面积较小，厚度最大150m。侏罗系储层：主力储层为中下侏罗统储层；乌力吉凹陷中部地带为Ⅱ级储层，而南部和北部地带为Ⅲ级储层，厚度上以Ⅲ级为厚；托来凹陷主要为Ⅱ级储层，厚度较大，面积较广，而Ⅲ级储层则厚度小、面积少；巴彦低凸起全为Ⅲ级储层。

④ 务桃亥坳陷：务桃亥坳陷只有白垩系储层，苏红图组为主力储层，特别是苏红图组二段。整体坳陷以Ⅱ级储层为主，面积大，分布广，厚度也大。湖西新村凹陷主要为Ⅱ级储层，最大厚度800m，而Ⅲ级储层仅分布于凹陷边部地带，面积、厚度均较小。哨马营凹陷主要为Ⅱ级储层，厚度最大1000m，而Ⅲ级储层仅分布于凹陷边部地带，面积有限。梭梭头凹陷几乎全为Ⅱ级储层，最大厚度1200m。

⑤ 居延海坳陷：居延海坳陷有二套储层，除居东凹陷有侏罗系和白垩系储层外，其余凹陷均为白垩系储层。白垩系储层：居东凹陷的东南部地区为Ⅱ级储层分布区，面积相对较小，最大厚度近200m；而其余地区均为Ⅲ级储层分布区，面积较大，最大厚度800m。乌珠尔凹陷为Ⅰ级储层分布区，最大厚度1000m。路井凹陷的中部偏西南为Ⅰ级储层分布区，最大厚度800m；其余区为Ⅲ级储层分布区。天草凹陷的Ⅰ级储层分布于凹陷中部到西南部一带，面积较大，最大厚度达800m以上；Ⅱ级储层分布于凹陷中部偏南一带及凹陷的北部中央部位，面积相对Ⅰ级储层小，厚度最大达2400m以上；其余地带为Ⅲ级储层。格朗乌苏凹陷、吉格达凹陷主要为Ⅱ级储层，Ⅲ级储层较少。侏罗系储层仅分布于居东凹陷，主力储层为中下侏罗统，只有Ⅱ、Ⅲ级储层；Ⅱ级储层分布于凹陷东部偏南地区，最大厚度近800m，面积较小；Ⅲ级储层面积较大，分布于凹陷大多数地区。

（2）重点凹陷储层评价。

重点凹陷的储层评价依据石油钻井中各层位储层综合评价、沉积相研究、地震解释、砂质岩厚度、地震解释孔隙度变化等的综合判别，仅对查干凹陷和天草凹陷的主要储层进行评价。

① 查干凹陷：查干凹陷主要储层有四层。巴音戈壁组储层只有Ⅱ级和Ⅲ级，而没有Ⅰ级；Ⅱ级储层分布面积相对较大，主要分布于毛敦侵入体周围地带和凹陷的西北部一带，最大厚度400m左右；Ⅲ级储层分布面积相对较小，主要分布于查参1井周围一带及毛1井西部一带，最大厚度大于400m。苏红图组一段储层：Ⅰ级储层有四块区域，分布于巴1井之东北、毛1井周围及南部偏东、毛2井之东南、凹陷的东北角，基本上围绕在毛敦侵入体周缘发育和分布，面积相对较小，最厚约200m；Ⅱ级储层有五块区域，分布上与Ⅰ级储层相间或Ⅰ、Ⅲ级储层之间，面积相对较大，最厚达200m以上；Ⅲ级储层有三块区域，多分布于靠凹陷边部或凹陷最深部位，厚度最大200余米。苏红图组二段储层：Ⅰ级储层有两块区域，分布于凹陷偏北及偏东、凹陷西南角一带，面积相对最大，厚度最大超过600m；Ⅱ级储层基本上有五块，主要分布于凹陷中部、南部边缘及东北、东南边缘，面积中等，最大厚度200m以上；Ⅲ级储层有三块，主要分布于凹陷西部、北部边缘及南部，面积相对较小，厚度最大100多米。银根组储层：Ⅰ级储层相对面积最大，分布于凹陷东部，占银根组储层面积的近一半，厚度最大大于200m；Ⅱ级储层面积相对较小，多分布于凹陷西部，最大厚度小于200m；Ⅲ级储层面积也较小，均沿凹陷边缘分布，最大厚度小于100m。

② 天草凹陷：天草凹陷储层分巴音戈壁组和苏红图组两套储层给以评价。巴音戈壁组储层：Ⅰ级储层面积相对最大，主要分布于凹陷中部及西南部，最大厚度达1000m以上；Ⅱ级储层面积较Ⅰ级为小，大多近凹陷边部分布，最大厚度可达近1500m；Ⅲ级储层分布零星，相互连接性差，多分布于Ⅱ级储层发育区，并靠凹陷边缘，厚度最大1200m左右。苏红图组储层：Ⅰ级储层主要分布于凹陷中央部位，呈大体南北走势，面积较大但小于Ⅱ级储层，最厚约900m；Ⅱ级储层围绕Ⅰ级储层分布，面积最大，最大厚度1200多米；Ⅲ级储层分布于凹陷周边，面积相对较小，厚度变化大，最厚大于1500m。

（二）火成岩储层

1. 储层分类

火成岩储层的分类暂时还没有相对统一的标准。在参照其他油田对火成岩储层分类的基础上，重点考虑本盆地中火成岩的实际状况，以物性、孔隙结构、孔隙类型、烃源岩配置及岩相为主要指标，建立本盆地火成岩储层的初步分类标准（表7-22）。

表7-22 火成岩储层分类表

指标	类别	Ⅰ	Ⅱ	Ⅲ	Ⅳ
物性	Φ (%)	>15	15~10	10~5	<5
	K ($\times 10^{-3} \mu m^2$)	>10	10~1	1~0.1	<0.1
孔隙结构	S_{Hgmax} (%)	>80	80~50	50~20	<20
	小于0.1μm孔喉体积（%）	<30	30~50	50~70	>70
	大于5μm孔喉体积（%）	<60	60~40	40~20	<20
	S_p	<1	1~3	3~10	>10

续表

指标 \ 类别	Ⅰ	Ⅱ	Ⅲ	Ⅳ
孔隙类型及发育	风化蚀变及裂缝发育,热液蚀变及自身蚀变强	风化蚀变及裂缝较发育,热液蚀变及自身蚀变强	风化蚀变不发育,裂缝较发育,热液蚀变及自身蚀变中等	风化蚀变及裂缝不发育,热液蚀变弱,自身蚀变中等
烃源岩配置	好	较好	中等	差
岩相	侵入岩的边缘相,火山岩的爆发相及火山沉积相	侵入岩的过渡相,火山岩的火山通道相	侵入岩的过渡相,火山岩的次火山相	侵入岩的中央相,火山岩的溢流相及侵出相

2. 储层评价

银—额盆地的火成岩储层因资料有限,无法作详细评价,故只能依现有资料给一初步的评价。

1) 侵入岩

居参 1 井底部的花岗岩孔隙度 0.7%,渗透率 $6.88\times10^{-3}\mu m^2$,表明裂缝较为发育,综合评价为Ⅲ类储层。该侵入岩主要属中深成相,又位于中下侏罗统烃源岩的下部,对油气的捕获不利;加之本侵入岩未出露地表,无风化壳形成,储集条件较差,故可判定为不利储层。

路井凹陷 A 井、B 井底部的花岗岩、闪长岩的物性测定数据见表 7-23,表明花岗岩物性好于闪长岩;而表 7-23 中全直径岩心样的渗透率达到 $22.3\times10^{-3}\mu m^2$。路井凹陷的侵入岩应具有相当的储集能力[4,5]。

表 7-23 路井凹陷火成岩物性数据统计表

层位	储集岩	孔隙度(%)	渗透率($\times10^{-3}\mu m^2$)	排驱压力(MPa)	全直径岩心样	
					孔隙度(%)	渗透率($\times10^{-3}\mu m^2$)
前中生界	闪长岩	$\dfrac{0.4\sim0.6}{3.5}$ (18)	$\dfrac{0.02\sim1.51}{0.4}$ (18)	0.15~1.2	4.2~5.9	1.21~22.3(有裂缝)
	花岗岩	$\dfrac{5.1\sim9.3}{6.6}$ (4)	$\dfrac{0.66\sim2.31}{1.2}$ (4)	0.28~0.45	7.8	3.14(有微裂缝)

天 1 井底部的花岗闪长斑岩孔隙度仅为 0.6%,渗透率低至 $0.01\times10^{-3}\mu m^2$,综合评价为Ⅳ类储层。本侵入岩属浅成—超浅成相,未出露过地表,无风化壳,储集性能差,而且由于本身酸性程度高,自身蚀变及后期热液蚀变改造程度低,加之又位于下白垩统烃源岩之下,故储集油气的可能性不大,评价为不利储层。

查干凹陷的毛敦侵入体为一多次岩浆活动形成的复合岩体,主体为浅成—超浅成相的闪长岩,没有出露地表,故不存在风化壳。经毛 2 井钻探,地质录井无油气显示,地化分析也无异常,仅见有微弱的气测异常;热变质云母片岩、闪长岩中微裂缝发育,缝宽 1~

5mm，裂缝斜交分布，部分垂直裂缝中充填方解石、石英、干沥青及碳质物，电位曲线上部分井段负异常幅度较高，说明有一定的储集性能。毛敦侵入体目前未见有物性分析资料，其储层类型暂无法判定。但是，根据毛敦侵入体的形成特点、与周围烃源岩（特别是苏红图组一段和巴音戈壁组有效烃源岩）的配置关系、侵入体本身裂缝发育等情况来看，在侵入体的某些地带具有发育和形成较好储层的潜力，故可判断为有利储层。

2）火山岩

务参 1 井底部的三叠纪英安岩测井解释孔隙度 2.5%，渗透率 $0.04\times10^{-3}\mu m^2$，综合评价为Ⅳ类储层。该火山岩属酸性，风化蚀变、自身蚀变及后期热液蚀变都较弱，储集性能较差，故判定为不利储层。但是，在此火山岩远离火山口的部位及火山碎屑岩发育的部位，因易于形成泡沫状或浮碴状熔岩及多孔的火山碎屑岩，使其储集性能大为改善，故有可能形成和发育有相当储集能力的有利储层。

查干凹陷中的白垩纪中基性火山岩在查参 1 井平均孔隙度 5.7%，渗透率 $0.03\times10^{-3}\mu m^2$，评价为Ⅳ类储层；在毛 1 井平均孔隙度 9.0%，渗透率 $0.14\times10^{-3}\mu m^2$，评价为Ⅲ类储层。根据对查干凹陷三口石油钻井火山岩的岩性及各种厚度统计（表 7-24）：查干凹陷分布的火山岩主要为溢流相的玄武岩，占各层位（苏红图组一段、二段）总火山岩厚度的 59.8%～100%，为一种原生孔、洞不发育的火山熔岩；而原生孔、洞较发育的溢流相、爆发相的安山岩、火山碎屑岩（即凝灰岩）仅分别占各层位总火山岩厚度的 1.7%～12.4% 和 22.5%～39%；火山岩向正常沉积岩过渡的火山 K_1s_1 沉积相岩石（即玄武质泥岩）占火山岩总厚度的 21%～32%；火山颈相的火山角砾岩占 17%。火山活动次数至少有 31 次之多，并且以苏红图组二段较为显著。就火山岩的单层厚度来说，玄武岩厚度普遍较厚，而且层数多；安山岩厚度、凝灰岩厚度普遍较薄，层数较少；玄武岩以 10m 以上的单层占多数，而安山岩和凝灰岩则以 10m 以下的单层占多数。

根据查干凹陷苏红图组一段、二段缝洞火山岩的厚度分布及变化，结合表 7-24 中所对应的岩性、厚度等情况，可以看出：查干凹陷火山岩储层主要是经自身蚀变、水液蚀变、构造改造等作用形成的溢流相玄武岩储层，其分布受断裂影响和控制较为明显，而原生孔、洞较发育的溢流相的安山岩、爆发相的火山碎屑岩及火山沉积相的沉火山碎屑岩储层并不占主要地位。从缝洞火山岩厚度百分比图来看：苏红图组一段厚度百分比较大的地区明显分布于查参 1 井西北、毛 3 井西北、毛 1 井东南及东北地带，反映了断裂对其发育的控制和毛敦侵入体对其的改造；苏红图组二段厚度百分比较大的地区分布于查参 1 井南部，反映着断裂控制和岩相的变化，而与毛敦侵入体的改造关系不明显。

根据以上附图及表 7-24 所反映的信息来分析：苏红图组一段火山岩在查参 1 井的西部、北部，毛 1 井周围，特别是邻近毛敦侵入体地带，毛 3 井之西北部，易于形成自身蚀变型、水液蚀变型及构造改造裂缝型火山岩储层，在查参 1 井周围还易形成原生孔、洞较发育的溢流相安山岩类及爆发相火山碎屑岩类的火山岩储层。苏红图组二段火山岩在查参 1 井西北部、南部，毛 1 井及毛 3 井周围，易于形成自身蚀变型、水液蚀变型、构造改造型及岩相控制型的火山岩储层，其范围及面积要较苏红图组一段为大；查参 1 井苏红图组二段火山岩中玄武岩、安山岩、凝灰岩频繁交替分布，毛 1 井苏红图组二段火山岩中多层见蚀变形成的青盘岩、油斑及荧光青盘岩、荧光及油斑玄武岩，巴 1 井苏红图组一段火山岩中见有沥青质玄武岩，均说明苏红图组二段火山岩储层这种变蚀改造的特点。

表 7－24 查干凹陷火山岩岩性及厚度统计表

岩性、厚度			井号、层位	查参1井		毛1井		巴1井	
				K_1s_2	K_1s_1	K_1s_2	K_1s_1	K_1s_2	K_1s_1
总净厚 (m)				294.5	201.5	345	237.75	236	143.5
层厚度 (m)				$\frac{1\sim45 (31)}{9.5}$	$\frac{2\sim44 (16)}{12.6}$	$\frac{1\sim125 (27)}{12.8}$	$\frac{4.5\sim99 (7)}{33.96}$	$\frac{5\sim93 (9)}{26.2}$	$\frac{10\sim98.5 (4)}{35.88}$
玄武岩		厚 (m)		254	120.5	289	211.75	215	143.5
		占总厚 (%)		86.2	59.8	83.8	89.1	91.1	100
		层厚 (m)		$\frac{3\sim45 (17)}{14.94}$	$\frac{2\sim44 (8)}{15.1}$	$\frac{1\sim25 (18)}{16.1}$	$\frac{6.25\sim99 (5)}{42.35}$	$\frac{5\sim93 (7)}{30.7}$	$\frac{10\sim98.5 (4)}{35.88}$
	<5m	厚 (m)		7	2	23			
		占厚 (%)		2.8	1.7	8			
		层厚 (m)		$\frac{3\sim4 (2)}{3.5}$	$\frac{2 (1)}{2}$	$\frac{1\sim4.5 (9)}{2.6}$			
	5~10m	厚 (m)		37.5	21	27	6.25	10.5	
		占厚 (%)		14.8	17.4	9.3	3	4.9	
		层厚 (m)		$\frac{5\sim9.5 (5)}{7.5}$	$\frac{5\sim9 (3)}{7}$	$\frac{5\sim9.5 (4)}{6.8}$	$\frac{6.25 (1)}{6.25}$	$\frac{5\sim5.5 (2)}{5.25}$	
	10~20m	厚 (m)		67	32	13.5	11	28.5	22
		占厚 (%)		26.4	26.6	4.7	5.2	13.3	15.3
		层厚 (m)		$\frac{11.5\sim17 (5)}{13.4}$	$\frac{13\sim19 (2)}{16}$	$\frac{13.5 (1)}{13.5}$	$\frac{11 (1)}{11}$	$\frac{10\sim18.5 (2)}{14.25}$	$\frac{10\sim12 (2)}{11}$
	20~30m	厚 (m)		97.5	21.5	28		28.5	23
		占厚 (%)		38.4	17.8	9.7			16
		层厚 (m)		$\frac{22\sim26.5 (4)}{24.4}$	$\frac{21.5 (1)}{21.5}$	$\frac{28 (1)}{28}$			$\frac{23 (1)}{23}$
	30~40m	厚 (m)				72.5			
		占厚 (%)				25.1			
		层厚 (m)				$\frac{33.5\sim39 (1)}{36.3}$			
	40~50m	厚 (m)		45	44		95.5	83	
		占厚 (%)		17.7	36.5		45.1	38.6	
		层厚 (m)		$\frac{45 (1)}{45}$	$\frac{44 (1)}{44}$		$\frac{47\sim48.5 (2)}{47.75}$	$\frac{40\sim43 (2)}{41.5}$	
	>50m	厚 (m)				125	99	93	98.5
		占厚 (%)				43.3	46.8	43.3	68.7
		层厚 (m)				$\frac{125 (1)}{125}$	$\frac{99 (1)}{99}$	$\frac{93 (1)}{93}$	$\frac{98.5 (1)}{98.5}$

续表

岩性、厚度			井号、层位	查参1井 K_1s_2	查参1井 K_1s_1	毛1井 K_1s_2	毛1井 K_1s_1	巴1井 K_1s_2	巴1井 K_1s_1
安山岩			厚（m）	18	25	6	4.5		
			占总厚（%）	6.1	12.4	1.7	1.9		
			层厚（m）	$\frac{2\sim4\,(7)}{2.6}$	$\frac{3\sim16\,(3)}{8.3}$	$\frac{6\,(1)}{6}$	$\frac{4.5\,(1)}{4.5}$		
	<5m		厚（m）	18	3		4.5		
			占厚（%）	100	12		100		
			层厚（m）	$\frac{2\sim4\,(7)}{2.6}$	$\frac{3\,(1)}{3}$		$\frac{4.5\,(1)}{4.5}$		
	5~10m		厚（m）		6	6			
			占厚（%）		24	100			
			层厚（m）		$\frac{64\,(1)}{6}$	$\frac{6\,(1)}{6}$			
	10~20m		厚（m）		16				
			占厚（%）		64				
			层厚（m）		$\frac{16\,(1)}{16}$				
凝灰岩			厚（m）	22.5	39				
			占总厚（%）	7.7	19.4				
			层厚（m）	$\frac{1\sim5\,(7)}{3.2}$	$\frac{4\sim23\,(4)}{9.8}$				
	<5m		厚（m）	12.5	4				
			占厚（%）	55.6	10.3				
			层厚（m）	$\frac{1\sim4\,(5)}{2.5}$	$\frac{4\,(1)}{4}$				
	5~10m		厚（m）	10	12				
			占厚（%）	44.4	30.8				
			层厚（m）	$\frac{5\sim5\,(5)}{5}$	$\frac{6\sim6\,(2)}{6}$				
	20~30m		厚（m）		23				
			占厚（%）		58.9				
			层厚（m）		$\frac{23\,(1)}{23}$				
火山角砾岩			厚（m）		17				
			占厚（%）		8.4				
			层厚（m）		$\frac{17\,(1)}{17}$				
青盘岩			厚（m）			18			
			占厚（%）			5.2			
			层厚（m）			$\frac{1.5\sim4.5\,(7)}{2.6}$			

续表

岩性、厚度		井号、层位	查参1井		毛1井		巴1井	
			K_1s_2	K_1s_1	K_1s_2	K_1s_1	K_1s_2	K_1s_1
玄武质泥岩		厚（m）			32	21.5	21	
		占厚（%）			9.3	9	8.9	
		层厚（m）			$\frac{32(1)}{32}$	$\frac{21.5(1)}{21.5}$	$\frac{7\sim14(2)}{10.5}$	
	<10m	厚（m）					7	
		占厚（%）					33.3	
		层厚（m）					$\frac{7(1)}{7}$	
	>10m	厚（m）			32	21.5	14	
		占总厚（%）			100	100	66.7	
		层厚（m）			$\frac{32(1)}{32}$	$\frac{21.5(1)}{4.5}$	$\frac{3\sim16(3)}{8.3}$	

相比之下，查干凹陷苏红图组二段的火山岩储层比苏红图组一段的火山岩储层更有利，其不仅火山岩厚度大、缝洞型火山岩厚且面积大，而且类型多样、油气显示明显，故认为属有利储层，而苏红图组一段火山岩可认为属较有利储层。

（三）碳酸盐岩储层

本盆地中的碳酸盐岩储层主要见于露头区，分布有限并且赋存层位相对单一，而且对其所进行的研究程度低，可用资料少，故无法进行详细的分类及评价，仅可做初步的分类。根据现有资料，对碳酸盐岩储层的分类采用物性、孔隙结构、孔隙类型及主要岩石类型为指标（表7-25）。

表7-25 中生界碳酸盐岩储层分类表

指标		类别	Ⅰ	Ⅱ	Ⅲ
物性		Φ（%）	>10	10~5	<5
		K（$\times10^{-3}\mu m^2$）	>10	10~1	<1
孔隙结构		p_d（MPa）	<1	1~10	>10
		p_{c50}（MPa）	<5	5~10	>10
		S_{Hgmax}（%）	>50	20~50	<20
		R_d（μm）	>2	0.5~2	0.5~0.1
		>5μm孔喉体积（%）	60~40	40~20	<20
		S_p	<1	1~30	>30
孔隙类型			溶蚀孔洞、裂缝	晶间孔、溶蚀孔	晶间及层间微孔
主要岩石类型			砾屑、砂质灰岩、生屑灰岩、隐藻白云岩	砂质灰岩、生屑灰岩、泥晶、微晶灰岩	泥晶灰岩、泥晶白云岩

按表 7-25 中指标来分类：巴隆乌拉的碳酸盐岩储层为Ⅲ类储层；恩根陶来的碳酸盐岩储层为Ⅰ类储层；塔布陶勒盖的碳酸盐岩储层属Ⅱ类储层。其他地区的碳酸盐岩达不到储层的程度。碳酸盐岩储层目前只能视为本盆地中的潜在储层。

第二节　盖层特征

一、盖层类型、特征与分布

据地面露头及钻井资料分析，银—额盆地盖层可分为三种类型：泥质岩、火山岩和碳酸盐岩。

（一）泥质岩盖层

泥质岩盖层分布广泛，不同凹陷、不同层位都有大量的泥质岩存在。根据主要凹陷的层序地层学、野外露头剖面及钻井地质研究，基本明确了泥质岩的纵向分布特征及横向展布情况。

盖层的发育受着构造运动的控制。频繁的构造运动，导致了沉积上的多旋回性。从侏罗纪到晚白垩世，银—额盆地共形成六套旋回层，形成五套泥质岩盖层。其中侏罗系一套泥质岩盖层仅分布于居东凹陷和盆地南部的凹陷中，下白垩统泥质岩盖层遍布于盆地各个凹陷，而上白垩统泥质岩盖层仅分布于盆地东部的几个凹陷中。

侏罗系可分为两个大旋回。中下侏罗统为一个完整的正旋回沉积组合，泥质岩主要分布于剖面的中上部，是一套含薄煤层的河沼相暗色泥页岩，泥岩厚度大，百分比高，单层厚度可达 90m（表 7-26）。在居东凹陷中，地震反射较连续，反映泥质岩分布相对稳定，为下侏罗统的良好盖层。向凹陷的边部地震相反映沉积变粗，难以形成好的盖层。尚丹凹陷地震反射较差，难以预测泥质岩盖层的沉积相与沉积展布。结合地面露头与少量钻井资料推断，中下侏罗统泥质岩仅在居东、乌力吉和托来几个主要凹陷的沉积中心可作为良好的盖层，凹陷的边部缺乏好的盖层。因此，该套泥质岩盖层是一套局部性盖层，发育良好的泥质岩盖层严格受到沉积相的控制。

侏罗系上统分布很局限，目前仅在居东凹陷发现有该套地层，是一套以砾岩为主的地层，泥岩层既薄又少。因此，该套地层缺乏盖层条件。

下白垩统可分为三个旋回。巴音戈壁组是正旋回组合，旋回的上部巴音戈壁组二段为厚层的暗色沉积，在盆地西部暗色泥页岩为主，泥页岩层厚，百分比高，单层厚度大，可达 170m，各凹陷主体地震反射连续稳定，是下伏侏罗系与巴一段储层的良好盖层，仅凹陷的边缘同生断层及缓坡上倾方向物源方向上沉积较粗，泥质岩夹层减少，难以形成良好的盖层，总体反映为良好的区域性盖层。在盆地东部各凹陷为暗色泥页岩和泥灰岩组成，泥岩百分比可达 96%，厚度巨大，单层厚度可达 423m（表 7-26），在查干、白云、红果、哈日、艾勒凹陷及尚丹坳陷，地震反射连续稳定，是下伏巴一段储层或潜山储层的良好盖层。

苏红图组是一套以河漫、湖漫棕红色泥岩为主的粗—细—粗旋回层，间夹 4~6 套厚层火山岩。泥质岩集中分布于中部苏红图组二段，泥岩厚度巨大，百分比高，单层厚度达 258m（表 7-26）。在查干凹陷遍布整个凹陷，西北部厚度巨大，可达 1500m，泥岩百分比大于80％，凹陷中部三个主要构造带上厚400～600m，泥质岩百分比在60％～80％，在凹陷东南坡物源区泥岩百分比在60％以下。白云凹陷苏红图组二段剥蚀严重，残留厚度在凹陷中心500～600m，红果凹陷残存厚度很小。尚丹坳陷剥蚀殆尽，缺失该套盖层。在苏红图坳陷地震初步解释仍有一定厚度的泥质岩盖层。盆地西部凹陷中不同程度地发育该套泥质岩盖层，且质纯，单层厚度大，不夹火山岩。因此，该套泥质岩盖层除尚丹坳陷以外是一套良好的区域性盖层。

表7-26 银—额盆地重点凹陷泥岩分布特征表

地层	项目	居参1井	天1井	哈1井	查参1井	巴1井	毛1井
K_1y	泥岩总厚度（m）	132		762	570	97	316
K_1y	单层最大厚度（m）	80		102	71	48	51
K_1y	泥岩百分比（％）	77.9		100	76.1	55.4	50.6
K_1s_2	泥岩总厚度（m）		260		697	361	253
K_1s_2	单层最大厚度（m）		169		258	57	24
K_1s_2	泥岩百分比（％）		74.5		61.7	68	40.5
K_1s_1	泥岩总厚度（m）	260	464	687	154	137	84
K_1s_1	单层最大厚度（m）	233	129	19	17	15	12
K_1s_1	泥岩百分比（％）	96.1	86.1	82.3	34.1	27.4	23.9
K_1b_2	泥岩总厚度（m）	249	229	678	670	148	143
K_1b_2	单层最大厚度（m）	170	59	50	423	43	15
K_1b_2	泥岩百分比（％）	92.9	49	78.8	95.9	55.4	23.5
K_1b_1	泥岩总厚度（m）	128	60	400	101	29	
K_1b_1	单层最大厚度（m）	17	8	25	62	11	
K_1b_1	泥岩百分比（％）	80.5	24	80.8	39.1	14.5	
J_3	泥岩总厚度（m）	17					
J_3	单层最大厚度（m）	5					
J_3	泥岩百分比（％）	1					
J_{1-2}	泥岩总厚度（m）	890					
J_{1-2}	单层最大厚度（m）	90					
J_{1-2}	泥岩百分比（％）	51.2					

银根组为下白垩统第三套正旋回沉积，下部为滨浅湖沉积，中上部为以河漫滩泥岩为主的棕红色泥岩沉积。在查干凹陷仅分布于凹陷中心，厚度较薄。在天草、居东凹陷、梭梭头凹陷厚度较薄，分布局限。在苏红图、尚丹坳陷、白云、红果凹陷缺失，其他凹陷分布不明。因此，该套泥岩只是在个别凹陷、个别区域可作为局部盖层。

上白垩统乌兰苏海组为一个以河漫桔红色泥岩为主的正旋回沉积，虽厚度不大，但分布稳定，泥岩百分比很高（表7-26），遍及盆地东部和盆地西部的务桃亥坳陷。可以作为这些地区的次要区域性盖层。

（二）碳酸盐岩盖层

据钻井、露头地质资料，结合地震资料分析，碳酸盐岩盖层主要分布于尚丹坳陷和查干凹陷的巴音戈壁组二段中。在尚丹坳陷塔布陶勒盖剖面，巴音戈壁组二段碳酸盐岩厚达100m，主要为鲕粒灰岩和隐晶质灰岩。隐晶质灰岩可作为局部盖层。在查干凹陷查参1井，巴音戈壁组二段泥云岩非常发育，厚达310m，既是烃源岩，又可作为下伏地层的良好盖层，层序地层学预测，该套泥灰岩主要分布于查干凹陷的主体部位。由于碳酸盐岩分布局限，只能作为局部盖层。

（三）火山岩盖层

火山岩主要分布于盆地东部的苏红图组中，主要集中于苏红图和查干德勒苏两坳陷中。苏红图坳陷苏红图剖面火山岩四套490m厚，以玄武岩和安山岩为主。查干凹陷火山岩四套503.5m，三口探井均见到巨厚的火山岩，分布甚广，由玄武岩和安山岩组成（参见第三章）。缝洞不发育的玄武岩可作为局部盖层。

综上所述，银—额盆地的区域性盖层（以凹陷为单元）有两套：巴音戈壁组二段暗色地层（包括泥页岩与碳酸盐岩）和苏红图组二段红色泥岩，这是形成中小型油气田的主要盖层。地区性盖层（以凹陷为单元）为中下侏罗统含煤地层和上白垩统乌兰苏海组，它们是少数几个凹陷的次要盖层。火山岩及其他层段的泥质岩夹层则是局部性盖层。由于陆相地层纵横向沉积特征变化剧烈，紧邻烃源岩的储层之上的局部盖层则成为形成小型油气田的主要盖层。因此，在研究区域性或地区性盖层的同时，还要加强研究可能形成油气藏的局部性盖层。

二、盖层封盖能力

（一）盖层物性、排替压力与封闭性能

1. 盖层物性

根据查干凹陷查参1井泥岩与火山岩的岩样物性分析及饱和不同介质条件下的突破压力实验（表7-27），泥岩和玄武岩都具有很低的物性，孔隙度小于3.19%，气体渗透率小于$3.2\times10^{-6}\mu m^2$。相对而言，玄武岩的封盖能力最佳，灰黑色页岩次之，灰黑色泥岩、砂质泥岩相对较差。从这些数据大致可以得出以下认识。

表7-27 银—额盆地盖层封盖能力参数表

井号	层位	井深(m)	岩性	气体渗透率(μm^2)	孔隙度(%)	扩散系数($\times 10^{-6} cm^2/s$)	突破压力(MPa) 油	突破压力(MPa) 水	封盖高度(m)	封盖能力	级别
居参1井	J_2	3178.8	紫色泥岩	3.31×10^{-4}	4.39	2.72	2.0	7.0	667.3	差	Ⅲ
	J_1	4199.0	深灰色泥岩	1.75×10^{-6}	1.33	4.87	9.0	16.0	1525.3	良	Ⅱ
		4234.6	黑灰色砂质泥岩	3.46×10^{-6}	8.43	4.32	13.6	20.0	1906.6	良	Ⅱ
查参1井	K_1s_1	2736.0	玄武岩	1.48×10^{-6}	1.10	4.03	13.0	17.4	1658.7	好	Ⅰ
		2820.0	灰黑色泥岩	3.20×10^{-6}	3.19	2.72	10.2	12.7	1306.2	良	Ⅱ
	K_1b_2	3734.4	灰黑色页岩	2.68×10^{-6}	0.88	3.43	8.0	14.5	1382.2	好	Ⅰ

（1）盖层封盖能力的大小与岩性有直接关系，岩性越细、越致密，则物性越低，渗透性越差，封盖能力越高。

（2）泥质岩盖层的封盖能力与其形成环境有密切的关系，深湖相泥岩其封盖能力比浅

—半深湖相泥岩的封盖能力要强。

因此，我们可以得出泥质盖层的封盖机理是岩石的封盖能力取决于岩石的成分和结构。对于泥质盖层而言，影响其封盖能力的主要因素是粘土含量的多少以及粘土中膨胀性粘土矿物含量的高低，细粒的粘土成分越高，粘土中膨胀性粘土矿物越高，则盖层的物性越好，封盖性越强，这已被国内外许多学者所作的实验所证实。对于火山岩而言，影响其封盖能力的主要因素是结构，由于岩石为隐晶质结构，缺乏连通的气孔构造，因而具有很高的封盖能力。

2. 排替压力

排替压力可由压汞实验和突破压力实验获得。不同岩样饱和同一种介质时也有不同的排替压力。表7-27反映出饱和水对玄武岩的突破压力高于湖相泥岩的突破压力，而湖相泥岩的突破压力又高于滨浅湖相泥岩的突破压力。这与物性所反映的封盖性相一致。也就是说，突破压力越高，封盖能力越高。

表7-27还反映出盖层岩样饱和不同介质时，气体的突破压力差别甚大，饱和水的岩样比饱和油的岩样具有更高的突破压力，二者相差4～6MPa。据吐哈盆地泥岩样饱和不同介质时，气体的渗透率差别很大，饱和空气时的地层渗透率（干样）比饱和水时大100倍，而其排替压力相差20～50倍。可以看出，同一种盖层在饱和不同介质时的封盖能力是不同的，一般规律是饱和水时的封盖能力远远大于饱和油时的封盖能力，而饱和油时的封盖能力又远远大于饱和气时的封盖能力。这种排替压力的差别与水、气表面张力及粘土分子活化能以及润湿角有关。由此推断，原先没有封闭能力的岩石在含地层水时也会具有封闭性能，成为有效盖层。这一点对于我们认识盆地中的泥岩、甚至一些粉砂岩能否作为有效盖层有着重要的实际意义。

（二）异常压力与封闭性能

1. 异常压力分布状况

异常压力与大段泥岩的存在和快速沉降作用密切相关。盆地西部各凹陷演化过程中，沉积中心始终处于同生边界正断层一侧，下白垩统沉积了两大套厚达千米的湖相塑性泥岩。盆地东部各凹陷则发育早白垩世湖相—河漫滩塑性泥岩，其厚度大，层数多，分布范围广。这些沉积特点造成了一定阶段欠压实泥岩的发育。众所周知，欠压实泥岩由于较正常压实情况具有更多的孔隙流体，因而具有高的异常孔隙流体压力、高孔隙度、低密度及低力学性质等特点，这可以帮助我们用岩石的孔隙、声波时差资料来检测超压发育带。

声波时差与孔隙度是密切相关的。在正常压实情况下，泥岩孔隙度或声波时差与深度呈指数关系，如果存在异常压力，在深度 H 与声波时差 Δt 关系曲线上就会出现异常特征。图7-24、图7-25反映出查干凹陷查参1井和毛1井分别在3000m和1300m井深以下都有明显的异常段，反映

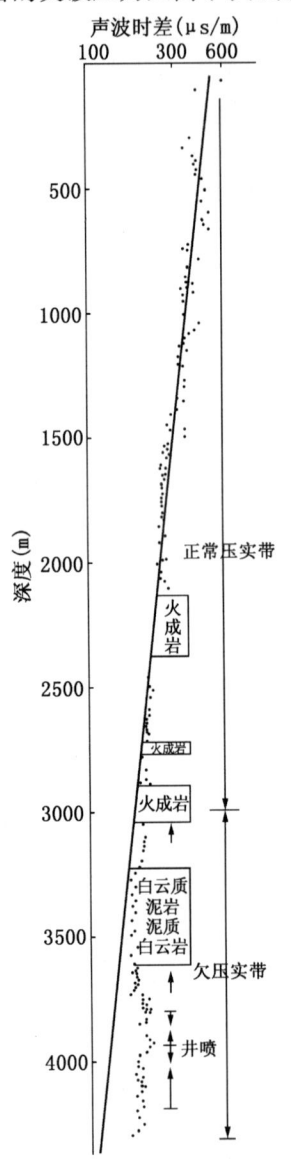

图7-24 查参1井泥岩压实曲线及烃类垂向运移方向

了高压异常的存在。

单井压实曲线特征可分为上下两段。

上段：压实程度随埋深的增加而增加。

下段：从某一深度开始，上面负荷的增加未能使泥岩孔隙度随深度增加而降低，因而偏离了正常压实趋势线，出现了欠压实状态，即高压异常。查干凹陷在深凹区高压异常段的深度一般变化在3000～4300m之间。高压异常段又可分为上下两个异常段。上段从3000～3250m，层位属于苏红图组一段和巴音戈壁组二段顶部，下段从3250m到4300m，层位属巴音戈壁组。上段高压异常段的岩性特征为砂泥岩互层，下段高压异常段的岩性特征以云质泥岩、泥质白云岩为主夹砂层。毛敦侵入体表现为一个异常高压段，出现在火山岩段之下巴音戈壁组二段地层中，深度在1900～2400m之间，属砂、泥互层段。虽然凹陷区和构造带异常高压带出现的深度不同，但出现的层段基本相当，即火山岩之下巴音戈壁组泥岩发育段。反应火山岩和厚层泥岩有较强的封盖能力。

居东凹陷居参1井在2600m以下出现一个异常高压带（图7-26）。单井压实曲线特征表现并不十分明显，在高压异常段岩石孔隙度略有增加，但增加幅度不大。该段地层为含砾砂岩、砂岩与泥岩薄互层沉积。由此看出，泥岩厚度较薄时，其封盖性能较差。

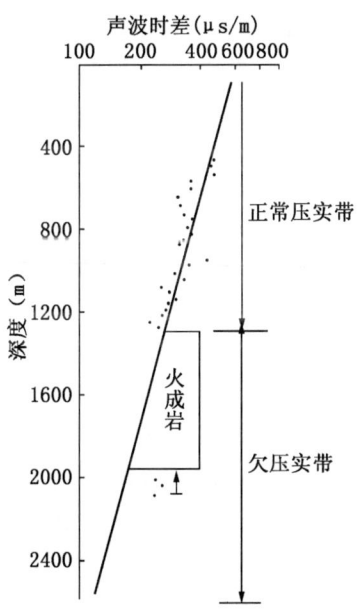

图7-25 毛1井泥岩压实曲线及烃类垂向运移方向

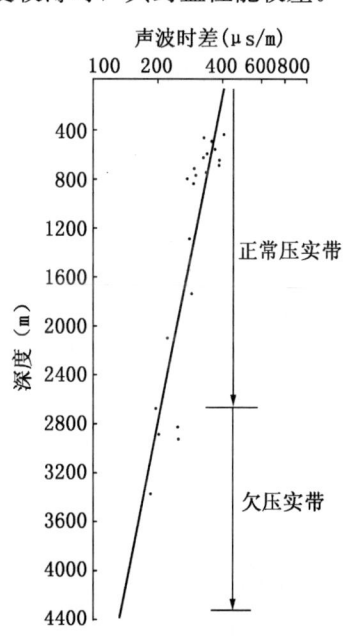

图7-26 居参1井泥岩压实曲线及烃类垂向运移方向

天草凹陷天1井高压异常段的深度在1300～1990m之间，可分为上下两个异常段（图7-27）：上段1300～1700m，层位属巴音戈壁组二段，岩性特征为厚层泥岩夹砂岩。下段为1700～1990m，层位属巴音戈壁组一段，岩性特征为暗色泥岩与砂岩互层沉积。

梭梭头凹陷务参1井高压异常段在1600～2300m之间（图7-28），层位属苏红图组，岩性特征为暗色泥岩夹砂岩。从单井压实曲线特征看，仅反映有一段异常高压带。

2. 压实特征及封闭特点

由以上讨论可知，银—额盆地主要凹陷的泥岩压实可分为三个阶段。

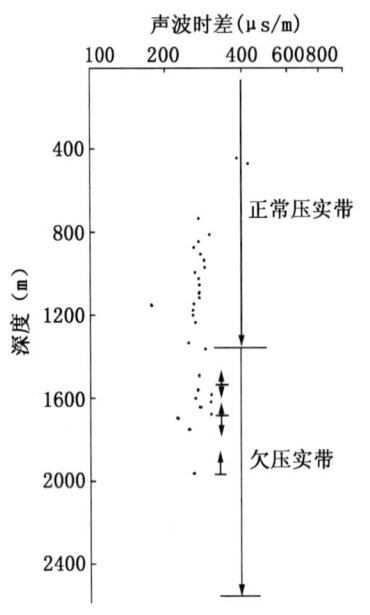

图 7-27 天 1 井泥岩压实曲线及烃类垂向运移方向

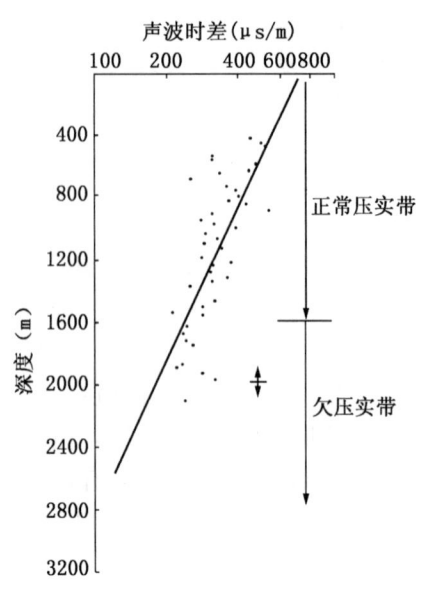

图 7-28 务参 1 井泥岩压实曲线及烃类垂向运移方向

(1) 正常压实阶段：查干凹陷 0～3000m，居东凹陷 0～2600m，天草凹陷 0～1300m，梭梭头凹陷 0～1600m。这一阶段的泥岩压实是上覆沉积物的负荷引起的正常机械压实，地层压力基本属于静水压力，泥岩中粘土矿物特征以高岭石、蒙皂石为主，伊/蒙混层中蒙皂石含量由 70%左右逐渐下降到 50%左右。该阶段的泥岩封闭以毛管封闭为主，由于膨胀性粘土矿物的大量存在，增加了封闭能力 (图 7-29)。

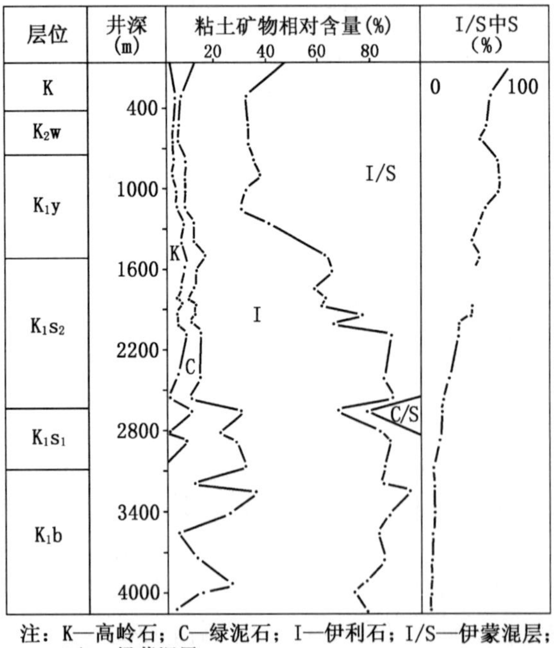

(2) 混合压实阶段：查干凹陷 3000～4300m，居东凹陷 2600～4300m，天草凹陷 1300～1990m，梭梭头凹陷 1600～3500m。这一阶段的泥岩压实主要是机械压实、胶结和矿物转化，地层压力分布具有超常压异常特征、泥岩孔隙度、声波时差较大、泥岩密度低等特征。处于粘土矿物演化的第一、第二迅速转化带，伊/蒙混层中蒙皂石含量由 50%左右下降到 20%左右。其中第一迅速转化带正好对应于上段高压异常段，此段也是凹陷的低成熟生油带和较好的烃源岩段。第二迅速转化带则对应于下段高压异常段，该段是凹陷中的第二段较好的生烃段，油气的生成对异常高压形成了积极影响。由于异常高压的存在大大增强了盖层的封闭能力。这一阶段以

注：K—高岭石；C—绿泥石；I—伊利石；I/S—伊蒙混层；C/S—绿蒙混层。

图 7-29 查参 1 井泥岩粘土矿物演化图

"压力封闭"为主,封闭条件最好。查干凹陷出油层位、天草凹陷天1井油气显示活跃段均位于这两段高压异常带,说明该油气藏的形成与此有密切关系。

(3) 紧密压实阶段:查干凹陷大于4300m,居东凹陷大于4300m,天草凹陷大于1990m,梭梭头凹陷大于3500m。该阶段泥岩孔隙度小于2‰~4‰,泥岩进入一种"不可压缩"的程度,压实程度已接近坚实的矿物格架。据郝石生等研究,该阶段岩石中的流体流动非常困难,地层压力仍表现为超压特点,但这一阶段异常压力开始释放,出现明显的垂直微裂缝,降低了封闭性,其封闭性能相对较差[8]。

由以上讨论可知,银—额盆地泥岩的封闭机理包括毛细管压力封闭和异常压力封闭两种形式,异常压力可能占重要地位,欠压实带较宽,这一段以压力封闭为主,且异常高压随深度增加而增大,封闭能力增强。

三、盖层封盖能力的影响因素

(一) 泥质岩封盖能力的影响因素

1. 砂质含量

众所周知,泥质岩的物性随碎屑颗粒的增多、颗粒直径的增大则变好,因而其封盖能力则随之变差。表7-27中三种不同环境的泥岩也反映出这种规律,即泥质岩的封盖能力随砂质含量的减少而增大。据王少昌研究(表7-28),粉砂质泥岩气体绝对渗透率为$10^{-9}\mu m^2$,而泥质粉砂岩气体绝对渗透率为$10^{-7}\mu m^2$,泥岩随砂质含量的增加,其封闭性能降低了两个数量级[9]。

表7-28 泥质岩封闭能力评价等级表[9]

种类	气体绝对渗透率 (μm^2)	饱和不同介质条件下泥岩的排替压力 (MPa)			主要岩性	遮挡能力	级别
		空气	水	煤油			
1	10^{-9}	4.7	75.0	17.0	细粉砂质泥岩、泥质粉砂岩	最好	I
2	10^{-8}	2.0	38.0	9.0	粉砂质泥岩、泥质粉砂岩	好	I
3	10^{-7}	0.6	20.0	2.7	泥质粉砂岩、粉砂质泥岩	较好	II
4	10^{-6}	0.1	10.0	1.2	泥质粉细砂岩	一般	III
5	10^{-5}	<0.1	5.0	0.53	泥质细砂岩	差	IV

据对泥质岩盖层的研究表明,砂质含量在泥岩中随埋深的增加对其封盖能力的影响也随之减小。当深度大于1000m时,泥质盖层的封盖性能随着粉砂组分含量的增大,遮挡能力明显降低。当埋深大于3000m时,盖层压实作用使泥质粉砂岩与粉砂质泥岩的遮挡能力变得很相近。由于银—额盆地的勘探目的层在大多数凹陷中受构造运动的影响后期抬升较浅,一般2000m左右的成岩作用相当于连续沉积时3000m左右的沉积作用(不同凹陷有所差异)。因此目的层埋深2000m以内的泥质岩盖层封闭性要考虑砂质含量的多少,而埋深大于2000m的泥质岩盖层的封闭性能较少地考虑砂质含量的变化,砂质、粉砂质泥岩均可以达到与泥岩相近的封闭能力。

2. 粘土矿物及含量

组成泥岩的主要成分是粘土矿物,其含量可达90%以上。因此,粘土矿物成分的变化及其含量的多少对泥质岩盖层的封闭性能有着重要的影响。

粘土矿物的遇水膨胀性是影响渗透能力的主要原因。它们的遇水膨胀性大小依次为蒙皂石、伊/蒙混层（膨胀性随着蒙皂石含量的降低而减小）、伊利石、高岭石和绿泥石。

图7-29、表7-29展示了不同井各种粘土含量的变化情况。由浅到深蒙皂石含量总体上下降，伊/蒙间层中，蒙皂石的含量也随埋深而下降，伊利石则随埋深的增大而增高。仅从粘土中膨胀性矿物含量的多少来看泥岩盖层的封盖性能，则浅层泥岩的封盖能力相对好于深层泥岩盖层。综合考虑成岩作用的影响，可能深层泥岩盖层的封盖能力强于浅层泥岩，或二者相当。

表7-29　天1井泥岩粘土矿物分析数据表

层位	井深(m)	样品数(块)	粘土矿物相对含量（%）					混层分带
			K	C	I	I/S	I/S中S（%）	
R	200～335	2	7～12	6～11	42～47	30～45	65	无序混层带
K_1s_2	450～660	5	2～7	1～7	38～72	16～58	20～25	有序混层带
K_1s_1	850～1232	10	2～8	2～8	61～76	7～34	15～25	有序混层带
K_1b	1297～1987	21	2～26	2～26	35～78	13～50	15～25	有序混层带超点阵有序混层带

注：K—高岭石；C—绿泥石；I—伊利石；I/S—伊/蒙混层。

3. 厚度与区域性盖层

泥岩盖层的封闭能力取决于泥岩最大连通孔径的毛细管压力（即排替压力），当泥岩盖层纯度很高时，厚度的影响不是主要因素。如鄂尔多斯盆地旺利井北气藏泥岩盖层也仅4～5m，该气藏含气高度大于50m，气层压力164.75MPa，泥岩渗透率$2.05×10^{-9}\mu m^2$。

当泥岩纯度不高时，盖层厚度会成为主要的影响因素。一般来说，内陆小型湖盆的泥岩大多纯度不高，往往是盖层单层厚度大、连续性好、分布面积广的区域性泥岩盖层控制着油气藏的分布。如吐哈盆地台北凹陷的区域性盖层是齐古组巧克力色砂质泥岩，厚度1000余米，遍布整个台北凹陷，至今所发现的油气藏均位于这套盖层之下。

银—额盆地的沉积凹陷均属于内陆小型断陷湖盆，泥质盖层纯度较低。因此，以下白垩统苏红图组区域性盖层分布的地区为目标，寄希望找到有规模储量的油气藏。

4. 深度及成岩作用

在未遭受剥蚀的连续沉积的凹陷中，深度的影响实质上反映了成岩作用的影响。随着埋深的增加，泥岩压实程度也相应增加，物性呈指数关系减小，泥岩遮挡能力也随之增强。在晚成岩作用阶段B期出现的高压异常段，充分说明处于该成岩阶段的泥岩具有较高的遮挡能力。在该阶段是蒙皂石迅速转化带，由于粘土矿物中结晶水的大量脱出，导致异常高压。当埋深至压实的第三个阶段，亦即晚成岩阶段C期，异常压力的释放产生垂向微裂缝。这些微裂缝相互连通，便会降低泥岩的遮挡能力。所以凹陷中泥质岩盖层的封闭能力最佳深度是成岩作用达到晚成岩阶段B期的深度。

（二）其他岩类盖层封盖能力的影响因素

1. 火山岩盖层

银—额盆地勘探目的层中发育的火山岩主要是玄武岩，其次为安山岩。玄武岩和安山岩都是地幔岩浆喷出地表、顺地面流动过程中快速冷凝形成的致密坚硬的岩石，几乎无孔隙，没有渗透性，具有很强的封盖能力，但是有以下因素仍然会影响火山岩的封盖能力。

1）节理

对岩石封盖能力影响较大的节理为柱状节理。柱状节理是火山岩的原生节理，主要是在没有上覆岩石压力下，冷凝收缩而成。由于冷却作用的缘故，在刚固结的岩石中产生垂直收缩方向的张性裂隙，这样就形成两个或三个垂直于接触面的裂隙。在查干凹陷东南部露头剖面苏红图组玄武岩中这种柱状节理极其发育，节理面贯穿岩层的顶底。柱状节理越发育，则岩石的封盖能力越低。并不是所有的玄武岩都发育柱状节理。当岩流或岩被作为一个整体冷凝时，在流动性较差的熔岩中往往没有柱状节理，而发育与冷凝面大致平行的水平节理或板状节理。在这种情况下，岩石的封盖能力较有柱状节理的岩石要强。因此，评价火山岩的封盖能力时要看其柱状节理是否发育。

2）气孔构造

很多熔岩富含气体，当它们在喷溢到地面时由于压力降低，产生膨胀形成气孔，这些气孔集中分布于岩层的顶部。也有一部分形成于熔岩的底部，是一些下伏岩层中气体上升运动的结果而造成管状孔洞。顶底孔洞互不连通时，岩石有很强的遮挡能力，如果顶底孔洞上下连通时，则岩石的遮挡能力大大降低。

一般情况下，气孔大多被次生矿物如沸石、方解石、石英等充填形成杏仁构造。杏仁构造使得岩石的封闭性增大，查干凹陷钻井显示玄武岩和安山岩的绝大多数气孔都是被石英、方解石充填的，未充填或半充填的孔隙也不连通（详见第三章），表明玄武岩是有遮挡能力的。

总之，火山岩能否成为有效盖层，原生柱状节理是否发育是关键因素，气孔、杏仁构造在厚层火山岩中不受其影响，在薄层火山岩中充填了的气孔也不影响岩石的遮挡能力。查干凹陷钻井揭示薄层玄武岩和厚层玄武岩的顶层中裂缝、气孔发育，未充填的气孔和裂缝均见油气显示，表明凹陷中的薄层玄武岩可能作为有效的非常规储层，而厚层玄武岩可成为局部盖层。

2. 碳酸盐岩盖层

银—额盆地勘探目的层中的碳酸盐岩有两类：一类是石灰岩，另一类是泥质白云岩。它们能否作为盖层，主要受以下因素控制。

1）岩石结构

不同结构的碳酸盐岩，其岩石物性差异很大，一般与波浪和流水作用或与生物碎屑有关的碳酸盐岩因其有较大的颗粒、粒间孔发育，封盖性能差，而与化学、生物化学作用沉淀的碳酸盐岩则孔隙不发育，有较高的封盖能力。如具有生物碎屑结构的生物碎屑灰岩，它的颗粒为生物碎屑，颗粒之间存在很多粒间孔，物性很好，能作为储层，但不能作为盖层，而微晶灰岩、泥质云岩等粒间孔不发育，可作为良好的盖层。银—额盆地尚丹坳陷的微晶灰岩，查干凹陷的泥质云岩就可作为本区的盖层。

2）成岩作用

随着埋深的增大，在温度压力随之增大的条件下，各种结构组分都发生不同的重结晶作用，使得碳酸盐岩的粒间孔不断缩小或消失，使岩石的封闭性增强。

进入晚成岩作用阶段 A 期，碳酸盐岩中的有机质处于低成熟阶段，这时干酪根中含氧基团（羧基和羰基）表现为脱氧过程，随着结构键的断裂脱落，因而有较多低碳有机酸产生，所以水介质仍属酸性。酸性水使方解石矿物发生溶解作用，产生次生孔，降低了岩石的封盖性。

综上所述，碳酸盐岩能否成为有效盖层，除要考虑岩石的结构外，还要考虑成岩作用演化的阶段，两种因素综合考虑，才能确定盖层的封闭能力。

四、盖层评价

（一）评价标准

油气藏盖层的定量分级评价目前国内外没有统一的标准，但有很多学者提出过许多指标，主要以渗透率参数为依据评价盖层的封闭能力。其中国内学者王少昌、郝石生提出的盖层定量分级标准有借鉴意义[8,9]。

王少昌提出的盖层分类评价标准（参见表7-28）是以渗透率、排替压力与岩性相结合的微观、宏观结合型评价标准。郝石生等提出了以盖层排替压力、盖层厚度为主要指标的气藏盖层评价标准（表7-30），这两种盖层评价标准都是以盖层本身质量为基础的，要用于钻探程度很低的银—额盆地盖层评价是很困难的。因此，需要根据银—额盆地的实际资料条件制定适合本区的盖层评价标准。

表7-30 泥岩盖层分级评价表[8]

类别	渗透率 (μm^2)	最大连通孔径 (μm)	排替压力 (MPa)	封闭能力	盖层厚度 (m)	封闭条件
Ⅰ	$<10^{-8}$	$<7\times10^{-4}$	>20	最好	$200\sim>400$	作为气藏盖层最好
Ⅱ	$10^{-8}\sim2\times10^{-7}$	$7\times10^{-4}\sim3\times10^{-3}$	$20\sim5$	好	$100\sim200$	作为气藏盖层较好
Ⅲ	$2\times10^{-7}\sim10^{-6}$	$3\times10^{-3}\sim1.5\times10^{-2}$	$5\sim1$	中	<100	作为气藏盖层一般
Ⅳ	$>10^{-6}$	$>1.5\times10^{-2}$	<1	差	—	不能作为气藏盖层

银—额盆地查干凹陷、居东凹陷勘探程度相对较高，具有泥质岩与火山岩盖层封闭性能的实验资料，而其他凹陷缺乏类似的资料，但可以借用该资料类比来判断相应岩性的盖层的封盖能力。因此，我们提出一套以宏观标准为主，质量标准为辅的银—额盆地油藏盖层综合评价标准（表7-31）。该表中宏观标准部分指标，如泥岩总厚度、泥岩百分比、沉积相等不完全与质量标准是同级对应关系。宏观标准用于平面上盖层分布的相对好坏的分类评价，而质量标准用于具体层段不同岩性段的封盖能力的评价。

表7-31 银—额盆地盖层综合评价标准

盖层分级	宏观标准				质量标准			油气藏封盖能力	
	泥岩总厚度 (m)	泥岩百分比 (%)	沉积相	岩性	气体渗透率 (μm^2)	排替压力 (MPa)		油	气
						油	水		
Ⅰ	>600	>80	深湖相	泥岩、页岩	$<10^{-8}$	>9	>38	最好	最好
Ⅱ	$400\sim600$	$60\sim80$	半深湖相	粉砂质泥、页岩	$10^{-7}\sim10^{-8}$	$3\sim9$	$20\sim38$	好	好
Ⅲ	$200\sim400$	$40\sim60$	滨浅湖相、河漫泥岩	砂质泥岩、泥云岩、玄武岩	$10^{-6}\sim10^{-7}$	$1\sim3$	$10\sim20$	好	中
Ⅳ	<200	<40	河漫滩	泥质粉砂岩、泥质细砂岩	$<10^{-6}$	<1	<10	中	差

（二）层系评价

银—额盆地发育多套盖层，纵向上以盖层质量标准为主，平面上以宏观标准为主，对盆地的主要盖层评价如下。

1. 中下侏罗统盖层

侏罗系盖层集中分布于中下侏罗统大山口群青土井组中。该组分布局限，仅居东、乌力吉、托来凹陷和苏亥图坳陷有分布。居参1井揭示该套盖层主要岩性为湖沼相灰绿、灰色、灰黑色砂质、粉砂质泥岩，厚达890m，单层厚1～11m，最大单层厚90m，泥岩百分比51.2%，泥岩封盖能力实验达Ⅱ级盖层标准。

在居东凹陷，该套泥质盖层主要分布于凹陷的南斜坡，一般厚度400～1400m，地震反射连续稳定，是该凹陷南斜坡的主要盖层，评价为Ⅱ类盖层；凹陷轴部及其他地区多为粗相带，泥质盖层不甚发育，评价为Ⅲ类盖层。

尚丹坳陷乌力吉、托来凹陷地震解释都有相当厚度的中下侏罗统分布，在各凹陷的主同生断层一侧沉积中心发育湖相泥质岩，预测有较厚的泥质岩分布，各凹陷深凹区泥质岩厚度达500～1000m。在斜坡带多属滨浅湖相或湖沼相的砂泥互层沉积，也有500m厚的泥质岩分布。综合评价，各凹陷沉积中心区为Ⅱ类盖层，斜坡带为Ⅲ类盖层。

2. 下白垩统盖层

下白垩统盖层遍布盆地的各个凹陷，各层组均有分布。在此只对可以构成区域性盖层的巴音戈壁组二段和苏红图组两套区域性盖层做一评价。

1）质量评价

巴音戈壁组二段既是各凹陷的主力烃源岩系，又是一套主力区域性盖层，由大套的浅—半深湖相暗色泥岩、泥云岩、页岩组成，单层厚度大，查参1井可达423m，泥岩百分比高达95.9%，泥页岩气体渗透率$2.68×10^{-6}$～$3.20×10^{-6}\mu m^2$，孔隙度0.877%～3.19%，油排替压力为8.0MPa，水排替压力为14.5MPa，达到Ⅰ—Ⅱ级盖层标准。居参1井、天1井和务参1井泥岩最大厚度分别为170m、59m和379m，泥岩百分比分别为92.9%、59.0%和100%，泥质纯，评价为Ⅱ级盖层。

苏红图组泥质盖层在各凹陷也广泛分布，是凹陷中最主要的一套区域性盖层。在盆地西部各凹陷中，整个苏红图组泥质岩均很发育，由滨浅湖的湖漫泥岩和河漫泥岩组成，泥质纯，厚度稳定。单层厚度大，居参1井达233m，天1井达169m，泥岩百分比均在74.5%以上，最高达96.1%，评价为Ⅱ类盖层。

在东部各凹陷中，这套区域性盖层集中分布于苏红图组二段，属于湖泊收缩期的河漫棕红色泥质岩，由于湖盆的欠补偿沉积，河漫泥岩稳定发育。查干凹陷发育最全，查参1井、巴1井和毛1井揭示泥质岩厚度分别为697m、361m和253m，单层最大厚度分别为258m、57m和24m，泥质岩百分比分别是61.7%、68.0%和40.5%，反映泥质盖层的发育程度向凹陷区质量变好，总体评价为Ⅱ级盖层。

在苏红图坳陷、查干德勒苏坳陷中的各个凹陷还普遍发育旋回不同、厚度不等的火山岩盖层。火山岩一般为4～6个旋回层，其中在苏红图组一段和苏红图组二段各发育一套厚度较大的玄武岩层。查参1井、巴1井和毛1井在苏红图组一段分别厚185m、229m和163.5m，在苏红图组二段分别厚294.5m、7m（K_1b：160m）和313m，累计厚度在500m左右。横向预测表明，非渗透性火山岩（即缝洞不发育的火山岩）占总厚的三分之二。致密玄武岩突破压力实验表明气体渗透率为$1.48×10^{-6}\mu m^2$，孔隙度1.1%，油突破压力

13MPa，水突破压力17.4MPa，达Ⅰ级盖层标准。考虑到原生柱状节理及后期构造的改造作用，玄武岩的渗透率可能提高，盖层的级别可适当降低，综合评价为Ⅱ级盖层。在缝洞发育段不能作为盖层，只能作为储层。

2）宏观评价

由于各凹陷勘探程度差别甚大，为统一起见，下白垩统盖层不再分层进行平面成图和评价（查干、天草、哈日三凹陷例外）。下面对下白垩统盖层从区域的分布、厚度、沉积等宏观特征入手做一评价。

(1) 查干德勒苏坳陷。

该坳陷在查干凹陷、白云凹陷和红果凹陷中均发育下白垩统泥质岩盖层。

查干凹陷下白垩统泥质岩厚度最大，可达2400m，一般厚度在1000m以上。额很次凹是该凹陷的沉积中心，也是沉降中心，因此湖相泥岩最为发育，泥质岩厚度一般达1500～2400m，评价为Ⅰ类盖层区。巴润断鼻带、毛敦侵入带和海力素构造带抬升较高，苏红图二段剥蚀较多，因此泥质岩厚度也较小，一般在500～1000m左右，沉积相带多属滨浅湖相，泥岩百分比一般在40%～60%左右，评价为Ⅱ类盖层区。其他凹陷边缘区多属粗相带，泥岩百分比小于30%，泥质岩厚度薄，评价为Ⅲ类区。

在下白垩统泥质岩盖层中，苏红图组二段是查干凹陷的最主要的一套区域性盖层。目前该凹陷中发现的油气显示均位于该套区域性盖层之下。这套区域性盖层中下部为滨浅湖相，上部为河漫滩相泥岩，遍布整个查干凹陷。根据泥岩厚度、泥岩百分比、沉积相等宏观评价标准，分区综合评价结果是凹陷西部为Ⅰ类盖层区，包括巴润断鼻带中西部、毛敦侵入带西部和虎勒次凹中西部、额很次凹。凹陷中部为Ⅱ类盖层区，包括虎勒次凹东部、巴润断鼻带东部、毛敦侵入带中部、海力素构造带和罕塔庙次凹东部。凹陷东部及东南部地区为Ⅲ、Ⅳ类盖层。

白云凹陷下白垩统主要由巴音戈壁组和苏红图组一段组成，苏红图组二段在凹陷周边剥蚀严重，故下白垩统泥质岩盖层主要反映的是巴音戈壁组二段的暗色地层。泥质岩厚度在西次凹中厚500～1500m，东次凹厚500～1000m，综合评价这两个次凹区为Ⅱ类盖层，其他地区为Ⅲ类盖层。

红果凹陷与白云凹陷类似，也存在两个泥质岩盖层发育区，北部次凹泥质岩厚500～1000m，南次凹泥质岩厚500～800m，综合评价为Ⅱ类区，其他地区为Ⅲ类区。

(2) 居延海坳陷。

居延海坳陷八个凹陷中下白垩统泥质岩盖层普遍很发育，其分布规律总体是以凹陷为单元，在凹陷主同生断层一侧深凹区发育最厚，一般厚1000～1500m，其中居东、路井和格朗乌苏凹陷达2000m以上。深凹区既是沉降中心，又是沉积中心，因此，泥岩百分比较高，泥岩质量好，综合评价为Ⅰ类盖层区。在斜坡区尽管泥质岩厚度变薄，一般在500～1000m，但仍是湖相泥岩发育区，如天草凹陷巴勒断阶带，泥岩百分比高达70%以上，这些地区综合评价为Ⅱ类盖层区，其他地区为Ⅲ类区。

在八个凹陷中，天草凹陷中次凹钻井证实有盆地中最好的烃源条件，因此，搞清该次凹烃源岩之上的第一套区域性盖层是至关重要的。这套区域性盖层便是苏红图组。天1井揭示苏红图组河、湖相泥岩纯、厚度大、泥岩百分比高，是一套高质量的区域性盖层。综合评价认为中央洼槽带为Ⅰ类盖层区，哈尔断鼻带和巴勒断阶带属Ⅱ—Ⅲ类盖层区。

(3) 务桃亥坳陷。

务桃亥坳陷三个凹陷都有下白垩统泥质岩盖层分布，但其发育程度不同。哨马营凹陷最为发育，尤其东次凹，泥质岩厚度达1500m，一般在500～1000m，这里是湖相发育区，泥岩百分比高，综合评价为Ⅰ类盖层。东次凹为扇三角洲发育区，泥质岩不发育，一般厚200～500m，评价为Ⅲ类区。

梭俊头凹陷泥质岩发育程度仅次于哨马营凹陷，在凹陷区厚达1000m以上，务参1井钻探表明河、湖相泥岩厚度大，质纯，属Ⅰ类盖层区，围绕Ⅰ类区为Ⅱ类区。

北部湖西新村凹陷泥质岩发育程度最差，地震资料解释只有500～800m厚的泥质岩，综合评价为Ⅱ类盖层，其他地区评价为Ⅲ类区。

（4）苏红图坳陷。

苏红图坳陷五个主凹陷中下白垩统泥质岩发育程度差别甚大，但其厚度变化规律性很强：从东向西，泥质岩的最大厚度由东部巴北凹陷的400m到中部艾西凹陷的1500m，再到艾东凹陷的2000m，最后到西部哈日凹陷的3500m。地震解释沉积相的变化也是东部凹陷滨浅湖相发育，而西部凹陷半深—深湖相发育。另一特点是东部的凹陷在苏红图组火山岩异常发育，大面积出露地表，使苏红图组有效的区域性盖层大大减薄，而西部哈日凹陷火山岩几乎不存在。因此，盖层的级别自然是西好东差；西部哈日凹陷以Ⅰ类盖层为主，巴北凹陷Ⅰ、Ⅱ类盖层各占一半，艾西凹陷以Ⅱ类盖层为主，东部艾东凹陷只有Ⅲ类盖层分布。

据地震资料推断，哈日凹陷是湖相地层最发育的凹陷之一，具有类似于天草凹陷的烃源条件。因此，巴音戈壁组烃源岩之上的第一套区域性盖层质量的好坏及分布状况有必要进一步讨论。苏红图组泥质岩遍布于整个凹陷，在沙布尔次凹最厚，可达1500m，勒图斜坡带也有500--1000m厚的泥质岩。据地震相分析，这套区域性盖层集中分布于苏红图组二段，大段极弱的地震反射说明泥岩纯度较高，属于一套高质量的区域性盖层。综合评价认为勒图斜坡带东部及沙布尔次凹、乌兰次凹为Ⅰ类盖层区，其他为Ⅱ—Ⅲ类盖层区。

（5）尚丹坳陷。

尚丹坳陷下白垩统整体属坳陷型沉积，全坳陷泥质岩厚度稳定，变化范围在300～500m之间，仅乌力吉凹陷属断陷沉积，深凹区泥质岩厚度可达1500m厚，是该凹陷泥质岩盖层最发育的地区，由于该坳陷在苏红图期末抬升剥蚀严重，坳陷内缺失苏红图组地层。因此，尚丹坳陷中的下白垩统泥质岩只代表巴音戈壁组泥质岩的厚度，主要反映的是巴音戈壁组二段的泥质岩盖层的特点。值得指出的是，在坳陷的东北部巴音戈壁组二段有厚层灰岩存在，因此，该泥质岩厚度也包括了灰岩地层。综合评价以Ⅱ类盖层为主，在乌力吉凹陷有Ⅰ类盖层分布。

纵观全区，银—额盆地中可作为区域性盖层的泥质岩盖层有三套：中下侏罗统、巴音戈壁组二段和苏红图组。前者是侏罗系凹陷自生自储式组合的重要盖层。巴音戈壁组二段是所有凹陷中最主要的一套自生自储式组合的有效盖层。后者是几个主要沉积凹陷中巴音戈壁组烃源岩之上最关键的一套区域性盖层，这套区域性盖层是形成较大场面的直接盖层。从平面分布来看，侏罗系泥质岩盖层以乌力吉凹陷、居东凹陷最发育，其次为托来凹陷。下白垩统泥质岩盖层以查干凹陷、哈日凹陷、路井凹陷、天草凹陷、格朗乌苏凹陷和梭梭头凹陷最发育，其次为哨马营凹陷、巴北凹陷和乌力吉凹陷。各套区域性盖层在上述凹陷的深凹区沉积中心均达Ⅰ—Ⅱ类盖层，凹陷的斜坡和陡坡带为Ⅱ—Ⅲ类盖层。因此，盆地今后的油气勘探应集中在上述凹陷中。

参 考 文 献

[1] 王新民,李天顺. 查干改造型凹陷下白垩统储层及油气分布特征. 石油与天然气地质,2000,21(1):65~70
[2] 岳伏生,马龙,李天顺. 查干凹陷下白垩统碎屑岩储层成岩演化与油气成藏. 沉积学报,2002,20(4):644~664
[3] 杨琦. 查干凹陷下白垩统碎屑岩储集层特征研究. 西北地质,2000,33(3):13~17
[4] 卢崇宁,李保林,刘忠群. 巴丹吉林盆地麻木乌素凹陷基岩油气成藏条件分析. 古潜山,1999(1):9~13
[5] 卢崇宁,段春节,康新义等. 巴丹吉林盆地麻木乌素凹陷基岩含油气特征及成藏条件分析. 石油实验地质,1999,21(3):251~255
[6] 郑浚茂,庞明. 碎屑储集岩的成岩作用研究. 武汉:中国地质大学出版社,1989
[7] 裘亦楠,薛淑浩,赵徵林等编著. 油气储层评价技术. 北京:石油工业出版社,1994
[8] 郝石生,黄志龙,杨家琦. 天然气运聚动平衡及其应用. 北京:石油工业出版社,1994
[9] 王少昌,裴锡古,傅锁堂等. 试论泥质岩在天然气成藏形成中的封闭性能. 见:煤成气地质研究编委会编. 煤成气地质研究. 北京:石油工业出版社,1987,21~28

第八章 油气成藏条件与含油气系统分析

油气藏是油气运移到圈闭中并聚集后而形成的,是油气聚集的最基本单元。油气藏的形成是动态与静态地质要素在三维空间中有机组合的结果。因此,研究和总结银—额盆地油气藏特征有利于深入讨论盆地油气的富集条件和规律。本章将从静态描述、历史重建、已知油气藏解剖及未知油气藏预测等方面来分析盆地的油气藏特征、油气运移规律及含油气系统特征,进一步预测油气藏类型及复式油气聚集带[1-5]。

第一节 油气显示

一、油气显示状况

经过30多年的各种找矿勘探和近几年大规模的石油勘探,已发现多处地表及地下油气显示及两处油气流,这些油气显示或油气流均来源于侏罗系及下白垩统两套地层。

(一)油气显示分布

表8-1展现了盆地油气显示的分布情况。盆地油气显示主要分布于下白垩统巴音戈壁组二段和苏红图组一段,其次为中侏罗统;在平面上,盆地东部油气显示层段为下白垩统,

表8-1 银—额盆地油气显示表

层位	查参1井	毛1井	巴1井	中浅井	哈1井	天1井	居参1井	路1井(A)	路2井(B)
Q									
R									
K_2w									
K_1y									
K_1s_2	⊖	⚲	⚲						
K_1s_1	⚲	⚲			⚲				
K_1b_2		⊖			⚲				
K_1b_1									
J_3				⊖				⊖	
J_2							⚲		
J_1							⚲		
前中生界									⚲

注:⊖低产油流;⚲油气显示。

盆地西部油气显示层段以下白垩统为主，其次为中下侏罗统。总体上看，盆地东部的油气显示要好于西部，下白垩统好于中下侏罗统。

（二）油气显示特征

1. 查参一井油气显示特征

查参1井于1995年5月11日开钻，同年11月4日完钻，完钻井深4316.5m。在钻井过程中取心、岩屑录井、气测录井和地质录井等均见油气显示，钻至3938.36m时发生井喷，喷高5m，喷出钻井液，无油气味，气测见异常显示。

岩心录井在苏红图组一段2818～2858m井段地层中油斑、油迹和荧光显示10.56m，其中，油斑级3.05m，油迹级2.4m。

在苏红图组一段2828～2843m井段测井解释差油层3层6m，巴音戈壁组二段2938～2997.6m井段解释差气层4层7.0m。

1996年8月上旬第一次试油抽汲日产油0.02m³，压力系数1.04，有效渗透率$2.98 \times 10^{-6} \mu m^2$。10月上旬压裂后第二次测试，日产油0.2m³，日产水3.22m³，有效渗透率$7.602 \times 10^{-4} \mu m^2$，水样化验$Cl^-$ 4420.97mg/L，总矿化度为9535.18mg/L，地层水为$NaHCO_3$型，认为本层属低产含油水层。

2. 毛1井油气显示特征

毛1井于1997年5月3日开钻，同年6月29日完钻，完钻井深2600m，录井发现大量的油气显示层段。岩屑录井在苏红图组二段1141～1599m井段见油气显示19层54.8m，其中，油斑级4层7.39m，岩性为含砾不等粒砂岩和玄武岩。

在苏红图组一段1641～1742m井段见油气显示7层33.2m，其中，含砾不等粒砂岩油斑3层4.03m。玄武岩油气显示段槽面见气泡，气测全烃含量高达10.77%。

在巴音戈壁组二段1950～2400m井段见油气显示17层187.5m，全为含砾砂岩、砂砾岩，其中，油斑3层7.3m。

全井段油气显示共46层282.8m；油斑12层39.3m；荧光7～12级34层243.5m。

岩心录井在1352.14～2215.04m井段5次取心中见油斑显示岩心9.44m，见荧光显示3.08m。井壁取心1145～2307m共16颗，其中5颗见油气显示（含油显示4颗，荧光显示1颗）。

测井解释结合成像特殊测井结果，全井共解释差油层4层30.8m，气层1层35m，含油水层17层114m。

截止到1997年10月，第Ⅰ层（2225.4～2229.0m）试油抽汲产油0.24m³/d，压裂后为2m³/d，未出水。第Ⅱ层（2035.0～2045.6m）试油1.66m³/d，压裂后0.74m³/d，未出水。合计产油2.74m³/d，还未达到工业油流标准。在1372～2000m井段中还有四层油气层有待试油，预计可获得工业油气流。

3. 巴1井油气显示特征

巴1井于1997年7月27日开钻，同年9月10日完钻，完钻井深2430m。岩屑录井中于下白垩统苏红图组一段1489.0～1490.0m井段见油气显示1m，1665.0～1670.0m井段见油气显示5m，1718.0～1722.0m井段见油气显示4m，均为浅灰色7～9级荧光粉砂岩。岩心录井中于1643.0～1644.37m井段见1.37m、1646.6～1647.15m井段见0.55m 9～10级的荧光显示，岩性为浅灰色含砾砂岩及砂砾岩。全井段共发现油气显示5层11.92m，气测组分全烃含量0.19%～0.88%，电测解释为干层。另外，在苏红图组一段玄武岩微裂隙中见沥青显示，说明，巴 2 号构造有过油气的运移。

4. 天 1 井油气显示特征

天 1 井于 1997 年 5 月 12 日开钻，同年 6 月 14 日完钻，完钻井深 2068.30m。钻至巴音戈壁组二段地层发现油气显示，1605～1608m 井段见油气显示段 3m，1730～1731m 见油气显示段 1m，1752～1753m 见油气显示段 1m，均为 7 级荧光显示。井壁取心在 1715.00～1715.17m 见油气显示 0.17m、1716.36～1716.39m 见油气显示段 0.03m、1721.07～1721.17m 见（0.1m）微量气泡显示，其中，1605～1731m 5 层显示为浅灰色砂砾岩，1752～1753m 为浅灰色含砾不等粒砂岩。全井段共发现 6 层 5.2m 油气显示。电测解释 3 层含油气层，经试油均为干层。虽未试出油气流，但该井段油气显示的存在可证明天草凹陷巴音戈壁组有一定的含油气远景。

5. 居参 1 井油气显示特征

居参 1 井于 1996 年 5 月 9 日开钻，同年 10 月 12 日完钻，完钻井深 4400m。在中侏罗统青土井组 4155.5～4159.0m 井段岩屑录井中发现荧光砾岩 1 层 3.5m。下侏罗统大山口群 4180～4291m 井段岩屑录井发现 16 层 28.2m 的荧光显示，其中荧光砂砾岩 5 层 9.5m，荧光泥岩 11 层 18.7m。全井段共发现荧光显示 19 层 46.34m。井壁取心在大山口群在 4198.18～4200.63m 井段 2.45m 取心段中见荧光显示 2.45m，在 4231.49～4235.74m 井段 4.25m 岩心中见荧光显示 3.19m。泥岩裂缝中见沥青显示。电测解释为干层。尽管油气显示级别不高，但至少说明了居东凹陷发育有一套新的含油气层系。

6. 路 1 井、路 2 井油气显示特征

原地矿部华北石油局于 1995 年在路井凹陷（地矿部称之日巴丹吉林盆地麻木乌苏凹陷）打了 A 井，1996 年在 A 井北部 1140m 处打了 B 井（为叙述方便与本书的连贯性，将 A 井、B 井分别取名为路 1 井、路 2 井，以前有人把 A 井称额 1 井）。钻探结果表明，路 1 井在上侏罗统中途测试获日产轻质油 2.52m³，天然气近 2000m³；在井深 2685m 处钻遇基岩，取心岩性为石英闪长岩、斜长花岗岩，有很好的含气显示。路 2 井于 1925m 处钻遇基岩，岩性为石英闪长岩、斜长花岗岩、二长花岗岩、碱长花岗岩、闪长玢岩、煌斑岩脉等。于 1946.87～1960.41m 井段取心，岩心含油面积为 30%～60%，有浓烈的油香味，反映该段基岩富含油气[6,7]。

根据两井基岩油气的赋存特征，本区基岩含油气层段应具有工业产能。

7. 地面油气显示

在紧邻盆地西缘的北山中口子盆地油砂山，于 1955 年曾发现沥青脉多处，探槽中发现潜水面以下有粘性沥青，J_3—K_1 地层中见数层含油砂岩，1956 年曾钻探三口浅井，并于其中两口井中试油获 0.5～3kg 稠油，认为，其油源为其下伏的中下侏罗统。此外，中口子盆地 J_3—K_1 还发现了厚 15m 左右的油页岩，含油率达 1%～6%。

在露头区的下白垩统地层中发现了三处油页岩，其中乌力吉 8 号钻孔在 110m 处见一层厚 3.5m 的灰绿色油页岩，在额勒斯台见厚 34m 的油页岩，含油率 0.5%～1.5%，在巴隆乌拉厚达 100m 的油页岩，在呼伦陶勒盖也见大面积的油页岩分布。

综上所述，钻井及地面的大量油气显示表明，银—额盆地存在三套勘探目的层：一套为下白垩统巴音戈壁组和苏红图组，另一套为侏罗系，第三套为前中生代花岗岩、闪长岩。下白垩统油气分布广泛，盆地东西两处已见油气流，说明，该层系的油气勘探前景大。侏罗系油气分布于西部，其中上侏罗统已获 2.52m³ 轻质油；前中生代基岩花岗岩的油气目前

仅发现在西部路井凹陷基岩富含油气，这是一个应引起重视的油气勘探领域。

二、油气水性质

（一）原油物性

银—额盆地获油流井三口：毛1井、查参1井和路1井。前两口井分布于盆地东部查干凹陷，后一口井在盆地西北部路井凹陷。本章就查干凹陷的油气水性质做一简单描述。

查干凹陷原油总的特征是低比重、低粘度、低凝固点、低含硫、中含蜡（表8－2）。

1. 颜色

查干凹陷的原油多为不透明或半透明状的淡绿色、黑色。

2. 密度

原油密度范围为 0.81～0.84g/cm³，属于轻质油范畴。查参1井原油密度最低，而毛1井原油密度最高，接近正常原油。

3. 粘度

原油50℃时的粘度为2.63～6.06mPa·s，说明原油易于开采。

表8－2 银—额盆地查干凹陷原油物性

井　号		查 参 1 井	毛　1　井	
层位		K_1s_1	K_1b_2	
井深（m）		2828.0～2843.0	2225.4～2229.0	2035.0～2045.6
颜色		淡绿色	黑色	黑色
密度20℃（mg/L）		0.809	0.8342	0.8362
粘度50℃（mPa·s）		2.63	5.13	6.06
凝固点（℃）		17	12	20
含硫量（%）		0.02	0.037	0.0338
总胶质（%）				6.6
含蜡量（%）		9.3		9.25
初馏点（℃）		65	120	112
馏分（300℃）			46.0	36.0
族组成（%）	饱和烃	91.59		
	芳烃	4.56		
	非烃	1.90		
	沥青质	1.95		
饱和烃/芳烃（%）		20.09		

4. 凝固点

原油凝固点一般在12～20℃，反映含有一定量的蜡。

5. 含硫量

在国内，一般把含硫量小于0.5%的原油称为低硫油，查干凹陷原油含硫量一般在0.02%～0037%，含硫量很低，属于典型的低硫原油，低硫是陆相原油的重要特征之一。

6. 含蜡量

原油含蜡量一般为9.25%～9.3%，按我国石油的分类标准为中蜡原油，反映该原油与富含陆源高等植物有关。

7. 初馏点

原油初馏点在65～120℃之间。一般来说，原油的凝固点低，初馏点也低，同时300℃馏分的体积占一定的比重，说明原油中轻烃组分含量高。

8. 族组成

查参1井原油饱和烃含量很高，达91.59%，芳烃含量仅4.56%，非烃+沥青质含量3.85%，饱和烃/芳烃比值达20.09%，具有轻质油的特点。

总的来看，查参1井原油密度、粘度、含硫量、初馏点均低于毛1井原油，但这种差异不大。这种差异可能与油气运移的距离和储层物性有关。查参1井距额很生烃中心的距离远于毛1井，且储层物性比毛1井储层更差，只有小分子烃首先运移并得以聚集于差储层中，形成较轻质的原油。另一方面，也可能额15号构造保存的条件比巴南构造差，毛1井原油轻质部分部分逸散，使得毛1井原油重质成分增高。

（二）天然气性质

1. 天然气密度

天然气密度为0.67～0.76mg/L，反映天然气中轻烃组分含量很高。

2. 天然气中烃类组成

天然气烃类组成一般包括C_1—C_5烃类气体，其中，甲烷含量最高，达70%～81%，甲烷系数（C_1/C_{1-5}）为0.80～0.93，反映天然气热演化程度高。总体特征仍属于油伴生气特点（表8-3）。

表8-3　银—额盆地查干凹陷天然气性质

井　号	查参1井	毛　1　井	
层位	K_1s_1	K_1b_2	
深度（m）	2828.0～2843.0	2225.4～2229.0	2035.0～2045.6
甲烷系数	0.93	0.8	0.9
甲烷（%）	79.44	70.28	80.83
乙烷（%）	5.89	10.71	4.51
丙烷（%）		6.52	2.14
丁烷（%）			1.15
戊烷（%）			0.36
己烷（%）			0.48
二氧化碳（%）		0.33	0.25
氮气（%）	11.38	8.34	10.28
相对密度（mg/L）	0.6702	0.7474	0.6767
临界温度（K）			198.46
临界压力（MPa）			4.494

（三）地层水性质

从查参1井、毛1井和天1井地层水性质统计表看（表8-4），查干凹陷毛1井水矿化度最低；在2000mg/L左右，查参1井居中，为9535mg/L，而天草凹陷最高，达

71200mg/L。水型查干凹陷为 $NaHCO_3$ 型,而天草凹陷为 $CaCl_2$ 型水,反映查干凹陷毛敦侵入体高部位的断裂处有地表水的渗入,使毛敦侵入带下白垩统地层水矿化度降低,至深凹区,地层水交替变弱,处于还原环境下的水交替迟缓带和承压水缓慢运动的泄水地带,对油气保存较有利。天草凹陷天 1 井下白垩统地层水矿化度高,硫氢系数大于 5,钠氯系数小于 1.0, $CaCl_2$ 型水,反映水动力条件是一种还原条件下的水动力交替停滞状态,是沉积水活动区,有利于油气的保存,属保存条件好的地区。

从上述仅有的三口井的地层水性质资料分析,查干凹陷毛敦侵入带燕山晚期逆活动形成的毛敦 1 号断层可能有弱的封闭性,造成了渗入水的交替,致使地层水矿化度很低、高的硫氯系数和高的钠氯系数。查参 1 井地层水性质说明巴 6 号断层是封闭的,无渗入水交替。天草凹陷天 1 井地层水性质反映巴勒构造带之正断层具有很强的封堵性,未发生地层水和渗入水的交替。将三种水文现象与其含油性结合起来可得到以下几点认识:

表 8-4 银—额盆地查干凹陷地层水性质

井　号	查参 1 井	毛 1 井		天 1 井
层位	K_1s_1	K_1b_2		K_1b
深度(m)	2823.0~2852.0	2225.4~2229.0	2035.0~2045.6	1700.9~1703.9
$K^+ + Na^+$ (mg/L)		767.4	347.1	22060.01
Ca^{2+} (mg/L)		38.1	31.3	3109.89
Mg^{2+} (mg/L)		12.6	19.9	1578.02
Cl^- (mg/L)	4420.97	350.2	262.7	43221.48
SO_4^{2-} (mg/L)		186.8	170.0	1134.72
HCO_3^- (mg/L)		1151.4	328.9	95.53
CH_4 (mg/L)		110.4	58.8	
总矿化度 (mg/L)	9535.18	2616.9	1218.7	71199.65
水型	$NaHCO_3$	$NaHCO_3$	$NaHCO_3$	$CaCl_2$
$\dfrac{rSO_4^{2-} \cdot 100}{rCl^-}$		53	64	26
rNa^+/rCl^-		2.2	1.3	0.5

(1) 有地层水交替的地区有利于油气的运移与聚集,如额 15 号构造。
(2) 弱的地层水交替区亦有利于油气的运移与聚集,如巴南构造。
(3) 地层水停滞区尽管有好的保存条件,但并不利于油气的运移与聚集,如巴勒 4 号构造。

上述结论还有待于进一步证实,但至少说明在银—额盆地这种小型沉积凹陷中油气的运移和聚集与水动力条件是密切相关的。因此,在分析银—额盆地油气田的分布时应该重点考虑地层水缓慢交替的地区,即地层水矿化度中等的 $NaHCO_3$ 型水的地区,而不是普遍认为的保存条件好、地层水交替停滞区、地层水矿化度高、$CaCl_2$ 型的地区,这是因为在这种水文条件的地区没有地层水的交替,也就没有油气的运移过程,故难以形成油气藏。

第二节 已知含油构造的特征与成藏条件

银—额盆地目前只发现三个含油构造：查干凹陷 15 号含油构造、巴南断块含油构造及路井凹陷路 1 号含油构造。前两个含油构造由中国石油天然气集团公司新区勘探事业部银额勘探项目经理部在支撑单位西北地质研究所共同研究下发现的，后者由地矿部华北石油局发现。鉴于盆地内发现油气的构造很少，且路 1 号含油构造缺乏资料，因而还无法总结盆地的油气藏类型及其分布规律，仅就本系统发现的两个与构造有关的复合油气藏的形成条件及其基本特征解剖如下。

一、额 15 号含油构造的特征与成藏条件

额 15 号含油构造在区域构造上处于银—额盆地查干德勒苏坳陷查干凹陷中部毛敦侵入带西北部，是一个被侵入体刺穿遮挡的断鼻构造，东南至毛敦Ⅰ号断层，沿该断层形成两个次高点（图 8-1）。目前仅在南部高点钻了一口预探井——毛 1 井，已见低产油流。该井于 1997 年下半年试油获日产油 2.76m³，产层为巴音戈壁组二段，电测解释苏红图组还有 4 层油气层。

（一）含油构造基本特征

1. 构造

额 15 号构造是因花岗岩体的侵入而形成的大型断鼻构造和地层、岩性及不整合圈闭组成的复合圈闭构造带中的局部鼻状构造（图 8-2），地处额很生油洼槽南斜坡的毛敦侵入带上。该构造于苏红图组沉积时期始见雏形，圈闭幅度约 150m，银根组沉积期末定型，圈闭幅度 300m。构造层圈闭发育，上下构造层高点由浅至深逐渐由南向北偏移，闭合幅度也逐渐增大。巴音戈壁组和苏红图组一段可见南北两个局部高点。

2. 沉积

地层发育齐全，自下而上发育下白垩统巴音戈壁组、苏红图组、银根组、上白垩统乌兰苏海组和第三、第四系。其中巴音戈壁组二段与苏红图组为主力含油气层系（图 8-2）。

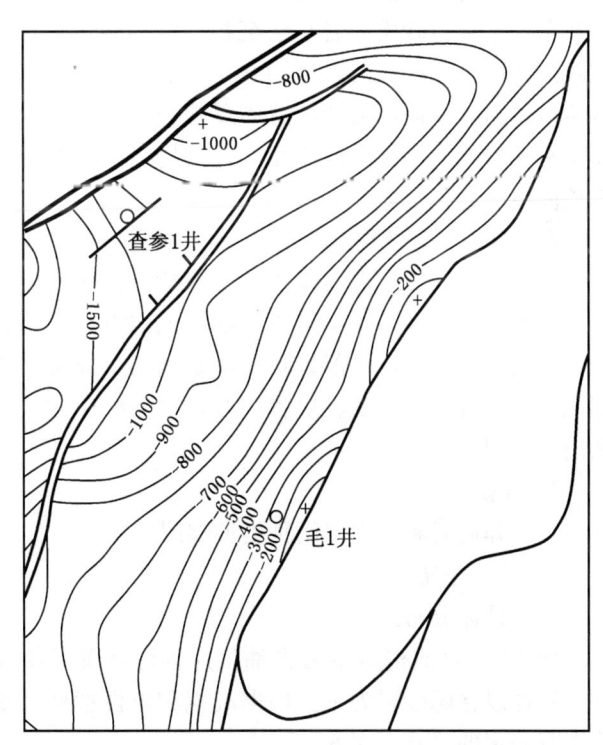

图 8-1 额 15 号构造苏红图组一段顶面构造图

根据沉积特征可将巴音戈壁组二段分为上、下两个岩性段，其中，下岩性段是以水下扇河道相为主，岩性以厚层角砾岩、砂砾岩、含砾砂岩夹粉—细砂岩为特征，沉积构造以波状交错层理、粒序层理为主，双侧向曲线起伏较大，呈指状，自然电位低幅近平直。巴

音戈壁组二段上岩性段以扇三角洲前缘相为主，岩性以砂砾岩、含砾砂岩为主，夹砂质泥岩，岩性不均一，分选差，不显层理。双侧向曲线为锯状，自然电位曲线平直，偶见钟形负异常。

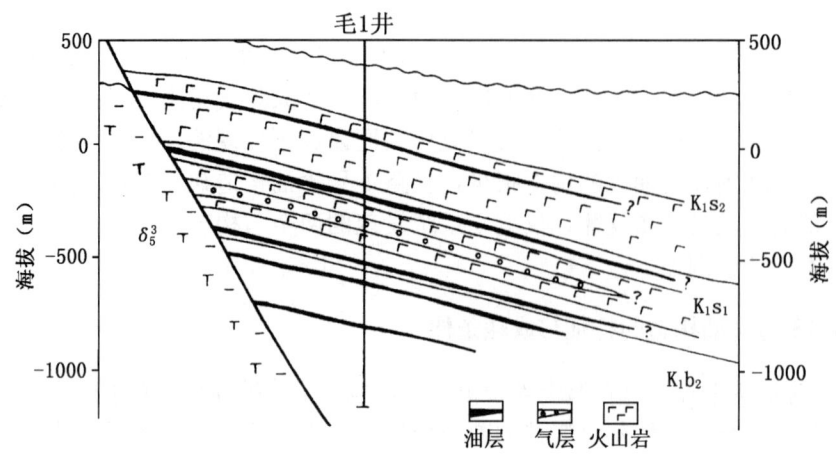

图 8-2　查干凹陷额 15 号含油构造剖面图

苏红图组一段也分为上、下两部分。下部为滨—浅湖相的砂岩、含砾砂岩、粉砂岩与深灰色、紫红色砂质泥岩互层沉积。沉积构造多见波状层理、交错层理、搅动构造。以双跳跃的两段、三段式及悬浮总体为主的混合式概率图为特征，双侧向曲线呈低阻小齿状，自然电位曲线呈低幅齿状，总体反映为滨浅湖相滩砂的沉积特征[8]。苏红图组一段上部为厚层玄武岩，属于火山溢流相，玄武岩上部缝洞异常发育，双侧向曲线高阻锯齿状，自然电位曲线平直。

苏红图组二段下部以厚层玄武岩为主，双侧向曲线中低阻齿状，自然电位曲线近于平直。苏红图组二段上部为滨浅湖—三角洲前缘相的灰色、深灰色、紫红色泥岩、灰色含砾砂岩、粉砂岩不等厚互层。中下部双侧向电阻率值较低，变化幅度小，自然伽马值相对较高，自然电位平直，局部齿状、小型桶状负异常，代表滨浅湖环境的滩砂和湖泥沉积。上部双侧向曲线呈小刀状、块状组合，自然电位曲线呈指状、钟形组合特征，反映其为三角洲前缘沉积。

3. 储层

发育碎屑岩和火山岩两种类型储层。

1）碎屑岩储层

（1）砂体分布。

额 15 号含油构造主力含油气层为巴音戈壁组二段上部与苏红图组，以碎屑岩储层为主，岩性以含砾砂岩为主。根据沉积和电性特征可划分出三个砂层组，各砂层组在储集性能上有一定的差异（表 8-5）。

从表 8-5 可见，储集体由两大类沉积砂体组成，巴音戈壁组以三角洲前缘分流河道为主，砂体累计厚度 50~250m，单砂体一般 0.8~3.4m，最大 9.4m，砂体近东西向展布，因受物源方向的控制，南北向变化大，从构造顶部向翼部增厚，向北东方向逐渐减薄。苏红图组以滨浅湖滩砂为主，砂体累计厚度 150~300m，单砂体一般 0.8~5.2m，砂体展布近东西向，分布较稳定，构造上顶薄翼厚。

表 8-5 额 15 号含油构造毛 1 井储层特征参数表

储层组	沉积相或火山岩相	单层砂体/缝洞型火山岩厚度		孔隙度（%）	渗透率（×10⁻³μm²）
		一般厚度（m）	最大厚度（m）		
K_1s_2	滨浅湖滩砂	1.0～2.8	3.4	5.0～12.0*/8.3	0.2～5.0/1.4
K_1s_1	火山岩溢流相	0.8～3.8	7.2	3.6～14.3/8.9	≤0.01～0.3*/0.1
K_1s_2	火山岩溢流相	0.8～4	11.6	4.0～22.0*/11.4	0.9～100.0*/31.2
K_1s_1	滨浅湖滩砂	1.0～5.2	6.2	1.4～16.3/9.0	≤0.01～101.0/10.4
K_1b_2	三角洲前缘分流河道	0.8～3.4	9.4	3.2～12.8/9.1	0.2～7.7/3.1

注：* 测井解释值。

(2) 储集体孔隙类型。

巴音戈壁组二段上部与苏红图组储层孔隙空间主要由粒内溶孔、粒间溶孔和晶间微孔构成，均属次生孔隙，面孔率小于 0.1%～1%，连通性差。

(3) 储层物性特征。

巴音戈壁组二段上部储层孔隙度 3.2%～12.8%，平均 9.1%，渗透率 $0.16×10^{-3}\mu m^2$～$7.68×10^{-3}\mu m^2$，平均 $3.06×10^{-3}\mu m^2$，属于低孔特低渗透的差储层。苏红图组砂岩储集体物性与巴音戈壁组储层相似，稍偏好，仍属低—特低孔渗的差储层。

2) 火山岩储层

(1) 缝洞型火山岩分布。

缝洞型火山岩主要集中于苏红图组一段和二段，构成两套储层段，均以火山溢流相为主，测井解释缝洞型储层单层厚度一般为 0.8～4m，最大厚度 11.6m，累计厚度 50～250m，在构造两高点之间偏北最厚，向四周减薄。

(2) 储集体孔隙类型。

玄武岩中孔隙类型主要以气孔、晶间微孔为主。大部分气孔被碳酸盐、绿泥石或硅质等矿物充填，局部半充填或未充填，连通性差，面孔率小于 1%。有效储集层段为裂缝发育段。裂缝多为高角度构造缝。

(3) 储集体物性特征。

缝洞型火山岩孔隙度为 3.6%～22.0%，渗透率 $0.9×10^{-3}$～$100.0×10^{-3}\mu m^2$，物性差异较大，总体属于低—特低孔渗的差储层。在裂缝发育段构成较好的储层。

4. 流体性质

目前只对巴音戈壁组上段两层油层进行了试油。该原油具有低密度、中高凝固点、低硫、低含蜡的特点（表 8-2），油源对比认为来自巴音戈壁组暗色泥岩。天然气甲烷含量较高，重烃含量较低，而氮气含量相对较高，总体表现为油伴生气的特点，是一种溶解气（表 8-3）。试油获少量地层水，矿化度 1218.7～2616.9mg/L，水型 $NaHCO_3$ 型，反映油藏地层水有渗入水交替。

5. 地层压力系统

毛 1 井试油获得巴音戈壁组油藏的地层压力系数为 1.03，接近正常压力系统。横向上压力系统的变化情况有待于继续钻探。

6. 产能

目前毛 1 井在 2035~2229m 井段的两层油层试油日产油 2.74m³，上部的三层油层和一层气层还未试油，因此，还不能正确认识该油气藏的产能大小和油气藏特征。仅从已试油的巴音戈壁组二段上部油藏来看，其属于中深层、低丰度的小型油藏，其特征是：

(1) 油层范围小，油层厚度小。

(2) 油层渗透率低，原油比重低，产能低，含油饱和度低。

7. 油气藏类型

从沉积、构造特征分析看，该油气藏类型应属于构造—岩性复合油气藏。钻井表明岩相纵向变化快，以扇三角洲网状河道为主。横向预测表明平面上砂体厚度变化也很剧烈，孔隙度预测平面图也反映出这一特点。尤其火山岩油气层，更受缝洞发育带的控制。因此，毛 1 井油气藏是一个在侵入体刺穿遮挡构造背景上受岩性控制的复合油气藏。

(二) 额 15 号含油构造的成藏条件

额 15 号构造是毛敦侵入带西北部由侵入体刺穿遮挡形成的构造。它的形成与毛敦侵入体的活动密切相关。构造发育史分析认为，该构造在巴音戈壁期处于斜坡状态，距物源较近，形成了水下扇的粗碎屑沉积。至苏红图组沉积早期，湖岸南扩，在北倾单斜背景上产生毛敦北正断层。同时沿该断裂伴随岩浆侵入和火山喷发，形成苏红图组一段较厚的火山岩。到苏红图组沉积中晚期岩浆侵入活动加强，火山喷发加剧，形成苏红图组二段较厚的火山岩层。此时，额 15 号构造苏红图组一段顶及其以下层圈闭已具雏形。苏红图组沉积期末查干凹陷发生剧烈的块断活动，毛敦侵入体强烈上拱导致上覆苏红图组二段地层大面积剥蚀。此时，圈闭生长发育程度达 50%。进入银根期，额很断陷继续下沉，毛敦北正断层继续活动。此时苏红图组二段顶形成断层遮挡圈闭，圈闭生长发育程度占 15%。银根期末，表现为整体抬升剥蚀状态，构造幅度未受影响。晚白垩世盆地整体坳陷再度下沉并接受沉积。晚白垩世末，凹陷隆升，并发生褶皱，毛敦北断层反转形成逆断层，但逆向活动不剧烈，第三纪也表现为微弱的挤压状态，均对额 15 号构造只有轻微改造，圈闭最终定型。可见额 15 号构造是多期生长发育而形成的，主要生长期为苏红图期末（图 8-4）。

从构造所处平面位置来看，额 15 号构造西北侧紧邻额很生烃中心。该生烃中心发育巨厚的巴音戈壁组和苏红图组一段暗色烃源岩，厚达 2500m。生排烃史分析表明，该套烃源岩在银根期末至晚白垩世陆续进入生排烃高峰，巴音戈壁组一段在晚白垩世末进入高成熟阶段。生成的油气沿生烃凹陷的短轴方向向上运移，运移方向指向额 15 号构造。该构造已在油气大量生排烃期之前形成。因此，圈闭形成与油气的生成—运移—聚集期匹配良好（图 8-3）。

额 15 号构造的储盖组合配置也较好。尽管总体储层条件较差，碎屑岩储层岩性、岩相变化剧烈，成分成熟度和结构成熟度均很低，物性很差，但由于有良好的油质和在构造顶部较发育的火山岩缝洞和砂岩微裂缝与之匹配，处于次生孔隙发育带和流体压力封存箱内，苏红图组二段上部区域性盖层在该构造上又保存完整，毛 1 井油气显示均位于该套盖层之下，证明封盖和保存条件很好。因此，油气在额 15 号构造运聚成藏。

二、巴南含油气构造的特征与成藏条件

巴南含油构造位于银—额盆地查干德勒苏坳陷查干凹陷巴润断鼻带西南部。该含油构

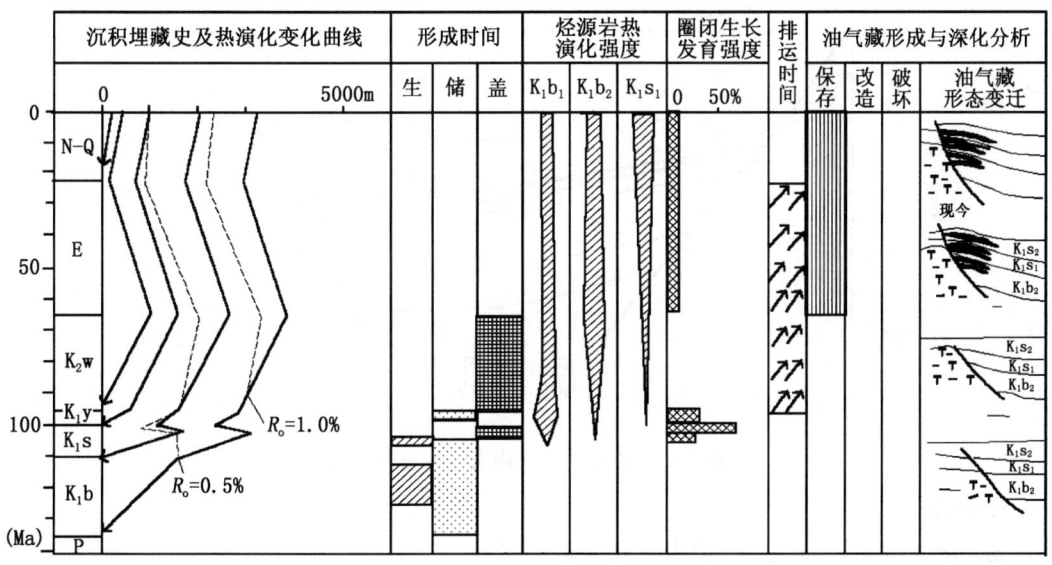

图 8-3 查干凹陷额 15 号含油气构造油气成藏过程分析图

造发现井为查参 1 井。该井于 1995 年 3 月开钻 9 月份于苏红图组一段 2828～2843m 处压裂试油获日产油 0.2m³，首次在银—额盆地凹陷勘探中发现油流，使盆地的油气勘探进入一个新的里程碑。

（一）含油构造基本特征

1. 构造特征

巴南构造是一个拉张背景下形成的断块构造，三面被正断层围限，向西南倾没，并被小正断层所复杂化。以苏红图组一段顶面为例，圈闭面积 20.0km²，闭合幅度 550m，高点埋深 2200m（图 8-4、图 8-5）。

2. 沉积特征

下白垩统地层发育齐全，上覆为上白垩统乌兰苏海组和第三、第四系地层，主力含油层系以苏红图组一段为主。

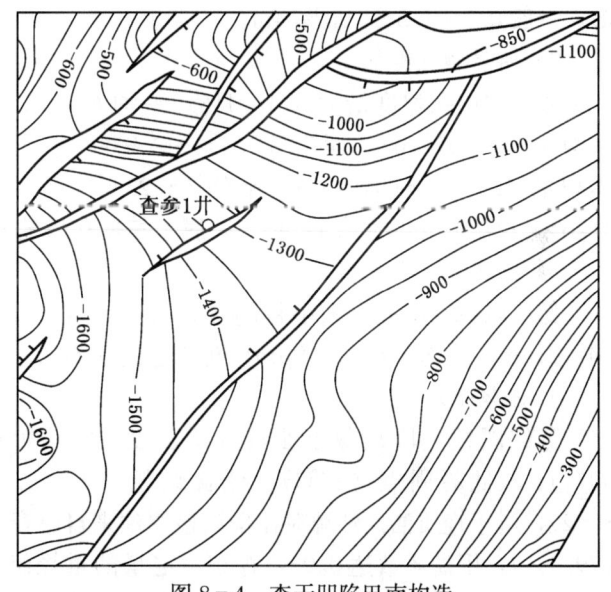

图 8-4 查干凹陷巴南构造
苏红图组一段顶面构造图

苏红图组一段上、下部为火山岩溢流相玄武岩，中部为灰—深灰色泥岩夹薄层含砾不等粒砂岩、细砂岩、粉砂岩、泥质粉砂岩组合，岩石类型主要为长石岩屑砂岩、岩屑砂岩和岩屑长石砂岩三种。碎屑岩自然伽马曲线呈中值微齿小幅度指状低值组合。层理发育，富含碳屑及碳化植物茎，多见黄铁矿。以双跳跃的两段、三段式及悬浮总体为主的混合概率分布为特征，CM 图形反映以牵引流为主，属滨浅湖滩砂和湖泥间互沉积环境。

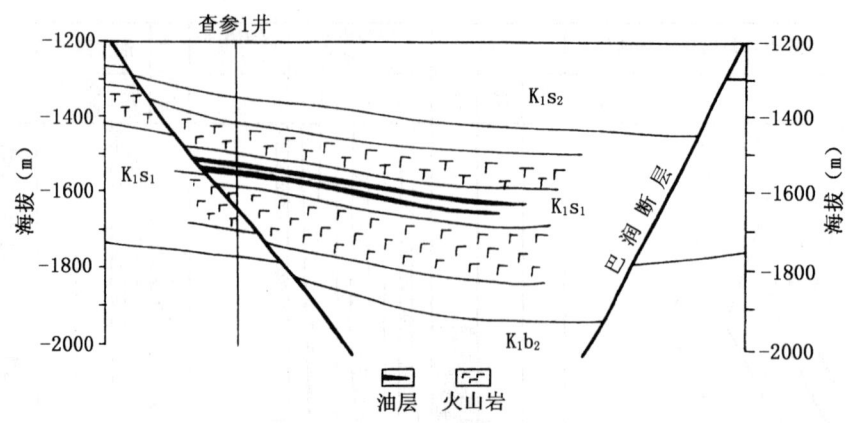

图 8-5 查干凹陷巴南含油构造剖面图

3. 储层

其主要为碎屑岩储层，火山岩只起封盖作用。

1）砂体分布

砂体展布方向呈北东东向，查参 1 井较厚，达 87.0m，向四周减薄。砂岩单层厚度很薄，一般 0.5~1.5m，最厚 4m。

2）储层物性特征

砂岩储层孔隙度最大为 10.1%，平均 6.4%，渗透率 $0.01\times10^{-3}\sim6.02\times10^{-3}\mu m^2$，平均 $0.25\times10^{-3}\mu m^2$，面孔率 0.3%~2.9%，平均 1.1%。小于 $0.1\mu m$ 的喉道占储层孔隙体积的 42.51%~91.12%，平均 65.23%；而对流体有贡献的喉道仅占孔隙体积的 5.26%~27.02%，平均 11.15%，属于特低孔渗的差储层。

3）储集体孔隙类型

储层以粒间溶孔、缩小粒间溶孔为主，有少量粒内溶孔、晶间孔。孔隙直径 1.35~101.21μm，平均 4.6~21.9μm，孔隙连通性差。

4. 流体性质

苏红图组一段油藏原油具有低密度（0.8090mg/L，20℃）、低粘度（2.63mPa·s，50℃）、较低凝固点（17℃）、低含蜡量（9.3%）和高饱和烃（91.59%）的特点（表 8-2），属于轻质油。油源对比确认该原油来自巴音戈壁组湖相泥岩。天然气甲烷含量较高（79.4%），甲烷系数达 0.93，存在一定量的重烃组分乙烷（5.89%），氮气含量相对较高（11.38%），反映为溶解气的特点。地层水矿化度 9535.18mg/L，水型 $NaHCO_3$ 型，表明有较好的保存条件。

5. 油气藏类型

钻井及储层横向预测研究表明，苏红图组一段砂层很薄，其纵、横向岩性岩相变化快，油层分布主要受砂体控制，因而，该油藏是一个在断块构造背景下形成的夹持于火山岩层之间的构造—岩性复合油藏。

（二）巴南含油构造的成藏条件

巴南构造位于巴润断鼻构造带西端向额很次凹的倾没部位，油藏在巴润正断层下降盘，构造的形成与发展严格受该此正断层的控制。该正断块是一个长期活动的继承性同生断层，在巴音戈壁组沉积期就已出现，在苏红图组沉积期活动加剧，并伴随有大量的火山喷发。

与此同时,围限该构造的另两条断层也开始形成,至苏红图组沉积期末巴南构造基本形成,其生长发育达70%。银根组沉积期巴润正断层微弱活动,而另外两条正断层停止发育。银根组沉积期末巴润正断层终止了活动,此时圈闭最终定型。银根期后虽经多次整体抬升改造,但构造保存良好(图8-6)。

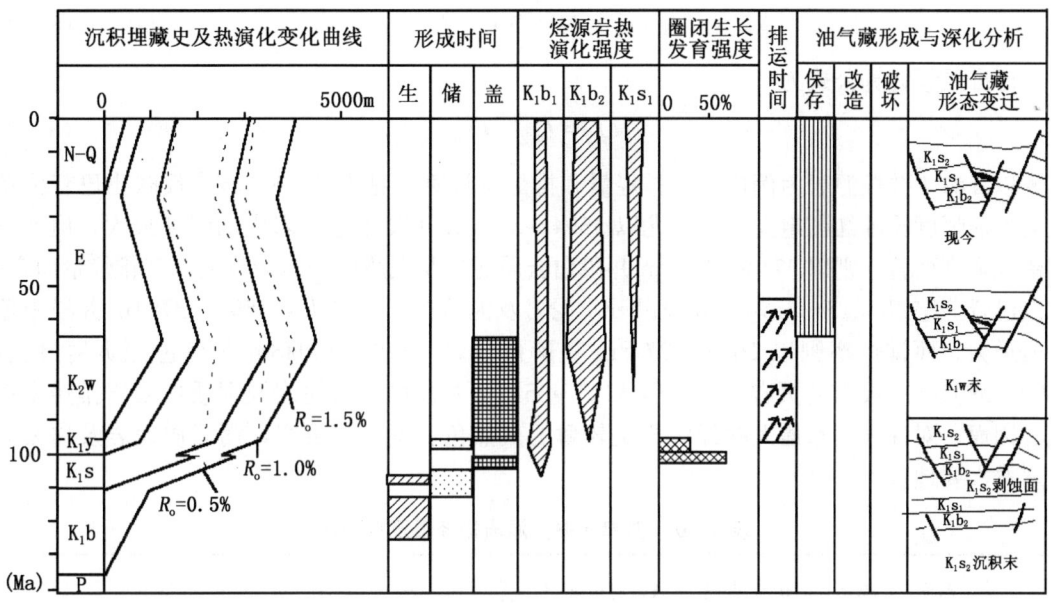

图8-6 巴南含油气构造的形成与演化过程分析图

巴南构造的平面位置处于额很凹陷生烃中心的北部边缘区,构造本身也发育有很厚的巴音戈壁组及苏红图组一段湖相烃源岩。这套烃源岩生排烃期在银根组沉积期至乌兰苏海组沉积期,主要为乌兰苏海组沉积期,晚于圈闭定型期,时空配置较好。储盖组合匹配也较好,苏红图组一段砂体夹于上、下玄武岩层之间,虽然碎屑岩储层处于凹陷内埋藏较深部位,储集性能差,但轻质油的原油性质、晚成岩阶段次生孔隙的发育和超压流体压力封存箱的存在都有利于油气运移和聚集,苏红图组玄武岩层、泥岩和银根组泥岩与上白垩统乌兰苏海组区域性泥岩盖层的存在也为巴南构造油气成藏提供了封盖和保存条件。

第三节 油气运移与聚集特征

一、由井资料看查干凹陷的油气运移和聚集

(一)排烃率和排烃量

在生烃量和排烃量计算的基础上可求得排烃效率,而生烃量可用下式求得:

$$Q_{生} = H \cdot D \cdot \frac{TOC_{原始} - TOC_{残}}{0.83 \times 100} \tag{8-1}$$

式中 H——有效烃源岩厚度,km;

D——烃源岩密度,取 $2.3 \times 10^9 \mathrm{t/km^3}$;

$TOC_{原始}$——原始有机碳含量,%,由热解数据求得;

$TOC_{残}$——残余有机碳含量,%,由热解数据求得。

残留烃量用氯仿沥青"A"数据求取,即:

$$Q_{残} = H \cdot D \cdot "A" \qquad (8-2)$$

而排烃量计算公式为

$$Q_{排} = Q_{生} - Q_{残} \qquad (8-3)$$

以查参 1 井烃源岩为例进行了排烃量和排烃率计算,见表 8-6。该表反映出巴音戈壁组的生油强度比苏红图组大得多,尤以 3594~3791m 井段黑色页岩生油强度最大,但若以残留烃强度而言,则以 3213~3594m 井段白云质泥岩及泥质白云岩为最大。就排烃量而言,亦以巴音戈壁组 3213~3594m 井段白云质泥岩及泥质白云岩较大,3594~3791m 井段黑色页岩最大。而排烃率则以 2642~2718m 灰黑色泥岩、3791~4048m 灰黑色泥页岩最大,3594~3791m 井段黑色页岩次之,但 3213~3594m 井段白云质泥岩及泥质白云岩排烃率最低。因而,对油气贡献最大的烃源岩是较薄的灰黑色、黑色泥页岩,而云质泥岩及白云质泥岩居次要地位[9-13]。

表 8-6 查参 1 井烃源岩排烃量及排烃率

层位	深度 (m)	原始有机碳 (%)	厚度 (km)	残余有机碳 (%)	氯仿沥青 "A" (%)	$Q_{生}$ ($\times 10^4 \mathrm{t/km^2}$)	$Q_{残}$ ($\times 10^4 \mathrm{t/km^2}$)	$Q_{排}$ ($\times 10^4 \mathrm{t/km^2}$)	排烃率 (%)
$K_1 s_1$	2642~2718	1.47	0.048	1.26	0.019	27.93	2.09	25.84	92.50
	2794~2890	1.10	0.040	0.87	0.053	25.48	4.88	20.60	80.85
$K_1 b$	3213~3594	0.72	0.381	0.54	0.089	186.87	77.99	108.88	58.26
	3594~3791	1.53	0.197	1.07	0.060	251.12	27.19	223.93	89.17
	3791~4048	0.80	0.845	0.62	0.019	42.15	3.69	38.46	91.25

(二)油气运移的地化指标

油气在运移过程中,随着运移距离的加大,其化学组成会发生有规律的变化,查参 1 井从烃源岩—油砂—原油的抽提物变化如下。

(1) 查参 1 井烃源岩(白云质泥岩)饱和烃色谱轻重比值为 1.12~2.11,平均为 1.44;油砂样品轻重比值为 1.43~1.84,平均为 1.6;油样轻/重为 1.70。

(2) 氯仿沥青"A"中饱和烃含量百分比油样>油砂>烃源岩。

(3) 油样和油砂中 $C_{29} - 5\alpha 14\beta$ 峰值高,其分别为 1.67 和 1.59(平均值)。而在白云质泥岩中该比值则较低,为 0.88~1.625,平均为 1.238。说明了地化指标运移色层效应明显,详见第六章第四节。

(三) 二次运移

1. 二次运移特征和通道

在前述的烃源岩对比部分已以多种指标确定了查参 1 井巴音戈壁组二段白云岩段为苏红图组一段储层中原油的油源层，而不是来自与之紧邻的苏红图组一段烃源岩。分析其原因是由于 3213~3594m 段白云岩段生烃时间较其上的苏红图组一段烃源岩生烃时间早，生烃量和排烃量大得多，加之又有断层和伴生裂隙作为连通烃源岩和储集岩的运移通道 (图 8-6)，与其巴音戈壁组二段下部黑色页岩段相比，有"近水楼台"的有利条件。

位于油气运移指向的额 15 号构造毛 1 井钻探表明，该井巴音戈壁组与苏红图组烃源岩并不发育，而油气显示异常活跃。该井距额很生烃凹陷中心约 8km，并处于成熟烃源岩分布区内，成熟烃源岩向该构造减薄，逐渐相变为以含砾砂岩为主的沉积地层，这无疑是侧向运移的结果 (图 8-7)。

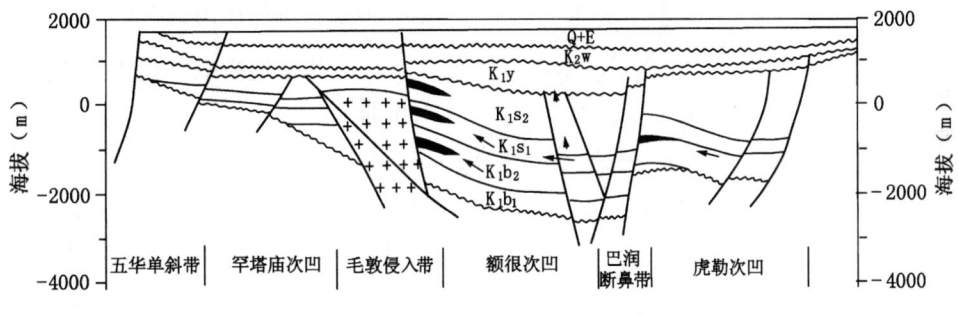

图 8-7 查干凹陷油气运移示意图

查十凹陷毛敦侵入体顶部毛 3 井无油气显示，巴润断鼻带顶部巴 1 井见微弱油气显示。这两口井均远离主力生烃凹陷中心，相距 10km 以上。这可能是造成这两口井不含油的主要原因之一。

国内外资料说明，不少含油气盆地钻探成功率受控于成熟烃源岩的分布，烃源岩成熟区内的成功率大约为 1/3，而在生油凹陷以外的地区，以往的钻探成功率为 1/30，说明了在这些盆地内，侧向运移距离是有限的，而将烃源岩与圈闭联系起来的运移通道则主要为断层。

由于银—额盆地各凹陷生烃、储油层系均为小型内陆湖相沉积，岩性横向变化较大，油气只能顺输导层作短距离运移，毛 1 井的油气至少横向运移了 3~5km，而查参 1 井的油源对比证实了油气至少沿断裂已进行了 400m 以上的垂向运移，额 1 井原油亦与断层有关。所以银—额盆地生烃凹陷的油气二次运移既有垂向运移又有侧向运移，而垂向运移的主要通道为断层，侧向运移的有效距离可能不超过 10km。

由压力计算 (图 8-8) 可知，其压力系数总趋势随埋深增加而加大，这个计算结果与实测结果比较接近。如查参 1 井 2837m 深度处测得拟合压力为 29.902MPa，即与计算值极为接近。另在钻井过程中，钻至井深 3940~3941m 处时，当时钻井液比重为 1.30，发生井喷，喷高 5m，说明该深度处的地层压力系数大于 1.30。井喷砂岩层段恰与泥岩计算压力系数值最大处深度 (3922~3920m) 紧邻，可能受砂岩孔隙条件差的影响，导致砂岩中测得压力略小于计算压值。由流体运移原理可知，流体往往由剩余压力大的地方往剩余压力低的地方运移，查参 1 井 2700m 以下的压力系数以 3920~3950m 处为最大，接近 1.50；向上压力系数逐渐减小，至 2837m 左右，压力系数减至约 1.04。所以异常压力段中流体压力曲线总体上指示了由下往上的运移趋势，均受此规律控制。

查参 1 井、毛 1 井、巴音戈壁组二段烃源岩具异常高压，油气运移方向由压力系数及剩余压力决定，指向 300m 以上储层，并聚集在正常压力段—异常高压段之间的过渡带，其上火山喷发段为封盖层，因此，在该段自下而上，由高压层段—压力过渡带—火山岩组成了一个完整的烃类运移聚集的流体压力封存箱。

二、用盆地模拟研究凹陷的油气运移与聚集

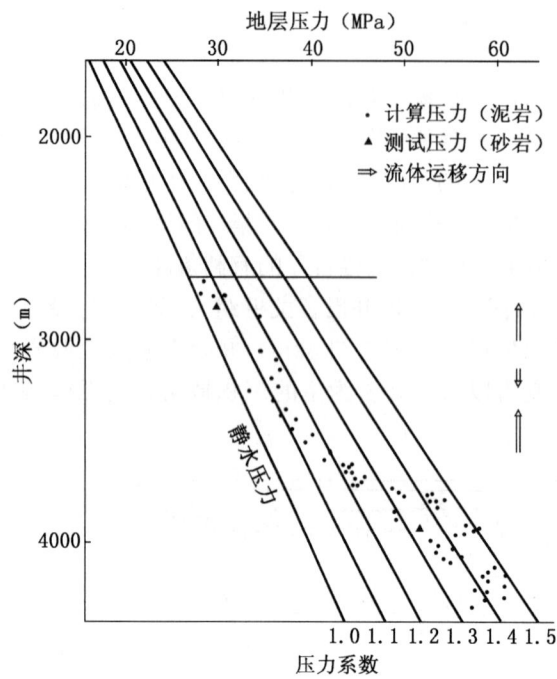

图 8-8　查参 1 井超压段压力系数与深度关系图（据声波时差）

盆地模拟技术是当今盆地分析与评价的一种计算机方法。银—额盆地主要凹陷采用了以海洋石油勘探开发研究中心引进的 PRES 一维专家系统和由德国引进的 PetroMod 二维盆地模拟系统。两个系统的结合可以实现盆地地层埋藏史、热演化史、成熟史、生排烃史、运聚史的模拟以及资源量的计算，在三维空间内定量模拟沉积盆地的形成和演化以及烃类的生成、运移和聚集。本节以油气运移和聚集为主介绍有关简单的原理及其在银—额盆地的应用。

（一）PRES、PetroMod 系统方法及原理简介

1. PRES 专家评价系统（一维专家仿真系统）

该系统由图形采集、数据处理、盆地模拟、运聚仿真、圈闭评价五个子系统组成。通过 BASE 盆地模拟系统进行凹陷生烃条件的定量评价，可指出凹陷内有利生油气区，确定主要生、排烃期的生、排烃量，通过 MIG 油气运移评价系统模拟油气运移聚集，可确定主要油气聚集期、有利聚集带和可能的圈闭量。

该系统的特点是：

（1）从单一评价方法发展到建立评价体系和评价系统，可解决油气生、储、盖、圈、运、聚等各方面的问题。

（2）用盆地模拟技术实现成因机制法，以计算机为手段，使用数值模拟方法模拟盆地的埋藏史、热史、生排烃史和油气运聚史，这对于盆地分析、认识油气运聚规律和资源评价十分有用。

（3）油气运聚过程的仿真模拟突破了原有求取资源量的排聚系数法。通常资源量计算要用到排聚系数，通过类比而获得该系数，这样得到的系数不可能反映出油气在不同的构造和沉积环境中复杂的运移和聚集状态，与数值模拟方法很不匹配。MIG 油气运聚评价系统使用计算机仿真模拟专家系统技术恢复了油气在不同时期、不同层位的运移、聚集状况，实现了在三维状态下油气运移与圈闭形成的时空配置，真正从形成机制的角度动态地模拟

了油气资源形成的过程和资源量大小的分布。

该系统的实际运行步骤是：

（1）图形采集、数据处理。

将各种地质等值图（构造图、地层等厚图、剥蚀厚度图、砂泥岩百分比图等）、沉积相图、断层剖面图、断层平面图、构造剖面图、井位、测线位置图、曲线图（产烃率曲线、孔隙度曲线等）用数字化仪进行数据采集。随后进行数据预处理（网格化、相标定、合并文件和数据处理），生成各模拟点的各项原始参数文件，以供模拟时调用。

（2）盆地模拟。

以沉积埋藏史、构造沉降史模型恢复坳陷的沉积埋藏史、构造沉降史；用热演化史模型（反演法）重建坳陷的古热流史、古温度史和古成熟史；用生烃史模型（降解率与成熟度关系曲线）再现生烃史；用排烃史模型（压实法）重现排烃史。

（3）油气运移聚集仿真。

油气运移聚集仿真系统的实现思想是：先在总结人们对油气运移动力、通道和基本规律认识的基础上确定影响油气运移的主要宏观地质因素，然后再在考虑时间和空间的关系之后，采用专家系统的形式对油气运移和聚集的状态进行历史的、宏观的、半定量和定量的模拟评价。

油气运聚是评价系统所采用的地质模型以石油运聚的机理为主，它是以恢复评价区各个烃源岩层的地史和热史所生成的生烃史和排烃史为基础。模拟采用三维网格化方法，在横向上以能够反映局部圈闭为原则来确定单位网格面积，在纵向上以能够提供评价区各层系的构造图及其他各项资料的层系为基本单位，共同组成一个包括若干个立体单元的三维地质体。模型考虑了影响油气运移和聚集的主要宏观地质因素：古构造、岩性岩相分布、断层、不整合面、区域供给水动力场。将影响油气运移和聚集的控制因素从驱动力、阻力和运聚通道等三方面予以考虑。驱动力以重力为主，同时考虑水动力。水动力又分为压实水流和供给水流产生的水动力。压实水流产生的水动力驱使石油从泥岩层向砂岩层、由泥岩区向砂岩区运移；供给水流产生的动力将驱使石油从高势区向低势区运移。与驱动力相反的是毛细管阻力，当驱动力超过毛细管阻力时可能出现油串的运移。可作为油气二次运移的通道有连通空隙、裂缝或裂隙、断层和不整合面。模型将断层作为对油气运移控制作用的主要因素之一，从七个方面考虑断层对油气运移的控制作用：断层活动性、断层力学性质、断层面倾角及埋深、断层两侧对置岩层的岩性、断距大小、断层两侧对置岩层间的倾角关系、断层面和地层间的倾角关系。模型通过对构造发育史的恢复而获得每一条断层在其发育的每一时期的活动性、倾角大小、性质及两侧对置岩层的岩性、倾角等方面的知识。在分析影响断层对油气运移控制作用的七大主要因素的关系基础之上，根据一定的规则确定油气在断层处的运移方式。模型中的每一个立体单元都包括构造、岩性、断层要素和排烃量等参数。某个单元内的各种驱动力和阻力的合力将形成石油在该单元内的运移方向。考虑输导体的多种控制因素，依据运移方向在运移路径上的每一单元内计算其运移量和残留量。如果该立体单元处于圈闭或断层遮挡中，则运移量即为聚集量。

2. PetroMod石油综合勘探系统

PetroMod石油综合勘探系统实际上是一个二维盆地模拟系统。可直接调用地震剖面成果带。可在地震剖面上对地层、构造、岩性、有机质丰度、热流等参数解释和标定，获得地质解释剖面，在此基础上可模拟不同地质历史时期埋藏史、热史、生排烃史、运移和聚集史在剖面上的演化情况。

1）热史及成熟史模拟

输入不同时期盆地基底的古热流值，可用地史模拟计算不同地质时期的埋深以及孔隙流体运动对热的传导作用，然后采用地球热力学恢复古热流史和古地温史，并以剖面形式表现不同地质时期的古地温在二维剖面上的变化情况。

2）生排烃史模拟

该系统是在热史基础上进行生烃模拟的，其输出结果为油气窗剖面图或油（气）势剖面图。油气窗剖面图反映不同地质历史时期不同深度的烃源岩是否已经成熟，是在生油还是生气，或已经处于过熟阶段。生油（气）势剖面图反映了烃源岩生成油（气）能力的大小，它表示单位质量的总有机碳中生成油（气）的量。

排烃模拟采用饱和度模型模拟，只有当岩石中油气的含量达到其饱和度时油气才会排出。在输入各种岩石的油气饱和度值（或缺省）后模拟得到不同地质时期不同层位的排油量剖面图。

3）运、聚模拟

该系统通过模拟油压势、水压势来反映油气的运移规律。油压势是指油气在地层中所具有的势能，它反映了油气是朝着油压势降低的方向运移的。水压势反映地层中流体的超压。两者均以剖面形式输出，可模拟不同地质时期不同地层在二维剖面上油压势和水压势的变化情况，动态显示油气的运移方向、运移主要时期。

该系统的聚集模拟是以总烃量、总油量和总气量来反映地质历史的各阶段的油气聚集位置。

PetroMod 二维模拟系统不仅可直观地显示出二维剖面上生、排、运、聚史，也可定量给出二维空间上任意点的各种数据。与 Pres 油气资源评价专家系统配合使用便可得到模拟部分的三维结果。

（二）地质模型及参数的选取

对查干凹陷、天草凹陷、居东凹陷、乌力吉凹陷和哈日凹陷进行了盆地模拟。鉴于每个凹陷都是一个独立的沉积凹陷，所以上述凹陷的盆地模拟都是分别进行的。

1. 地质模型的建立

在盆地模拟之前，对每个凹陷地质模型的建立是至关重要的。盆地模拟结果是否正确关键取决于地质模型的建立是否正确和参数选取是否合理。

1）PRES 专家评价系统地质模型的建立

地质模型的建立立足于各凹陷地球物理解释成果和主要钻井资料。在模拟的每个凹陷之前首先确定了其地质层位和地震层位，并编制了相应反射层的构造图。地层层序及构造图为建立地质模型提供了基本的框架。层序地层学研究为其提供了各凹陷主要目的层的沉积相图。沉积相图为基本地质框架充填了实质性的内容，展现了凹陷烃源岩、储层的分布规律。用所建立的地质概念模型作为三维地质概念模型。

2）PetroMod 石油综合勘探系统地质模型的建立

PetroMod 系统建立的地质模型是以地震解释剖面为基础的，其所建立的地质模型为二维模型，即把地震剖面解释为地质剖面直接进行模拟。在模拟过程中，首先在 Sun 工作站上装载地震测线的处理成果带，然后对地震剖面进行人机交互解释，核定层位、断层、岩性、速度、沉积相、地质年代等一系列参数。由此建立的地质模型为二维地质概念模型。

2. 参数选取

1) PRES 专家评价系统的参数获取

根据专家系统的要求,选择以下七个方面的参数。

(1) 埋藏史参数。

提供了各凹陷各层地层厚度或残余厚度等值图(见第二章地层部分)。

剥蚀厚度的恢复是在地震剖面转化的深度剖面上利用地层比率法进行的。地层比率法的基本原理是在同一构造层内(即两个不整合面之间的地层)的上下两套地层厚度互成比例。用该方法进行了查干凹陷苏红图组顶面、乌兰苏海组顶面、居东凹陷上侏罗统顶面、天草凹陷苏红图组顶面、梭梭头凹陷上侏罗统顶面、苏红图组顶面和上白垩统顶面、乌力吉凹陷上侏罗统顶面、巴音戈壁组顶面的剥蚀厚度计算。

(2) 地质时间。

提供各地层地质年代时间(表2-2)。

(3) 沉积相、有机相标定参数。

根据钻井、地面地质及层序地层学解释,编制各凹陷主要目的层的沉积相图(见第五章盆地沉积与演化特征)。将各时期的沉积相图输入系统后,对各沉积相的有机相进行标定,确定出各凹陷内的砂岩百分比、暗色泥岩百分比、有机碳含量及不同干酪根类型所占百分比等参数。不同凹陷的有机相标定参数见表8-7。

(4) 砂泥岩孔隙度。

五个凹陷均采用查参1井实测、电测资料统计,并经过传统模型计算得到(图8-9)。

(5) 烃源岩地化参数。

有机碳含量、镜质组反射率、干酪根类型等参数见第六章。有机碳系数采用邬立言等由岩石热解资料及热模拟资料建立关系曲线(图8-10)。产油率和产气率曲线亦借用邬立言等根据全国许多油田不同干酪根类型热模拟资料统计而得的曲线(图8-11、图8-12)。

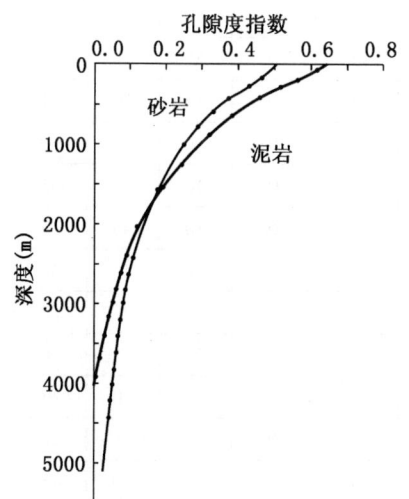

图 8-9 查干凹陷孔隙度指数变化曲线

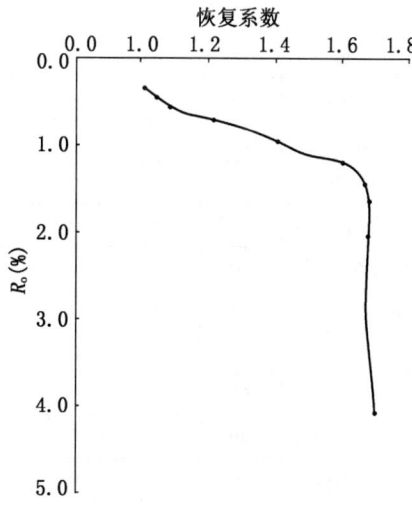

图 8-10 有机碳恢复系数曲线

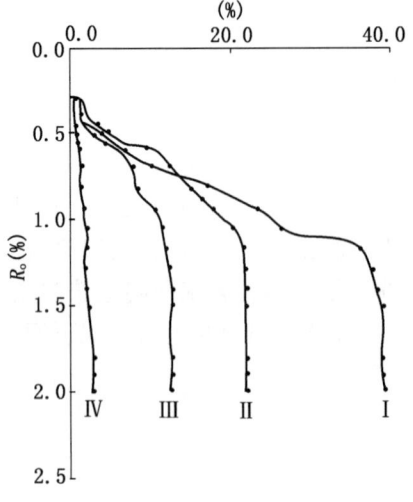

图 8-11 产油率曲线

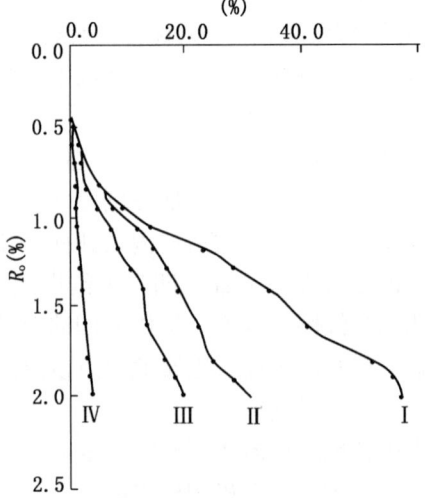

图 8-12 产气率曲线

表 8-7 银—额盆地有机相标定系数

凹陷	沉积相	砂岩(%)	石灰岩(%)	煤层(%)	暗色泥岩(%)	泥岩有机碳(%)	煤有机碳(%)	石灰岩有机碳(%)	不同干酪根类型所占百分比(%)			
									Ⅰ	Ⅱ	Ⅲ	Ⅳ
查干凹陷	浅—半深湖	70	0	0	95	0.65	0	0	0	20	70	10
	滨浅湖	18	0	0	40	0.57	0	0	0	7	58	35
	滨湖	18	0	0	30	0.61	0	0	0	0	80	20
	水下扇	18	0	0	95	0.65	0	0	0	20	70	10
	扇三角洲前缘	18	0	0	40	0.61	0	0	0	0	70	30
	扇三角洲平原	18	0	0	15	0.26	0	0	0	0	30	70
	河流	18	0	0	15	0.26	0	0	0	0	30	70
居东凹陷	浅—半深湖	15	0	0	80	1.5	0	0	15	50	35	0
	滨浅湖	60	0	0	40	1.0	0	0	5	45	30	20
	水下扇	40	0	0	60	1.0	0	0	10	45	35	10
	扇三角洲前缘	40	0	0	60	1.0	0	0	10	45	35	10
	扇三角洲平原	70	0	0	20	0.6	0	0	5	40	30	25
	河流—冲积	70	0	0	30	0.7	0	0	0	20	80	
天草凹陷	半深湖	30	0	0	70	1.6	0	0	20	15	40	45
	滨浅湖	50	0	0	30	1.0	0	0	5	10	35	55
	河流—冲积	80	0	0	10	0.5	0	0	0	0	20	80
梭梭头凹陷	浅—半深湖	10	0	0	85	1.75	0	0	15	30	45	10
	滨浅湖	50	0	0	50	1.0	0	0	5	15	60	20
	滨湖	60	0	0	40	1.0	0	0	0	10	40	50
	水下扇	60	0	0	60	1.3	0	0	10	25	40	25
	冲积—河流	70	0	0	20	0.8	0	0	0	5	20	75

续表

凹陷	沉积相	砂岩(%)	石灰岩(%)	煤层(%)	暗色泥岩(%)	泥岩有机碳(%)	煤有机碳(%)	石灰岩有机碳(%)	不同干酪根类型所占百分比(%)			
									Ⅰ	Ⅱ	Ⅲ	Ⅳ
乌力吉凹陷	浅—半深湖	15	0	0	85	1.5	0	0	20	50	25	5
	浅湖	70	0	0	35	0.8	0	0	10	20	35	35
	滨湖	85	20	0	0	0.5	0	0	5	10	30	55
	扇三角洲前缘	20	0	0	80	1.8	0	0	25	45	25	5
	扇三角洲平原	55	0	0	40	1.0	0	0	10	25	30	35
	沼泽	30	0	0	55	1.2	0	0	10	30	25	35
	河流	70	0	0	30	0.7	0	0	5	20	30	45

(6) 构造参数。

包括各层的构造图、断层平面图、断层剖面图等(见第四章)。

(7) 其他有关参数。

测线位置、凹陷边界、构造单元划分、井温测井等。

2) PetroMod 石油综合勘探系统的参数获取

(1) 时深转换量板。

PetroMod 系统使用原始资料为地震处理成果剖面。它所体现的是时间剖面,而在模拟过程中需要的是深度剖面,因此,需要把时间剖面转化为深度剖面,时深转换量板与构造成图的量板一致。

(2) 剥蚀厚度的恢复。

对模拟的地震剖面采用地层比率法进行单剖面剥蚀厚度恢复。

(3) 烃源岩标定。

根据钻井资料与野外露头暗色泥岩的有机质丰度,对不同层烃源岩进行标定。各层烃源岩的有机碳及生烃潜量见第六章。

(4) 热流标定。

根据盆地发育演化的特征及世界上不同类型盆地的热流值的统计,不同时期的凹陷热流标定为:侏罗纪 80mW/m^2,早白垩世 75mW/m^2,晚白垩世 70mW/m^2,新生代为 60mW/m^2。

(三) 油气运移、聚集史模拟结果分析

PRES专家评价系统和PetroMod石油综合勘探系统最终的模拟结果可得到埋藏史、热演化史、生排烃史、油气运移史和油气聚集史以及资源量。五史中的前三史讨论见第六章,资源量详见第九章,五史中的后两史为本节的讨论重点。

油气运移、聚集史的模拟旨在探讨凹陷油气运移聚集规律,计算运移、聚集量,并指出可能的油气聚集带。现分凹陷讨论如下。

1. 查干凹陷

1) 油气运移随时间变化

油气运移模拟结果表明(图8-13),查干凹陷在早白垩世晚期油气开始较大规模运移,晚白垩世油气运移增长速率最快,至晚白垩世晚期运移达到极大值。97.5Ma时运移量为

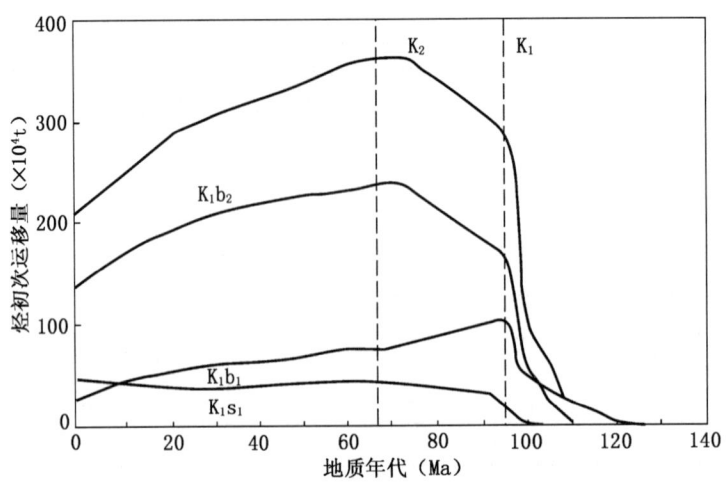

图 8-13 查干凹陷不同地质时期运移量分布图

$290×10^4 t$，到 65Ma 时油气运移达到高峰期，运移量达 $360×10^4 t$，第三纪时运移量缓慢下降，至第四纪运移量仍有约 $210×10^4 t$。不同层位油气聚集量模拟结果为下白垩统苏红图组一段油气聚集量最高，达 $4294.1×10^4 t$，占总聚集量的 38.6%，其次为下白垩统巴音戈壁组二段，为 $2783.5×10^4 t$，占总聚集量的 25.0%，两层累计聚集量占总聚集量的 63.7%，是查干凹陷油气聚集的主要层位（表 8-8）。可以认为，查干凹陷中油气运移与聚集的高峰期为晚白垩世末期，主要油气聚集层位是下白垩统苏红图组一段和巴音戈壁组二段。由于其既是最好的烃源层，也是最佳的储层，因而是寻找自生自储式成油组合的有利层位。

表 8-8 查干凹陷盆地模拟油气聚集量统计表　　　　单位：$×10^4 t$

时代＼层位	$K_1 y$	$K_1 s_2$	$K_1 s_2$	$K_1 b_2$	$K_1 b_1$	各时期聚集量
现今	887.2	128.6	1189.0	496.8	45.5	1747.1
N	740.9	726.5	1018.1	622.5	35.4	3143.4
$K_2 w$	172.3	914.3	1077.6	518.4	118.6	2801.2
$K_1 y$		75.4	782.8	548.3	116.8	1523.3
$K_1 s_2$			226.6	413.3	36.6	675.5
$K_1 s_1$				184.2	16.2	200.4
$K_1 b_2$					22.7	22.7
$K_1 b_1$						
层累计聚集量						
总聚集量	11114.6					

2）油气运聚与分布

查干凹陷剖面进行二维模拟可以直观地展示油气在剖面上的运聚状态。二维剖面模拟可反映油气的主要聚集位置，结合超压剖面、油压势剖面和水压势剖面可反映出油气运移的方向和聚集规律。凹陷油气主要聚集在毛敦侵入体以西的额很正断层和巴润断层之间的区域，聚集层位是苏红图组一段和巴音戈壁组二段。地层的超压发育在额很次凹、巴润构造带、虎勒次凹以及毛敦侵入体以西的苏红图组和巴音戈壁组；油压势和水压势的分布范围与超压的分布范围一致，低部位势能高，高部位势能低，这种分布从银根期一直保持到现今，油气聚集在断层遮挡的高部位，说明后期改造对油气成藏未产生破坏性影响。

在平面上，油气聚集主要分布在巴润断鼻带、额很次凹、海力素背斜带和毛敦侵入带，聚集量分别为 $1049.4×10^4 t$、$3230.3×10^4 t$、$1213×10^4 t$ 和 $2224.5×10^4 t$（表 8-9），这四个带总聚集量为 $7716.9×10^4 t$，占凹陷总聚集量的 70%，其中，额很次凹及毛敦侵入带聚集量最多，几乎占总聚集量的一半，这是因为其圈闭分布于巴音戈壁组的生烃中心附近，靠近主力生烃区的圈闭比远离生烃中心的圈闭聚集量要高。由此可见，查干凹陷额很次凹和毛敦侵入带为油气成藏与分布的最有利区带，海力素构造带与虎勒次凹是油气成藏与分布的较有利区带。

表 8-9 查干凹陷构造单元及其圈闭模拟油气聚集量表

区带名称	圈闭名称	油气聚集量（$×10^4 t$）	累计油气聚集量（$×10^4 t$）
虎勒次凹	虎 1 号	10.7	1787.5
	虎 2 号	53.8	
	虎 6 号	193.1	
	虎 5 号	1529.9	
巴润断鼻带	巴 5 号	521.5	1049.2
	巴 6 号	411.5	
	巴 2 号	34.3	
	巴 7 号	81.9	
额很次凹	巴南	574.9	3230.3
	额 9 号	404.7	
	额 7 号	59.9	
	额 19 号	1195.3	
	额 18 号	12.4	
	额 12 号	983.1	
毛墩侵入带	额 15 号	2224.5	2224.5
罕塔庙次凹	罕 3 号	41.5	646.9
	罕 6 号	316.9	
	罕 8 号	288.5	
海力素构造带	海 1 号	1050.8	1213.0
	罕 5 号	162.2	

2. 居东凹陷

由 PRES 专家仿真系统模拟的运移强度图和运移方向平面图（图 8-13、图 8-14）可知，油气运移的方向是从居东 4 号断层以南凹陷地层厚度较大的地区向凹陷南部斜坡区地层厚度较小的地区运移，且居东 4 号断层以南的准扎海构造带以东南运移强度最大，向凹陷斜坡方向运移强度逐渐减弱。由此说明，中下侏罗统，尤其是中下侏罗统青土井群下部生成的油气从居东凹陷 4 号断层以南的中下侏罗统厚度较大处（即现今准扎海构造带）向凹陷南部斜坡带运移。其运移的主要时间为早白垩世中期。油气聚集的主要时期为晚白垩世—第三纪，聚集的主要层位是中上侏罗统。

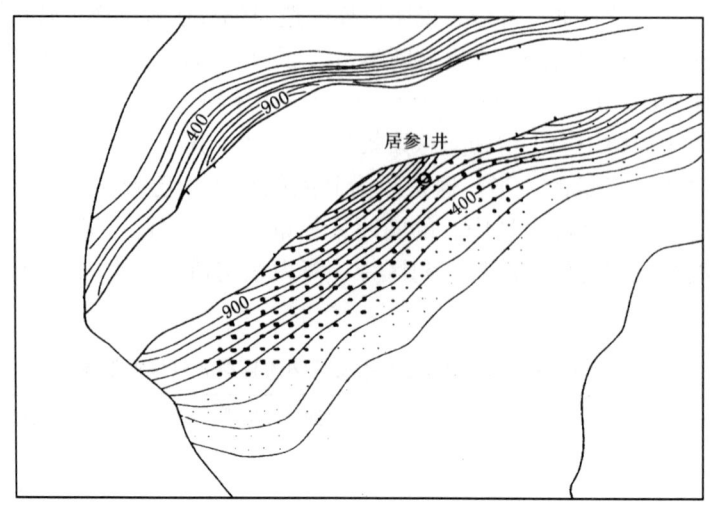

图 8-14 居东凹陷油气在早白垩世中期的运移方向图

3. 天草凹陷

PetroMod 系统模拟结果得到的总烃体积可以反映油气聚集的位置，不同时期油气聚集中心的变迁反映了油气的运移。EJ96-230 剖面的模拟结果显示：现今油气主要聚集在凹陷中央的最深部至东南斜坡地带 2000m 以下的巴音戈壁组地层内。白垩纪末期，油气的聚集位置和现今的位置相似。

但在早白垩世末期，油气主要聚集在凹陷的中央，其聚集位置和现今相比更靠近凹陷的中央。这种油气聚集位置的变化说明，油气最先从凹陷的最深部生成，随热演化的加深，巴音戈壁组生烃范围逐渐向上扩大，油气聚集向上部地层和东南斜坡迁移。油气聚集位置的变化也反映了油气运移的方向由凹陷生烃中心向东南斜坡巴勒断阶带和上部地层运移。油气运聚的主要时期为晚白垩世，油气聚集的层位主要为巴音戈壁组二段。巴勒断阶带和哈尔断鼻带是油气成藏与分布的主要目标区。

4. 乌力吉凹陷

PRES 专家系统模拟显示了乌力吉凹陷平面的油气运移方向（图 8-15、图 8-16）。

图 8-15 反映了中下侏罗统在第三纪时期油气的运移方向是从沉积厚度最大的地区 YG95-634 与 YG95-212 测线交点附近向四周运移。现今中侏罗统的油气运移方向仍沿凹陷轴部向四周运移，但油气运移的范围更大。油气运移主要指向区为凹陷北部斜坡及南部逆冲断裂带附近。

5. 哈日凹陷

哈日凹陷的 PRES 专家系统模拟表明，主力烃源岩段巴音戈壁组二段油气运聚高峰期为晚白垩世。油气聚集的主要层位是巴音戈壁组二段，聚集量达 $7287.4 \times 10^4 t$，其次为苏红图组一段，聚集量达 $1835.5 \times 10^4 t$。在平面上，油气的运移强度以凹陷东部沙布尔次凹西部最大，其次为西部勒图斜坡带（图 8-17），而油气聚集最集中的地区是勒图斜坡带，表明，油气的运移方向是由沙布尔次凹向勒图斜坡带运移、聚集。凹陷的油气总聚集量为 $9600 \times 10^4 t$。

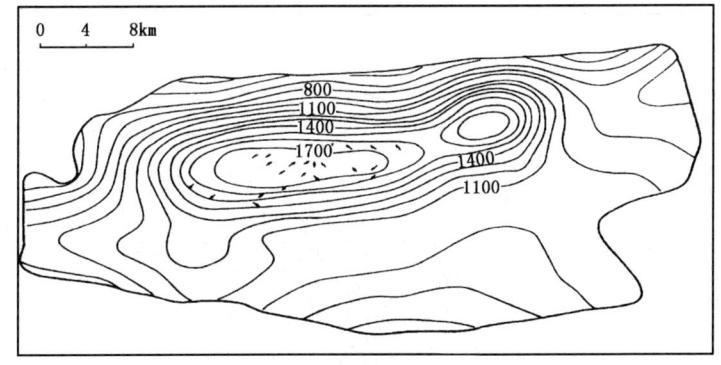

图 8-15　乌力吉凹陷下侏罗统的油气在第三纪的运移方向图

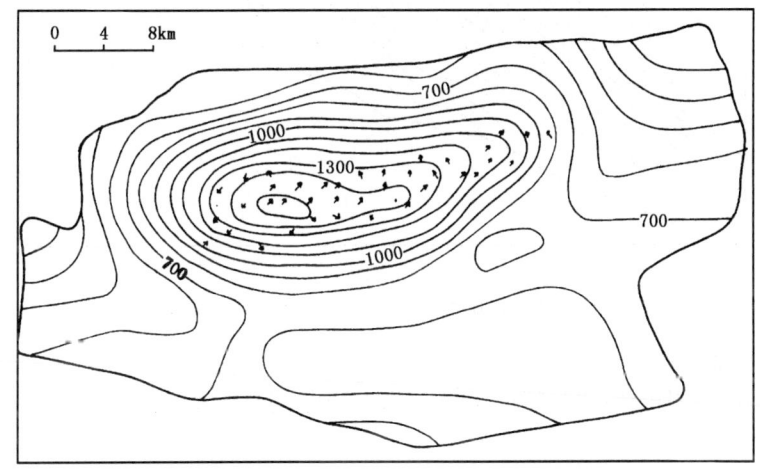

图 8-16　乌力吉凹陷中侏罗统油气在现今的运移方向图

（四）盆地油气的运移、聚集特点

五个典型凹陷的盆地模拟结果都表现出了其自身的油气聚集特点，但是，在基本类似的大地构造背景下发育的具有相同结构的生烃凹陷又有着相似的油气运聚规律。从五个凹陷的盆地模拟结果可得出以下认识：

（1）油气运移聚集以凹陷为独立单元，一个凹陷就是一个完整的油气体系。

（2）凹陷的油气运移、聚集规律以垂向运移为主，侧向运移为辅。垂向运移均与正断层有关，而侧向运移则以短距离侧向运移为主（5km左右）。

（3）油气运、聚的层位在不同类型的凹陷中有所不同。下白垩统单断箕状凹陷的油气聚集的层位均以下白垩统巴音戈壁组二段和苏红图组一段为主。在侏罗系—下白垩统复合凹陷中，因其下白垩统抬升较高，埋藏较浅，成油条件不利，因而不能成为油气运聚的主要层位。侏罗系则埋藏较深，成油条件较好，中上侏罗统则成为该类凹陷油气运聚的主要层段。

（4）一般来讲，凹陷沉积中心与沉降中心大体一致。因而，油气的生成、运移和聚集是以生烃深凹为中心沿垂直凹陷走向的短轴上倾方向运移，一旦在上倾方向上出现断层遮挡圈闭、岩性圈闭或不整合圈闭时便形成油气的聚集。

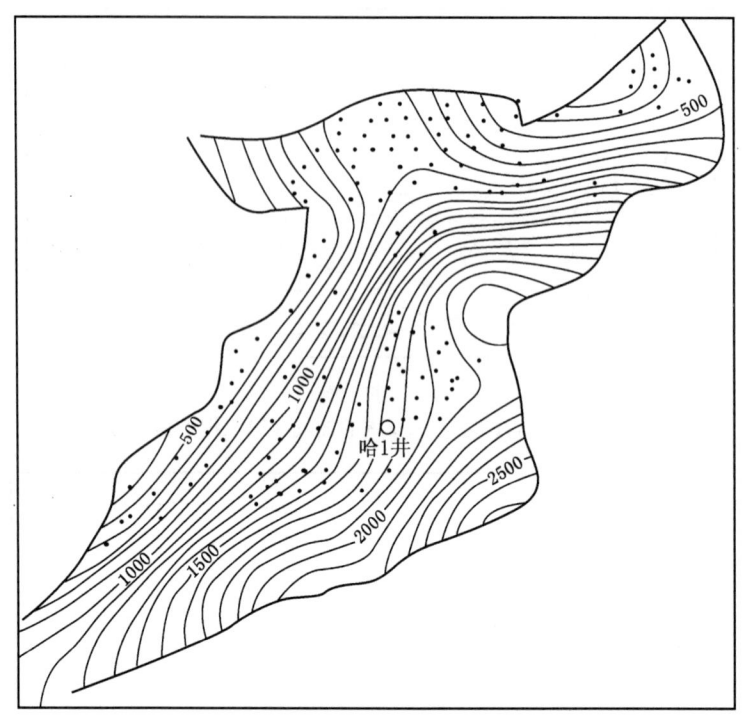

图 8-17 哈日凹陷巴音戈壁组油气的现今运移强度图

(5) 油气的运、聚高峰期以晚白垩世为主。

(6) 生烃凹陷周围的各类圈闭或生烃凹陷中与断层有关的各类圈闭是油气聚集的主要场所。

上述特点可以反映银—额盆地各类凹陷油气运聚的共同特点。遵循这一规律，就可以有效地指导盆地下一步的勘探工作。对于一个具体的成油凹陷而言，又有其特殊性，在进一步深入研究、掌握了自身特点后，便可客观地认识其成油规律，更有效地指导勘探。

第四节 含油气系统与油气聚集带预测

Magoon 和 Dow（1994）把含油气系统定义为一个自然系统，包括一个活跃的生烃凹陷及所有有关的油气，以及形成油气聚集所必需的地质要素和作用。地质要素包括烃源岩、储层、盖层和上覆岩层；地质作用指的是圈闭的形成及油气的生成—运移—聚集。这些基本要素和作用必须在时间和空间上匹配良好，才能使烃源岩有效地转化、运移、聚集并最终形成油气藏。这种新的油气地质研究思路被国内外勘探证实是有效的、实用的。同样也适用于银—额盆地的油气地质评价研究及其油气聚集带的预测。

一、含油气系统的划分与特征

银—额地区自海西期四大板块碰撞形成大陆后，进入了板内构造演化阶段，三叠纪开始在银—额地区热拱隆升的背景上局部出现磨拉石建造。侏罗纪开始，在银—额盆地的西北角与东南部才出现东西展布的裂陷槽，形成南北各自独立的湖盆，早中侏罗纪湖相细碎屑岩构成了盆地第一套烃源岩系，晚侏罗世本区剧烈隆升，在抬升背景下沉积了一套干燥氧化环境下的粗碎屑沉积，在侏罗纪末期的隆升褶皱作用下，其大面积遭受剥蚀，仅盆地西北部居东凹陷保留了该套沉积。早白垩世盆地全面进入拉分裂陷阶段。在北部形成一系列北东走向的单断箕状或双断不对称地堑式湖盆，盆地南部则形成北东东向或近东西向单断箕状或双断不对称地堑式湖盆，各类湖盆彼此分割，形成"千湖岛"局面。巴音戈壁期在温暖潮湿背景下形成了第二套暗色烃源岩系。在巴音戈壁组沉积晚期至苏红图组沉积早期，盆地的振荡运动形成了粗细相间、红绿相间的沉积组合。苏红图组沉积晚期各湖盆逐渐萎缩，在干燥背景下形成了一套厚度巨大的棕红色湖漫泥岩和河流相河漫泥岩沉积。泥岩分布稳定、质纯，构成了各凹陷一套高质量的区域性盖层。苏红图组沉积期末，强烈的挤压抬升和块断作用造成诸多凹陷中该套沉积的剥蚀，使这套区域性盖层的覆盖范围大大缩小。

不难看出，区域构造、古气候、沉积的演化在盆地内各凹陷中最终形成两套烃源岩系，在每个凹陷中相应构成了两套含油气系统。

（一）侏罗系含油气系统

在银—额盆地，研究较深入的侏罗系凹陷有三个——居东凹陷、乌力吉凹陷及托来凹陷。三个凹陷的侏罗系含油气系统在成油气事件方面有其共性，但在含油气系统的规模、特征方面又有其个性。

1. 成油气事件

1）烃源岩

居参1井及野外露头揭示，侏罗系主要烃源岩分布于中下侏罗统（图8-18），是一套湖泊—沼泽相的灰黑色泥岩、砂质泥岩夹煤层，有机质丰度在居东凹陷较高，达中等—较好烃源岩标准，其余凹陷仅能达到差—中等烃源岩标准；干酪根类型以Ⅲ型为主，有少量Ⅱ型干酪根。由于烃源岩普遍埋深较大，生烃门限为1000m，因此，其热演化程度普遍较高，均达到成熟—高成熟阶段。

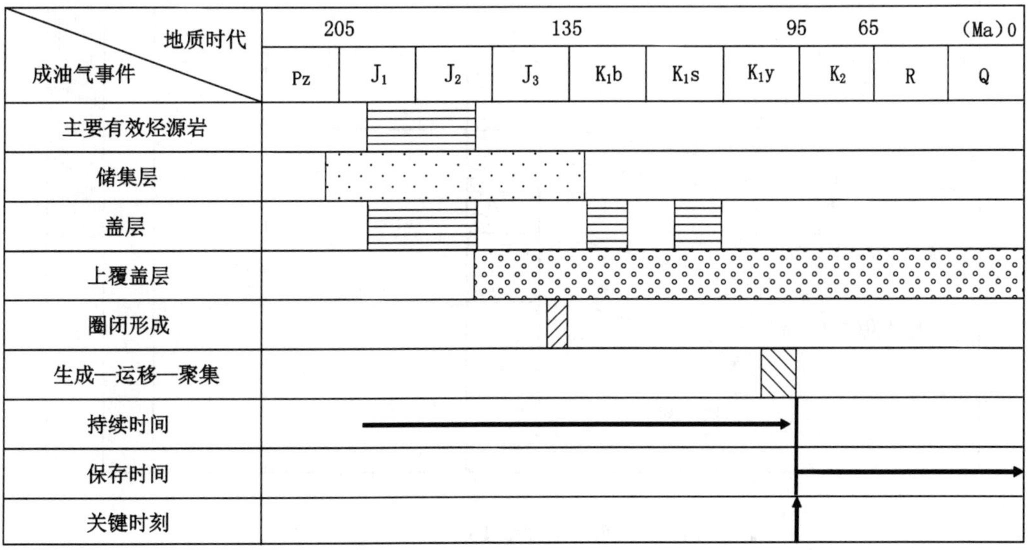

地质时代 成油气事件	205			135		95		65	(Ma) 0
	Pz	J_1	J_2	J_3	K_1b	K_1s	K_1y	K_2	R	Q
主要有效烃源岩										
储集层										
盖层										
上覆盖层										
圈闭形成										
生成—运移—聚集										
持续时间										
保存时间										
关键时刻										

图8-18 银—额盆地侏罗系含油气系统事件及作用图

2) 储层

侏罗系碎屑岩储层发育，岩性以砂砾岩和含砾砂岩为主。岩石类型以岩屑砂岩为主，成分成熟度与结构成熟度很低，成岩作用强烈，为晚成岩作用 A 期，无原生孔隙，次生孔隙亦不发育，因此，储层物性一般很差，孔隙度小于 6%，渗透率小于 $10\times10^{-3}\mu m^2$，属低孔—特低孔渗储层。

3) 盖层和上覆地层

对中下侏罗统储层而言，中侏罗统暗色泥岩既是烃源岩，又是直接盖层，其分布范围广，有一定的厚度。上侏罗统储层的盖层为下白垩统巴音戈壁组二段泥岩。在居东凹陷，由于侏罗纪凹陷与早白垩世凹陷继承性差，上下构造层非继承性叠合，其储盖组合的有效性较差。

4) 圈闭

侏罗系圈闭多形成于侏罗纪末的构造挤压与抬升活动，多依附断层存在。在居东凹陷以断块和断鼻为主，在乌力吉凹陷以断背斜为主。总体上讲，构造圈闭类型单一，数量较少。早白垩世沉降中心的迁移和叠合使侏罗系构造发生轻微改造。

5) 关键时刻、持续时间和保存时间

根据居参 1 井的埋藏史图（图 8-19 确定关键时刻为 95Ma，即早白垩世末），从含油气系统事件（参见图 8-18）可以看出从早侏罗世烃源岩开始形成到关键时刻，侏罗系含油气系统持续了 200Ma，在关键时刻之后，该含油气系统又经历了 95Ma 的保存。在保存期内，盆地内未发生大规模的断褶运动，因而，侏罗系含油气系统未遭严重破坏。

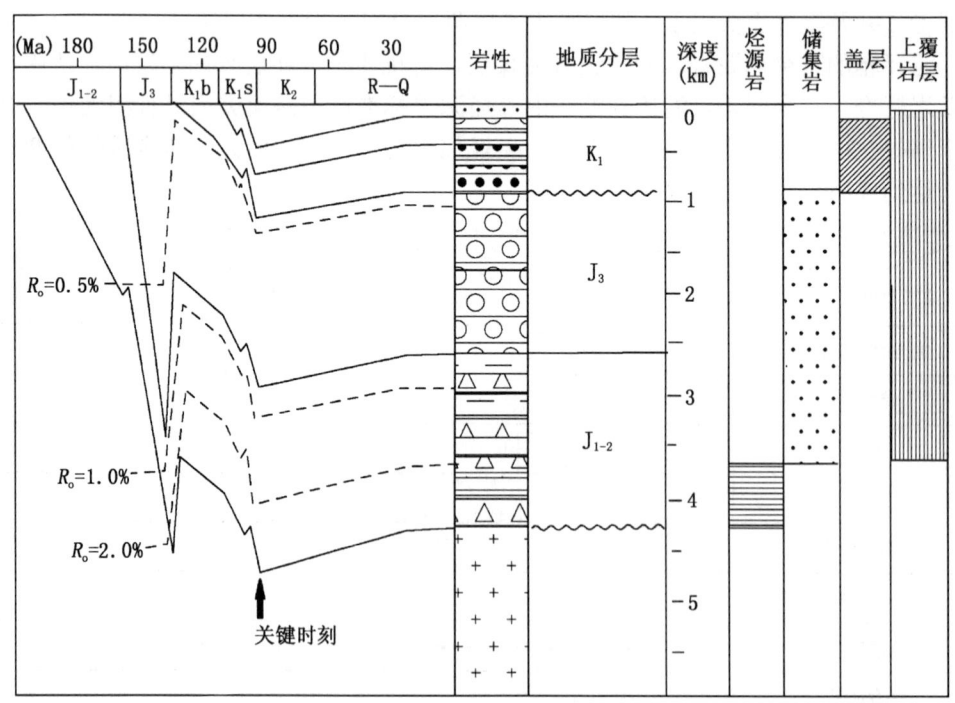

图 8-19 居东凹陷埋藏史曲线图（居参 1 井）

2. 侏罗系含油气系统的划分与评价

银—额盆地侏罗纪沉积时处于断陷发育时期，其地层的分布均以凹陷为独立单元。在这些成油单元中仅发育中下侏罗统一套烃源岩，是否有油气生成、聚集，目前仍未证实，所以推断每个凹陷中仅存在一个推测的含油气系统，即侏罗系含油气系统。以凹陷为单元根据其勘探程度，可以划分出一个假设的、两个推测的侏罗系含油气系统：居东凹陷 J_{1+2}—J_{2+3}（·）含油气系统、乌力吉凹陷 J_{1+2}-J_{2+3}（?）含油气系统和托来凹陷 J_{1+2}—J_{2+3}（?）含油气系统。

1) 居东凹陷 J_{1+2}—J_{2+3}（·）含油气系统

居东凹陷 J_{1+2}—J_{2+3}（·）含油气系统位于居延海坳陷北部。居东凹陷构造格局是北断南超近东西向展布的箕状凹陷，面积 1950km²，侏罗系厚 4400m。

居参 1 井钻探证实，中下侏罗统为湖相沉积，暗色泥岩不发育，累计厚度 67m，但属差—中烃源岩，有机碳含量达 0.85%～3.43%，平均 1.62%，热解生油气潜量 $S_1 + S_2$ 达 0.034～1.316mg/g，平均 0.110mg/g。煤岩厚度虽很薄，但生烃潜力大，$S_1 + S_2$ 达 7.436mg/g，达到好烃源岩标准。地震相解释认为，在南部斜坡为滨浅湖发育区，但分布范围较小。由于埋藏深，该套烃源岩均已成熟（图 8-19），预测成熟烃源岩面积 200km²，一般厚度 200m，现今中下侏罗统暗色泥岩演化已达成熟—高成熟阶段。居东凹陷受晚侏罗世构造运动影响而抬升，使侏罗系发生向北倾斜并遭受不均匀剥蚀。所以，同一层位不同地区的成熟度差异较大。现今在居东 4 号断层以南的侏罗系残余厚度最大处，中下侏罗统暗色地层达高成熟阶段，而在南部斜坡地带达成熟阶段。盆地模拟研究表明，中下侏罗统烃源岩具备两次排烃期，第一期为早侏罗世末，第二期为早白垩世末。中下侏罗统烃源岩是第一期油气生运聚的主要贡献者。

中上侏罗统储层在居参 1 井多为砾岩、砂砾岩，厚度大，埋藏 1000～4000m。1600m 以下主要砂砾岩、含砾砂岩储层的成岩作用达晚成岩阶段 A 期，但次生孔隙不发育，孔隙度为 0.7%～7.9%，一般为 1%～6.45%，渗透率小于 0.01×10^{-3}～$12.2 \times 10^{-3} \mu m^2$，物性极差。储集空间以不太发育的构造缝、构造—溶蚀缝、晶间微孔为主。物性太差的原因可能是由于该井处在冲积扇扇根部位所致。地震地层学分析认为，在南部斜坡沉积相带变好，可能出现低孔渗的储层。但斜坡部位缺乏构造圈闭，只能形成一些岩性和地层圈闭，这将进一步增加了油气勘探的难度。

盖层条件较差，缺乏区域性盖层。在生储条件较好的南部斜坡区，下白垩统沉积很薄，甚至超覆尖灭，以致于上侏罗统储层缺失了这套重要的区域性盖层。中侏罗统储层只能依靠厚度较薄、分布有限的局部盖层来封盖，其生储盖配置条件大大降低。因此，该含油气系统是一个不完整的含油气系统。油气资源潜力估算只有 $0.57 \times 10^8 t$，有一定的油气远景。

所以，对于该含油气系统来说，中下侏罗统自生自储的含油气系统是最主要的勘探领域，以南部斜坡区为目标区，寻找在这一含油气系统中的岩性、地层圈闭是今后勘探的主要方向（图 8-20）。

2) 乌力吉凹陷 J_{1+2}—J_{2+3}（?）含油气系统

该含油气系统位于尚丹坳陷北部，是一个呈东西走向的南断北超的箕状凹陷，侏罗系分布面积 740km²，地层最大厚度 2600m。

据地面地质与地震地层学研究，中下侏罗统暗色泥岩发育，夹煤层，有机质丰度中等，为较好—差烃源岩标准。盆地模拟研究认为，成熟烃源岩分布于凹陷偏斜坡一侧，面积 300km²，一般厚 400m。现今中下侏罗统烃源岩热演化达到成熟—高成熟阶段（图 8-21）。油气的主要生排烃期也有两期：中晚侏罗世末和晚白垩世时期，与居东凹陷不同的是第二

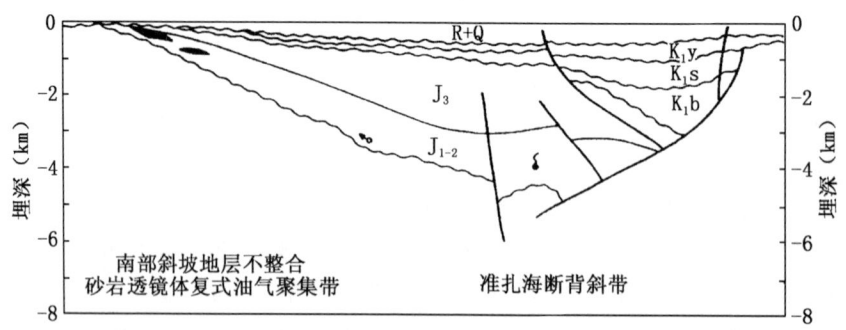

图 8-20 居东凹陷侏罗系含油气系统剖面图（EJ95—629）

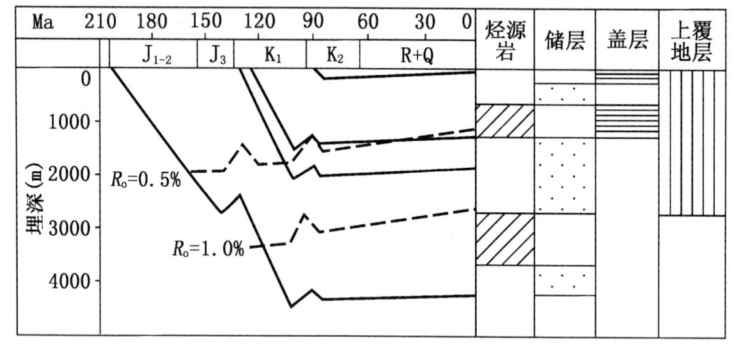

图 8-21 乌力吉凹陷埋藏史曲线图（EJ95—630 与 EJ95—212 交点）

期生排烃期是油气的主要贡献时期。

盆地沉积体系的演化在中侏罗统发育了滨浅湖及扇三角洲砂体，上侏罗统河流发育，一般埋藏深度在 2800m 以上，预测有效储层分布较广，中下侏罗统有效储层主要分布于北部斜坡带。

盖层较发育，中下侏罗统砂泥互层沉积，泥岩即可作为砂岩的局部盖层。下白垩统烃源岩厚度大，分布广，构成了上侏罗统的区域性盖层。

构造圈闭不发育，目前仅在南缘断褶带和凹陷中央发现了几个零星分布的断块、断鼻圈闭，这些圈闭埋藏深，一般超过了 2000m。地震地层学解释认为，北部斜坡带可能发育岩性尖灭等隐蔽圈闭，这些地区埋藏浅，沉积相带好，但勘探难度大。这些构造一般形成于侏罗纪末，均属于古圈闭。

从上述基本地质要素及其作用分析可以看出，该含油气系统成藏配置较好，资源潜力 $0.41 \times 10^8 t$，有一定的含油气远景。其中，在南缘断鼻带，由于水下扇发育，埋藏较深，储层有效性降低，属于较差的油气聚集带。在北部斜坡带，除构造圈闭条件较差外，其他成油气事件配置良好。因此，该带今后在加强构造圈闭落实的同时，应注意寻找岩性、地层等隐蔽圈闭（图 8-22）。

3）托来凹陷 J_{1+2}—J_{2+3}（?）含油气系统

托来凹陷位于尚丹坳陷南部，是一个东西展布、北断南超的箕状凹陷，与乌力吉凹陷呈镜像关系。侏罗系分布面积 $4300km^2$，最大厚度 4000m。成熟烃源岩主要分布于东次凹，面积 $150km^2$，一般厚 200m。主凹区达成熟阶段（图 8-23）。由于埋藏较浅，侏罗系的储

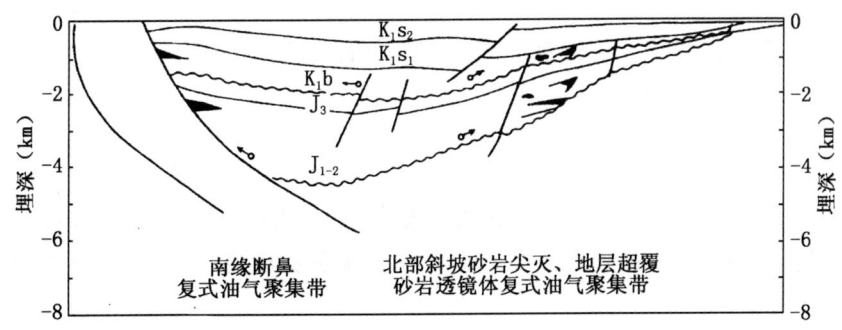

图 8-22 乌力吉凹陷含油气系统剖面图（YG95—630）

层有效性增高,主要环绕烃源岩分布。下白垩统巴音戈壁组二段是下伏地层的区域性盖层,中侏罗统暗色地层既是烃源岩,又是内部砂体的局部盖层。圈闭集中分布于北缘断褶带。初步分析有一定的成藏配置条件。资源潜力预测达 0.17×10^8 t,油气远景较差。该凹陷北缘断褶带为较差的油气聚集带,南部斜坡带是岩性、地层隐蔽油气藏勘探的有利地区。

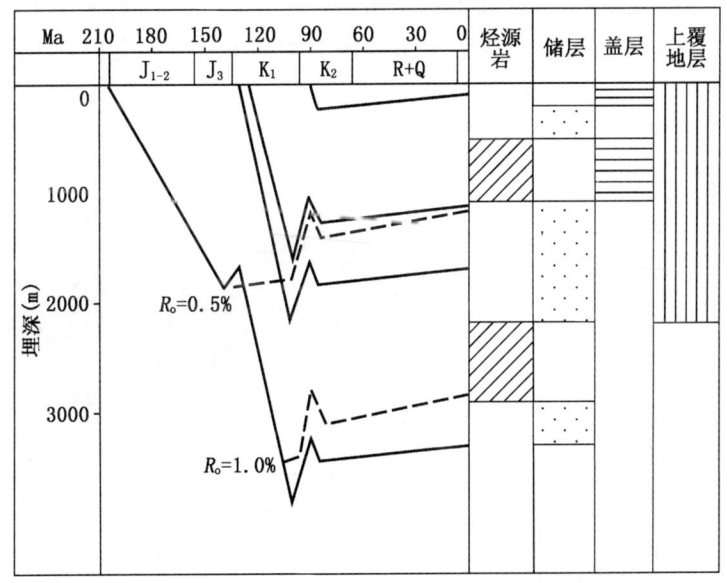

图 8-23 托来凹陷埋藏史曲线图
（YG93—650 与 YG93—176 交点）

由上述三个侏罗系含油气系统的解剖可见,其基本地质要素发育欠佳,虽地质作用在时间上有良好的匹配关系,然而,在空间上配置却不甚协调。总的来看,银—额盆地的侏罗系含油气系统的油气远景较差。相对而言,居东、乌力吉含油气系统有较好的含油气远景。

（二）下白垩统含油气系统

银—额盆地下白垩统极其发育,遍布每个凹陷。由于在盆地构造沉积演化阶段中,早白垩世处于断陷湖盆发育的鼎盛时期,形成了北东向的、彼此分割的湖泊群。因而,每个凹陷又是一个独立的沉积单元,构成一个独立的含油气系统。鉴于断陷湖盆发展演化的构造背景与沉积背景的相似性，每个凹陷的含油气系统都有着极其相似的地质要素与地质作用以及相似的时空配置关系。对于每个下白垩统含油气系统而言，构造特征，沉积特征的差异，又有其显著的个性特征。

下面从这两个方面来评价该含油气系统的油气聚集规律及含油气远景大小。

1. 下白垩统含油气系统的基本特征

各凹陷下白垩统含油气系统的基本地质因素与地质作用在有关章节中进行了详细讨论，在此简要介绍它们的基本特征，在此基础上对各种地质要素及地质作用在时空上的配置关系作以分析。

1）烃源岩

据查参1井、居参1井、务参1井和天1井钻探证实，银—额盆地下白垩统发育两套烃源岩（巴音戈壁组二段和苏红图组一段）。前者为各凹陷的主力烃源岩，后者为次要烃源岩。但在务桃亥坳陷务参1井则相反，前者为次要烃源岩，后者为主要烃源岩。烃源岩一般厚度变化在200~500m，有机质丰度中等偏好，有机质类型巴音戈壁组二段以Ⅱ型、Ⅰ型为主，苏红图组一段以$Ⅱ_2$、Ⅲ型为主，现今成熟度巴音戈壁组二段烃源岩多已达成熟阶段，查干凹陷局部达高成熟阶段，而苏红图组一段烃源岩多数凹陷处于未成熟状态，仅个别深凹陷如查干凹陷达成熟阶段。所以有效烃源岩实际上只有一套巴音戈壁组二段烃源岩（图8-24）。

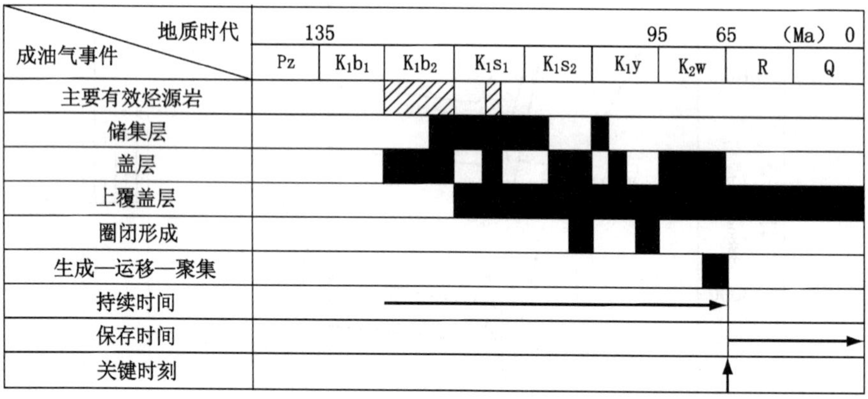

成油气事件	地质时代	135					95	65	(Ma)	0
	Pz	K_1b_1	K_1b_2	K_1s_1	K_1s_2	K_1y	K_2w	R	Q
主要有效烃源岩										
储集层										
盖层										
上覆盖层										
圈闭形成										
生成—运移—聚集										
持续时间										
保存时间										
关键时刻										

图8-24 银—额盆地下白垩统含油气系统事件及作用图

2）储层

下白垩统围绕两套烃源岩发育七套储层：①古生界缝洞型潜山储层；②上侏罗统和巴音戈壁组二段砂砾岩储层；③巴音戈壁组二段顶部含砾砂岩储层；④苏红图组砂岩储层；⑤苏红图组缝洞型火山岩储层；⑥银根组砂岩储层；⑦鲕状灰岩、贝壳灰岩储层。在这几类储层中，砂砾岩、砂岩储层普遍发育，缝洞型火山岩储层主要分布于查干德勒苏坳陷苏红图坳陷，碳酸盐岩储层仅见于尚丹坳陷东北部。

对于碎屑岩储层而言，物源与沉积、成岩作用是影响储集物性的重要因素。一般来说各凹陷属多物源、短距离搬运、快速堆积的沉积为主体，物源区变质岩区居多，因而砂砾岩、砂岩储层中岩屑砂岩占主导地位，储层的成分成熟度和结构成熟度均很低，造成低—特低孔渗储层。在纵向上，因埋深不同而成岩作用强度不同。银根组砂岩储层一般处于早成岩作用阶段B期，原生孔隙较发育，物性可达中—低孔渗储层；苏红图组储层亦处于该成岩阶段，部分深凹陷已进入晚成岩阶段 A 期，原生孔隙减少，次生孔隙增多，由于岩石成熟度低，其物性很差，一般为差—极差储层；巴音戈壁组储层成岩作用多处于晚成岩阶段 A 期，处于次生孔隙发育阶段，但是溶解作用并不强烈，对储层物性的改善非常局限，只是在有早期方解石胶结的储层中存在比较发育的次生孔隙。因此，总体上巴音戈壁组储层属于低—特低孔渗储层，巴二段储层物性比巴一段略好。纵观碎屑岩储层，与烃源岩匹配的有效储层应为巴音戈壁组二段上部和苏红图组砂岩储层，目前已获油流或见油气显示的储层段均属这两段储层。

3）盖层

下白垩统盖层比较发育，主要为泥质岩类盖层，纵向上有三套区域性盖层：①上白垩统乌兰苏海组，②苏红图组二段和③巴音戈壁组二段。第一套区域性盖层实际上不普遍，仅发育于东部查干凹陷。第二套区域性盖层构成盆地各凹陷最主要的区域性盖层。该套盖层厚度大（500m 以上）分布广，泥质纯，展布稳定，封盖能力强。但这套盖层在大多数埋藏较浅的凹陷中（<4000m）剥蚀严重，一般在每个箕状凹陷的斜坡剥蚀减薄，乃至尖灭，如红果凹陷。在埋深较大的凹陷（>4000m）中尽管有剥蚀，但仍保留了较厚的残余厚度，如查干凹陷、天草凹陷、哈日凹陷等。目前钻井揭示的油气显示或低产油流均分布于这套区域性盖层之下。第三套区域性盖层也是一套很好的烃源岩层，厚度大，分布于各凹陷的主体部位，仅对下伏地层有封盖条件，因而不是本含油气系统的有效盖层。

局部盖层也不缺乏，钻井证实下白垩统泥岩普遍发育，一般泥岩百分比高达 60%～80%，储层段均为砂泥互层沉积，属泥包砂结构，因而局部盖层对于单个小油藏来说是重要的直接盖层，毛 1 井钻探证实了这点。

4）圈闭

下白垩统圈闭比较发育，多与北东走向的张性断层相伴生，构成断块、断鼻圈闭，但规模较小，一般小于 10km²。在南部坳陷带尚丹坳陷，查干凹陷存在少数与东西走向的逆断层相伴生的断背斜圈闭。与正断层有关的圈闭形成期早，巴音戈壁组沉积期初具雏形，苏红图组沉积期定型，与逆断层有关的圈闭苏红图组沉积期开始发育，银根组沉积期加强，乌兰苏海组沉积期定型。这两期形成的圈闭均早于或同于油气生排烃高峰期。因此，从油气生、运、聚匹配关系看，银—额盆地的下白垩统圈闭均为有效圈闭。是否是真正的有效圈闭还要看每个圈闭的生、储、盖、保等地质条件，具体单个圈闭要具体分析，有关章节要详细论述，在此不做赘述。

5）油气的生成、运移和聚集

以查参 1 井、务参 1 井、居参 1 井和天 1 井等实测资料进行的主要凹陷的盆地模拟研究表明，巴音戈壁组主力烃源岩一般在晚白垩世末期埋藏最深，同时也达到了生、排、运、聚的高峰期。

6）关键时刻、持续时间与保存时间

根据各凹陷下白垩统埋藏史确定的关键时刻为 65Ma，从巴音戈壁组烃源岩开始发育至形成下白垩统含油气系统持续了 40Ma。在含油气系统形成后保存时间持续了 65Ma。含油气系统能否有效地保存下来，关键要看在保存时期内有关重大的构造破坏活动。银—额盆地在第三纪、第四纪时期表现为整体隆升活动，保持了相对平稳的状态，对下伏地层没有大规模的褶皱与剥蚀，仅在盆地南缘各凹陷有小规模的逆冲块断作用。总体来讲，盆地的后期构造运动相对平衡，对下白垩统含油气系统的保存是非常有利的。

7) 下白垩统含油气系统的时空关系

下白垩统含油气系统的地质基本要素与地质作用一般有良好的配置关系,凹陷最深部位既是沉降中心,也是沉积中心,是活跃烃源岩最发育区。围绕活跃生烃中心发育滨浅湖相或扇三角洲相砂体。大多数凹陷在这些有利相带发育区存在较多的断鼻、断块构造。因此该含油气系统的空间组合较佳。成油组合的形成绝大多数早于油气大量生成—运移—聚集期,最晚形成的成油组合也是与之同期形成。因而时间的配置亦是有效的。但是,不同的凹陷,该含油气系统的发育程度及含油气远景仍有很大差别,一般来说,埋深超过3000m的凹陷该含油气系统发育最为完善,油气远景亦较大,反之,该含油气系统不完善,含油气远景亦较小。以下重点讨论六个主要凹陷的下白垩统含油气系统,以使我们更深入地认识该含油气系统的异同点。

2. 下白垩统含油气系统划分与重点含油气系统评价

银—额盆地下白垩统地层均以凹陷为单元分布,也就是每个凹陷为一个独立的成油气单元。每个凹陷发育两套烃源岩系即巴音戈壁组二段与苏红图组一段烃源岩。前已述及苏红图组一段烃源岩除个别深凹陷达到成熟(如查干凹陷、哈日凹陷)外,其余凹陷都未成熟,且该套烃源岩一般厚度薄,规模不大。因而,每个凹陷只存在一套有效的烃源岩系。因此,下白垩统各凹陷的含油气系统不再细分,统称为下白垩统含油气系统。下白垩统含油气系统实际是以凹陷为单元的彼此独立的含油气系统。下面对其六个重要的含油气系统作以评价。

1) 查干凹陷 K_1b—($K_1b_2^2+K_1s$)(!)含油气系统

查干凹陷位于查干德勒苏坳陷中部,是一个走向北东向、西断东超的不规则箕状断陷,形如"马蹄状",下白垩统面积 $2000km^2$,地层最大厚度 4600m。

钻井证实巴音戈壁组二段及苏红图组油气显示丰富,并获油流,可以识别出一个含油气系统,已确定出下白垩统巴音戈壁组为凹陷的主力烃源岩,巴音戈壁组二段顶部、苏红图组一段和苏红图组二段下部为主力储集层段。因而该凹陷存在一个已知的油气系统,命名为 K_1b—($K_1b_2^2+K_1s$)(!)。

查参 1 井、毛 1 井、巴 1 井钻探表明下白垩统为湖泊—河流相沉积。巴音戈壁组及苏红图组一段湖相沉积发育,钻井揭露这两套暗色泥岩、泥灰岩,厚达 819.5m,其中好烃源岩厚 618m,中等烃源岩厚 48m,有效烃源岩达 750.5m 厚。有机碳 $0.73\%\sim10.36\%$,氯仿沥青"A" $0.228\%\sim0.0889\%$,总烃 $213.29\%\sim634.10\%$,S_1+S_2 为 $0.514\sim1.5298mg/g$,反映为较好—好烃源岩,以Ⅱ—Ⅲ型干酪根为主。据地震资料推断,主体分布于额很次凹。由于埋藏深,该套烃源岩均已达成熟—高成熟阶段(图 8-25),成熟烃源岩面积 $800km^2$,一般厚度 1000m 左右。由于早白垩世时期凹陷始终处于箕状断陷发育过程及晚期在凹陷斜坡上侵入体的影响,烃源岩的成熟演化是不平衡的,一般在凹陷西部达高成熟阶段,凹陷中部及围绕侵入体周围达成熟阶段。盆地模拟表明,下白垩统烃源岩主要生排烃期为晚白垩世。

下白垩统储层有两种类型:一是碎屑岩储层,二是火山岩储层。碎屑岩储层分布广泛,主要为扇三角洲,水下扇、河流相及滨浅湖相的岩屑砂岩,长石岩屑砂岩为主,靠近南部花岗岩物源区出现长石砂岩,如毛 1 井苏一段滨浅湖相存在长石砂岩。碎屑岩储层主要发育于凹陷的中南部毛敦侵入带、五华单斜带和海力素构造带,累计厚度达上千米。一般埋藏在 2000m 以下,成岩作用达晚成岩作用阶段 A_2 期和 B 期,原生孔隙和次生孔隙都不发

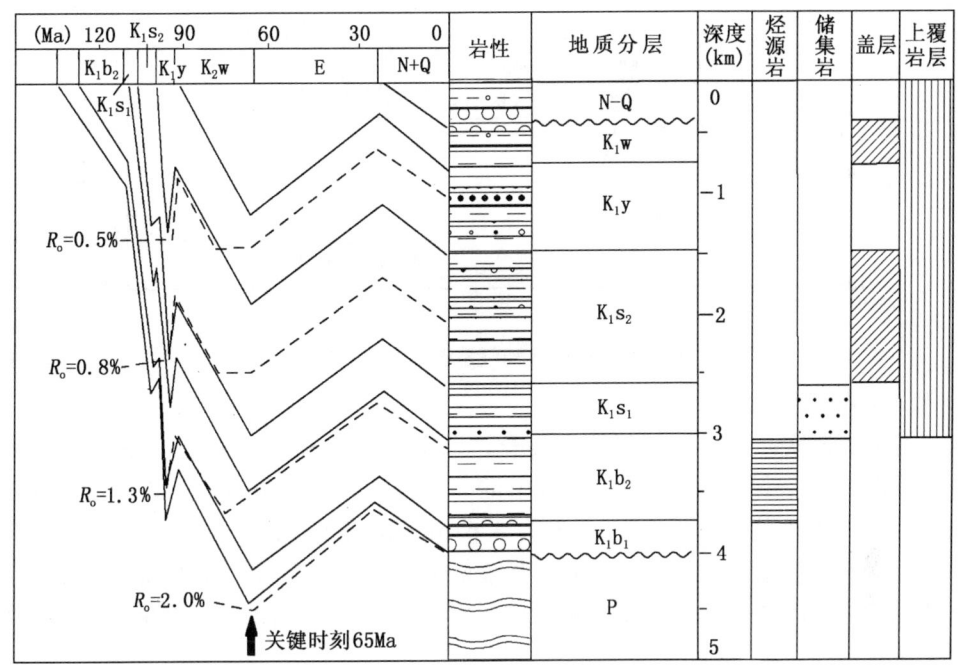

图 8-25 查干凹陷埋藏史曲线图（YG93—206 与 YG93—840 交点）

育。孔隙度一般在 6%～10%，渗透率在 $0.01×10^{-3}$～$7.68×10^{-3}\mu m^2$。但在埋深小于 2000m 的储层中，孔隙度可达到 16%，渗透率平均达 $11×10^{-3}\mu m^2$，最高 $101×10^{-3}\mu m^2$，存在好的渗透性砂体。储层埋深小于 2000m 的地区主要分布于毛敦侵入带、海力素构造带和五华单斜带。前两个构造带存在较好的构造条件，而后一个构造带缺乏构造圈闭，且与油源配置不佳。

火山岩储层分布于苏红图组一段与二段下部，主要存在四套大的旋回，累计厚度可达 500 余米，遍布于凹陷主体部位，钻井及横向预测表明有缝洞性火山岩储层。

该凹陷是区域性盖层最发育的地区，存在两套完整的区域性盖层，一套为苏红图组二段，另一套为乌兰苏海组。苏红组二段棕红色泥岩质纯、厚度大、分布广。目前查干凹陷发现的油气显示均位于该套盖层之下。因此，苏红图组二段是查干凹陷含油气系统的主力盖层。

查干凹陷 K_1b—（$K_1b_2^2+K_1s$）（!）含油气系统的关键时刻为 65Ma（晚白垩世末），由此定的含油气系统范围是北西以图拉格断层为界，南部以海力素 I 号断层为界，东南以下白垩统尖灭线为界（图 8-26）。在这样一个含油气系统范围内具备了上述基本地质要素，这些地质要素的组合关系极佳，资源潜力预测为 $1.95×10^8$t，是银—额盆地资源潜力最大的凹陷。在毛敦侵入带西部和海力素构造带，圈闭发育，且形成期早，有效储层埋藏浅，紧临活跃生烃中心，是各种成油要素配置最佳的地区，在毛敦侵入带西部额 15 号构造上钻探已见油流，证实了该含油气系统的存在。因此，毛敦侵入带西、海力素构造带是勘探的主要目标区（图 8-26）。

2）天草凹陷 K_1b—（$K_1b_2^2+K_1s$）（·）含油气系统

天草凹陷位于居延海坳陷的中部，是一个北东走向、西断东超的箕状断陷，由北、中、西三个次凹组成，面积 1400km²。中次凹是天草凹陷的主体，下白垩统沉积岩面积

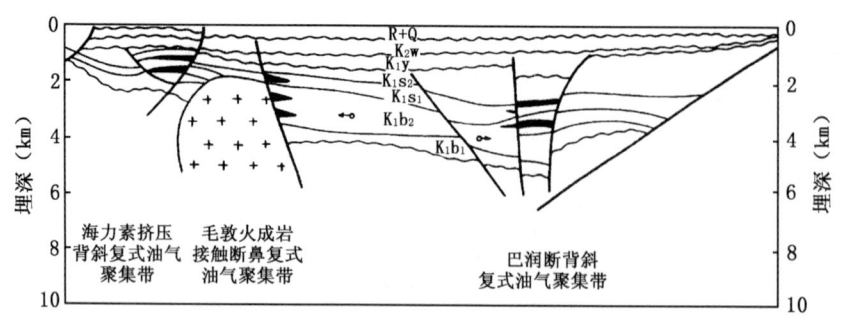

图 8-26 查干凹陷含油气系统剖面图（YG93—836）

1100km², 地层厚度 4000m。

天 1 井钻探证实，下白垩统烃源岩发育，总厚达 447.5m，其中巴音戈壁组烃源岩厚 221m，在凹陷中一般厚达 400m，是凹陷中惟一成熟的有效烃源岩。这套有效烃源岩有机质丰度高，有机碳平均 1.43%，S_1+S_2 为 4.61mg/g，氯仿沥青"A" 0.1012%，总烃达 1026μg/g，是银—额盆地中目前发现的质量最好的烃源岩，有机质类型以 II 型为主，大面积处于成熟阶段（图 8-27），有效成熟烃源岩面积 380km²，盆地模拟结果表明生排烃高峰期为晚白垩世。

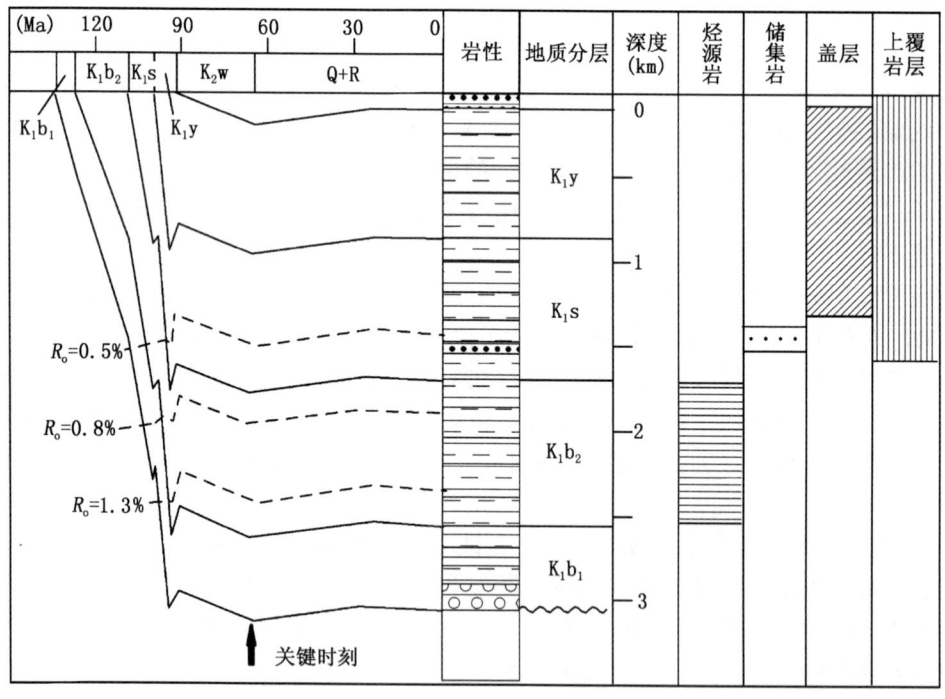

图 8-27 天草凹陷埋藏史曲线图（EJ96—549 与 EJ96—238 交点）

凹陷的储层只有碎屑岩类型，主要分布于巴音戈壁组一段和二段的上部，天 1 井累计厚度 408m。其中二段上部厚 200m，是主要的有效储集层段。在凹陷的西部哈尔断鼻带预测碎屑岩储层可达 2000 余米。岩石类型以岩屑砂岩为主，其次为长石岩屑砂岩和岩屑长石砂岩。尽管这套储层在哈尔断鼻带和巴勒断阶带埋藏较浅，在 2000m 左右，但成岩作用较强，处于晚成岩作用阶段 A 期，次生孔隙是主要的储集空间，岩心孔隙度一般为 8.06%～

8.83%,个别样可达14.2%～21.7%,渗透率153.44×$10^{-3}\mu m^2$,表明有中孔中渗的储层发育。

苏红图组是泥岩最发育的地层,组成了凹陷的区域性盖层,一般厚度300～1000m,成为凹陷中惟一的一套高质量的封盖层。

该凹陷圈闭较发育,集中分布于哈尔断鼻带和巴勒断阶带,圈闭形成于巴音戈壁组沉积期末,定型于苏红图组沉积期末,均为有效圈闭。

总体来看,在平面上中央洼槽活跃的生烃中心东西紧邻两个构造带。该构造带位于油气运移的最有利指向上。垂向上,巴二段下部生烃,上部储层,苏红图组封盖,构成一个完整的成油组合。时间上,生成—运移—聚集时期与圈闭形成期匹配。时空的最佳配置形成一个良好的含油气系统,预测油气资源是$0.93×10^8$t。具有较好的油气勘探前景,其中哈尔断鼻带和巴勒断阶带是主要勘探目标区(图8-28)。

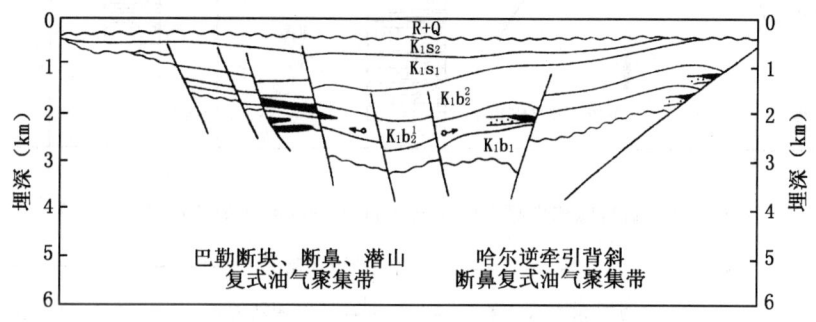

图8-28　天草凹陷含油气系统剖面图(EJ96—545)

3)哈日凹陷 K_1b—$(K_1b_2^2+K_1s)$(?)含油气系统

哈日凹陷位于苏红图坳陷西部,是一个北东走向东断西超的箕状断陷,下白垩统面积1200km²,地层最大厚度4400m。

哈日凹陷无钻井,仅根据其周围相邻已钻探凹陷与本凹陷地质、地震资料的类比,推断发育巴音戈壁组湖相烃源岩,预测有效烃源岩面积530km²,有效烃源岩厚度500m左右。盆地模拟认为该烃源岩在凹陷东部主体达成熟阶段(图8-29),生排烃高峰期为乌兰苏海期。地震地层学解释与横向预测研究表明巴音戈壁组二段上部的苏红图组一段扇三角洲砂体发育,主要分布于沙布尔次凹西部、勒图斜坡带,厚度在200～600m左右。苏红图组二段预测为区域性盖层,遍布于全凹陷。在这些地区断鼻构造非常发育。这些构造圈闭面积大,幅度高,一般形成于苏红图组沉积期末,均早于油气大量生排高峰期乌兰苏海期。所以该含油气系统具有良好的时空组合,预测油气资源量$1.05×10^8$t,具有较高的资源条件。含油气系统分析沙布尔次凹西部、勒图斜坡带是勘探的重点目标区(图8-30)。

4)路井凹陷 K_1b—$(K_1b_2^2+K_1s)$(!)含油气系统

路井凹陷位于居延海坳陷西北部,是一个南北双断的不对称凹陷,面积970km²,下白垩统沉积厚达6000m。由于埋藏较深(图8-31),巴音戈壁组烃源岩均已成熟。该套烃源岩分布于凹陷中心偏北部斜坡,面积190km²,一般厚350m,有效储层分布于北部斜坡。苏红图组盖层发育,但圈闭条件不够理想。北部斜坡成藏条件较好,预测资源量$0.69×10^8$t,资源条件中等,评价具有中等含油气远景。该含油气系统中,在北部斜坡所钻的额1井已出油流,展示具有一定的勘探前景。其中北部斜坡下白垩统为有利勘探目标区

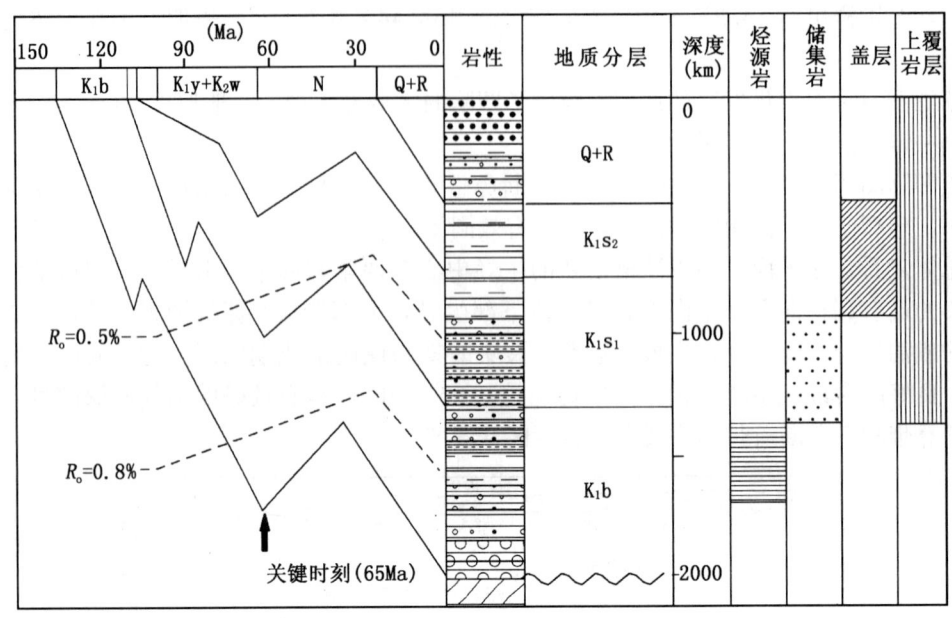

图 8-29 哈日凹陷埋藏史曲线图（YG96—604 与 YG97—101 交点）

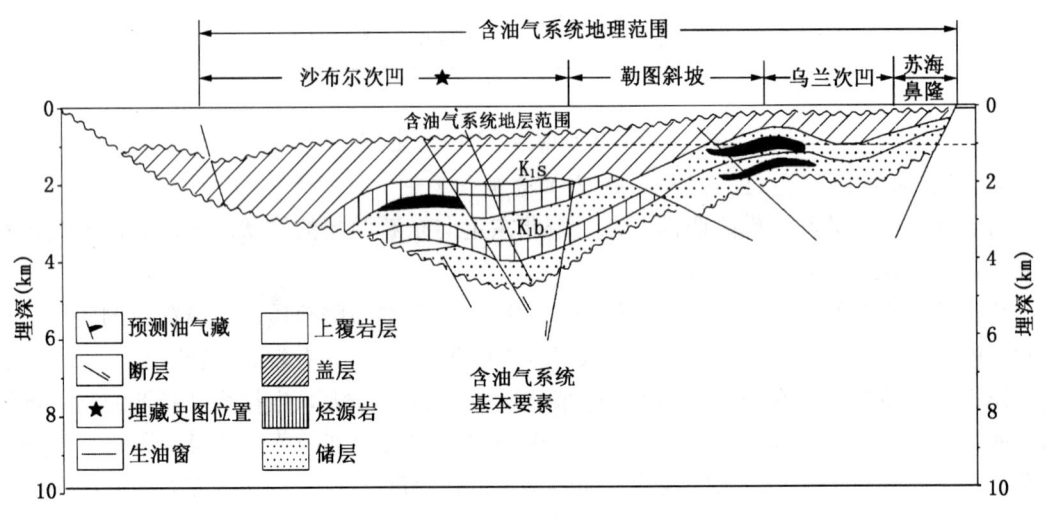

图 8-30 哈日凹陷含油气系统剖面图（YG96—604）

（图 8-32）。

5）白云凹陷 K_1b—K_1s（?）含油气系统

白云凹陷位于查干德勒苏坳陷的东北部，为一南断北超的箕状断陷，面积 1400km²，最大沉积厚度 2900m，其中巴音戈壁组与苏红图组累计厚度达 2500m。巴音戈壁组二段烃源岩发育，据查参 1 井生油门限推断，沿凹槽主体达成熟阶段，成熟烃源岩分布面积 300km²，一般厚 200～300m。巴音戈壁组一段、苏红图组一段有效储层埋藏浅，在 2000m 左右，厚度分别达 100m 和 200m 左右。苏红图组二段剥蚀严重，但仍残留有 200～300m 的厚度，具有一定的封盖条件。由于勘探程度低，目前还没有发现局部构造。随着勘探程度的增高，越来越多的圈闭将会发现和落实。预测油气资源量 $0.58×10^8$ t，具备一定的资源

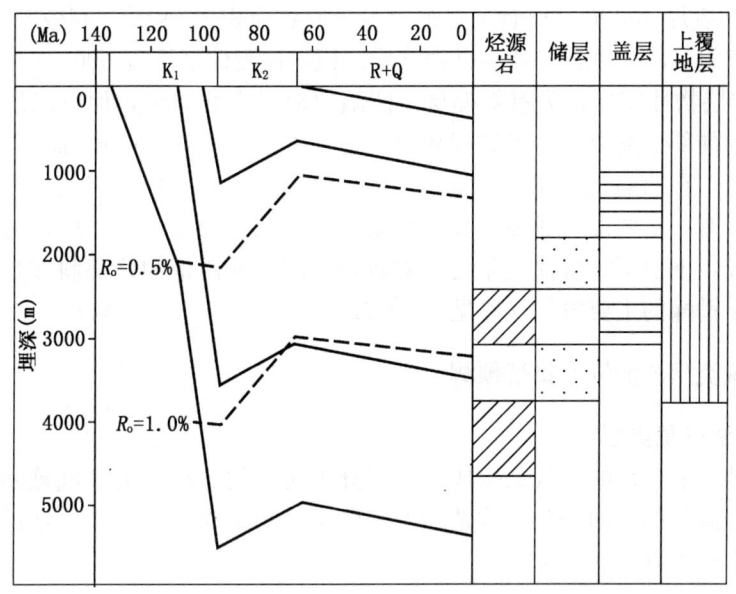

图 8-31　路井凹陷埋藏史曲线图（EJ94—531 与 EJ94-250 交点）

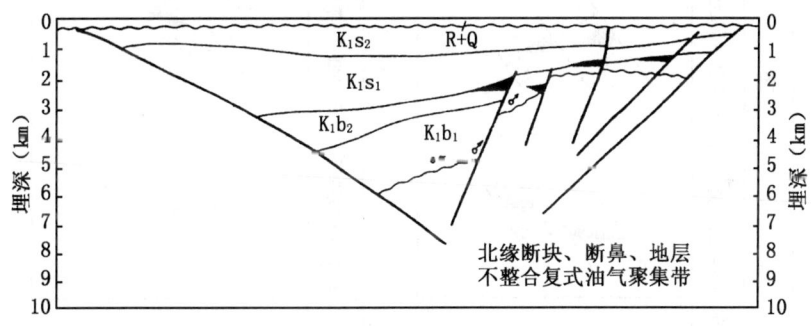

图 8-32　路井凹陷含油气系统剖面图（EJ94—531）

条件。今后的勘探不仅要注意构造圈闭的发现，同时要注意东、西斜坡带岩性圈闭的勘探（图 8-33）。

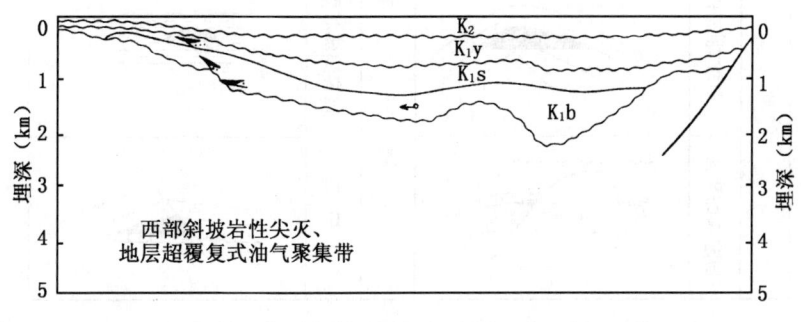

图 8-33　白云凹陷含油气系统剖面图（YG95—906）

6）乌力吉凹陷 K_1b—K_1s（?）含油气系统

乌力吉凹陷位于尚丹坳陷的北部，为一东西走向，南断北超的箕状凹陷，面积

900km², 下白垩统厚3000m。巴音戈壁组烃源岩成熟面积350km²，有效厚度350m。储集层段以巴音戈壁组一段为主，二段为砂泥互层沉积，预测储层厚度600～1000m，埋藏小于2000m，推断储层物性较好，为有效储层。凹陷内缺失苏红图组，但巴二段中上部暗色泥岩发育，可作为局部性盖层。地震解释局部构造不太发育，在凹陷南缘发现了一些零星的断块、断鼻构造，在凹陷北斜坡可能发育岩性、地层圈闭。盆地模拟认为油气生排烃高峰期为晚白垩世，有一定的油气成藏条件。预测油气资源量为 0.19×10^8 t。与下部侏罗系含油气系统相比较，下白垩统含油气系统相对较差。南部断褶带和北部斜坡是油气聚集的有利地区，是下步勘探的主要方向（参见图8-22）。

二、油气藏类型及油气聚集带预测

（一）预测油气藏类型

银—额盆地可能存在的油气藏按成因可划分为两大类：构造型油气藏和地层岩性型油气藏。根据构造圈闭的成因分类，构造型油气藏又可归纳为五个亚类。地层岩性型油气藏也可划分为五个亚类（图8-34）。

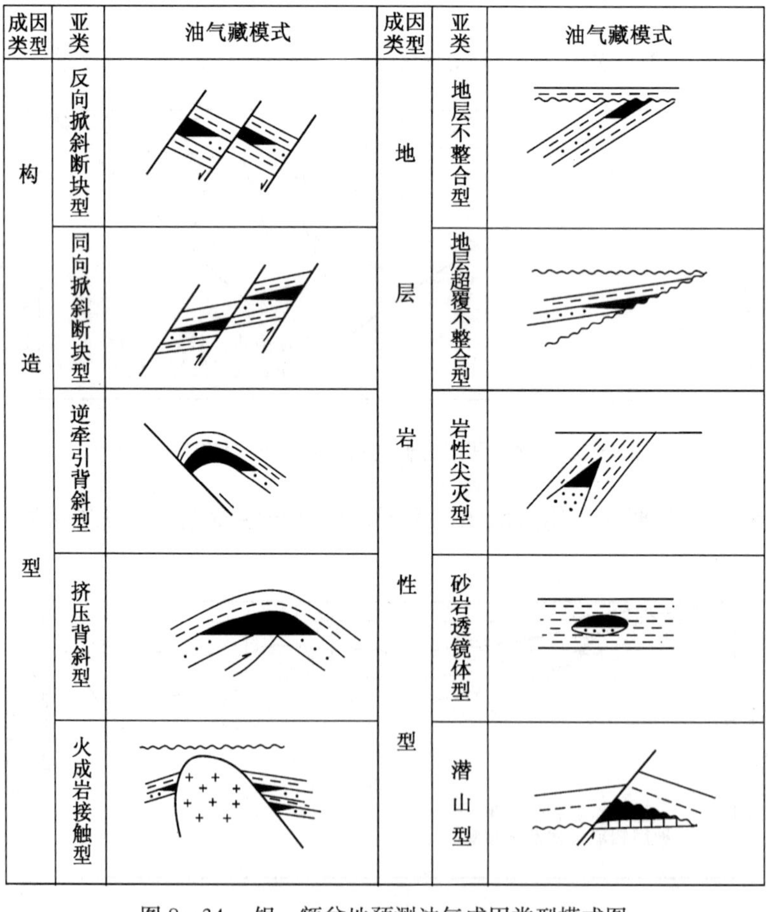

成因类型	亚类	油气藏模式	成因类型	亚类	油气藏模式
构造型	反向掀斜断块型		地层岩性型	地层不整合型	
	同向掀斜断块型			地层超覆不整合型	
	逆牵引背斜型			岩性尖灭型	
	挤压背斜型			砂岩透镜体型	
	火成岩接触型			潜山型	

图8-34 银—额盆地预测油气成因类型模式图

1. 构造型油气藏

1）反向掀斜断块油气藏

断层与地层倾向相反，呈"屋脊"状，渗透性砂岩上倾方向被泥岩封堵，形成油气聚集,该类油气藏可能在银—额盆地多见,如查干凹陷巴润构造带的上升盘等。

2)同向掀斜断块油气藏

断面倾向与地层倾向相同,渗透性砂岩上倾方向与泥岩相接而封堵,形成油气聚集。该类油气藏在银—额盆地有可能较多的存在。如天草凹陷巴勒断阶带的油气藏。

3)逆牵引背斜油气藏

在同生正断层下降盘,由于重力滑动产生逆牵引形成背斜,或逆牵引较小时形成断鼻构造,油气聚集于此形成油气藏。该类油气藏也可能在银—额盆地多见。如天草凹陷的哈尔构造,居东凹陷的准扎海构造带等。

4)挤压背斜油气藏

地层受侧向挤压形成背斜,油气聚集于此形成油气藏。该类油气藏在银—额盆地存在较少,如查干凹陷海力素构造带额 12 号反转背斜等。

5)火成岩接触型油气藏

火成岩侵入体周缘地层上翘搭于岩体之上形成圈闭,由于火成岩的封堵,形成油气藏。如查干凹陷毛敦侵入体额 15 号含油构造的油气藏可能属于此类油气藏。

2. 地层岩性型油气藏

从勘探现状看银—额盆地,各凹陷普遍存在构造圈闭发育较小而少的缺憾。因此地层岩性圈闭的勘探显得较为重要,地层岩性型油气藏的发现将成为今后勘探的热门。

1)不整合地层油气藏

由于构造运动使地层遭受剥蚀,渗透性的地层被上覆泥质岩覆盖形成圈闭,经油气聚集形成油气藏,如居东凹陷南部斜坡上的圈闭等。

2)地层超覆不整合油气藏

由于地层超覆,渗透性砂岩侧向被不渗透的基岩或沉积岩封堵形成油气藏,如乌力吉凹陷的北部斜坡等。

3)岩型尖灭油气藏

渗透性砂岩尖灭于不渗透的泥质岩中形成封堵,油气聚集形成的油气藏。该类油气藏可能存在于各个凹陷。

4)砂岩透镜体油气藏

砂岩透镜体被周围不渗透的烃源岩所包围形成油气聚集。该类油气藏存在于各凹陷中。

5)潜山油气藏

前中生界变质岩缝洞型储层,侧向直接与烃源岩相接或有通源断裂,其上被不渗透性泥质岩覆盖,从而形成油气藏。如查干凹陷巴润构造带上升盘的潜山,天草凹陷巴勒断阶带高断块上的潜山,都有可能形成潜山油气藏。

(二) 复式油气聚集带预测

银—额盆地各凹陷下白垩统和侏罗系含油气系统可能存在以二级构造带为主、多种油气藏纵向上叠置、横向上连片分布的多个复式油气聚集带。现分凹陷叙述可能存在的较有利的油气聚集带。

1. 查干德勒苏坳陷

1)查干凹陷

该凹陷可能存在四个复式油气聚集带(参见图 8-26)。

(1)巴润断背斜复式油气聚集带。

可能存在的油气藏有：①断块油气藏；②断鼻油气藏；③潜山油气藏。

(2) 毛敦火成岩接触复式油气聚集带。

可能存在的油气藏：①火成岩接触油气藏；②断鼻油气藏；③不整合地层油气藏。

(3) 海力素挤压背斜复式油气聚集带。

可能存在的油气藏：①挤压背斜油气藏；②不整合地层油气藏；③断鼻油气藏。

(4) 图拉格断鼻复式油气聚集带。

可能存在的油气藏：①断鼻油气藏；②逆引背斜油气藏；③岩性尖灭油气藏。

由含油气系统研究可知，毛敦和海力素两个复式油气聚集带最为有利，巴润为较有利复式油气聚集带，图拉格为较差复式油气聚集带。

2) 红果凹陷

该凹陷可能存在两个复式油气聚集带（图 8-35）。即东缘逆冲断裂复式油气聚集带和中央断鼻复式油气聚集带，其油气藏类型主要为断鼻和断块油气藏。

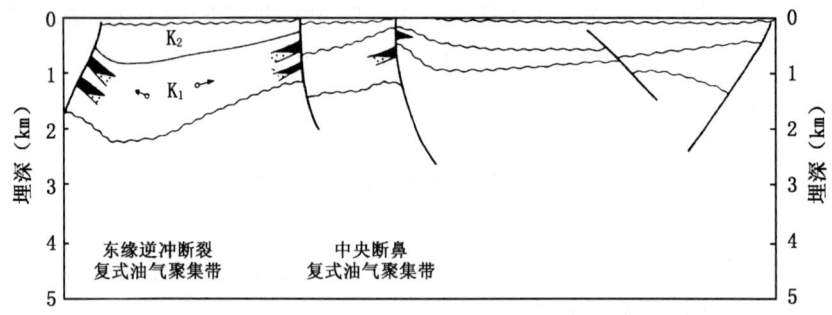

图 8-35　红果凹陷含油气系统剖面图（YG95—750）

2. 尚丹坳陷

1) 乌力吉凹陷

该凹陷可能存在两个较有利复式油气聚集带（参见图 8-22）。

(1) 南缘断鼻复式油气聚集带：可能存在断鼻和不整合地层油气藏。

(2) 北部斜坡复式油气聚集带：可能存在①砂岩尖灭油气藏，②砂岩透镜体油气藏，③地层超覆不整合油气藏。

2) 托来凹陷

托来凹陷可能存在两个较差的复式油气聚集带（图 8-36），北缘断鼻复式油气聚集带

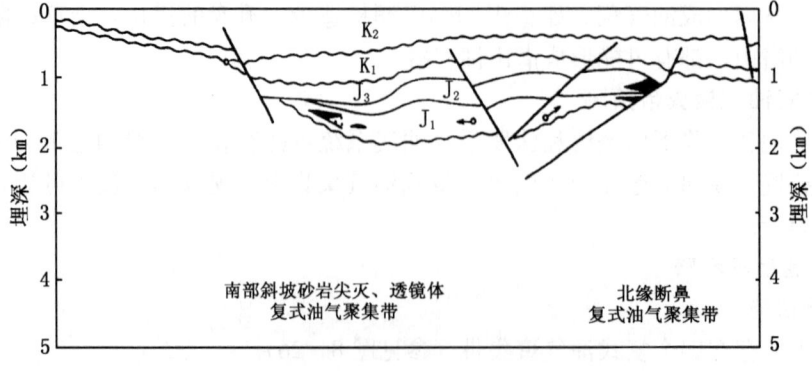

图 8-36　托来凹陷含油气系统剖面图（YG93—642）

和南部斜坡复式油气聚集带。存在的油气藏类似于乌力吉凹陷。

3. 务桃亥坳陷

梭梭头、哨马营和湖西新村三个凹陷结构类似，均为南断北超，都可能存在两个差的复式油气聚集带：南缘断鼻复式油气聚集带和北部斜坡复式油气聚集带。可能存在的油气藏类型与乌力吉凹陷类似（图8-37、图8-38、图8-39）。

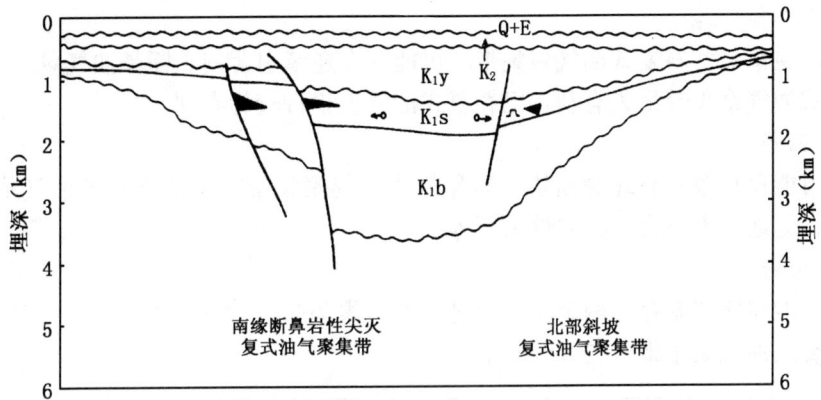

图8-37 梭梭头凹陷含油气系统剖面图（YG94—497）

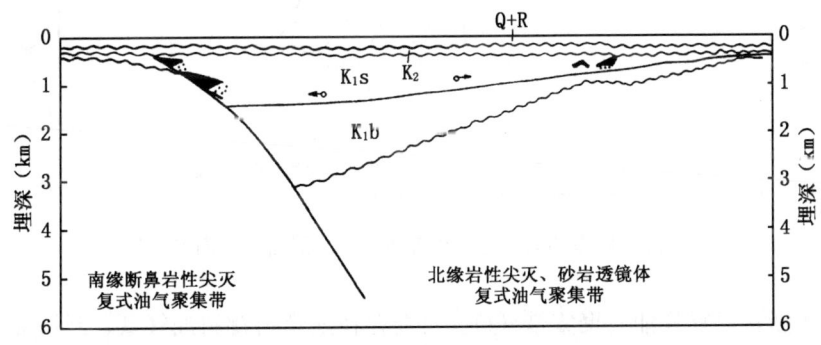

图8-38 哨马营凹陷含油气系统剖面图（YG94—473）

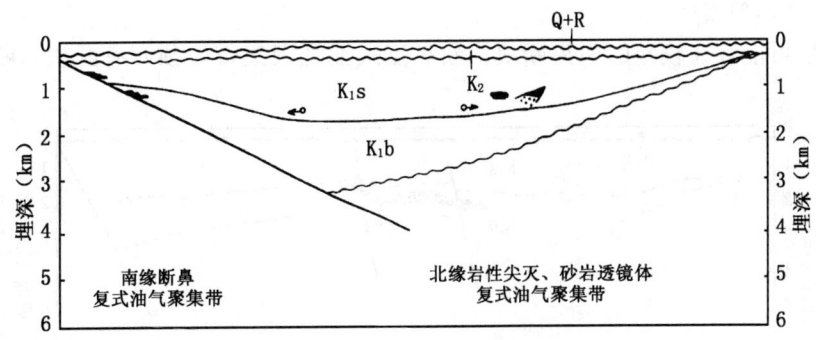

图8-39 湖西新村凹陷含油气系统剖面图（EJ88—509）

4. 居延海坳陷

1) 天草凹陷

该凹陷可能存在两个复式油气聚集带（参见图8-28）。

(1) 巴勒断块、断鼻复式油气聚集带。

双巴勒断阶带为主体，可能存在的油气藏的有：①断块；②断鼻；③岩性尖灭；④砂岩透镜体；⑤不整合地层。

(2) 哈尔逆牵引背斜复式油气聚集带。可能存在逆牵引背斜、断鼻油气藏。

哈尔复式油气聚集带最为有利，巴勒复式油气聚集带较为有利。

2) 路井凹陷

该凹陷可能存在较有利北缘断块、断鼻复式油气聚集带。可能存在的油气藏有：①断块；②断鼻；③地层不整合；④岩性尖灭等。

3) 居东凹陷

该凹陷可能在侏罗系存在两个较差的复式油气聚集带（参见图8-20）。在白垩系存在一个较差的复式油气聚集带（图8-40）。

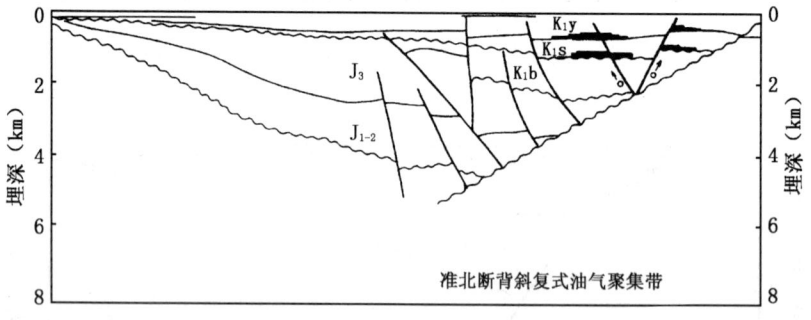

图8-40　居东凹陷下白垩统含油气系统剖面图（EJ95—613）

(1) 淮北断背斜复式油气聚集带（J）。可能存在逆牵引背斜油气藏、断块油气藏等。

(2) 南部斜坡复式油气聚集带。可能存在不整合地层、砂岩尖灭、砂岩透镜体等油气藏。

(3) 淮北断背斜复式油气聚集带（K_1）。可能存在逆牵引背斜、断块、断鼻等油气藏。

4) 格朗乌苏凹陷

东部区块可能存在较差的中央断块、断鼻复式油气聚集带，预测有断块、断鼻油气藏（图8-41）。

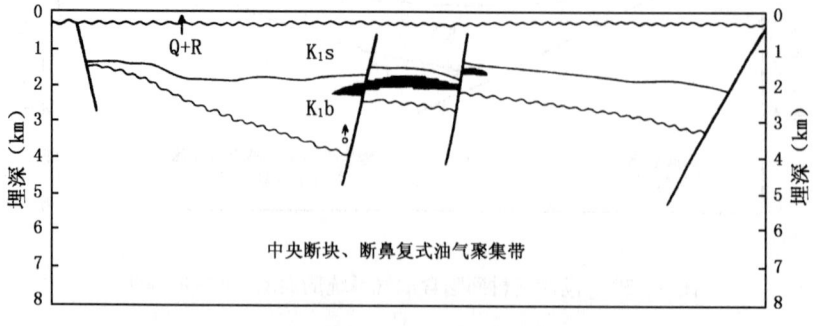

图8-41　格郎乌苏凹陷含油气系统剖面图（EJ96—583）

5. 苏红图坳陷

1) 哈日凹陷

该凹陷可能存在较好的勒图斜坡断鼻复式油气聚集带和较差的沙布尔次凹断鼻复式油气聚集带（图8-30）。可能存在逆牵引背斜、断鼻、断块等油气藏。

2) 艾勒凹陷

该凹陷可能存在两个较差的复式油气聚集带（图8-42），即南部斜坡不整合地层岩性尖灭复式油气聚集带和北缘断鼻复式油气聚集带。预测有断块、断鼻、岩性尖灭油气藏。

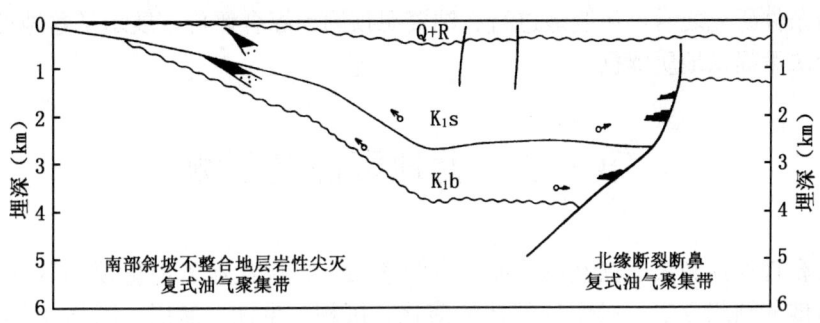

图8-42 艾勒凹陷含油气系统剖面图（YG94—658）

参 考 文 献

[1] 张虎权，王新民．查干凹陷下白垩统含油气系统特征及油气勘探方向．西北油气勘探，1999，11（3）：14～20

[2] 郭彦如，王新民，刘文玲．银根—额济纳旗盆地含油气系统与油气勘探前景．大庆石油地质与开发，2000，19（6）：4～8

[3] 王新民，郭彦如，马龙，张虎权．银—额盆地侏罗—白垩系油气超系统特征及勘探方向．地球科学进展，2001，16（4）：490～495

[4] 郭彦如．银额盆地查干断陷闭流湖盆层序类型的控制因素与形成机理．沉积学报，2004，22（2）：295～301

[5] 陈建平，刘明明，刘传虎等．深水环境层序边界体系域的划分—以银根盆地查干凹陷下白垩统为例．石油勘探与开发，2005，32（1）：27～29

[6] 卢崇宁，李保林，刘忠群．巴丹吉林盆地麻木乌素凹陷基岩油气成藏条件分析．古潜山，1999（1）：9～13

[7] 卢崇宁，段春节，康新义等．巴丹吉林盆地麻木乌素凹陷基岩含油气特征及成藏条件分析．石油实验地质，1999，21（3）：251～255

[8] 裘亦楠，薛淑浩，赵徵林等．油气储层评价技术．北京：石油工业出版社，1994

[9] 徐怀大．泥质沉积物的压实．北京：地质出版社，1984

[10] 陈发景，徐怀大．压实与油气运移．武汉：中国地质大学出版社，1989

[11] 李明诚．石油与天然气运移（第一版）．北京：石油工业出版社，1987

[12] 李明诚．石油与天然气运移（第三版）．北京：石油工业出版社，2004

[13] 傅家谟，刘德汉主编．天然气运移、储集及封盖条件．北京：科学出版社，1992

第九章 盆地油气资源评价

银—额盆地资源评价是在盆地石油地质、地球物理、钻井等资料的研究基础上，对盆地石油地质条件研究之后，系统地进行石油资源预测和综合评价，展示了盆地的勘探前景，为盆地勘探决策提供地质依据。

第一节 盆地资源量预测

为了较合理地预测银—额盆地的油气资源潜力，本次盆地资源量预测尽可能选用较多的适合本盆地的预测方法，以便从盆地的演化、沉积、生油、储层、圈闭及其他各项地质因素的配置关系等不同的方面对该盆地的含油气潜力做出较客观的分析[1—4]。在盆地资源量预测方面，一共采用了5种方法，最后采用加权系数法综合出盆地的油气资源量。

一、资源量预测方法及结果

（一）氯仿沥青"A"法

1. 计算方法和原理

该法是利用烃源岩的残留烃量求出生烃量，再通过排烃系数和聚集系数求出远景资源量。其计算公式如下：

$$Q_{残} = S \cdot H \cdot D \cdot A \tag{9-1}$$

$$Q_{生} = Q_{残}/(1-K) \tag{9-2}$$

$$Q_{聚} = Q_{生} \cdot \alpha \tag{9-3}$$

式中　S——成熟烃源岩面积，km^2；

　　　H——成熟烃源岩厚度，km；

　　　D——烃源岩比重，$10^9 t/km^3$；

　　　A——氯仿沥青"A"含量，%；

　　　K——排烃系数，%；

　　　α——聚集系数，%；

　　　$Q_{残}$——残留烃量，$10^8 t$；

　　　$Q_{生}$——生烃量，$10^8 t$；

　　　$Q_{聚}$——聚集量或资源量，$10^8 t$。

2. 参数选择

1）成熟烃源岩面积、厚度的确定

根据岩相古地理、烃源岩评价研究结果所得出的烃源岩综合评价图、烃源岩厚度图、生烃门限深度结合最新钻探成果做出有效烃源岩厚度图，再用求积仪求取各凹陷成熟烃源岩面积，利用网格法求取各凹陷成熟烃源岩平均厚度。

2）烃源岩岩石比重的确定

盆地烃源岩岩石比重以查参 1 井中子—密度测井资料为基础，取 1000m（生烃门限）以下泥岩岩石比重的平均值并参考经验值取 $23×10^8 t/km^3$。

3）氯仿沥青"A"、有机碳含量、总烃含量

根据盆地各坳陷石油地质条件及构造特征分析认为：查干德勒苏、苏红图、居延海、务桃亥坳陷构造格架、地层分布相同，均以下白垩统为目的层，可采用查参 1 井、天 1 井资料；务桃亥坳陷采用务参 1 井实测值；居东凹陷侏罗系采用居参 1 井实测值。由于居参 1 井钻遇白垩系烃源岩未成熟，所以，居参 1 井白垩系不能代表居东凹陷，采用天 1 井资料。尚丹、苏亥图坳陷及达古断陷具有相似性，无钻井资料，因而，白垩系地层以巴隆乌拉、额勒斯台、塔布陶勒盖剖面的平均值为代表，侏罗系以红 201 井、红柳沟剖面为代表。

4）干酪根热解烃产率

我国学者邬立言、杨万里等获得的 I 型干酪根热裂解烃产率为 43%，II 型为 16%～28%，III 型为 10% 左右[5,6]。分析本区各坳陷、各层系石油地质条件，白垩系烃源岩干酪根类型以 II 型为主，侏罗系烃源岩以 III 型为主，因此，全区取值 12%～18% 之间，具体取值见表 9-1。

表 9-1 氯仿沥青"A"法参数选值及计算结果表

一级构造单元（坳陷）	二级构造单元（凹陷）	层位	成熟烃源岩面积（km²）	成熟烃源岩厚度（m）	氯仿沥青"A"含量（%）	总烃（%）	干酪根热解烃产率（%）	排烃系数（%）	生烃量（×10⁸t）			资源量（×10⁸t）		
									单层	凹陷	坳陷	单层	凹陷	坳陷
查干德勒苏	查干	K_1s	1090	0.20	0.0533	490	18	79	18.45	40.16	51.37	1.11	2.41	3.08
		K_1b	750	0.63	0.0543	450	18	71	21.71			1.3		
	白云	K_1s	380	0.14	0.0533	490	15	74	2.51	9.17		0.15	0.55	
		K_1b	640	0.30	0.0543	450	15	64	6.66			0.4		
	红果	K_1b	310	0.19	0.0543	450	15	64	2.04	2.04		0.12	0.12	
尚丹	乌力吉	K_1b	310	0.20	0.0703	770	18	81	5.28	12.78	17.69	0.32	0.77	1.07
		J	300	0.4	0.0516	416	12	81	7.5			0.45		
	托来	K_1b	90	0.14	0.0703	770	18	81	1.11	4.91		0.07	0.3	
		J	380	0.16	0.0516	416	12	81	3.8			0.23		
苏红图	哈日	K_1s	100	0.1	0.0198	120	15	94	0.76	24.07	37.39	0.04	1.44	2.24
		K_1b	530	0.51	0.1425	990	15	62	23.31			1.4		
	巴北	K_1s	50	0.27	0.0198	120	15	94	1.02	3.31		0.06	0.2	
		K_1b	190	0.14	0.1425	990	15	62	2.29			0.14		
	艾西	K_1s	250	0.27	0.0198	120	15	94	5.12	10.01		0.31	0.6	
		K_1b	270	0.21	0.1425	990	15	62	4.89			0.29		

续表

一级构造单元（坳陷）	二级构造单元（凹陷）	层位	成熟烃源岩面积（km²）	成熟烃源岩厚度（m）	氯仿沥青"A"含量（%）	总烃（%）	干酪根热解烃产率（%）	排烃系数（%）	生烃量（×10⁸t）			资源量（×10⁸t）		
									单层	凹陷	坳陷	单层	凹陷	坳陷
居延海	居东	K₁b	200	0.35	0.1425	990	15	62	6.03	23.25		0.36	1.39	
		J	440	0.2	0.0936	270	12	89	17.22			1.03		
	路井	K₁s	330	0.25	0.0198	120	15	94	6.26	13.92		0.38	0.84	
		K₁b	370	0.24	0.1425	990	15	62	7.66			0.46		
	天草	K₁s	410	0.2	0.0198	120	15	94	6.22	22.88	73.02	0.37	1.33	4.35
		K₁b	380	0.49	0.1425	990	15	62	16.66			0.96		
	格朗乌苏	K₁s	100	0.15	0.0198	120	15	94	1.14	9.77		0.07	0.59	
		K₁b	500	0.2	0.1425	990	15	62	8.63			0.52		
	吉格达	K₁s	130	0.23	0.0198	120	15	94	2.27	3.2		0.14	0.2	
		K₁b	60	0.18	0.1425	990	15	62	0.93			0.06		
务桃亥	拐子湖	K₁b	400	0.2	0.0163	173	12	88	2.5	2.5	3.53	0.15	0.15	0.21
	胡西新村	K₁b	70	0.15	0.0163	173	12	88	0.33	0.33		0.02	0.02	
	梭梭头	K₁b	150	0.15	0.0163	173	12	88	0.7	0.7		0.04	0.04	
合 计		K₁	8060							154.48			9.24	
		J	1120							28.52			1.71	
		K₁+J	9180							183.0			10.95	
达古	拐子湖	K₁b	150	0.15	0.0703	770	15	76	1.52	6.2		0.09	0.37	
		J	300	0.25	0.0516	416	12	81	4.68			0.28		
	敖西南	K₁b	140	0.2	0.0703	770	15	76	1.88	7.13	38.31	0.11	0.42	2.29
		J	280	0.3	0.0516	416	12	81	5.25			0.31		
	炭炭海子	K₁b	400	0.2	0.0703	770	15	76	4.98	24.98		0.3	1.5	
		J	800	0.4	0.0516	416	12	81	20.0			1.2		
苏亥图	锡勒	K₁b	400	0.2	0.0703	770	15	76	5.39	30.37	43.78	0.32	1.82	2.62
		J	800	0.5	0.0516	416	12	81	24.98			1.5		
	因格井	K₁b	300	0.2	0.0703	770	15	76	4.04	13.41		0.24	0.8	
		J	500	0.3	0.0516	416	12	81	9.37			0.56		
总 计		K₁	9450							172.29			10.3	
		J	3800							92.8			5.56	
		K₁+J	13250							265.09			15.86	

5）排烃系数

排烃系数是指烃类自烃源岩中排出后的初次运移量与总生烃潜量之比的百分数。据松辽盆地根据地质、地球化学资料，结合热模拟实验，得出求取排烃系数公式如下：

$$K_{排} = \frac{1-(1-\beta) \cdot HC}{\beta(1.22C-A)} \tag{9-4}$$

式中　β——干酪根热解烃产率，%；

　　　HC——单位重量烃源岩总烃含量，$\mu g/g$；

　　　A——单位重量烃源岩氯仿沥青"A"含量，%；

　　　C——单位重量烃源岩有机碳含量，%。

按式（9-4）计算的排烃系数与实际情况比较接近，因此，我们采用该公式利用银—额盆地实际地化及热模拟试验资料确定本盆地各凹陷烃源岩的排烃系数。

6）聚集系数

聚集系数是指烃类从烃源岩中排出后通过输导层运移到圈闭中的聚集量与总生烃潜量的百分比。据李惠芬等人（1993）对中国东部12个中新生代含油气盆地的研究结果，提出了中新生代盆地（凹陷）聚集系数分级标准，即Ⅰ类（>10%）；Ⅱ类（10%～5%）；Ⅲ类（<5%）❶。并且李惠芬等人（1993）得出二连盆地阿南凹陷下白垩统烃源岩的排聚系数为8.3%，胡见义等人（1995）对吐哈盆地进行模拟计算得出吐哈盆地中下侏罗统烃源岩的排聚系数为2%～6%❷。银—额盆地介于二连盆地与吐哈盆地之间，紧临二连盆地，与二连、吐哈盆地的石油地质条件比较相似，我们将银—额盆地各生烃凹陷的参数与上述两盆地类比，结合李惠芬等人的分级标准，盆地大部分凹陷与Ⅱ、Ⅲ类凹陷相符。因此确定本盆地各凹陷烃源岩的排聚系数为6%。

3. 计算结果

将上述各项参数代入式（9-1）—式（9-4）即得计算结果，计算参数及计算结果见表9-1。

（二）干酪根热压模拟产烃率法

1. 计算方法及原理

该法采用不同类型干酪根在不同演化阶段的裂解烃产率、有机碳恢复系数、有机碳含量、氯仿沥青"A"含量等参数，求取原始干酪根的含量和特定成熟阶段的某种干酪根的实际生烃量。其计算公式如下：

$$Q_{生} = (\alpha_1 \cdot C - A) \cdot S \cdot H \cdot D \cdot \beta/(1-\beta) \tag{9-5}$$

$$Q_{聚} = Q_{生} \cdot \alpha$$

式中　$Q_{生}$——生烃量，$10^8 t$；

　　　S——成熟烃源岩面积，km^2；

　　　H——成熟烃源岩厚度，km；

　　　D——烃源岩密度，$10^9 t/km^3$；

　　　A——氯仿沥青"A"含量，%；

　　　C——有机碳含量，%；

　　　β——干酪根热解烃产率，%；

　　　α_1——有机碳恢复系数。

2. 参数选取

（1）成熟烃源岩面积、厚度取值方法同氯仿沥青"A"法。

---

❶ 李惠芬等，中国中新生代含油气盆地油气聚集系数研究，北京石油勘探开发研究院，1993。

❷ 胡见义等，吐哈盆地分析及油气资源评价，北京石油勘探开发研究院，1995。

(2) 烃源岩密度取 $2.3 \times 10^9 \text{t/km}^3$。

(3) 氯仿沥青"A"、有机碳含量、干酪根热解烃产率依据各凹陷附近露头剖面及钻井有机地化资料适当取值,同氯仿沥青"A"法。

(4) 有机碳恢复系数取经验值 1.22。

3. 计算结果

将上述参数分别代入式(9-5)、式(9-3)求取生烃量及资源量。计算参数及计算结果见表 9-2。

表 9-2 干酪根热压模拟产烃率法参数选值及计算结果表

一级构造单元(坳陷)	二级构造单元(凹陷)	层位	成熟烃源岩面积 (km²)	成熟烃源岩厚度 (m)	氯仿沥青"A"含量 (%)	总烃 (%)	干酪根热解烃产率 (%)	生烃量 ($\times 10^8$ t)			资源量 ($\times 10^8$ t)		
								单层	凹陷	坳陷	单层	凹陷	坳陷
查干德勒苏	查干	K_1s	1090	0.20	0.0533	490	18	16.67	33.71	43.24	1.0	2.02	2.59
		K_1b	750	0.63	0.0543	450	18	17.04			1.02		
	白云	K_1s	380	0.14	0.0533	490	15	2.25	7.82		0.14	0.47	
		K_1b	640	0.30	0.0543	450	15	5.57			0.33		
	红果	K_1b	310	0.19	0.0543	450	15	1.71	1.71		0.1	0.10	
尚丹	乌力吉	K_1b	310	0.20	0.0703	770	18	5.78	11.74	15.93	0.35	0.71	0.96
		J	300	0.4	0.0516	416	12	5.96			0.36		
	托来	K_1b	90	0.14	0.0703	770	18	1.17	4.19		0.07	0.25	
		J	380	0.16	0.0516	416	12	3.02			0.18		
苏红图	哈日	K_1s	100	0.1	0.0198	120	15	0.44	16.68	25.23	0.03	1.0	1.52
		K_1b	530	0.51	0.1425	990	15	16.24			0.97		
	巴北	K_1s	50	0.27	0.0198	120	15	0.59	2.19		0.04	0.14	
		K_1b	190	0.14	0.1425	990	15	1.6			0.1		
	艾西	K_1s	250	0.27	0.0198	120	15	2.95	6.36		0.18	0.38	
		K_1b	270	0.21	0.1425	990	15	3.14			0.2		
居延海	居东	K_1b	200	0.35	0.1425	990	15	4.21	9.17	41.51	0.25	0.55	2.5
		J	440	0.2	0.0936	270	12	4.96			0.3		
	路井	K_1s	330	0.25	0.0198	120	15	3.61	8.94		0.22	0.54	
		K_1b	370	0.24	0.1425	990	15	5.33			0.32		
	天草	K_1s	410	0.2	0.0198	120	15	3.59	14.78		0.22	0.89	
		K_1b	380	0.49	0.1425	990	15	11.19			0.67		
	格朗乌苏	K_1s	100	0.15	0.0198	120	15	0.66	6.66		0.04	0.4	
		K_1b	500	0.2	0.1425	990	15	6.0			0.36		
	吉格达	K_1s	130	0.23	0.0198	120	15	1.31	1.96		0.08	0.12	
		K_1b	60	0.18	0.1425	990	15	0.65			0.04		
务桃亥	拐子湖	K_1b	400	0.2	0.0163	173	12	3.49	3.49	4.56	0.21	0.21	0.27
	胡西新村	K_1b	70	0.15	0.0163	173	12	0.35	0.35		0.02	0.02	
	梭梭头	K_1b	150	0.15	0.0163	173	12	0.72	0.72		0.04	0.04	

续表

一级构造单元（坳陷）	二级构造单元（凹陷）	层位	成熟烃源岩面积（km²）	成熟烃源岩厚度（m）	氯仿沥青"A"含量（%）	总烃（%）	干酪根热解烃产率（%）	生烃量（×10⁸t）单层	生烃量（×10⁸t）凹陷	生烃量（×10⁸t）坳陷	资源量（×10⁸t）单层	资源量（×10⁸t）凹陷	资源量（×10⁸t）坳陷
合　计		K₁	K₁						116.53			7.00	
		J	J						13.94			0.84	
		K₁+J	K₁+J						130.47			7.84	
达古	拐子湖	K₁b	150	0.15	0.0703	770	15	1.68	5.4	33.55	0.1	0.32	2.01
		J	300	0.25	0.0516	416	12	3.72			0.22		
	敖西南	K₁b	140	0.2	0.0703	770	15	2.1	6.27		0.13	0.38	
		J	280	0.3	0.0516	416	12	4.17			0.25		
	炭炭海子	K₁b	400	0.2	0.0703	770	15	5.99	21.88		0.36	1.31	
		J	800	0.4	0.0516	416	12	15.89			0.95		
苏亥图	锡勒	K₁b	400	0.2	0.0703	770	15	5.99	25.84	37.78	0.36	1.55	2.27
		J	800	0.5	0.0516	416	12	19.85			1.19		
	因格井	K₁b	300	0.2	0.0703	770	15	4.49	11.94		0.27	0.72	
		J	500	0.3	0.0516	416	12	7.45			0.45		
总　计		K₁	K₁						136.78			8.22	
		J	J						65.02			3.9	
		K₁+J	K₁+J						201.8			12.12	

（三）干酪根产烃量法

1. 计算方法及原理

该法是利用不同干酪根的产烃量与烃源岩重量来计算生烃量和资源量的方法，关键是研究不同干酪根的产烃量。其计算公式如下：

$$Q_{生} = V \cdot D \cdot K_c = S \cdot H \cdot D \cdot K_c \tag{9-6}$$

式中　$Q_{生}$——生烃量，10^8t；

　　　V——成熟烃源岩体积，km³；

　　　S——成熟烃源岩面积，km²；

　　　H——成熟烃源岩厚度，km；

　　　D——烃源岩密度，10^9t/km³；

　　　K_c——干酪根产烃量，kg/t。

2. 参数选取

（1）成熟烃源岩面积、厚度、岩石比重的取值同氯仿沥青"A"法。

（2）干酪根产烃量：Tissot等人经过大量的模拟实验研究认为：Ⅰ类干酪根产烃量为6kg/t；Ⅱ类干酪根产烃量为2～6kg/t；Ⅲ类干酪根产烃量小于2kg/t[7]。据对银—额盆地烃源岩评价研究认为，本盆地白垩系烃源岩主要为Ⅱ—Ⅲ型干酪根，侏罗系烃源岩主要为Ⅲ型。参考二连、吐哈盆地同类生烃凹陷（盆地）的干酪根产烃量，则本盆地白垩系烃源岩产烃量（K_c）取1.8～2kg/t，侏罗系烃源岩取1.5kg/t较为合适。

3. 计算结果

将上述参数分别代入式（9-6）、式（9-3）求取生烃量及资源量，计算参数及计算结果见表9-3。

表9-3　干酪根产烃量法参数选值及计算结果表

一级构造单元（坳陷）	二级构造单元（凹陷）	层位	成熟烃源岩面积（km²）	成熟烃源岩厚度（m）	成熟烃源岩体积（km³）	干酪根产烃量（kg/t）	生烃量（×10⁸t） 单层	生烃量（×10⁸t） 凹陷	生烃量（×10⁸t） 坳陷	资源量（×10⁸t） 单层	资源量（×10⁸t） 凹陷	资源量（×10⁸t） 坳陷
查干德勒苏	查干	K₁s	1090	0.20	316.1	2	14.54	36.28	48.74	0.87	2.17	2.92
		K₁b	750	0.63	472.5	2	21.74			1.3		
	白云	K₁s	380	0.14	53.2	1.8	2.2	10.15		0.13	0.61	
		K₁b	640	0.30	192.0	1.8	7.95			0.48		
	红果	K₁b	310	0.19	58.0	1.8	2.31	2.31		0.14	0.14	
尚丹	乌力吉	K₁s	310	0.20	62.0	2	2.85	6.99	9.67	0.17	0.42	0.58
		J	300	0.4	120.0	1.5	4.14			0.25		
	托来	K₁b	90	0.14	12.6	2	0.58	2.68		0.03	0.16	
		J	380	0.16	60.8	1.5	2.1			0.13		
苏红图	哈日	K₁s	100	0.1	10.0	1.8	0.41	12.84	19.64	0.02	0.77	1.18
		K₁b	530	0.51	270.3	2	12.43			0.75		
	巴北	K₁s	50	0.27	13.5	1.8	0.56	1.66		0.03	0.1	
		K₁b	190	0.14	26.6	1.8	1.1			0.07		
	艾西	K₁s	250	0.27	67.5	1.8	2.79	5.14		0.17	0.31	
		K₁b	270	0.21	56.7	1.8	2.35			0.14		
居延海	居东	K₁b	200	0.35	70.0	1.8	5.8	8.84	35.26	0.35	0.53	2.11
		J	440	0.2	88.0	1.5	3.04			0.18		
	路井	K₁s	330	0.25	82.5	1.8	3.42	7.5		0.2	0.45	
		K₁b	370	0.24	88.8	2	4.08			0.25		
	天草	K₁s	410	0.2	82.0	1.8	3.39	11.96		0.2	0.71	
		K₁b	380	0.49	186.2	2	8.57			0.51		
	格朗乌苏	K₁s	100	0.15	15.0	1.8	0.62	5.22		0.04	0.32	
		K₁b	500	0.2	100.0	2	4.6			0.28		
	吉格达	K₁s	130	0.23	29.9	1.8	1.24	1.74		0.07	0.1	
		K₁b	60	0.18	10.8	2	0.5			0.03		
务桃亥	拐子湖	K₁b	400	0.2	80.0	1.8	3.32	3.32	4.46	0.2	0.2	0.27
	胡西新村	K₁b	70	0.15	10.5	1.5	0.36	0.36		0.02	0.02	
	梭梭头	K₁b	150	0.15	22.5	1.5	0.78	0.78		0.05	0.05	
合　计		K₁			2390.1		108.49			6.5		
		J			268.8		9.28			0.56		
		K₁+J			2658.9		117.77			7.06		

续表

一级构造单元（坳陷）	二级构造单元（凹陷）	层位	成熟烃源岩面积（km²）	成熟烃源岩厚度（m）	成熟烃源岩体积（km³）	干酪根产烃量（kg/t）	生烃量（×10⁸t）			资源量（×10⁸t）		
							单层	凹陷	坳陷	单层	凹陷	坳陷
达古	拐子湖	K₁b	150	0.15	22.5	1.8	0.93	3.52	21.93	0.06	0.22	1.32
		J	300	0.25	75.0	1.5	2.59			0.16		
	敖西南	K₁b	140	0.2	28.0	1.8	1.16	4.06		0.07	0.24	
		J	280	0.3	54.0	1.5	2.9			0.17		
	炭炭海子	K₁b	400	0.2	80.0	1.8	3.31	14.35		0.2	0.86	
		J	800	0.4	320.0	1.5	11.04			0.66		
苏亥图	锡勒	K₁b	400	0.2	80.0	1.8	3.31	17.11	24.67	0.2	1.03	1.49
		J	800	0.5	400.0	1.5	13.80			0.83		
	因格井	K₁b	300	0.2	60.0	1.8	2.48	7.56		0.15	0.46	
		J	500	0.3	150.0	1.5	5.08			0.31		
总 计		K₁	K₁		2660.6		119.68			7.18		
		J	J		1267.8		44.69			2.69		
		K₁+J	K₁+J		3928.4		164.37			9.87		

（四）沉积岩体积速率法

1. 计算方法及原理

沉积岩体积速率法认为充填盆地沉积物的平均体积速度是控制沉积盆地含油气丰度诸多地质因素中的最主要因素。体积速度越大，代表盆地内堆积的沉积岩体积及有机物的含量越大，并易于形成还原环境，有利于有机质的保存和向烃类转化，因而，油气储量也就可能越多。

沉积岩体积速率法的通式为：

$$\lg Q = A + B\lg v \tag{9-7}$$

式中 Q——资源量，10^6 t；

v——沉积速率，10^3 km³/Ma，v = 沉积体积/沉积经历时间。

系数 A 和 B 的值不同学者根据其研究对象得出的值各不相同。

贾维同（1983）对我国 206 个盆地的沉积速率与油气储量关系进行研究得出的公式为：

$$\lg Q = 3.21 + 1.31\lg v \tag{9-8}$$

通过对渤海湾盆地 12 个勘探程度较高的凹陷研究后得出的关系式为：

$$\lg Q = 3.415 + 1.45\lg v \tag{9-9}$$

他们同时指出使用上述公式计算盆地总资源量时，盆地应具备以下条件：

（1）盆地内某个地质时期必须有凹陷内的沉积，厚度在 2km 以上；

（2）具有还原环境及有利于有机质保存和向烃类转化的条件；

（3）盆地内的某些层系已证实具有工业性的烃类聚集。

分析银—额盆地基本石油地质条件认为，盆地各凹陷基本具备上述条件，故可采用该方法预测盆地的油气资源量。本区查干、天草、哈日等大部分凹陷的石油地质条件与渤海湾盆地可以类比，宜采用式（9-9）计算盆地资源量。本区烃源岩为下白垩统苏红图组、巴音戈壁组及中下侏罗统，因此，我们以这三套层系为计算单元计算资源量。

2. 参数选取

1）分层系沉积岩体积

以本次编制各层系地层等厚图的叠合区范围为边界计算各凹陷分层系面积、沉积岩体积，具体取值见表9-4。

表9-4 沉积岩体积速度法参数选值及计算结果表

一级构造单元（坳陷）	二级构造单元（凹陷）	层位	沉积岩面积（km²）	沉积岩厚度（m）	沉积岩体积（km³）	沉积时间（Ma）	沉积速率（km³/Ma）	资源量（×10⁸t）		
								单层	凹陷	坳陷
查干德勒苏	查干	K_1s	1500	1.0	1500	15	100	0.92	1.95	3.06
		K_1b	1500	1.8	2700	25	108	1.03		
	白云	K_1s	1000	1.0	1000	15	66.67	0.51	0.75	
		K_1b	1000	1.0	1000	25	40	0.24		
	红果	K_1b	1100	1.9	2100	40	52.5	0.36	0.36	
尚丹	乌力吉	K_1b	800	1.2	960	25	38.4	0.16	0.28	0.49
		J	1000	1.5	1200	50	24	0.12		
	托来	K_1b	1000	0.5	500	25	20	0.09	0.21	
		J	1000	1.2	1200	50	24	0.12		
苏红图	哈日	K_1s	1100	1.0	1100	15	73.33	0.59	1.16	1.83
		K_1b	1000	1.8	1800	25	72	0.57		
	巴北	K_1s	800	0.8	640	15	42.67	0.27	0.3	
		K_1b	400	0.6	240	25	9.6	0.03		
	艾西	K_1s	1000	0.6	600	15	40	0.24	0.37	
		K_1b	900	0.7	6300	25	25.2	0.13		
居延海	居东	K_1b	1000	1.2	1200	30	40	0.24	0.48	3.7
		J	1300	1.5	1950	50	39	0.24		
	路井	K_1s	900	1.0	900	10	90	0.79	1.03	
		K_1b	650	1.5	975	25	39	0.24		
	天草	K_1s	900	1.0	900	10	90	0.79	1.17	
		K_1b	850	1.6	1360	25	54.4	0.38		
	格朗乌苏	K_1s	800	0.6	480	10	48	0.29	0.61	
		K_1b	1600	0.7	1120	25	44.8	0.32		
	吉格达	K_1s	400	1.3	520	10	52	0.36	0.41	
		K_1b	350	1.0	350	25	14	0.05		
务桃亥	拐子湖	K_1b	1500	1.0	1500	40	37.5	0.22	0.22	0.56
	胡西新村	K_1b	800	1.2	960	40	24	0.12	0.12	
	梭梭头	K_1b	1000	1.5	1500	40	37.5	0.22	0.22	

续表

一级构造单元（坳陷）	二级构造单元（凹陷）	层位	沉积岩面积（km²）	沉积岩厚度（m）	沉积岩体积（km³）	沉积时间（Ma）	沉积速率（km³/Ma）	资源量（×10⁸t）		
								单层	凹陷	坳陷
合　计		K_1	23850		26535			9.16		
		J	3300		4350			0.48		
		K_1+J	27150		30885			9.64		
达古	拐子湖	K_1b	1000	0.5	500	40	12.5	0.05	0.11	1.58
		J	800	1.0	800	50	16	0.06		
	敖西南	K_1b	800	0.5	400	40	10	0.03	0.07	
		J	600	1.0	600	50	12	0.04		
	炭炭海子	K_1b	3000	1.0	3000	40	75	0.61	1.4	
		J	3000	1.5	4500	50	90	0.79		
苏亥图	锡勒	K_1b	3500	1.0	3500	40	87.5	0.76	1.55	1.74
		J	3000	1.5	4500	50	90	0.79		
	因格井	K_1b	1800	0.5	900	40	22.5	0.1	0.19	
		J	1000	1.0	1000	50	20	0.09		
总　计		K_1	33950		34835			10.71		
		J	11700		15750			2.25		
		K_1+J	45650		50585			12.96		

2) 沉积时间的确定

根据最新地质年代表[8]，确定银—额盆地各层系地层的沉积时间（表9-4）。

3. 计算结果

将上述参数代入式（9-9）求取资源量，计算参数及计算结果见表9-4。

（五）盆地模拟法

由于银—额盆地各凹陷勘探程度不一，此次只对查干、居东、天草、梭梭头、乌力吉、哈日等6个勘探程度较高的凹陷进行了一、二维盆地模拟。

1. 方法原理概述

参见本书第八章第二节。

2. 参数获取

盆地模拟涉及资料很多，对参数的要求也比较严格，由于本盆地勘探程度低，部分参数只能通过与相邻盆地（二连、吐哈盆地）类比获得。模拟过程所需原始参数参见第八章第二节。

3. 模拟结果

把各计算单元上述参数输入计算机，启动程序运算即可获得各区生油量、排油量、生气量、排气量、资源量及各类分析成果图件（表9-5）。

（六）盆地总资源量确定

前面分别采用了五种方法从沉积岩体积、生油条件以及盆地间全面比较和生、储、盖、圈、保的配置关系等不同方面对该盆地的油气资源潜力进行了各种可能性预测。由于资源量预测属于随机性质，因此要比较客观地估算盆地的油气资源潜力大小，必须对不同预测结果进行合理的综合。本次在综合确定盆地油气资源量时，考虑了各种方法的研究程度与应用条件的不同而导致预测结果的偏差，因此，在综合时视各方法所用资料情况和方法本身情况进行了加权处理并进行综合，最后得到银—额盆地油气总资源量当量区间值为 $9.87 \times 10^8 \sim 15.86 \times 10^8 t$，期望值为 $12.42 \times 10^8 t$（表 9-6）。

表 9-5 盆地模拟法计算生排烃量及资源量表

凹陷	层位	生油量 ($\times 10^8 t$)	排油量 ($\times 10^8 t$)	生气量 ($\times 10^8 t$)	排气量 ($\times 10^8 t$)	石油资源量 ($\times 10^8 t$)	天然气资源量 ($\times 10^{11} m^3$)	油气总资源量当量 ($\times 10^8 t$)
查干	$K_1 s$	1.66	0.92	0.97	0.55	0.10	0.06	1.38
	$K_1 b$	11.49	6.70	9.12	5.31	0.67	0.55	
乌力吉	$K_1 b$	0.06	0.03	0.002	0.0001			0.7
	J	14.37	8.19	0.95	0.68	0.66	0.04	
居东	$K_1 b$	0.11	0.06	0.02	0.01	0.006		0.91
	J	14.99	8.33	1.88	1.07	0.803	0.10	
哈日	$K_1 s$	1.93	0.89	0.65	0.32	0.11	0.02	0.96
	$K_1 b$	10.10	5.47	6.60	3.61	0.59	0.24	
天草	$K_1 s$	1.39	0.67	0.36	0.19	0.08	0.02	0.72
	$K_1 b$	6.36	3.72	3.94	2.31	0.38	0.24	
梭梭头	$K_1 s$	1.22	0.60	0.30	0.16	0.05	0.01	0.06
合计	K_1	34.32	19.06	21.96	12.46	1.99	1.14	4.03
	J	29.36	16.52	2.83	1.75	1.46	0.14	0.70
	$K_1 + J$	60.68	35.58	24.79	14.21	3.45	1.28	4.73

表 9-6 银—额盆地资源量预测结果表

一级构造单元（坳陷）	二级构造单元（凹陷）	层位	氯仿沥青"A"法 ($\times 10^8 t$)	干酪根热压模拟产烃率法 ($\times 10^8 t$)	干酪根产烃率法 ($\times 10^8 t$)	沉积岩体积速率法 ($\times 10^8 t$)	盆地模拟法 ($\times 10^8 t$)	资源量 凹陷 ($\times 10^8 t$)	资源量 坳陷 ($\times 10^8 t$)
查干德勒苏	查干	K_1	2.41	2.02	2.17	1.95	1.38	1.95	2.69
	白云	K_1	0.55	0.47	0.61	0.75		0.58	
	红果	K_1	0.12	0.1	0.14	0.36		0.16	
苏红图	哈日	K_1	1.44	1.0	0.77	1.16	0.96	1.05	1.64
	巴北	K_1	0.2	0.14	0.1	0.3		0.17	
	艾西	K_1	0.6	0.38	0.31	0.37		0.42	
务桃亥	拐子湖	K_1	0.15	0.21	0.2	0.22		0.19	0.3
	胡西新村	K_1	0.02	0.02	0.02	0.12		0.04	
	梭梭头	K_1	0.04	0.04	0.05	0.22	0.06	0.07	

续表

一级构造单元（坳陷）	二级构造单元（凹陷）	层位	氯仿沥青"A"法（×10⁸t）	干酪根热压模拟产烃率法（×10⁸t）	干酪根产烃量法（×10⁸t）	沉积岩体积速率法（×10⁸t）	盆地模拟法（×10⁸t）	资源量 凹陷（×10⁸t）	资源量 坳陷（×10⁸t）
居延海	居东	K₁	0.36	0.25	0.35	0.24	0.01	0.23	3.08
		J	1.03	0.3	0.18	0.24	0.9	0.57	
	路井	K₁	0.84	0.54	0.45	1.03		0.69	
	天草	K₁	1.33	0.89	0.71	1.17	0.72	0.93	
	格朗乌苏	K₁	0.59	0.4	0.32	0.610		0.47	
	吉格达	K₁	0.20	0.12	0.1	0.41		0.19	
尚丹	乌力吉	K₁	0.32	0.35	0.17	0.16		0.19	0.83
		J	0.45	0.36	0.25	0.12	0.7	0.41	
	托来	K₁	0.07	0.07	0.03	0.09		0.06	
		J	0.23	0.18	0.13	0.12		0.17	
合 计		K₁	9.24	7.0	6.5	9.16	3.13	7.39	7.39
		J	1.71	0.84	0.56	0.48	1.6	1.15	1.15
		K₁+J	10.95	7.84	7.06	9.64	4.73	8.54	8.54
达古	拐子湖	K₁	0.09	0.1		0.05		0.08	1.83
		J	0.28	0.22	0.16	0.06		0.19	
	敖西南	K₁	0.3	0.36	0.2	0.61		0.35	
		J	1.2	0.95	0.66	0.79		0.91	
	岌岌海子	K₁	0.11	0.13	0.17	0.03		0.12	
		J	0.31	0.25	0.2	0.04		0.18	
苏亥图	锡勒	K₁	0.32	1.36	0.2	0.76		0.38	2.05
		J	1.5	1.19	0.83	0.79		1.1	
	因格井	K₁	0.24	0.27	0.15	0.1		0.2	
		J	0.56	0.45	0.31	0.09		0.37	
权系数			1.5	1.5	1.5	1.0	2.0		
总 计		K₁	10.3	8.22	7.18	10.71	3.13	8.52	8.52
		J	5.56	3.9	2.69	2.25	1.6	3.9	3.9
		K₁+J	15.86	12.12	9.87	12.96	4.73	12.42	12.42

二、石油与天然气资源量比例预测

银—额盆地烃源岩主要为下白垩统和中下侏罗统的暗色泥岩，且各生油岩热演化程度适中，热演化系列完整，因此，盆地的石油与天然气资源可能较丰富，这点已为查干、路井、天草凹陷的钻探所证实。但盆地含油气比例到底有多大，这是一个较为复杂的问题，虽然一些资源估算方法可以估算盆地的石油、天然气资源量，但这些方法所借用的一些重要参数如产烃率图版等，是由实验所得，这些图版的获得受多种因素影响，因此，采用这些方法预测的石油、天然气资源量也同样具有一定的局限性。为消除预测结果的片面性，我们本次通过地质比较、资源预测及结合盆地的勘探成果分析等途径对这一问题进行初步探讨。

（一）地质比较法

当盆地的探明储量等于或已超过预测远景资源量时，发现一个沉积盆地内石油与天然气储量的比率同该盆地的大小、沉积岩厚度、中新生代断坳程度（埋深在2000m以下岩系所占体积百分比）、碳酸盐岩的体积百分比、含油气岩系地质时代、海相沉积岩占盆地沉积岩总体积百分比以及大沉积旋回数等有较密切的关系。

根据银—额盆地的地质特点，我们选择了两种关系曲线进行比较，通过图解法求出银—额盆地天然气资源量占油气总资源量的比例。具体做法如下：

（1）选择代表性曲线图（图9-1）。

（2）根据曲线图参数要求进行取值。

通过对银—额盆地有关参数研究，根据曲线图要求对相关参数进行了比较和取值，然后对油气比例进行了预测，结果列于表9-7。我们取平均值可知银—额盆地天然气占油气总资源量的比例为19.5%，即气油比为0.24∶1。

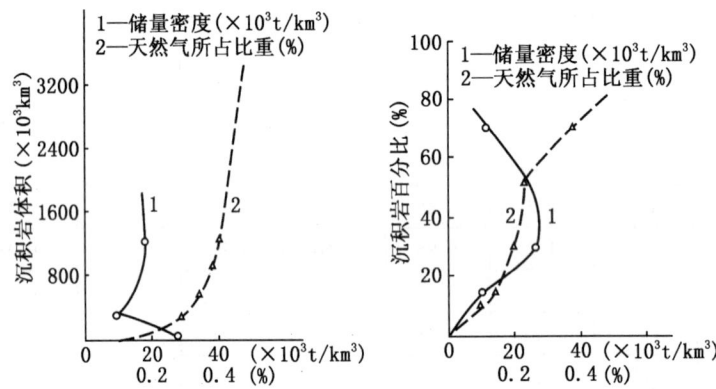

A　沉积盆地规模　　　　　B　深度大于2km的沉积岩百分比

图9-1　油气资源比例预测曲线图

表9-7　图解法对油气比例预测结果表

类比项目	参数取值	类比结果		备注
		气/(油+气)(%)	气油比	
沉积盆地规模（×10³km³）	51.6	18	0.22∶1	体积百分比指盆地沉积岩总体积之比
深度大于2km的沉积岩百分比（%）	37.89	21	0.27∶1	
平　　均		19.5	0.24∶1	

（二）盆地模拟法

根据盆地模拟计算结果，以模拟的六个区块为代表，预测全盆地的油气比例。六个区块总资源量为$4.73×10^8$t，其中石油资源量为$3.45×10^8$t，天然气资源量为$1.28×10^8$t，气资源量占油气总资源量的27.1%，折算成气油比为0.37∶1。

上述两种方法预测结果列于表9-8。将这两种方法预测的结果加权平均得出银—额盆地天然气资源量占油气总资源量的24.5%，即气油比为0.32:1。

表9-8　银—额盆地油气比例预测结果表

预测方法	权系数	油气比例	
		气/(油+气)(%)	气油比
图解法	1	19.5	0.24:1
盆地模拟法	2	27.1	0.37:1
平均		24.5	0.32:1

（三）盆地的石油天然气总资源量预测结果

根据上述气与油的比例预测结果，确定银—额盆地油气资源量，如表9-9所示。

表9-9　银—额盆地石油、天然气资源量预测结果表

层位	油气总资源量（$\times 10^8$t）		石油资源量（$\times 10^8$t）		天然气资源量（$\times 10^8$t）	
	区间值	期望值	区间值	期望值	区间值	期望值
K_1	7.18~10.71	8.52	5.42~8.09	6.43	1.76~2.62	2.09
J	2.25~5.56	3.9	1.7~4.2	2.94	0.55~1.36	0.96
K_1+J	9.87~15.86	12.42	7.47~11.97	9.38	2.42~3.89	3.04

第二节　层系评价

一、分层系地质评价

银—额盆地纵向上的油气分布规律与其构造演化史及沉积发展史特征有着密切的联系。该盆地经历了印支、燕山、喜马拉雅期多次重要的构造运动造成了沉积过程中的多旋回性，也就形成了多套生、储、盖含油气组合。根据对该盆地地震反射波组特征及地层接触关系的研究，以及对含油气系统各要素的综合分析，再结合盆地目前的钻探成果、勘探程度及各地层的纵向分布，自下而上对侏罗系、白垩系进行评价。有关这两套地层的岩性、沉积相、生储油条件及圈闭类型与发育程度等，前面章节已经论述，这里仅就各层系简要情况列表如下（表9-10）。

表9-10　银—额盆地评价层系地质情况数据表

地层		白垩系	侏罗系
沉积岩	面积（$\times 10^4$km²）	3.43	1.19
	体积（$\times 10^4$km³）	3.58	1.58
	占总体积比（%）	69.4	30.6

续表

地层			白垩系	侏罗系
生油条件	成熟生油岩	面积（×10⁴km²）	0.945	0.38
		体积（×10⁴km³）	0.266	0.127
	有机质丰度	有机碳（%）	0.1~2.66	0.28~3.43
		氯仿沥青"A"（%）	0.0022~0.3757	0.0005~0.4095
	干酪根类型		Ⅱ型为主，含Ⅲ型	Ⅲ型为主，含Ⅱ型
	生烃强度（10⁴t/km²）		9.26	9.76
储集条件	储集砂体类型		扇三角洲、滨浅湖、河流、水下扇	冲积扇、河流相
	储层物性	孔隙度（%）	5~15	2.5~8.3
		渗透率（×10⁻³μm²）	0.1~7.9	0.01~1.45
圈闭条件	圈闭类型		断块、断鼻、背斜为主	断块、断鼻为主
	面积（×10⁴km²）		1675	146
	发育程度		较发育	欠发育
储盖组合发育程度			具四种类型储盖组合，储盖组合较好	储层物性差，导致储盖组合差
钻探的含油气情况			查干凹陷额15号构造于K_1b获低产油流，巴南构造见少量油流，路井凹陷路1井见工业油流，为盆地主要勘探目的层	居东凹陷居参1井于侏罗系见沥青显示

（一）评价方法原理

层系地质评价其具体做法是利用各种勘探手段所得到的油源、储层、保存、圈闭及圈闭配套史等地质信息按照统一标准在［0，1］区间赋值，采用加法和乘法原则进行运算，得出层系地质评价系数，评价出各层系的各种成油条件的优劣。其计算公式如下：

$$C = C_1 C_2 C_3 C_4 C_5 \tag{9-10}$$

式中　C——层系地质评价系数；

C_1——层系油源条件系数；

C_2——层系圈闭条件系数；

C_3——层系储集条件系数；

C_4——层系保存条件系数；

C_5——层系配套条件系数。

（二）层系地质评价参数

1. 选择评价参数

层系评价要求选择与成藏条件关系密切的地质评价参数进行评价。本次评价按照成藏必备条件选择了圈闭、油源、储集、保存及配套五项主评价参数共18项子评价参数作为层系评价的基础地质参数，见评价流程图（图9-2）。

2. 制定评分标准

根据银—额盆地的勘探程度，采用数学表示的经验方法——主观概率法描述各个层系的地质条件，从而根据取值标准求得每个地质条件系数的数值。在此拟定的银—额盆地层系地质条件系数取值标准如表9-11、表9-12、表9-13、表9-14、表9-15所示。

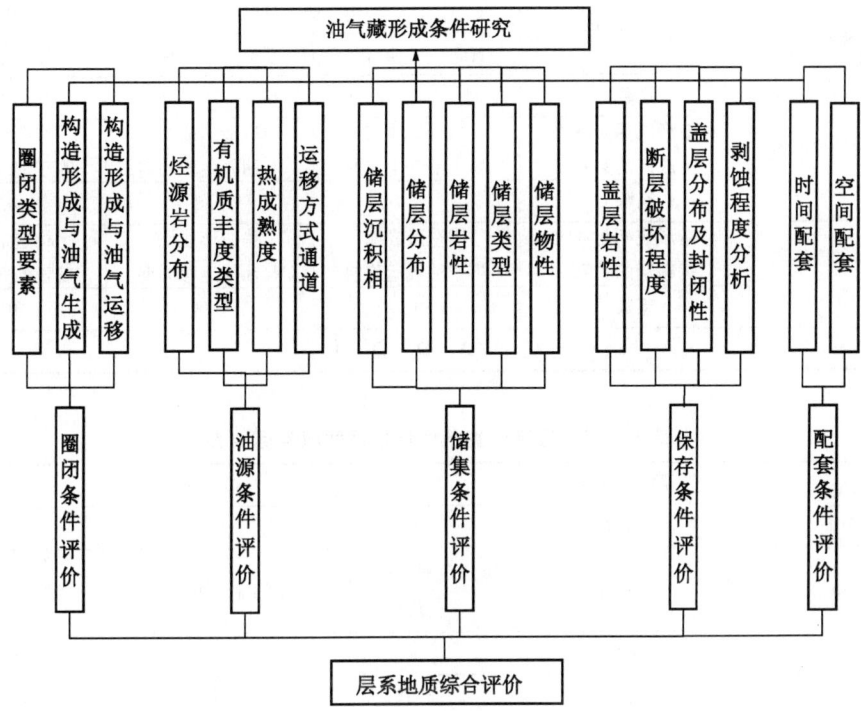

图9-2 石油地质条件综合评价流程图

表9-11 层系油源条件评价系数取值标准表

层 位		侏罗系			白垩系		
有效烃源岩分布 S_1	面积（km²）	≥10000	5000~10000	<5000	≥10000	5000~10000	<5000
	系数 S_a	1	0.8	0.7	1	0.8	0.7
	厚度（m）	>400	200~400	<200	>500	250~500	<250
	系数 S_b	1	0.8	0.7	1	0.8	0.7
	$S_1 = (S_a + S_b)/2$						
有机质丰度类型 S_2	丰度评价	好		中		差	
	系数 S_c	1		0.8		0.6	
	类型	Ⅰ		Ⅱ		Ⅲ	
	系数 S_d	1		0.8		0.7	
	$S_2 = (S_c + S_d)/2$						
热成熟度 S_3	热演化程度	成熟—高成熟		低成熟		未成熟	
	系数	1.0		0.7		0.5	
运移方式通道 S_4	运移方式	垂向、侧向		垂向		侧向	
	系数 S_e	1		0.9		0.8	
	运移通道	孔隙、断层		孔隙		断层	
	系数 S_f	1		0.9		0.8	
	$S_4 = (S_e + S_f)$						
	$C_1 = (S_1 + S_2 + S_3 + S_4)/4$						

表 9-12　层系圈闭条件系数取值标准表

圈闭类型 Q_1	构造类型	构造型				非构造型	
		背斜	断背斜	断鼻	断块	岩性	地层
	系数	1	0.9	0.8	0.7	0.6	0.5
构造形成与油气生成 Q_2	构造形成期与油气生成期的关系	构造形成期早于油气生成期		构造形成期与油气生成同期		构造形成期晚于油气生成期	
	系数	1		0.8		0.6	
构造形成与油气运移 Q_3	构造形成期与油气运移期的关系	构造形成期早于油气运移期		构造形成期与油气运移同期		构造形成期晚于油气运移期	
	系数	1		0.8		0.5	
$C_2 = (Q_1 + Q_2 + Q_3)/3$							

表 9-13　层系储集条件评价系数取值标准表

储层分布 A_1	厚度（m）	≥150	50～150	<50
	系数	1	0.9	0.7
沉积相带 A_2	沉积相	扇三角洲、辫状河三角洲	河流、滨浅湖	洪积、冲积扇
	系数	1	0.8	0.6
储层岩性 A_3	岩性	砂岩	砾岩	火山岩
	系数	1	0.8	0.6
砂岩百分含量 A_4	砂岩含量（%）	30～50	10～30	<10 或 >50
	系数	1	0.8	0.6
储层物性 A_5	物性（%）	$\Phi \geq 12$	$8 \leq \Phi \leq 12$	$\Phi < 8$
	系数	1	0.8	0.6
$C_3 = (A_1 + A_2 + A_3 + A_4 + A_5)/5$				

表 9-14　层系保存条件评价系数取值标准表

盖层分布 B_1	横向分布	区域性盖层	小范围盖层	局部盖层	
	系数 B_a	1	0.9	0.8	
	厚度（m）	≥300	100～300	50～100	<50
	系数 B_b	1	0.8	0.7	0.6
$B_1 = (B_a + B_b)/2$					
盖层岩性 B_2	岩性	细粉砂质泥岩	粉砂质泥岩	泥质粉、细砂岩	
	系数	1	0.8	0.6	
断层破坏程度 B_3	断层发育情况	无断层切割	断层切割但未穿过盖层	断层穿过盖层	
	系数	1	0.8	0.5	
剥蚀程度 B_4	剥蚀厚度（m）	0	0～500	≥500	
	系数	1	0.8	0.7	
$C_4 = (B_1 + B_2 + B_3 + B_4)/4$					

表9-15　层系配套史条件评价系数取值标准表

时间配套 P_1	圈闭形成期	圈闭形成期早于生排烃期	圈闭形成与生排烃同期	圈闭形成期晚于生排烃期
	系数	1	0.9	0.6
空间配套 P_2	圈闭所处位置	凹陷斜坡	凹陷深处	凹陷边缘
	系数	1	0.9	0.8
$C_5 = (P_1 + P_2)/2$				

（三）评价结果

根据上述方法原则及评分标准结合各层系具体地质条件适当取值求得5项分系数并代入公式（9.2.1）计算层系地质评价系数，其结果见表9-16。从表9-16可以看出，下白垩统（K_1b_2、K_1s_1、K_1s_2）、中下侏罗统含油气远景最好，评为Ⅰ类层系（地质评价系数分别为0.5038、0.4895、0.434、0.432）；其他为Ⅱ类层系，依次为巴音戈壁组、上侏罗统、银根组和乌兰苏海组（地质评价系数分别为0.3804、0.2841、0.2448、0.1329）。

表9-16　层系地质评价结果表

	评价层系	K_2w	K_1y	K_1s_2	K_1s_1	K_1b_2	K_1b_1	J_3	J_{1-2}	合计
评价系数	圈闭条件	0.567	0.783	0.883	0.917	0.917	0.933	0.900	0.900	
	油源条件	0.550	0.600	0.738	0.825	0.863	0.813	0.638	0.863	
	储集条件	0.84	0.84	0.85	0.85	0.79	0.64	0.71	0.71	
	保存条件	0.725	0.775	0.825	0.825	0.825	0.825	0.775	0.825	
	配套史条件	0.7	0.8	0.95	0.95	0.95	0.95	0.9	0.95	
	地质综合评价系数	0.133	0.245	0.434	0.504	0.489	0.380	0.284	0.432	2.910
评价层系资源比例（%）		4.6	8.4	15.1	17.4	16.8	13.1	9.80	14.8	100
石油资源量（$\times 10^8 t$）		0.43	0.79	1.42	1.63	1.57	1.23	0.92	1.39	9.38
天然气资源量（$\times 10^{11} m^3$）		0.14	0.25	0.46	0.53	0.51	0.40	0.30	0.45	3.04
油气总资源量（$\times 10^8 t$）		0.57	1.04	1.88	2.16	2.08	1.63	1.22	1.84	12.42
评价级别		Ⅱ	Ⅱ	Ⅰ	Ⅰ	Ⅰ	Ⅱ	Ⅱ	Ⅰ	
排队结果		8	7	3	1	2	5	6	4	

二、分层系资源量预测

（一）方法原理

由于油气的聚集受多种因素的影响，油气不仅可以在平面上作大规模的横向运移，而且在纵向上可以沿断层发生纵向运移和再分配。因此，本次进行分层系资源量预测时，重点考虑了各层系的地质综合评价结果。其具体步骤如下：

（1）求出各层系地质综合评价系数（按上述方法求得）。

（2）按下面公式求出各层系资源量比例（L_i）

$$L_i = C_i/C \tag{9-11}$$

式中　L_i——评价层系资源比例，%；

C_i——某一评价层系的地质综合评价系数；

C——本次所有评价层系地质综合评价系数之和，且 n 为评价层系个数。

(3) 求出评价层系的油气资源量。

$$Q_i = QL_i \tag{9-12}$$

式中 Q_i——某一评价层系的油气资源量；

L_i——评价层系资源比例，%；

Q——盆地油气资源量。

（二）计算结果

利用前面计算的盆地资源量及各层系地质综合评价系数按上述步骤分别代入式（9-11）、式（9-12），求得银—额盆地各层系的油气资源量，其结果如表 9-17 所示。由表 9-17 可知，苏红图组一段的资源潜力最大，其次为巴音戈壁组二段、苏红图组二段和中下侏罗统。

表 9-17 银—额盆地分层系油气资源量预测结果

评价层系	地质综合评价系数	评价层系资源比例（%）	石油资源量（×10⁸t）	天然气资源量（×10¹¹t）	油气总资源量（×10⁸t）
K_2w	0.1329	4.6	0.43	0.14	0.57
K_1y	0.2448	8.4	0.79	0.25	1.04
K_1s_2	0.434	15.1	1.42	0.46	1.88
K_1s_1	0.5038	17.4	1.63	0.53	2.16
K_1b_2	0.4895	16.8	1.57	0.51	2.08
K_1b_1	0.3804	13.1	1.23	0.40	1.63
J_3	0.284	9.8	0.92	0.30	1.22
J_{1-2}	0.432	14.8	1.39	0.45	1.84
合计	2.9105	100	9.38	3.04	12.42

第三节 凹陷评价

根据盆地重、磁、电、地震资料及最新构造研究成果，银—额盆地呈五隆七坳的构造格局。根据中新生界地层发育情况、基底埋深、断层特征及成油条件等基本地质特征，又将盆地划分为 58 个二级构造单元，即 27 个凸起、31 个凹陷（参见表 4-11）。

经过盆地构造、生油、岩相、储层研究及钻探成果证实，盆地内大部分凹陷都已证实有过油气生成、运移、聚集的过程。为了进一步明确有利勘探指向区，我们根据银—额盆地的具体地质条件，同时考虑盆地的勘探效益，为此按以下原则对盆地内的凹陷进行筛选：①分析认为不具备油气藏形成基本地质条件的凹陷不评；②面积小于 500km² 者不评；③最大埋深小于 1000m 者不评。根据上述标准，本次评价在盆地三年来开展的三轮综合评价基础上，运用中国石油天然气集团公司勘探局颁布的"盆地（凹陷）排队优选技术规范"中的统一标准排队法对盆地内 22 个凹陷进行凹陷评价优选排队，为盆地勘探提供地质依据。

一、方法原理

统一标准排队优选法是指所选择的评价因素按照全国统一的分级评分标准进行,以便其评价结果在全国范围内有可比性,是按统一的标准对各评价因素评分后计算排队系数,最后根据计算结果进行排队。其计算公式如下:

$$P = \prod_{i=1}^{11} P_i \qquad (9-13)$$

式中　$i = 1 \cdots 11$,表示 11 项指标;

P——排队系数;

P_i——各项指标的分值。

11 项指标为:①盆地(凹陷)面积;②沉积岩厚度;③烃源岩有效厚度;④储层厚度/地层厚度;⑤区域盖层厚度;⑥圈闭面积/盆地(凹陷)面积;⑦资源量;⑧勘探深度;⑨勘探程度;⑩含油气情况;⑪地面条件。

二、地质评价参数选择

统一标准排队优选法考虑的三类因素主要通过盆地综合评价研究后获取。

(一) 地质评价因素

(1) 凹陷规模:①凹陷面积;②沉积岩厚度;③盆地类型。

(2) 烃源岩条件:①有效烃源岩面积;②有效烃源岩厚度;③烃源岩指标(有机碳含量、氯仿沥青"A"含量、生烃潜量);④烃源岩演化阶段;⑤油气田、地面油气苗或井下油气显示;⑥物化探结果;⑦其他直接烃类检测结果。

(3) 保存条件:①区域盖层面积;②区域盖层厚度;③水动力条件;④构造运动影响。

(4) 构造圈闭发育情况:圈闭面积(或构造(带)面积)/凹陷面积。

(5) 储层发育情况:①储层类型;②储层百分比(砂岩百分比);③储层物性。

(二) 凹陷油气资源量

可应用前面各种方法计算的资源量结果。

(三) 经济因素

(1) 勘探程度。

(2) 地面条件。

(3) 钻探程度。

(4) 预期产能。

(5) 地下地质复杂程度。

根据银—额盆地基本地质条件综合以上因素得到此次凹陷评价所需的 11 项地质评价参数(表 9-18)。

三、评价参数标准及地质因素系数的确定

(一) 评价参数标准的确定

为了便于和全国其他盆地的凹陷进行类比,我们此次评价采用全国统一的分级评分标准进行凹陷排队优选。11 项指标分别划分为四个级别:一级为 1~0.75 分,二级为 0.75~0.5 分,三级为 0.5~0.25 分,四级为 0.25~0 分,具体分级评分标准见表 9-19。凹陷优

选排队的次序取决于它的排队系数（P）的大小。据其大小可将凹陷分成Ⅰ、Ⅱ、Ⅲ、Ⅳ类，对应的标准见表9-20。

表9-18 银—额盆地凹陷排队分类基本数据表

构造单元		面积（km²）	沉积岩厚度（m）	成熟烃源岩厚度（m）	储层厚度/地层厚度	区域盖层厚度（m）	圈闭面积/凹陷	资源量（×10⁸t）	勘探深度（km）	勘探程度（km×km）	含油气情况	地面条件
坳陷	凹陷											
查干德勒苏	查干	2000	3200	920	0.24	800	0.2	1.95	1~3	2×2（4）	低产油流	好
	白云	1230	1800	440	0.25	600		0.58	1~2	4×8	无	好
	红果	1150	2000	190	0.27	400	0.08	0.16	1~2	概查	无	较好
苏红图	哈日	1600	2500	610	0.26	950	0.10	1.05	1.5~3	4×4	无	较好
	巴北	1580	1700	410	0.24	900		0.17	0.5~1.8	概查	无	较好
	艾西	1750	1900	480	0.24	300		0.42	0.5~2	8×8	无	较好
居延海	居东	2570	3100	550	0.24	1400	0.057	0.80	1~4	4×4（1）	油气显示	较好
	路井	950	3000	490	0.24	1350	0.004	0.69	1~2.5	4×16（1）	工业油流	较好
	天草	1660	2500	690	0.26	1600	0.15	0.93	1~2	2×2~4×4（1）	油气显示	较好
	格朗乌苏	2610	2400	350	0.25	750	0.081	0.47	1~1.9	4×4~4×16	无	较好
	吉格达	1500	2600	410	0.26	950		0.19	1~2	概查	无	较差
务桃亥	胡西新村	3550	1700	150	0.26	400	0.076	0.04	1~2.5	4×4	无	较好
	梭梭头	1490	2400	150	0.25	600	0.024	0.07	1~2.5	4×4（1）	无	较差
	拐子湖南	1500	2000	500	0.24	600		0.19	1~2		无	差
达古	岌岌海子	4640	2500	600	0.26	1000		1.26	1~3		无	差
	拐子湖	1540	2000	400	0.24	400		0.27	1~3		无	差
	敖西南	1430	2200	500	0.24	600		0.30	0.5~1.8		无	差
苏亥图	因格井	2910	1800	500	0.24	400		0.57	0.5~2		无	差
	锡勒	4600	2500	700	0.25	1300		1.48	1~3		无	差
尚丹	乌力吉	1000	2300	600	0.25	1400	0.037	0.60	1~3	4×4	无	较差
	托来	1030	2300	300	0.25	1000	0.038	0.23	1~2.5	4×4~4×8	无	较差
	巴彦	4390	1400	300	0.26	300			0.5~2	4×4~4×8	无	较差

表9-19 银—额盆地凹陷排队指标评分标准表

级 别	一 级	二 级	三 级	四 级
评价指标	1～0.75	0.75～0.5	0.5～0.25	0.25～0
盆地（凹陷）面积（km^2）	>1500	1000～1500	1000～500	<500
沉积岩厚度（m）	>3000	3000～2000	2000～1000	<1000
烃源岩有效厚度（m）	>500	500～300	300～200	<100
储层厚度/地层厚度	0.25～0.3	0.25～0.2	0.2～0.1	<0.1
区域盖层厚度（m）	>500	500～300	300～100	<100
圈闭面积/盆地面积	>0.3	0.3～0.2	0.2～0.1	<0.1
凹陷资源量（$\times 10^8 t$）	>2	2～1	1～0.5	<0.5
勘探深度（m）	<2000	2000～3000	3000～4000	>4000
勘探程度	有地震及钻井资料	有地震资料	有非地震物化探资料	未进行勘探工作
含油气情况	获工业油流	获低产油流	见油气显示获油气苗	无显示
地面条件	好	较好	较差	差

表9-20 凹陷排队分类标准表

类 别	排队系数
Ⅰ类	$1～4.22\times 10^{-2}$
Ⅱ类	$4.22\times 10^{-2}～4.88\times 10^{-4}$
Ⅲ类	$4.88\times 10^{-4}～2.38\times 10^{-7}$
Ⅳ类	$2.38\times 10^{-7}～0$

（二）地质评价因素系数的确定

此次评价采用的统一标准排队法的11项地质评价参数取值结果如下。

（1）凹陷面积：从银—额盆地具有凸凹相间、分割性强、凸起大、凹陷小的地质特点出发，我们适当降低此项评价参数标准，确定适合本盆地的标准为：面积大于1500km^2的凹陷为一级，1500～1000km^2者为二级，1000～500km^2者为三级，小于500km^2者为四级。

（2）沉积岩厚度：采用中生界沉积岩最大厚度的一半作为沉积岩厚度。

（3）有效烃源岩厚度：因各凹陷勘探程度低，使用其成熟烃源岩厚度。

（4）储层厚度/地层厚度：利用各凹陷预测的中生界地层的砂岩厚度与其地层厚度之比。

（5）区域盖层：对于下白垩统含油气系统区域性盖层有四套：①上白垩统河漫—浅湖相泥岩；②下白垩统银根组浅湖相泥岩；③下白垩统苏红图组浅湖—河漫相泥岩；④下白垩统巴音戈壁组二段浅—半深湖相泥岩。对于侏罗系含油气系统，上述泥岩仍为其盖层，中下侏罗统滨—浅湖相泥岩也为其盖层。各凹陷具体取值根据沉积相解释结果，按不同的比例换算得到不同层位的泥岩厚度，各层位泥岩厚度相加得到区域盖层厚度。

（6）圈闭面积/凹陷面积：用各凹陷目前在下白垩统及侏罗系发现的圈闭面积之和分别与凹陷面积之比。由于盆地内各凹陷勘探程度极不均衡，圈闭发现的概率会随勘探程度的提高而增大，因而，有些凹陷由于勘探程度低，发现的圈闭少甚至没有，并不代表该凹陷没有圈闭存在。对这类凹陷打分时，采用凹陷类比方法适当取值。

（7）凹陷资源量：采用本章第一节各凹陷资源量预测结果。

（8）勘探深度：根据目的层埋深取一个范围值，以预测油气藏的最小埋深和最大埋深为界。

（9）勘探程度：银—额盆地勘探程度低，为区域勘探阶段，各凹陷勘探程度不一，主要以地震勘探程度为主，因此，优先考虑地震勘探程度，再结合钻井和其他非地震勘探资料给定分值。

（10）含油气情况：目前，查干凹陷查参1井获低产油流，查干凹陷毛1井和路井凹陷额1井获工业油流，天草凹陷天1井、查干凹陷巴1井、居东凹陷居参1井见油气显示，给定的分值较高。其余凹陷则根据凹陷周边露头的油苗分布情况给定分值。

（11）地面条件：综合考虑交通、气候、地形、人文经济等实际条件适当取值。

对以上11项参数进行综合分析后，各凹陷的取值结果见表9-18。

四、凹陷优选排队结果

根据表9-18中各地质评价参数取值结果对照分级评分标准表进行打分，求出排队系数，其结果见表9-21。从表9-21可以看出，银—额盆地有3个Ⅰ类凹陷，6个Ⅱ类凹陷，8个Ⅲ类凹陷，5个Ⅳ类凹陷。查干、天草、哈日凹陷为含油气远景最好的Ⅰ类凹陷；路井、居东、白云、乌力吉、岌岌海子、锡勒凹陷为含油气远景较好的Ⅱ类凹陷。红果、格朗乌苏、托来、吉格达、艾西、巴彦及巴北凹陷为具有一定含油气远景的Ⅲ类凹陷。其余为含油气远景较差的Ⅳ类凹陷。其中某些凹陷由于受勘探程度的影响评分值较低，如岌岌海子和锡勒凹陷，随着勘探程度的提高可能要升级。

表9-21 银—额盆地凹陷排队优选因素打分及排队结果

二级构造单元（凹陷）	凹陷排队优选因素评分值											P值（×10^{-5}）	凹陷类别	排队结果
	面积	沉积岩厚度	成熟烃源岩厚度	储层厚度/地层厚度	区域盖层厚度	圈闭面积/凹陷面积	资源量	勘探深度	勘探程度	含油气情况	地面条件			
查干	0.90	0.85	0.95	0.75	0.95	0.50	0.89	0.75	0.95	0.90	0.90	11935.4	Ⅰ	1
白云	0.50	0.70	0.75	0.75	0.80	0.15	0.30	0.80	0.70	0.50	0.90	89.3	Ⅱ	7
红果	0.70	0.50	0.40	0.80	0.70	0.20	0.07	0.80	0.60	0.20	0.75	7.9	Ⅲ	11
哈日	0.85	0.85	0.9	0.85	0.9	0.45	0.65	0.8	0.9	0.25	0.85	4452.3	Ⅰ	3
巴北	0.7	0.5	0.7	0.75	0.9	0.01	0.05	0.8	0.55	0.2	0.9	0.546	Ⅲ	15
艾西	0.75	0.5	0.75	0.8	0.5	0.05	0.15	0.8	0.6	0.2	0.75	7.21	Ⅲ	12
居东	0.9	0.85	0.75	0.8	0.95	0.25	0.2	0.7	0.85	0.25	0.85	244.8	Ⅱ	5
路井	0.5	0.85	0.75	0.8	0.95	0.15	0.2	0.7	0.8	0.9	0.75	309	Ⅱ	4
天草	0.85	0.85	0.9	0.8	0.95	0.45	0.5	0.8	0.9	0.7	0.9	5043.7	Ⅰ	2
格朗乌苏	0.85	0.5	0.6	0.75	0.85	0.2	0.1	0.8	0.7	0.2	0.75	27.3	Ⅲ	10
吉格达	0.75	0.7	0.7	0.8	0.9	0.2	0.05	0.8	0.7	0.2	0.5	4.63	Ⅲ	13
湖西新村	0.8	0.4	0.2	0.8	0.6	0.2	0.001	0.7	0.75	0.1	0.6	0.01	Ⅳ	21
梭梭头	0.85	0.7	0.2	0.75	0.7	0.1	0.001	0.65	0.75	0.2	0.5	0.015	Ⅳ	20

续表

二级构造单元（凹陷）	凹陷排队优选因素评分值											P值 ($\times 10^{-5}$)	凹陷类别	排队结果
	面积	沉积岩厚度	成熟烃源岩厚度	储层厚度/地层厚度	区域盖层厚度	圈闭面积/凹陷面积	资源量	勘探深度	勘探程度	含油气情况	地面条件			
拐子湖南	0.7	0.4	0.6	0.6	0.6	0.01	0.1	0.7	0.1	0.2	0.25	0.021	Ⅳ	19
炭炭海子	0.95	0.8	0.8	0.8	0.9	0.25	0.65	0.65	0.3	0.25	0.25	86.7	Ⅱ	8
拐子湖	0.75	0.3	0.6	0.6	0.6	0.01	0.01	0.7	0.1	0.2	0.25	0.003	Ⅳ	22
敖西南	0.7	0.3	0.75	0.7	0.6	0.01	0.1	0.7	0.1	0.2	0.25	0.023	Ⅳ	18
因格井	0.95	0.25	0.5	0.7	0.6	0.1	0.1	0.7	0.15	0.2	0.25	0.031	Ⅲ	17
锡勒	0.95	0.85	0.85	0.75	0.095	0.25	0.65	0.65	0.3	0.25	0.25	96.9	Ⅱ	6
乌力吉	0.5	0.8	0.85	0.75	0.95	0.15	0.3	0.65	0.85	0.25	0.5	75.3	Ⅱ	9
托来	0.75	0.65	0.5	0.75	0.95	0.15	0.01	0.65	0.7	0.2	0.25	1.09	Ⅲ	14
巴彦	0.95	0.3	0.25	0.8	0.5	0.1	0.02	0.85	0.7	0.2	0.5	0.254	Ⅲ	16

第四节　区带评价

一、区带划分与分类

（一）区带划分

由于受勘探程度的制约，本次评价的区带以已划分的二级构造带为基础，其地质类型以断块型区带为主，区带的划分原则为：

（1）位于凹陷中央或边缘的正向构造带；
（2）具有相同的发育历史及相似的成藏条件；
（3）大体上具有统一的外部轮廓；
（4）在勘探中可以作为整体来解剖。

按照上述划分原则，盆地内勘探程度较高具有落实和较落实圈闭分布的区带可划分为14个，各构造带地区与构造单元归属及名称列于表9-22。

（二）区带分类

按区带的勘探程度不同，将已划分的区带分为两类。

1. 已发现油气流或油气显示区带（A类）

目前在该类区带上已发现油气流或在钻探中已发现油气显示。这类区带一共有5个，其中见油气流的区带有毛敦侵入带、额很次凹两个区带，见油气显示的区带有巴勒断阶带、巴润断鼻带、准扎海构造带3个区带。

2. 尚无发现油气的区带（B类）

这类区带包括目前尚未钻探或者钻探后尚无油气发现的区带，共有9个，均为未钻探区带，它们是海力素背斜带、虎勒次凹、罕塔庙次凹、哈尔构造带、准北断背斜带、沙布尔次凹、勒图斜坡、乌兰次凹、苏海鼻隆。

表9-22 银—额盆地区带划分表

构造单元		序号	区带名称	目的层层位	区带构造类型	区带面积(km^2)	叠合圈闭面积(km^2)	发现油气藏数	预测储量($×10^4 t$)	勘探类别
查干德勒苏坳陷	查干凹陷	1	虎勒次凹	K_1	断鼻、断块	240	43.1			B
		2	巴润断鼻带	K_1	断鼻	250	23.4	1		A
		3	额很次凹	K_1	断块、断鼻	400	50.65	1	183.5	A
		4	毛敦侵入带	K_1	复合、断块	300	22.3	1	1634.0	A
		5	罕塔庙次凹	K_1	复合、断块	250	29.03			B
		6	海力素背斜带	K_1	断块、断鼻	110	28.6			B
苏红图坳陷	哈日凹陷	7	苏海鼻隆	K_1	断鼻	214	11.46			
		8	乌兰次凹	K_1	断块、断鼻	87	6.58			
		9	勒图斜坡	K_1	断鼻、断块	212	61.6			
		10	沙布尔次凹	K_1	断鼻	608	58.96			
居延海坳陷	居东凹陷	11	准扎海构造带	J_{1-2}	断块、断鼻	250	25.1			A
		12	准北断背斜带	K_1	断块、断鼻	250	13.8			B
	天草凹陷	13	哈尔构造带	K_1	断鼻、断背斜	101	54.4			B
		14	巴勒断阶带	K_1	断块、断鼻	206	110.2	1		A
合计						3478	539.18	4	1817.5	

二、区带资源量估算

根据银—额盆地整体勘探程度较低，且工作量分布极不均衡这一特点，本次区带资源量的估算主要采用容积法对各区带上的所有圈闭进行资源量估算，然后进行累加获得。具体计算方法及参数选择参见本章第五节，其结果见表9-23。从表9-23可见，14个区带总资源量为$2.318×10^8 t$；其中资源量最大的区带为哈日凹陷的勒图斜坡达$3424×10^4 t$，占14.8%；其次为巴勒断阶带和哈尔构造带，资源量分别为$3314×10^4 t$和$3046×10^4 t$，分别占14%和13%；毛敦侵入带达$2833×10^4 t$，占12.2%；额很次凹为$2636×10^4 t$，占11.4%；海力素背斜带达$2292×10^4 t$，占10%；沙布尔次凹为$2508×10^4 t$，占10.8%。由此可见，目前估算的区带资源量基本集中在上述7个构造带内，这7个构造带的资源量达$2.0×10^8 t$，占总区带资源量的86.5%。

三、区带评价及排队优选

（一）区带地质评价

1. 区带地质评价方法

区带地质评价是从地质角度对区带的成油条件做优劣评价，指出较有利的油气聚集区带，为制定进一步的油气勘探方案、规划部署提供地质依据。区带地质评价的好坏由区带本身所处地质环境的多种地质因素决定。由于在众多影响区带地质条件因素中，决定区带油气形成的主控因素是区带的油源条件、储集条件、运移条件、配套条件及保存条件等。因此在评价中我们以这 5 个分条件作为区带地质评价的基本单元。区带地质评价系数由下式确定：

$$P = P_{(So)} \cdot P_{(R)} \cdot P_{(M)} \cdot P_{(T)} \cdot P_{(S)} \qquad (9-14)$$

式中　P——区带地质评价系数；

　　　$P_{(So)}$——区带油源条件系数；

　　　$P_{(R)}$——区带储集条件系数；

　　　$P_{(M)}$——区带圈闭条件系数；

　　　$P_{(T)}$——区带运移、配套条件系数；

　　　$P_{(S)}$——区带保存条件系数。

表 9-23　银—额盆地区带资源量表

构造单元		序号	区带名称	目的层层位	区带构造类型	区带面积 (km^2)	叠合圈闭面积 (km^2)	区带资源量 ($\times 10^4 t$)	凹陷区带资源量 ($\times 10^4 t$)	坳陷区带资源量 ($\times 10^4 t$)
查干德勒苏坳陷	查干凹陷	1	虎勒次凹	K_1	断鼻、断块	240	43.1	758	9430	
		2	巴润断鼻带	K_1	断鼻	250	23.4	758		
		3	额很次凹	K_1	断块、断鼻	400	50.65	2636		
		4	毛敦侵入带	K_1	复合、断块	300	22.3	2833		
		5	罕塔庙次凹	K_1	复合、断块	250	29.03	153		
		6	海力素背斜带	K_1	断块、断鼻	110	28.6	2292		
苏红图坳陷	哈日凹陷	7	苏海鼻隆	K_1	断鼻	214	11.46	4	6170	
		8	乌兰次凹	K_1	断块、断鼻	87	6.58	234		
		9	勒图斜坡	K_1	断鼻、断块	212	61.6	3424		
		10	沙布尔次凹	K_1	断鼻	608	58.96	2508		
居延海坳陷	居东凹陷	11	准扎海构造带	J_{1-2}	断块、断鼻	250	25.1	679	1220	7580
		12	准北断背斜带	K_1	断块、断鼻	250	13.8	541		
	天草凹陷	13	哈尔构造带	K_1	断鼻、断背斜	101	54.4	3046	6360	
		14	巴勒断阶带	K_1	断块、断鼻	206	110.2	3314		
合　　计						3478	539.18		23180	

2. 区带地质评价系数取值及评价结果

根据前面章节对银—额盆地石油地质条件的分析，分别对式（9-14）中的 5 项地质条件系数在（0，1）区间取值，按上述方法对各区带进行石油地质评价，结果如表 9-24 所示。根据评价结果，将评价的 14 个区带分为 3 类。

Ⅰ类区带：有毛敦侵入带、海力素背斜带、哈尔构造带、沙布尔次凹等 4 个区带，其共同特点是区带的综合地质评价系数在 0.6 以上，勘探目的层以下白垩统为主，圈闭类型以断鼻、断背斜为主，成油地质条件优越或良好。

Ⅱ类区带：有巴勒断阶带、勒图斜坡、额很次凹、巴润断鼻带、准北断背斜带、虎勒次凹等 6 个区带。其共同特点是区带的综合地质评价系数在 0.4～0.6 之间，圈闭类型多样,5项地质条件中有1~2项较差,总体成油条件较好。

表 9-24 银—额盆地区带地质评价结果表

构造单元		序号	区带名称	目的层层位	圈闭(Pm)	油源(Pso)	储层(Pr)	保存(Ps)	运移配套(Pt)	评价系数(P)	地质评价排队	评价级别
查干德勒苏坳陷	查干凹陷	1	虎勒次凹	K_1	0.86	0.80	0.80	0.80	0.95	0.418	10	Ⅱ
		2	巴润断鼻带	K_1	0.83	0.80	0.85	0.80	0.95	0.429	9	Ⅱ
		3	额很次凹	K_1	0.86	0.90	0.80	0.80	0.95	0.471	7	Ⅱ
		4	毛敦侵入带	K_1	0.93	0.95	0.90	0.90	1.00	0.716	1	Ⅰ
		5	罕塔庙次凹	K_1	0.81	0.80	0.80	0.80	0.95	0.394	11	Ⅲ
		6	海力素背斜带	K_1	0.90	0.90	0.95	0.90	1.00	0.693	2	Ⅰ
苏红图坳陷	哈日凹陷	7	苏海鼻隆	K_1	0.70	0.80	0.80	0.85	0.95	0.362	14	Ⅲ
		8	乌兰次凹	K_1	0.75	0.80	0.80	0.85	0.95	0.388	12	Ⅲ
		9	勒图斜坡	K_1	0.93	0.85	0.90	0.85	0.95	0.575	6	Ⅱ
		10	沙布尔次凹	K_1	0.90	0.85	0.90	0.90	1.00	0.620	4	Ⅰ
居延海坳陷	居东凹陷	11	准扎海构造带	J_{1-2}	0.81	0.80	0.70	0.85	1.00	0.386	13	Ⅲ
		12	准北断背斜带	K_1	0.78	0.85	0.85	0.85	1.00	0.451	8	Ⅱ
	天草凹陷	13	哈尔构造带	K_1	0.90	0.92	0.90	0.87	1.00	0.648	3	Ⅰ
		14	巴勒断阶带	K_1	0.92	0.95	0.85	0.80	0.95	0.600	5	Ⅱ

Ⅲ类区带:有准扎海构造带、罕塔庙次凹、乌兰次凹、苏海鼻隆等4个区带,其特点是区带的综合地质评价系数在0.4以下,圈闭类型多样,5项地质条件中至少有2~3项较差。从目前资料看,成油条件不太理想。

(二)区带综合排队

1. **区带综合排队方法原理**

区带综合排队是盆地进一步勘探的主要依据之一,它综合反映区带各个方面因素的优劣。我们以区带的地质综合评价系数、区带的资源量、区带的油气资源丰度等为基础拟定综合排队系数。其计算公式如下:

$$P_{(Z)} = P_{(d)} \cdot P_{(q)} \cdot P_{(f)} \tag{9-15}$$

式中 $P_{(Z)}$——综合排队系数;

$P_{(d)}$——地质评价排队系数;

$P_{(q)}$——资源量排队系数;

$P_{(f)}$——资源丰度排队系数。

2. **区带综合排队系数的确定**

(1) 地质评价排队系数:由地质评价系数给定。

(2) 资源量排队系数:根据区带资源量计算结果,把最大的区带资源量作为1,然后把其余区带的资源量正规化为0~1之间的数据,得到资源量排队系数。

(3) 资源丰度排队系数:根据区带资源量计算结果和区带中圈闭面积总和求得的最大资源丰度值作为1,把其余的资源丰度值通过正规化处理为0~1之间的数据,从而求出资源丰度排队系数。

（4）区带综合排队系数：由上述3项分条件系数按式（9-15）计算综合确定。

3. 区带综合排队结果

根据综合排队系数的大小对评价区带进行综合排队，其排队结果按好—差的顺序排列为毛敦侵入带、海力素背斜带、哈尔构造带、沙布尔次凹、勒图斜坡带、额很次凹、巴勒断阶带、巴润断鼻带、准北断背斜带、准扎海构造带、虎勒次凹、乌兰次凹、罕塔庙次凹、苏海鼻隆，其中前4个区带为Ⅰ类区带，后6个区带为Ⅱ类区带，其余为Ⅲ类区带（表9-25）。由表9-25可见，排在前7位的构造带，其资源量均在 $2000×10^4t$ 以上，地质排队系数均在0.65以上，资源量排队系数在0.65以上，资源丰度排队系数在0.23以上，综合排队系数在0.2以上，其资源量总和达 $2×10^8t$ ，占总区带资源量的86.5%，是盆地勘探的重点区带。

表9-25 银—额盆地区带综合排队表

构造单元	序号	区带名称	区带面积 (km^2)	目的层层位	叠合圈闭面积 (km^2)	区带资源量 ($×10^4t$)	资源丰度 ($×10^4t/km^2$)	地质排队系数	资源量排队系数	资源丰度排队系数	综合排队系数	排队顺序
查干德勒苏坳陷	1	虎勒次凹	240	K_1	43.1	758	17.59	0.5845	0.2214	0.1385	0.0179	11
	2	巴润断鼻带	250	K_1	23.4	758	32.39	0.5994	0.2214	0.2550	0.0338	8
	3	额很次凹	400	K_1	50.65	2636	52.04	0.6576	0.7699	0.4096	0.2074	6
查干凹陷	4	毛敦侵入带	300	K_1	22.3	2833	127.04	1.000	0.8274	1.0000	0.8274	1
	5	罕塔庙次凹	250	K_1	29.03	153	5.27	0.5506	0.0447	0.0415	0.0010	13
	6	海力素背斜带	110	K_1	28.6	2292	80.14	0.9679	0.6694	0.6330	0.4102	2
苏红图坳陷	7	苏海鼻隆	214	K_1	11.46	4	0.35	0.5056	0.0012	0.0028	0.0000	14
	8	乌兰次凹	87	K_1	6.58	234	35.56	0.5416	0.0683	0.2799	0.0104	12
哈日凹陷	9	勒图斜坡	212	K_1	61.6	3424	55.58	0.8028	1.0000	0.4375	0.3512	4
	10	沙布尔次凹	608	K_1	58.96	2508	42.54	0.8660	0.7325	0.3349	0.2124	5
居延海坳陷 居东凹陷	11	准扎海构造带	250	J_{1-2}	25.1	679	27.05	0.5388	0.1983	0.2129	0.0228	10
	12	准北断背斜带	250	K_1	13.8	541	39.24	0.6300	0.1580	0.3086	0.0307	9
天草凹陷	13	哈尔构造带	101	K_1	54.4	3046	55.99	0.906	0.8896	0.4407	0.3552	3
	14	巴勒断阶带	206	K_1	110.2	3314	30.07	0.8383	0.9679	0.2367	0.1921	7

四、重点区带描述

在上述区带中，4个Ⅰ类区带应该是最有勘探前景的构造带。为此我们对其中三个含油气前景最好的区带重点进行描述。

（一）毛敦侵入带

该带位于查干凹陷中央，北北东向展布，长约65km，宽约5km，面积300km²，集中分布在侵入体西北侧，是寻找大场面的有利区带。

1. 圈闭条件极佳

该区带发现3个局部构造圈闭，16个层圈闭，达到落实和较落实程度，分析认为具备油气藏形成条件的局部构造有 2 个，层圈闭 5 个。以复合圈闭和断鼻为主，层圈闭面积达 72.6km²。测网密度 2km×2km，局部 1km×1km，地震相位可连续追踪，断点清楚，组合可靠，形态落实。层圈闭类型较好，面积大，幅度高，埋藏浅。该带有 1 个 Ⅰ 类圈闭。

2. **油源条件优越**

该带位于 Ⅰ、Ⅱ 类活跃生油凹陷东部油气运移的短轴方向上，供油条件极佳。额很次凹为 Ⅰ 类生油凹陷，地震解释生烃中心发育 K_1s_1、K_1b_2、K_1b_1 三套烃源岩系，盆地模拟结果表明其热演化程度达成熟—高成熟阶段，生烃门限浅（1000m 左右），烃源岩分布广，厚度大，查参 1 井证实有效烃源岩厚近 1000m，生烃潜力大。毛敦侵入带位于额很次凹东部斜坡，距生烃中心仅 8km，是油气运移的指向区。

3. **储集条件良好**

层序地层学研究认为该区带苏红图组二段及其以上地层河流相砂体发育；苏红图组一段、巴音戈壁组二段及一段三套地层发育滨浅湖砂体。毛 1 井钻探证实，该带储层较发育，储层类型主要为孔隙型及裂缝型，苏红图组一段、二段储层孔隙度为 10%～15%，属中等孔渗储层类型。该带可能存在刺穿接触油气藏、断鼻油气藏和背斜油气藏。

4. **保存条件较好**

根据三瞬剖面与地震相解释，预测乌兰苏海组、苏红图组二段两套区域性盖层泥岩分别厚达 200～400m，500～700m，泥质岩百分比分别达 76%～80%，68%～80%，属 Ⅰ 类好盖层。毛敦侵入体西边界断层也有很好的封堵作用，毛敦侵入体顶部所钻毛 2 井无油气显示说明断层的封堵性能很好。

5. **成藏配置条件好**

该区带各圈闭主要形成于苏红图组沉积期至银根组沉积期末，油气大量生成、运移、聚集期为乌兰苏海组沉积期时期，说明构造形成期与油气运聚期匹配。

6. **区带资源潜力大，见低产油流**

该区带累计资源量达 $2833×10^4$t，占查干凹陷所有各区带资源量的 30%，其中预测储量 $1634×10^4$t。该区带额 15 号圈闭所钻毛 1 井油气显示丰富，获低产油流。毛 1 井在苏红图组及巴音戈壁组见荧光—油斑级油气显示 284.94m。目前在 2225.4～2229.0m 井段压裂试油，获 1.6m³/d 的低产油流。在 2035.0～2045.6m 井段试油获 1.66m³/d 的低产油流，尚有一层待试。

由此可见，该区带有过油气生成、运移、聚集的过程，具有形成一定规模油气藏的条件。

（二）海力素背斜带

该区带位于查干凹陷南端，北东东向展布，长约 25km，宽约 4km，面积 110km²。

1. **圈闭条件极好**

该区带发现 4 个局部构造圈闭，18 个层圈闭，其中落实和较落实的圈闭 4 个，层圈闭 11 个。分析认为具备油气藏形成条件的圈闭有 3 个，层圈闭 10 个，以断鼻、断背斜、断块圈闭为主，层圈闭累计面积达 63.92km²。测网密度 2km×2km，地震资料品质好，各圈闭落实可靠，圈闭完整，层数多，类型好，面积大，幅度高。分布有 1 个 Ⅰ 类圈闭，1 个 Ⅱ 类圈闭。

2. **油源条件较优越**

构造带位于活跃生油凹陷（额很次凹）南侧，其西部也是生烃凹陷的一部分，双向供油供油，条件极佳。

3. 储集条件好

层序地层学研究认为该区带处于三角洲上游的河流相发育区，物源来自南部花岗岩区，预测以长石砂岩为主，加之主要目的层埋藏浅，可能原生孔隙较发育。预测苏红图组一段为中等储层，巴音戈壁组为中低孔储层。

4. 保存条件极佳

根据三瞬剖面与地震解释，预测乌兰苏海组区域性盖层泥岩厚达200m，苏红图组一段局部盖层泥质岩厚达200～500m，此外，巴音戈壁组二段的暗色泥岩均是自生自储的良好局部盖层。该构造带主要逆断层在油气运聚期后一直处于压性状态，具有较好的封堵条件。

5. 成藏配套关系好

该区带圈闭形成于苏红图组沉积期末至乌兰苏海组沉积期末，定型于喜马拉雅早期。盆地模拟结果认为，晚白垩世末期达到运聚高峰。第三纪仍处于主要运聚期，各圈闭形成期早于油气大量运移期，或与第三纪主要运聚期同期，有良好的成藏配置条件。

6. 区带资源量可观

该区带资源量为2292×10^4t，占查干凹陷各区带的24.3%，是近期勘探的主要目标。

7. 生储盖组合好

该区带发育两套生储盖组合：K_1b、K_1s生油—K_1b顶、K_1s_1储油—K_1s_1以上盖层；K_1b、K_1s生油—K_1y储油—K_2w盖层。局部构造生储盖、上覆地层发育齐全、配置良好。目的层埋藏浅，小于2000m，可能存在逆牵引断背斜油气藏、断块油气藏。

（三）哈尔构造带

该区带位于天草凹陷西北端，南北向展布，长约15km，宽约8km，面积101km²。

1. 圈闭条件较好

该区带发现3个圈闭，7个层圈闭，其中分析认为具备油气藏条件的落实和较落实的圈闭2个，层圈闭5个。以断鼻、断背斜圈闭为主，层圈闭累计面积达111.5km²。测网密度2km×2km，地震资料品质较好，各圈闭落实可靠，圈闭完整，层数多，类型好，面积大，单层最大圈闭面积达40km²，幅度高，最大圈闭幅度达1150m。分布有1个Ⅰ类圈闭，1个Ⅱ类圈闭。

2. 油源条件较优越

构造带位于生烃中心西侧，处于生油凹陷油气运移的短轴方向上，地震解释及钻井揭示生烃中心发育巴音戈壁组二段、一段及苏红图组三套烃源岩系，盆模结果表明其热演化程度达到低成熟—高成熟阶段，生烃门限约1000m，烃源岩分布广，厚度较大，天1井钻探证实有效烃源岩厚达230m，有机质丰度高，类型好，生烃潜力大，哈尔构造带位于主要生烃凹陷的西部斜坡，距生烃中心仅2～4km，供油条件较好，是油气运移、聚集的最佳场所。

3. 储集条件好

层序地层学研究认为该区带处于滨浅湖与河流相、水下扇交汇处，物源来自西部隆起区，预测以长石砂岩为主，加之主要目的层埋藏浅，可能原生孔隙较发育。预测苏红图组为中等偏好储层，巴音戈壁组为中等储层。据CCFY波阻抗剖面及COMPARK分类剖面显示，该区带目的层砂体发育，砂层厚度大，具有很好的储集条件。

4. 保存条件极佳

根据三瞬剖面与地震解释，预测苏红图组二段区域性盖层泥岩厚达 200m，苏红图组一段局部盖层泥质岩厚达 100～200m，此外，巴音戈壁组二段的暗色泥岩均是自生自储的良好局部盖层。

5. 成藏配套关系好

该区带圈闭形成于巴音戈壁期末，定型于苏红图期末，盆地模拟结果认为，晚白垩世末期达到运聚高峰。第三纪仍处于主要运聚期，各圈闭形成期早于油气大量运移期，有良好的成藏配置条件。

6. 区带资源量可观

该区带资源量为 $3046×10^4 t$，占天草凹陷各区带的 48%，也是近期勘探的主要目标。

7. 生储盖组合好

该区带发育两套生储盖组合：K_1b、K_1s 生油—K_1b 顶、K_1s_1 储油—K_1s_1 以上盖层；K_1b、K_1s 生油—K_1y 储油—K_2w 盖层。局部构造生储盖、上覆地层发育齐全、配置良好。目的层埋藏浅，小于 3000m，可能存在断背斜油气藏、断块油气藏。

第五节 圈闭评价

一、圈闭预选

银—额盆地在整个中新生代历史时期，经历了印支、燕山、喜马拉雅期重要的构造运动，由于受多次构造运动的影响，盆地各类构造得以形成和发展，局部构造较为发育，主要分布在中下侏罗统、下白垩统、上白垩统地层中。截止 1997 年 12 月，银—额盆地经地震工作所发现与证实的局部构造圈闭 140 个，层圈闭 276 个，单层最大圈闭总面积 1672km²，占盆地面积的 1.4%，其中落实的圈闭 49 个，较落实的 23 个，待落实的 68 个。所发现的层圈闭以断鼻和断块圈闭为主，其中断鼻 115 个，断块 100 个，背斜 7 个，断背斜 9 个，地层、不整合 22 个、复合型圈闭 23 个。所发现的圈闭主要分布在查干凹陷，已发现各类层圈闭 97 个，占所发现层圈闭的 35%，局部构造圈闭 46 个；其次是天草凹陷，共发现层圈闭 44 个，局部构造圈闭 18 个，哈日凹陷发现层圈闭 34 个，局部构造圈闭 13 个；居东凹陷共发现层圈闭 28 个，局部构造圈闭 16 个。其余凹陷发现较少甚至没有发现。所发现的 140 个圈闭中，已钻圈闭 6 个，面积 85km²；未钻圈闭 134 个，面积 1587km²。

本次圈闭评价的目的旨在寻找新的含油气构造，选择最佳勘探目标。为此，我们根据银—额盆地的具体地质条件及《圈闭评价技术规范》的要求，同时考虑目前的钻探效益，对评价圈闭进行筛选，拟定以下选择标准：

（1）地震测网密度低于 4km×4km 地区的圈闭为不落实的圈闭；

（2）只有一条或两条平行地震测线通过的圈闭为不落实的圈闭；

（3）可连续追踪的相位少于 50%，断点基本不清楚的剖面为质量较差剖面，构造形态一般不可靠；其圈闭为不落实的圈闭；

（4）分析认为无成藏条件的圈闭不评；

（5）圈闭面积小于 1.5km²，幅度小于 50m 的圈闭不评；

(6) 钻井无任何显示，且又钻至目的层的圈闭不评；

(7) 初步估算圈闭资源量小于10000t者不评。

根据上述标准预选后，本次共对68个落实和较落实的局部构造圈闭，150个层圈闭进行评价。为了防止单一方法的片面性，此次评价我们采用了两种方法，一是圈闭地质评价法，二是统一标准排队法，然后进行综合优选，以弥补彼此之间的不足。

二、圈闭地质评价

（一）评价方法

圈闭地质评价的目的在于评价分析圈闭的各控油条件组合的好坏，它几乎与所有的地质因素有关。在诸多因素中，决定油气藏形成的主控因素有油源条件、圈闭条件、储集条件、保存条件及圈闭形成期与油气形成高峰期的匹配关系。只有这5个条件有机地结合，才能形成油气聚集。因此这5个条件综合作用的结果决定了地质条件系数的大小，它们之间有如下关系式：

$$C_g = S_o \cdot S_t \cdot R_r \cdot S_e \cdot S_p \tag{9-16}$$

式中　C_g——圈闭地质条件系数；

　　　S_o——油源条件系数；

　　　S_t——圈闭条件系数；

　　　R_r——储盖条件系数；

　　　S_e——保存条件系数；

　　　S_p——配套条件系数。

就传统方法而言，每项地质条件系数的确定是通过大量的实际资料统计整理，应用数学方法求出其取值的趋向和可能的频率分布来实现的。但对于勘探程度较低、实际资料较少的银—额盆地而言，此法难以实现。因此，在目前的勘探程度下，只好用数学表示的经验方法——主观概率法描述各个地质条件，从而根据取值标准求得每个地质条件系数的数值。根据银—额盆地的地质情况参考二连、吐哈盆地取值标准拟定本盆地地质条件系数取值标准如表9-26、表9-27、表9-28、表9-29、表9-30所示。

表9-26　圈闭条件系数取值标准表

圈闭类型 (Q_1)	构造类型	构　造　型				非构造型	
		背斜	断背斜	断鼻	断块	岩性	地层
	系数	1	0.9	0.8	0.7	0.6	0.5
圈闭可靠程度 (Q_2)	测网 (Q_a)	测网密度（km）	$1\times1\sim1\times2$		$2\times2\sim2\times4$		$<4\times4$
		系数	1		0.8		0.6
	剖面质量 (Q_b)	剖面品质	好		中		差
		系数	1		0.8		0.6
	钻井情况 (Q_c)	钻井	本圈闭已有钻井	相邻圈闭已有钻井		同带圈闭已有钻井	同带圈闭无钻井
		系数	1	0.8		0.7	0.6
		$Q_2 = (Q_a + Q_b + Q_c)/3$					

续表

体积因素 (Q_3)	面积 (Q_d)	面积（km²）	≥10	5~10	2~5	<2
		系数	1	0.8	0.6	0.5
	幅度 (Q_e)	幅度（m）	≥150	100~150	50~100	<50
		系数	1	0.8	0.6	0.5
		$Q_3 = (Q_d + Q_e)/2$				
圈闭条件系数 $S_t = (Q_1 + Q_2 + Q_3)/3$						

表9-27 油源条件系数取值标准表

	层位	白垩系			侏罗系		
有效烃源岩厚度 (S_1)	厚度（m）	>800	800~400	≤400	>400	200~400	<200
	系数	1	0.8	0.7	1	0.8	0.7
有机质丰度 (S_2)	丰度评价	好			中		差
	系数	1			0.8		0.6
有机质热演化程度 (S_3)	热演化程度	成熟—高成熟			低成熟		未成熟
	系数	1			0.7		0.5
生烃强度 (S_4)	平均生烃强度（×10⁶ t/km²）	≥2.5			1.5~2.5		<2.5
	系数	1			0.8		0.6
油源条件系数 $S_o = (S_1 + S_2 + S_3 + S_4)/4$							

表9-28 储集条件系数取值标准表

储层厚度 (A_1)	厚度	≥150	50~150	<50
	系数（m）	1	0.9	0.8
沉积相带 (A_2)	沉积相	扇三角洲、辫状河三角洲	河流、滨浅湖	洪积、冲积扇
	系数	1	0.8	0.6
储层物性 (A_3)	物性	$\Phi \geq 12\%$ $K \geq 1 \times 10^{-3} \mu m^2$	$8 \leq \Phi \leq 12\%$ $0.1 \leq K \leq 1 \times 10^{-3} \mu m^2$	$5 \leq \Phi \leq 8\%$ $K < 0.1 \times 10^{-3} \mu m^2$
	系数	1	0.8	0.6
储集条件系数 $R_r = (A_1 + A_2 + A_3)/3$				

表9-29 保存条件系数取值标准表

盖层发育状况 (B_1)	厚度（m）	≥300	100~300	50~100	<50
	系数	1	0.8	0.7	0.6
盖层沉积相类型 (B_2)	沉积相	深湖—半深湖	浅湖、冲积平原、沼泽	河流	冲积扇
	系数	1	0.8	0.6	<0.5

续表

断层影响 (B_3)	断层发育状况	圈闭主体无断层切割	断层切割构造主体、但未穿评价层	断层切割构造主体、且穿过目的层，断层封闭性差
	系数	1	0.9	0.5
保存条件系数 $S_e = (B_1+B_2+B_3)/3$				

表 9-30 配套条件系数取值标准表

时间配套 (P_1)	圈闭形成期	燕山中期及其以前形成	燕山晚期—喜马拉雅早期形成	喜马拉雅晚期形成
	系数	1	0.9	0.6
空间配套 (P_2)	圈闭所处位置	处在排烃强度 $\geq 150\times10^4$ t/km² 范围	处在 $50\times10^4 \sim 150\times10^4$ t/km² 范围	处在 $<50\times10^4$ t/km² 范围
	系数	1	0.9	0.8
运移配套 (P_3)	运移条件 ($P_{3.1}$) 条件	有断距，≥ 250m 的断层沟通生储层	有断距，<250m 的断层沟通生储层	无断层沟通生储层
	系数	1	0.8	0.5
	运移方向 ($P_{3.2}$) 运移方向	位于油气运移主方向	油气运移方向主次不分明	次要运移方向或主方向第二排圈闭
	系数	1	0.8	0.6
配套条件系数 $S_p = (P_1+P_2+P_3)/3 = (P_1+P_2+P_{3.1}+P_{3.2})/4$				

（二）评价结果

根据银—额盆地具体地质条件，我们根据以上 5 个标准表分别对各评价圈闭进行地质评价，其结果如表 9-31。按地质评价系数的大小，可分为三类。

表 9-31 银—额盆地石油预测储量结果表

凹陷	构造	层位	圈闭类型	面积（km²）圈闭面积	面积（km²）含油面积	充满系数	油层厚度（m）	孔隙度（%）	含油饱和度（%）	原油密度（d/m³）	体积系数	预测储量（$\times 10^4$ t）
查干	巴南	$T_{K_1s_2}$	断块	19.83	11.8	0.6	9.45	6.19	42.4	0.809	1.3	184
	额15号	$T_{K_1s_2}$	复合	20	16	0.8	18.4	14.5	50	0.8362	1.3	1373
			复合	10.8	8.64	0.8	4.2	13	50	0.8362	1.3	152
		$T_{K_1s_1}$		10.8	8.64	0.8	3.6	11	50	0.8342	1.3	109
												1818

Ⅰ类：这类圈闭成藏条件较好，综合地质评价系数在 0.55 以上。Ⅰ类圈闭共有 7 个，即额 15、罕 5、哈尔 1 号、额 9、沙 1 号、勒 1 号和巴南构造。

Ⅱ类：综合地质评价系数在 0.45～0.55 之间。这类圈闭共有 28 个，如巴 6、巴 2、海

3、虎 2、虎 5、哈尔 2、巴勒 1、2、3、4、5 号、巴北 1、2、5 号、天草西、准 4 号、准北 1、2 号、乌 3 号、托来 1 号、乌 1 号、勒 2、3、4、5 号、沙 2、5 号。

Ⅲ类：圈闭综合地质评价系数在 0.45 以下。这类圈闭共有 33 个，如额 8、11、12、14、20、巴 9 号、海 2 号、虎 1 号、巴北 3、4 号、巴勒 7、8 号、沙 3、4 号、湖 1 号、梭 1 号等。

三、圈闭资源量估算

(一) 预测储量计算

根据查干凹陷局部构造的落实情况以及钻井情况，此次仅对凹陷中构造落实，面积较大，且通过钻井已获油气流的圈闭进行储量预测。即对查干凹陷的巴南、额 15 号构造，用容积法进行储量计算。

1. 计算公式

$$N = 100 \cdot A \cdot h \cdot \Phi(1 - S_{wi}) \cdot \rho_0 / B_{oi} \tag{9-17}$$

式中　N——预测石油地质储量，10^4 t；
　　　A——含油面积，km^2；
　　　h——油层平均计算厚度，m；
　　　Φ——平均有效孔隙度，%；
　　　S_{wi}——平均油层原始含水饱和度，%；
　　　ρ_0——平均地面原油饱和度，t/m^3；
　　　B_{oi}——平均原始原油体积系数，f。

2. 参数确定方法

由于二连盆地白垩系与本区查干凹陷白垩系地质条件相似，因此，对于个别无法确定的参数，参考二连盆地的资料采用类比法确定。其余参数均根据巴南构造上的查参 1 井、额 15 号构造上的毛 1 井资料，采用类比法确定。

3. 含油面积的确定

由于含油面积除受构造因素影响外还受岩性变化等诸多因素的影响，本区还未取得含油面积数据，这里采用如下公式通过类比法来确定含油面积：

$$S = S' \cdot F \tag{9-18}$$

式中　S——含油面积，km^2；
　　　S'——圈闭面积，km^2；
　　　F——圈闭充满系数，f。

这里实质上就是采用类比法来确定 F（圈闭充满系数）值，从而求得含油面积。查干白垩系储层参考二连盆地资料，同时结合各圈闭的实际条件，巴南构造 F 值取 0.6，额 15 号构造 F 值取 0.8，这一取值原则是把查参 1 井、毛 1 井圈定在含油面积内，且毛 1 井基本位于额 15 号构造含油面积边缘。

4. 油气层计算厚度的确定

先根据钻井确定单井计算厚度，依据下式：

$$h = h_1 \cdot \alpha + h_2 \cdot \beta + h_3 \cdot \gamma \tag{9-19}$$

式中　h——单井计算厚度，m；
　　　h_1、h_2、h_3——分别为综合解释油气层、低产油气层及油气同层厚度，m；

α、β、γ——折算系数，这里根据本区实际取值，未进行系数折算，巴音戈壁组油层厚度取测井解释为差油层并准备测试的油层厚度，苏红图组一段油层厚度以测井综合解释的油层厚度计算。

然后依据井点所在构造位置，综合权衡即用单井平均厚度来代替平均计算厚度。

5. 孔隙度、含油饱和度、原油密度及体积系数的确定

本区孔隙度值均采用岩心实测值或测井解释值，含油饱和度参数巴南构造查参 1 井已获取，额 15 号构造根据查参 1 井资料进行类比而获取，巴南构造含油饱和度值为 0.427，经分析额 15 号构造储层物性优于巴南，因此，含油饱和度取 50% 较为合适，原油密度查参 1 井实测值为 0.809g/cm³，毛 1 井分层实测值为 0.8342g/cm³ 和 0.8362g/cm³，体积系数查干凹陷参考二连盆地取值为 1.3。

6. 储量计算单元划分

依据钻井的实际情况，共划分了巴南构造的 $T_{K_1s_2}$，额 15 号构造的 $T_{K_1s_2}$、$T_{K_1s_1}$，即两个局部构造共 3 个石油预测储量计算单元。

7. 预测储量计算结果

将上述参数代入式（9-17）、式（9-18）、式（9-19），即得计算结果，见表 9-31。由表 9-31 可见，巴南构造预测储量为 184×10^4 t，额 15 号预测储量为 1634×10^4 t，累计预测储量为 1818×10^4 t。

（二）圈闭资源量估算方法

1. 估算方法

圈闭资源量估算主要采用体积法进行，其计算公式如下：

$$Q = 10^{-4} \cdot S \cdot F \cdot h \cdot k \tag{9-20}$$

式中　Q——资源量，10^8 t；

　　　S——圈闭面积，km²；

　　　F——含油气面积系数；

　　　h——预测油气层厚度，m；

　　　k——单储系数，10^4 t/(km²·m)。

2. 参数研究及取值原则

参数研究是资源量估算的核心部分，参数研究的质量决定着参数取值的准确性及圈闭资源量的可信程度。因此，本次圈闭资源量估算我们以参数研究为重点，研究方法以数理统计和地质类比法为主。

1）圈闭面积

根据地震精细解释的目的层顶面构造图利用求积仪直接求取圈闭的实际面积。

2）含油气面积充满系数

含油气面积充满系数是指含油面积与圈闭面积的比值，该参数从宏观上直接地反映圈闭内油气的充满程度和保存程度，是决定圈闭资源量大小的重要参数之一，但它的取值几乎与所有的地质因素有关。盆地内油气区的圈闭面积充满系数主要与层位、圈闭类型、局部构造的保存条件及圈闭所处的区域构造位置等因素有关。

(1) 面积充满系数与层位的关系。

研究表明，不同层位的圈闭其面积充满系数差别较大，埋藏浅的层位比埋藏深的层位含油面积系数大，而含气面积系数则是埋藏深的大于埋藏浅的。以吐哈盆地侏罗系为例，

含油面积系数以七克台组、三间房组较高,其面积充满系数一般为60%～95%,平均81%,西山窑组的含油面积系数则相对较低,平均47.8%;含气面积系数则相反,以西山窑组的含气面积系数较高,平均83.6%,而七克台组、三间房组的含气面积系数则较低,平均47.3%,而总体含油气面积系数为64.9%。

(2) 含油气面积充满系数与圈闭类型的关系。

含油气面积充满系数的影响因素较为复杂,实际统计结果表明,该参数与圈闭类型的相关性最为明显,油气藏类型不同,其含油气面积充满系数差异较大,经多种方法检验,该值服从正态分布。

由于银—额盆地断裂十分发育,已发现的圈闭多为断鼻、断块型,而纯背斜相对较少,这与东濮凹陷的地质特征类似。根据东濮凹陷研究结果表明:背斜型圈闭的含油气面积系数为0.46～0.79,均值0.61;断鼻、断块型为0.29～0.85,均值0.57;构造—岩性型为0.43～0.73,均值0.59;纯岩性型为0.5～0.9,均值0.69。根据吐哈盆地的统计结果来看,背斜型圈闭的充满程度较高,一般大于50%,最高可达100%,平均在70%以上;而断层型圈闭的充满程度相对较低,断鼻圈闭的充满程度平均为65.7%;断块圈闭的充满程度平均为54.8%,与东濮凹陷比较相近。

(3) 含油气面积系数与局部构造保存条件的关系。

研究结果表明,圈闭保存条件的好坏主要反映在盖层条件的优劣及后期构造的破坏程度两个方面。通过对吐哈盆地侏罗系和二连盆地白垩系圈闭的充满程度与盖层厚度的关系分析,可以看出圈闭的充满程度与盖层厚度呈线性关系,即盖层越厚,圈闭保存条件越好,油气充满程度越高。

(4) 同类型的圈闭所处的区域构造位置不同,其油气充满程度也不同。

研究结果表明,圈闭的含油气面积充满系数受局部构造所处的区域构造位置控制较为明显。银—额盆地的圈闭大部分为受断层作用形成的圈闭。因而油气运移主要依靠断层通道,所以,圈闭的油气充满程度除了受主力排烃期的影响外,主要受距油源区距离的控制,即距油源区距离越近,烃源层主力排烃期越早,则充满程度越高,反之则越低。

(5) 含油气面积充满系数与断层之间的关系。

银—额盆地断裂十分发育,目前发现的圈闭主要为受断层控制的圈闭,因此含油气圈闭的面积充满系数肯定与断裂有着密切的关系。研究认为断裂是银—额盆地油气纵向运移的主要通道,油气主要富集在断裂带附近。目前银—额盆地所发现的含油气圈闭均与断裂有关,如查参1井、毛1井、天1井、额1井所处圈闭均为断层封闭。综合上述5项因素,银—额盆地的圈闭从层位上讲与二连、吐哈盆地比较相似,主要目的层为白垩系、侏罗系;从圈闭类型上讲与东濮凹陷比较相似,主要为受断层控制的圈闭。由于银—额盆地勘探程度较低,圈闭的含油气面积系数无法直接获取,通过类比后,我们以二连、吐哈盆地、东濮凹陷为基础结合银—额盆地实际地质条件综合选取本盆地圈闭的含油气面积充满系数,其值为背斜(断背斜)0.46～0.9,平均0.71;断鼻0.29～0.85,平均0.67;断块0.1～0.8,平均0.55,构造—岩性型0.43～0.73,平均0.55;基底圈闭0.05～0.25,平均0.15。

3) 预测油气层厚度

预测油气层厚度是体积法估算资源量中较为重要的参数之一,其影响因素也较多。据研究,预测油气层厚度受储层发育程度、沉积相带、断层的发育与分布、局部构造所处位置、油气运移及保存条件等因素的影响较大。由于银—额盆地勘探程度较低,在本次圈闭资源量估算中主要采用以下经验公式求取油气层厚度:

$$h = H_r \cdot S_d \cdot H_k \tag{9-21}$$

式中　h——平均油气层厚度,m;

　　　H_r——油气藏的平均油气柱高度,m;

　　　S_d——砂岩百分比,小数;

　　　H_k——有效厚度系数,小数;

其中　$H_r = H_f \cdot H_a$ （9-22）

　　　H_f——圈闭幅度,m;

　　　H_a——油藏经验系数。

H_f、S_d 可由构造图、砂泥岩百分比图及圈闭幅度求取;H_a 与油气藏类型有关,一般块状油藏取 1/2,层状油藏取 2/3,断块、岩性油藏取 1/3。根据银—额盆地实际,背斜、断背斜圈闭 H_a 取 1/2,其余圈闭取 1/3;H_K 是由储层的质量、油源的充足程度、圈闭条件的优劣、保存条件等多种地质因素共同作用的结果,根据我国实际资料,该值一般在 10%~35%,且东部盆地值比西部偏高,如大庆油田为 33.3%,克拉玛依油田为 16.6%,渤海湾盆地各油田一般在 16%~33% 之间。东、西部盆地油层有效厚度系数的差异显然是由于它们的构造背景及沉积环境的不同所造成的,银—额盆地的大地构造位置基本上处于过渡地带。因而,综合以上因素,参考大庆、克拉玛依、渤海湾盆地,确定银—额盆地砂岩储层的有效厚度系数为 0.25,基岩储层的有效厚度系数为 0.2。

4) 单储系数

(1) 单储系数的影响因素。

单储系数由储层的孔隙度、含油饱和度、原油密度和原油体积系数确定。即

$$K_o = \Phi \cdot S_o \cdot d / \beta \cdot 100 \tag{9-23}$$

式中　K_o——油层单储系数,$10^4 t/(km^2 \cdot m)$;

　　　Φ——有效孔隙度,%;

　　　S_o——含油饱和度,%;

　　　D——地面原油密度,g/cm³;

　　　β——原油体积系数。

① 孔隙度。

查参1井、居参1井、天1井、毛1井的钻探证实,孔隙度是影响银—额盆地单储系数最主要的因素,它不仅直接影响着单储系数的大小,而且也是含油饱和度的主要影响因素(据全国密封取心资料分析,$S_{wi} = 1 - S_o = a - b\Phi$),一般情况下,储层孔隙度高,孔隙与喉道的半径就大,地层束缚水含量低,含油饱和度就高。

② 原油密度。

原油密度是单储系数的另一直接影响因素,它与原油体积系数有一定的内在联系,并且原油密度低、粘度小,相应的含油饱和度会有所增加。

③ 储层特征。

储层特征对单储系数也有影响。从储层的微观特征看,储层的粒径越小,泥质含量越高,孔吼半径就小。从宏观上看,有利的沉积相带区储层的孔隙性较好,单储系数大;反之则低。

(2) 单储系数求取方法。

银—额盆地目的层层位、原油性质、储层特性与二连盆地类比有很多相似性，求取本盆地单储系数时，查干凹陷主要采用式（9-20）利用查参1井、毛1井的含油饱和度、原油密度、原油体积系数及查干凹陷各目的层孔隙度等值线图来求取。盆地其余凹陷由于无实际资料，只好采用西部盆地经验值，侏罗系取 $3.7×10^4 t/(km^2·m)$，白垩系根据层位与查干凹陷类比取 $3.12×10^4 t/(km^2·m)$、$4.05×10^4 t/(km^2·m)$、$4.67×10^4 t/(km^2·m)$。

将上述各项参数带入式（9-20）、式（9-21）、式（9-22）、式（9-23）计算各层圈闭资源量，全盆地落实和较落实的圈闭资源量总计为 $2.5×10^8 t$，其中查干凹陷为 $0.943×10^8 t$，占 37.72%；天草凹陷 $0.734×10^8 t$，占 29.36%；哈日凹陷 $0.617×10^8 t$，占 24.68%。圈闭资源量超 $0.1×10^8 t$ 的圈闭有7个，查干凹陷额15号为 $0.279×10^8 t$，罕5号为 $0.212×10^8 t$，额9号 $0.1476×10^8 t$，天草凹陷哈尔1号 $0.2296×10^8 t$，哈日凹陷沙1号 $0.117×10^8 t$，勒1号 $0.14×10^8 t$，勒3号 $0.1142×10^8 t$。资源量在 $500×10^4 \sim 1000×10^4 t$ 的圈闭有巴南、虎2、哈尔2号、巴北1号、巴北4、5号、勒5号、准4号等8个圈闭。

四、圈闭排队

圈闭排队是进一步勘探的基础，综合反映了一个圈闭各方面因素的优劣，为了更真实地反映评价圈闭的优劣次序，我们根据本盆地圈闭的实际地质条件采用了综合排队系数法和统一标准排队法进行相互验证，以克服单一方法所带来的片面性。

（一）综合排队系数法

1. 方法原理

按目前的勘探程度暂以圈闭的地质评价结果、预测的资源量及资源的富集程度等三项排队参数进行排队。综合排队系数由下式求得：

$$G = a_1 · A + b_1 · B + c_1 · C \qquad (9-24)$$

式中　G——综合排队系数；

A——地质评价排队系数；

B——资源量排队系数；

C——富集程度排队系数；

a_1——地质评价权系数；

b_1——资源量权系数；

c_1——富集程度权系数。

2. 参数取值

（1）地质评价排队系数、资源量排队系数及富集程度排队系数根据前面地质评价结果及资源量计算结果正规化处理所得。

（2）地质评价权系数取 0.35，资源量权系数取 0.45，富集程度权系数取 0.2。

根据综合评价系数大小对圈闭进行综合排队，从排队结果看，综合排队系数在 0.55 以上的有：额15号、罕5号、哈尔1号、额9号、勒1号、沙1号、勒3号等7个圈闭。

这7个圈闭不仅成藏条件较好，同时油气资源潜力大、油气富集程度高，显然应为银—额盆地下步勘探的重点优选圈闭。此外，巴南、虎2号、哈尔2号、巴北1号、勒2、3、5号、沙2号、准北2号、准4号等10个圈闭尽管综合排队系数稍低，但地质评价仍为Ⅰ、Ⅱ类圈闭，在圈闭钻探中应引起重视。

（二）统一标准排队法

1. 方法原理

统一标准排队法是指各评价因素均按全国统一分级评分标准进行，其计算公式如下：

$$P = \prod_{i=1}^{k} P_i \quad k=1\cdots 14 \tag{9-25}$$

式中　　$i=1, 14$——表示 14 项指标；

　　　　P——排队系数；

　　　　P_i——各项指标分值。

各项地质因素分别划分为四个级别计分，一级 1～0.75 分，二级 0.75～0.5 分，三级 0.5～0.25 分，四级 0.25～0 分（表 9-32）。圈闭、层圈闭评价结果和次序取决于它的排队系数（P）的大小，将圈闭（层圈闭）分成 Ⅰ、Ⅱ、Ⅲ、Ⅳ 类。并对圈闭进行排队，找出含油气远景较好的局部构造，提供钻探目标。

表 9-32　银—额盆地统一标准法圈闭排队评分标准

评价指标及级别分值			一级 0.75～1.0	二级 0.75～0.5	三级 0.5～0.25	四级 0.25～0
圈闭可靠程度	测网密度		0.5×0.5	1×1	2×2	4×4
	控制程度		♯	++	+	—
	剖面质量		连续、断点清楚	>50%连续、大断点清楚	30%～50%连续、断点不清楚	<30%连续、断点不清楚
	解释可信度		高	中	低	推断
圈闭地质条件	圈闭面积（km²）	埋深<2500m	>5	3～5	1～2	<1
		埋深>2500m	>10	5～10	2～5	<2
	圈闭幅度（m）	埋深<2500m	>100	50～100	20～50	<20
		埋深>2500m	>200	100～200	50～100	<50
	埋深（m）		<2000	2000～3000	3000～4000	>4000
	圈闭类型		背斜	断背斜	断鼻及复合型	岩性、断块、地层
	圈闭闭合形式		地层	地层与断层复合	岩性与断层复合或岩性	断层
保存条件	盖层厚度（m）		>50	30～50	10～30	<10
	盖层岩性		蒸发岩、膨润土	泥页岩、含砂泥岩	泥页岩与砂岩互层	砂砾岩、变质岩、火成岩
	地层水性质		$CaCl_2$	$NaHCO_3$	$MgCl_2$	Na_2SO_4
	断层作用		无破坏性断层	构造翼部有少量破坏性断层	构造翼部较多破坏性断层	构造轴部有破坏性断层
	后期剥蚀		油气层上盖层厚>50m	油气层上盖层厚 30～50m	油气层上盖层厚 10～30m	油气层上盖层厚<10m

续表

评价指标及级别分值			一级 0.75~1.0	二级 0.75~0.5	三级 0.5~0.25	四级 0.25~0
圈闭地质条件	储层条件	储层类型	石英砂岩、孔隙型	长石砂岩、混合型	岩屑砂岩、碳酸盐岩、次生孔	火山岩、变质岩、裂缝孔
		沉积相带	三角洲前缘砂体	三角洲平原、曲流河道、滨浅湖滩砂	扇三角洲、水下扇	半深湖浊积岩、火成岩
		$\Phi<10$, K（$\times 10^{-3} \mu m^2$）	$\Phi>25$，$K>500$	$15<\Phi<25$，$100<K<500$	$10<\Phi<15$，$10<K<100$	$\Phi<10$，$K<100$
		储层占地层厚度百分比	>50	50~30	30~10	<10
		储层厚度（$\Phi<10$，$K<1$）	>150	150~100	80~60	<40
		是否有区域不整合	无	局部有	地区性	区域性
		裂缝发育（非碎屑岩）	极发育	较发育	发育	不发育
		储层横向连通	极连通	较连通	连通	不连通
	烃源条件	有机质类型	I	II$_A$	II$_B$	III
		有机碳含量（%）	>2.0	2.0~1.0	1.0~0.6	0.6~0.4
		源岩累计厚度（m）	>200	200~100	100~40	<40
		源岩热演化阶段	成熟	高成熟—过成熟	低成熟	未成熟
		运移通道	渗透性砂岩、正断层	正断层	逆断层	致密层
		运移距离（km）	<5	5~10	10~15	>20
		运移方式	垂向、侧向同时运移	垂向运移	短距离侧向运移	长距离侧向运移后垂向运移
		是否位于排烃指向	位于生油凹陷短轴方向	介于长短轴方向	长轴方向	远离生烃区域、不在排烃指向区
		烃类显示	钻井获工业油气流	钻井获低产油气流	物化探 I、II 异常，烃类检测有异常	物化探 III 类异常、烃类检测无异常或微弱异常
	配套史	时间配套	圈闭形成早于生排烃期	圈闭形成与大量生排烃同期	圈闭形成在大量生排烃期后	圈闭形成晚于生排烃期
		空间配套	自生、自储、自盖	邻生侧储	邻生侧储	新生古储、上生下储
圈闭资源量		预测资源量（$\times 10^4$t）	>1000	1000~500	500~100	<100

续表

评价指标及级别分值			一级 0.75~1.0	二级 0.75~0.5	三级 0.5~0.25	四级 0.25~0
圈闭经济评价	地理条件		平原、戈壁滩、交通便利	平原、戈壁滩、交通较便利	山地、灌木丛、交通不便	沙漠、沼泽、无交通条件
	圈闭埋深（m）		<1500	1500~3200	3200~4000	>4000
	预期产能	油 (t/(km²·d))	>15	15~5	5~1	<1
		气 ($10^4 m^3$/(km²·d))	>10	10~3	3~1	<1

注：#——四条地震测线控制；++——三条地震测线控制；+——二条地震测线控制；———一条地震测线控制。

2. **地质评价参数选择**

按照《圈闭评价技术规范》和《圈闭排队优选技术规范》，圈闭评价应考虑四个方面的因素、36 项子因素。

（1）圈闭可靠程度：包括①测网密度、②控制程度、③剖面质量、④解释可信度。

（2）圈闭地质评价。

① 圈闭条件：包括圈闭面积、圈闭幅度、圈闭埋深、圈闭类型、圈闭闭合形式。

② 保存条件：包括盖层厚度、盖层性质、地层水性质、断层作用、后期剥蚀。

③ 储层评价：包括储层类型；沉积相带；孔隙度、渗透率；储层占地层厚度的百分比；储层厚度；是否区域不整合；储层横向连通。在这些子因素中，考虑到本区的储层为碎屑岩储层，且物性差，故增加了储层厚度，舍去了原规范中裂缝发育一项。

④ 烃源岩评价：包括有机质类型；有机碳含量；源岩累计厚度；源岩热演化阶段；运移通道；运移距离；运移方式；是否位于排烃指向；烃类显示。

⑤ 配套史评价：包括时间配套和空间配套。

（3）圈闭资源量。

3. **评价参数标准及地质因素系数的确定**

1）评价参数标准的确定

（1）地质因素评价参数标准的确定按如下原则进行：在圈闭评价技术规范中明文规定的按规范进行确定，如圈闭可靠程度、各地质因素的各项指标、圈闭条件中的面积、圈闭幅度、埋深、配套史、盖层条件中的岩性、厚度、保存条件、烃类显示等。

（2）《圈闭评价规范》中未提及的、参照其他有关工业标准确定，如烃源岩评价、储层评价中的一些指标。经济评价、资源量分布按《生储盖评价规范》、《油气田（藏）储量技术经济评价规范》确定。

（3）未建立规范或工业标准的各项指标根据实际地质情况确定。这类指标有是否区域不整合、储层横向连通、运移通道、运移距离、运移方式、是否位于排烃指向等。

按上述原则对每一项地质因素的评价指标分四个级别确定了评价标准，详见表 9-32、表 9-33。

2）地质因素系数的确定

按照圈闭评分标准即可确定每项地质因素的系数，亦即评分值。要评价圈闭，首先要进行层圈闭评价。在层圈闭的评价基础上才能评价圈闭。因此，圈闭地质因素系数的确定实际上是对单个层圈闭地质因素系数的确定过程。此次圈闭评价选择了四大类36小类地质因素，每一个层圈闭的每个小类地质因素都有实际资料作为评价系数的依据，其中16项地质因素都有定量数值，根据评分标准便可比较准确地确定其地质因素系数，其他20项地质因素只能定性评价，据其相对好坏确定出地质因素系数。需要说明的是这些定性评价的地质因素都是在地震、地质资料深入消化、分析研究的基础上，结合有关分析图件而制定的。同时，对不同层圈闭所处不同的构造位置、不同的地质条件作横向对比，尽量保持同一标准进行取值，因此系数的取值基本反映了真实的地质情况。总体来说，无论是定量的值还是定性取值，所得结果都是比较客观的。

4. 圈闭评价结果

将各圈闭地质条件对照评分标准表适当取值代入式（9-25），求取排队系数（P）值，按照P值大小，对照表9-33的分级标准进行排队，并分成Ⅰ、Ⅱ、Ⅲ、Ⅳ类。由最终评价结果表9-34可见，银—额盆地Ⅰ类圈闭有9个：分别是额15、罕5号、额9号、巴6号、沙1、2号、勒1号、哈尔1、2号；Ⅱ类圈闭有42个：如巴南、巴2、7、9、海3、虎2、3、5、乌1号、勒2、3、4、沙2、5、6、巴勒1、2、3、4、5、8、巴北1、2、5、天北1、天草西、准4号、准北1、2号乌3号等；其余均为Ⅲ类圈闭。其中Ⅰ类圈闭是目前盆地勘探最有利的圈闭，是下一步圈闭预探的主要目标。

表9-33 统一标准法分级评分标准

类 别	排队系数（P值）
Ⅰ类	$>6.36\times10^{-7}$
Ⅱ类	$2.92\times10^{-11}\sim6.36\times10^{-7}$
Ⅲ类	$4.24\times10^{-22}\sim2.92\times10^{-11}$
Ⅳ类	$<4.24\times10^{-22}$

表9-34 银—额盆地统一标准法圈闭排队结果表

序号	二级构造单元	亚二级构造单元	圈闭名称	圈闭P值	评价级别	排队结果
1	查干凹陷	额很次凹	巴南	1.21174×10^{-8}	Ⅱ	27
2			额8	1.66008×10^{-13}	Ⅲ	59
3			额9	5.21788×10^{-5}	Ⅰ	4
4			额11	9.20533×10^{-12}	Ⅲ	53
5			额12	1.29072×10^{-11}	Ⅲ	52
6			额20	3.00074×10^{-13}	Ⅲ	57
7		巴润断鼻带	巴2	2.71609×10^{-7}	Ⅱ	14
8			巴6	2.78×10^{-6}	Ⅰ	8
9			巴7	7.26376×10^{-10}	Ⅱ	50
10			巴9	8.00383×10^{-13}	Ⅲ	40
11		毛墩侵入带	额14	0.000136172	Ⅲ	56
12			额15	5.75799×10^{-5}	Ⅰ	1

续表

序号	二级构造单元	亚二级构造单元	圈闭名称	圈闭 P 值	评价级别	排队结果
13	查干凹陷	海力素背斜带	罕5	1.67891×10^{-9}	Ⅰ	3
14		海力素背斜带	海2	7.70457×10^{-11}	Ⅲ	63
15			海3	3.76053×10^{-15}	Ⅱ	49
16		虎勒次凹	虎1	2.53993×10^{-9}	Ⅲ	61
17			虎2	1.54352×10^{-10}	Ⅱ	33
18			虎3	7.56142×10^{-18}	Ⅱ	48
19			虎5	5.77722×10^{-7}	Ⅱ	34
20			虎6	2.27235×10^{-13}	Ⅲ	58
21		罕塔庙次凹	罕1	8.79759×10^{-13}	Ⅲ	55
22			罕3	4.0015×10^{-14}	Ⅲ	60
23			罕6	8.62858×10^{-12}	Ⅲ	54
24			罕8	1.26786×10^{-19}	Ⅲ	68
25	哈日凹陷	苏海鼻隆	苏1	5.16743×10^{-18}	Ⅲ	65
26			苏2	4.82294×10^{-18}	Ⅲ	66
27		乌兰次凹	乌1号	1.48873×10^{-8}	Ⅱ	26
28		勒图斜坡	勒1号	8.83964×10^{-6}	Ⅰ	7
29			勒2号	1.67891×10^{-9}	Ⅱ	12
30			勒3号	5.41794×10^{-7}	Ⅱ	11
31			勒4号	2.84566×10^{-7}	Ⅱ	13
32		沙布尔次凹	沙1号	5.12847×10^{-5}	Ⅰ	5
33			沙2号	1.37132×10^{-6}	Ⅰ	9
34			沙3号	1.21796×10^{-9}	Ⅱ	36
35			沙4号	1.32286×10^{-17}	Ⅲ	62
36			沙5号	1.32099×10^{-7}	Ⅱ	16
37			沙6号	5.02829×10^{-7}	Ⅱ	10
38	天草凹陷	哈尔构造带	哈尔1号	9.24393×10^{-5}	Ⅰ	2
39			哈尔2号	1.87825×10^{-5}	Ⅰ	6
40		巴勒断阶带	巴勒1号	3.71931×10^{-8}	Ⅱ	32
41			巴勒2号	3.30269×10^{-8}	Ⅱ	24
42			巴勒3号	7.67769×10^{-8}	Ⅱ	18
43			巴勒4号	3.89357×10^{-9}	Ⅱ	31
44			巴勒5号	4.01331×10^{-9}	Ⅱ	21
45			巴勒6号	4.1942×10^{-9}	Ⅱ	30
46			巴勒7号	5.01493×10^{-9}	Ⅱ	41
47			巴勒8号	4.05376×10^{-18}	Ⅲ	67
48			巴北1号	1.91311×10^{-7}	Ⅱ	15

续表

序号	二级构造单元	亚二级构造单元	圈闭名称	圈闭 P 值	评价级别	排队结果
49	天草凹陷	巴勒断阶带	巴北2号	2.92513×10^{-7}	II	22
50	天草凹陷	巴勒断阶带	巴北3号	3.06822×10^{-8}	II	25
51	天草凹陷	巴勒断阶带	巴北4号	4.41011×10^{-9}	II	19
52	天草凹陷	巴勒断阶带	巴北5号	3.47718×10^{-8}	II	23
53	天草凹陷		天北1号	9.14145×10^{-10}	II	38
54	天草凹陷		天北2号	1.17989×10^{-9}	II	37
55	天草凹陷		天北3号	3.45941×10^{-10}	II	45
56	天草凹陷		天北4号	1.62399×10^{-9}	II	35
57	居东凹陷	准扎海构造带	准2号	4.73643×10^{-10}	II	42
58	居东凹陷	准扎海构造带	准3号	5.88604×10^{-11}	II	51
59	居东凹陷	准扎海构造带	准4号	2.81851×10^{-10}	II	46
60	居东凹陷	准北断背斜带	准北1号	1.02426×10^{-7}	II	17
61	居东凹陷	准北断背斜带	准北2号	4.81271×10^{-8}	II	20
62	乌力吉凹陷		乌3号	8.08464×10^{-9}	II	28
63	托来凹陷		托来1号	5.52826×10^{-8}	II	29
64	胡西新村凹陷		胡1号	5.3189×10^{-18}	III	64
65	胡西新村凹陷		胡4号	4.39389×10^{-10}	II	44
66	胡西新村凹陷		胡7号	7.32389×10^{-10}	II	39
67	胡西新村凹陷		胡9号	4.40174×10^{-10}	II	43
68	梭梭头凹陷		梭1号	2.38182×10^{-10}	II	47

（三）两种排队方法结果比较

通过地质评价法与统一标准排队法进行圈闭评价与排队，排队结果不难看出，两种方法评出的 I 类圈闭基本相同，II 类圈闭差别较大，统一标准排队法评出的 II 类圈闭较多，有 42 个，而地质评价法评出的 II 类圈闭较少，有 28 个，统一标准法评出的 III 类圈闭较少，有 17 个，而地质评价法评出的 III 类圈闭较多，有 33 个。分析银—额盆地圈闭发育状况及其地质特点，我们认为上述两种方法的评价结果基本反映了银—额盆地圈闭的优劣程度，但地质评价法的评价结果其可靠程度相对较高，但仍有其局限性。为此，我们对两种方法的评价结果进行综合，以综合后的结果作为此次圈闭评价的最终结果，综合的方法是将两种评价结果进行全面比较，按数学中集合的概念求交集，也就是求出其共同的部分，确定圈闭类别，排出圈闭的优劣次序。从综合结果表（表 9-35）中可以看出，银—额盆地 I 类圈闭有 6 个，它们分别是额 15、罕 5、哈尔 1 号、额 9 号、沙 1 号、勒 1 号；II 类圈闭有 28 个，如勒 3 号、巴南、哈尔 2 号、沙 6 号、沙 2 号、勒 2 号、巴北 1 号、巴 6 号、巴 2、勒 4 号、巴北 4 号、准北 2 号、巴北 5 号、巴北 2 号、巴勒 5 号、准北 1 号等。III 类圈闭有 34 个。由此可见，I 类圈闭主要分布在查干凹陷，II 类圈闭主要分布在哈日和天草凹陷。其中 I 类圈闭是目前钻探拿储量最现实的圈闭，排在前 20 位的 II 类圈闭可作为下一步钻探的主要目标。

表9-35 银—额盆地圈闭评价排队综合结果表

序号	二级构造单元	亚二级构造单元	圈闭名称	地质评价法		统一标准法		综 合 结 果	
				评价级别	排队结果	评价级别	排队结果	评价级别	排队结果
1	查干凹陷	额很次凹	巴南	Ⅰ	8	Ⅱ	27	Ⅱ	8
2			额8	Ⅲ	28	Ⅲ	59	Ⅲ	42
3			额9	Ⅰ	4	Ⅰ	4	Ⅰ	4
4			额11	Ⅲ	39	Ⅲ	53	Ⅲ	46
5			额12	Ⅲ	51	Ⅲ	52	Ⅲ	53
6			额20	Ⅲ	58	Ⅲ	57	Ⅲ	59
7		巴润断鼻带	巴2	Ⅱ	24	Ⅱ	14	Ⅱ	15
8			巴6	Ⅱ	19	Ⅰ	8	Ⅱ	14
9			巴7	Ⅲ	44	Ⅲ	50	Ⅲ	47
10			巴9	Ⅲ	27	Ⅱ	40	Ⅲ	27
11		毛墩侵入带	额14	Ⅲ	59	Ⅲ	56	Ⅲ	62
12			额15	Ⅰ	1	Ⅰ	1	Ⅰ	1
13		海力素背斜带	罕5	Ⅰ	2	Ⅰ	3	Ⅰ	2
14			海2	Ⅲ	64	Ⅲ	63	Ⅲ	64
15			海3	Ⅱ	25	Ⅱ	49	Ⅱ	41
16		虎勒次凹	虎1	Ⅲ	56	Ⅲ	61	Ⅲ	61
17			虎2	Ⅱ	14	Ⅱ	33	Ⅱ	24
18			虎3	Ⅲ	48	Ⅱ	48	Ⅲ	48
19			虎5	Ⅱ	36	Ⅱ	34	Ⅱ	35
20			虎6	Ⅲ	52	Ⅲ	58	Ⅲ	57
21		罕塔庙次凹	罕1	Ⅲ	49	Ⅲ	55	Ⅲ	52
22			罕3	Ⅲ	53	Ⅲ	60	Ⅲ	58
23			罕6	Ⅲ	46	Ⅲ	54	Ⅲ	50
24			罕8	Ⅲ	67	Ⅲ	68	Ⅲ	68
25	哈日凹陷	苏海鼻隆	苏1	Ⅲ	66	Ⅲ	65	Ⅲ	65
26			苏2	Ⅲ	65	Ⅲ	66	Ⅲ	66
27		乌兰次凹	乌1号	Ⅱ	22	Ⅱ	26	Ⅱ	25
28		勒图斜坡	勒1号	Ⅰ	5	Ⅰ	7	Ⅰ	6
29			勒2号	Ⅱ	12	Ⅱ	12	Ⅱ	12
30			勒3号	Ⅱ	7	Ⅱ	11	Ⅱ	7
31			勒4号	Ⅱ	21	Ⅱ	13	Ⅱ	16
32		沙布尔次凹	沙1号	Ⅰ	6	Ⅰ	5	Ⅰ	5
33			沙2号	Ⅱ	13	Ⅰ	9	Ⅱ	11
34			沙3号	Ⅲ	54	Ⅱ	36	Ⅲ	45

续表

序号	二级构造单元	亚二级构造单元	圈闭名称	地质评价法		统一标准法		综合结果	
				评价级别	排队结果	评价级别	排队结果	评价级别	排队结果
35	哈日凹陷	沙布尔次凹	沙4号	Ⅲ	63	Ⅲ	62	Ⅲ	63
36			沙5号	Ⅱ	40	Ⅱ	16	Ⅱ	28
37			沙6号	Ⅱ	10	Ⅱ	10	Ⅱ	10
38	天草凹陷	哈尔构造带	哈尔1号	Ⅰ	3	Ⅰ	2	Ⅰ	3
39			哈尔2号	Ⅰ	9	Ⅰ	6	Ⅰ	9
40		巴勒断阶带	巴勒1号	Ⅱ	45	Ⅱ	32	Ⅱ	39
41			巴勒2号	Ⅱ	23	Ⅱ	24	Ⅱ	23
42			巴勒3号	Ⅱ	30	Ⅱ	18	Ⅱ	26
43			巴勒4号	Ⅱ	38	Ⅱ	31	Ⅱ	31
44			巴勒5号	Ⅱ	29	Ⅱ	21	Ⅱ	21
45			巴勒6号	Ⅲ	43	Ⅱ	30	Ⅲ	36
46			巴勒7号	Ⅲ	55	Ⅱ	41	Ⅲ	49
47			巴勒8号	Ⅱ	50	Ⅲ	67	Ⅲ	60
48			巴北1号	Ⅱ	11	Ⅱ	15	Ⅱ	13
49			巴北2号	Ⅱ	18	Ⅱ	22	Ⅱ	20
50			巴北3号	Ⅲ	33	Ⅱ	25	Ⅲ	29
51			巴北4号	Ⅱ	15	Ⅱ	19	Ⅱ	17
52			巴北5号	Ⅱ	17	Ⅱ	23	Ⅱ	19
53		天北1号		Ⅱ	32	Ⅱ	38	Ⅱ	34
54		天北2号		Ⅲ	41	Ⅱ	37	Ⅲ	38
55		天北3号		Ⅲ	35	Ⅱ	45	Ⅲ	40
56		天北4号		Ⅱ	34	Ⅱ	35	Ⅱ	37
57	居东凹陷	准扎海构造带	准2号	Ⅲ	47	Ⅲ	42	Ⅲ	43
58			准3号	Ⅲ	37	Ⅲ	51	Ⅲ	44
59			准4号	Ⅱ	20	Ⅱ	46	Ⅱ	33
60		准北断背斜带	准北1号	Ⅱ	26	Ⅱ	17	Ⅱ	22
61			准北2号	Ⅱ	16	Ⅱ	20	Ⅱ	18
62	乌力吉凹陷		乌3号	Ⅱ	42	Ⅱ	28	Ⅱ	32
63	托来凹陷		托来1号	Ⅲ	31	Ⅱ	29	Ⅲ	30
64	胡西新村凹陷		胡1号	Ⅲ	68	Ⅲ	64	Ⅲ	67
65			胡4号	Ⅲ	61	Ⅲ	44	Ⅲ	54
66			胡7号	Ⅲ	62	Ⅱ	39	Ⅲ	56
67			胡9号	Ⅲ	57	Ⅱ	43	Ⅲ	51
68	梭梭头凹陷		梭1号	Ⅲ	60	Ⅱ	47	Ⅲ	55

总之，通过采用多种方法对盆地各凹陷、区带及圈闭资源潜力进行了预测及评价，其

结果表明盆地油气资源丰富,总资源量期望值为 12.42×10^8 t,区间值为 $9.87\sim15.86\times10^8$ t。其中预测储量 0.18×10^8 t,潜在资源量 2.32×10^8 t,远景资源量 9.92×10^8 t。从资源序列来看,银—额盆地潜在资源量及远景资源量均很丰富,表明其勘探前景十分广阔。

参 考 文 献

[1] 赵旭东. 石油资源定量评价. 北京:地质出版社,1988
[2] 武守诚. 石油资源地质评价导论. 北京:石油工业出版社,1986
[3] 张守本,赵旭东. 模糊数学对局部构造圈闭的评价. 油气资源评价方法研究与应用. 北京:石油工业出版社,1988
[4] 杨通佑,范尚炯,陈元千等. 石油及天然气储量计算方法. 北京:石油工业出版社,1991
[5] 邬立言,顾信章,盛志纬等编著. 生油岩热解快速定量评价. 北京:科学出版社,1986
[6] 杨万里,高瑞琪,郭庆福等. 松辽盆地陆相油气生成、运移和聚集. 哈尔滨:黑龙江科学技术出版社,1985
[7] Tissot BP, and Welte DH, Petroleum formation and occurrence. New York:Springer-Verlag,1984,217
[8] 哈兰德 WB,考克斯 AV,卢埃林 PG 等. 地质年代表. 袁相国,姬再良,刘椿译. 北京:地质出版社,1987,1~157

第十章　银根—额济纳旗盆地与二连盆地石油地质特征比较研究

银—额盆地以狼山为界与二连盆地为邻，两者同处于内蒙地槽褶皱带。1981 年 9 月，二连盆地阿尔善构造阿 2 井巴下组玄武岩层首获日产 30.5m³ 工业油流，从而揭开了二连盆地油气勘探历史的新的一页。目前，二连盆地已在阿南等 8 个凹陷获工业油流，其中 4 个凹陷已开发，最高石油年产量曾达 125×10⁴t（1995 年），到 2001 年底，累计产油量达 1300×10⁴t，探明石油地质储量 2×10⁸t。而银—额盆地钻探的 10 口探井中，仅在 1 口井中获工业油流，2 口井中获低产油流，银—额盆地能否有二连盆地的辉煌，能否成为一个新的石油工业基地，这是石油地质学家、勘探家十分关注的[1-11]。

二连盆地 20 多年的勘探实践，尤其是近年来在乌里雅斯太及吉尔嘎朗图坡折带岩性油气藏勘探的突破，迎来了石油储量增长的又一高峰期[12-15]，这对构造圈闭欠发育的银—额盆地勘探有借鉴意义。

银—额盆地与二连盆地类比评价见表 10-1，以下分别进行讨论。

表 10-1　银—额盆地与二连盆地类比评价表

类比指标		银—额盆地	二连盆地
盆地规模	面积（×10⁴km²）	12.2	10
	单元划分	6 隆 7 坳 23 个凹陷	1 隆 5 坳 43 个凹陷
区域构造	盆地类型	断坳叠置裂谷盆地	断坳叠置裂谷盆地
	构造展布	NEE、NE、正断层具扭动性	NEE、NE
	基底	内蒙地槽褶皱带西部	内蒙地槽褶皱带中部
沉积盖层（m）	Q	10～200	0～75
	R	西部 100～300	100～500
	K_2	2050	
	K_1	4500（目的层）	3590（目的层）
	J_3		6000
	J_{1-2}	4400（目的层）	4200
烃源岩有机地球化学特征	厚度（m）	J_{1-2}：300～750，K_1：200～100	K_1：640～1840
	有机碳（%）	K_1：1.48（地面 201 块），1.4（查参 1 井）J_{1-2}：2～4095（地面）	K_1：1168（10 个主要生油凹陷，53 块）
	氯仿沥青"A"（μg/g）	K_1：353（地面 107 块），541（查参 1 井）J_{1-2}：0.08～5.61（地面）	K_1：1.36（10 个主要生油凹陷，141 块）

续表

类比指标		银—额盆地	二连盆地
烃源岩有机地球化学特征	总烃（$\mu g/g$）	K_1：151（地面35块），594（查参1井） J_{1-2}：30~915（地面）	K_1：1.36 （10个主要生油凹陷，48块）
	母质类型	K_1：Ⅰ+Ⅲ（地面），Ⅱ（查参1井） J_{1-2}：Ⅲ（地面）	Ⅰ+Ⅱ$_A$
	成熟度	K_1：低—高成熟 J_{1-2}：成熟—高成熟	K_1：剖面中上部大面积未成熟，下部成熟
储层物性	孔隙度（%） 渗透率（$\times 10^{-3}\mu m^2$）	K_2：$\Phi=15.5$，$K=2.78$ $K_1 s$：$\Phi=14.2$，$K=2.61$（查参1井） $K_1 b$：$\Phi=7.3$，$K=0.91$	K_1：$\Phi 10~15$ 占 25.4% Φ：15~20 占 20% （岩心测试） Φ：20~25 占 16%
圈闭条件		断鼻、断块为主，岩性、地层圈闭	断鼻、断块、岩性、地层圈闭为主
资源量（$\times 10^8 t$）		$J_{1-2}+K_1$：12.42	K_1：14.63
类比结果		银—额盆地含油气远景与二连盆地基本相等	

第一节　盆地的规模与结构

银—额盆地面积 $12.3\times 10^4 km^2$，可划分为 6 隆 7 坳 23 个凹陷。成油以凹陷为单元，凹陷面积最小 $720km^2$（巴北凹陷），最大 $8840km^2$（达古凹陷），一般为 $1000~2000km^2$。

二连盆地面积 $10.9\times 10^4 km^2$，可划分为 1 隆 5 坳 43 个凹陷。成油也以凹陷为单元，凹陷面积最小 $200km^2$，最大 $15000km^2$，一般也在 $1000~2000km^2$ 之内。

从盆地规模及其中的结构，两个盆地十分相似。两盆地均是在内蒙—大兴安岭海西褶皱带基底上发育起来的中生代分散的凹陷盆地群。凹陷结构主要为单断式的箕状断陷和双断式凹陷。

第二节　盆地的地层对比

银—额盆地与二连盆地中生代地层对比见表 10-2，由于均缺失三叠系，所以，表 10-2 中仅列出侏罗系、白垩系地层对比。

白垩系是两盆地的主要目的层，分布广泛。银—额盆地新组建银根组[1]，它与二连盆地

---

[1] 卫平生，张虎权，陈启林等．银根—额济纳旗盆地下白垩统银根组的确立．2005．

赛汉塔拉组可对比。

表 10-2 银—额盆地与二连盆地侏罗系、白垩系对比表

地层系统		银—额盆地		二连盆地		
白垩系	上统	乌兰苏海组		达布苏组		
	下统	银根组			赛汉塔拉组	
		苏红图组	苏二段	巴彦花群	腾格尔组	腾二段
			苏一段			腾一段
		巴音戈壁组	巴二段		阿尔善组	
			巴一段			
侏罗系	上统	沙枣河群		兴安岭群	巴达拉湖组	
	中统	青土井群		阿拉坦合力群		
	下统	大山口群				

银—额盆地东部缺失侏罗系。

二连盆地侏罗系分布也很不均匀。据钻井资料，井下侏罗系分布在盆地东部的乌里雅斯太、阿拉坦合力、巴音都兰、阿北、阿南等凹陷及盆地西部的呼格奇日图、格日勒敖都、阿其图乌拉、脑木更、赛汉塔拉等凹陷。地表则分布于阿拉坦合力、东乌旗、西乌旗及霍林部勒一带。上侏罗统兴安岭群在盆地分布广泛[16]。

第三节 盆地区域构造与岩浆活动

两盆地同处于内蒙古地槽褶皱带，基底均为海西期的褶皱变质基底。两盆地既不同于我国西部挤压型盆地，也不同于东部拉张型盆地，形成了独具风格的第三种类型的盆地——被动裂谷盆地群。盆地构造皆为北东或北东东向；盆地演化均经历了拱升张裂、裂陷、坳陷、抬升四个阶段。

存在的差异表现在：①二连盆地处于内蒙古地槽褶皱带中部，而银—额盆地处于内蒙古地槽褶皱带西部并与天山地槽褶皱带相连接，具有过渡性质，这种特征在额济纳旗地区表现尤为突出。②银—额盆地坳陷期除尚丹坳陷外，均在晚白垩世，而二连盆地有一些坳陷的坳陷期在早白垩世晚期。③二连盆地经历了晚侏罗世的褶皱期，银—额盆地在晚侏罗世处于剥蚀期（东部）。④银—额盆地的裂陷期多具旋回性质，如凹陷、断层平面多呈"S"型分布，而二连盆地多表现为压扭性质。⑤两盆地大多数凹陷均发育以断块、断鼻为主的二级构造带，发育断块、断鼻等构造圈闭。但银—额盆地二级构造带的发育规模较二连盆地小，构造圈闭也欠发育，缺乏像二连盆地阿南凹陷阿尔善构造带那样的二级构造带。

两盆地还有一显著特点是：地壳活动频繁，中生代火山活动规模大，期次多。

现根据地表与钻井所获资料，讨论一下中生代的岩浆活动特点，兼及讨论新生代的岩浆活动。

（1）两盆地均发生过三次较大规模的岩浆侵入活动，分别形成了 r_5^1、r_5^2、r_5^3 中酸性侵入岩，不过，银根盆地的 r_5^3 强度较小，分布也较少。

(2) 两盆地均有侏罗纪、早白垩世、晚白垩世火山岩，但二连盆地表现为晚侏罗世大规模酸性及中基性火山喷发、早白垩世的中性火山喷溢、晚白垩世的中酸性及基性岩浆喷溢、上新世及第四纪的多期基性岩浆漫溢。

(3) 银—额盆地早白垩世火山岩最发育，二连盆地则相对较弱；早白垩世火山岩在银—额盆地中主要集中于早白垩世晚期，而在二连盆地，则主要集中于早白垩世早—中期。

(4) 火山喷发类型，二连盆地以中心式为主，银—额盆地则以中心式—裂隙式溢流为主。

(5) 中生代岩浆活动均受断裂构造控制，均主要受北东向断裂控制，空间分布也以北东向为主。

(6) 在二连盆地，火山岩、侵入岩与油气关系十分密切，并形成了十分重要的潜山油气藏（田），其中有早白垩世火山岩工业油藏，前白垩纪火山岩、侵入岩油藏[17]。

(7) 二连盆地的勘探表明：通常火山岩形成后被埋藏到一定深度，后又受断裂作用改造而成断块，油气则往往赋存于这些断块状的火山岩体之中。

第四节 生储组合、沉积及成藏特征

一、生储组合与沉积特征

由表10-1可知，银—额盆地与二连盆地的下白垩统烃源岩有机地球化学特征（包括有机碳含量、氯仿沥青、总烃含量、母质类型、成熟度等）均十分相似，银—额盆地西部中下侏罗统也是较好的烃源岩。

储层物性则区别较大，银—额盆地储层孔隙度、渗透率均较差，孔隙度为 $7.3\%\sim15.5\%$，渗透率为 $0.91\times10^{-3}\sim2.78\times10^{-3}\mu m^2$；而二连盆地则较好，孔隙度为 $10\%\sim25\%$，渗透率为 $16\times10^{-3}\sim25.4\times10^{-3}\mu m^2$。

但是，沉积特征上倒是相似的，即具有多物源、近物源、连通差、相带窄、相变快、多沉积沉降中心等特点[18]。

上述特点决定了两盆地油源丰富，银—额盆地资源量为 $12.42\times10^8 t$，二连盆地为 $14.63\times10^8 t$，但往往就近储集，这便形成了以凹陷或洼槽为成油单元，具有独立的沉积体系和聚油系统，这是两个盆地共同的沉积特色。

二、成藏特征

（一）二连盆地

二连盆地的油气储层有下列几种：①砂砾岩、砾岩；②玄武岩；③凝灰岩；④碎裂花岗岩；⑤白云岩、石灰岩；⑥变质岩。

1. *砂砾岩油藏*

在二连盆地，目前探明石油地质储量绝大部分赋存于砂砾岩中，其中的优质储层有如下特点：①成岩程度低，埋藏浅（<900m）；②花岗岩为物源；③好的沉积相带（如扇三角洲、辫状河道）；④化学溶蚀带；⑤裂缝发育带。

据统计，石油储量在不同沉积相带的分布为：辫状河三角洲占70%，近岸水下扇占

23%，扇三角洲占 5%，曲流河三角洲占 2%[18]。

2. 古潜山油藏

据于英太等，古潜山构造有如下特点：断背斜、断块山、断块—侵蚀山、残山和火成岩体[17]。

二连盆地阿南凹陷有古潜山油藏，额仁卓尔凹陷有色尔潜山工业油流，尽管已建成油田的 15 个油藏中只有 2 个为古潜山油藏，但其他获工业油流的凹陷，大都在古潜山地层中见到良好的油气显示或获低产油流，具备良好的找油前景。一旦有所突破就会成为有利接替区。如前所述，1981 年 9 月，在阿尔善构造阿 2 井巴下组玄武岩层首获日产 30.5m³ 工业油流，揭开了二连盆地油气勘探历史的新的一页。1982 年 11 月，在哈达图哈南凝灰岩潜山哈 1 井又获自喷日产 72m³ 的高产油流。

显然，二连盆地的古潜山仍有相当潜力。

（二）银—额盆地

银—额盆地共钻了 10 口井，仅见少量油流及油气显示。

（1）盆地西部路井凹陷（麻木乌苏凹陷），地矿部华北石油局钻了两口井（A 井、B 井），路 1 井（即 A 井）钻遇上侏罗统，日产轻质油 2.52m³，天然气 2000m³，在 2695m 钻遇前中生界的石英闪长岩、斜长花岗岩，无油含气。后在路 1 井北 1140m，钻路 2 井（即 B 井），在 1925m 钻遇花岗岩、闪长玢岩、煌斑岩等，取心有油斑味，见轻质油沿裂隙外渗。

卢崇宁等（1999）认为，本区基岩含油气层段应具工业产能[19,20]。

（2）在盆地东部查干凹陷，中国石油天然气集团公司新区事业部钻了 4 口井（查参 1 井、毛 1 井、毛 2 井、巴 1 井），其中查参 1 井在苏红图组一段、巴音戈壁组见油气显示。

第五节　油气分布规律

费宝生、梁生正在 1990 年曾总结了二连盆地的油气分布规律[21]："大断层控制了油气分布"：①断层下盘—逆牵引背斜油藏；②断层上盘—披覆背斜油藏；③断层两侧—扭动以及火山岩、火山碎屑岩油藏；④断棱部位—潜山油藏；⑤潜山围斜部分—地层岩性油藏。

尔后，二连盆地的石油地质家总结了盆地油气藏的分布规律——主洼槽控油理论，即在一个盆地内部，一般都被分割出 2~4 个次级洼槽，而其中面积较大，基底埋藏深，湖相沉积发育，继承性良好的主洼槽，则是最有利的油气勘探领域。

杜金虎等（2004）总结了二连盆地岩性地层油气藏的形成条件与油气分布规律[13]，指出：①二连盆地发育两套烃源岩层系，主力生油洼槽控制油气分布；②多种构造样式为岩性、地层油气藏形成提供了构造背景；③多物源、近物源和粗碎屑的沉积特征，发育多种成因的储集砂体；④多期地层不整合和沉积间断有利于形成地层超覆和不整合圈闭。

银—额盆地烃源岩的发育与二连盆地类似，主要凹陷也分布有主力生油洼槽，构造期次、样式、沉积特点均与二连盆地类似。在凹陷内也发育与二连盆地主要凹陷相似的断折带和坡折带。因此，岩性地层油气藏也是银—额盆地一个主要的勘探领域，尤其是构造圈闭欠发育的背景下，岩性地层油气藏的勘探显得更为重要。二连乌里雅斯太和吉尔嘎朗图等凹陷岩性地层油气藏成功的勘探实例值得银—额盆地油气勘探借鉴。

第六节　盆地深部地壳构造特征

近年来，二连盆地深部构造对盆地的演化与油气生成的影响也已开始得到了重视[22,23]，以下从三条地学断面揭示的深部地壳构造，分析二连盆地与银—额盆地（西部）的油气前景。

（1）江苏响水至内蒙古满都拉地学断面通过二连盆地中西段，断面表明中地壳有高导层及低速层。

西拉木伦河断裂是一条超岩石圈断裂，沿断裂带分布了早古生代的双变质岩带、双岩浆岩带、蛇绿岩带和混杂堆积；该断裂在早古生代为俯冲带，晚古生代、中生代则显示为逆冲断裂，新生代又显示为张性断裂，地幔物质上涌，形成玄武岩层和玄武岩高原区[24]。

（2）内蒙古东乌珠穆沁旗至辽宁东沟地学断面通过二连盆地东段，断面表明在贺振山一带的中地壳亦有高导层（$1.2 \sim 6\Omega \cdot m$）、低速层（6.2km/s）。

贺根山断裂也是一条超岩石圈断裂，沿断裂带有大量海西期花岗岩体，超基性岩体及蛇绿岩，本区是古蒙古洋最后封闭的地区，是西伯利亚板块和中朝板块最后碰撞对接的地带[25]。

（3）青海格尔木至内蒙古额济纳旗地学断面通过银—额盆地西段，断面表明从湖西新村—额济纳旗中地壳有低速—高导层（6.05km/s；$8 \sim 30\Omega \cdot m$）[26]。

据研究，盆地中地壳的低速—高导层是深部油气生成的场所。俄罗斯地球物理学家沃里沃夫斯基、石油地质学家萨尔基索夫提出勒超基性岩底辟说[27]。这种超基性岩由于以后的热液交代变成蛇纹石化橄榄岩，在地球物理学上表现低速、高导等特征。当地幔脱气生成的 CO_2、H_2 上升，沿玄武岩破裂带上升到超基性蛇纹岩带，便发生了著名的费托合成反应。费托合成的烃类伴随构造运动（或岩浆运动）沿花岗岩缺失的通道上升，并运移到储层形成油气藏。相比之下，沉积盆地的储层特性很好，所以油气多储集在沉积盆地，但也可储集到花岗岩、变质岩等潜山中，形成潜山油气藏。

因此，我们可以形象地称蛇纹石化橄榄岩（中地壳低速高导层）为油气生成的"发生器"，费托反映在这里发生；上地幔是生成油气的"原料库"；沉积盆地有好的储层（砂岩、白云岩等），是油气藏形成的"存储器"。中地壳的特殊物理化学温压条件，摆脱了"烃类无法存于上地幔的高温条件"的困境，为油气无机生成理论注入了新的活力[28,29]。

银—额盆地与二连盆地中生代（主要是侏罗系和下白垩统）沉积岩有良好的烃源岩，构成了油气生成的物质基础；而这两个盆地的深部地壳结构还为深部无机生成的油气提供了可能。多种来源及成因的油气使这两个盆地的油气勘探前景更加看好。

事实上，盆地缝合带，中生代大量玄武岩的喷发，盆地高的地温梯度，油气藏受深大断裂的控制以及大量潜山油藏的发现，正是这种深部油气前因和后果的表现。

第七节　结　　论

通过对银—额盆地、二连盆地中生代地层、区域地质构造、岩浆活动、烃源岩、储层、油气成藏特征及深部地壳构造等的比较研究，表明两盆地同处于相同的大地构造背景，在石油地质各特征方面有很多的相似性，也有一些差异。

（1）两盆地下白垩统烃源岩的有机地球化学特征上十分相似，盆地面积相当，计算的资源量也相当。所不同的是银—额盆地在西部居延海坳陷有侏罗系烃源岩，且已发现有工业油流。

（2）银—额盆地下白垩统储集岩的孔隙度、渗透率特性大不如二连盆地。

（3）银—额盆地构造圈闭欠发育，现有的10口钻井均钻在盆地最好的二级构造带的最好圈闭上，但效果较差，没有获得突破，需转变勘探思路。

因此，银—额盆地的勘探方向为：①鉴于两盆地都发育断折带和坡折带，二连盆地的乌里雅亚斯太和吉尔嘎朗图勘探的成功经验值得借鉴，因此，银—额盆地的勘探重点应放在下白垩统岩性地层油气藏的有利区带，如盆地东部的查干德勒苏坳陷；②在银—额盆地西部的居延海坳陷，把重点放在白垩系、侏罗系构造、岩性、地层油气藏的勘探，同时不可忽视前中生代花岗岩类断块油藏。

总之，地层、岩性和基岩油气藏（或称潜山油气藏）将会有重大发现。

还需指出的是，银—额盆地与二连盆地深部地壳均有低速—高导层，表明了除中生代沉积有机质可以生成油气外，深部油气将有相当大的潜力，这也是为什么我们强调基岩油气藏勘探的原因[30]，其中特别要重视大断裂的控制作用，这也是二连盆地石油地质学家总结的勘探经验[21]。

参 考 文 献

[1] 杨中轩，陈启林，杨占龙等．银—额盆地勘探进展及基本地质条件．见赵政璋主编：中油公司油气勘探之路——新区勘探项目管理探索．北京：石油工业出版社，1998，101～107

[2] 靳久强，孟庆任，张研等．额济纳旗地区侏罗—白垩纪盆地演化与油气特征．石油学报，2000，21（4）：13～19

[3] 高渐珍，吴光贤，张放东等．查干凹陷毛墩次凸起的形成演化及其与油气关系．中国海上油气（地质），2002，16（6）：389～393

[4] 徐旭辉，红兴歌，朱建辉等．巴丹吉林盆地麻木乌苏凹陷盆地模拟与资源前景分析．石油实验地质，2002，24（5）：251～255

[5] 王生朗，马维民，竺知新等．银根—额济纳旗盆地查干凹陷构造—沉积格架与油气勘探方向．石油实验地质，2002，24（4）：296～299

[6] 叶加仁，杨香华．银额盆地查干凹陷温压场特征及其油气地质意义．天然气工业，2003，23（2）：15～19

[7] 吴少波，白玉宝．银根盆地下白垩统石油地质特征及含油气远景评价．石油勘探与开发，2003，30（6）：17～19

[8] 张代生，李光云，罗肇等．银根—额济纳旗盆地油气地质条件．新疆石油地质．2003，24（2）：130～133

[9] 吴茂炳，王新民．银根—额济纳旗盆地油气地质特征及油气勘探方向．中国石油勘探．2002，8（4）：45～49

[10] 卫平生，张虎权，林卫东等．银根—额济纳旗盆地油气勘探远景．天然气工业．2005，

25（3）：7～10

[11] 王国力，吴茂炳．查干凹陷下白垩统含油气系统特征及勘探方向．石油与天然气地质，2005，26（3）：366～369

[12] 降栓奇，司继伟，赵安军等．二连盆地吉尔嘎朗图凹陷岩性油藏勘探．中国石油勘探，2004，14（3）：46～53

[13] 杜金虎，易士威，雷怀玉等．二连盆地岩性地层油藏形成条件与油气分布规律．中国石油勘探，2004，14（3）：1～5

[14] 崔永谦，武耀辉，罗宁等．岩性地层油气藏勘探技术．中国石油勘探，2004，14（3）：17～24

[15] 费宝生，汪建红．坡折带与隐蔽油气藏．油气地质与采收率，2004，11（6）：22～23，38

[16] 李燕霞，陶明华，彭晓义．二连盆地侏罗系地层研究．古潜山，1998（2）：48～55

[17] 于英太，马家驹．二连盆地潜山油气藏形成条件初析．见中国石油学会石油地质委员会编：基岩油气藏．北京：石油工业出版社，1987，165～176

[18] 祝玉衡，张文朝，王洪生等．二连盆地下白垩统沉积相及含油性．北京：科学出版社，2000，234

[19] 卢崇宁，段春节，康新文等．巴丹吉林盆地麻木乌苏凹陷基岩含油气特征及成藏条件分析．石油实验地质，1999，21（3）：251～255

[20] 卢崇宁，李保林，刘忠群等．巴丹吉林盆地麻木乌苏凹陷基岩油气成藏条件分析．古潜山，1999（1）：9～13

[21] 费宝生，梁生正．二连盆地构造与油气生成，见朱夏，徐旺主编：中国中新生代沉积盆地．北京：石油工业出版社，1990

[22] 费宝生．二连盆地构造特征与油气．见李德生，何登发，任纪舜等著．中国含油气盆地构造学．北京：石油工业出版社，2002：386～409

[23] 任建业，李思田，焦贵浩．二连断陷盆地群伸展构造系统及其发育的深部背景．地球科学——中国地质大学学报，1998，23（6）：558～566

[24] 马杏垣，刘昌铨，刘国栋．江苏响水至内蒙满都拉地学断面（1∶1000000）说明书．北京：地质出版社，1991

[25] 卢造勋，夏怀宽．内蒙东乌珠穆沁旗至辽宁东沟地学断面（1∶1000000）说明书．北京：地震出版社，1992

[26] 崔作舟，李秋生，吴朝东等．格尔木至额济纳旗地学断面的地壳结构与深部构造．地球物理学报，1995，38（增刊Ⅱ）：15～28

[27] 沃里沃夫斯基 BC．萨尔基索夫 ЮM 著．任俞译．世界最大含油气盆地．北京：石油工业出版社，1991

[28] 张景廉著．论石油的无机成因．北京：石油工业出版社，2001

[29] 张景廉，于均民．论中地壳及地质意义．新疆石油地质，2004，25（1）：90～94

[30] 马龙，刘全新，卫平生等．论基岩油气藏的勘探前景．天然气工业，2005，26（1）